第六版

莊紹容　楊精松

高等工程數學

東華書局

國家圖書館出版品預行編目資料

高等工程數學 / 莊紹容, 楊精松編著 . -- 6 版 . -- 臺北市 : 臺灣東華書局股份有限公司, 2021.04

708 面 ; 19x26 公分

ISBN 978-986-5522-54-4（平裝）

1. 工程數學

440.11　　　　　　　　　　　　　　　110004217

高等工程數學

編 著 者	莊紹容、楊精松
發 行 人	陳錦煌
出 版 者	臺灣東華書局股份有限公司
地　　址	臺北市重慶南路一段一四七號三樓
電　　話	(02) 2311-4027
傳　　眞	(02) 2311-6615
劃撥帳號	00064813
網　　址	www.tunghua.com.tw
讀者服務	service@tunghua.com.tw
門　　市	臺北市重慶南路一段一四七號一樓
電　　話	(02) 2371-9320

2025 24 23 22 21　HJ　5 4 3 2 1

ISBN　　978-986-5522-54-4

版權所有・翻印必究

編輯大意

一、工程數學係研究工程技術的一門數學，它與往後學習專業課程息息相關，課程內容大致上包含以下各單元：常微分方程式、拉普拉斯轉換、矩陣、向量分析、傅立葉級數、傅立葉轉換、複變函數、偏微分方程式等。

二、本書全一冊，內容豐富，適合作為大學工程數學的教材，各系組可依其特性的需要，對於採用的內容加以斟酌。

三、本書的內容力求簡捷，條理分明，循序漸進，並以代表性的例題、習題相互配合，俾使學習者更能加深觀念，觸類旁通，以收事半功倍之效。

四、本書第 13 章的偏微分方程式與各節的習題答案均可至東華書局網頁 (https://www.tunghua.com.tw) 下載，以供參考。

編者　謹識
中華民國 110 年 4 月

目錄

第 01 章　一階微分方程式　　1

1-1　微分方程式 1
1-2　分離變數 9
1-3　齊次微分方程式 14
1-4　含一次式的非齊次微分方程式 20
1-5　正合微分方程式 25
1-6　線性微分方程式 44
1-7　可化成線性的微分方程式 50
1-8　應用 55

第 02 章　高階線性微分方程式　　79

2-1　基本理論 79
2-2　常係數齊次線性微分方程式 88
2-3　常係數非齊次線性微分方程式 94
2-4　反多項式算子 106
2-5　柯西－歐勒方程式 119
2-6　應用 124

第 03 章　拉普拉斯轉換　　143

3-1　拉普拉斯轉換 143
3-2　拉氏轉換的微分與積分 163
3-3　利用拉氏轉換解微分方程式 167
3-4　t-軸上的平移 172
3-5　週期函數的拉氏轉換 181
3-6　褶積定理 186

3-7 應用 192
3-8 拉氏轉換表 201

第 04 章　微分方程式的級數解　203

4-1 冪級數 203
4-2 正則奇異點 209
4-3 貝索方程式與貝索函數 225
4-4 雷建得方程式與雷建得多項式 238

第 05 章　矩陣與線性方程組　251

5-1 矩陣 251
5-2 反方陣 264
5-3 基本列運算，簡約列梯陣 268
5-4 線性方程組的解法 275
5-5 行列式 288

第 06 章　向量與向量空間　305

6-1 三維空間 IR^3 與 n 維空間 IR^n 305
6-2 向量空間 332
6-3 列空間、行空間與核空間 348
6-4 內積空間 358

第 07 章　線性變換與矩陣的固有值　375

7-1 線性變換的意義 375
7-2 矩陣的固有值與固有向量 390
7-3 相似矩陣與對角化 401
7-4 指數方陣 419
7-5 二次型 425

第 08 章　線性微分方程組　441

- 8-1　齊次線性微分方程組 441
- 8-2　齊次線性微分方程組的解法 448
- 8-3　複數固有值 469
- 8-4　非齊次微分方程組 473
- 8-5　化常係數線性微分方程式為微分方程組 485

第 09 章　向量分析　489

- 9-1　向量函數 489
- 9-2　曲線 496
- 9-3　方向導數與梯度 506
- 9-4　散度與旋度 513
- 9-5　線積分 518
- 9-6　與路徑無關的線積分 530
- 9-7　格林定理 539
- 9-8　面積分 544
- 9-9　散度定理與史托克定理 561

第 10 章　傅立葉級數　567

- 10-1　傅立葉級數 567
- 10-2　半幅展開式 580
- 10-3　應用 588

第 11 章　傅立葉轉換　593

- 11-1　傅立葉積分 593
- 11-2　複數傅立葉級數與積分 599
- 11-3　傅立葉轉換 605
- 11-4　傅立葉轉換表 628

第 12 章　複變函數　633

- 12-1　複數 633
- 12-2　複變函數 641
- 12-3　初等函數 653
- 12-4　複變函數的積分 662
- 12-5　泰勒級數與勞倫級數 673
- 12-6　餘值定理 678
- 12-7　實變積分的計算 684
- 12-8　保角映像 693

第 13 章　偏微分方程式　699

- 13-1　基本概念與定義 699
- 13-2　拉格蘭吉方程式 704
- 13-3　二階常係數偏微分方程式 709
- 13-4　分離變數法 712
- 13-5　拉普拉斯轉換法 731

習題答案　736

※ 讀者可於東華書局網站 (https://www.tunghua.com.tw) 下載第 13 章及習題答案。

CHAPTER 01 一階微分方程式

微分方程式為數學之一分支，其應用範圍非常廣泛。諸如直線運動、自由落體運動、行星運動、發射人造衛星、波動、熱傳導、機械系統的振動、放射性物質的衰變、化學藥品的混合、人口成長與電路等等的一些現象皆涉及到「變化」，而導函數是「變化率」。所以，當我們將這些現象藉由數學方程式表示時，往往會發現在該方程式中含有未知函數的導函數或微分，但並非一般的代數方程式。於是，就產生了微分方程式的觀念。

1-1 微分方程式

定義 1-1

凡含有一個自變數的未知函數的導函數或微分的方程式稱為**常微分方程式** (ordinary differential equation)。常微分方程式的**階** (order) 是定義為方程式中所出現最高階導函數的階數。

例如：

(1) $\dfrac{dy}{dx} + 2x^2 y = x^3$

(2) $3\dfrac{dy}{dx} + xy = y^2$

(3) $y'' + 2y' + 6y = \sin x$

(4) $\left(\dfrac{d^3 x}{dt^3}\right)^2 + \left(\dfrac{d^2 x}{dt^2}\right)^5 + \dfrac{x}{t^2 + 1} = e^t$

(5) $xe^{x^2} dx + (y^5 - 1) dy = 0$

皆為常微分方程式。(1)、(2) 及 (5) 式為一階常微分方程式；(3) 式為二階常微分方程式；(4) 式為三階常微分方程式。

註：為了簡潔起見，往後，本書所稱「微分方程式」將意指「常微分方程式」。

一般，若 x 為自變數，y 為因變數，則 n 階微分方程式的通式可以寫成

$$F(x,\ y,\ y',\ y'',\ \cdots,\ y^{(n)})=0 \tag{1-1}$$

此處 F 為 $n+2$ 個變數 $x,\ y,\ y',\ \cdots,\ y^{(n)}$ 的函數。

微分方程式 (1-1) 在區間 I 的**顯解** (explicit solution) 是指對 I 中所有 x 滿足 (1-1) 式的 n 次可微分函數 $y=\phi(x)$，即，

$$F(x,\ \phi(x),\ \phi'(x),\ \phi''(x),\ \cdots,\ \phi^{(n)}(x))=0,\ \forall\, x\in I$$

已知方程式 $\phi(x,\ y)=0$ 在某區間定義 y 為 x 的隱函數，若將此方程式對 x 微分 n 次所得 $y',\ y'',\ \cdots,\ y^{(n)}$ 滿足 (1-1) 式，則稱 $\phi(x,\ y)=0$ 為 (1-1) 式的**隱解** (implicit solution)。例如，對所有 $x\in(-\infty,\ \infty)$ 與任意常數 c，函數 $y=\phi(x)=x^2+x+c$ 為 $y'-2x=1$ 的顯解。又，對所有 $x\in(-\infty,\ \infty)$ 與任意常數 k，方程式 $x^3+y^3+3xy=k$ 為 $(x+y^2)y'+x^2+y=0$ 的隱解。在這兩個例子中，解中所含任意常數與 x 及 y 無關。

一般而言，微分方程式的解所含任意常數的數目等於該微分方程式的階數。n 階微分方程式的解若包含 n 個任意常數，則稱為該微分方程式的**通解** (general solution)。若由通解中指定任意常數的值，則所得的解稱為微分方程式的**特解** (particular solution)。微分方程式的解除通解及特解之外，另外存在一種解，而此種解既非通解亦非特解，這樣的解稱為微分方程式的**奇異解** (singular solution)。

設一階常微分方程式為

$$F=(x,\ y,\ y')=0 \quad\text{或}\quad y'=f(x,\ y) \tag{1-2}$$

若欲自其通解中求特解，則需要外加一個條件，例如：

$$y(x_0)=y_0 \tag{1-3}$$

其中 x_0 與 y_0 皆為已知值，(1-3) 式表示「當 $x=x_0$ 時，$y=y_0$」。利用 (1-3) 式可確定 (1-2) 式的通解中任意常數的值，而 (1-3) 式稱為**初期條件** (initial condition)。

就幾何意義而言，微分方程式特解的圖形稱為**積分曲線** (integral curve) 或**解曲線** (solution curve)，而通解的圖形稱為**積分曲線族** (family of integral curves) 或**解曲線族** (family of solution curves)。

例題 1

確定函數 $y=cx+c^2$、$y=x+1$ 及 $y=-\dfrac{x^2}{4}$ 與微分方程式 $\left(\dfrac{dy}{dx}\right)^2+x\dfrac{dy}{dx}-y=0$ 的關係。

解 (1) 對 $y=cx+c^2$ 微分，可得 $\dfrac{dy}{dx}=c$，代入微分方程式等號的左邊，

$$\left(\dfrac{dy}{dx}\right)^2+x\dfrac{dy}{dx}-y=c^2+cx-(cx+c^2)=0$$

於是，$y=cx+c^2$ 滿足微分方程式，且 c 為任意常數，故 $y=cx+c^2$ 為微分方程式的通解。

(2) 對 $y=x+1$ 微分，可得 $\dfrac{dy}{dx}=1$，代入微分方程式等號的左邊，$y=x+1$ 能滿足微分方程式，故知 $y=x+1$ 為微分方程式之一解，但此解可由通解 $y=cx+c^2$ 中指定 $c=1$ 而得，因而 $y=x+1$ 為微分方程式之一特解。

(3) 對 $y=-\dfrac{x^2}{4}$ 微分，可得 $\dfrac{dy}{dx}=-\dfrac{x}{2}$，代入微分方程式等號的左邊，

$$\left(\dfrac{dy}{dx}\right)^2+x\dfrac{dy}{dx}-y=\dfrac{x^2}{4}-\dfrac{x^2}{2}+\dfrac{x^2}{4}=0$$

於是，$y=-\dfrac{x^2}{4}$ 滿足微分方程式，故此為微分方程式的解，但因不含任意常數，且不能由其通解中指定一個 c 值而求得，故為微分方程式的奇異解。

例題 2

微分方程式 $y'=x-y$ 在區間 $(-\infty, \infty)$ 的通解為 $y=x-1+ce^{-x}$。
當 $c=2$ 時，特解為 $y=x-1+2e^{-x}$。
當 $c=1$ 時，特解為 $y=x-1+e^{-x}$。
當 $c=\dfrac{1}{2}$ 時，特解為 $y=x-1+\dfrac{1}{2}e^{-x}$。
當 $c=0$ 時，特解為 $y=x-1$。

當 $c=-1$ 時，特解為 $y=x-1-e^{-x}$。
這些特解的圖形如圖 1-1 所示。

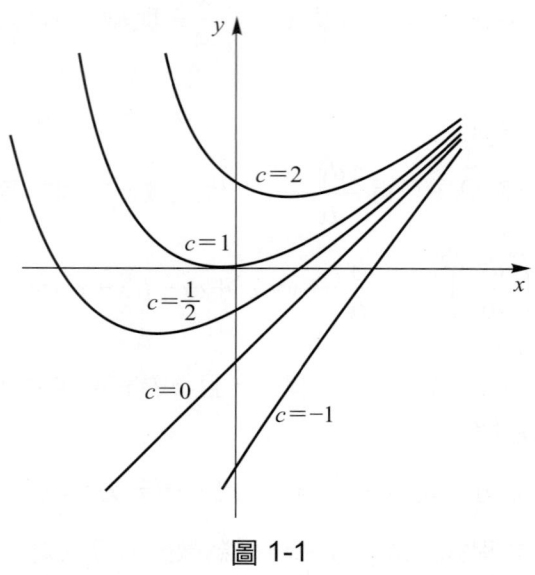

圖 1-1

今考慮微分方程式

$$\frac{dy}{dx}=f(x,\ y) \tag{1-4}$$

此處 $f(x,\ y)$ 含有自變數 x 與因變數 y。若 (1-4) 式等號的兩邊對 x 積分，則 $y(x)=\int f(x,\ y(x))\ dx+c$。然而，我們無法很明顯地計算此積分去求得 (1-4) 式的解，因為在積分中出現未知函數 $y(x)$。那麼，該如何處理呢？實際上，利用作圖方法可描繪 (1-4) 式的近似解。

我們在圖 1-2 所示的曲線上取一些點，然後對這些點畫出切線段，則由這些切線段可知曲線的概略圖。此種簡單觀察是用來模擬思考一階微分方程式的積分曲線的幾何方法。

若一階微分方程式為 $y'=f(x,\ y)$，則在 xy- 平面上，通過其積分曲線上每一點 $(x,\ y)$ 之切線的斜率為 $f(x,\ y)$。因此，若 $f(x,\ y)$ 定義在 xy- 平面上某區域中所有點 $(x,\ y)$，則先對每一點 $(x,\ y)$ 計算 $f(x,\ y)$ 的值，並在該點畫出一短切線段，令其斜率為 $f(x,\ y)$，因而可得許多短切線段，再利用這些短切線段畫出微分方程式 $y'=f(x,\ y)$ 的積分曲線形狀，而所有這些切線段描繪出 $y'=f(x,\ y)$ 的**方向場** (direction field) 或**斜率場** (slope field)。

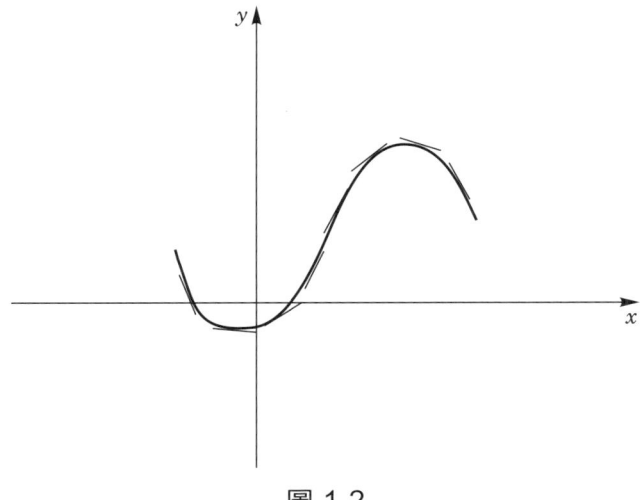

圖 1-2

例題 3

描繪微分方程式 $y' = y - x$ 的方向場，並畫出一些積分曲線。

解 一些斜率 $y' = y - x$ ($-5 \leq x, y \leq 5$) 的值如下表：

x \ y	−5	−4	−3	−2	−1	0	1	2	3	4	5
−5	0	1	2	3	4	5	6	7	8	9	10
−4	−1	0	1	2	3	4	5	6	7	8	9
−3	−2	−1	0	1	2	3	4	5	6	7	8
−2	−3	−2	−1	0	1	2	3	4	5	6	7
−1	−4	−3	−2	−1	0	1	2	3	4	5	6
0	−5	−4	−3	−2	−1	0	1	2	3	4	5
1	−6	−5	−4	−3	−2	−1	0	1	2	3	4
2	−7	−6	−5	−4	−3	−2	−1	0	1	2	3
3	−8	−7	−6	−5	−4	−3	−2	−1	0	1	2
4	−9	−8	−7	−6	−5	−4	−3	−2	−1	0	1
5	−10	−9	−8	−7	−6	−5	−4	−3	−2	−1	0

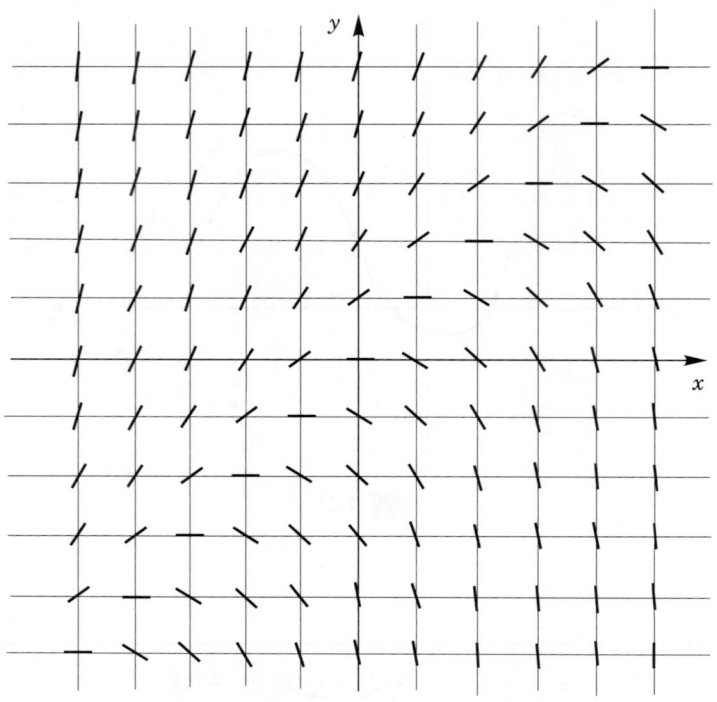

圖 1-3　對應於斜率表的方向場

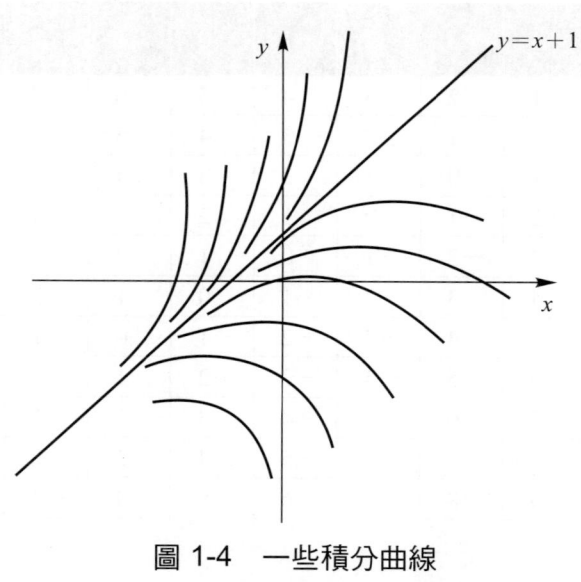

圖 1-4　一些積分曲線

在微分方程式的應用方面，我們經常會遇到一種問題，其中涉及到一個微分方程式且它的解必須滿足初期條件，這種類型的問題稱為**初值問題** (initial-value problem)。例如，一個一階微分方程式與一個初期條件所構成的一階初值問題可以表成如下：

$$\frac{dy}{dx}=f(x,\ y),\quad y(x_0)=y_0$$

或
$$F=(x,\ y,\ y')=0,\quad y(x_0)=y_0$$

其中 x_0 與 y_0 為已知值。假設我們確定上述微分方程式的通解為方程式 $g(x,\ y,\ c)=0$，則利用初期條件 $y(x_0)=y_0$，以 $x=x_0$ 及 $y=y_0$ 代入此方程式，可得 $g(x_0,\ y_0,\ c)=0$，解出 c 的值為 c_0。於是，求得上面初值問題的特解 $g(x,\ y,\ c_0)=0$，在幾何上，它的圖形是通過點 $(x_0,\ y_0)$ 的一條積分曲線。

例題 4

已知方程式 $x^2+y^2=c^2$ 為微分方程式 $\dfrac{dy}{dx}=-\dfrac{x}{y}$ 的通解，並滿足初期條件 $y(3)=4$。今以 $x=3$ 及 $y=4$ 代入通解中，可得 $c^2=25$。於是，$x^2+y^2=25$，解得 $y=\pm\sqrt{25-x^2}$。因 $y(3)=4$，必須取正號，故 $y=\sqrt{25-x^2}$ $(-5<x<5)$ 為所求的特解。

定理 1-1 | 解的存在性與唯一性

已知微分方程式

$$\frac{dy}{dx}=f(x,\ y)$$

若 f 與 $\dfrac{\partial f}{\partial y}$ 在位於 xy- 平面上包含點 $(x_0,\ y_0)$ 的某開區域皆為連續，則存在唯一可微分函數 $y=y(x)$ 在包含 x_0 的某開區間同時滿足此微分方程式與初期條件 $y(x_0)=y_0$。

此定理的證明因超出本書的範圍，故從略。如果定理中所敘述的條件不滿足時，則初值問題可能無解，也可能多於一個解，或者僅有一解。

例題 5

已知 $\dfrac{dy}{dx}=x\sqrt{y}$，$y(0)=1$。因 $f(x,\ y)=x\sqrt{y}$ 與 $\dfrac{\partial f}{\partial y}=\dfrac{x}{2\sqrt{y}}$ 在 x- 軸的

上半平面 [包含點 (0, 1)] 皆為連續，故依定理 1-1 可知，在區間 $(-h, h)$ $(h > 0)$ 中必存在唯一解滿足微分方程式，而它的圖形通過點 (0, 1)。

例題 6

就 $\dfrac{dy}{dx} = x\sqrt{y}$，$y(0) = 0$ 而言，共有兩個解：$y = 0$ 與 $y = \dfrac{x^4}{16}$，而它們的圖形皆通過點 (0, 0)，但 $\dfrac{\partial f}{\partial y} = \dfrac{x}{2\sqrt{y}}$ 在點 (0, 0) 不連續。

例題 7

令 $\dfrac{dy}{dx} = \dfrac{y}{\sqrt{x}}$，$y(0) = 2$，則我們無法從定理 1-1 判斷是否有解，因為 $f(x, y) = \dfrac{y}{\sqrt{x}}$ 與 $\dfrac{\partial f}{\partial y} = \dfrac{1}{\sqrt{x}}$ 在點 (0, 2) 皆不連續。

習題 1-1

1. 試證：$5x^2y^2 - 2x^3y^2 = 1$ 為微分方程式 $x\dfrac{dy}{dx} + y = x^3y^3$ 在區間 $\left(0, \dfrac{5}{2}\right)$ 的隱解。

2. 試證：$x^3 + 3xy^2 = 1$ 為微分方程式 $2xy\dfrac{dy}{dx} + x^2 + y^2 = 0$ 在區間 (0, 1) 的隱解。

3. 試證：$\dfrac{1}{y^2} = ce^{x^2} + x^2 + 1$ 為微分方程式 $\dfrac{dy}{dx} + xy = x^3y^3$ 的解。

4. 描繪微分方程式 $\dfrac{dy}{dx} = x^2 - y$ 的方向場，並畫出一些積分曲線。

5. 已知微分方程式 $\dfrac{dy}{dx} + y = 2xe^{-x}$ 的通解可以寫成 $y = (x^2 + c)e^{-x}$，解下列各初值問題：

(1) $\begin{cases} \dfrac{dy}{dx} + y = 2xe^{-x} \\ y(-1) = e + 3 \end{cases}$
(2) $\begin{cases} \dfrac{dy}{dx} + y = 2xe^{-x} \\ y(0) = 2 \end{cases}$

6. 試問初值問題

$$\begin{cases} \dfrac{dy}{dx}=x^2+y^3 \\ y(0)=1 \end{cases}$$

在起始點 (0, 1) 附近的區域是否具有唯一解？

1-2 分離變數

若我們將一階微分方程式

$$F=(x,\ y,\ y')=0$$

寫成

$$\frac{dy}{dx}=f(x)\,g(y),\quad g(y)\neq 0 \tag{1-5}$$

或

$$P(x)\,dx+Q(y)\,dy=0 \tag{1-6}$$

則稱其為**可分離的微分方程式** (separable differential equation)。此種微分方程式的通解只需要分別積分即可，因而

$$\int \frac{dy}{g(y)}=\int f(x)\,dx+c$$

或

$$\int P(x)\,dx+\int Q(y)\,dy=c$$

式中 c 為任意積分常數。如果為初值問題

$$\begin{cases} P(x)\,dx+Q(y)\,dy=0 \\ y(x_0)=y_0 \end{cases}$$

則其特解為

$$\int_{x_0}^{x} P(x)\,dx+\int_{y_0}^{y} Q(y)\,dy=0\,。$$

例題 1

解 $\dfrac{dy}{dx}+y^2 e^{-x}=0$。

解 將微分方程式改寫成

$$\dfrac{dy}{dx}=-y^2 e^{-x}$$

$$-\dfrac{1}{y^2}dy=e^{-x}dx$$

其中 $y \neq 0$。上式積分可得

$$\dfrac{1}{y}=-e^{-x}+c$$

故通解為 $y=\dfrac{1}{c-e^{-x}}$。在上面分離變數時，欲除以 y^2，就需假設 $y \neq 0$。事實上，$y(x)=0$ 為微分方程式的解，但它並非是由通解中任意選定 c 值而得，因此，$y(x)=0$ 為奇異解。

例題 2

解 $x\dfrac{dy}{dx}-y-y^3=0$。

解 將微分方程式變成

$$x\,dy-y(1+y^2)\,dx=0$$

上式等號兩邊同除以 $(1+y^2)xy$，可化成變數可分離的微分方程式

$$\dfrac{1}{y(1+y^2)}dy-\dfrac{1}{x}dx=0$$

可得

$$\int\dfrac{1}{y(1+y^2)}dy-\int\dfrac{dx}{x}=c_1$$

$$\int\left(\dfrac{1}{y}-\dfrac{y}{1+y^2}\right)dy-\int\dfrac{dx}{x}=c_1$$

$$\ln|y| - \frac{1}{2}\ln(1+y^2) - \ln|x| = c_1$$

即，
$$\ln\frac{|y|}{|x|\sqrt{1+y^2}} = c_1$$

故通解為
$$y^2 = cx^2(1+y^2) \quad (c = e^{2c_1})。$$

例題 3

解 $(1+x^2)(1+y^2)\,dx - xy\,dy = 0$。

解 因微分方程式中的變數沒有分離，故將其變成

$$\frac{1+x^2}{x}dx = \frac{y}{1+y^2}dy \quad (x \neq 0)$$

$$\int \frac{1}{x}dx + \int x\,dx = \frac{1}{2}\int \frac{2y}{1+y^2}dy + c$$

故通解為
$$\ln|x| + \frac{1}{2}x^2 = \frac{1}{2}\ln(1+y^2) + c。$$

例題 4

解初值問題

$$\begin{cases} \dfrac{dy}{dx} = \dfrac{y+1}{x-3} \\ y(1) = 0 \end{cases}。$$

解 分離變數變成

$$\frac{dy}{y+1} = \frac{dx}{x-3}$$

積分可得
$$\ln|y+1| = \ln|x-3| + c$$
$$\left|\frac{y+1}{x-3}\right| = e^c$$

即，
$$y+1 = \pm e^c(x-3) = k(x-3) \quad (k = \pm e^c)$$

以 $x=1$ 及 $y=0$ 代入上式，可得 $k = -\frac{1}{2}$，

故特解為
$$y = -\frac{1}{2}(x-1)。$$

例題 5

解初值問題
$$\begin{cases} x\cos x\, dx + (1-6y^5)\, dy = 0 \\ y(\pi) = 0 \end{cases}。$$

解 其特解為
$$\int_\pi^x x\cos x\, dx + \int_0^y (1-6y^5)\, dy = 0$$

可得
$$x\sin x + \cos x + 1 + \int_0^y (1-6y^5)\, dy = 0$$
$$x\sin x + \cos x + 1 + y - y^6 = 0$$

即，
$$x\sin x + \cos x + 1 = y^6 - y。$$

例題 6

解 $\dfrac{dy}{dx} = \dfrac{1}{x+y+1}$。

解 此為變數不可分離的微分方程式，如果令 $w = x+y+1$，則可以將微分方程式化成變數可分離的形式。

令 $\dfrac{dw}{dx} = 1 + \dfrac{dy}{dx}$，代入原式可得

$$\frac{dw}{dx} = \frac{1+w}{w}$$

$$\left(1-\frac{1}{1+w}\right)dw=dx$$

積分可得
$$w-\ln|1+w|=x+c$$

再將 $w=x+y+1$ 代入上式，
$$x+y+1-\ln|x+y+2|=x+c_1$$
$$x+y+2=\pm e^{1-c_1}\cdot e^y$$

即，
$$x+y+2=ce^y \quad (c=\pm e^{1-c_1})。$$

習題 1-2

求下列各微分方程式的通解。

1. $xy\,dx-(1+x^2)\,dy=0$

2. $y'=\dfrac{x+1}{y^4+1}$

3. $x(y+1)\,dx+y(x-1)\,dy=0$

4. $y'=\dfrac{\cos x}{3y^2+e^y}$

5. $(1+y^2)\,dx-(1+x^2)\,dy=0$

6. $(1+e^v)\cos u\,du+e^v(1+\sin u)\,dv=0$

7. $v+x\dfrac{dv}{dx}=\dfrac{2x^2v}{x^2-x^2v^2}$

8. $y(x^2+2)\,dx-(x^3-x)\,dy=0$

9. $x^2\dfrac{dy}{dx}=y-2$

10. $x^2(y+1)\,dx+y^2(x-1)\,dy=0$

11. $y'=(x+y)^2$

12. $y'=\sec(x+y)$

13. $2y=(y')^2$（令 $p=y'$）

解下列各初值問題。

14. $\begin{cases}(x^2+1)\,dx+\dfrac{1}{y}\,dy=0\\ y(-1)=1\end{cases}$

15. $\begin{cases}xe^{x^2}\,dx+(y^5-1)\,dy=0\\ y(0)=0\end{cases}$

16. $\begin{cases}2x\,dx-dy=x(x\,dy-2y\,dx)\\ y(-3)=1\end{cases}$

17. $\begin{cases}x\sin y\,dx+(x^2+1)\cos y\,dy=0\\ y(1)=\dfrac{\pi}{2}\end{cases}$

18. $\begin{cases}\cos y\,dx+(1+e^{-x})\sin y\,dy=0\\ y(0)=\dfrac{\pi}{4}\end{cases}$

19. $\begin{cases}(y+2)y'=\sin x\\ y(0)=0\end{cases}$

20. $\begin{cases} y' = \dfrac{x^3 y - y}{y^4 - y^2 + 1} \\ y(0) = 1 \end{cases}$

21. $\begin{cases} \cos x(e^{2y} - y)\dfrac{dy}{dx} = e^y \sin 2x \\ y(0) = 0 \end{cases}$

22. $\begin{cases} (1 + x^3)\,dy - x^2 y\,dx = 0 \\ y(1) = 2 \end{cases}$

23. $\begin{cases} x \sin y\,dx + (x^2 + 1) \cos y\,dy = 0 \\ y(1) = \dfrac{\pi}{2} \end{cases}$

1-3 齊次微分方程式

一、齊次函數

定義 1-2

若 $f(\lambda x, \lambda y) = \lambda^n f(x, y)$，$\lambda \neq 0$，則函數 $f(x, y)$ 稱為 n 次齊次函數 (homogeneous function of degree n)。

例如，函數 $f(x, y) = x^3 + 2x^2 y - 3xy^2 + y^3$ 為三次齊次函數。因為

$$f(\lambda x, \lambda y) = (\lambda x)^3 + 2(\lambda x)^2(\lambda y) - 3(\lambda x)(\lambda y)^2 + (\lambda y)^3$$
$$= \lambda^3(x^3 + 2x^2 y - 3xy^2 + y^3)$$
$$= \lambda^3 f(x, y)。$$

若 $f(x, y)$ 為 n 次齊次函數，即，$f(\lambda x, \lambda y) = \lambda^n f(x, y)$，令 $\lambda = \dfrac{1}{x}$，則

$$f\left(1, \frac{y}{x}\right) = \frac{1}{x^n} f(x, y)$$

故

$$f(x, y) = x^n f\left(1, \frac{y}{x}\right)$$

同理，令 $\lambda = \dfrac{1}{y}$，則

$$f(x, y) = y^n f\left(\frac{x}{y}, 1\right)$$

例如，
$$f(x, y) = x^2 + 3xy + y^2 = x^2\left[1 + 3\left(\frac{y}{x}\right) + \left(\frac{y}{x}\right)^2\right]$$
$$= x^2 f\left(1, \frac{y}{x}\right)$$
$$f(x, y) = y^2\left[\left(\frac{x}{y}\right)^2 + 3\left(\frac{x}{y}\right) + 1\right] = y^2 f\left(\frac{x}{y}, 1\right)。$$

定理 1-2

若 $M(x, y)$ 與 $N(x, y)$ 皆為 n 次齊次函數，則函數
$$f(x, y) = \frac{M(x, y)}{N(x, y)}$$
為零次齊次函數。

證 由 n 次齊次函數的定義可知
$$M(\lambda x, \lambda y) = \lambda^n M(x, y)$$
$$N(\lambda x, \lambda y) = \lambda^n N(x, y)$$

因而
$$f(\lambda x, \lambda y) = \frac{M(\lambda x, \lambda y)}{N(\lambda x, \lambda y)} = \frac{\lambda^n M(x, y)}{\lambda^n N(x, y)}$$
$$= \lambda^0 f(x, y)$$

故本定理得證。

定理 1-3

若 $f(x, y)$ 為零次齊次函數，則 f 為 $\frac{y}{x}$ 的函數。

證 因為 f 為零次齊次函數，故
$$f(x, y) = f\left(1, \frac{y}{x}\right) = g\left(\frac{y}{x}\right)。$$

二、齊次微分方程式

定義 1-3

已知微分方程式 $M(x, y)\,dx + N(x, y)\,dy = 0$，若 $M(x, y)$ 與 $N(x, y)$ 皆為同次齊次函數，則稱此微分方程式為**齊次微分方程式** (homogeneous differential equation)。

定理 1-4

若 $M(x, y)\,dx + N(x, y)\,dy = 0$ 為 n 次齊次微分方程式，則代換 $y = vx$ 可將此微分方程式化成以 v 及 x 為變數的可分離微分方程式。

證 將已知的齊次微分方程式改寫成

$$\frac{dy}{dx} = -\frac{M(x, y)}{N(x, y)}$$

令 $y = vx$，則

$$\frac{d}{dx}(vx) = -\frac{M(x, vx)}{N(x, vx)} = -\frac{x^n M(1, v)}{x^n N(1, v)}$$

故

$$v + x\frac{dv}{dx} = -\frac{M(1, v)}{N(1, v)}$$

上式等號右邊為 v 的函數，令 $f(v) = -\dfrac{M(1, v)}{N(1, v)}$，

則

$$v + x\frac{dv}{dx} = f(v)$$

分離變數可得

$$\frac{dx}{x} + \frac{dv}{v - f(v)} = 0$$

將上式等號兩邊積分，再以 $v = \dfrac{y}{x}$ 代入，即可求得微分方程式的解。

例題 1

解 $(x^2 - 3y^2)\,dx + 2xy\,dy = 0$。

解 微分方程式為齊次，並改寫成

$$\frac{dy}{dx} = -\frac{x}{2y} + \frac{3y}{2x}$$

令 $y = vx$，則 $\frac{dy}{dx} = v + x\frac{dv}{dx}$，代入上式可得

$$v + x\frac{dv}{dx} = -\frac{1}{2v} + \frac{3}{2}v$$

$$x\frac{dv}{dx} = -\frac{1}{2v} + \frac{v}{2} = \frac{v^2 - 1}{2v}$$

分離變數可得

$$\frac{2v}{v^2 - 1}\,dv = \frac{dx}{x}$$

$$\int \frac{2v}{v^2 - 1}\,dv = \int \frac{dx}{x} + c_1$$

故

$$\ln|v^2 - 1| = \ln|x| + c_1$$

$$\left|\frac{v^2 - 1}{x}\right| = e^{c_1}$$

$$\frac{v^2 - 1}{x} = \pm e^{c_1} = c \quad (c = \pm e^{c_1})$$

在上式中以 $\frac{y}{x}$ 代換 v，可得通解為 $y^2 - x^2 = cx^3$。

例題 2

解初值問題

$$\begin{cases} xy\dfrac{dy}{dx} = 3y^2 + 2x^2 \\ y(1) = 2 \end{cases}$$

解 微分方程式除以 x^2，可得

$$\left(\frac{y}{x}\right)\frac{dy}{dx} = 3\left(\frac{y}{x}\right)^2 + 2$$

令 $y = vx$，則

$$\frac{dy}{dx} = v + x\frac{dv}{dx}$$

代入上式可得

$$v\left(v + x\frac{dv}{dx}\right) = 3v^2 + 2$$

$$xv\frac{dv}{dx} = 2v^2 + 2$$

$$\frac{v\,dv}{2(v^2+1)} = \frac{dx}{x}$$

積分可得

$$\frac{1}{4}\ln(v^2+1) = \ln|x| + c_1$$

$$v^2 + 1 = cx^4 \quad (c = e^{4c_1})$$

將 $v = \dfrac{y}{x}$ 代入，

$$\left(\frac{y}{x}\right)^2 + 1 = cx^4$$

$$x^2 + y^2 = cx^6$$

初期條件為 $y(1) = 2$，可得 $c = 5$，

所以，特解為

$$x^2 + y^2 = 5x^6 \text{。}$$

例題 3

解 $\dfrac{dy}{dx} = \dfrac{x-y}{x+y}$。

解 令 $f(x, y) = \dfrac{x-y}{x+y}$，則

$$f(\lambda x, \lambda y) = \frac{\lambda x - \lambda y}{\lambda x + \lambda y} = \frac{\lambda(x-y)}{\lambda(x+y)} = f(x, y)$$

故 $f(x, y)$ 為零次齊次函數，令 $y = vx$，則 $\dfrac{dy}{dx} = v + x\dfrac{dv}{dx}$，代入微分方程式可得

$$v + x\frac{dv}{dx} = \frac{x - vx}{x + vx} = \frac{1-v}{1+v}$$

化成

$$\frac{1+v}{1-2v-v^2} dv = \frac{dx}{x}$$

$$\int \frac{1+v}{1-2v-v^2} dv = \int \frac{dx}{x}$$

積分可得

$$-\frac{1}{2} \ln|1-2v-v^2| \, dv = \ln|x| + c_1$$

$$\ln|1-2v-v^2| = -2\ln|x| - 2c_1$$

$$1 - 2v - v^2 = \pm e^{-2c_1} x^{-2}$$

故

$$1 - 2v - v^2 = cx^{-2} \quad (c = \pm e^{-2c_1})$$

再以 $v = \dfrac{y}{x}$ 代入上式，求得通解為

$$x^2 - 2xy - y^2 = c \text{。}$$

習題 1-3

1. 判斷下列各齊次函數的次數。

    (1) $f(x, y) = e^{y/x} + \tan\dfrac{y}{x}$

    (2) $f(x, y) = x^2 + y^2 - 8xy$

    (3) $f(x, y) = x^2 \sin\dfrac{y}{x} + xy \ln\dfrac{x+y}{x-y} + y^2 \cos\dfrac{y}{x}$

    (4) $f(x_1, x_2, x_3) = (x_1^2 + x_2^2 + x_3^2)^{-1/3}$

    (5) $f(x, y) = \dfrac{1}{(x/y)^2} + \tan\dfrac{x}{y} + \ln\left(\dfrac{2x}{y} + 1\right)$

2. 設 $u = f(x, y)$ 為 n 次齊次函數，試證：$x\dfrac{\partial u}{\partial x} + y\dfrac{\partial u}{\partial y} = nu$，此為**歐勒定理** (Euler's theorem)。

解下列各微分方程式。

3. $(y^2-x^2)\,dx-2xy\,dy=0$

4. $y'=\dfrac{y}{x+\sqrt{xy}}$

5. $2x^3y\,dx+(x^4+y^4)\,dy=0$

6. $\dfrac{dy}{dx}=\sqrt{1-\left(\dfrac{y}{x}\right)^2}+\dfrac{y}{x}$

7. $[y^2+y^2e^{(x/y)^2}+2x^2e^{(x/y)^2}]\,dy-2xye^{(x/y)^2}\,dx=0$

8. $2x^2\dfrac{dy}{dx}=x^2+y^2$

9. $(1+2e^{x/y})\,dx+2e^{x/y}\left(1-\dfrac{x}{y}\right)dy=0$

10. $xyy'=x^2+y^2$

11. $\dfrac{dx}{dt}=\dfrac{tx+x^2}{t^2}$

12. $x\,dy-y\,dx-\sqrt{x^2-y^2}\,dx=0$

13. $y'=\dfrac{2xy}{x^2-y^2}$

14. $\dfrac{dy}{dx}=\dfrac{2y^4+x^4}{xy^3}$

15. $\begin{cases} x\dfrac{dy}{dx}=y+xe^{y/x} \\ y(1)=1 \end{cases}$

1-4 含一次式的非齊次微分方程式

若 $M(x,y)\,dx+N(x,y)\,dy=0$ 中的 M 與 N 皆為一次式且非齊次，則此微分方程式可用變數變換化成齊次微分方程式。

現在考慮一階微分方程式

$$\dfrac{dy}{dx}=\dfrac{a_1x+b_1y+c_1}{a_2x+b_2y+c_2}。 \tag{1-7}$$

1. 在 xy- 坐標平面上，若兩直線

$$\begin{cases} a_1x+b_1y+c_1=0 \\ a_2x+b_2y+c_2=0 \end{cases}$$

的交點 (h,k) 存在，或

$$\dfrac{a_2}{a_1}\neq\dfrac{b_2}{b_1}$$

則用 (h,k) 當新原點，平移坐標軸，並令 $x=X+h$，$y=Y+k$，其中 X 與 Y 為新坐標，則 (1-7) 式變成

$$\frac{dY}{dX} = \frac{a_1 X + b_1 Y}{a_2 X + b_2 Y} \tag{1-8}$$

上式等號的右邊為零次齊次函數，因而可用齊次微分方程式的解法求解。

2. 若 $\dfrac{a_2}{a_1} = \dfrac{b_2}{b_1} = k$ $(a_1 b_1 \neq 0)$，則 $a_2 = ka_1$，$b_2 = kb_1$，所以，

$$a_2 x + b_2 y + c_2 = k(a_1 x + b_1 y) + c_2$$

令 $w = a_1 x + b_1 y$，x 是自變數，則

$$\frac{dy}{dx} = \frac{1}{b_1}\left(\frac{dw}{dx} - a_1\right)$$

代入 (1-7) 式可得變數可分離的微分方程式

$$dx - \frac{(kw + c_2)}{(a_1 k + b_1)w + b_1 c_1 + a_1 c_2}\, dw = 0$$

積分可得

$$x - \int \frac{(kw + c_2)}{(a_1 k + b_1)w + b_1 c_1 + a_1 c_2}\, dw = c$$

最後以 $a_1 x + b_1 y = w$ 代入上式，即得含 x 與 y 的通解。

例題 1

解 $(2x + y - 3)\,dx + (x + 2y - 3)\,dy = 0$。

解 解方程組
$$\begin{cases} 2h + k - 3 = 0 \\ h + 2k - 3 = 0 \end{cases}$$

可得 $h = 1$，$k = 1$。

令 $x = X + 1$，$y = Y + 1$，則 $dx = dX$，$dy = dY$，代入微分方程式可得

$$(2X + Y)\,dX + (X + 2Y)\,dY = 0$$

$$\frac{dY}{dX} = -\frac{2X + Y}{X + 2Y} \text{（齊次微分方程式）}$$

再令 $Y = vX$，則 $\dfrac{dY}{dX} = v + X\dfrac{dv}{dX}$，代入上式可得

$$\frac{(2v + 1)\,dv}{v^2 + v + 1} = -\frac{2\,dX}{X}$$

$$\ln(v^2+v+1) = -2\ln|X| + \ln c = \ln(cX^{-2})$$

$$v^2+v+1 = \frac{c}{X^2}$$

$$X^2(v^2+v+1) = c$$

以 $v = \dfrac{Y}{X}$ 代入上式可得

$$X^2\left(\frac{Y^2}{X^2}+\frac{Y}{X}+1\right) = c_1$$

$$X^2+XY+Y^2 = c$$

最後，以 $X=x-1$，$Y=y-1$ 代入上式，

$$(x-1)^2+(x-1)(y-1)+(y-1)^2 = c_1$$

故通解為 $\quad x^2+xy+y^2-3x-3y = c$。

例題 2

解 $(x+2y+3)\,dx + (2x+4y-1)\,dy = 0$。

解 因 $2x+4y-1 = 2(x+2y)-1$，故令 $w = x+2y$，則

$$\frac{dw}{dx} = 1 + 2\frac{dy}{dx}$$

$$\frac{dy}{dx} = \frac{1}{2}\left(\frac{dw}{dx}-1\right)$$

代入微分方程式

$$\frac{dy}{dx} = -\frac{x+2y+3}{2x+4y-1}$$

可得

$$\frac{1}{2}\left(\frac{dw}{dx}-1\right) = -\frac{w+3}{2w-1}$$

$$(2w-1)\,dw + 7\,dx = 0$$

積分可得 $\quad w^2 - w + 7x = c$

以 $w = x+2y$ 代入上式可得

$$(x+2y)^2 - (x+2y) + 7x = c$$

即， $$x^2+4xy+4y^2+6x-2y=c。$$

現在，我們再來討論另外一種一階微分方程式的解法。已知

$$yP(xy)\,dx+xQ(xy)\,dy=0 \tag{1-9}$$

令 $z=xy$，即，$y=\dfrac{z}{x}$，則

$$dy=\dfrac{x\,dz-z\,dx}{x^2}$$

(1-9) 式可以化成

$$z[P(z)-Q(z)]\,dx+xQ(z)\,dz=0$$

分離變數再積分之，可得

$$\int \dfrac{dx}{x}+\int \dfrac{Q(z)\,dz}{z[P(z)-Q(z)]}=c$$

$$\ln|x|+\int \dfrac{Q(z)\,dz}{z[P(z)-Q(z)]}=c$$

最後，以 $z=xy$ 代入上式，即得含 x 及 y 的通解。

例題 3

解 $(y+xy^2)\,dx+(x^2y-x)\,dy=0$。

解 微分方程式改寫成

$$y(xy+1)\,dx+x(xy-1)\,dy=0$$

令 $z=xy$，則 $y=\dfrac{z}{x}$，$dy=\dfrac{x\,dz-z\,dx}{x^2}$，

代入上式可得

$$\dfrac{z}{x}(z+1)\,dx+x(z-1)\,\dfrac{x\,dz-z\,dx}{x^2}=0$$

$$(z^2+z)\,dx+(z-1)(x\,dz-z\,dx)=0$$

化成 $$2z\,dx+x(z-1)\,dz=0$$

$$\dfrac{2\,dx}{x}+\dfrac{z-1}{z}\,dz=0$$

積分可得
$$2\ln|x|+z-\ln|z|=c_1$$

以 $z=xy$ 代入上式可得
$$\ln x^2+xy-\ln|xy|=c_1$$

$$xy=c_1+\ln\left|\frac{xy}{x^2}\right|=c_1+\ln\left|\frac{y}{x}\right|$$

$$\left|\frac{y}{x}\right|=e^{xy-c_1}$$

故
$$y=cxe^{xy} \quad (c=\pm e^{-c_1})。$$

習題 1-4

解下列各微分方程式。

1. $(2x-5y+3)\,dx-(2x+4y-6)\,dy=0$
2. $(x+y)\,dx+(3x+3y-4)\,dy=0$
3. $(y-xy^2)\,dx-(x+x^2y)\,dy=0$
4. $y(xy+1)\,dx+x(1+xy+x^2y^2)\,dy=0$
5. $(2x-y+1)\,dx-(x-2y+1)\,dy=0$
6. $(5x+2y+1)\,dx+(2x+y+1)\,dy=0$
7. $(2x^2+3y^2-7)\,x\,dx-(3x^2+2y^2-8)\,y\,dy=0$
8. $(15x+6y-7)\,dx+(5x+2y-3)y\,dy=0$
9. $\dfrac{dy}{dx}=\dfrac{3x-y-9}{x+y+1}$
10. $\dfrac{dy}{dx}=\dfrac{2x-5y+3}{2x+4y-6}$

解下列各初值問題。

11. $\begin{cases}(2x+3y+1)\,dx+(4x+6y+1)\,dy=0\\ y(-2)=2\end{cases}$

12. $\begin{cases}(3x-y-6)\,dx-(x+y+2)\,dy=0\\ y(2)=-2\end{cases}$

1-5 正合微分方程式

已知一階微分方程式

$$M(x,y)\,dx + N(x,y)\,dy = 0 \tag{1-10}$$

若對 xy- 平面上某矩形內部區域 R 中所有點 (x, y)，存在一函數 $\phi(x, y)$ 使得

$$\frac{\partial \phi}{\partial x} = M(x, y), \quad \frac{\partial \phi}{\partial y} = N(x, y)$$

則稱 $\phi(x, y)$ 為 (1-10) 式在 R 的**位勢函數** (potential function)，而稱 (1-10) 式在 R 為**正合** (exact)，它的通解為 $\phi(x, y) = c$，c 為任意常數。

例題 1

微分方程式 $y^2\,dx + 2xy\,dy = 0$ 為正合，因為存在一位勢數 $\phi(x, y) = xy^2$ 使得 $\frac{\partial \phi}{\partial x} = y^2$，$\frac{\partial \phi}{\partial y} = 2xy$。所以，此正合微分方程式的通解為 $xy^2 = c$。另外，微分方程式 $y\,dx + 2x\,dy = 0$ 不為正合。

當然，並非每一個一階微分方程式皆為正合，因此，我們需要一個定理去判斷所給微分方程式是否為正合。

定理 1-5

假設 $M(x, y)$、$N(x, y)$、$\frac{\partial M}{\partial y}$ 與 $\frac{\partial N}{\partial x}$ 在 xy- 平面上某矩形內部區域 R 中所有點 (x, y) 皆為連續，則

$$M(x, y)\,dx + N(x, y)\,dy = 0$$

在 R 為正合，若且唯若對 R 的所有點 (x, y)，

$$\frac{\partial M}{\partial y} = \frac{\partial N}{\partial x}$$

恆成立。

證 若微分方程式為正合，則存在一位勢函數 $\phi(x, y)$ 使得

$$\frac{\partial \phi}{\partial x} = M(x, y), \quad \frac{\partial \phi}{\partial y} = N(x, y)$$

故

$$\frac{\partial M}{\partial y} = \frac{\partial}{\partial y}\left(\frac{\partial \phi}{\partial x}\right) = \frac{\partial^2 \phi}{\partial y\, \partial x} = \frac{\partial^2 \phi}{\partial x\, \partial y}$$

$$= \frac{\partial}{\partial x}\left(\frac{\partial \phi}{\partial y}\right) = \frac{\partial N}{\partial x}\text{。}$$

現在我們要證明，如果 $\dfrac{\partial M}{\partial y} = \dfrac{\partial N}{\partial x}$ 對 R 中所有點 (x, y) 恆成立，則可找到一位勢函數 $\phi(x, y)$ 使得 $\dfrac{\partial \phi}{\partial x} = M(x, y)$ 與 $\dfrac{\partial \phi}{\partial y} = N(x, y)$ 皆成立。

在 R 中選擇任意點 (x_0, y_0) 且定義

$$\phi(x, y) = \int_{x_0}^{x} M(s, y_0)\, ds + \int_{y_0}^{y} N(x, t)\, dt$$

在已知條件下，我們並不難證明 $\phi(x, y)$ 可定義微分方程式的位勢函數。首先，由微積分基本定理可得

$$\frac{\partial \phi}{\partial y} = N(x, y)$$

因為在 $\phi(x, y)$ 定義中的第一個積分與 y 無關，故

$$\frac{\partial \phi}{\partial x} = \frac{\partial}{\partial x}\int_{x_0}^{x} M(s, y_0)\, ds + \frac{\partial}{\partial x}\int_{y_0}^{y} N(x, t)\, dt$$

$$= M(x, y_0) + \int_{y_0}^{y} \frac{\partial N}{\partial x}(x, t)\, dt$$

$$= M(x, y_0) + \int_{y_0}^{y} \frac{\partial M}{\partial y}(x, t)\, dt$$

$$= M(x, y_0) + \Big[M(x, t)\Big]_{y_0}^{y}$$

$$= M(x, y_0) + M(x, y) - M(x, y_0)$$

$$= M(x, y)$$

證明完畢。

解正合微分方程式 $M(x, y)\,dx + N(x, y)\,dy = 0$ 的步驟

解法 1

1. 假設 $\dfrac{\partial \phi}{\partial x} = M(x, y)$（適用於對 x 積分較容易時），視 M 中的 y 為常數，對 x 偏積分，可得位勢函數

$$\phi(x, y) = \int M(x, y)\,dx + g(y) \tag{1-11}$$

此處函數 $g(y)$ 為**任意積分常數**。

2. 將 (1-11) 式對 y 偏微分，並令 $\dfrac{\partial \phi}{\partial y} = N(x, y)$，則

$$\frac{\partial \phi}{\partial y} = \frac{\partial}{\partial y}\int M(x, y)\,dx + g'(y) = N(x, y)$$

即，
$$g'(y) = N(x, y) - \frac{\partial}{\partial y}\int M(x, y)\,dx \,。 \tag{1-12}$$

3. 將 (1-12) 式對 y 積分，且將其結果代入 (1-11) 式，可得正合微分方程式的通解為 $\phi(x, y) = c$。

解法 2

1. 假設 $\dfrac{\partial \phi}{\partial y} = N(x, y)$（適用於對 y 積分較容易時），視 N 中的 x 為常數，對 y 偏積分，可得位勢函數

$$\phi(x, y) = \int N(x, y)\,dy + h(x) \tag{1-13}$$

此處函數 $h(x)$ 為**任意積分常數**。

2. 將 (1-13) 式對 x 偏微分，並令 $\dfrac{\partial \phi}{\partial x} = M(x, y)$，則

$$\frac{\partial \phi}{\partial x} = \frac{\partial}{\partial x}\int N(x, y)\,dy + h'(x) = M(x, y)$$

即，
$$h'(x) = M(x, y) - \frac{\partial}{\partial x} \int N(x, y) \, dy \text{。} \tag{1-14}$$

3. 將 (1-14) 式對 x 積分，且將其結果代入 (1-13) 式，可得正合微分方程式的通解為 $\phi(x, y) = c$。

例題 2

微分方程式 $(x + \sin y) \, dx + (x \cos y - 2y) \, dy = 0$ 是否為正合？

解 令 $M(x, y) = x + \sin y$，$N(x, y) = x \cos y - 2y$，則

$$\frac{\partial M}{\partial y} = \cos y = \frac{\partial N}{\partial x}$$

故微分方程式為正合。

例題 3

試決定一函數 $M(x, y)$ 使

$$M(x, y) \, dx + (3xy^2 + 2y \cos x) \, dy = 0$$

為正合微分方程式。

解 令 $N(x, y) = 3xy^2 + 2y \cos x$，則

$$\frac{\partial N}{\partial x} = 3y^2 - 2y \sin x$$

因而

$$\frac{\partial M}{\partial y} = 3y^2 - 2y \sin x$$

故

$$M(x, y) = \int (3y^2 - 2y \sin x) \, dy$$

$$= y^3 - y^2 \sin x + h(x) \text{。}$$

例題 4

已知微分方程式

$$(2x+3y-2)\,dx+(3x-4y+1)\,dy=0$$

(1) 驗證此微分方程式是否為正合。
(2) 求此微分方程式的通解。

解 (1) 令 $M(x,y)=2x+3y-2$，$N(x,y)=3x-4y+1$，則

$$\frac{\partial M}{\partial y}=\frac{\partial}{\partial y}(2x+3y-2)=3\,,\quad\frac{\partial N}{\partial x}=\frac{\partial}{\partial x}(3x-4y+1)=3$$

因 $\dfrac{\partial M}{\partial y}=\dfrac{\partial N}{\partial x}$，故微分方程式為正合。

(2) 由 $\dfrac{\partial \phi}{\partial x}=M(x,y)=2x+3y-2$ 可得

$$\phi(x,y)=\int(2x+3y-2)\,dx=x^2+3xy-2x+g(y)$$

而

$$\frac{\partial \phi}{\partial y}=3x+g'(y)=3x-4y+1$$

$$g'(y)=-4y+1$$

可得 $\quad g(y)=-2y^2+y+c_1$

故通解為 $\quad x^2+3xy-2x-2y^2+y=c$。

例題 5

解 $(y\cos x+2xe^y)\,dx+(\sin x+x^2 e^y+2)\,dy=0$。

解 令 $M(x,y)=y\cos x+2xe^y$，$N(x,y)=\sin x+x^2 e^y+2$，則

$$\frac{\partial M}{\partial y}=\cos x+2xe^y\,,\quad \frac{\partial N}{\partial x}=\cos x+2xe^y$$

因 $\dfrac{\partial M}{\partial y}=\dfrac{\partial N}{\partial x}$，故微分方程式為正合。

由

$$\frac{\partial \phi}{\partial x}=M(x,y)=y\cos x+2xe^y$$

可得
$$\phi(x, y) = \int (y\cos x + 2xe^y)\,dx = y\sin x + x^2 e^y + g(y)$$

而
$$\frac{\partial \phi}{\partial y} = \sin x + x^2 e^y + g'(y) = \sin x + x^2 e^y + 2$$
$$g'(y) = 2$$

可得
$$g(y) = 2y + c_1$$

故通解為
$$y\sin x + x^2 e^y + 2y = c。$$

例題 6

解 $xy(x\,dy + y\,dx) = (1+y)\,dy$。

解 微分方程式改寫成
$$xy^2\,dx + (x^2 y - y - 1)\,dy = 0 \qquad (\ast)$$

令 $M(x, y) = xy^2$，$N(x, y) = x^2 y - y - 1$，則
$$\frac{\partial M}{\partial y} = \frac{\partial}{\partial y}(xy^2) = 2xy,\quad \frac{\partial N}{\partial x} = \frac{\partial}{\partial x}(x^2 y - y - 1) = 2xy$$

因 $\dfrac{\partial M}{\partial y} = \dfrac{\partial N}{\partial x}$，故 ($\ast$) 式為正合微分方程式。由 $\dfrac{\partial \phi}{\partial x} = M(x, y) = xy^2$

可得
$$\phi(x, y) = \int xy^2\,dx = \frac{1}{2}x^2 y^2 + g(y)$$

而
$$\frac{\partial \phi}{\partial y} = x^2 y + g'(y) = x^2 y - y - 1$$
$$g'(y) = -(y+1)$$

可得
$$g(y) = -\left(\frac{1}{2}y^2 + y\right) + c_1$$

故通解為
$$x^2 y^2 - y^2 - 2y = c。$$

上面所討論的解法為正合微分方程式的標準解法；然而，對許多正合微分方程式而言，只要將原式展開並作適當的重組，然後積分即可得其通解，非常方便。請看下面的例子。

例題 7

解 $\dfrac{dy}{dx} = \dfrac{3x^3 - xy^2 - 2y + 4}{x^2y + 2x}$。

解 微分方程式改寫成

$$(3x^3 - xy^2 - 2y + 4)\,dx - (x^2y + 2x)\,dy = 0 \qquad (*)$$

令 $M(x, y) = 3x^3 - xy^2 - 2y + 4$，$N(x, y) = -(x^2y + 2x)$，則

$$\frac{\partial M}{\partial y} = \frac{\partial}{\partial y}(3x^3 - xy^2 - 2y + 4) = -2xy - 2$$

$$\frac{\partial N}{\partial x} = -\frac{\partial}{\partial x}(x^2y + 2x) = -2xy - 2$$

因 $\dfrac{\partial M}{\partial y} = \dfrac{\partial N}{\partial x}$，故微分方程式為正合。

將 (*) 式重組可得

$$3x^3\,dx - (xy^2\,dx + x^2y\,dy) - (2y\,dx + 2x\,dy) + 4\,dx = 0$$

$$3x^3\,dx - d\left(\frac{1}{2}x^2y^2\right) - d(2xy) + 4\,dx = 0$$

故通解為 $\displaystyle\int 3x^3\,dx - \int d\left(\frac{1}{2}x^2y^2\right) - \int d(2xy) + \int 4\,dx = c$

即，$\dfrac{3}{4}x^4 - \dfrac{1}{2}x^2y^2 - 2xy + 4x = c$。

例題 8

解 $(y^3 - y^2 \sin x - x)\,dx + (3xy^2 + 2y \cos x)\,dy = 0$。

解 令 $M(x, y) = y^3 - y^2 \sin x - x$，$N(x, y) = 3xy^2 + 2y \cos x$，則

$$\frac{\partial M}{\partial y} = \frac{\partial}{\partial y}(y^3 - y^2 \sin x - x) = 3y^2 - 2y \sin x$$

$$\frac{\partial N}{\partial x} = -\frac{\partial}{\partial x}(3xy^2 + 2y \cos x) = 3y^2 - 2y \sin x$$

因 $\dfrac{\partial M}{\partial y} = \dfrac{\partial N}{\partial x}$，故微分方程式為正合。

將微分方程式重組可得

$$(y^3\,dx+3xy^2\,dy)+(-y^2\sin x\,dx+2y\cos x\,dy)-x\,dx=0$$

即，

$$d(y^3 x)+d(y^2\cos x)-d\left(\dfrac{x^2}{2}\right)=0$$

故

$$y^3 x+y^2\cos x-\dfrac{x^2}{2}=c。$$

一階微分方程式不一定為正合，若微分方程式

$$M(x,\ y)\,dx+N(x,\ y)\,dy=0 \tag{1-15}$$

不能滿足 $\dfrac{\partial M}{\partial y}=\dfrac{\partial N}{\partial x}$ 的關係，則 (1-15) 式並非正合微分方程式。

定義 1-4

已知 $M(x,\ y)\,dx+N(x,\ y)\,dy=0$ 不為正合，若存在一函數 $\mu(x,\ y)\neq 0$ 使得 $\mu(x,\ y)M(x,\ y)\,dx+\mu(x,\ y)N(x,\ y)\,dy=0$ 為正合，則稱 $\mu(x,\ y)$ 為 $M(x,\ y)\,dx+N(x,\ y)\,dy=0$ 的一個積分因子 (integrating factor)。

例題 9

試證 $\mu(x,\ y)=x$ 為微分方程式 $(y^2+x)\,dx+xy\,dy=0$ 的積分因子。

解 因微分方程式非正合，故以 $\mu(x,\ y)=x$ 乘微分方程式的每一項，可得

$$x[(y^2+x)\,dx+xy\,dy]=0$$

$$(y^2 x+x^2)\,dx+x^2 y\,dy=0$$

而

$$\dfrac{\partial}{\partial y}(y^2 x+x^2)=2yx=\dfrac{\partial}{\partial x}(x^2 y)$$

故 $x(y^2+x)\,dx+x^2 y\,dy=0$ 為正合微分方程式。

所以，$\mu(x,\ y)=x$ 為 $(y^2+x)\,dx+xy\,dy=0$ 的積分因子。

微分方程式的積分因子通常並非唯一。設 μ 為 (1-15) 式之一積分因子，則

$$\mu M(x, y)\, dx + \mu N(x, y)\, dy = du(x, y)$$

其中
$$\mu M = \frac{\partial u}{\partial x}, \quad \mu N = \frac{\partial u}{\partial y}$$

又設 $F(u)$ 為 u 的任意函數，且其不定積分 $\phi(u)$ 為已知，則

$$\mu F(u) M\, dx + \mu F(u) N\, dy = F(u) \frac{\partial u}{\partial x} dx + F(u) \frac{\partial u}{\partial y} dy$$
$$= F(u)\, du$$
$$= d\phi(u)$$

故 $\mu F(u)$ 為 (1-15) 式的積分因子。因 $F(u)$ 可任意選取，所以 (1-15) 式的積分因子有很多個。積分因子之求得多依經驗，可是有一些積分因子可依觀察法而獲得。現將最常出現的微分方程式與其積分因子，列舉如下。

1. $x\, dy + y\, dx = 0$ 的積分因子，計有 $\mu = \dfrac{1}{xy}$, $\dfrac{1}{x^2 y^2}$, …… 等，

   因
   $$d \ln(xy) = \frac{1}{xy} d(xy) = \frac{x\, dy + y\, dx}{xy}$$

   $$d\left(\frac{1}{xy}\right) = \frac{-d(xy)}{(xy)^2} = -\frac{x\, dy + y\, dx}{x^2 y^2} \text{。}$$

2. $x\, dy - y\, dx = 0$ 的積分因子，計有 $\mu = \dfrac{1}{x^2}$, $\dfrac{1}{y^2}$, $\dfrac{1}{xy}$, $\dfrac{1}{x^2 + y^2}$, $\dfrac{1}{x^2 - y^2}$, $\dfrac{1}{(x-y)^2}$, $\dfrac{1}{(x+y)^2}$, …… 等，

   因
   $$d\left(\frac{y}{x}\right) = \frac{x\, dy - y\, dx}{x^2}$$

   $$d\left(-\frac{x}{y}\right) = \frac{x\, dy - y\, dx}{y^2}$$

   $$d\left(\ln \frac{x}{y}\right) = \frac{1}{\frac{y}{x}} d\left(\frac{y}{x}\right) = \frac{x\, dy - y\, dx}{xy}$$

$$d\left(\tan^{-1}\frac{y}{x}\right)=\frac{1}{1+\left(\frac{y}{x}\right)^2}d\left(\frac{y}{x}\right)=\frac{x\,dy-y\,dx}{x^2+y^2}$$

$$d\left(\ln\frac{x+y}{x-y}\right)=\frac{2x\,dy-2y\,dx}{x^2-y^2}$$

$$d\left(\frac{x+y}{x-y}\right)=\frac{2x\,dy-2y\,dx}{(x-y)^2}$$

$$d\left(\frac{x-y}{x+y}\right)=\frac{2y\,dx-2x\,dy}{(x+y)^2}$$

今假設
$$M(x,\ y)\,dx+N(x,\ y)\,dy=0$$

不為正合，則 $\mu(x,\ y)$ 為其積分因子的充要條件為

$$\frac{\partial}{\partial y}(\mu M)=\frac{\partial}{\partial x}(\mu N)\,。 \tag{1-16}$$

我們可求得下列情形的積分因子：

1. 若 $\dfrac{\dfrac{\partial M}{\partial y}-\dfrac{\partial N}{\partial x}}{N}=f(x)$，則 $\mu(x)=e^{\int f(x)\,dx}$ 為一積分因子。

證 設 $\mu=\mu(x)$ 為 (1-16) 式之一積分因子，則由 (1-16) 式可得

$$\mu\frac{\partial M}{\partial y}-\mu\frac{\partial N}{\partial x}-N\frac{d\mu}{dx}=0$$

$$\frac{d\mu}{\mu}=\frac{\dfrac{\partial M}{\partial y}-\dfrac{\partial N}{\partial x}}{N}dx$$

因
$$\frac{\dfrac{\partial M}{\partial y}-\dfrac{\partial N}{\partial x}}{N}=f(x)$$

可得
$$\frac{d\mu}{\mu}=f(x)\,dx$$

$$\ln|\mu|=\int f(x)\,dx$$

故 $\mu(x)=e^{\int f(x)\,dx}$ 為 (1-16) 式之一積分因子。

例題 10

首先證明 $(e^x - \sin y)\,dx + \cos y\,dy = 0$ 不為正合微分方程式，然後再求其積分因子。

解 令 $M(x, y) = e^x - \sin y$，$N(x, y) = \cos y$，則

$$\frac{\partial M}{\partial y} = -\cos y, \quad \frac{\partial N}{\partial x} = 0$$

因 $\dfrac{\partial M}{\partial y} \neq \dfrac{\partial N}{\partial x}$，故微分方程式不為正合。

但

$$\frac{\dfrac{\partial M}{\partial y} - \dfrac{\partial N}{\partial x}}{N} = -1 = f(x)$$

得知 $\mu(x) = e^{\int f(x)\,dx} = e^{-x}$ 為原式之一積分因子。

例題 11

解 $y' - \dfrac{y}{2x} - \dfrac{x^2}{2y} = 0$。

解 將微分方程式化成

$$\frac{dy}{dx} = \frac{y^2 + x^3}{2xy}$$

$$(y^2 + x^3)\,dx - 2xy\,dy = 0$$

令 $M(x, y) = y^2 + x^3$，$N(x, y) = -2xy$，

則

$$\frac{\partial M}{\partial y} = 2y, \quad \frac{\partial N}{\partial x} = -2y$$

因 $\dfrac{\partial M}{\partial y} \neq \dfrac{\partial N}{\partial x}$，故微分方程式不為正合。

因

$$\frac{\dfrac{\partial M}{\partial y} - \dfrac{\partial N}{\partial x}}{N} = \frac{4y}{-2xy} = -\frac{2}{x} = f(x)$$

故積分因子為

$$\mu(x)=e^{\int(-\frac{2}{x})dx}=e^{-2\ln|x|}=|x|^{-2}=\frac{1}{x^2}$$

以積分因子乘 $(y^2+x^3)\,dx-2xy\,dy=0$ 可得正合微分方程式

$$\left(\frac{y^2}{x^2}+x\right)dx-\frac{2y}{x}dy=0$$

$$\left(\frac{y^2}{x^2}dx-\frac{2y}{x}dy\right)+x\,dx=0$$

$$\int d\left(-\frac{y^2}{x}\right)+\int x\,dx=c$$

故通解為

$$\frac{x^2}{2}-\frac{y^2}{x}=c$$

即，

$$x^3-2y^2=2cx。$$

例題 12

解 $(x+y)\,dx+x\ln x\,dy=0$。

解 令 $M(x,\,y)=x+y$, $N(x,\,y)=x\ln x$，則

$$\frac{\partial M}{\partial y}=1,\quad \frac{\partial N}{\partial x}=1+\ln x$$

可知 $\frac{\partial M}{\partial y}\neq\frac{\partial N}{\partial x}$，故微分方程式不為正合。

現在

$$\frac{\frac{\partial M}{\partial y}-\frac{\partial N}{\partial x}}{N}=-\frac{1}{x}=f(x)$$

得知

$$\mu(x)=e^{\int f(x)\,dx}=e^{-\int\frac{dx}{x}}=e^{-\ln x}=\frac{1}{x}$$

為微分方程式之一積分因子，故

$$(x+y)\frac{dx}{x}+\ln x\,dy=0$$

為正合微分方程式。

將上式整理成 $\dfrac{y\,dx + x\ln x\,dy}{x} + dx = 0$

即， $d(y\ln x) + dx = 0$

故 $y\ln x + x = c$。

---

2. 若 $\dfrac{\dfrac{\partial M}{\partial y} - \dfrac{\partial N}{\partial x}}{M} = f(y)$，則 $\mu(y) = e^{-\int f(y)\,dy}$ 為一積分因子。

證 設 $\mu = \mu(y)$ 為 (1-15) 式之一積分因子，則由 (1-16) 式可得

$$\mu\frac{\partial M}{\partial y} + M\frac{d\mu}{dy} = \mu\frac{\partial N}{\partial x}$$

$$\frac{d\mu}{\mu} = \frac{\dfrac{\partial N}{\partial x} - \dfrac{\partial M}{\partial y}}{M}\,dy$$

因 $\dfrac{\dfrac{\partial M}{\partial y} - \dfrac{\partial N}{\partial x}}{M} = f(y)$

得知 $\dfrac{d\mu}{\mu} = -f(y)\,dy$

$$\ln|\mu| = -\int f(y)\,dy$$

故 $\mu(y) = e^{-\int f(y)\,dy}$ 為一積分因子。

例題 13

解 $(2xy^4 e^y + 2xy^3 + y)\,dx + (x^2 y^4 e^y - x^2 y^2 - 3x)\,dy = 0$。

解 令 $M(x, y) = 2xy^4 e^y + 2xy^3 + y$，$N(x, y) = x^2 y^4 e^y - x^2 y^2 - 3x$，則

$$\frac{\partial M}{\partial y} = 8xy^3 e^y + 2xy^4 e^y + 6xy^2 + 1$$

$$\frac{\partial N}{\partial x} = 2xy^4 e^y - 2xy^2 - 3$$

可知 $\dfrac{\partial M}{\partial y} \neq \dfrac{\partial N}{\partial x}$，故微分方程式不為正合。又

$$\frac{\frac{\partial M}{\partial y}-\frac{\partial N}{\partial x}}{M}=\frac{8xy^3e^y+2xy^4e^y+6xy^2+1-2xy^4e^y+2xy^2+3}{2xy^4e^y+2xy^3+y}$$

$$=\frac{8xy^3e^y+8xy^2+4}{2xy^4e^y+2xy^3+y}=\frac{4}{y}=f(y)$$

得知 $\mu=e^{\int(-\frac{4}{y})dy}=\frac{1}{y^4}$ 為微分方程式之一積分因子，故

$$\left(2xe^y+\frac{2x}{y}+\frac{1}{y^3}\right)dx+\left(x^2e^y-\frac{x^2}{y^2}-\frac{3x}{y^4}\right)dy=0$$

為正合。

令 $\quad \phi(x,\ y)=\int\left(2xe^y+\frac{2x}{y}+\frac{1}{y^3}\right)dx=x^2e^y+\frac{x^2}{y}+\frac{x}{y^3}+g(y)$

則 $\quad \dfrac{\partial \phi}{\partial y}=x^2e^y-\dfrac{x^2}{y^2}-\dfrac{3x}{y^4}+g'(y)$

$$=x^2e^y-\frac{x^2}{y^2}-\frac{3x}{y^4}$$

可得 $\quad g'(y)=0,\ \ g(y)=c_1$

故通解為 $\quad x^2e^y+\dfrac{x^2}{y}+\dfrac{x}{y^3}=c$。

---

3. 若 $\dfrac{\frac{\partial M}{\partial y}-\frac{\partial N}{\partial x}}{yN-xM}=f(xy)$，則 $\mu(u)=e^{\int f(u)du}$ 為一積分因子，其中 $u=xy$。

證 設 $\mu(u)$ 為 (1-15) 式之一積分因子，則由 (1-16) 式可得

$$\mu(u)\frac{\partial M}{\partial y}+M\left[\frac{\partial}{\partial y}\mu(u)\right]=\mu(u)\frac{\partial N}{\partial x}+N\left[\frac{\partial}{\partial x}\mu(u)\right]$$

又 $\quad \dfrac{\partial}{\partial y}\mu(u)=\mu'(u)\dfrac{\partial u}{\partial y}=x\dfrac{d}{du}\mu(u)$

$\quad \dfrac{\partial}{\partial x}\mu(u)=\mu'(u)\dfrac{\partial u}{\partial x}=y\dfrac{d}{du}\mu(u)$

可得

$$\mu(u)\frac{\partial}{\partial y}M+M\left[x\frac{d}{du}\mu(u)\right]=\mu(u)\frac{\partial N}{\partial x}+N\left[y\frac{d}{du}\mu(u)\right]$$

$$\frac{d\mu(u)}{\mu(u)}=\frac{\dfrac{\partial M}{\partial y}-\dfrac{\partial N}{\partial x}}{yN-xM}\,du$$

因

$$\frac{\dfrac{\partial M}{\partial y}-\dfrac{\partial N}{\partial x}}{yN-xM}=f(u)$$

得知

$$\frac{d\mu(u)}{\mu(u)}=f(u)\,du$$

$$\ln|\mu(u)|=\int f(u)\,du$$

故 $\mu(u)=e^{\int f(u)\,du}$ 為一積分因子，其中 $u=xy$。

4. 若 $\dfrac{y^2\left(\dfrac{\partial M}{\partial y}-\dfrac{\partial N}{\partial x}\right)}{xM+yN}=f\left(\dfrac{x}{y}\right)$，則 $\mu(u)=e^{\int f(u)\,du}$ 為一積分因子，其中 $u=\dfrac{x}{y}$。

證 因 $u=\dfrac{x}{y}$，故 $\dfrac{\partial u}{\partial y}=-\dfrac{x}{y^2}$ 且 $\dfrac{\partial u}{\partial x}=\dfrac{1}{y}$。

$$\frac{\partial}{\partial y}\mu(u)=\mu'(u)\frac{\partial u}{\partial y}=-\frac{x}{y^2}\frac{d}{du}\mu(u)$$

$$\frac{\partial}{\partial x}\mu(u)=\mu'(u)\frac{\partial u}{\partial x}=\frac{1}{y}\frac{d}{du}\mu(u)$$

利用 (1-16) 式可得

$$\mu(u)\frac{\partial M}{\partial y}+M\left[-\frac{x}{y^2}\frac{d\mu(u)}{du}\right]=\mu(u)\frac{\partial N}{\partial x}+N\left[\frac{1}{y}\frac{d\mu(u)}{du}\right]$$

整理成

$$\frac{d\mu(u)}{\mu(u)}=\frac{y^2\left(\dfrac{\partial M}{\partial y}-\dfrac{\partial N}{\partial x}\right)}{xM+yN}\,du$$

因
$$\frac{y^2\left(\frac{\partial M}{\partial y}-\frac{\partial N}{\partial x}\right)}{xM+yN}=f(u)$$

得知
$$\frac{d\mu(u)}{\mu(u)}=f(u)\,du$$

$$\ln|\mu(u)|=\int f(u)\,du$$

故 $\mu(u)=e^{\int f(u)\,du}$ 為一積分因子，其中 $u=\dfrac{x}{y}$。

5. 若 $\dfrac{x^2\left(\frac{\partial N}{\partial x}-\frac{\partial M}{\partial y}\right)}{xM+yN}=f\left(\dfrac{y}{x}\right)$，則 $\mu(u)=e^{\int f(u)\,du}$ 為一積分因子，其中 $u=\dfrac{y}{x}$。

6. 若 $\dfrac{\frac{\partial M}{\partial y}-\frac{\partial N}{\partial x}}{M-N}=f(x+y)$，則 $\mu(u)=e^{-\int f(u)\,du}$ 為一積分因子，其中 $u=x+y$。

7. 若 $\dfrac{\frac{\partial M}{\partial y}-\frac{\partial N}{\partial x}}{yM-xN}=f(x^2+y^2)$，則 $\mu(u)=e^{-\frac{1}{2}\int f(u)\,du}$ 為一積分因子，其中 $u=x^2+y^2$。

請讀者自證之。

例題 14

解 $y\,dx-(x^2+y^2+x)\,dy=0$。

解 令 $M(x,y)=y$，$N(x,y)=-(x^2+y^2+x)$，則

$$\frac{\partial M}{\partial y}=1,\quad \frac{\partial N}{\partial x}=-(2x+1)$$

因 $\dfrac{\partial M}{\partial y}\neq\dfrac{\partial N}{\partial x}$，故微分方程式不為正合。

$$\frac{\frac{\partial M}{\partial y}-\frac{\partial N}{\partial x}}{yM-xN}=\frac{1+2x+1}{y^2+x^3+xy^2+x^2}=\frac{2(x+1)}{(x+1)(x^2+y^2)}$$

$$=\frac{2}{x^2+y^2}=\frac{2}{u}\quad(u=x^2+y^2)$$

$$\mu(u) = e^{-\frac{1}{2}\int \frac{2}{u} du} = e^{-\ln|u|} = \frac{1}{|u|} = \frac{1}{x^2 + y^2}$$

為一積分因子，可知

$$\frac{y}{x^2 + y^2} dx - \frac{x^2 + y^2 + x}{x^2 + y^2} dy = 0$$

為正合微分方程式。整理成

$$\frac{y\,dx - x\,dy}{x^2 + y^2} - dy = 0$$

$$\frac{\frac{y\,dx - x\,dy}{y^2}}{1 + \left(\frac{x}{y}\right)^2} - dy = 0 \Rightarrow \frac{d\left(\frac{x}{y}\right)}{1 + \left(\frac{x}{y}\right)^2} - dy = 0$$

故

$$\tan^{-1}\frac{x}{y} - y = c \text{。}$$

例題 15

已知 $(x^2 y + 2y^2)\,dx - x^3\,dy = 0$ 的積分因子為 $x^m y^n$，此處 m 與 n 為某實數，求該積分因子，並解微分方程式。

解 以 $x^m y^n$ 乘微分方程式可得

$$(x^{m+2} y^{n+1} + 2x^m y^{n+2})\,dx - x^{m+3} y^n\,dy = 0 \qquad (*)$$

$$\frac{\partial}{\partial y}(x^{m+2} y^{n+1} + 2x^m y^{n+2}) = (n+1) x^{m+2} y^n + 2(n+2) x^m y^{n+1}$$

$$\frac{\partial}{\partial x}(-x^{m+3} y^n) = -(m+3) x^{m+2} y^n$$

因 (*) 式為正合，故

$$(n+1)x^{m+2} y^n + 2(n+2)x^m y^{n+1} = -(m+3) x^{m+2} y^n$$

可知 $\begin{cases} (n+1) = -(m+3) \\ 2(n+2) = 0 \end{cases} \Rightarrow \begin{cases} n = -2 \\ m = -2 \end{cases}$

因而積分因子為 $x^{-2}y^{-2} = \dfrac{1}{x^2 y^2}$。

(＊) 式變成 $\left(\dfrac{1}{y} + \dfrac{2}{x^2}\right) dx - \dfrac{x}{y^2} dy = 0$，即，

$$\dfrac{y\,dx - x\,dy}{y^2} + \dfrac{2}{x^2} dx = 0 \;\Rightarrow\; d\left(\dfrac{x}{y} - \dfrac{2}{x}\right) = 0$$

故 $\dfrac{x^2 - 2y}{xy} = c$，即，$x^2 - 2y = cxy$。

習題 1-5

1. 試決定函數 $N(x,\,y)$ 使得
$$(x^{-2}y^{-2} + xy^{-3})\,dx + N(x,\,y)\,dy = 0$$
為正合微分方程式。

2. 試決定函數 $M(x,\,y)$ 使得
$$M(x,\,y)\,dx + \left(xe^{xy} + 2xy + \dfrac{1}{x}\right) dy = 0$$
為正合微分方程式。

解下列各微分方程式。

3. $2xy\,dx + (x^2 - 1)\,dy = 0$
4. $(3x^2 + 4xy)\,dx + (2x^2 + 2y)\,dy = 0$
5. $(2x + ye^{xy})\,dx + (xe^{xy})\,dy = 0$
6. $(e^{2y} - y\cos xy)\,dx + (2xe^{2y} - x\cos xy + 2y)\,dy = 0$
7. $(\cos y + y\cos x)\,dx + (\sin x - x\sin y)\,dy = 0$
8. $2x(ye^{x^2} - 1)\,dx + e^{x^2}\,dy = 0$
9. $\dfrac{x+y}{x^2+y^2}\,dx - \dfrac{x-y}{x^2+y^2}\,dy = 0$
10. $(y^2 + e^x \sin y)\,dx + (2xy + e^x \cos y)\,dy = 0$
11. $\dfrac{2xy+1}{y} + \dfrac{y-x}{y^2}\dfrac{dy}{dx} = 0$

12. $\left(2x \sin \dfrac{y}{x} - y \cos \dfrac{y}{x}\right) dx + x \cos \dfrac{y}{x}\, dy = 0$

13. $x^{-n} y^{-n+1}\, dx + x^{-n+1} y^{-n}\, dy = 0$, $n \neq 1$

14. $\left(\dfrac{2s-1}{t}\right) ds + \left(\dfrac{s-s^2}{t^2}\right) dt = 0$

15. $\dfrac{dy}{dx} = \dfrac{2 + y e^{xy}}{2y - x e^{xy}}$

解下列各初值問題。

16. $\begin{cases} (2y \sin x \cos x + y^2 \sin x)\, dx + (\sin^2 x - 2y \cos x)\, dy = 0 \\ y(0) = 3 \end{cases}$

17. $\begin{cases} \left(\dfrac{3-y}{x^2}\right) dx + \left(\dfrac{y^2 - 2x}{xy^2}\right) dy = 0 \\ y(-1) = 2 \end{cases}$

18. 試證：對任意實數 n，$\dfrac{1}{(xy)^n}$ 為微分方程式 $y\, dx + x\, dy = 0$ 的積分因子。

19. 試證：$-\dfrac{1}{x^2}$ 為微分方程式 $y\, dx - x\, dy = 0$ 的積分因子。

20. 試證：對任意實數 α 與 β，$x^{\alpha-1} y^{\beta-1}$ 為微分方程式 $\alpha y\, dx + \beta x\, dy = 0$ 的積分因子。

解下列各微分方程式。

21. $(3x^2 - y^2)\, dy - 2xy\, dx = 0$

22. $(x^2 + y^2 + x)\, dx + xy\, dy = 0$

23. $\dfrac{dy}{dx} = \dfrac{1}{2xy}$

24. $\dfrac{dy}{dx} = \dfrac{1}{x^2(1-3y)}$

25. $2y^2\, dx + (2x + 3xy)\, dy = 0$

26. $3y\, dx + x(2 + y^3)\, dy = 0$

27. $(2xy^2 + y)\, dx + (x + 2x^2 y - x^4 y^3)\, dy = 0$

28. $xy^3\, dx + (x^2 y^2 - 1)\, dy = 0$

29. $(x^3 + xy^2 - y)\, dx + x\, dy = 0$

30. $x^2 \dfrac{dy}{dx} + xy + \sqrt{1 - x^2 y^2} = 0$

31. $(2x^3 y^2 + 4x^2 y + 2xy^2 + xy^4 + 2y)\, dx + 2(y^3 + x^2 y + x)\, dy = 0$

32. $xy^2\, dx + (x^2 y^2 + x^2 y)\, dy = 0$

33. $(y - xy^2)\, dx + (x + x^2 y^2)\, dy = 0$

34. 已知 $(y^2 - 2xy)dx + 2x^2 dy = 0$ 的積分因子為 $x^m y^n$，此處 m 與 n 為某實數，求該積分因子，並解微分方程式。

35. 已知 $(4x^2 y - 3xy^2)\, dx + (x^3 - 2x^2 y)\, dy = 0$ 的積分因子為 $x^m y^n$，此處 m 與 n 為某實數，求該積分因子，並解微分方程式。

1-6 線性微分方程式

定義 1-5

形如
$$\frac{dy}{dx}+P(x)y=Q(x) \tag{1-17}$$
的一階微分方程式稱為**線性** (linear)，其中 $P(x)$ 與 $Q(x)$ 在某區間為連續的函數。

例如，$(x^2+1)\frac{dy}{dx}+(x-1)y=x$ 為一階線性微分方程式，因為此式可化成

$$\frac{dy}{dx}+\frac{x-1}{x^2+1}y=\frac{x}{x^2+1}$$

其中 $P(x)=\frac{x-1}{x^2+1}$ 與 $Q(x)=\frac{x}{x^2+1}$ 皆為連續函數。

現在，我們來討論 (1-17) 式的解法。首先將 (1-17) 式整理成

$$[P(x)y-Q(x)]\,dx+dy=0 \tag{1-18}$$

因 $\frac{\partial}{\partial y}[P(x)y-Q(x)]=P(x)$，而 $\frac{\partial}{\partial x}(1)=0$

故 (1-18) 式不為正合微分方程式，除非 $P(x)=0$。若當 $P(x)=0$ 時，則 (1-17) 式就變成變數可分離的微分方程式。然而，利用積分因子的求法可得 (1-17) 式的一個積分因子為

$$\mu(x)=e^{\int P(x)\,dx}$$

將此積分因子乘 (1-17) 式可得

$$e^{\int P(x)\,dx}\frac{dy}{dx}+e^{\int P(x)\,dx}P(x)y=Q(x)e^{\int P(x)\,dx}$$

$$\frac{d}{dx}\left(e^{\int P(x)\,dx}y\right)=Q(x)e^{\int P(x)\,dx}$$

故

$$e^{\int P(x)\,dx}y=\int e^{\int P(x)\,dx}Q(x)\,dx+c$$

即，

$$y=e^{-\int P(x)\,dx}\left[\int e^{\int P(x)\,dx}Q(x)\,dx+c\right].$$

定理 1-6

一階線性微分方程式 $\dfrac{dy}{dx}+P(x)y=Q(x)$ 的一積分因子為 $\mu(x)=e^{\int P(x)\,dx}$，其通解為

$$y=e^{-\int P(x)\,dx}\left[\int e^{\int P(x)\,dx}Q(x)\,dx+c\right]。 \tag{1-19}$$

沒有必要強記公式 (1-19)，只要先將一階線性微分方程式寫成 (1-17) 式，然後執行下列步驟。

解一階線性微分方程式 (1-17) 的步驟

1. 計算積分因子 $\mu(x)=e^{\int P(x)\,dx}$。
2. 以 $\mu(x)$ 乘微分方程式。
3. 確定步驟 2 所得微分方程式為 $\dfrac{d}{dx}[\mu(x)y]=\mu(x)Q(x)$。
4. 對步驟 3 的微分方程式積分。

例題 1

解 $\dfrac{dy}{dx}-\dfrac{4}{x}y=x^5 e^x$。

解 積分因子為 $e^{\int(-\frac{4}{x})\,dx}=e^{-4\ln|x|}=\dfrac{1}{|x|^4}=\dfrac{1}{x^4}$。以 $\dfrac{1}{x^4}$ 乘微分方程式可得

$$\frac{1}{x^4}\frac{dy}{dx}-\frac{4}{x^5}y=xe^x$$

$$\frac{d}{dx}\left(\frac{y}{x^4}\right)=xe^x$$

故

$$\frac{y}{x^4}=\int xe^x\,dx=xe^x-e^x+c$$

即，

$$y=x^5 e^x-x^4 e^x+cx^4。$$

例題 2

解 $x\dfrac{dy}{dx}+2y=\dfrac{\cos 5x}{x}$。

解 將微分方程式化成

$$\dfrac{dy}{dx}+\dfrac{2}{x}y=\dfrac{\cos 5x}{x^2}$$

積分因子為

$$e^{\int (2/x)\,dx}=e^{2\ln|x|}=e^{\ln|x|^2}=e^{\ln x^2}=x^2$$

$$\dfrac{d}{dx}(x^2y)=\cos 5x$$

$$x^2y=\int \cos 5x\,dx=\dfrac{1}{5}\sin 5x+c$$

故

$$y=\dfrac{\sin 5x}{5x^2}+\dfrac{c}{x^2}。$$

例題 3

解 $xy'-(x+2)y=x^3-x^4$。

解 將微分方程式除以 x 可化成一階線性微分方程式

$$\dfrac{dy}{dx}-\left(1+\dfrac{2}{x}\right)y=x^2-x^3$$

積分因子為

$$\mu(x)=e^{-\int \left(1+\frac{2}{x}\right)dx}=e^{-(x+2\ln|x|)}=\dfrac{e^{-x}}{x^2}$$

故通解為

$$\dfrac{e^{-x}}{x^2}y=\int e^{-x}(1-x)\,dx+c$$

$$=x\,e^{-x}+c$$

即, $y=x^3+cx^2e^x$。

例題 4

解初值問題

$$\begin{cases} \dfrac{dy}{dx}+2xy=x \\ y(0)=-3 \end{cases}$$

解 積分因子為 $e^{\int 2x\,dx}=e^{x^2}$，因而

$$\dfrac{d}{dx}(e^{x^2}y)=xe^{x^2}$$

$$e^{x^2}y=\int xe^{x^2}\,dx=\dfrac{1}{2}e^{x^2}+c$$

即，

$$y=\dfrac{1}{2}+ce^{-x^2}$$

當 $x=0$ 時，$y=-3$，可得 $c=-\dfrac{7}{2}$，故特解為 $y=\dfrac{1}{2}-\dfrac{7}{2}e^{-x^2}$。

例題 5

解 $(1+x^2)(dy-dx)=2xy\,dx$。

解 將微分方程式除以 $(1+x^2)\,dx$，並整理成

$$\dfrac{dy}{dx}-\dfrac{2x}{1+x^2}y=1$$

積分因子為

$$e^{\int\left(-\frac{2x}{1+x^2}\right)dx}=e^{-\ln(1+x^2)}=\dfrac{1}{1+x^2}$$

$$\dfrac{d}{dx}\left(\dfrac{y}{1+x^2}\right)=\dfrac{1}{1+x^2}$$

$$\dfrac{y}{1+x^2}=\int\dfrac{1}{1+x^2}\,dx=\tan^{-1}x+c$$

即，

$$y=(1+x^2)(\tan^{-1}x+c)$$

例題 6

解初值問題

$$\begin{cases} \dfrac{dy}{dx} = \dfrac{1}{x+y^2} \\ y(-2) = 0 \end{cases}$$

解 微分方程式不為線性，但可改寫成

$$\dfrac{dx}{dy} = x + y^2 \quad \text{或} \quad \dfrac{dx}{dy} - x = y^2$$

此為線性微分方程式（y 為自變數，x 為因變數），其積分因子為 $e^{-\int dy} = e^{-y}$。

$$\dfrac{d}{dy}(e^{-y}x) = e^{-y}y^2$$

$$e^{-y}x = \int e^{-y}y^2\, dy = -y^2 e^{-y} - 2ye^{-y} - 2e^{-y} + c$$

即， $x = -y^2 - 2y - 2 + ce^y$

當 $x = -2$ 時，$y = 0$，可得 $c = 0$，故特解為 $x = -y^2 - 2y - 2$。

例題 7

設可微分函數 $y(t)$ 滿足方程式

$$y(t) = \int_0^t y(s)\, ds + t + 2$$

求 $y(t)$。

解 方程式的兩邊對 t 微分，並由方程式可得初值問題：

$$\begin{cases} y'(t) = \dfrac{d}{dt}\left(\int_0^t y(s)\, ds + t + 2\right) = y(t) + 1 \\ y(0) = 2 \end{cases}$$

積分因子為 $e^{-\int dt} = e^{-t}$，可得微分方程式的通解為 $y(t) = ce^t - 1$。
由 $y(0) = 2$，可得 $c = 3$，所以，特解為 $y(t) = 3e^t - 1$。

習題 1-6

解下列各微分方程式。

1. $y' + \left(\dfrac{4}{x}\right) y = x^4$

2. $\dfrac{dy}{dx} + ky = 100k$，$k$ 為常數

3. $\dfrac{dy}{dx} + y = \sin x$

4. $\dfrac{dz}{dx} - xz = -x$

5. $\dfrac{dy}{dx} + (\cot x) y = 2x \csc x$

6. $\dfrac{dy}{dx} - 2xy = x$

7. $y^2\, dx + (3x - 1)\, dy = 0$

8. $(x^2 + 1)\dfrac{dy}{dx} + 4xy = x$

9. $\dfrac{dy}{dx} + (\tan x) y = \cos x$

10. $(\cos^2 x - y \cos x)\, dx - (1 + \sin x)\, dy = 0$

11. $\dfrac{dy}{dx} + (\tan x) y = \sin 2x$

12. $y \dfrac{dx}{dy} + \dfrac{x}{\ln y} = 1$

13. $y \ln y\, dx + (x - \ln y)\, dy = 0$

14. $2xy \dfrac{dy}{dx} + 2y^2 = 3x - 6$

15. $(x+1) y' + \tan y - (x^2 - 1) \sec y = 0$

16. $\begin{cases} y' - xy = -x \\ y(0) = -4 \end{cases}$

17. $\begin{cases} \dfrac{dQ}{dt} + \dfrac{2}{10 + 2t} Q = 4 \\ Q(2) = 100 \end{cases}$

18. $\begin{cases} \dfrac{dy}{dx} - 2y = x e^{3x} \\ y(0) = 2 \end{cases}$

解下列各初值問題。

19. $\begin{cases} x \dfrac{dy}{dx} - 2y = 2x^4 \\ y(2) = 8 \end{cases}$

20. $\begin{cases} \dfrac{dy}{dx} + 3x^2 y = x^2 \\ y(0) = 2 \end{cases}$

21. $\begin{cases} \dfrac{dr}{d\theta} + r \tan \theta = \cos^2 \theta \\ r\left(\dfrac{\pi}{4}\right) = 1 \end{cases}$

22. $\begin{cases} x \dfrac{dy}{dx} + y = e^x \\ y(1) = e \end{cases}$

23. 試證變數變換法 $v = f(y)$ 可將微分方程式

$$\dfrac{d f(y)}{dy} \dfrac{dy}{dx} + P(x) f(y) = Q(x)$$

化成 v 的一階線性微分方程式。

24. 利用 23. 題的結果解微分方程式

    (1) $(y+1)\dfrac{dy}{dx}+x(y^2+2y)=x$

    (2) $yy'+xy^2=e^{-x^2}\sin x$

    (3) $y'\sec^2 y+\tan y=x$

25. 設可微分函數 $y(t)$ 滿足方程式 $y(t)=\displaystyle\int_0^t y(s)ds+t^2+1$，求 $y(t)$。

1-7 可化成線性的微分方程式

某些非線性的一階微分方程式經過適當的變數變換後，便可化成一階線性微分方程式。我們現在討論兩種典型的非線性一階微分方程式。

定義 1-6

形如

$$\dfrac{dy}{dx}+P(x)y=Q(x)y^n,\ n\neq 0\ \text{或}\ 1 \tag{1-20}$$

的微分方程式稱為**伯努利方程式** (Bernoulli's equation)。

當 $n=0$ 時，(1-20) 式變成一階線性微分方程式。又當 $n=1$ 時，則 (1-20) 式變成變數可分離的微分方程式。我們可將伯努利方程式作變數變換化成一階線性微分方程式，再利用積分因子即可求得其通解。

解伯努利方程式的步驟

1. 先以 y^n 除 $\dfrac{dy}{dx}+P(x)y=Q(x)y^n$，可得

$$y^{-n}\dfrac{dy}{dx}+P(x)y^{-n+1}=Q(x)。 \tag{*}$$

2. 令 $v=y^{-n+1}$，則

$$\dfrac{dv}{dx}=(-n+1)y^{-n}\dfrac{dy}{dx}。$$

3. 代入 (＊) 式，可得以 v 為因變數的一階線性微分方程式

$$\frac{dv}{dx}+(1-n)P(x)v=(1-n)Q(x)。 \qquad (1\text{-}21)$$

4. 求 (1-21) 式的積分因子，並求得 (1-21) 式的通解為

$$\begin{aligned}v &= e^{-(1-n)\int P(x)\,dx}\left[\int (1-n)Q(x)e^{(1-n)\int P(x)\,dx}\,dx+c\right]\\ &= e^{(n-1)\int P(x)\,dx}\left[c-(n-1)\int Q(x)e^{(1-n)\int P(x)\,dx}\,dx\right]\end{aligned}$$

再以 $v=y^{-n+1}$ 代回 (1-21) 式的通解中，則求得伯努利方程式的通解。

例題 1

解 $\dfrac{dy}{dx}+y=xy^2$。

解 將微分方程式化成

$$y^{-2}\frac{dy}{dx}+y^{-1}=x$$

令 $v=y^{-1}$，則 $\dfrac{dv}{dx}=-y^{-2}\dfrac{dy}{dx}$，代入上式可得

$$-\frac{dv}{dx}+v=x \qquad 或 \qquad \frac{dv}{dx}-v=-x$$

以積分因子 e^{-x} 乘上式可得

$$e^{-x}\frac{dv}{dx}-e^{-x}v=-xe^{-x}$$

$$\frac{d}{dx}(e^{-x}v)=-xe^{-x}$$

$$e^{-x}v=-\int xe^{-x}\,dx=xe^{-x}+e^{-x}+c$$

$$v=x+1+ce^x$$

故通解為 $\quad y=\dfrac{1}{x+1+ce^x}$。

例題 2

解 $xy' - (3x+6)y = -9xe^{-x}y^{4/3}$。

解 微分方程式化成

$$xy^{-4/3}y' - (3x+6)y^{-1/3} = -9xe^{-x}$$

設 $v = y^{-1/3}$，則 $v' = -\dfrac{1}{3}y^{-4/3}$，代入上式可得

$$v' + \frac{x+2}{x}v = 3e^{-x}$$

積分因子為

$$\mu(x) = e^{\int (1+\frac{2}{x})dx} = x^2 e^x$$

$$v = x^{-2}e^{-x}\left(\int 3x^2 dx + c\right) = x^{-2}e^{-x}(x^3+c)$$

將 $v = y^{-1/3}$ 代入上式可得

$$y^{-1/3} = x^{-2}e^{-x}(x^3+c)$$

故通解為

$$y = \frac{x^6 e^{3x}}{(x^3+c)^3}。$$

例題 3

解 $(y-x^2)\dfrac{dy}{dx} + xy = 0$。

解 微分方程式變成

$$\frac{dx}{dy} = -\frac{y-x^2}{xy} = -\frac{1}{x} + \frac{x}{y}$$

$$\frac{dx}{dy} - \frac{1}{y}x = -\frac{1}{x}$$

$$x\frac{dx}{dy} - \frac{1}{y}x^2 = -1$$

令 $v = x^2$，則 $\dfrac{dv}{dy} = 2x \dfrac{dx}{dy}$，代入上式可得

$$\frac{dv}{dy} - \frac{2}{y} v = -2$$

以積分因子 $\dfrac{1}{y^2}$ 乘上式可得

$$\frac{1}{y^2} \frac{dv}{dy} - \frac{2}{y^3} v = -\frac{2}{y^2}$$

$$\frac{d}{dy}\left(\frac{v}{y^2}\right) = -\frac{2}{y^2}$$

$$\frac{v}{y^2} = \frac{2}{y} + c$$

$$v = y(2 + cy)$$

故通解為 $\quad x^2 = y(2 + cy)$。

定義 1-7

形如

$$\frac{dy}{dx} = P(x) + Q(x)\,y + R(x)\,y^2 \tag{1-22}$$

的微分方程式稱為**李卡提方程式** (Riccati equation)，其中 P、Q 與 R 皆為 x 的函數。

若李卡提方程式之一解為已知時，則可利用變數變換將原方程式變成伯努利方程式，再經第二次變數變換，就可以化成一階線性微分方程式。現在假設 y_1 為由觀察可得或為一已知的解，令 $y = y_1 + z$ 代入 (1-22) 式，則

$$\frac{dy_1}{dx} + \frac{dz}{dx} = P + Qy_1 + Qz + Ry_1^2 + 2Ry_1 z + Rz^2 \tag{1-23}$$

因 y_1 為一解，故應滿足 (1-22) 式，即，

$$\frac{dy_1}{dx} = P + Qy_1 + Ry_1^2$$

代入 (1-23) 式可得

$$\frac{dz}{dx} = z(Q + 2Ry_1) + Rz^2 \qquad (1\text{-}24)$$

此為 $n = 2$ 的伯努利方程式。再令 $u = z^{-1}$，則 (1-24) 式可化成

$$-\frac{1}{u^2}\frac{du}{dx} = \frac{1}{u}(Q + 2Ry_1) + \frac{R}{u^2}$$

或

$$\frac{du}{dx} + (Q + 2Ry_1)u = -R$$

此為一階線性微分方程式，若直接設 $y = y_1 + \dfrac{1}{u}$，亦可將李卡提方程式化成一階線性微分方程式。

例題 4

解 $\dfrac{dy}{dx} = 1 - \dfrac{2}{x}y + \dfrac{2}{x^2}y^2$。

解 由觀察知 $y = x$ 為一解，可令 $y = x + \dfrac{1}{u}$，則 $\dfrac{dy}{dx} = 1 - \dfrac{1}{u^2}\dfrac{du}{dx}$，代入微分方程式可得

$$1 - \frac{1}{u^2}\frac{du}{dx} = 1 - \frac{2}{x}\left(x + \frac{1}{u}\right) + \frac{2}{x^2}\left(x + \frac{1}{u}\right)^2$$

$$\frac{du}{dx} + \frac{2}{x}u = -\frac{2}{x^2}$$

以積分因子 x^2 乘上式可得

$$\frac{d}{dx}(x^2 u) = -2$$

$$x^2 u = -2x + c$$

$$\frac{1}{u} = \frac{x^2}{c - 2x}$$

故通解為 $y = x + \dfrac{x^2}{c - 2x}$。

習題 1-7

解下列各微分方程式。

1. $\dfrac{dy}{dx}+y=y^2 e^x$

2. $\dfrac{dy}{dx}-\dfrac{3}{x}y=x^4 y^{1/3}$

3. $\dfrac{dy}{dx}+\dfrac{1}{x}y=3x^2 y^3$

4. $\dfrac{dy}{dx}+xy=xy^2$

5. $x\dfrac{dy}{dx}+y=-2x^6 y^4$

6. $\dfrac{dy}{dx}+y=xy^3$

7. $x\,dy-[y+xy^3(1+\ln x)]\,dx=0$

8. $\dfrac{dx}{dt}+\dfrac{t+1}{2t}x=\dfrac{t+1}{xt}$

9. $2xy'+y+3x^2y^2=0$

10. $\dfrac{dy}{dx}=x+y(1-2x)-y^2(1-x)$ (已知 $y=1$ 為一解)

11. $(x^2-1)\dfrac{dy}{dx}+y^2-2xy+1=0$ (已知 $y=x$ 為一解)

12. $y'+xy^2-(2x+1)y+x+1=0$ (已知 $y=1$ 為一解)

13. $x\dfrac{dy}{dx}-y+2y^2=2x^2$ (已知 $y=x$ 為一解)

14. $dx-(xy+x^2y^3)\,dy=0$

15. $\dfrac{dy}{dx}+\dfrac{1}{3}y=\dfrac{1}{3}(1-2x)y^4$

解下列各初值問題。

16. $\begin{cases} x\dfrac{dy}{dx}+4y=(xy)^{3/2} \\ y(1)=4 \end{cases}$

17. $\begin{cases} \dfrac{dy}{dx}+\dfrac{y}{2x}=\dfrac{x}{y^3} \\ y(1)=2 \end{cases}$

1-8 應用

一、幾何問題

令
$$F(x, y, c)=0 \tag{1-25}$$

為 xy- 平面上具有一個參變數的曲線族，若一曲線與 (1-25) 式的曲線族正交，則稱它為已知曲線族的**正交軌線** (orthogonal trajectory)。因此，若一曲線族的每

一曲線皆與另一曲線族的每一曲線正交，則稱此兩曲線族互為**正交軌線族**。正交軌線在物理學或工程應用上均甚常見，例如靜電學裡，**電力線** (electric force line) 與**等位線** (equipotential line) 互為正交軌線。若一曲線與 (1-25) 式的曲線族相交成定角 $\alpha \neq \dfrac{\pi}{2}$，則稱它為已知曲線族的**斜交軌線** (oblique trajectory)。

例題 1

求通過原點且圓心在 x- 軸上之圓族曲線的正交軌線。

解 依題意，圓族方程式為

$$(x-k)^2 + y^2 = k^2$$

即為圓心在 $(k, 0)$ 上且通過原點的圓族方程式，其中 k 為參數，可以為正值或負值。微分上式可得

$$x + yy' = k$$

圓族方程式化成

$$x^2 + y^2 = 2x(x + yy')$$

$$y' = \frac{y^2 - x^2}{2xy}$$

故此圓族的斜率為

$$\frac{dy}{dx} = y' = \frac{y^2 - x^2}{2xy}$$

其負倒數為

$$\frac{2xy}{x^2 - y^2}$$

即為與所予的圓垂直相交之所有曲線的斜率。欲求得正交軌線，只要解下列微分方程式

$$\frac{dy}{dx} = \frac{2xy}{x^2 - y^2}$$

或

$$(x^2 - y^2)\, dy - 2xy\, dx = 0 \tag{$*$}$$

上式為二次齊次微分方程式。令 $y=vx$，則 $dy=v\,dx+x\,dv$，代入 (＊) 式可得

$$(x^2-v^2x^2)(v\,dx+x\,dv)-2x^2v\,dx=0$$

$$(1-v^2)x\,dv-v(1+v^2)\,dx=0$$

將上式分離變數後再積分可得

$$\int \frac{1-v^2}{v(1+v^2)}dv - \int \frac{dx}{x} = \ln|c_1|$$

$$\int \left(\frac{1}{v}-\frac{2v}{1+v^2}\right)dv - \int \frac{dx}{x} = \ln|c_1|$$

$$\ln|v|-\ln|1+v^2|-\ln|x|=\ln|c_1|$$

即，
$$\ln\left|\frac{v}{1+v^2}\right|=\ln|c_1 x|$$

令 $c_1=\dfrac{1}{2c}$，則 $\dfrac{v}{1+v^2}=\dfrac{x}{2c}$

再將 $y=vx$ 代入上式並重新組合，可得

$$\frac{\dfrac{y}{x}}{1+\dfrac{y^2}{x^2}}=\frac{x}{2c}$$

即， $x^2+y^2=2cy$

上式為圓心在 y-軸上點 $(0, c)$ 處並通過原點的圓族方程式。兩圓族曲線永遠正交 (見圖 1-5)。

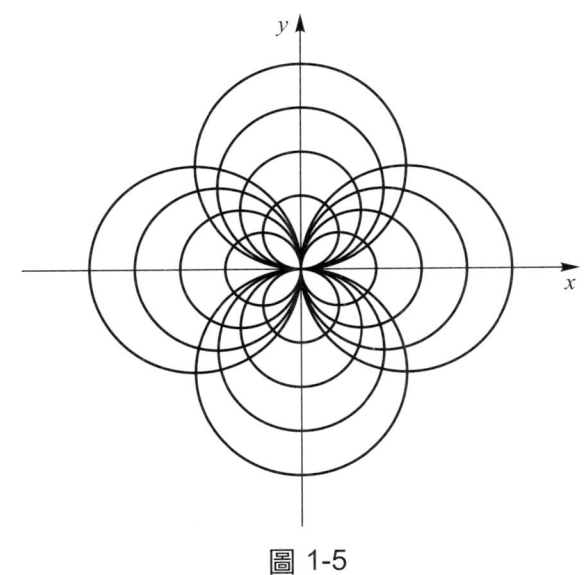

圖 1-5

例題 2

求與拋物線族 $y=cx^2$ 相交成 $\dfrac{\pi}{4}$ 的曲線族。

解 依圖 1-6 所示，

$$\tan(\phi_2 - \phi_1) = \tan\frac{\pi}{4}$$

$$\frac{\tan\phi_2 - \tan\phi_1}{1 + \tan\phi_2 \tan\phi_1} = \tan\frac{\pi}{4}$$

但 $\tan\phi_2 = \dfrac{2y}{x}$，若令 $\tan\phi_1 = y'$，則

$$\frac{\dfrac{2y}{x} - y'}{1 + \dfrac{2y}{x}y'} = 1$$

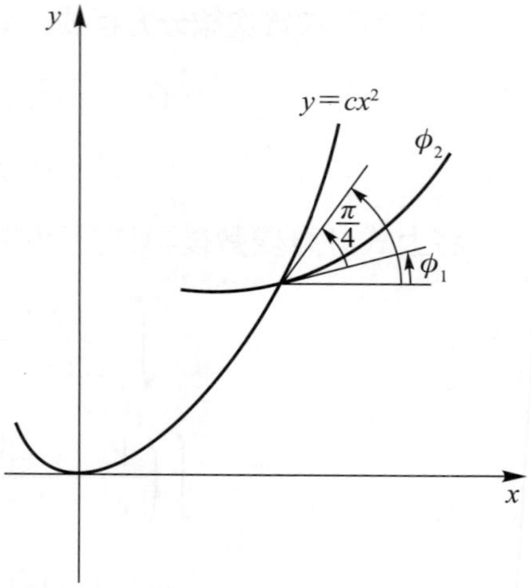

圖 1-6

即， $(2y + x)y' = 2y - x$

上式為齊次微分方程式。令 $y = vx$，則可化成

$$\frac{4v + 2}{2v^2 - v + 1}v' + \frac{2}{x} = 0$$

可得 $\displaystyle\int \frac{4v - 1}{2v^2 - v + 1}dv + \int \frac{3}{2\left[\left(\dfrac{\sqrt{7}}{4}\right)^2 + \left(v - \dfrac{1}{4}\right)^2\right]}dv + \int \frac{2}{x}dx = c$

$$\ln(2v^2 - v + 1) + \frac{6}{\sqrt{7}}\tan^{-1}\frac{v - \dfrac{1}{4}}{\dfrac{\sqrt{7}}{4}} + 2\ln|x| = c$$

$$\ln\left(\frac{2y^2 - xy + x^2}{x^2}\right) + \frac{6}{\sqrt{7}}\tan^{-1}\left(\frac{4y - x}{\sqrt{7}\,x}\right) + \ln x^2 = c$$

所以， $\ln(2y^2 - xy + x^2) + \dfrac{6}{\sqrt{7}}\tan^{-1}\left(\dfrac{4y - x}{\sqrt{7}\,x}\right) = c$

為所求的曲線族。

二、衰變問題

依據實驗得知，一種放射性物質在 t 時刻的衰變速率與該物質在 t 時刻的殘留量成正比。今若以 $x(t)$ 表示此物質在 t 時刻的殘留量，則此物質在 t 時刻的衰變速率可以用一階微分方程式

$$\frac{dx}{dt} = -kx \qquad (1\text{-}26)$$

表示之，其中 $k > 0$ 為比例常數，而負號則是因 x 為遞減函數。(1-26) 式改寫成

$$\frac{dx}{x} = -k\, dt$$

可得
$$\ln x = -kt + \ln c$$

$$x = ce^{-kt} \qquad (1\text{-}27)$$

其中積分常數 c 必須由已知初期條件始能決定。例如，若 x_0 為該物質在 $t = 0$ 時的殘留量，則 $c = x_0$，而 (1-27) 式變成

$$x(t) = x_0\, e^{-kt} \qquad (1\text{-}28)$$

此時若 k 為已知，則 (1-28) 式即表示在任意時刻 t 的殘留量，但若 k 為未知時，則需另加一條件始能確定。例如，假設 $x(t_1) = x_1$，代入 (1-28) 式可得

$$k = \frac{1}{t_1} \ln \frac{x_0}{x_1} \text{。}$$

例題 3

某一放射性物質的衰變速率與當時該物質的殘留量成正比。在開始 $t = 0$ 時有 2 克的放射性物質，試問在開始衰變以後的時間中，其殘留量的變化如何？

解 令 $y(t)$ 表示放射性物質在 t 時刻所具有的殘留量，則 $\dfrac{dy}{dt}$ 表示殘留量的衰變速率。依放射性理論，$\dfrac{dy}{dt}$ 與 y 成正比，即，

$$\frac{dy}{dt} \propto y$$

所以，
$$\frac{dy}{dt} = ky$$

上式中的 k 為一固定的物理常數，其數值因不同的放射性物質而異。因物質的殘留量隨時間增加而減少，故 $\dfrac{dy}{dt}$ 為負，即，k 必為負值。上面微分方程式可改寫成

$$\frac{dy}{y} = k\, dt$$

$$\ln |y| = \int k\, dt = kt + c_1$$

$$|y| = e^{kt+c_1}$$

故 $\qquad\qquad y = ce^{kt},\ c = \pm e^{c_1}$

今將初期條件 $y(0) = 2$ 代入上式可得 $c = 2$。
故特解為 $y = 2e^{kt}$。
依此特解可決定放射性物質在任意時刻 $t \geq 0$ 的殘留量。
因物理常數 k 為負值，故 $y(t)$ 係隨時間 t 的增加而減少，稱為**指數衰變** (exponential decay)，如圖 1-7 所示。

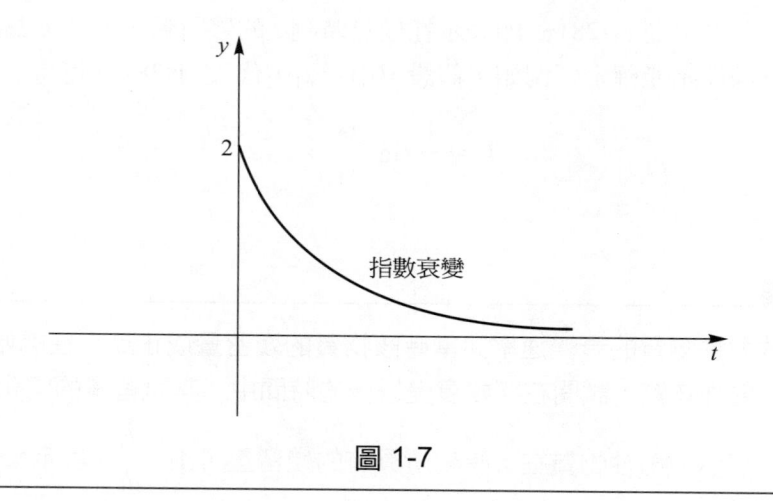

圖 1-7

三、冷卻問題

根據**牛頓冷卻定律** (Newton's law of cooling)，一物體冷卻的速率與其本身溫度與周圍溫度的差成正比。因此，若 $T(t)$ 為某物體在 t 時刻的溫度，又若 T_0 (常數) 為其周圍環境的溫度，則該物體溫度的時間變化率為 $\dfrac{dT}{dt}$，所以，牛頓冷卻定律可表示成

CHAPTER 1 一階微分方程式

$$\frac{dT}{dt} = -k(T-T_0)$$

或

$$\frac{dT}{dt} + kT = kT_0 \tag{1-29}$$

其中 $k > 0$ 為比例常數。

例題 4

一物體在溫度為 50 °F 時置於戶外，其戶外溫度為 100 °F。如果 5 分鐘末物體的溫度變成 60 °F，(1) 此物體的溫度要到達 75 °F，需要多久？(2) 20 分鐘末，此物體的溫度為何？

解 利用 (1-29) 式，以 $T_0 = 100$ 代入可得

$$\frac{dT}{dt} + kT = 100k$$

其通解為

$$\begin{aligned} T &= e^{-\int k\,dt}\left(\int e^{\int k\,dt} 100k\,dt + c\right) \\ &= e^{-kt}\left(\int e^{kt} 100k\,dt + c\right) \\ &= e^{-kt}(100e^{kt} + c) \\ &= ce^{-kt} + 100 \end{aligned}$$

因為當 $t = 0$ 時，$T = 50$，代入通解中可得

$$c = -50$$

因而

$$T = -50e^{-kt} + 100$$

在 $t = 5$ 時，$T = 60$，代入上式可得

$$60 = -50e^{-5k} + 100$$

$$-40 = -50e^{-5k}$$

$$k = -\frac{1}{5}\ln\frac{40}{50} = -\frac{1}{5}(-0.223) = 0.045$$

代入上式可得物體在任何時刻 t 的溫度為

$$T = -50e^{-0.045t} + 100$$

(1) 將 $T = 75$ 代入上式可得

$$75 = -50e^{-0.045t} + 100$$

$$e^{-0.045t} = \frac{1}{2}$$

$$-0.045t = \ln\frac{1}{2}$$

故 $\quad t = 15.4$ (分)。

(2) 將 $t = 20$ 代入

$$T = -50e^{-0.045t} + 100$$

中可得

$$T = -50e^{(-0.045)(20)} + 100 = -50(0.41) + 100 = 79.5\ °F。$$

四、化學溶液問題

例題 5

一水池原盛有 100 加侖的鹽水，每加侖含 1 磅鹽，今以每加侖含 2 磅鹽的鹽水，每分鐘注入池中 5 加侖，然後隨時將池中鹽水加以攪勻。另外有一出水管將此均勻的鹽水以每分鐘 5 加侖 (亦即使池中容量永遠保有 100 加侖) 放出，求此項注放行動開始後，池中含鹽在任何時間的總量及鹽量增至 150 磅所需的時間。

解 令 $t =$ 注放行動同時開始所經歷的時間 (自變數)，以分為單位

$Q =$ 在任何時間 t 池內的含鹽總量 (因變數)，以磅為單位

則 $dt =$ 時間的增量

$dQ =$ 在 dt 時間內總鹽量的增量

每分鐘由注入所增加的鹽量 $= 2 \times 5 = 10$ 磅

每分鐘由放出所減少的鹽量 $= 5 \times \dfrac{Q}{100} = \dfrac{Q}{20}$ 磅

水池內每分鐘淨增的鹽量 $= 10 - \dfrac{Q}{20}$

故在 dt 時間內池中所增加的總鹽量為

$$dQ = \left(10 - \frac{Q}{20}\right)dt$$

$$\frac{dQ}{Q-200} = -\frac{dt}{20}$$

可得

$$\ln|Q-200| = -\frac{t}{20} + c_1$$

$$|Q-200| = e^{-\frac{t}{20}+c_1} = e^{c_1}e^{-\frac{t}{20}}$$

故

$$Q - 200 = ce^{-\frac{t}{20}}, \text{ 其中 } c = \pm e^{c_1}$$

以 $Q=100$，$t=0$ 代入上式，可得 $c=-100$，故特解為

$$Q = 200 - 100e^{-\frac{t}{20}}$$

欲求含鹽量增至 150 磅的時間，可在上式中令 $Q=150$，

$$150 = 200 - 100e^{-\frac{t}{20}}$$

$$100e^{-\frac{t}{20}} = 50$$

故

$$t = -20\ln\left(\frac{1}{2}\right) = 20\ln 2 = 13.9$$

即注放 13.9 分鐘後，池中鹽量即達 150 磅。

當 $t=0$ 時，$Q=200-100=100$，即注放開始時，池中總鹽量恰為 100 磅（驗證無誤）。

五、直線運動問題

例題 6

自一建築物以 48 呎／秒的速度向上投擲一球，設此建築物係位於地面上方 64 呎，試求

(1) 此球將上升多高？

(2) 此球將經歷多少時間始落至地面？

(3) 觸及地面時，此球的速度為何？

解 依題意知，球向上投擲的加速度為

$$\frac{d^2y}{dt^2} = -g \quad (y \text{ 為位置函數})$$

因假設向上為正，而地心引力是向下的，故上式等號右邊附以負號。為方便起見，取 $g = 32$ 呎／秒^2。

$$\frac{d^2y}{dt^2} = -32$$

$$v = \frac{dy}{dt} = -32t + c_1$$

$$y = -16t^2 + c_1 t + c_2$$

如圖 1-8 所示，若地面位置為原點，則初期條件為 $t = 0$，$y = 64$，$v = 48$。將此條件代入上面兩式，可得 $c_1 = 48$ 及 $c_2 = 64$。

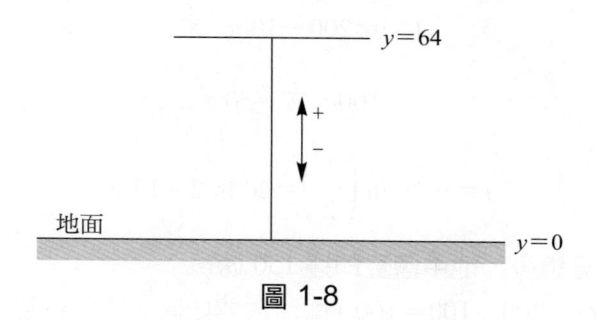

圖 1-8

所以，
$$y = -16t^2 + 48t + 64$$
$$v = -32t + 48$$

$v = 0$ 時，$t = 1.5$，

$$y = -16(1.5)^2 + 48(1.5) + 64 = 100$$

故此球將上升至地面上方 100 呎的高度。

當球落至地面時，$y = 0$，故

$$-16t^2 + 48t + 64 = 0$$
$$t^2 - 3t - 4 = 0$$
$$t = 4 \quad \text{或} \quad t = -1 \text{ (不合)}$$

故球將經歷 4 秒鐘始落至地面，此時球的速度為

$$v = (-32)4 + 48 = -80 \text{ 呎／秒}$$

其負號係表此球向下運動。

例題 7

一質量為 m 的物體位於離地心距離 s 處的重力為 $F = -\dfrac{mgR^2}{s^2}$，此處－g ($g \approx 32$ 呎／秒^2) 為地球表面上的重力加速度，R ($R \approx 3960$ 哩) 為地球的半徑。試證該物體由地球表面往上投射，其初速為 $v_0 \geq \sqrt{2gR} \approx 6.93$ 哩／秒時，將不會掉回到地球，此時不計空氣阻力來計算。另證明：若 $v_0 = \sqrt{2gR}$，則

$$s = R\left(1 + \frac{3v_0}{2R}t\right)^{2/3}。$$

解 根據牛頓第二定律 $F = ma$，即，

$$F = m\frac{dv}{dt} = m\frac{dv}{ds}\frac{ds}{dt} = m\frac{dv}{ds}v$$

可得

$$mv\frac{dv}{ds} = -mg\frac{R^2}{s^2}$$

$$v\,dv = -gR^2 s^{-2}\,ds$$

積分可得

$$\frac{v^2}{2} = \frac{gR^2}{s} + C$$

當 $s = R$ 時，$v = v_0$，所以，$C = \dfrac{1}{2}v_0^2 - gR$。因此，

$$v^2 = \frac{2gR^2}{s} + v_0^2 - 2gR$$

最後，若 s 愈大，則 $\dfrac{2gR^2}{s}$ 愈小，我們可看出，當 v 保持為正時，若且唯若 $v_0 \geq \sqrt{2gR}$。又 $v_0 = \sqrt{2gR}$，可得 $v^2 = \dfrac{2gR^2}{s}$，故 $v = \sqrt{\dfrac{2gR^2}{s}}$。

由於 $v \geq 0$，若 $v_0 \geq \sqrt{2gR}$，則 $\dfrac{ds}{dt} = \dfrac{\sqrt{2gR^2}}{\sqrt{s}}$，即，$\sqrt{s}\,ds = \sqrt{2gR^2}\,dt$。

故

$$\frac{2}{3}s^{3/2} = \sqrt{2gR^2}\,t + C$$

$$s^{3/2} = \frac{3}{2}\sqrt{2gR^2}\ t + C' \quad \left(C' = \frac{3}{2}C\right)$$

當 $t = 0$ 時，$s = R$，可得 $C' = R^{3/2}$。於是，

$$s^{3/2} = \frac{3}{2}\sqrt{2gR^2}\ t + R^{3/2} = \frac{3}{2}R\sqrt{2g}\ t + R^{3/2}$$

$$s^{3/2} = R^{3/2}\left(\frac{3}{2}R^{-1/2}\sqrt{2g}\ t + 1\right) \Rightarrow s^{3/2} = R^{3/2}\left(\frac{3\sqrt{2gR}}{2R}t + 1\right)$$

$$\Rightarrow s^{3/2} = R^{3/2}\left(\frac{3v_0}{2R}t + 1\right) \Rightarrow s = R\left(1 + \frac{3v_0}{2R}t\right)^{2/3}。$$

六、斜面上的運動問題

例題 8

設一質量為 m 的物體，在斜角為 θ 的斜面上從頂端由靜止開始下滑，求下列各情況下的速度變化。

(1) 假設不計摩擦力（絕對平滑）和空氣阻力；
(2) 假設考慮摩擦力（摩擦係數為 μ）而不計空氣阻力；
(3) 假設有摩擦力（摩擦係數為 μ），又有空氣阻力，其大小與速度成正比（比例係數為 n）。

解 (1) 依據牛頓第二運動定律，

$$m\frac{dv}{dt} = F \quad (F \text{ 為沿著運動方向的合力})$$

由於物體只受由重力所產生的下滑分力，故

$$F = mg\sin\theta \quad (與運動方向一致)$$

如圖 1-9 所示。
於是，可得初值問題

$$\begin{cases} m\dfrac{dv}{dt} = mg\sin\theta \\ v(0) = 0 \end{cases}$$

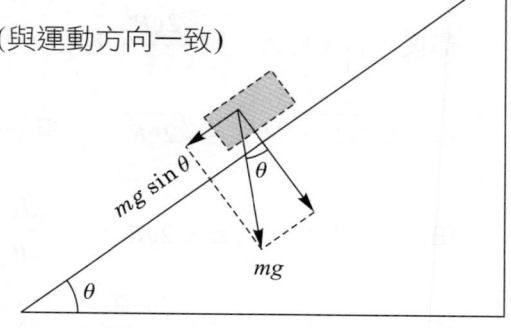

圖 1-9

其解即為質量為 m 的物體沿著斜面下滑的速度變化，即，
$$v(t) = g \sin \theta t \text{。}$$

(2) 將重力 mg 分解為下滑分力 F_1 和物體作用在斜面上的垂直壓力 P，則有
$$F_1 = mg \sin \theta, \quad P = mg \cos \theta$$

摩擦力 F_2 與垂直壓力 P 成正比，應有
$$F_2 = \mu P = \mu mg \cos \theta \quad \text{（與運動方向相反）}$$

如圖 1-10 所示。

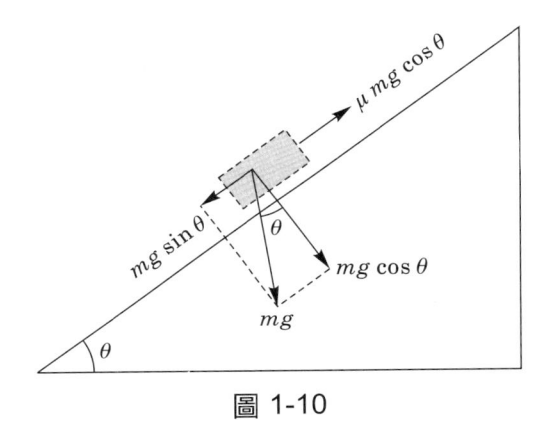

圖 1-10

物體所受的合力（淨力）為
$$F = F_1 - F_2 = mg \sin \theta - \mu mg \cos \theta$$

於是，可得初值問題
$$\begin{cases} m \dfrac{dv}{dt} = mg \sin \theta - \mu mg \cos \theta \\ v(0) = 0 \end{cases}$$

其解即為物體沿著斜面下滑的速度變化，即，
$$v(t) = (g \sin \theta - \mu g \cos \theta) t \text{。}$$

註：在這種情況下必須 $\tan \theta > \mu$ 時才能下滑。

(3) 物體沿著運動方向所受合力應為
$$F = 下滑力 - 空氣阻力 - 摩擦力$$

即，
$$F = mg\sin\theta - nv - \mu mg\cos\theta$$
如圖 1-11 所示。

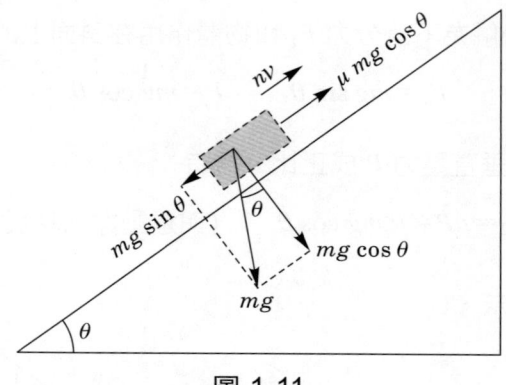

圖 1-11

於是，可得初值問題
$$\begin{cases} m\dfrac{dv}{dt} = mg\sin\theta - nv - \mu mg\cos\theta \\ v(0) = 0 \end{cases}$$

即，
$$\begin{cases} \dfrac{dv}{dt} + \dfrac{n}{m}v = g\sin\theta - \mu g\cos\theta \\ v(0) = 0 \end{cases}$$

可得
$$v(t) = e^{-\int \frac{n}{m} dt}\left[\int e^{\int \frac{n}{m} dt}(g\sin\theta - \mu g\cos\theta)\,dt + c\right]$$

$$= e^{-\frac{n}{m}t}\left[\int e^{\frac{n}{m}t}(g\sin\theta - \mu g\cos\theta)\,dt + c\right]$$

$$= e^{-\frac{n}{m}t}\left[\dfrac{mg}{n}(\sin\theta - \mu\cos\theta)e^{\frac{n}{m}t} + c\right]$$

由 $v(0) = 0$ 可得
$$c = -\dfrac{mg}{n}(\sin\theta - \mu\cos\theta)$$

最後求得物體沿著斜面下滑的速度變化為
$$v(t) = \dfrac{mg}{n}(\sin\theta - \mu\cos\theta)(1 - e^{-\frac{n}{m}t}) \text{。}$$

七、電路問題

電路中最重要的觀念為**電流** (current)，所謂**電流**即單位時間內流過導體的電荷，其單位為**安培**，1 安培等於 1 庫侖／秒。由電流的定義

$$I = \frac{dQ}{dt}$$

$$Q = \int_0^t I\, dt$$

在電路中，單位正電荷 (庫侖) 由一個位置移動至另一位置所作的功或能量，稱為兩位置間的**電位差** (potential difference) 或**電壓** (voltage)，電壓的單位為**伏特** (volt)。在一個簡單的 RL 電路或 RC 電路中，最重要的元件為電阻器 R、電感器 L 及電容器 C，此三元件對電壓及電流的關係說明如下：

1. 電阻器

跨於一**電阻器** (resistor) 兩端的電壓 E_R 與流經其上的電流成正比，即，

$$E_R = RI \tag{1-30}$$

R 為比例常數，即電阻器的電阻值，(1-30) 式亦稱為歐姆定理 (Ohm's law)，R 的單位為**歐姆**，簡稱 Ω。

2. 電感器

跨於一**電感器** (inductor) 兩端的電壓與流經其上的電流隨時間的變化率成正比，即，

$$E_L = L \frac{dI}{dt} \tag{1-31}$$

(1-31) 式中的 L 為比例常數，即電感器的**電感** (inductance)，單位為**亨利** (Henry)。將 (1-31) 式寫成積分型態，時間由 $t = 0$ 開始，則

$$I = \frac{1}{L} \int_0^t E_L\, dt 。 \tag{1-32}$$

3. 電容器

跨於一**電容器** (capacitor) 兩端的電壓與電容器上所儲存的電荷 Q 成正比，若時間由 $t = 0$ 開始，則

$$E_C = \frac{1}{C} Q = \frac{1}{C} \int_0^t I \, dt \tag{1-33}$$

(1-33) 式中的 C 為比例常數，即電容器的**電容** (capacitance)，單位為**法拉** (Farad)。

一階線性微分方程式常應用於解電路問題，而解電路問題除了要瞭解電路三元件之外，尚得瞭解**克希荷夫定律**：

1. **克希荷夫電流定律** (Kirchhoff's current law)：在電路中任一**節點** (node) 上，流進節點電流的代數和為零，或流進節點的電流等於流出節點的電流。
2. **克希荷夫電壓定律** (Kirchhoff's voltage law)：在封閉電路中，指定方向電壓升高的代數和為零，或電壓升高等於電壓降低。

例題 9

在一個串聯電路中，用一恆定電感 L、恆定電阻 R 及恆定電壓 V，又該電路中的電流滿足

$$L \frac{dI}{dt} + RI = V$$

求電流 I。又電流是時間 t 的函數，求 $\lim_{t \to \infty} I(t)$ 的值。

解 將方程式改寫成

$$\frac{dI}{dt} + \frac{R}{L} I = \frac{V}{L}$$

此為一階線性微分方程式，則積分因子為 $\mu(t) = e^{\frac{R}{L}t}$，可得

$$e^{\frac{R}{L}t} \frac{dI}{dt} + e^{\frac{R}{L}t} \frac{R}{L} I = \frac{V}{L} e^{\frac{R}{L}t}$$

$$\frac{d}{dt} \left(I e^{\frac{R}{L}t} \right) = \frac{V}{L} e^{\frac{R}{L}t}$$

$$I e^{\frac{R}{L}t} = \frac{V}{R} e^{\frac{R}{L}t} + c$$

假如沒有初始電流，我們可假設，當 $t = 0$ 時，$I = 0$，於是，可得

$$c = -\frac{V}{R}$$

故
$$Ie^{\frac{R}{L}t} = \frac{V}{R}e^{\frac{R}{L}t} - \frac{V}{R}$$

即，
$$I = \frac{\frac{V}{R}\left(e^{\frac{R}{L}t} - 1\right)}{e^{\frac{R}{L}t}} = \frac{V}{R}\left(1 - e^{-\frac{R}{L}t}\right)$$

如圖 1-12 所示。

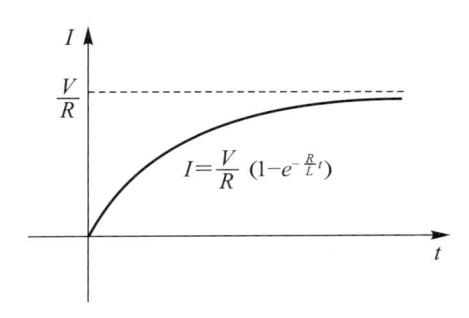

圖 1-12

當 $t \to \infty$ 時，$e^{-\frac{R}{L}t} \to 0$，故 $\lim_{t \to 0} I = \frac{V}{R}$。

在電流 I 中包含了兩項 $\frac{V}{R}$ 與 $\left(\frac{V}{R}\right)e^{-\frac{R}{L}t}$，此 $\frac{V}{R}$ 項稱為**穩態解** (steady state solution)，表示沒有電感存在時的解 ($RI = V$)。另一項 $\left(\frac{V}{R}\right)e^{-\frac{R}{L}t}$ 代表電感的影響，加上了這一項就稱為**暫態解** (transient solution)。

例題 10

已知電路方程式

$$L\frac{dI}{dt} + RI = E(t)$$

圖 1-13

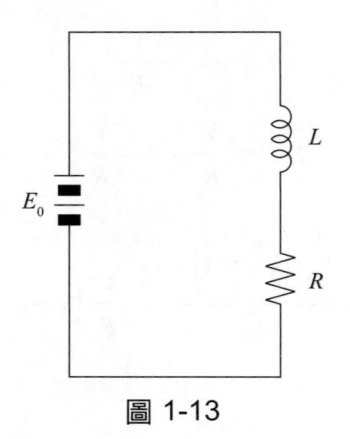

其中 L 為電感，R 為電阻，I 為電流，E 為電壓，如圖 1-13 所示。求在 $E(t) = E_0 =$ 常數及 $t = 0$ 時，$I = I_0$ 的條件下，方程式的解為何？（L、R 設為常數）

解

$$L\frac{dI}{dt} + RI = E_0$$

$$\frac{dI}{dt} + \frac{R}{L}I = \frac{E_0}{L}$$

此為一階線性微分方程式，故

$$I(t) = e^{-\int \frac{R}{L}dt}\left(\int e^{\frac{R}{L}t}\frac{E_0}{L}dt + c\right)$$

$$= e^{-\frac{R}{L}t}\left(\frac{E_0}{R}e^{\frac{R}{L}t} + c\right) = \frac{E_0}{R} + ce^{-\frac{R}{L}t} \qquad ①$$

將 $t = 0$, $I = I_0$ 代入 ① 式，可得

$$c = I_0 - \frac{E_0}{R}$$

$$I = \frac{E_0}{R}\left(1 - e^{-\frac{R}{L}t}\right) + I_0 e^{-\frac{R}{L}t}$$

當 $t \to \infty$ 時，① 式的最後一項趨近零，故 $I(t) \to \dfrac{E_0}{R}$，亦即在一段長時間之後，I 趨近常數。如果設 $I(0) = 0$，則 $c = -\dfrac{E_0}{R}$，微分方程式的特解為

$$I(t)=\frac{E_0}{R}\left(1-e^{-\frac{R}{L}t}\right)=\frac{E_0}{R}\left(1-e^{-\frac{t}{\tau_L}}\right)$$

其中 $\tau_L=\dfrac{L}{R}$，稱為電感時間常數。如果原方程式中的 $E(t)=E_0\sin\omega t$，即週期變化的電動勢，則

$$I(t)=e^{-\int\frac{R}{L}\,dt}\left(\frac{E_0}{L}\int e^{\frac{R}{L}t}\sin\omega t\,dt+c\right)$$

$$=ce^{-\frac{R}{L}t}+\frac{E_0}{L}e^{-\frac{R}{L}t}\int e^{\frac{R}{L}t}\sin\omega t\,dt$$

利用公式 $\displaystyle\int e^{ax}\sin bx\,dx=\frac{e^{ax}}{a^2+b^2}(a\sin bx-b\cos bx)$

在上式中，a 以 $\dfrac{R}{L}$ 代入，b 以 ω 代入，可得

$$I(t)=ce^{-\frac{R}{L}t}+\frac{E_0}{L}e^{-\frac{R}{L}t}\int e^{\frac{R}{L}t}\sin\omega t\,dt$$

$$=ce^{-\frac{R}{L}t}+\frac{E_0}{L}e^{-\frac{R}{L}t}\frac{e^{\frac{R}{L}t}}{\left(\dfrac{R}{L}\right)^2+\omega^2}\left(\frac{R}{L}\sin\omega t-\omega\cos\omega t\right)$$

$$=ce^{-\frac{R}{L}t}+\frac{E_0}{R^2+L^2\omega^2}(R\sin\omega t-L\omega\cos\omega t)$$

$$=ce^{-\frac{R}{L}t}+\frac{E_0}{\sqrt{R^2+\omega^2L^2}}\sin(\omega t-\delta) \qquad ②$$

其中，$\delta=\tan^{-1}\dfrac{\omega L}{R}$。

當 $t\to\infty$ 時，② 式的第一項趨近零，亦即在足夠的長時間之後，$I(t)$ 實際上為簡諧振動，相角 δ 為 $\dfrac{\omega L}{R}$ 的函數，如圖 1-14 所示。若 $L=0$，則 $\delta=0$，故 $I(t)$ 的振動與 $E(t)$ 同相。

在 $E(t)=E_0=$ 常數與 $E(t)=E_0\sin\omega t$ 的兩情況中，① 式的前一項及 ② 式的後一項稱為**穩態解**，亦即不會隨著時間的變化而改變；① 式的後一項及 ② 式的前一項則稱為**暫態解**。因此我們可知在電路達到穩態之前，需有一短暫的暫態時期，當時間足夠長時才會趨於穩定。

74　高等工程數學

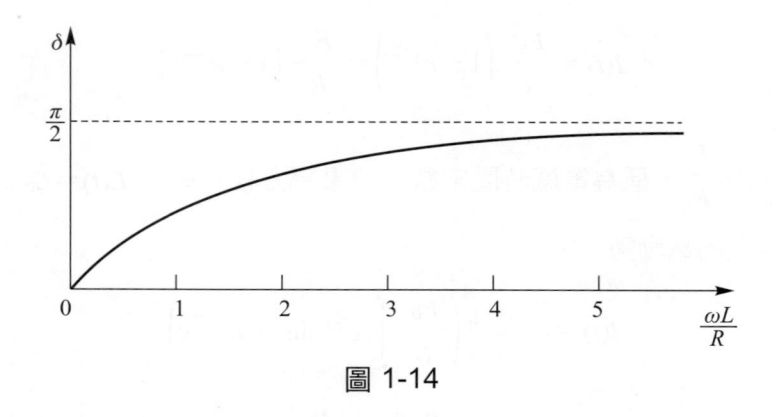

圖 1-14

例題 11

求圖 1-15 所示 RC 串聯電路中之 $I(t)$ 值的大小，其中外加電壓為 $E(t) = E$。

解 由克希荷夫電壓定律

$$RI + \frac{1}{C}\int I\,dt = E$$

圖 1-15

將上式對 t 微分可得

$$R\frac{dI}{dt} + \frac{1}{C}I = 0$$

$$\frac{dI}{dt} + \frac{1}{RC}I = 0$$

$$\frac{1}{I}dI + \frac{1}{RC}dt = 0$$

積分可得
$$\ln I = -\frac{1}{RC}t + K_1$$

故
$$I(t) = Ke^{-\frac{1}{RC}t} \quad (K = e^{K_1})$$

當 $t = 0$ 時，電容器視為短路，故 $I(0) = \dfrac{E}{R}$，可得

$$\frac{E}{R} = K$$

故
$$I(t) = \frac{E}{R} e^{-\frac{1}{RC}t} \quad (*)$$

當 $t \to \infty$ 時，$I(t) \to 0$，即表示穩態電流為零，故對電壓 E 加於 RC 電路中時，電容器可視為開路。($*$) 式電流的圖形如圖 1-16 所示。

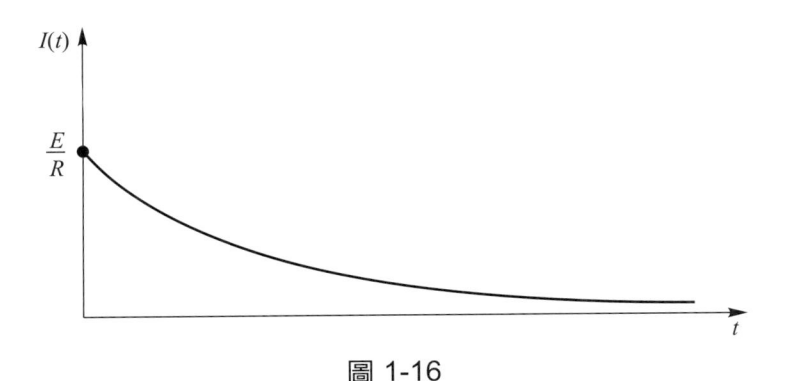

圖 1-16

習題 1-8

1. 求直線族 $y = x + k$ 的正交軌線族。
2. 求圓族 $x^2 + (y - c)^2 = c^2$ 的正交軌線族。
3. 求等軸雙曲線族 $x^2 - y^2 = c$ 的正交軌線族。
4. 求拋物線族 $y^2 = kx$ 的正交軌線族。
5. 求與曲線族 $y = \dfrac{c}{x - 1}$ 交成 $45°$ 角的斜交軌線族。
6. 求與直線族 $y = cx$ 交成 $45°$ 角的斜交軌線族。
7. 求雙曲線族 $xy = c$ 的正交軌線族。

8. 最初培養數目 N_0 的細菌，於 $t=1$ 小時量得細菌的數目為 $\left(\dfrac{3}{2}\right)N_0$，若成長律定義為 $\dfrac{dx}{dt}=kx$，試決定細菌的數目為最初的三倍時所需的時間。

9. 根據牛頓冷卻定律，物體散熱的速率，即溫度的改變，與該物體和其周圍介質的溫度差成正比

$$\dfrac{dT}{dt}=-k(T-T_0)$$

其中 T 為物體的溫度，T_0 為周圍介質的溫度，t 為時間。試證：$T-T_0=(T_1-T_0)e^{-kt}$，其中 T_1 為在 $t=0$ 時的 T 值。

10. 放射性元素的衰變速率與其殘留量成正比，若一鈾同位素在 20 天中的衰變量為原有量之半，求其殘留量與時間的關係式。

11. 一金屬棒的溫度為 100 °C 時置於室溫恆為 0 °C 的房間內，20 分鐘末，金屬棒溫度為 50 °C。求
    (1) 金屬棒溫度降為 25 °C 所需的時間。
    (2) 金屬棒在 10 分鐘末的溫度。

12. 一水槽貯存有 100 加侖的鹽水，其最初溶有的鹽為 50 磅，設每加侖含一磅鹽的鹽水以 3 加侖／分的速率流進水槽，而混合溶液則以 2 加侖／分的速率流出水槽，問 30 分鐘末，槽中的鹽尚有多少？

13. 有一圓桶容積為 200 加侖，桶內裝滿含 60 磅鹽的鹽水。在 $t=0$ 時桶內鹽水以 50 加侖／秒速率流出，此時以同樣速率注入每加侖含 $\dfrac{1}{10}$ 磅鹽的溶液。求在任何時刻 t，桶內含鹽量的表示式。

14. 一質量為 m 的物體以初速 v_0 垂直向上拋，如果物體所遭遇空氣阻力與它的速度成正比，求
    (1) 物體的運動方程式。
    (2) 物體的速度表示式。
    (3) 物體到達最大高度所需的時間。

15. 有一 RL 電路如右圖所示，外加電壓 5 伏特，電阻為 50 歐姆，電感為 1 亨利，$t=0$ 時，$I=0$，求在時間 t 時的電流 I。

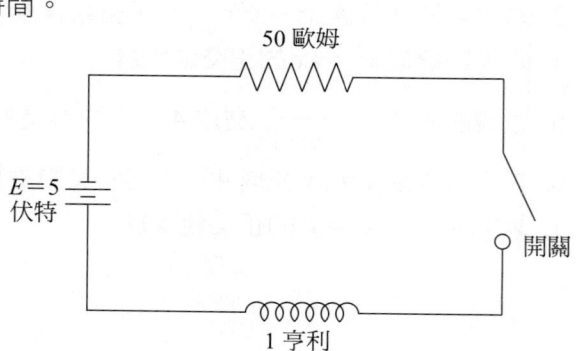

16. 有一 *RL* 電路如圖所示,當開關由位置 2 移至位置 1 後,求在時間 *t* 時的電流 *I*。此處假設開關移動的時間與電流函數中的暫態時間相比可以忽略不計,而其時間參考點 *t* = 0 為連通的瞬間。

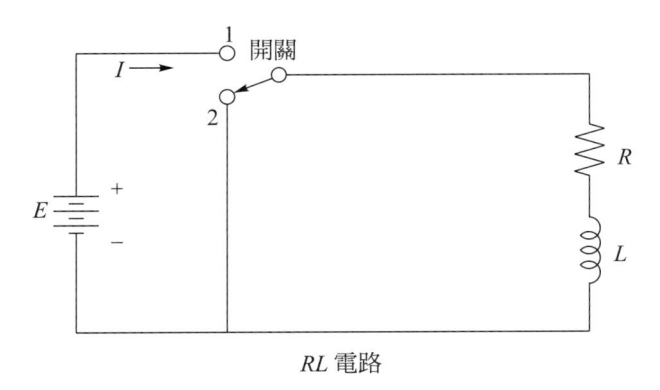

RL 電路

17. 一簡單的 *RL* 電路如圖所示,電阻為 12 歐姆,電感為 4 亨利,如果電池供應一固定電壓 60 伏特且當 *t* = 0 時開關是關閉的,開始時的電流為 *I*(0) = 0,求 (1) *I*(*t*),(2) 1 秒鐘末的電流,(3) 電流的極限值。

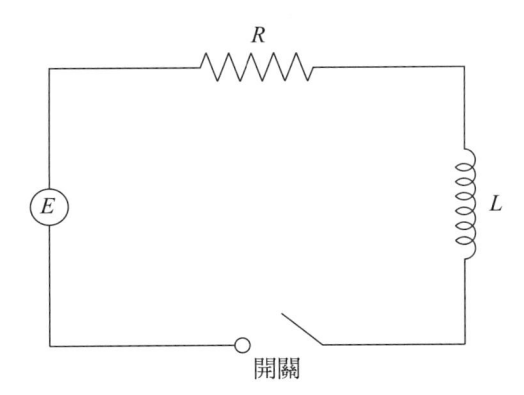

18. 假設上一題的 *RL* 電路中電阻與電感均保持不變,我們用發電機可產生變動電壓 *E*(*t*) = 60 sin 30*t* 伏特來取代電池,求 *I*(*t*)。

19. 下圖為一 *RC* 電路,包含電動勢 *E*,電容為 *C* 法拉的電容器與 *R* 歐姆的電阻器,跨於電容器的電壓為 $\dfrac{Q}{C}$,此處 *Q* 為電荷(以庫侖為單位)。

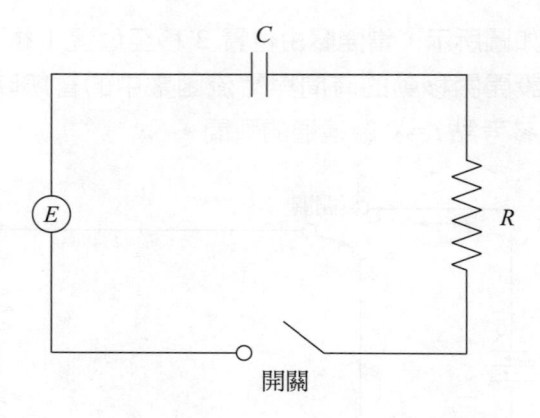

由克希荷夫定律知

$$RI + \frac{Q}{C} = E(t)$$

但 $I = \dfrac{dQ}{dt}$，故

$$R\frac{dQ}{dt} + \frac{1}{C}Q = E(t)$$

今假設電阻為 5 歐姆，電容為 0.05 法拉，有一電池供應 60 伏特的固定電壓，且起始電荷為 $Q(0) = 0$，試求在時間 t 時的電荷與電流。

高階線性微分方程式

CHAPTER 02

我們在科學與工程應用方面，經常會遇到線性微分方程式，而即使微分方程式不是線性，亦有可能被化為線性，所以線性微分方程式在實用上非常重要。本章主要的焦點大部分集中在探討二階 (含) 以上的常係數線性微分方程式。

2-1 基本理論

形如

$$a_n(x)y^{(n)} + a_{n-1}(x)y^{(n-1)} + \cdots + a_1(x)y' + a_0(x)y = f(x) \tag{2-1}$$

(其中係數函數 a_0, a_1, $\cdots$, a_n 與 f 在某開區間 I 皆為連續，$a_n(x) \neq 0$) 的微分方程式稱為 **n 階線性微分方程式** (nth-order linear differential equation)。在 (2-1) 式中，若 $f(x) = 0$，即，

$$a_n(x)y^{(n)} + a_{n-1}(x)y^{(n-1)} + \cdots + a_1(x)y' + a_0(x)y = 0 \tag{2-2}$$

則 (2-2) 式稱為**齊次** (homogeneous)；否則稱為**非齊次** (nonhomogeneous)。此時所謂的齊次與一階微分方程式中所提的齊次無關，而是指 (2-1) 式的等號右邊為零函數。我們又稱 (2-2) 式為 (2-1) 式的**補充方程式** (complementary equation)。

例如，方程式 $xy'' + 3xy' + x^3y = 0$ 為二階齊次線性微分方程式，而方程式 $y''' + xy'' - 3x^2y' - 5y = e^x$ 與 $y''' - 6y'' + 11y' - 6y = \sin x$ 皆為三階非齊次線性微分方程式。

我們現在給出 n 階線性微分方程式的初值問題。

定理 2-1 | 存在唯一定理

設函數 a_0, a_1, $\cdots$, a_n 與 f 在包含點 x_0 的某開區間 I 皆為連續,且 y_0, y_1, $\cdots$, y_{n-1} 為 n 個任意實數,則 n 階線性微分方程式

$$a_n(x)y^{(n)}+a_{n-1}(x)y^{(n-1)}+\cdots+a_1(x)y'+a_0(x)y=f(x)$$

在 I 中恰有一個解滿足 n 個初期條件

$$y(x_0)=y_0,\ y'(x_0)=y_1,\ \cdots,\ y^{(n-1)}(x_0)=y_{n-1}。$$

在定理 2-1 中,n 階線性微分方程式與 n 個初期條件構成一個 n 階初值問題

$$\begin{cases} a_n(x)y^{(n)}+a_{n-1}(x)y^{(n-1)}+\cdots+a_1(x)y'+a_0(x)y=f(x) \\ y(x_0)=y_0 \\ y'(x_0)=y_1 \\ \vdots \\ y^{(n-1)}(x_0)=y_{n-1} \end{cases}。$$

例題 1

考慮初值問題

$$\begin{cases} y''+3xy'+x^3y=e^x \\ y(1)=2 \\ y'(1)=-5 \end{cases}。$$

可知係數函數 1、$3x$、x^3 與函數 e^x 在區間 $(-\infty, \infty)$ 皆為連續。點 $x_0=1$ 在 $(-\infty, \infty)$ 內,$y_0=2$,$y_1=-5$。依定理 2-1,我們確定此問題在 $(-\infty, \infty)$ 中有唯一解。

定義 2-1

已知 n 個函數 f_1, f_2, f_3, $\cdots$, f_n 定義在區間 I,且 c_1, c_2, c_3, $\cdots$, c_n 為 n 個常數,則稱函數

$$c_1f_1+c_2f_2+c_3f_3+\cdots+c_nf_n$$

在 I 為此 n 個函數的**線性組合** (linear combination)。

定義 2-2

設 n 個函數 $f_1, f_2, f_3, \cdots, f_n$ 定義在區間 I，若存在 n 個不全為零的常數 $c_1, c_2, c_3, \cdots, c_n$ 使得在 I 中，

$$c_1 f_1 + c_2 f_2 + c_3 f_3 + \cdots + c_n f_n = 0$$

則稱此 n 個函數在 I 為**線性相依** (linearly dependent)。如果上式只在 $c_1 = c_2 = c_3 = \cdots = c_n = 0$ 時才成立，則稱此 n 個函數為**線性獨立** (linearly independent) (即，非線性相依)。

例題 2

函數 $f_1(x) = 1-x$, $f_2(x) = 1+x$, $f_3(x) = 1-3x$ 在區間 $(-\infty, \infty)$ 是否為線性相依？

解 我們考慮方程式

$$c_1(1-x) + c_2(1+x) + c_3(1-3x) = 0 \qquad (*)$$

並將 (*) 式改寫成

$$(-c_1 + c_2 - 3c_3)x + (c_1 + c_2 + c_3) = 0$$

此方程式僅在 $-c_1 + c_2 - 3c_3 = 0$ 與 $c_1 + c_2 + c_3 = 0$ 時對所有 x 而言恆成立。
解聯立方程式

$$\begin{cases} -c_1 + c_2 - 3c_3 = 0 \\ c_1 + c_2 + c_3 = 0 \end{cases}$$

可得 $c_1 = -2c_3$, $c_2 = c_3$，c_3 可為任意常數。若選擇 $c_3 = 1$，則可求得一組不為零的常數，$c_1 = -2$、$c_2 = 1$ 與 $c_3 = 1$，而能使 (*) 式成立，故函數 $1-x$, $1+x$, $1-3x$ 為線性相依。

例題 3

函數 x、x^2 與 x^3 在 $[0, 1]$ 為線性獨立，因為對所有 $x \in [0, 1]$，由 $c_1 x + c_2 x^2 + c_3 x^3 = 0$ 可得 $c_1 = 0$, $c_2 = 0$, $c_3 = 0$。(何故？)

有時候，利用定義 2-2 去證明 n 個已知函數是線性獨立會出現冗長的計算，因而不是很方便。為了解決這個問題，我們可以考慮一種行列式，稱為**朗士基行列式** (Wronskian)。

定義 2-3

設 n 個函數 $f_1, f_2, \cdots, f_n$ 皆為 $n-1$ 次可微分，則行列式

$$W(f_1, f_2, f_3, \cdots, f_n) = \begin{vmatrix} f_1 & f_2 & \cdots & f_n \\ f_1' & f_2' & \cdots & f_n' \\ f_1'' & f_2'' & \cdots & f_n'' \\ \vdots & \vdots & & \vdots \\ f_1^{(n-1)} & f_2^{(n-1)} & \cdots & f_n^{(n-1)} \end{vmatrix}$$

稱為此 n 個函數的朗士基行列式。

假設 n 個函數 $f_1, f_2, \cdots, f_n$ 在某區間 I 為線性相依，則存在 n 個不全為零的常數 $c_1, c_2, \cdots, c_n$ 使得

$$c_1 f_1 + c_2 f_2 + \cdots + c_n f_n = 0$$

將此式依序微分 $n-1$ 次，並連同此式可得齊次線性方程組

$$c_1 f_1 + c_2 f_2 + \cdots + c_n f_n = 0$$
$$c_1 f_1' + c_2 f_2' + \cdots + c_n f_n' = 0$$
$$c_1 f_1'' + c_2 f_2'' + \cdots + c_n f_n'' = 0$$
$$\vdots$$
$$c_1 f_1^{(n-1)} + c_2 f_2^{(n-1)} + \cdots + c_n f_n^{(n-1)} = 0$$

其中常數 $c_1, c_2, \cdots, c_n$ 為未知數，而係數行列式就是朗士基行列式 $W(f_1, f_2, \cdots, f_n)$。因為至少有一個常數不等於零，所以朗士基行列式等於零。

定理 2-2

設 n 個函數 $f_1, f_2, \cdots, f_n$ 在某區間 I 皆為 $n-1$ 次可微分，若 $W(f_1, f_2, \cdots, f_n) \neq 0$，則此 n 個函數在 I 為線性獨立。

例題 4

試證：函數 $\sin x$、$\cos x$ 在區間 $(-\infty, \infty)$ 為線性獨立。

解 朗士基行列式為

$$W(\sin x, \cos x) = \begin{vmatrix} \sin x & \cos x \\ \cos x & -\sin x \end{vmatrix} = -\sin^2 x - \cos^2 x = -1 \neq 0$$

所以，$\sin x$ 與 $\cos x$ 在 $(-\infty, \infty)$ 為線性獨立。

例題 5

試問：e^x、e^{-x} 與 e^{2x} 在任何區間是否為線性獨立？

解

$$W(e^x, e^{-x}, e^{2x}) = \begin{vmatrix} e^x & e^{-x} & e^{2x} \\ e^x & -e^{-x} & 2e^{2x} \\ e^x & e^{-x} & 4e^{2x} \end{vmatrix} = e^{2x} \begin{vmatrix} 1 & 1 & 1 \\ 1 & -1 & 2 \\ 1 & 1 & 4 \end{vmatrix} = -6e^{2x} \neq 0$$

所以，此三個函數在任何區間為線性獨立。

定理 2-3

n 階齊次線性微分方程式恆有 n 個線性獨立解。若 $y_1, y_2, \cdots, y_n$ 為該微分方程式在某區間 I 的 n 個線性獨立解，則 $y = c_1 y_1 + c_2 y_2 + \cdots + c_n y_n$ 亦為該微分方程式在 I 的解（稱為**通解**），其中 $c_1, c_2, \cdots, c_n$ 皆為任意常數。

例題 6

(1) 因 $\sin x$ 與 $\cos x$ 為 $y'' + y = 0$ 在區間 $(-\infty, \infty)$ 的線性獨立解，故此微分方程式的通解為 $y = c_1 \sin x + c_2 \cos x$。

(2) 因 e^x、e^{-x} 與 e^{2x} 為 $y''' - 2y'' - y' + 2y = 0$ 在 $(-\infty, \infty)$ 的線性獨立解，故此微分方程式的通解為 $y = c_1 e^x + c_2 e^{-x} + c_3 e^{2x}$。

已知 n 階變係數齊次線性微分方程式

$$a_n(x)y^{(n)} + a_{n-1}(x)y^{(n-1)} + \cdots + a_1(x)y' + a_0(x)y = 0$$

設 y_1 為上式的一個非零解，則利用變換 $y = y_1(x)v(x)$ 可將上式化成以 v' 為因變數的 $n-1$ 階齊次線性微分方程式。這種將原微分方程式化成降低一階的新微分方程式的方法稱為**降階法** (method of reduction of order)。

現在，我們考慮二階變係數齊次線性微分方程式

$$a_2(x)y'' + a_1(x)y' + a_0(x)y = 0 \tag{2-3}$$

已知 y_1 為 (2-3) 式的一個非零解，令 $y_2 = y_1 v$，其中 v 為 x 的函數，則

$$y_2' = y_1 v' + y_1' v$$
$$y_2'' = y_1 v'' + 2y_1' v' + y_1'' v$$

可得

$$a_2(x)(y_1 v'' + 2y_1' v' + y_1'' v) + a_1(x)(y_1 v' + y_1' v) + a_0(x)y_1 v = 0$$
$$a_2(x)y_1 v'' + [2a_2(x)y_1' + a_1(x)y_1]v' + [a_2(x)y_1'' + a_1(x)y_1' + a_0(x)y_1]v = 0$$

因 y_1 為 (2-3) 式的一解，可知 v 的係數為零，故上式化成

$$a_2(x)y_1 v'' + [2a_2(x)y_1' + a_1(x)y_1]v' = 0$$

令 $w = v'$，則此式變成

$$a_2(x)y_1 w' + [2a_2(x)y_1' + a_1(x)y_1]w = 0 \tag{2-4}$$

$$\frac{dw}{w} = -\left[\frac{2y_1'}{y_1} + \frac{a_1(x)}{a_2(x)}\right]dx$$

可得

$$\ln|w| = -\ln y_1^2 - \int \frac{a_1(x)}{a_2(x)}dx + \ln|c|$$

$$w = \frac{ce^{-\int \frac{a_1(x)}{a_2(x)}dx}}{y_1^2}$$

此為 (2-4) 式的通解；取 $c = 1$，並利用 $w = v'$，可得

$$v = \int \frac{e^{-\int \frac{a_1(x)}{a_2(x)}dx}}{y_1^2}dx$$

故

$$y_2 = y_1 \int \frac{e^{-\int \frac{a_1(x)}{a_2(x)}dx}}{y_1^2}dx$$

又 $W(y_1, y_2) = \begin{vmatrix} y_1 & y_2 \\ y_1' & y_2' \end{vmatrix} = \begin{vmatrix} y_1 & y_1 v \\ y_1' & y_1 v' + y_1' v \end{vmatrix} = y_1^2 v' = e^{-\int \frac{a_1(x)}{a_2(x)} dx} \neq 0$

可知 y_1 與 y_2 為兩個線性獨立解。

定理 2-4

若二階齊次線性微分方程式
$$a_2(x)y'' + a_1(x)y' + a_0(x)y = 0$$
的一解為 y_1，則另一線性獨立解為
$$y_2 = y_1 \int \frac{e^{-\int \frac{a_1(x)}{a_2(x)} dx}}{y_1^2} dx$$
通解為 $y_1 = c_1 y_1 + c_2 y_2$。

例題 7

已知 $y_1 = x$ 為微分方程式
$$(x^2 + 1)y'' - 2xy' + 2y = 0$$
之一解，求其另一線性獨立解，並寫出微分方程式的通解。

解 另一線性獨立解為

$$y_2 = x \int \frac{e^{\int \frac{2x}{x^2+1} dx}}{x^2} dx = x \int \frac{e^{\ln(x^2+1)}}{x^2} dx = x \int \frac{x^2+1}{x^2} dx$$

$$= x \int (1 + x^{-2}) dx = x \left(x - \frac{1}{x} \right)$$

$$= x^2 - 1$$

故通解為 $y = c_1 x + c_2 (x^2 - 1)$。

例題 8

微分方程式
$$x^2y'' + xy' + (x^2 - \alpha^2)y = 0$$

稱為 **α 階貝索方程式** (Bessel's equation of order α)，此處 α 為參數。已知當 $\alpha = \dfrac{1}{2}$ 時，$y_1(x) = \dfrac{\sin x}{\sqrt{x}}$ $(x > 0)$ 為其一解，求另一線性獨立解。

解 另一線性獨立解為

$$y_2(x) = \frac{\sin x}{\sqrt{x}} \int \frac{e^{-\int \frac{x}{x^2} dx}}{\left(\dfrac{\sin x}{\sqrt{x}}\right)^2} dx = \frac{\sin x}{\sqrt{x}} \int \frac{e^{-\ln x}}{\dfrac{\sin^2 x}{x}} dx$$

$$= \frac{\sin x}{\sqrt{x}} \int \csc^2 x \, dx = \frac{\sin x}{\sqrt{x}}(-\cot x) = -\frac{\cos x}{\sqrt{x}} \, \text{。}$$

例題 9

已知 $y_1 = e^{2x}$ 為微分方程式 $y'' - 4y' + 4y = 0$ 之一解，求此微分方程式的通解。

解 另一線性獨立解為

$$y_2 = e^{2x} \int \frac{e^{-\int (-4) dx}}{(e^{2x})^2} dx = e^{2x} \int \frac{e^{4x}}{e^{4x}} dx = xe^{2x}$$

故通解為 $y = c_1 e^{2x} + c_2 x e^{2x}$。

已知 n 階非齊次線性微分方程式

$$a_n(x)y^{(n)} + a_{n-1}(x)y^{(n-1)} + \cdots + a_1(x)y' + a_0(x)y = f(x) \tag{2-5}$$

與 (2-5) 式所對應的齊次線性微分方程式或補充方程式

$$a_n(x)y^{(n)} + a_{n-1}(x)y^{(n-1)} + \cdots + a_1(x)y' + a_0(x)y = 0 \tag{2-6}$$

則

1. (2-6) 式的通解稱為 (2-5) 式的**補充函數** (complementary function)，記為 y_c。

2. (2-5) 式的任何一個不含任意常數的特解稱為 (2-5) 式的**特別積分** (particular integral)，記為 y_p。
3. $y_c + y_p$ 稱為 (2-5) 式的**通解**。

習題 2-1

1. 判斷下列各組函數為線性相依或線性獨立。
    (1) $1,\ \cos x,\ \sin x,\ -\infty < x < \infty$
    (2) $1,\ x,\ x^2,\ -\infty < x < \infty$
    (3) $\ln x,\ \ln x^2,\ \ln x^3,\ 0 < x < \infty$
    (4) $x^2 - x,\ x^2 + x,\ 2x^2 + 3x,\ -\infty < x < \infty$

2. 已知微分方程式 $\dfrac{d^2 y}{dx^2} - 5\dfrac{dy}{dx} + 6y = 0$。
    (1) 試證 e^{2x} 與 e^{3x} 為此方程式在區間 $(-\infty, \infty)$ 的線性獨立解。
    (2) 寫出該已知方程式的通解。
    (3) 求該微分方程式的解使其滿足初期條件 $y(0) = 2$ 與 $y'(0) = 3$。

3. 已知微分方程式 $x^2 y'' + xy' - 4y = 0$。
    (1) 試證 x^2 與 $\dfrac{1}{x^2}$ 為此方程式在區間 $(0, \infty)$ 的線性獨立解。
    (2) 寫出已知微分方程式的通解。
    (3) 求滿足初期條件 $y(2) = 3$ 與 $y'(2) = -1$ 的特解。

4. 已知 $y_1 = \dfrac{e^x}{x}$ 為 $xy'' + 2y' - xy = 0$ 之一解，求另一線性獨立解。

5. 已知 $y_1 = \dfrac{\sin x}{x}$ 為 $y'' + \dfrac{2}{x}y' + y = 0$ 之一解，求另一線性獨立解。

6. 已知 $y_1 = e^{2x}$ 為 $(2x+1)y'' - 4(x+1)y' + 4y = 0$ 之一解，求另一線性獨立解，並寫出其通解。

7. 已知 $y_1 = e^{-2x}$ 為 $(2x+1)y'' + 4xy' - 4y = 0$ 之一解，求另一線性獨立解。

8. 已知可微分函數 $f(x)$ 滿足方程式

$$\int_0^x (1+x^2) f''(t)\, dt = 2x f(x) - 2\int_0^x f(t)\, dt$$

且 $f(0) = 1,\ f'(0) = 3$，求 $f(x)$。

9. 已知 $y_1 = x^2$ 為 $x^2 y'' - 3xy' + 4y = 0$ 之一解，求另一線性獨立解，並寫出其通解。

10. 解 $y'' - \dfrac{y'}{x} + \dfrac{y}{x^2} = 1$。

2-2 常係數齊次線性微分方程式

若微分方程式中未知函數及其導函數的係數皆為常數,則稱為**常係數線性微分方程式** (linear differential equation with constant coefficients)。

在本節中,我們將探討 n 階常係數齊次線性微分方程式

$$a_n y^{(n)} + a_{n-1} y^{(n-1)} + \cdots + a_1 y' + a_0 y = 0$$

其中 a_0, a_1, $\cdots$, a_n 皆為實常數,$a_n \neq 0$。

首先,我們考慮二階常係數齊次線性微分方程式

$$a_2 y'' + a_1 y' + a_0 y = 0 \tag{2-7}$$

(2-7) 式指出 y 的導函數的常數倍相加為零函數。因 e^{rx} 的導函數為 e^{rx} 的常數倍,故假設

$$y = e^{rx}$$

為 (2-7) 式之一解,則

$$y' = e^{rx}, \qquad y'' = r^2 e^{rx}$$

代入 (2-7) 式中可得

$$a_2 r^2 e^{rx} + a_1 r e^{rx} + a_0 e^{rx} = 0$$

$$e^{rx}(a_2 r^2 + a_1 r + a_0) = 0$$

因 $e^{rx} \neq 0$,故

$$a_2 r^2 + a_1 r + a_0 = 0 \tag{2-8}$$

(2-8) 式稱為 (2-7) 式的**輔助方程式** (auxiliary equation) 或**特徵方程式** (characteristic equation)。

現在,我們就輔助方程式的根來討論 (2-7) 式的解:

1. 若 (2-8) 式有兩個相異實根 r_1 與 r_2,則我們可求得 (2-7) 式的兩解:$y_1 = e^{r_1 x}$ 與 $y_2 = e^{r_2 x}$,而 y_1 與 y_2 在區間 $(-\infty, \infty)$ 為線性獨立,故其線性組合

$$y = c_1 e^{r_1 x} + c_2 e^{r_2 x}$$

為 (2-7) 式的通解。

2. 若 (2-8) 式有兩個相等實根,即,$r_1 = r_2 = r$,則我們僅能得到一個指數函數解 $y_1 = e^{rx}$。然而,可由 2-1 節所討論的方法求得另一個線性獨立解,故

$$y_2 = e^{rx} \int \frac{e^{-\int \frac{a_1}{a_2} dx}}{e^{2rx}} dx$$

但由二次方程式根的公式，我們得知當兩根相等時，其應具備的充要條件為

$$a_1^2 - 4a_2 a_0 = 0$$

故

$$r = \frac{-a_1 \pm \sqrt{a_1^2 - 4a_2 a_0}}{2a_2} = -\frac{a_1}{2a_2}$$

$$y_2 = e^{rx} \int \frac{e^{\int 2r\, dx}}{e^{2rx}} dx = xe^{rx}$$

故 (2-7) 式的通解為 $y = (c_1 + c_2 x)e^{rx}$。

3. 若 (2-8) 式有共軛複數根：$r_1 = \alpha + i\beta$ 與 $r_2 = \alpha - i\beta$，此處 α 與 β 皆為實數，且 $i^2 = -1$，則 (2-7) 式的兩個線性獨立解為 $e^{(\alpha+i\beta)x}$ 與 $e^{(\alpha-i\beta)x}$。同時，這兩個解的線性組合亦為 (2-7) 式的解，故 (2-7) 式的通解為

$$y = Ae^{(\alpha+i\beta)x} + Be^{(\alpha-i\beta)x}$$

茲依**歐勒公式** (Euler's formula)

$$e^{i\theta} = \cos\theta + i\sin\theta$$

此處 θ 為任意實數，可知

$$e^{i\beta x} = \cos\beta x + i\sin\beta x$$
$$e^{-i\beta x} = \cos\beta x - i\sin\beta x$$

故

$$\begin{aligned} y &= Ae^{(\alpha+i\beta)x} + Be^{(\alpha-i\beta)x} \\ &= e^{\alpha x}(Ae^{i\beta x} + Be^{-i\beta x}) \\ &= e^{\alpha x}[A(\cos\beta x + i\sin\beta x) + B(\cos\beta x - i\sin\beta x)] \\ &= e^{\alpha x}[(A+B)\cos\beta x + (Ai - Bi)\sin\beta x] \end{aligned}$$

因 $e^{\alpha x}\cos\beta x$ 與 $e^{\alpha x}\sin\beta x$ 在區間 $(-\infty, \infty)$ 為微分方程式的兩個線性獨立解，又令 $c_1 = A + B$ 與 $c_2 = i(A - B)$，故 (2-7) 式的通解為

$$y = e^{\alpha x}(c_1\cos\beta x + c_2\sin\beta x)$$

其次，我們推廣到 n 階常係數齊次線性微分方程式的解法。對下面的 n 階常係數齊次線性微分方程式

$$a_n y^{(n)} + a_{n-1} y^{(n-1)} + \cdots + a_1 y' + a_0 y = 0 \qquad (2\text{-}9)$$

我們必須解 n 次方程式

$$a_n r^n + a_{n-1} r^{n-1} + \cdots + a_1 r + a_0 = 0 \qquad (2\text{-}10)$$

現在，我們依照下列三種情況討論之。

1. 若輔助方程式 (2-10) 的根為 n 個相異實根 $r_1, r_2, \cdots, r_n$，則 (2-9) 式的 n 個線性獨立解為

$$y_1 = e^{r_1 x}, \quad y_2 = e^{r_2 x}, \quad \cdots, \quad y_n = e^{r_n x}$$

故 (2-9) 式的通解為

$$y = c_1 e^{r_1 x} + c_2 e^{r_2 x} + \cdots + c_n e^{r_n x}$$

2. 若輔助方程式 (2-10) 有 k 個相等實根 r ($k \leq n$)，則對應於此 k 個重根，(2-9) 式通解的一部分為

$$(c_1 + c_2 x + c_3 x^2 + \cdots + c_k x^{k-1}) e^{rx}$$

若 (2-10) 式的解尚有 $(n-k)$ 個不相等的實根，$r_{k+1}, r_{k+2}, \cdots, r_n$，則 (2-9) 式的通解為

$$y = (c_1 + c_2 x + c_3 x^2 + \cdots + c_k x^{k-1}) e^{rx} + c_{k+1} e^{r_{k+1} x} + c_{k+2} e^{r_{k+2} x} + \cdots + c_n e^{r_n x}$$

3. 若輔助方程式 (2-10) 有 k ($k \leq \dfrac{n}{2}$) 對重複的共軛複數根 $\alpha \pm i\beta$，則對應於此 k 對共軛複數根，(2-9) 式的通解的一部分為

$$e^{\alpha x}[(c_1 + c_2 x + c_3 x^2 + \cdots + c_k x^{k-1}) \cos \beta x + (c_{k+1} + c_{k+2} x + \cdots + c_{2k} x^{k-1}) \sin \beta x]$$

為了讓讀者對上述的討論能夠一目了然，且方便理解，今列出一覽表 2-1。

表 2-1

輔助方程式之根的性質	微分方程式的通解
n 階常係數齊次線性微分方程式 $a_n y^{(n)} + a_{n-1} y^{(n-1)} + \cdots + a_1 y' + a_0 y = 0$ 輔助方程式 $a_n r^n + a_{n-1} r^{n-1} + \cdots + a_1 r + a_0 = 0$	
n 個相異實根 $r_1, r_2, \cdots, r_n$	$y = c_1 e^{r_1 x} + c_2 e^{r_2 x} + \cdots + c_n e^{r_n x}$
k 個相等實根 r 及 $(k-r)$ 個相異實根 $r_{k+1}, r_{k+2}, \cdots, r_n$	$y = (c_1 + c_2 x + \cdots + c_k x^{k-1}) e^{rx}$ $+ c_{k+1} e^{r_{k+1} x} + c_{k+2} e^{r_{k+2} x} + \cdots + c_n e^{r_n x}$
n 個相等實根 r	$y = (c_1 + c_2 x + \cdots + c_n x^{n-1}) e^{rx}$
k 對重複的共軛複數根 $\alpha \pm i\beta$ 及 $(n-2k)$ 個相異實根 $r_{2k+1}, r_{2k+2}, \cdots, r_n$	$y = e^{\alpha x} [(c_1 + c_2 x + \cdots + c_k x^{k-1}) \cos \beta x$ $+ (c_{k+1} + c_{k+2} x + \cdots + c_{2k} x^{k-1}) \sin \beta x]$ $+ c_{2k+1} e^{r_{2k+1} x} + \cdots + c_n e^{r_n x}$
k 對重複的共軛複數根 $\alpha \pm i\beta$ 及 $(n-2k)$ 個相異實根 r	$y = e^{\alpha x} [(c_1 + c_2 x + \cdots + c_k x^{k-1}) \cos \beta x$ $+ (c_{k+1} + c_{k+2} x + \cdots + c_{2k} x^{k-1}) \sin \beta x]$ $+ (c_{2k+1} + c_{2k+2} x + \cdots + c_n x^{n-2k-1}) e^{rx}$
$k \left(= \dfrac{n}{2} \right)$ 對重複的共軛複數根 $\alpha \pm i\beta$	$y = e^{\alpha x} [(c_1 + c_2 x + \cdots + c_k x^{k-1}) \cos \beta x$ $+ (c_{k+1} + c_{k+2} x + \cdots + c_{2k} x^{k-1}) \sin \beta x]$

例題 1

解 $y'' + y' - 6y = 0$。

解 輔助方程式 $r^2 + r - 6 = 0$ 有兩個相異實根 2 與 -3，故通解為
$$y = c_1 e^{2x} + c_2 e^{-3x}。$$

例題 2

解 $y'' - 10y' + 25y = 0$。

解 輔助方程式 $r^2 - 10r + 25 = 0$ 有兩個相等實根 5，故通解為
$$y = (c_1 + c_2 x) e^{5x}。$$

例題 3

解初值問題

$$\begin{cases} y''-4y'+13y=0 \\ y(0)=-1 \\ y'(0)=2 \end{cases}。$$

解 輔助方程式為 $r^2-4r+13=0$，其兩根分別為

$$r_1=2+3i \quad 與 \quad r_2=2-3i$$

故
$$y=e^{2x}(c_1\cos 3x+c_2\sin 3x)$$

代入初期條件 $y(0)=-1$ 可得 $c_1=-1$，

所以，
$$y=e^{2x}(-\cos 3x+c_2\sin 3x)$$

又
$$y'=e^{2x}(3\sin 3x+3c_2\cos 3x)+2(-\cos 3x+c_2\sin 3x)e^{2x}$$

代入 $y'(0)=2$ 可得 $2=3c_2-2$，$c_2=\dfrac{4}{3}$，

因此，特解為

$$y=e^{2x}\left(-\cos 3x+\dfrac{4}{3}\sin 3x\right)。$$

例題 4

解 $y'''-4y''+y'+6y=0$。

解 輔助方程式為

$$r^3-4r^2+r+6=0$$

即，
$$(r+1)(r-2)(r-3)=0$$

其三個相異實根分別為 -1, 2, 3。

故通解為
$$y=c_1e^{-x}+c_2e^{2x}+c_3e^{3x}。$$

例題 5

解 $y''' + 3y'' - 4y = 0$。

解 輔助方程式為

$$r^3 + 3r^2 - 4 = 0$$

即， $(r-1)(r+2)^2 = 0$

其根分別為 $1, -2, -2$。

故通解為

$$y = c_1 e^x + (c_2 + c_3 x)e^{-2x}。$$

例題 6

解 $3y''' - 19y'' + 36y' - 10y = 0$。

解 輔助方程式為

$$3r^3 - 19r^2 + 36r - 10 = 0$$

即， $(3r-1)(r^2 - 6r + 10) = 0$

其根分別為 $\dfrac{1}{3}, 3 \pm i$。

故通解為

$$y = c_1 e^{x/3} + e^{3x}(c_2 \cos x + c_3 \sin x)。$$

習題 2-2

解下列各微分方程式。

1. $y'' + 4y' - 4y = 0$
2. $y'' - y' - 42y = 0$
3. $y'' + 9y = 0$
4. $y'' + \sqrt{3}\, y' + 7y = 0$
5. $y'' - 4y' + 5y = 0$
6. $2y'' - 3y' + 4y = 0$
7. $y''' - y'' + y' - y = 0$
8. $y'' + 4y' + 4y = 0$
9. $y''' - 5y'' + 7y' - 3y = 0$
10. $y''' + y'' - 2y = 0$
11. $y^{(4)} - 7y'' - 18y = 0$
12. $y''' - 6y'' + 12y' - 8y = 0$
13. $y^{(4)} + y''' + y'' = 0$
14. $y^{(4)} + 2y'' + y = 0$

解下列各初值問題。

15. $\begin{cases} y'''-2y''+4y'-8y=0 \\ y(0)=2 \\ y'(0)=0 \\ y''(0)=0 \end{cases}$

16. $\begin{cases} y'''-6y''+11y'-6y=0 \\ y(0)=0 \\ y'(0)=0 \\ y''(0)=2 \end{cases}$

17. $\begin{cases} y''-2y'+10y=0 \\ y(0)=4 \\ y'(0)=1 \end{cases}$

2-3 常係數非齊次線性微分方程式

現在，我們來討論常係數非齊次線性微分方程式的特別積分 (特解) 的解法：**未定係數法** (method of undetermined coefficients) 與**參數變化法** (method of variation of parameters)。

一、未定係數法

此種方法是先假定所求特別積分的形式，稱為**試驗解** (trial solution)，然後求出試驗解中的未定係數，就可得到欲求之解。然而，本方法只能用在函數 $f(x)$ 為一些特殊的函數，如多項式函數、正弦函數、餘弦函數、指數函數，或以上函數的組合等等。若 $f(x)$ 為其他函數，則本方法不適用。假設試驗解的形式需視 $f(x)$ 的形式而定，現列於表 2-2 中。

表 2-2

$f(x)$ 的形式	試驗解 y_p 的形式
$f(x)=a_n x^n+a_{n-1}x^{n-1}+\cdots+a_1 x+a_0$	$y_p=A_n x^n+A_{n-1}x^{n-1}+\cdots+A_1 x+A_0$
$f(x)=ce^{ax}$	$y_p=Ae^{ax}$
$f(x)=c\sin\beta x$	$y_p=A\cos\beta x+B\sin\beta x$
$f(x)=c\cos\beta x$	$y_p=A\cos\beta x+B\sin\beta x$

註：若 $f(x)$ 含有表中所列某些型的和 (或乘積)，則試驗解的形式為各對應型的和 (或乘積)。

讀者必須注意，當我們求得特別積分時，實際上必須注意特別積分是否與補充函數中某項有同形式的項。如果相同，則以此特別積分去試，一定不會適合這非齊次微分方程式，因為補充函數的形式能適合齊次微分方程式，必定不

能適合非齊次微分方程式，所以我們要避免同形項的出現，可利用下列的規則：

1. 若 $f(x)$ 所設的試驗解與補充函數中某項有同形項，則其試驗解必須乘以 x^r，而 r 為齊次微分方程式的輔助方程式所含重根的個數。
2. 當 $f(x)$ 為 $x^m g(x)$ 的形式時，如 $g(x)$ 與補充函數有同形項，則以 $x^{m+r} f(x)$ 的形式來假設試驗解 (r 為重根的個數)。

例題 1

解 $y'' - 2y' - 3y = 2x$。

解 補充方程式的輔助方程式為 $r^2 - 2r - 3 = 0$，解得 $r = 3, -1$。
故補充函數為

$$y_c = c_1 e^{3x} + c_2 e^{-x}$$

令試驗解的形式為 $y_p = A + Bx$，則

$$y_p' = B, \quad y_p'' = 0$$

將這些值代入微分方程式可得

$$-2B - 3(A + Bx) = 2x$$

比較等號兩邊的係數，

$$\begin{cases} -2B - 3A = 0 \\ -3B = 2 \end{cases}$$

解得 $\quad A = \dfrac{4}{9}, \quad B = -\dfrac{2}{3}$

因而 $\quad y_p = \dfrac{4}{9} - \dfrac{2}{3} x$

故通解為 $\quad y = y_c + y_p = c_1 e^{3x} + c_2 e^{-x} + \dfrac{4}{9} - \dfrac{2}{3} x$。

例題 2

解 $y''' - y'' - 8y' + 12y = e^{2x}$。

解 補充方程式的輔助方程式為 $r^3 - r^2 - 8r + 12 = 0$，解得 $r = 2, 2, -3$。
故補充函數為

$$y_c = c_1 e^{2x} + c_2 x e^{2x} + c_3 e^{-3x}$$

令試驗解的形式為

$$y_p = A x^2 e^{2x}$$

則
$$y_p' = 2Ax^2 e^{2x} + 2Axe^{2x}$$
$$y_p'' = 4Ax^2 e^{2x} + 8Axe^{2x} + 2Ae^{2x}$$
$$y_p''' = 8Ax^2 e^{2x} + 24Axe^{2x} + 12Ae^{2x}$$

代入微分方程式可得

$y_p''' - y_p'' - 8y_p' + 12y_p$
$= (8A - 4A - 16A + 12A)x^2 e^{2x} + (24A - 8A - 16A)xe^{2x} + (12A - 2A)e^{2x} = e^{2x}$

$\Rightarrow 10Ae^{2x} = e^{2x} \Rightarrow A = \dfrac{1}{10}$

因而
$$y_p = \frac{1}{10} x^2 e^{2x}$$

所以，通解為

$$y = y_c + y_p = c_1 e^{2x} + c_2 x e^{2x} + c_3 e^{-3x} + \frac{1}{10} x^2 e^{2x}。$$

例題 3

解 $y''' + 4y'' + 4y' = -3xe^x + \sin x$。

解 補充方程式的輔助方程式為 $r^3 + 4r^2 + 4r = 0$，解得 $r = 0, -2, -2$。
故補充函數為

$$y_c = c_1 + c_2 e^{-2x} + c_3 x e^{-2x}$$

令試驗解的形式為

$$y_p = Axe^x + Be^x + C\sin x + D\cos x$$

則　　$y_p''' + 4y_p'' + 4y_p'$
$= 9Axe^x + (15A + 9B)e^x + (-4C - 3D)\sin x + (3C - 4D)\cos x$
$= -3xe^x + \sin x$

比較等號兩邊的係數，

$$\begin{cases} 9A = -3 \\ 15A + 9B = 0 \\ -4C - 3D = 1 \\ 3C - 4D = 0 \end{cases}$$

解得　　$A = -\dfrac{1}{3},\ B = \dfrac{5}{9},\ C = -\dfrac{4}{25},\ D = -\dfrac{3}{25}$

故通解為 $y = y_c + y_p$
$= c_1 + c_2 e^{-2x} + c_3 x e^{-2x} - \dfrac{1}{3} x e^x + \dfrac{5}{9} e^x - \dfrac{4}{25} \sin x - \dfrac{3}{25} \cos x$。

例題 4

解 $y'' - 2y' + y = e^x + x$。

解　補充方程式的輔助方程式為 $r^2 - 2r + 1 = 0$，解得 $r = 1, 1$。
故補充函數為
$$y_c = (c_1 + c_2 x)e^x$$

令試驗解的形式為
$$y_p = Ax + B + Cx^2 e^x$$

則　　$y_p'' - 2y_p' + y_p = Cx^2 e^x + 4Cxe^x + 2Ce^x - 2(A + Cx^2 e^x + 2Cxe^x)$
$\qquad\qquad\qquad + Ax + B + Cx^2 e^x$
$= e^x + x$
$2Ce^x + Ax + (-2A + B) = e^x + x$

比較等號兩邊的係數，

$$\begin{cases} 2C=1 \\ A=1 \\ -2A+B=0 \end{cases}$$

解得 $\quad A=1,\ B=2,\ C=\dfrac{1}{2}$

故通解為 $\quad y=y_c+y_p=(c_1+c_2x)e^x+x+2+\dfrac{1}{2}x^2e^x$。

二、參數變化法

此種方法係將補充函數中的常數視為 x 的未定函數，而使此修正後之補充函數代入微分方程式的左邊，恰等於右邊 $f(x)$ 而不再為零。為簡明計，我們僅就二階非齊次線性微分方程式討論此法，至於高階非齊次線性微分方程式，可從而推廣。

設二階非齊次線性微分方程式為

$$a_2(x)y''+a_1(x)y'+a_0(x)y=f(x) \tag{2-11}$$

若 y_1 與 y_2 為補充方程式的線性獨立解，則 (2-11) 式的補充函數應為

$$y_c=c_1y_1+c_2y_2$$

此處 c_1 與 c_2 為任意兩常數。若想求 (2-11) 式的解，我們可假設兩函數 $v_1=v_1(x)$ 及 $v_2=v_2(x)$ 分別代替 c_1 及 c_2，故 (2-11) 式的特別積分設為

$$y_p=v_1y_1+v_2y_2$$

則 $\quad y_p'=v_1y_1'+v_2y_2'+(v_1'y_1+v_2'y_2)$

令

$$v_1'y_1+v_2'y_2=0 \tag{2-12}$$

則 $\quad y_p'=v_1y_1'+v_2y_2'$

$$y_p''=v_1y_1''+v_1'y_1'+v_2y_2''+v_2'y_2'$$

可得 $\quad a_2(x)(v_1y_1''+v_1'y_1'+v_2y_2''+v_2'y_2')+a_1(x)(v_1y_1'+v_2y_2')$
$\qquad -a_0(x)(v_1y_1+v_2y_2)=f(x)$

即， $\quad [a_2(x)y_1''+a_1(x)y_1'+a_0(x)y_1]v_1+[a_2(x)y_2''+a_1(x)y_2'+a_0(x)y_2]v_2$
$\qquad +v_1'a_2(x)y_1'+v_2'a_2(x)y_2'=f(x)$

因 y_1 與 y_2 為齊次微分方程式的解，可知

$$a_2(x)y_1'' + a_1(x)y_1' + a_0(x)y_1 = 0$$

$$a_2(x)y_2'' + a_1(x)y_2' + a_0(x)y_2 = 0$$

故

$$v_1'y_1' + v_2'y_2' = \frac{f(x)}{a_2(x)} \tag{2-13}$$

(2-12) 式與 (2-13) 式聯立，

$$\begin{cases} v_1'y_1 + v_2'y_2 = 0 \\ v_1'y_1' + v_2'y_2' = \dfrac{f(x)}{a_2(x)} \end{cases} \tag{2-14}$$

$$v_1' = \frac{\begin{vmatrix} 0 & y_2 \\ \dfrac{f(x)}{a_2(x)} & y_2' \end{vmatrix}}{W(y_1,\ y_2)} = -\frac{y_2(x)f(x)}{a_2(x)W(y_1,\ y_2)}$$

$$v_2' = \frac{\begin{vmatrix} y_1 & 0 \\ y_1' & \dfrac{f(x)}{a_2(x)} \end{vmatrix}}{W(y_1,\ y_2)} = \frac{y_1(x)f(x)}{a_2(x)W(y_1,\ y_2)}$$

故

$$v_1 = -\int \frac{y_2(x)f(x)}{a_2(x)W(y_1,\ y_2)}\,dx$$

$$v_2 = \int \frac{y_1(x)f(x)}{a_2(x)W(y_1,\ y_2)}\,dx \text{。}$$

定理 2-5

若 y_1 與 y_2 為二階非齊次線性微分方程式

$$a_2(x)y'' + a_1(x)y' + a_0(x)y = f(x) \tag{2-15}$$

所對應的齊次微分方程式

$$a_2(x)y'' + a_1(x)y' + a_0(x)y = 0$$

的兩個線性獨立解，則 (2-15) 式的特別積分為

$$y_p = -y_1(x)\int \frac{y_2(x)f(x)}{a_2(x)W(y_1,\ y_2)}dx + y_2(x)\int \frac{y_1(x)f(x)}{a_2(x)W(y_1,\ y_2)}dx \text{。} \quad (2\text{-}16)$$

例題 5

解 $y'' + 4y = 12$。

解 補充方程式的輔助方程式為 $r^2 + 4 = 0$，可得 $r = \pm 2i$。
補充函數為

$$y_c = c_1 \cos 2x + c_2 \sin 2x$$

假設微分方程式的特別積分為

$$y_p = v_1(x)\cos 2x + v_2(x)\sin 2x$$

而 $\quad y_1(x) = \cos 2x,\ y_2(x) = \sin 2x$

$$W(y_1,\ y_2) = \begin{vmatrix} y_1 & y_2 \\ y_1' & y_2' \end{vmatrix} = \begin{vmatrix} \cos 2x & \sin 2x \\ -2\sin 2x & 2\cos 2x \end{vmatrix}$$

$$= 2(\cos^2 2x + \sin^2 2x) = 2$$

可得 $\quad v_1(x) = -\int \frac{y_2(x)f(x)}{a_2(x)W(y_1,\ y_2)}dx$

$$= -6\int \sin 2x\, dx = 3\cos 2x$$

$$v_2(x) = \int \frac{y_1(x)f(x)}{a_2(x)W(y_1,\ y_2)}dx$$

$$= 6\int \cos 2x\, dx = 3\sin 2x$$

因而 $\quad y_p = 3\cos^2 2x + 3\sin^2 2x = 3$

故通解為 $\quad y = y_c + y_p = c_1 \cos 2x + c_2 \sin 2x + 3$。

例題 6

解 $y'' + y = \sec x$。

解 補充函數為

$$y_c = c_1 \cos x + c_2 \sin x$$

假設微分方程式的特別積分為

$$y_p = v_1(x) \cos x + v_2(x) \sin x$$

而 $\quad y_1(x) = \cos x, \quad y_2(x) = \sin x$

$$W(y_1, y_2) = \begin{vmatrix} y_1 & y_2 \\ y_1' & y_2' \end{vmatrix} = \begin{vmatrix} \cos x & \sin x \\ -\sin x & \cos x \end{vmatrix} = 1$$

可得 $\quad v_1(x) = -\int \dfrac{y_2(x) f(x)}{a_2(x) W(y_1, y_2)} dx = -\int \sin x \sec x \, dx$

$$= \ln|\cos x|$$

$$v_2(x) = \int \dfrac{y_1(x) f(x)}{a_2(x) W(y_1, y_2)} dx = \int \cos x \sec x \, dx = x$$

因而 $\quad y_p = \cos x \ln|\cos x| + x \sin x$

故通解為 $y = y_c + y_p = c_1 \cos x + c_2 \sin x + \cos x \ln|\cos x| + x \sin x$

例題 7

解 $y'' - 4y' + 4y = (x+1)e^{2x}$。

解 補充函數為

$$y_c = c_1 e^{2x} + c_2 x e^{2x}$$

假設微分方程式的特別積分為

$$y_p = v_1(x) e^{2x} + v_2(x) x e^{2x}$$

而 $\quad y_1(x) = e^{2x}, \quad y_2(x) = x e^{2x}$

$$W(y_1, y_2) = \begin{vmatrix} y_1 & y_2 \\ y_1' & y_2' \end{vmatrix} = \begin{vmatrix} e^{2x} & x e^{2x} \\ 2e^{2x} & 2x e^{2x} + e^{2x} \end{vmatrix} = e^{4x}$$

可得
$$v_1(x) = -\int \frac{y_2(x)f(x)}{a_2(x)W(y_1, y_2)} dx$$
$$= -\int \frac{xe^{2x}(x+1)e^{2x}}{e^{4x}} dx = -\int (x^2+x) dx$$
$$= -\frac{x^3}{3} - \frac{x^2}{2}$$
$$v_2(x) = \int \frac{y_1(x)f(x)}{a_2(x)W(y_1, y_2)} dx = \int \frac{e^{2x}(x+1)e^{2x}}{e^{4x}} dx$$
$$= \frac{x^2}{2} + x$$

因而
$$y_p = \left(-\frac{x^3}{3} - \frac{x^2}{2}\right)e^{2x} + \left(\frac{x^2}{2} + x\right)xe^{2x}$$
$$= \left(\frac{x^3}{6} + \frac{x^2}{2}\right)e^{2x}$$

故通解為 $y = y_c + y_p = c_1 e^{2x} + c_2 x e^{2x} + \left(\frac{x^3}{6} + \frac{x^2}{2}\right)e^{2x}$。

以上是二階非齊次線性微分方程式的參數變化法，我們可以推廣到 n 階非齊次線性微分方程式

$$a_n(x)y^{(n)} + a_{n-1}(x)y^{(n-1)} + \cdots + a_1(x)y' + a_0(x)y = f(x) \tag{2-17}$$

設 (2-17) 式的特別積分為

$$y_p = v_1(x)y_1 + v_2(x)y_2 + \cdots + v_n(x)y_n$$

此處 $y_i = y_i(x)$ ($i = 1, 2, \cdots, n$) 為 x 的可微分函數，則

$$\begin{cases} v_1'y_1 & +v_2'y_2 & +\cdots+v_n'y_n & =0 \\ v_1'y_1' & +v_2'y_2' & +\cdots+v_n'y_n' & =0 \\ v_1'y_1'' & +v_2'y_2'' & +\cdots+v_n'y_n'' & =0 \\ \vdots & \vdots & \vdots \quad \vdots \quad \vdots \\ v_1'y_1^{(n-2)} & +v_2'y_2^{(n-2)} & +\cdots+v_n'y_n^{(n-2)} & =0 \\ v_1'y_1^{(n-1)} & +v_2'y_2^{(n-1)} & +\cdots+v_n'y_n^{(n-1)} & =\dfrac{f(x)}{a_n(x)} \end{cases} \quad (2\text{-}18)$$

例題 8

解 $y'''+y'=4\cos x$。

解 補充方程式的輔助方程式為

$$r^3+r=0$$

即

$$r(r^2+1)=0$$

$$r=0, \pm i$$

補充函數為

$$y_c=c_1+c_2\cos x+c_3\sin x$$

$$y_p=v_1(x)(1)+v_2(x)\cos x+v_3(x)\sin x$$

而

$$y_1(x)=1, \quad y_2(x)=\cos x, \quad y_3(x)=\sin x$$

利用 (2-18) 式,取 $n=3$,可知

$$\begin{cases} v_1'+v_2'\cos x+v_3'\sin x=0 \\ -v_2'\sin x+v_3'\cos x=0 \\ -v_2'\cos x-v_3'\sin x=4\cos x \end{cases}$$

$$W(y_1, y_2, y_3)=\begin{vmatrix} 1 & \cos x & \sin x \\ 0 & -\sin x & \cos x \\ 0 & -\cos x & -\sin x \end{vmatrix}$$

$$=\sin^2 x+\cos^2 x=1$$

分別求得

$$v_1' = \frac{\begin{vmatrix} 0 & \cos x & \sin x \\ 0 & -\sin x & \cos x \\ 4\cos x & -\cos x & -\sin x \end{vmatrix}}{W(y_1, y_2, y_3)}$$

$$= 4\cos^3 x + 4\cos x \sin^2 x$$

$$v_1 = 4\int (\cos^3 x + \cos x \sin^2 x)\, dx$$

$$= 4\int \cos x\, dx = 4\sin x$$

$$v_2' = \frac{\begin{vmatrix} 1 & 0 & \sin x \\ 0 & 0 & \cos x \\ 0 & 4\cos x & -\sin x \end{vmatrix}}{W(y_1, y_2, y_3)}$$

$$= -4\cos^2 x$$

$$v_2 = -4\int \cos^2 x\, dx = -4\int \frac{1+\cos 2x}{2}\, dx$$

$$= -4\left(\frac{x}{2} + \frac{1}{4}\sin 2x\right)$$

$$= -2x - \sin 2x$$

$$v_3' = \frac{\begin{vmatrix} 1 & \cos x & 0 \\ 0 & -\sin x & 0 \\ 0 & -\cos x & 4\cos x \end{vmatrix}}{W(y_1, y_2, y_3)}$$

$$= -4\sin x \cos x$$

$$v_3 = -4\int \sin x \cos x \, dx = -2\sin^2 x$$

$$\begin{aligned} y_p &= 4\sin x + (-2x - \sin 2x)\cos x + (-2\sin^2 x)\sin x \\ &= 4\sin x - 2x\cos x - \sin 2x \cos x - 2\sin^3 x \\ &= 4\sin x - 2x\cos x - 2\sin x \cos^2 x - 2\sin x(1-\cos^2 x) \\ &= 2\sin x - 2x\cos x \end{aligned}$$

故通解為
$$\begin{aligned} y &= y_c + y_p = c_1 + c_2 \cos x + c_3 \sin x + 2\sin x - 2x\cos x \\ &= c_1 + c_2 \cos x + c_3' \sin x - 2x\cos x \quad (c_3' = c_3 + 2) \end{aligned}$$

習題 2-3

1. 已知微分方程式

$$\frac{d^2y}{dx^2} - 3\frac{dy}{dx} + 2y = 4x^2$$

(1) 試證：e^x 與 e^{2x} 為微分方程式

$$\frac{d^2y}{dx^2} - 3\frac{dy}{dx} + 2y = 0$$

的線性獨立解。

(2) 寫出已知非齊次微分方程式的補充函數。

(3) 試證 $2x^2 + 6x + 7$ 為已知微分方程式的特別積分。

(4) 寫出已知非齊次微分方程式的通解。

利用未定係數法解下列各微分方程式。

2. $y'' - 3y' + 2y = e^{3x} + 4x$
3. $y'' + y = 3x + \cos x$
4. $y'' + 4y = 8\sin 2x$
5. $y'' + y' - 2y = 2\sin 2x$
6. $y'' - y' + 2y = x^2 e^{2x}$
7. $y'' + 4y' + 4y = 3xe^{-2x}$
8. $y'' - 4y' + 4y = e^{2x} + e^x + 1$
9. $y'' + 2y' - 8y = e^x \cos x$
10. $y''' - y'' - 8y' + 12y = 7e^{2x}$

利用參數變化法解下列各微分方程式。

11. $y''' + y' = \csc x$
12. $y'' - 2y' = e^x \sin x$
13. $4y'' + 36y = \csc 3x$
14. $y''' - 6y'' + 11y' - 6y = e^x$
15. $y'' + 2y' + y = e^{-x} \ln x$
16. $y'' + y = \tan x$
17. $y''' + y' = \tan x$
18. $y'' - 2y' + y = \dfrac{e^x}{x}$

2-4 反多項式算子

我們將在本節中介紹另外一種求常係數非齊次線性微分方程式的特解 (即特別積分) 較為便利的方法。

首先，我們回憶一下在微積分裡學過的**微分算子** (differential operator) D，它係用來代表對自變數 x 的微分運算，即，$D=\dfrac{d}{dx}$，因而

$$Dy=y', \quad D^2y=y'', \quad D^3y=y''', \quad \cdots, \quad D^ny=y^{(n)}$$

$P(D)=a_nD^n+a_{n-1}D^{n-1}+\cdots+a_1D+a_0$ (其中 $a_0, a_1, \cdots, a_n$ 皆為實常數，$a_n \neq 0$) 可視為以 D 為「變數」的 n 次多項式，它是一個**多項式算子** (polynomial operator)。

一次多項式算子為 $D-a$ (a 為實數)，可得 $(D-a)y=Dy-ay=y'-ay$，這種算子對二次可微分函數 $y=y(x)$ 滿足交換律：

$$[(D-a)(D-b)]y=[(D-b)(D-a)]y$$

證明如下：

$$\begin{aligned}
[(D-a)(D-b)]y &= (D-a)(y'-by)=D(y'-by)-a(y'-by) \\
&= y''-by'-ay'+aby \\
&= y''-ay'-(by'-aby) \\
&= D(y'-ay)-b(y'-ay) \\
&= (D-b)(y'-ay) \\
&= [(D-b)(D-a)]y
\end{aligned}$$

有關多項式算子之間的運算遵循下列的規則：

1. 交換律：

$$[P_1(D)+P_2(D)]y=[P_2(D)+P_1(D)]y$$
$$[P_1(D)\,P_2(D)]y=[P_2(D)\,P_1(D)]y$$

2. 結合律：

$$[(P_1(D)+P_2(D))+P_3(D)]y=[P_1(D)+(P_2(D)+P_3(D))]y$$
$$[(P_1(D)\,P_2(D))\,P_3(D)]y=[P_1(D)\,(P_2(D)\,P_3(D))]y$$

3. 分配律：

$$[P_1(D)(P_2(D)+P_3(D))]y = [P_1(D)P_2(D)+P_1(D)P_3(D)]y$$

定理 2-6

微分算子 $P(D)$ 具有下列的性質：

(1) $P(D)(cy_1) = cP(D)(y_1)$

(2) $P(D)(y_1+y_2) = P(D)(y_1)+P(D)(y_2)$

其中 y_1 與 y_2 皆為 n 次可微分函數，c 為任意常數。

現在，我們利用多項式算子 $P(D)$ 將所予常係數非齊次線性微分方程式表成

$$P(D)y = f(x) \tag{2-19}$$

然後定義 (2-19) 式的任意特別積分為

$$y_p = \frac{1}{P(D)}f(x) \tag{2-20}$$

當 $\dfrac{1}{P(D)}\left(P(D)f(x)\right) = f(x)$ 時，我們稱 $\dfrac{1}{P(D)}$ 為 $P(D)$ 的**反多項式算子**。

反多項式算子具有下列的基本性質：

1. $\dfrac{1}{P(D)}\left[P(D)f(x)\right] = f(x)$

2. $\dfrac{1}{P(D)}\left[af(x)+bg(x)\right] = a\dfrac{1}{P(D)}f(x)+b\dfrac{1}{P(D)}g(x)$ (a、b 皆為任意常數)

3. $\left[\dfrac{1}{P_1(D)}+\dfrac{1}{P_2(D)}\right]f(x) = \dfrac{1}{P_1(D)}f(x)+\dfrac{1}{P_2(D)}f(x)$

4. $\dfrac{1}{P_1(D)P_2(D)}f(x) = \dfrac{1}{P_1(D)}\left[\dfrac{1}{P_2(D)}f(x)\right] = \dfrac{1}{P_2(D)}\left[\dfrac{1}{P_1(D)}f(x)\right]$

由上面的討論，我們可得 (2-19) 式的通解為

$$y = y_c + y_p = y_c + \frac{1}{P(D)}f(x)。$$

定理 2-7

若 $f(x) = bx^k$（k 為非負整數），$P(D) = D - a_0$，$a_0 \neq 0$，則

$$y_p = -\frac{b}{a_0}\left(x^k + \frac{k}{a_0}x^{k-1} + \frac{k(k-1)}{a_0^2}x^{k-2} + \cdots + \frac{k!}{a_0^k}\right)。$$

證
$$y_p = \frac{1}{D - a_0}(bx^k)$$

$$= \frac{1}{-a_0\left(1 - \dfrac{D}{a_0}\right)}(bx^k)$$

$$= -\frac{1}{a_0}\left(1 + \frac{D}{a_0} + \frac{D^2}{a_0^2} + \cdots + \frac{D^k}{a_0^k} + \cdots\right)(bx^k) \text{（利用長除法）}$$

$$= -\frac{1}{a_0}\left(1 + \frac{D}{a_0} + \frac{D^2}{a_0^2} + \cdots + \frac{D^k}{a_0^k}\right)(bx^k)$$

$$= -\frac{b}{a_0}\left(x^k + \frac{k}{a_0}x^{k-1} + \frac{k(k-1)}{a_0^2}x^{k-2} + \cdots + \frac{k!}{a_0^k}\right)$$

若　$P(D)y = (a_n D^n + a_{n-1}D^{n-1} + a_{n-2}D^{n-2} + \cdots + a_1 D + a_0)y = bx^k$

則　$y_p = \dfrac{1}{P(D)}(bx^k)$

$$= \frac{1}{a_0\left(1 + \dfrac{a_1}{a_0}D + \dfrac{a_2}{a_0}D^2 + \cdots + \dfrac{a_n}{a_0}D^n\right)}(bx^k)$$

$$= \frac{b}{a_0}(1 + b_1 D + b_2 D^2 + \cdots + b_k D^k + \cdots)x^k,\ a_0 \neq 0$$

$$= \frac{b}{a_0}(1 + b_1 D + b_2 D^2 + b_3 D^3 + \cdots + b_k D^k + \cdots)x^k,\ a_0 \neq 0 \tag{2-21}$$

若 $k = 0$，則 (2-21) 式變成

$$y_p = \frac{1}{P(D)}b = \frac{b}{a_0},\ a_0 \neq 0。 \tag{2-22}$$

例題 1

求 $y'' - 2y' - 3y = 5$ 的特別積分。

解 微分方程式改寫成 $(D^2 - 2D - 3)y = 5$，由 (2-22) 式可得特別積分為

$$y_p = \frac{1}{D^2 - 2D - 3}(5) = -\frac{5}{3} 。$$

例題 2

求 $4y'' - 3y' + 9y = 5x^2$ 的特別積分。

解 微分方程式改寫成 $(4D^2 - 3D + 9)y = 5x^2$，由 (2-21) 式可得特別積分為

$$y_p = \frac{1}{9\left(1 - \dfrac{D}{3} + \dfrac{4}{9}D^2\right)}(5x^2) = \frac{5}{9}\left(1 + \frac{D}{3} - \frac{D^2}{3}\right)(x^2)$$

$$= \frac{5}{9}\left(x^2 + \frac{2}{3}x - \frac{2}{3}\right) 。$$

定理 2-8

若 $P(D)y = f(x)$, $P(D) = D - a$, $a \neq 0$

則
$$y_p = \frac{1}{D-a}f(x) = e^{ax}\int e^{-ax}f(x)\,dx 。$$

證 因
$$\frac{dy_p}{dx} - ay_p = f(x)$$

積分因子為
$$\mu(x) = e^{-\int a\,dx} = e^{-ax}$$

可得
$$e^{-ax}\frac{dy_p}{dx} - e^{-ax}ay_p = e^{-ax}f(x)$$

$$\frac{d}{dx}(e^{-ax}y_p) = e^{-ax}f(x)$$

$$e^{-ax}y_p = \int e^{-ax}f(x)\,dx$$

故 $$y_p = e^{ax} \int e^{-ax} f(x) \, dx \text{。}$$

例題 3

求 $(D^2 - 3D + 2)y = e^{5x}$ 的特別積分。

解
$$y_p = \frac{1}{D^2 - 3D + 2}(e^{5x}) = \frac{1}{D-1}\left[\frac{1}{D-2}(e^{5x})\right]$$

令 $u = \dfrac{1}{D-2}(e^{5x})$，則

$$u = e^{2x} \int e^{-2x} e^{5x} \, dx = e^{2x} \int e^{3x} \, dx = \frac{1}{3} e^{5x}$$

故
$$y_p = \frac{1}{D-1}\left(\frac{1}{3} e^{5x}\right) = e^x \int e^{-x} \frac{1}{3} e^{5x} \, dx$$

$$= \frac{1}{3} e^x \int e^{4x} \, dx$$

$$= \frac{1}{12} e^{5x} \text{。}$$

另解：$y_p = \dfrac{1}{(D-1)(D-2)} e^{5x} = \left(-\dfrac{1}{D-1} + \dfrac{1}{D-2}\right) e^{5x}$

$$= -\frac{1}{D-1} e^{5x} + \frac{1}{D-2} e^{5x} = -e^x \int e^{-x} e^{5x} \, dx + e^{2x} \int e^{-2x} e^{5x} \, dx$$

$$= -e^x \int e^{4x} \, dx + e^{2x} \int e^{3x} \, dx = -\frac{1}{4} e^{5x} + \frac{1}{3} e^{5x}$$

$$= \frac{1}{12} e^{5x} \text{。}$$

定理 2-9

若 $f(x) = bx^k$，$P(D) = a_n D^n + a_{n-1} D^{n-1} + a_{n-2} D^{n-2} + \cdots + a_r D^r$，則

$$y_p = \frac{1}{D^r}\left[\frac{1}{a_n D^{n-r} + \cdots + a_{r+1} D + a_r}(bx^k)\right], \quad a_r \neq 0 \text{。}$$

註：$\dfrac{1}{D^r}f(x)=\underbrace{\int\cdots\int}_{r} f(x)\,dx\cdots dx$ $(r=1,\,2,\,3,\,\cdots$；積分不含任意常數$)$。

例題 4

求 $y'''-y''=2x+3$ 的特別積分。

解 微分方程式改寫成 $(D^3-D^2)y=2x+3$，因 $P(D)=D^2(D-1)$，故

$$y_p=\dfrac{1}{D^2(D-1)}(2x+3)=\dfrac{1}{D^2}\left[\dfrac{1}{D-1}(2x+3)\right]$$

$$=\dfrac{1}{D^2}\left[(-1-D)(2x+3)\right]=\dfrac{1}{D^2}(-2x-5)$$

$$=-\dfrac{1}{3}x^3-\dfrac{5}{2}x^2 \text{。}$$

定理 2-10

若 $f(x)=be^{ax}$，$P(a)\neq 0$，則

$$y_p=\dfrac{1}{P(D)}(be^{ax})=\dfrac{be^{ax}}{P(a)}\text{。}$$

證 因 $\qquad D^r(be^{ax})=ba^r e^{ax}\ (r=1,\,2,\,\cdots,\,n)$

故 $\qquad P(D)be^{ax}=bP(a)e^{ax}$

可得 $\qquad be^{ax}=\dfrac{1}{P(D)}[bP(a)e^{ax}]$

即， $\qquad y_p=\dfrac{1}{P(D)}(be^{ax})=\dfrac{be^{ax}}{P(a)}\text{。}$

例題 5

求 $y'''-y''+y'+y=3e^{-2x}$ 的特別積分。

解 將微分方程式改寫成 $(D^3-D^2+D+1)y=3e^{-2x}$，因 $P(D)=D^3-D^2+D+1$，故

$$y_p = \frac{1}{P(D)}(3e^{-2x}) = \frac{1}{D^3 - D^2 + D + 1}(3e^{-2x})$$

$$= \frac{3e^{-2x}}{(-2)^3 - (-2)^2 + (-2) + 1}$$

$$= -\frac{3}{13}e^{-2x} \text{。}$$

定理 2-11

若 $P(D)y = e^{ax}u(x)$，u 為 x 的多項式函數，則

$$y_p = \frac{1}{P(D)}\left[e^{ax}u(x)\right] = e^{ax}\frac{1}{P(D+a)}u(x) \text{。}$$

證 因

$$D[e^{ax}u(x)] = e^{ax}Du(x) + ae^{ax}u(x)$$
$$= e^{ax}(D+a)u(x)$$
$$D^2[e^{ax}u(x)] = ae^{ax}(D+a)u(x) + e^{ax}D(D+a)u(x)$$
$$= e^{ax}(D+a)^2 u(x)$$
$$\vdots$$
$$D^n[e^{ax}u(x)] = e^{ax}(D+a)^n u(x)$$

故

$$P(D)[e^{ax}u(x)] = e^{ax}P(D+a)u(x) \quad\text{①}$$

令 $P(D+a)u(x) = v(x)$，則

$$u(x) = \frac{1}{P(D+a)}v(x) \quad\text{②}$$

因 u 為 x 的任意函數，故 v 亦為 x 的任意函數，將 ② 式代入 ① 式，可得

$$P(D)\left[e^{ax}\frac{1}{P(D+a)}v(x)\right] = e^{ax}P(D+a)\frac{1}{P(D+a)}v(x)$$
$$= e^{ax}v(x)$$

以 $\dfrac{1}{P(D)}$ 作用於上式等號兩邊，

$$\frac{1}{P(D)}\left\{P(D)\left[e^{ax}\frac{1}{P(D+a)}v(x)\right]\right\} = \frac{1}{P(D)}[e^{ax}v(x)]$$

或 $$\frac{1}{P(D)}\left[e^{ax}v(x)\right]=e^{ax}\frac{1}{P(D+a)}v(x)$$

但 v 為 x 的任意函數，故可以 u 代換之，即，

$$\frac{1}{P(D)}\left[e^{ax}u(x)\right]=e^{ax}\frac{1}{P(D+a)}u(x)。$$

例題 6

求 $y''-2y'-3y=x^2e^{2x}$ 的特別積分。

解 微分方程式改寫成 $(D^2-2D-3)y=x^2e^{2x}$，因 $P(D)=D^2-2D-3$，故

$$y_p=\frac{1}{P(D)}(x^2e^{2x})=e^{2x}\frac{1}{P(D+2)}(x^2)=e^{2x}\frac{1}{(D+2)^2-2(D+2)-3}(x^2)$$

$$=e^{2x}\frac{1}{D^2+2D-3}(x^2)$$

$$=e^{2x}\frac{1}{-3\left(1-\frac{2D}{3}-\frac{D^2}{3}\right)}(x^2)$$

$$=-\frac{e^{2x}}{3}\left(1+\frac{2}{3}D+\frac{7}{9}D^2\right)(x^2)$$

$$=-\frac{e^{2x}}{3}\left(x^2+\frac{4}{3}x+\frac{14}{9}\right)。$$

定理 2-12

若 $f(x)=be^{ax}$, $P(D)=(D-a)^r\phi(D)$, $\phi(a)\neq 0$，則

$$y_p=\frac{1}{P(D)}(be^{ax})=\frac{1}{(D-a)^r\phi(D)}(be^{ax})=\frac{bx^re^{ax}}{r!\phi(a)}, \quad \phi(a)\neq 0。$$

證

$$y_p=\frac{1}{P(D)}(be^{ax})=\frac{1}{(D-a)^r\phi(D)}(be^{ax})$$

$$= \frac{1}{(D-a)^r} \left[\frac{1}{\phi(D)} (be^{ax}) \right]$$

$$= \frac{1}{(D-a)^r} \left[\frac{b}{\phi(a)} e^{ax} \right]$$

$$= e^{ax} \frac{1}{D^r} \left[\frac{b}{\phi(a)} \right]$$

利用反微分算子，$\frac{1}{D^r} \left[\frac{b}{\phi(a)} \right]$ 等於將 $\left[\frac{b}{\phi(a)} \right]$ 積分 r 次，可得

$$\frac{1}{D^r} \left[\frac{b}{\phi(a)} \right] = \frac{bx^r}{r!\,\phi(a)}, \quad \phi(a) \neq 0$$

故 $\quad y_p = \frac{1}{(D-a)^r \phi(D)} (be^{ax}) = \frac{bx^r e^{ax}}{r!\,\phi(a)}, \quad \phi(a) \neq 0$。

例題 7

求 $y'' + 4y' + 4y = 5e^{-2x}$ 的特別積分。

解 微分方程式改寫成 $(D^2 + 4D + 4)y = 5e^{-2x}$，

因 $\quad P(D) = D^2 + 4D + 4$

故 $\quad y_p = \frac{1}{P(D)} (5e^{-2x}) = \frac{1}{(D+2)^2} (5e^{-2x})$

將 $b = 5$，$a = -2$，$r = 2$，$\phi(D) = 1$，$\phi(-2) = 1$ 代入定理 2-12，可得

$$y_p = \frac{5}{2} x^2 e^{-2x}。$$

定理 2-13

(1) 若 $P(D^2)y = \sin ax$，$P(-a^2) \neq 0$，則

$$y_p = \frac{1}{P(D^2)} \sin ax = \frac{1}{P(-a^2)} \sin ax$$

(2) 若 $P(D^2)y = \cos ax$，$P(-a^2) \neq 0$，則

$$y_p = \frac{1}{P(D^2)} \cos ax = \frac{1}{P(-a^2)} \cos ax。$$

證 因
$$D \sin ax = a \cos ax$$
$$D^2 \sin ax = -a^2 \sin ax$$
$$D^3 \sin ax = -a^3 \cos ax$$
$$D^4 \sin ax = a^4 \sin ax = (-a^2)^2 \sin ax$$
$$\vdots$$

一般而言，可得
$$(D^2)^n \sin ax = (-a^2)^n \sin ax$$

於是，若 $P(D^2)$ 為 D^2 的有理函數，則
$$P(D^2) \sin ax = P(-a^2) \sin ax$$

故
$$y_p = \frac{1}{P(D^2)} \sin ax = \frac{1}{P(-a^2)} \sin ax$$

同理可證
$$y_p = \frac{1}{P(D^2)} \cos ax = \frac{1}{P(-a^2)} \cos ax$$

上述定理可推廣為
$$\frac{1}{P(D^2)} \sin(ax+b) = \frac{1}{P(-a^2)} \sin(ax+b) \tag{2-23}$$

與
$$\frac{1}{P(D^2)} \cos(ax+b) = \frac{1}{P(-a^2)} \cos(ax+b) \tag{2-24}$$

上兩式中的 b 為任意常數，$P(-a^2) \neq 0$。

例題 8

求 $y'' + 3y' + 2y = \cos 2x$ 的特別積分。

解 微分方程式改寫成 $(D^2 + 3D + 2)y = \cos 2x$。因 $P(D) = D^2 + 3D + 2$，故

$$y_p = \frac{1}{P(D)} \cos 2x = \frac{1}{D^2 + 3D + 2} \cos 2x$$

$$= \frac{1}{-4 + 3D + 2} \cos 2x = \frac{1}{3D - 2} \cos 2x$$

$$= \frac{3D + 2}{9D^2 - 4} \cos 2x = \frac{3D + 2}{9(-4) - 4} \cos 2x$$

$$= -\frac{1}{40}(3D\cos 2x + 2\cos 2x)$$

$$= \frac{1}{20}(3\sin 2x - \cos 2x) \text{。}$$

例題 9

求 $y''' + y'' - y' - y = \sin 2x$ 的特別積分。

解 微分方程式改寫成 $(D^3 + D^2 - D - 1)y = \sin 2x$，

因 $\qquad P(D) = D^3 + D^2 - D - 1 = (D+1)(D^2 - 1)$

故 $\qquad y_p = \dfrac{1}{P(D)} \sin 2x = \dfrac{1}{(D+1)(D^2-1)} \sin 2x$

$$= \frac{D-1}{(D^2-1)^2} \sin 2x = \frac{D-1}{(-4-1)^2} \sin 2x$$

$$= \frac{1}{25}(D-1)\sin 2x = \frac{1}{25}(D\sin 2x - \sin 2x)$$

$$= \frac{1}{25}(2\cos 2x - \sin 2x) \text{。}$$

例題 10

試證：

(1) 若 $y'' + a^2 y = \sin ax$，則 $y_p = -\dfrac{x}{2a}\cos ax$。

(2) 若 $y'' + a^2 y = \cos ax$，則 $y_p = \dfrac{x}{2a}\sin ax$。

解 (1) 利用歐勒公式可得

$$\sin ax = \frac{e^{iax} - e^{-iax}}{2i}$$

由定理 2-12 可得

$$y_p = \frac{1}{D^2 + a^2}\left(\frac{e^{iax} - e^{-iax}}{2i}\right) = \frac{1}{2i}\left[\frac{1}{(D-ai)(D+ai)}(e^{iax} - e^{-iax})\right]$$

$$= \frac{1}{2i} \left[\frac{xe^{iax}}{1! \, 2ai} - \frac{xe^{-iax}}{1! \, (-2ai)} \right] = \frac{-x}{2a} \left(\frac{e^{iax} + e^{-iax}}{2} \right)$$

$$= -\frac{x}{2a} \cos ax \, 。$$

(2) 利用
$$\cos ax = \frac{e^{iax} + e^{-iax}}{2i}$$

與定理 2-12，即可得證。

例題 11

求 $y'' - y' + y = e^x \cos 2x$ 的特別積分。

解 微分方程式改寫成 $(D^2 - D + 1)y = e^x \cos 2x$，因 $P(D) = D^2 - D + 1$，故，

$$y_p = \frac{1}{D^2 - D + 1}(e^x \cos 2x) = e^x \frac{1}{(D+1)^2 - (D+1) + 1} \cos 2x$$

$$= e^x \frac{1}{D^2 + D + 1} \cos 2x = e^x \frac{1}{-4 + D + 1} \cos 2x$$

$$= e^x \frac{1}{D - 3} \cos 2x = e^x \frac{D + 3}{D^2 - 9} \cos 2x$$

$$= e^x \frac{D + 3}{-4 - 9} \cos 2x = -\frac{1}{13} e^x (D + 3) \cos 2x$$

$$= -\frac{1}{13} e^x (-2 \sin 2x + 3 \cos 2x) \, 。$$

定理 2-14

若 $P(D)y = xu(x)$ 且 u 為 x 的可微分函數，則

$$y_p = \frac{1}{P(D)}[xu(x)] = x \frac{1}{P(D)} u(x) - \frac{P'(D)}{[P(D)]^2} u(x) \, 。$$

留待讀者自證。

例題 12

求 $y''+3y'+2y=x\sin 2x$ 的特別積分。

解 微分方程式改寫成 $(D^2+3D+2)y=x\sin 2x$，因 $P(D)=D^2+3D+2$，故，

$$y_p = \frac{1}{D^2+3D+2}(x\sin 2x)$$

$$= x\frac{1}{D^2+3D+2}\sin 2x - \frac{2D+3}{(D^2+3D+2)^2}\sin 2x$$

$$= x\frac{1}{-4+3D+2}\sin 2x - \frac{2D+3}{D^4+6D^3+13D^2+12D+4}\sin 2x$$

$$= x\frac{3D+2}{9D^2-4}\sin 2x - \frac{2D+3}{(-4)^2+6(-4)D+13(-4)+12D+4}\sin 2x$$

$$= x\frac{3D+2}{9(-2^2)-4}\sin 2x + \frac{1}{4}\frac{(2D+3)(3D-8)}{9D^2-64}\sin 2x$$

$$= x\frac{6\cos 2x+2\sin 2x}{-40} + \frac{24\sin 2x+7\cos 2x}{200}$$

$$= -\frac{30x-7}{200}\cos 2x - \frac{5x-12}{100}\sin 2x 。$$

例題 13

求 $y''-4y=x\cos x$ 的特別積分。

解 微分方程式改寫成 $(D^2-4)y=x\cos x$，因 $P(D)=D^2-4$，故

$$y_p = \frac{1}{D^2-4}(x\cos x)$$

$$= x\frac{1}{D^2-4}\cos x - \frac{2D}{(D^2-4)^2}\cos x$$

$$= -\frac{x\cos x}{5} - \frac{2}{25}D\cos x$$

$$= -\frac{x\cos x}{5} + \frac{2}{25}\sin x 。$$

習題 2-4

求下列各微分方程式的特別積分。

1. $y''' - 3y'' + 2y' = 4x$
2. $y'' + 4y = 8x^2$
3. $y'' - y' - 2y = 10\cos x$
4. $y'' - 4y' + 6y = e^{2x}$
5. $y''' - 4y'' + 3y' = x^2$
6. $y'' + y = 2(\sin x + \cos x)$
7. $y'' + 2y' + 4y = e^x \sin 2x$
8. $y''' + y'' + y' + y = \sin 2x + \cos 3x$
9. $y''' - 2y'' - 5y' + 6y = e^{3x}$
10. $y''' - 3y'' - 6y' + 8y = xe^{-3x}$
11. $y'' - 4y' + 3y = 2xe^{3x} + 3e^x \cos 2x$
12. $y''' - 5y'' + 8y' - 4y = e^{2x} + 2e^x + 3e^{-x}$

2-5 柯西－歐勒方程式

我們在前面已學過如何求得 n 階常係數線性微分方程式的通解，其中的補充函數很容易確定。然而，對於 n 階變係數線性微分方程式的情形就不是這樣了。不過，有一種特殊類型的微分方程式實際上非常重要，它可藉著自變數的變換而化成容易解的常係數線性微分方程式。

定義 2-4

形如
$$a_n x^n y^{(n)} + a_{n-1} x^{n-1} y^{(n-1)} + \cdots + a_1 xy' + a_0 y = 0 \tag{2-25}$$

的微分方程式稱為**柯西－歐勒方程式** (Cauchy-Euler equation) 或**等維方程式** (equidimensional equation)，其中 a_0, a_1, $\cdots$, a_n 皆為常數。

對任意 $x > 0$，令 $x = e^t$，即，$t = \ln x$，則

$$y(x) = y(e^t) = Y(t), \quad y'(x) = \frac{dY(t)}{dt}\frac{dt}{dx} = \frac{1}{x}Y'(t)$$

可得
$$xy'(x) = Y'(t) = \frac{d}{dt}Y(t)$$

其次
$$y''(x) = \frac{d}{dx}y'(x) = \frac{d}{dx}\left(\frac{1}{x}Y'(t)\right)$$

$$= -\frac{1}{x^2}Y'(t) + \frac{1}{x}\frac{dY'(t)}{dx}$$

$$= -\frac{1}{x^2} Y'(t) + \frac{1}{x} \frac{dY'(t)}{dt} \frac{dt}{dx}$$

$$= -\frac{1}{x^2} Y'(t) + \frac{1}{x^2} Y''(t)$$

$$= \frac{1}{x^2} (Y''(t) - Y'(t))$$

故 $\quad x^2 y''(x) = Y''(t) - Y'(t) = \left(\dfrac{d^2}{dt^2} - \dfrac{d}{dt}\right) Y(t) = \dfrac{d}{dt}\left(\dfrac{d}{dt} - 1\right) Y(t)$

$$y'''(x) = \frac{d}{dx} y''(x) = \frac{d}{dx}\left[\frac{1}{x^2} (Y''(t) - Y'(t))\right]$$

$$= -\frac{2}{x^3}(Y''(t) - Y'(t)) + \frac{1}{x^2} \frac{d}{dx}(Y''(t) - Y'(t))$$

$$= -\frac{2}{x^3}(Y''(t) - Y'(t)) + \frac{1}{x^2}\left(\frac{dY''(t)}{dt}\frac{dt}{dx} - \frac{dY'(t)}{dt}\frac{dt}{dx}\right)$$

$$= -\frac{2}{x^3}(Y''(t) - Y'(t)) + \frac{1}{x^2}\left(\frac{1}{x} Y'''(t) - \frac{1}{x} Y''(t)\right)$$

$$= \frac{1}{x^3}(Y'''(t) - 3Y''(t) + 2Y'(t))$$

可得 $\quad x^3 y'''(x) = Y'''(t) - 3Y''(t) + 2Y'(t) = \left(\dfrac{d^3}{dt^3} - 3\dfrac{d^2}{dt^2} + 2\dfrac{d}{dt}\right) Y(t)$

$$= \frac{d}{dt}\left(\frac{d}{dt} - 1\right)\left(\frac{d}{dt} - 2\right) Y(t)$$

依此類推，

$$x^n y^{(n)}(x) = \frac{d}{dt}\left(\frac{d}{dt} - 1\right)\left(\frac{d}{dt} - 2\right) \cdots \left(\frac{d}{dt} - n + 1\right) \tag{2-26}$$

此處 n 為正整數。

利用 (2-26) 式可將 (2-25) 式化成

$$\left[a_n \frac{d}{dt}\left(\frac{d}{dt}-1\right)\cdots\left(\frac{d}{dt}-n+1\right)+a_{n-1}\frac{d}{dt}\left(\frac{d}{dt}-1\right)\cdots\left(\frac{d}{dt}-n+2\right)\right.$$
$$\left.+\cdots+a_1\frac{d}{dt}+a_0\right]Y=0$$

上式的輔助方程式為

$$a_n r(r-1)\cdots(r-n+1)+a_{n-1}r(r-1)\cdots(r-n+2)+\cdots+a_1 r+a_0=0 \text{。} \quad (2\text{-}27)$$

例題 1

解 $x^2 y'' - 2xy' + 2y = 0$ $(x > 0)$。

解 令 $x = e^t$，則

$$y(x) = y(e^t) = Y(t)$$

微分方程式化成

$$\left[\frac{d}{dt}\left(\frac{d}{dt}-1\right)-2\frac{d}{dt}+2\right]Y=0$$

輔助方程式為

$$r(r-1)-2r+2=0$$
$$r^2-3r+2=0$$

可得 $\qquad r=1,\ 2$

因而 $\qquad Y=c_1 e^t + c_2 e^{2t}$

故通解為 $\qquad y=c_1 x + c_2 x^2 \text{。}$

例題 2

解 $x^2 y'' - xy' + y = 0$ $(x > 0)$。

解 $x = e^t$，則

$$y(x) = y(e^t) = Y(t)$$

微分方程式化成

$$\left[\frac{d}{dt}\left(\frac{d}{dt}-1\right)-\frac{d}{dt}+1\right]Y=0$$

輔助方程式為
$$r(r-1)-r+1=0$$
$$(r-1)^2=0$$
可得 $\quad r=1,\ 1$

因而 $\quad Y=(c_1+c_2 t)e^t$

故通解為 $\quad y=x(c_1+c_2 \ln x)$。

例題 3

解 $x^2 y''-xy'+5y=0\ (x>0)$。

解 令 $x=e^t$，則
$$y(x)=y(e^t)=Y(t)$$

微分方程式化成
$$\left[\frac{d}{dt}\left(\frac{d}{dt}-1\right)-\frac{d}{dt}+5\right]Y=0$$

輔助方程式為
$$r(r-1)-r+5=0$$
$$r^2-2r+5=0$$
可得 $\quad r=1+2i,\ 1-2i$

因而 $\quad Y=e^t(c_1 \cos 2t+c_2 \sin 2t)$

故通解為 $\quad y=x[c_1 \cos (2\ln x)+c_2 \sin (2\ln x)]$。

讀者應注意，
$$c_n(ax+b)^n y^{(n)}+c_{n-1}(ax+b)^{n-1}y^{(n-1)}+\cdots+c_1(ax+b)y'+c_0 y=0 \quad (2\text{-}28)$$

也是**柯西－歐勒方程式**，我們可令 $ax+b=e^t$，將其化成常係數微分方程式。

例題 4

解 $(x-3)^2 y''+3(x-3)y'+y=0\ (x>3)$。

解 令 $x-3=e^t$，則 $y(x)=y(e^t)=Y(t)$。

$$(x-3)y'(x)=(x-3)\frac{dy(x)}{dx}=e^t\frac{dY(t)}{dt}\frac{dt}{dx}=e^t\frac{dY(t)}{dt}e^{-t}=\frac{d}{dt}Y(t)$$

$$(x-3)^2 y''(x)=(x-3)^2\frac{d}{dx}\left(\frac{dy(x)}{dx}\right)=e^{2t}\frac{d}{dx}\left(\frac{dY(t)}{dt}\frac{dt}{dx}\right)$$

$$=e^{2t}\frac{d}{dt}\left(\frac{dY(t)}{dt}\frac{dt}{dx}\right)\frac{dt}{dx}$$

$$=e^{2t}\left(\frac{d^2 Y(t)}{dt^2}\frac{dt}{dx}+\frac{dY(t)}{dt}\frac{d}{dt}e^{-t}\right)e^{-t}$$

$$=e^t\left(e^{-t}\frac{d^2 Y(t)}{dt^2}-e^{-t}\frac{dY(t)}{dt}\right)$$

$$=\frac{d^2 Y(t)}{dt^2}-\frac{dY(t)}{dt}=\frac{d}{dt}\left(\frac{d}{dt}-1\right)Y(t)$$

微分方程式化成

$$\left[\frac{d}{dt}\left(\frac{d}{dt}-1\right)+3\frac{d}{dt}+1\right]Y(t)=0$$

輔助方程式為

$$r(r-1)+3r+1=0$$

$$r^2+2r+1=0$$

可得 $\qquad r=-1,\ -1$

因而 $\qquad Y=c_1 e^{-t}+c_2 t e^{-t}=(c_1+c_2 t)e^{-t}$

故通解為 $\qquad y=\dfrac{c_1+c_2\ln(x-3)}{x-3}$。

習題 2-5

解下列各微分方程式（其中 $x>0$）。

1. $2x^2 y''-5xy'+3y=0$
2. $x^2 y''+xy'-4y=0$
3. $x^3 y'''+x^2 y''-2xy'+2y=0$
4. $x^2 y''+5xy'+13y=0$

5. $x^3y'''-x^2y''+xy'=0$
6. 解初值問題
$$\begin{cases} x^2y''+4xy'+2y=0 \ (x>0) \\ y(1)=1 \\ y'(1)=2 \end{cases}$$

7. 解 $(2x+1)^2y''-2(2x+1)y'-12y=0 \ \left(x>-\dfrac{1}{2}\right)$。

2-6 應用

常係數線性微分方程式在工程及物理方面的應用最為廣泛，茲將有關的應用問題，列舉若干具有代表性者加以探討。

一、機械振動問題

我們若想明瞭機械系統的運動情形，必須討論一物體在其運動過程中所受到的外力作用情形，然後建立一個表示該物體運動的模型，此一模型為一微分方程式，再求解此微分方程式即可求得位移與時間兩者的函數關係。如圖 2-1 所示的彈簧系統(機械系統)，彈簧垂直懸掛著，頂端固定，並於其下端懸掛一質量為 m 的物體，由於物體的重量遠超過彈簧本身重量，故彈簧重量可忽略不計。今拉物體使彈簧向下伸長一段距離，然後再釋放，我們來研究此彈簧系統的運動情形。

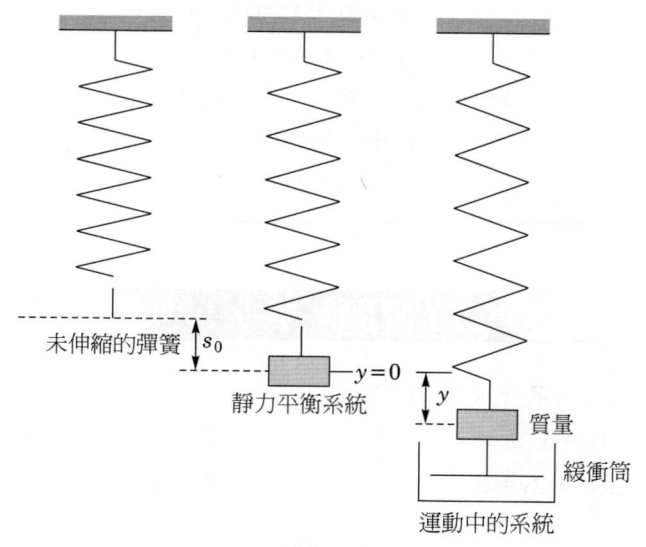

圖 2-1 彈簧振動系統

現在選定 y- 軸 (物體的運動方向) 向下為正，向上為負，原點在平衡位置。作用於彈簧系統的外力為重力或地心引力，即，

$$F_1 = mg$$

另外，彈簧所產生的彈簧力之大小係與彈簧伸縮量成正比，即，

$$F = ks$$

其中 s 為彈簧的伸縮量，k 為**彈簧係數** (spring constant)。物體處在靜止時的位置稱為**靜力平衡位置** (static equilibrium position)，彈簧處於此位置時具有一伸長量 s_0，以致向上作用的彈簧力與向下作用的重力互相抵銷，而其總和等於零，此時我們有下面的平衡條件

$$ks_0 = mg$$

令 $y = y(t)$ 為物體在任何時刻 t 對於靜力平衡位置所產生的位移，其為時間 t 的函數。依**虎克定律**得知，對應於位移 y 的彈簧力為

$$F_2 = -ks_0 - ky$$

上式中 $-ks_0$ 表靜力平衡時彈簧所生的作用力，$-ky$ 為彈簧再伸長 y 時所增加的作用力。若 $y > 0$，則 $-ky < 0$，表一向上作用的彈簧力；若 $y < 0$，則 $-ky > 0$，表一向下作用的彈簧力。作用於該物體的合力，乃質量 m 所產生的重力與彈簧所產生的彈簧力之和，所以，

$$F_1 + F_2 = mg - ks_0 - ky。$$

1. 無阻系統

若此彈簧系統的阻力甚小，而可以忽略不計，則物體所受的總合力為 $-ky$，此種彈簧系統稱為一**無阻系統** (undamped system)。此時，運動的微分方程式可利用牛頓第二定律而產生，即，

$$ma = F = F_1 + F_2 = -ky$$

上式 $F = F_1 + F_2 = -ky$ 表示物體於運動瞬間所承受的總合力。

又因物體運動的加速度為 $a = \dfrac{d^2y}{dt^2}$，故

$$m \frac{d^2y}{dt^2} = -ky \tag{2-29}$$

此式為常係數齊次線性微分方程式，其輔助方程式為

$$mr^2 + k = 0$$

可得
$$r = \pm\sqrt{\frac{k}{m}}i$$

故 (2-29) 式的通解為

$$y = A\cos\omega_0 t + B\sin\omega_0 t, \quad \omega_0 = \sqrt{\frac{k}{m}} \tag{2-30}$$

此通解所代表的運動稱為**簡諧運動** (simple harmonic motion)。$\omega_0 = \sqrt{\frac{k}{m}}$ 稱為此彈簧系統的**圓周頻率** (circular frequency)，而**自然頻率** (natural frequency) 為

$$f = \frac{\omega_0}{2\pi} = \frac{1}{2\pi}\sqrt{\frac{k}{m}}$$

週期為

$$T = \frac{1}{f} = \frac{2\pi}{\omega_0}$$

由 $\omega_0 = \sqrt{\frac{k}{m}}$，可知 k 值愈大，頻率愈高，此即意味彈簧韌性大，可使物體運動 (振動) 快。有時，為了方便起見，(2-30) 式的 y 可寫成另一種形式

$$y = \beta\cos(\omega_0 t - \delta) \tag{2-31}$$

其中 $\beta = \sqrt{A^2 + B^2}$，$\cos\delta = \frac{A}{\beta}$，$\sin\delta = \frac{B}{\beta}$，$\beta$ 稱為振動的**振幅** (amplitude)，而 δ 稱為**相角** (phase angle)。

另外，(2-30) 式對應於各種不同初期條件之典型的運動狀態，可用圖 2-2 表示。

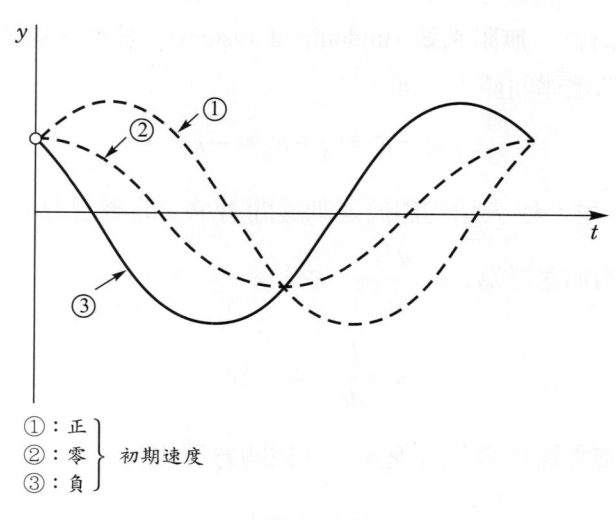

①：正
②：零　｝初期速度
③：負

圖 2-2　簡諧運動

2. 有阻系統

若機械系統運動時將產生不可忽略的**黏滯性阻力** (viscous damping)，則稱此系統為**有阻系統** (damped system)。此時物體的運動系統係由彈簧、物體及緩衝筒組成，如圖 2-3 所示。設彈簧的重量為 w，質量為 m，彈簧係數 k (磅／呎)，緩衝筒所產生的黏滯性阻力之作用方向係與瞬時運動的方向相反，在低速情況下，可假設阻力大小與運動速度 $\dfrac{dy}{dt}$ 成正比，其比值稱為**阻尼係數** (damping constant)，記為 c (磅／秒)。若 F_3 表黏滯性阻力，則

$$F_3 = -c\,\frac{dy}{dt}$$

在上式中，若 $\dfrac{dy}{dt} > 0$，則物體向下運動，而 $-c\,\dfrac{dy}{dt}$ 表一向上作用的力，故 $-c\,\dfrac{dy}{dt} < 0$，即 $c > 0$。若 $\dfrac{dy}{dt} < 0$，則物體向上運動，而 $-c\,\dfrac{dy}{dt}$ 表一向下作用的力，故 $-c\,\dfrac{dy}{dt} > 0$，亦即 $c > 0$。由此可知，c 必恆為正，此時作用於物體的總合力為

$$F_1 + F_2 + F_3 = -ky - c\,\frac{dy}{dt}$$

依牛頓第二運動定律，可得

$$m\,\frac{d^2y}{dt^2} = -ky - c\,\frac{dy}{dt}$$

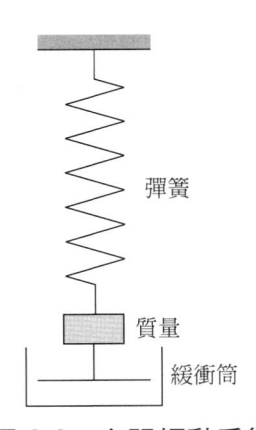

圖 2-3　有阻振動系統

故在有阻尼(力)的機械系統中，運動方程式為

$$m\frac{d^2y}{dt^2}+c\frac{dy}{dt}+ky=0 \tag{2-32}$$

輔助方程式為 $mr^2+cr+k=0$，解得

$$r=\frac{-c\pm\sqrt{c^2-4mk}}{2m}$$

(2-32) 式的形式係依阻尼(力)之情況而定，有阻系統的阻尼(力)大小可分為下列三種情況：

(1) 超阻 (over damping) 情況 ($c^2 > 4mk$)

對於此種情況，r 的值為相異實數，

$$r=-a\pm b$$

此處 $a=\dfrac{c}{2m}$, $b=\sqrt{\left(\dfrac{c}{2m}\right)^2-\dfrac{k}{m}}$

方程式 (2-32) 的通解為

$$y=c_1e^{-(a-b)t}+c_2e^{-(a+b)t} \tag{2-33}$$

或

$$y=e^{-at}\left[c_1e^{\sqrt{\left(\frac{c}{2m}\right)^2-\frac{k}{m}}\,t}+c_2e^{-\sqrt{\left(\frac{c}{2m}\right)^2-\frac{k}{m}}\,t}\right] \tag{2-34}$$

由上兩式知，因不含正弦函數與餘弦函數，故 y 無正負的循環變化，而無振動發生。又 (2-33) 式之兩指數皆為負值，故當 $t\to\infty$ 時，y 的極限為零。實際上，該物體經過一段相當長時間的運動後，就趨近靜止平衡位置 ($y=0$)。在數種典型初期條件下的超阻尼運動情形，如圖 2-4 所示。

(2) 臨界阻 (critical damping) 情況 ($c^2 = 4mk$)

對於此種情況，輔助方程式有重根 $r=-\dfrac{c}{2m}$，則 (2-32) 式的通解為

$$y=e^{\left(-\frac{c}{2m}\right)t}(c_1+c_2t) \tag{2-35}$$

①：正
②：零　　初期速度
③：負

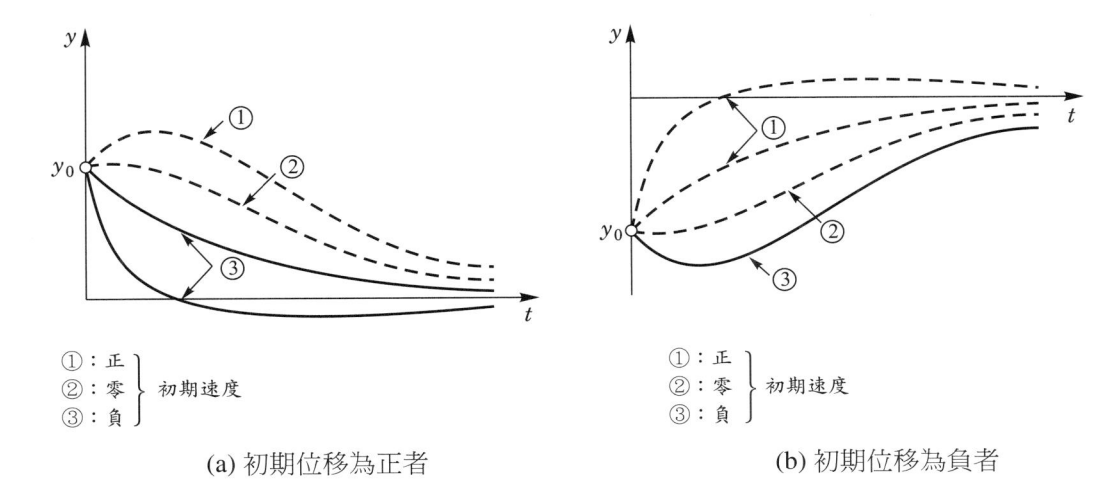

(a) 初期位移為正者

①：正
②：零　　初期速度
③：負

(b) 初期位移為負者

圖 2-4　數種典型的超阻運動

上式知 $e^{(-c/2m)t} \neq 0$，且 t 至多僅有一正值 (t_0)，而使 $c_1+c_2t_0=0$，故該運動至多僅能通過靜力平衡點 $(y=0)$ 一次。若 c_1 與 c_2 同號，則物體絕無通過平衡點之可能，此因 t 為正時，c_1+c_2t 不可能為零。此種運動情況與情況 (1) 極相似。在數種典型的初期條件下，臨界阻尼情況的運動情形，如圖 2-5 所示。

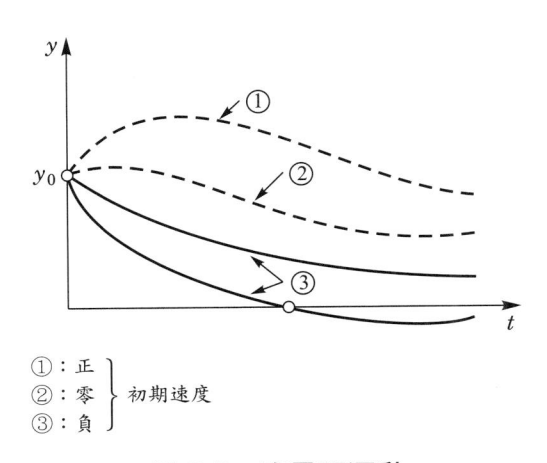

①：正
②：零　　初期速度
③：負

圖 2-5　臨界阻運動

(3) 低阻 (under damping) 情況 ($c^2 < 4mk$)

在此情況下，$r = -\alpha \pm \beta i$，此處

$$\alpha = \frac{c}{2m}, \quad \beta = \sqrt{\frac{k}{m} - \left(\frac{c}{2m}\right)^2} = \sqrt{\omega_0^2 - \alpha^2}$$

則 (2-32) 式的通解為

$$y = e^{-\alpha t}(c_1 \cos \beta t + c_2 \sin \beta t) \tag{2-36}$$

或
$$y = Ae^{-\alpha t}\cos(\beta t - \delta) \tag{2-37}$$

其中
$$A^2 = c_1^2 + c_2^2, \quad \tan\delta = \frac{c_2}{c_1}$$

(2-37) 式乃表示**有阻振盪** (damped oscillation)。因其所含之 $\cos(\beta t - \delta)$ 介於 -1 與 $+1$ 間變化，故所得積分曲線在 $y = ce^{-\alpha t}$ 與 $y = -ce^{-\alpha t}$ 間變化，且當 $\beta t - \delta$ 等於 π 之整數倍時，恰與其接觸，如圖 2-6 所示。此振動之頻率為每秒 $\dfrac{\beta}{2\pi}$ 週，因正弦與餘弦函數的週期皆為 2π。當 $c\,(>0)$ 值愈小，則 β 值愈大，因而頻率愈高，意即振動愈快。若 c 趨近零，則 β 即趨近 (2-30) 式的 $\omega_0 = \sqrt{\dfrac{k}{m}}$。

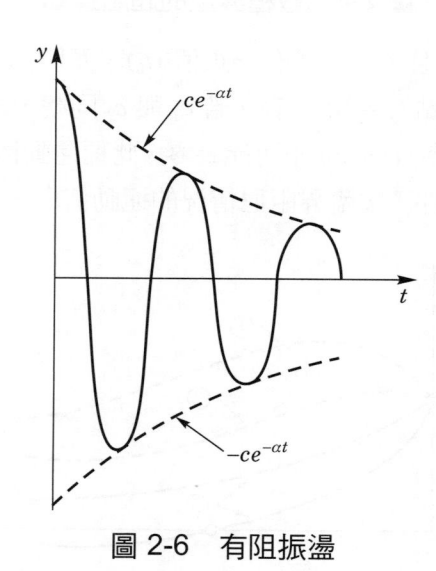

圖 2-6 有阻振盪

3. 強迫振盪

我們已在上面討論機械系統 (稱為彈簧－質量－緩衝筒系) 在無任何可變外力作用下的運動情形。又觀察 (2-34)、(2-35) 與 (2-36) 式中的 y，可知均包含有負指數次方的自然指數函數，y 隨時間之增加而遞減，終至消失。因此，(2-32) 的通解 y 稱為**暫態項**或該系統的**自由運動** (free motion)，意即不加外力時的運動。今將考慮此機械系統受一可變外力作用下的運動情形。當物體處於平衡位置時，質量 m 所生的重力 mg 係由彈簧所生的彈簧力 ky 保持平衡，因此，這個重力將不出現於運動方程式中。如圖 2-7 所示，係一個由彈簧、物體及緩衝筒所組成的機械系統，今討論此系統在可變外力 $F(t)$ 作用於質量 m 上的運動情形，可自非齊次微分方程式

$$m\frac{d^2y}{dt^2}+c\frac{dy}{dt}+ky=F(t) \qquad (2\text{-}38)$$

而得知。

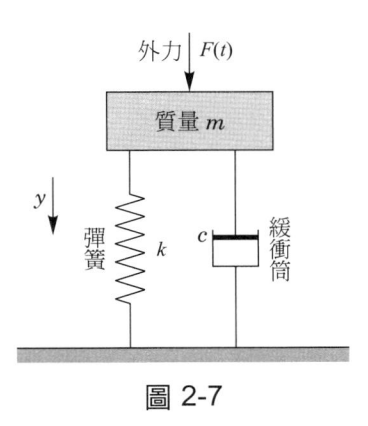

外力 $F(t)$

質量 m

y

彈簧 k　c 緩衝筒

圖 2-7

(2-38) 式右邊的 $F(t)$ 表一可變外力，其為時間 t 的函數，稱為**驅動力** (driving force) 或**輸入** (input)，而其對應的解為**輸出** (output)，乃此運動之機械系統對驅動力所產生的一種**反應** (response)，由此項驅動力所引起的振盪稱為**強迫振盪** (forced oscillation)。

今考慮一週期性變化的輸入 $F(t)=F_0 \cos \omega t$ 或 $F(t)=F_0 \sin \omega t$，其中振幅 F_0 及頻率 ω 皆為常數，代入 (2-38) 式分別求特別積分 Y，並利用複數指數

$$F(t)=F_0 e^{i\omega t}=F_0 \cos \omega t + i F_0 \sin \omega t$$

解

$$m\frac{d^2y}{dt^2}+c\frac{dy}{dt}+ky=F_0 e^{i\omega t}$$

利用反微分算子法，求得特別積分為

$$Y=\frac{F_0 e^{i\omega t}}{P(i\omega)}=\frac{F_0 e^{i\omega t}}{-m\omega^2+ic\omega+k}, \ P(i\omega)\neq 0$$

現分別計算 Y 的實部與虛部，求得 (2-38) 式的特別積分為

(1) 當 $F(t)=F_0 \cos \omega t$ 時，

$$Y=\frac{F_0[(k-m\omega^2)\cos \omega t + c\omega \sin \omega t]}{(k-m\omega^2)^2+(c\omega)^2} \qquad (2\text{-}39)$$

(2) 當 $F(t)=F_0 \sin \omega t$ 時，

$$Y=\frac{F_0[(k-m\omega^2)\sin \omega t - c\omega \cos \omega t]}{(k-m\omega^2)^2+(c\omega)^2} \qquad (2\text{-}40)$$

我們現在定義此特別積分的振幅 A 與相角 δ 為

$$A = \frac{F_0}{\sqrt{(k-m\omega^2)^2+(c\omega)^2}} = \frac{\dfrac{F_0}{m}}{\sqrt{\left(\dfrac{k}{m}-\omega^2\right)^2+\dfrac{c^2\omega^2}{m^2}}}$$

$$\cos\delta = \frac{k-m\omega^2}{\sqrt{(k-m\omega^2)^2+(c\omega)^2}}$$

$$\sin\delta = \frac{c\omega}{\sqrt{(k-m\omega^2)^2+(c\omega)^2}}$$

故 (2-39) 式與 (2-40) 式亦可分別寫成

$$Y = A\cos(\omega t - \delta) \tag{2-41}$$

與

$$Y = A\sin(\omega t - \delta) \tag{2-42}$$

其中

$$\delta = \tan^{-1}\left[\frac{\dfrac{c\omega}{m}}{\left(\dfrac{k}{m}-\omega^2\right)}\right],\ 0<\delta<\pi。$$

(2-38) 式的特別積分 Y 代表強迫振盪，意即加外力時的振盪，Y 絕不會因時間的增加而消失，故又稱為**穩態項**。Y 的頻率與所加外力的頻率相同。

例題 1

一彈簧的質量為 2 仟克，其長度為 0.5 米，需 25.6 牛頓的力始能將彈簧拉長 0.7 米。如果在彈簧達到 0.7 米的長度時，以初速度零放開彈簧，求彈簧的運動方程式。

解 依虎克定律可知 $k(0.2) = 25.6$，故得彈簧係數為

$$k = \frac{25.6}{0.2} = 128$$

今將 $m=2$，$k=128$ 代入 (2-29) 式中，可得

$$2\frac{d^2y}{dt^2} = -128y$$

$$\frac{d^2y}{dt^2}+64y=0$$

故上式的通解為 $y(t)=c_1 \cos 8t + c_2 \sin 8t$

由初期條件 $y(0)=0.2$，可得 $c_1=0.2$。

又 $y'(t)=-8c_1 \sin 8t + 8c_2 \cos 8t$

由於初速為 $y'(0)=0$，我們可得 $c_2=0$，故彈簧的運動方程式為

$$y=\frac{1}{5} \cos 8t \text{。}$$

例題 2

假設上題的彈簧浸入一阻尼係數為 40 的液體中，若彈簧由平衡位置開始且給予向上 0.6 米／秒的初速，求彈簧的運動方程式。

解 由例題 1 知 $m=2$，彈簧係數 $k=128$，代入 (2-32) 式可得

$$2\frac{d^2y}{dt^2}+40\frac{dy}{dt}+128y=0$$

$$\frac{d^2y}{dt^2}+20\frac{dy}{dt}+64y=0$$

故上式的通解為 $y=c_1 e^{-4t}+c_2 e^{-16t}$ ①

已知初期條件 $y(0)=0$，故

$$c_1+c_2=0 \qquad ②$$

微分 ① 式可得

$$y'(t)=-4c_1 e^{-4t}-16c_2 e^{-16t}$$

因而 $y'(0)=-4c_1-16c_2=0.6$ ③

② 與 ③ 聯立，

$$\begin{cases} c_1+c_2=0 \\ -4c_1-16c_2=0.6 \end{cases}$$

解得 $c_1=0.05$, $c_2=-0.05$

故彈簧的運動方程式為

$$y=0.05(e^{-4t}-e^{-16t}) \text{。}$$

例題 3

若阻尼係數 $c=1$，試求出並繪圖表示 $m\dfrac{d^2y}{dt^2}+c\dfrac{dy}{dt}+ky=0$ 所描述的機械系統之運動 y，其中假設 $m=1$，$k=1$，初位移為 1，且初速為零。

解 將 $c=1$, $m=1$, $k=1$ 代入微分方程式中，可得

$$\frac{d^2y}{dt^2}+\frac{dy}{dt}+y=0$$

故
$$y=e^{-t/2}\left(A\cos\frac{\sqrt{3}}{2}t+B\sin\frac{\sqrt{3}}{2}t\right) \qquad ①$$

而
$$y'(t)=-\frac{1}{2}e^{-t/2}\left(A\cos\frac{\sqrt{3}}{2}t+B\sin\frac{\sqrt{3}}{2}t\right)$$

$$+e^{-t/2}\left(-\frac{\sqrt{3}}{2}A\sin\frac{\sqrt{3}}{2}t+\frac{\sqrt{3}}{2}B\cos\frac{\sqrt{3}}{2}t\right) \qquad ②$$

將初期條件 $y(0)=1$ 與 $y'(0)=0$ 分別代入 ① 與 ② 式，可得

$$A=1, \qquad B=\frac{1}{\sqrt{3}}$$

故
$$y=\frac{2}{\sqrt{3}}e^{-t/2}\left(\cos\frac{\sqrt{3}}{2}t+\frac{1}{\sqrt{3}}\sin\frac{\sqrt{3}}{2}t\right)$$

$$=\frac{2}{\sqrt{3}}e^{-t/2}\cos\left(\frac{\sqrt{3}}{2}t-\frac{\pi}{6}\right)。$$

圖 2-8

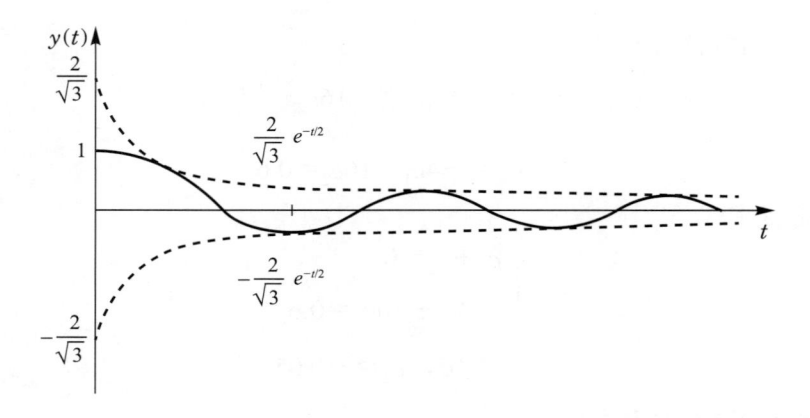

例題 4

設某一物體的運動方程式為

$$\frac{d^2y}{dt^2}+2\frac{dy}{dt}+5y=-\sin t$$

求此物體的暫態振動。

解 該物體的暫態振動由 $\frac{d^2y}{dt^2}+2\frac{dy}{dt}+5y=-\sin t$ 的通解所決定。

$\frac{d^2y}{dt^2}+2\frac{dy}{dt}+5y=0$ 的輔助方程式為

$$r^2+2r+5=0$$

可得
$$r=-1\pm 2i$$

所以，補充函數為

$$y_c=e^{-t}(A\cos 2t+B\sin 2t)$$

而特別積分為

$$y_p=\frac{1}{D^2+2D+5}(-\sin t)=\frac{1}{-1+2D+5}(-\sin t)$$

$$=\frac{1}{2D+4}(-\sin t)=\frac{2D-4}{4D^2-16}(-\sin t)$$

$$=\frac{2D-4}{-4-16}(-\sin t)=\frac{D-2}{10}(\sin t)$$

$$=\frac{1}{10}\cos t-\frac{1}{5}\sin t$$

故暫態振動為

$$y=e^{-t}(A\cos 2t+B\sin 2t)+\frac{1}{10}\cos t-\frac{1}{5}\sin t 。$$

二、電路問題

我們已在前面討論了機械系統，現在討論基本網路所構成的電路問題，並希望藉由數學方法統一若干完全不同的自然現象或物理系統，進而得到相同形

式的微分方程式。在這一節中,我們將討論機械系統與電路系統間的對應關係。例如某一機械系統可對應於一個電路系統,使其電流的大小恰可代表已知機械系統內的位移值,惟需予適當的單位因數修正。此種類比關係可建立一個已知機械系統的電路類比模式,以模仿並瞭解其特性。

由電阻器 R、電感器 L 及電容器 C 所組成的串聯或並聯電路,依**克希荷夫定律**所寫出的方程式,必然為常係數二階微分方程式,如圖 2-9 所示為 RLC 串聯電路。

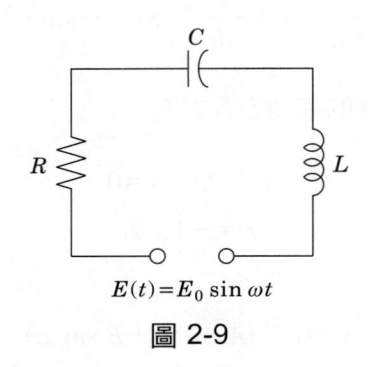

圖 2-9

該電路方程式可寫成

$$L \frac{dI}{dt} + RI + \frac{1}{C} \int I \, dt = E(t) = E_0 \sin \omega t \tag{2-43}$$

此式對 t 微分可得

$$L \frac{d^2I}{dt^2} + R \frac{dI}{dt} + \frac{1}{C} I = E_0 \omega \cos \omega t \tag{2-44}$$

上式為常係數二階線性微分方程式,其中補充函數代表**暫態** (transient state),特別積分代表**穩態** (steady state)。(2-44) 式的形式與

$$m \frac{d^2y}{dt^2} + c \frac{dy}{dt} + ky = F_0 \omega \cos \omega t$$

相同,故 RLC 電路係類比於機械振動系統。茲將電路系統與機械振動系統之間的各種相似性質,列舉於表 2-3。

表 2-3　電路系統與機械振動系統的相對類比量

電路系統	機械振動系統
電感 L	質量 $m=\dfrac{w}{g}$
電阻 R	阻尼係數 c
最大電壓 E_0	最大外力 E_0
電容的倒數 $\dfrac{1}{C}$	彈簧係數 k
電流 $I(t)$ 或電荷 Q	位移 $y(t)$ (輸出)
電動勢的導函數 $E_0\,\omega\cos\omega t$	驅動力 $F_0\cos\omega t$ (輸入)

因 (2-44) 式為常係數線性微分方程式，故可利用未定係數法假設其特別積分為

$$I_p(t)=a\cos\omega t+b\sin\omega t$$

可得

$$a=\frac{-E_0 S}{R^2+S^2},\qquad b=\frac{E_0 R}{R^2+S^2}$$

$S=\omega L-\left(\dfrac{1}{\omega C}\right)$ 稱為**電抗** (reactance)。

在實際情況下，$R\neq 0$，因此，$R^2+S^2\neq 0$。將 a、b 代入 I_p 中，即得其特別積分。此項特別積分若引用下列三角函數關係式

$$A\cos\alpha+B\sin\alpha=\sqrt{A^2+B^2}\,\sin(\alpha\pm\delta)$$

與

$$\tan\delta=\frac{\sin\delta}{\cos\delta}=\pm\frac{A}{B}$$

則可改寫成

$$I_p=I_0\sin(\omega t-\theta)$$

上式中 $I_0=\sqrt{a^2+b^2}=\dfrac{E_0}{\sqrt{R^2+S^2}}$, $\tan\theta=-\dfrac{a}{b}=\dfrac{S}{R}$，$\sqrt{R^2+S^2}$ 即所謂**阻抗** (impedance)。

(2-44) 式所對應的齊次微分方程式的輔助方程式為

$$r^2+\frac{R}{L}r+\frac{1}{LC}=0$$

其兩根為 $r=-\alpha\pm\beta$，其中

$$\alpha = \frac{R}{2L}, \quad \beta = \frac{1}{2L}\sqrt{R^2 - \frac{4L}{C}} \text{。}$$

若 $R > 0$，則當 t 足夠大的時候，齊次微分方程式的通解 I_c 趨近零，故全態電流 $I = I_c + I_p$ 趨近穩態電流 I_p，而所得的輸出實際上是一個與輸入頻率相同的簡諧運動 $I_p = I_0 \sin(\omega t - \theta)$。如果我們定義**臨界電阻** (critical resistance) 為 R_{crit}（類比於臨界阻尼係數 $c_{\text{crit}} = 2\sqrt{mk}$），則得下面的結論：

1. 超阻： $\quad R^2 - 4\dfrac{L}{C} > 0$

2. 臨界阻： $\quad R^2 = \dfrac{4L}{C}, \quad R_{\text{crit}} = 2\sqrt{\dfrac{L}{C}}$

3. 低阻： $\quad R^2 - \dfrac{4L}{C} < 0$

例題 5

一電路的電感 L 為 0.05 亨利，電阻 R 為 20 歐姆，電容 C 為 100×10^{-6} 法拉，電動勢 E 為 100 伏特，若初期條件為 $t = 0$ 時，$Q = 0$，$I = 0$，則電流 I 與電荷 Q 各為何？

解 依題意，
$$L\frac{d^2 Q}{dt^2} + R\frac{dQ}{dt} + \frac{Q}{C} = E(t)$$

因此，
$$0.05\frac{d^2 Q}{dt^2} + 20\frac{dQ}{dt} + \frac{Q}{100 \times 10^{-6}} = 100$$

$$\frac{d^2 Q}{dt^2} + 400\frac{dQ}{dt} + 200000 Q = 2000$$

解得 $\quad Q = e^{-200t}(A\cos 400t + B\sin 400t) + 0.01$

因而 $I = \dfrac{dQ}{dt} = 200 e^{-200t}[(-A + 2B)\cos 400t + (-B - 2A)\sin 400t]$

利用初期條件可得 $A = -0.01$，$B = -0.005$，故

$$Q = e^{-200t}(-0.01\cos 400t - 0.005\sin 400t) + 0.01$$

$$I = 5e^{-200t}\sin 400t \text{。}$$

例題 6

求如圖 2-10 所示 RLC 電路的穩態電流，其中 $R = 20$ 歐姆，$L = 10$ 亨利，$C = 0.05$ 法拉，$E = 50 \sin t$ 伏特。

解 由 (2-44) 式可得

$$10 \frac{d^2 I}{dt^2} + 20 \frac{dI}{dt} + 20I = 50 \cos t$$

補充方程式的輔助方程式為

$$10r^2 + 20r + 20 = 0$$

令 $I_p = A \cos t + B \sin t$，則

$$(10A + 20B) \cos t + (10B - 20A) \sin t = 50 \cos t$$

解得 $A = 1$，$B = 2$。所以，$I_p = \cos t + 2 \sin t$。

圖 2-10

例題 7

求上題圖 2-10 所示 RLC 電路的全態電流，其中 $R = 200$ 歐姆，$L = 100$ 亨利，$C = 5 \times 10^{-3}$ 法拉，$E = 2500 \sin t$ 伏特。

解 由 (2-44) 式可得

$$100 \frac{d^2 I}{dt^2} + 200 \frac{dI}{dt} + 200I = 2500 \cos t \qquad (*)$$

補充方程式的輔助方程式為

$$r^2 + 2r + 2 = 0, \quad r = -1 \pm i$$

故

$$I_c = e^{-t}(c_1 \cos t + c_2 \sin t)$$

以 $I_p = A \cos t + B \sin t$ 代入 ($*$) 式可得

$$\begin{cases} A + 2B = 25 \\ -2A + B = 0 \end{cases}$$

解得 $A = 5$，$B = 10$。所以，全態電流為

$$I = I_c + I_p = e^{-t}(c_1 \cos t + c_2 \sin t) + 5 \cos t + 10 \sin t。$$

例題 8

已知一 RLC 電路，其電感為 L，電阻為 R，電容為 C，且電動勢為 $E(t) = E_0 \sin \omega t$，如圖 2-11 所示，試證此電路的穩態電流為

$$I_p(t) = \frac{E_0}{z}\left(\frac{R}{z}\sin \omega t - \frac{X}{z}\cos \omega t\right)$$

$$= \frac{E_0}{z}\sin(\omega t - \theta)$$

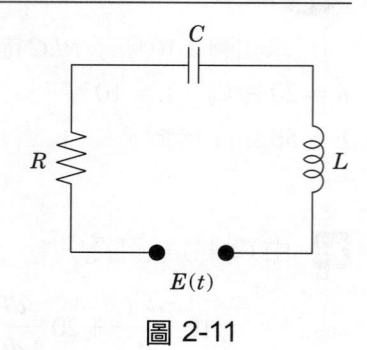

圖 2-11

其中 $\quad X = L\omega - \dfrac{1}{C\omega}, \quad z = \sqrt{X^2 + R^2}$

而 θ 係由 $\sin \theta = \dfrac{X}{z}$ 及 $\cos \theta = \dfrac{R}{z}$ 所決定。

解 由 (2-44) 式可得

$$L\frac{d^2 I}{dt^2} + R\frac{dI}{dt} + \frac{1}{C}I = \left(LD^2 + RD + \frac{1}{C}\right)I = \omega E_0 \cos \omega t$$

所欲求的穩態電流即為上式的特別積分，故

$$I_p = \frac{\omega E_0}{LD^2 + RD + \dfrac{1}{C}}\cos \omega t = \frac{\omega E_0}{RD - \left(L\omega - \dfrac{1}{C\omega}\right)\omega}\cos \omega t$$

$$= \frac{\omega E_0(RD + X\omega)}{R^2 D^2 - X^2 \omega^2}\cos \omega t = \frac{E_0}{R^2 + X^2}(R \sin \omega t - X \cos \omega t)$$

$$= \frac{E_0}{z}\left(\frac{R}{z}\sin \omega t - \frac{X}{z}\cos \omega t\right)$$

$$= \frac{E_0}{z}\sin(\omega t - \theta)。$$

例題 9

在前文中曾討論到：若 $R > 0$，則當 $t \to \infty$ 時，將使全態電流趨近穩態電流 I_p，試證明之。

解 因 $I = I_p + I_c = I_0 \sin(\omega t - \theta) + e^{-\alpha t}(Ae^{i\beta t} + Be^{-i\beta t})$

而當 $t \to \infty$ 時，$e^{-\alpha t} \to 0$，故

$$I = I_p = I_0 \sin(\omega t - \theta)。$$

習題 2-6

1. 若一彈簧加上 20 牛頓的重量 (約 4.5 磅) 會伸長 2 厘米，試問其對應的簡諧運動的頻率為何？週期為何？

2. 某 3 磅重的物體掛在彈簧下端，會使其拉長 1 吋，現在換上 32 磅重的物體，並且浸入石油槽中，會使其產生阻力，其阻尼係數為 12 磅-秒／呎。若將物體往上提高 6 吋後釋放，求物體運動的變化且繪出其運動方程式的圖形。

3. 某 $\dfrac{49}{8}$ 公斤重 (kgw) 的物體掛在彈簧下端，其彈簧係數為 40 公斤重／米。

   (1) 將彈簧拉長 $\dfrac{50}{3}$ 厘米後釋放；

   (2) 將彈簧縮短 $\dfrac{50}{3}$ 厘米後釋放；

   釋放時給予向下 2 米／秒的初速，求兩種情況下的物體運動情形 (假設無阻力)。

4. 以初位移 y_0 及初速度 v_0 開始，試確定 $y = A\cos\omega_0 t + B\sin\omega_0 t$ 的簡諧運動，並將其表示成

$$y = C\cos(\omega_0 t - \theta), \quad C = \sqrt{A^2 + B^2}, \quad \tan\delta = \dfrac{B}{A}$$

   的形式。

5. 若一彈簧的彈簧係數 $k = 16$，試畫出簡諧運動 (2-30) 式的圖形。假設質量為 1 且由 $y = 1$ 開始運動，其初速為零，則頻率為何？

6. 已知一彈簧 ($k = 48$ 磅／呎) 垂直懸掛著，並使其上端固定，下端繫一重 16 磅的物體，如右圖所示。彈簧保持靜止後，該物體被拉下 2 吋，然後釋放，不計空氣阻力，試討論該物體所發生的運動。

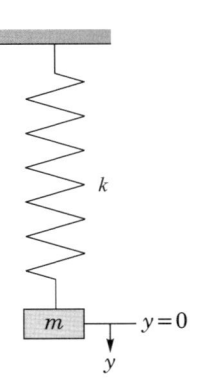

7. 求出並繪圖表示 $m \dfrac{d^2y}{dt^2}+c\dfrac{dy}{dt}+ky=0$ 所描述的機械系統的運動 y，其中假設 $m=1$，$c=2$，$k=1$，初位移為 1 且初速度為零。

8. 設某物體的運動方程式為 $\dfrac{d^2y}{dt^2}+16y=\cos t-\sin t$，求此物體的穩態振動。

9. 如右圖所示 RLC 電路中的全態電流及穩態電流，其中 $R=20$ 歐姆，$L=5$ 亨利，$C=10^{-2}$ 法拉，$E(t)=85\sin 4t$ 伏特。

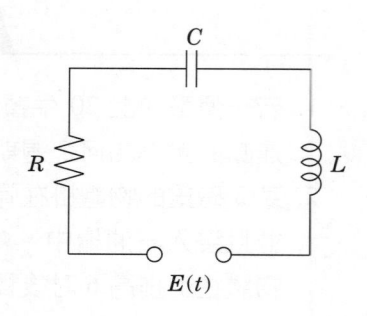

10. 如右圖所示，若 $R=40$ 歐姆，$L=1$ 亨利，$C=16\times 10^{-4}$ 法拉，$E(t)=100\cos 10t$ 伏特，且 $Q(0)=0$，$I(0)=0$，求此 RLC 串聯電路在時間為 t 時的電荷與電流。

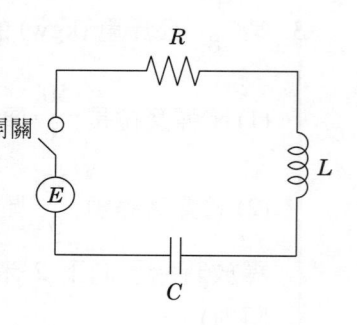

11. 如右圖所示，若 $L=2$ 亨利，$C=\dfrac{1}{2}$ 法拉，外加交流電壓 $E(t)=2\sin 2t$ 伏特，$I(0)=0$，$Q(0)=1$ 庫侖，求 $Q(t)$。

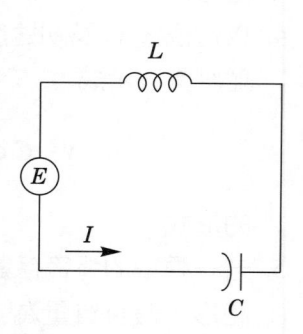

12. 如右圖所示，外加交流電壓 $E(t)=E_0\sin\omega t$，$I(0)=0$，$Q(0)=Q_0$，求 $Q(t)$。

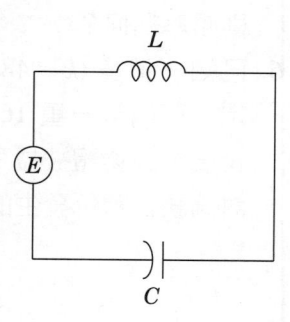

CHAPTER 03 拉普拉斯轉換

在本章中，我們將介紹工程上最簡單的積分轉換且是應用最廣的一種轉換，就是**拉普拉斯轉換** (Laplace transform)，簡稱**拉氏轉換**，它在求解某些類型的初值問題時非常有用。

3-1 拉普拉斯轉換

定義 3-1

設函數 $f(t)$ 定義在區間 $[0, \infty)$，則 $f(t)$ 的**拉氏轉換**定義為

$$\mathcal{L}\{f(t)\} = \int_0^\infty e^{-st} f(t)\, dt = F(s)$$

此處假定 s 為實變數且瑕積分存在。符號 $\mathcal{L}$ 稱為**拉氏轉換算子**。

現在，我們來看看一些常用的基本函數的拉氏轉換。

例題 1

設 $f(t) = k$，$t \geq 0$，k 為常數。依拉氏轉換的定義，

$$\begin{aligned}
\mathcal{L}\{k\} &= \int_0^\infty k e^{-st}\, dt \\
&= k \lim_{h \to \infty} \int_0^h e^{-st}\, dt = k \lim_{h \to \infty} \left[-\frac{1}{s} e^{-st} \right]_0^h \\
&= k \lim_{h \to \infty} \left(-\frac{1}{s} e^{-sh} + \frac{1}{s} \right) = \frac{k}{s}, \quad s > 0 \text{。}
\end{aligned}$$

例題 2

設 $f(t) = t$, $t \geq 0$,則

$$\mathcal{L}\{t\} = \int_0^\infty t\,e^{-st}\,dt = \lim_{h\to\infty} \int_0^h t\,e^{-st}\,dt$$

$$= \lim_{h\to\infty} \left\{ \left[-\frac{t}{s} e^{-st} \right]_0^h + \frac{1}{s} \int_0^h e^{-st}\,dt \right\}$$

$$= -\lim_{h\to\infty} \frac{h}{s} e^{-sh} + \frac{1}{s} \int_0^\infty e^{-st}\,dt = \frac{1}{s^2},\ s > 0 \text{。}$$

例題 3

設 $f(t) = t^n$, $t \geq 0$, n 為正整數,則

$$\mathcal{L}\{t^n\} = \int_0^\infty t^n\,e^{-st}\,dt = \lim_{h\to\infty} \int_0^h t^n\,e^{-st}\,dt$$

$$= \lim_{h\to\infty} \left[-\frac{t^n}{s} e^{-st} \right]_0^h + \frac{n}{s} \int_0^\infty e^{-st}\,t^{n-1}\,dt$$

$$= \frac{n}{s} \mathcal{L}\{t^{n-1}\},\ s > 0 \text{。}$$

同理,$\mathcal{L}\{t^{n-1}\} = \dfrac{n-1}{s} \mathcal{L}\{t^{n-2}\}$,依此類推,可得

$$\mathcal{L}\{t^n\} = \frac{n(n-1) \cdot \cdots \cdot 2 \cdot 1}{s^n} \mathcal{L}\{t^0\}$$

$$= \frac{n(n-1) \cdot \cdots \cdot 2 \cdot 1}{s^n} \mathcal{L}\{1\}$$

$$= \frac{n(n-1) \cdot \cdots \cdot 2 \cdot 1}{s^{n+1}}$$

$$= \frac{n!}{s^{n+1}},\ s > 0 \text{。}$$

例題 4

設 $f(t)=e^{at}$, $t \geq 0$，則

$$\mathcal{L}\{e^{at}\} = \int_0^\infty e^{-st} e^{at}\, dt = \lim_{h\to\infty} \int_0^h e^{-(s-a)t}\, dt$$

$$= \lim_{h\to\infty} \left[\frac{-1}{s-a} e^{-(s-a)t} \right]_0^h$$

$$= \lim_{h\to\infty} \left[\frac{-1}{s-a} e^{-(s-a)h} + \frac{1}{s-a} \right]$$

當 $s > a$ 時，$\displaystyle\lim_{h\to\infty} \left[\frac{-1}{s-a} e^{-(s-a)h} \right] = 0$，故

$$\mathcal{L}\{e^{at}\} = \frac{1}{s-a}, \quad s > a \text{。}$$

例題 5

求 $\mathcal{L}\{\sin at\}$。

解 利用分部積分法二次可得

$$\int_0^\infty e^{-st} \sin at\, dt = \lim_{h\to\infty} \int_0^h e^{-st} \sin at\, dt$$

$$= \lim_{h\to\infty} \left\{ \left[-\frac{1}{s} e^{-st} \sin at \right]_0^h + \frac{a}{s} \int_0^h e^{-st} \cos at\, dt \right\}$$

$$= \lim_{h\to\infty} \left(-\frac{1}{s} e^{-sh} \sin ah - \frac{a}{s^2} e^{-sh} \cos ah + \frac{a}{s^2} \right) - \frac{a^2}{s^2} \int_0^\infty e^{-st} \sin at\, dt$$

上式化成 $$\left(1 + \frac{a^2}{s^2}\right) \int_0^\infty e^{-st} \sin at\, dt = \frac{a}{s^2}$$

即， $$\int_0^\infty e^{-st} \sin at\, dt = \frac{a}{s^2 + a^2}, \quad s > 0$$

故 $$\mathcal{L}\{\sin at\} = \frac{a}{s^2 + a^2}, \quad s > 0 \text{。}$$

例題 6

$$\mathcal{L}\{\cos at\} = \int_0^\infty e^{-st} \cos at\, dt = \lim_{h\to\infty} \int_0^h e^{-st} \cos at\, dt$$

$$= \frac{s}{s^2+a^2},\ s>0\ (利用分部積分法二次)。$$

例題 7

求 $\mathcal{L}\{\sinh at\}$。

解 由雙曲線正弦函數的定義可知

$$\sinh at = \frac{e^{at}-e^{-at}}{2}$$

$$\mathcal{L}\{\sinh at\} = \frac{1}{2}\mathcal{L}\{e^{at}-e^{-at}\}$$

$$= \frac{1}{2}\left(\frac{1}{s-a}-\frac{1}{s+a}\right)$$

$$= \frac{a}{s^2-a^2},\ s>a$$

同理，可得 $\mathcal{L}\{\cosh at\} = \dfrac{s}{s^2-a^2},\ s>a$。

例題 8

設函數 $f(t) = \begin{cases} t, & 0 \leq t < 1 \\ 1, & t \geq 1 \end{cases}$，求 $\mathcal{L}\{f(t)\}$。

解
$$\mathcal{L}\{f(t)\} = \int_0^\infty e^{-st}f(t)\,dt = \int_0^1 te^{-st}\,dt + \int_1^\infty e^{-st}\,dt$$

$$= \frac{1-e^{-s}}{s^2} - \frac{e^{-s}}{s} + \frac{e^{-s}}{s},\ s>0$$

$$= \frac{1-e^{-s}}{s^2},\ s>0。$$

定義 3-2

若函數 f 在某區間具有有限個不連續點,而其在不連續點的左極限與右極限皆存在,則稱 f 在該區間為**分段連續** (piecewise continuous)。

如圖 3-1 所示,(a) 為分段連續,(b) 為非分段連續。

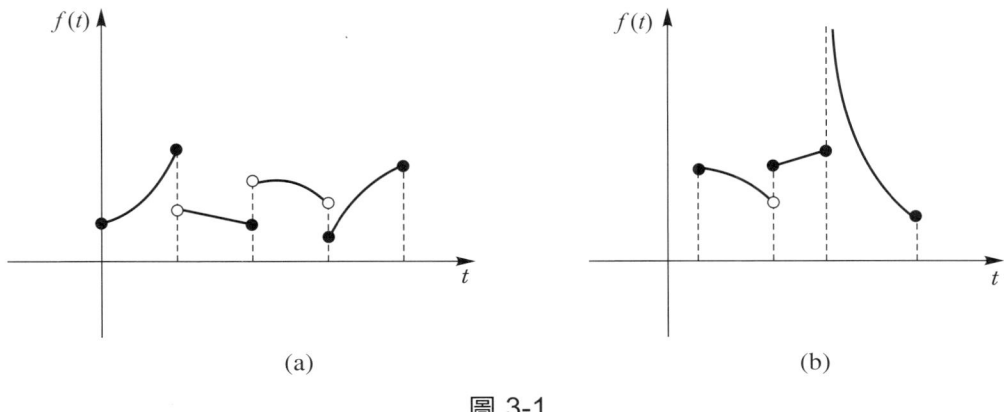

圖 3-1

註:在定義 3-2 中,f 可以不必在每一個不連續點有定義。

定義 3-3

對函數 f,若存在常數 α 與 $M > 0$ 使得對所有 $t \geq 0$ 滿足

$$|f(t)| \leq Me^{\alpha t}$$

則稱 f 具有**指數位** (exponential order)。換句話說,若存在常數 α 使得 $\lim\limits_{t \to \infty} e^{-\alpha t} f(t)$ 為有限,則 f 具有指數位。若對於某限定的常數 α 而言,f 具有指數位,則稱 f 具有指數位 $e^{\alpha t}$。

註:對任意 $\beta > \alpha$,若 f 具有指數位 $e^{\alpha t}$,則 f 具有指數位 $e^{\beta t}$。

例題 9

(1) 有界函數具有指數位 (取 $\alpha = 0$),如 $\sin kt$、$\cos kt$ 等。
(2) 函數 $f(t) = t^n$ (n 為正整數) 具有指數位 (取 $\alpha > 0$)。
(3) 多項式函數具有指數位 (取 $\alpha = 1$)。
(4) 函數 $f(t) = e^{at} \sin bt$ 具有指數位 (取 $\alpha = a$)。
(5) 函數 $f(t) = e^{t^2}$ 不具有指數位,因為

$$\lim_{t\to\infty}\frac{e^{t^2}}{e^{\alpha t}}=\lim_{t\to\infty}e^{t(t-\alpha)}=\infty \text{ 。}$$

定理 3-1 | 存在定理

若 $f(t)$ 在 $[0, \infty)$ 為具有指數位 $e^{\alpha t}$ 的分段連續函數，則 $\mathcal{L}\{f(t)\}$ 在 $s > \alpha$ 時存在。

證 依定義，

$$|\mathcal{L}\{f(t)\}| = \left|\int_0^\infty e^{-st}f(t)\,dt\right| \leq \int_0^\infty e^{-st}|f(t)|\,dt$$

$$\leq \int_0^\infty e^{-st}Me^{\alpha t}\,dt = M\int_0^\infty e^{-(s-\alpha)t}\,dt$$

$$= M\lim_{h\to\infty}\int_0^h e^{-(s-\alpha)t}\,dt$$

$$= M\lim_{h\to\infty}\left[-\frac{1}{s-\alpha}e^{-(s-\alpha)t}\right]_0^h$$

$$= \frac{M}{s-\alpha},\ s>\alpha \text{ 。}$$

定理 3-2

若 $f(t)$ 滿足定理 3-1 的條件，則

$$\lim_{s\to\infty}\mathcal{L}\{f(t)\} = \lim_{s\to\infty}F(s) = 0 \text{ 。}$$

證 依定理 3-1，

$$|F(s)| = |\mathcal{L}\{f(t)\}| \leq \frac{M}{s-\alpha},\ s>\alpha$$

$$-\frac{M}{s-\alpha} \leq F(s) \leq \frac{M}{s-\alpha}$$

因 $\lim\limits_{s\to\infty}\left(-\dfrac{M}{s-\alpha}\right)=\lim\limits_{s\to\infty}\dfrac{M}{s-\alpha}=0$，故 $\lim\limits_{s\to\infty}F(s)=0$。

註：由定理 3-2 可知，若 $\lim\limits_{s\to\infty}F(s)\neq 0$，則 $f(t)$ 無法滿足定理 3-1 的條件。

例題 10

試證：(1) $\mathscr{L}\left\{\dfrac{e^{2t}}{t+3}\right\}$ 存在。(2) $\lim\limits_{s\to\infty}\mathscr{L}\left\{\dfrac{e^{2t}}{t+3}\right\}=0$。

解 (1) $f(t)=\dfrac{e^{2t}}{t+3}$ 在 $[0,\infty)$ 為連續，當然為分段連續。

對所有 $t\geq 0$，$\dfrac{e^{2t}}{t+3}<\dfrac{e^{2t}}{3}$，因而 $f(t)=\dfrac{e^{2t}}{t+3}$ 具有指數位。

於是，依定理 3-1，$\mathscr{L}\left\{\dfrac{e^{2t}}{t+3}\right\}$ 存在。

(2) 由 (1) 的結果與定理 3-2 可證得。

拉氏轉換的性質

因拉氏轉換是由積分來定義的，而積分具有線性性質，故可知拉氏轉換也具有線性性質。

定理 3-3 | 線性變換

若 $\mathscr{L}\{f(t)\}=F(s)$，$\mathscr{L}\{g(t)\}=G(s)$，則

$$\mathscr{L}\{a f(t)+b g(t)\}=a\mathscr{L}\{f(t)\}+b\mathscr{L}\{g(t)\}=a F(s)+b G(s)$$

其中 a、b 為任意常數。

證
$$\begin{aligned}
\mathscr{L}\{a f(t)+b g(t)\} &= \int_0^\infty e^{-st}[a f(t)+b g(t)]dt \\
&= a\int_0^\infty e^{-st}f(t)\,dt + b\int_0^\infty e^{-st}g(t)\,dt \\
&= a\mathscr{L}\{f(t)\}+b\mathscr{L}\{g(t)\} \\
&= a F(s)+b G(s)。
\end{aligned}$$

例題 11

(1) $\mathcal{L}\{t^2-4t+3\}=\mathcal{L}\{t^2\}-4\mathcal{L}\{t\}+\mathcal{L}\{3\}=\dfrac{2}{s^3}-\dfrac{4}{s^2}+\dfrac{3}{s}$

(2) $\mathcal{L}\{\sin^2 t\}=\mathcal{L}\left\{\dfrac{1-\cos 2t}{2}\right\}=\mathcal{L}\left\{\dfrac{1}{2}\right\}-\mathcal{L}\left\{\dfrac{\cos 2t}{2}\right\}$

$\qquad =\dfrac{1}{2}\mathcal{L}\{1\}-\dfrac{1}{2}\mathcal{L}\{\cos 2t\}$

$\qquad =\dfrac{1}{2}\left(\dfrac{1}{s}\right)-\dfrac{1}{2}\left(\dfrac{s}{s^2+4}\right)$

$\qquad =\dfrac{2}{s(s^2+4)}$

(3) $\mathcal{L}\{\cosh at\}=\mathcal{L}\left\{\dfrac{e^{at}+e^{-at}}{2}\right\}=\dfrac{1}{2}(\mathcal{L}\{e^{at}\}+\mathcal{L}\{e^{-at}\})$

$\qquad =\dfrac{1}{2}\left(\dfrac{1}{s-a}+\dfrac{1}{s+a}\right)=\dfrac{s}{s^2-a^2}$

(4) $\mathcal{L}\{\sinh at\}=\mathcal{L}\left\{\dfrac{e^{at}-e^{-at}}{2}\right\}=\dfrac{a}{s^2-a^2}$。

反拉氏轉換

若 $F(s)=\mathcal{L}\{f(t)\}$，則稱 $f(t)$ 為 $F(s)$ 的**反拉氏轉換** (inverse Laplace transform)，記為

$$f(t)=\mathcal{L}^{-1}\{F(s)\}$$

$\mathcal{L}^{-1}$ 稱為**反拉氏轉換算子**。

嚴格說來，一個轉換式的反拉氏轉換並不唯一，亦即，一些不同的函數，其拉氏轉換可能會相同。例如，$f_1(t)=t\ (t\geq 0)$ 與 $f_2(t)=\begin{cases}t,& 0\leq t<1\ 或\ t>1\\ 0,& t=1\end{cases}$ 的拉氏轉換皆為 $\dfrac{1}{s^2}$，即，

$$\mathcal{L}\{f_1(t)\} = \mathcal{L}\{t\} = \frac{1}{s^2}$$

$$\mathcal{L}\{f_2(t)\} = \int_0^1 te^{-st}\,dt + \int_1^\infty te^{-st}\,dt = \frac{1}{s^2}, \quad s > 0 \circ$$

下面定理指出當兩連續函數有相同的拉氏轉換時，此兩函數相等。

定理 3-4

若兩函數 f 與 g 在 $[0, \infty)$ 皆為連續且 $\mathcal{L}\{f(t)\} = \mathcal{L}\{g(t)\}$，則 $f(t) = g(t)$。

由此可知，求 $F(s)$ 的反拉氏轉換，就是在找出連續函數 f，使其拉氏轉換為 $F(s)$。然而，若不考慮有限個不連續點的情形，則仍可將拉氏轉換與反拉氏轉換視為一一對應，亦即，每一轉換式在本質上皆有唯一的反拉氏轉換。

例題 12

(1) 因 $\mathcal{L}\{t^2\} = \dfrac{2!}{s^3}$，故 $\mathcal{L}^{-1}\left\{\dfrac{2!}{s^3}\right\} = t^2$。

(2) $\mathcal{L}^{-1}\left\{\dfrac{1}{s-a}\right\} = e^{at}$，$\mathcal{L}^{-1}\left\{\dfrac{a}{s^2+a^2}\right\} = \sin at$，$\mathcal{L}^{-1}\left\{\dfrac{s}{s^2+a^2}\right\} = \cos at$。

定理 3-3 若以反拉氏轉換算子來表示，則

$$\mathcal{L}^{-1}\{a\,F(s) + b\,G(s)\} = a\,f(t) + b\,g(t)$$
$$= a\,\mathcal{L}^{-1}\{F(s)\} + b\,\mathcal{L}^{-1}\{G(s)\}$$

由此可知，反拉氏轉換也具有線性性質。

例題 13

$$\mathcal{L}^{-1}\left\{\frac{2s+18}{s^2+25}\right\} = 2\mathcal{L}^{-1}\left\{\frac{s}{s^2+25}\right\} + \frac{18}{5}\mathcal{L}^{-1}\left\{\frac{5}{s^2+25}\right\}$$

$$= 2\cos 5t + \frac{18}{5}\sin 5t \circ$$

定理 3-5

若 $\mathcal{L}\{f(t)\}=F(s)$，則

$$\mathcal{L}\{f(at)\}=\frac{1}{a}F\left(\frac{s}{a}\right),\ a>0 \text{。}$$

證 依定義，

$$\mathcal{L}\{f(at)\}=\int_0^\infty e^{-st}f(at)\,dt$$

令 $x=at$，則

$$\mathcal{L}\{f(at)\}=\frac{1}{a}\int_0^\infty e^{-\left(\frac{s}{a}\right)x}f(x)\,dx$$

$$=\frac{1}{a}F\left(\frac{s}{a}\right)\text{。}$$

例題 14

已知 $\mathcal{L}\{\sin t\}=\dfrac{1}{s^2+1}=F(s)$，利用定理 3-5，不需積分即可求出 $\sin at$ 的拉氏轉換

$$\mathcal{L}\{\sin at\}=\frac{1}{a}F\left(\frac{s}{a}\right)=\frac{1}{a}\cdot\frac{1}{\left(\dfrac{s}{a}\right)^2+1}=\frac{a}{s^2+a^2}\text{。}$$

定理 3-6 | 第一平移定理 (first shifting theorem)

若 $F(s)=\mathcal{L}\{f(t)\}$，則

$$\mathcal{L}\{e^{at}f(t)\}=F(s-a)$$

其中 a 為任意常數。

證 $\mathcal{L}\{e^{at}f(t)\}=\int_0^\infty e^{-st}[e^{at}f(t)]\,dt=\int_0^\infty e^{-(s-a)t}f(t)\,dt=F(s-a)$。

例題 15

求 $\mathcal{L}\{t^3 e^{5t}\}$。

解 因 $\mathcal{L}\{t^3\} = \dfrac{3!}{s^4}$，故 $\mathcal{L}\{t^3 e^{5t}\} = \dfrac{3!}{(s-5)^4} = \dfrac{6}{(s-5)^4}$。

例題 16

已知 $\mathcal{L}\{\sin bt\} = \dfrac{b}{s^2+b^2} = F(s)$，由第一平移定理

$$\mathcal{L}\{e^{at} \sin bt\} = F(s-a) = \dfrac{b}{(s-a)^2+b^2}$$

同理，

$$\mathcal{L}\{e^{at} \cos bt\} = \dfrac{s-a}{(s-a)^2+b^2}$$

$$\mathcal{L}\{t^n e^{at}\} = \dfrac{n!}{(s-a)^{n+1}}。$$

由例題 16 可得出下列有用的公式：

$$\mathcal{L}^{-1}\left\{\dfrac{1}{(s-a)^2+b^2}\right\} = \dfrac{1}{b} e^{at} \sin bt$$

$$\mathcal{L}^{-1}\left\{\dfrac{s-a}{(s-a)^2+b^2}\right\} = e^{at} \cos bt$$

$$\mathcal{L}^{-1}\left\{\dfrac{1}{(s-a)^{n+1}}\right\} = \dfrac{1}{n!} t^n e^{at}。$$

例題 17

求 $\mathcal{L}^{-1}\left\{\dfrac{s-3}{s^2+2s+5}\right\}$。

解 $\mathcal{L}^{-1}\left\{\dfrac{s-3}{s^2+2s+5}\right\} = \mathcal{L}^{-1}\left\{\dfrac{s-3}{(s+1)^2+4}\right\} = \mathcal{L}^{-1}\left\{\dfrac{(s+1)-4}{(s+1)^2+2^2}\right\}$

$\qquad = \mathcal{L}^{-1}\left\{\dfrac{s+1}{(s+1)^2+2^2}\right\} - \mathcal{L}^{-1}\left\{\dfrac{4}{(s+1)^2+2^2}\right\}$

$\qquad = e^{-t}\cos 2t - 2e^{-t}\sin 2t$

$\qquad = e^{-t}(\cos 2t - 2\sin 2t)$。

例題 18

求 $\mathcal{L}^{-1}\left\{\dfrac{4s+12}{s^2+8s+16}\right\}$。

解 $\mathcal{L}^{-1}\left\{\dfrac{4s+12}{s^2+8s+16}\right\} = \mathcal{L}^{-1}\left\{\dfrac{4(s+4)-4}{(s+4)^2}\right\}$

$\qquad = 4\mathcal{L}^{-1}\left\{\dfrac{1}{s+4}\right\} - 4\mathcal{L}^{-1}\left\{\dfrac{1}{(s+4)^2}\right\}$

$\qquad = 4e^{-4t} - 4te^{-4t} = 4e^{-4t}(1-t)$。

例題 19

求 $\mathcal{L}^{-1}\left\{\dfrac{6}{s+2} - \dfrac{3s}{s^2+15}\right\}$。

解 $\mathcal{L}^{-1}\left\{\dfrac{6}{s+2} - \dfrac{3s}{s^2+15}\right\} = \mathcal{L}^{-1}\left\{\dfrac{6}{s+2}\right\} - \mathcal{L}^{-1}\left\{\dfrac{3s}{s^2+15}\right\}$

$\qquad = 6\mathcal{L}^{-1}\left\{\dfrac{1}{s+2}\right\} - 3\mathcal{L}^{-1}\left\{\dfrac{s}{s^2+(\sqrt{15})^2}\right\}$

$\qquad = 6e^{-2t} - 3\cos\sqrt{15}\,t$。

定理 3-7 | 微分的拉氏轉換

設函數 f 在 $[0, \infty)$ 為連續且具有指數位 $e^{\alpha t}$，又 $f'(t)$ 在 $[0, \infty)$ 為分段連續，則

$$\mathcal{L}\{f'(t)\} = s\mathcal{L}\{f(t)\} - f(0), \quad s > \alpha \text{。}$$

證

$$\mathcal{L}\{f'(t)\} = \int_0^\infty e^{-st} f'(t)\, dt = \lim_{h \to \infty} \int_0^h e^{-st} f'(t)\, dt$$

$$= \lim_{h \to \infty} \left\{ \left[e^{-st} f(t) \right]_0^h + s \int_0^h e^{-st} f(t)\, dt \right\}$$

$$= \lim_{h \to \infty} \left[e^{-sh} f(h) - f(0) + s \int_0^h e^{-st} f(t)\, dt \right]$$

$$= \lim_{h \to \infty} e^{-sh} f(h) - f(0) + s \int_0^\infty e^{-st} f(t)\, dt$$

因 $f(t)$ 為具有指數位 $e^{\alpha t}$ 的函數，故 $|f(t)| \leq Me^{\alpha t}$ $(t \geq 0)$。

又 $s > \alpha$，令 $s = \alpha + \mu$，則 $\mu > 0$，

$$|e^{-st} f(t)| = |e^{-(\alpha + \mu)t} f(t)| = |e^{-\alpha t} f(t)||e^{-\mu t}| \leq Me^{-\mu t}$$

而
$$\lim_{t \to \infty} Me^{-\mu t} = 0$$

可知
$$\lim_{t \to \infty} e^{-st} f(t) = 0$$

即，
$$\lim_{h \to \infty} [e^{-sh} f(h)] = 0$$

故
$$\mathcal{L}\{f'(t)\} = s \int_0^\infty e^{-st} f(t)\, dt - f(0) = s\mathcal{L}\{f(t)\} - f(0)$$

若假設 $g(t) = f'(t)$ 滿足定理 3-7 的條件，則

$$\mathcal{L}\{f''(t)\} = \mathcal{L}\{g'(t)\} = s\mathcal{L}\{g(t)\} - g(0)$$

$$= s\mathcal{L}\{f'(t)\} - f'(0)$$

$$= s[s\mathcal{L}\{f(t)\} - f(0)] - f'(0)$$

$$= s^2 \mathcal{L}\{f(t)\} - sf(0) - f'(0) \text{。}$$

因此，定理 3-7 可推廣如下：

定理 3-8 │ 高次微分的拉氏轉換

設函數 $f, f', \cdots, f^{(n-1)}$ 在 $[0, \infty)$ 皆為連續且具有指數位 e^{at}，又 $f^{(n)}$ 在 $[0, \infty)$ 為分段連續，則

$$\mathcal{L}\{f^{(n)}(t)\}=s^n \mathcal{L}\{f(t)\}-s^{n-1}f(0)-s^{n-2}f'(0)-\cdots-sf^{(n-2)}(0)-f^{(n-1)}(0)。$$

例題 20

利用定理 3-8 求 $\mathcal{L}\{\sin at\}$。

解 令 $f(t)=\sin at$，則 $f(0)=0,\ f'(t)=a\cos at,\ f'(0)=a,\ f''(t)=-a^2\sin at$。
依定理 3-8，

$$\mathcal{L}\{f''(t)\}=s^2\mathcal{L}\{f(t)\}-sf(0)-f'(0)$$

可得

$$\mathcal{L}\{-a^2\sin at\}=s^2\mathcal{L}\{\sin at\}-a$$

$$(s^2+a^2)\mathcal{L}\{\sin at\}=a$$

故

$$\mathcal{L}\{\sin at\}=\frac{a}{s^2+a^2}。$$

例題 21

求 $\mathcal{L}\{t\sin t\}$。

解 令 $f(t)=t\sin t$，則 $f'(t)=t\cos t+\sin t$。

$$f''(t)=-t\sin t+\cos t+\cos t=2\cos t-t\sin t$$

因

$$\mathcal{L}\{f''(t)\}=s^2\mathcal{L}\{f(t)\}-sf(0)-f'(0)$$

可得

$$\mathcal{L}\{2\cos t-t\sin t\}=s^2\mathcal{L}\{t\sin t\}$$

$$\frac{2s}{s^2+1}-\mathcal{L}\{t\sin t\}=s^2\mathcal{L}\{t\sin t\}$$

$$(s^2+1)\mathcal{L}\{t\sin t\}=\frac{2s}{s^2+1}$$

故

$$\mathcal{L}\{t\sin t\}=\frac{2s}{(s^2+1)^2}。$$

定理 3-9 積分的拉氏轉換

(1) 設函數 $f(t)$ 為具有指數位 $e^{\alpha t}$ 的分段連續函數，則

$$\mathcal{L}\left\{\int_0^t f(u)\,du\right\} = \frac{1}{s}\mathcal{L}\{f(t)\} = \frac{F(s)}{s}$$

即，

$$\mathcal{L}^{-1}\left\{\frac{F(s)}{s}\right\} = \int_0^t f(u)\,du$$

此處 $F(s) = \mathcal{L}\{f(t)\}$。

(2) $\mathcal{L}\left\{\int_a^t f(u)\,du\right\} = \dfrac{F(s)}{s} + \dfrac{1}{s}\int_a^0 f(u)\,du$。

定理 3-9(2) 的部分留給讀者自證。

證 令 $g(t) = \int_0^t f(u)\,du$，則 g 為連續函數，且 $g'(t) = f(t)$。又 f 具有指數位 $e^{\alpha t}$，故

$$|g(t)| = \left|\int_0^t f(u)\,du\right| \le \int_0^t |f(u)|\,du \le M\int_0^t e^{\alpha u}\,du = \frac{M}{\alpha}(e^{\alpha t} - 1)$$

(1) $\alpha > 0 \Rightarrow |g(t)| \le \dfrac{M}{\alpha}(e^{\alpha t} - 1) < \dfrac{M}{\alpha}e^{\alpha t}$

(2) $\alpha < 0 \Rightarrow |g(t)| \le \dfrac{M}{-\alpha}(1 - e^{\alpha t}) < \dfrac{M}{-\alpha}$

因此，g 具有指數位。我們對 g 應用定理 3-7 可得

$$\mathcal{L}\{f(t)\} = \mathcal{L}\{g'(t)\} = s\,\mathcal{L}\{g(t)\} - g(0)$$

但 $g(0) = 0$，所以，

$$\mathcal{L}\left\{\int_0^t f(u)\,du\right\} = \mathcal{L}\{g(t)\} = \frac{1}{s}\mathcal{L}\{f(t)\} = \frac{F(s)}{s}。$$

例題 22

設 $f(t)=\int_0^t x \sin x\, dx$,求 $\mathcal{L}\{f(t)\}$。

解 由例題 21 可知

$$\mathcal{L}\{t \sin t\}=\frac{2s}{(s^2+1)^2}=F(s)$$

故 $\mathcal{L}\{f(t)\}=\frac{1}{s}F(s)=\frac{1}{s}\left[\frac{2s}{(s^2+1)^2}\right]=\frac{2}{(s^2+1)^2}$。

例題 23

求 $\mathcal{L}^{-1}\left\{\dfrac{1}{s(s^2+1)}\right\}$。

解 $\mathcal{L}^{-1}\left\{\dfrac{1}{s(s^2+1)}\right\}=\mathcal{L}^{-1}\left\{\dfrac{1}{s}\cdot\dfrac{1}{s^2+1}\right\}=\int_0^t \sin u\, du=\left[-\cos u\right]_0^t=1-\cos t$。

定理 3-9 可推廣至 n 重積分,即,

$$\mathcal{L}\underbrace{\left\{\int_0^t\int_0^\tau\cdots\int_0^\lambda f(\alpha)\,d\alpha\, d\lambda\cdots du\, d\tau\right\}}_{n\ \text{重積分}}=\frac{1}{s^n}F(s)$$

或 $\mathcal{L}^{-1}\left\{\dfrac{1}{s^n}F(s)\right\}=\int_0^t\int_0^\tau\cdots\int_0^\lambda f(\alpha)\,d\alpha\, d\lambda\cdots du\, d\tau$。

例題 24

已知 $F(s)=\dfrac{5}{s^2(s^2+4)}$,求 $\mathcal{L}^{-1}\{F(s)\}$。

解 因 $\mathcal{L}^{-1}\left\{\dfrac{5}{s^2+4}\right\}=\dfrac{5}{2}\sin 2t$,故

由 n 重積分的拉氏轉換可知

$$\mathcal{L}^{-1}\left\{\frac{1}{s^2}F(s)\right\}=\int_0^t\int_0^\tau f(\alpha)\,d\alpha\,d\tau$$

故

$$\mathcal{L}^{-1}\left\{\frac{1}{s^2}\left(\frac{5}{s^2+4}\right)\right\}=\int_0^t\int_0^\tau \frac{5}{2}\sin 2\alpha\,d\alpha\,d\tau$$

$$=\int_0^t\left[-\frac{5}{4}\cos 2\alpha\right]_0^\tau d\tau$$

$$=-\frac{5}{4}\int_0^t(\cos 2\tau-1)\,d\tau$$

$$=\left[-\frac{5}{4}\left(\frac{1}{2}\sin 2\tau-\tau\right)\right]_0^t$$

$$=\frac{5}{4}\left(t-\frac{1}{2}\sin 2t\right)\text{。}$$

例題 25

求 $\mathcal{L}\left\{\int_{\frac{\pi}{\omega}}^t \cos\omega\tau\,d\tau\right\}$。

解 由定理 3-9(2) 得知

$$\mathcal{L}\left\{\int_{\frac{\pi}{\omega}}^t \cos\omega\tau\,d\tau\right\}=\frac{1}{s}\mathcal{L}\{\cos\omega\tau\}+\frac{1}{s}\int_{\frac{\pi}{\omega}}^0 \cos\omega\tau\,d\tau$$

$$=\frac{1}{s}\frac{s}{s^2+\omega^2}+\frac{1}{s}\left[\frac{1}{\omega}\sin\omega\tau\right]_{\frac{\pi}{\omega}}^0$$

$$=\frac{1}{s^2+\omega^2}\text{。}$$

例題 26

求 $\mathcal{L}^{-1}\left\{\dfrac{6s+2}{(s-1)(s^2+2s+5)}\right\}$。

解 令 $\dfrac{6s+2}{(s-1)(s^2+2s+5)} = \dfrac{A}{s-1} + \dfrac{Bs+C}{s^2+2s+5}$

則 $\quad A(s^2+2s+5)+(s-1)(Bs+C)=6s+2$

以 $s=1$ 代入可得 $8A=8$，即，$A=1$。

將 $A=1, s=0, s=2$ 分別代入，可知

$$\begin{cases} 5-C=2 \\ 2B+C=1 \end{cases}$$

解得 $B=-1, C=3$，故

$$\mathcal{L}^{-1}\left\{\dfrac{6s+2}{(s-1)(s^2+2s+5)}\right\} = \mathcal{L}^{-1}\left\{\dfrac{1}{s-1}\right\} - \mathcal{L}^{-1}\left\{\dfrac{s-3}{s^2+2s+5}\right\}$$

$$= e^t - e^{-t}(\cos 2t - 2\sin 2t)。$$

習題 3-1

1. 求下列各函數的拉氏轉換。

   (1) $f(t)=\begin{cases} \sin t, & 0 \le t < \pi \\ 0, & t \ge \pi \end{cases}$

   (2) $f(t)=\begin{cases} 5, & 0 \le t < 3 \\ 0, & t \ge 3 \end{cases}$

   (3) $f(t)=\begin{cases} e^t, & t \le 2 \\ 3, & t > 2 \end{cases}$

   (4) $f(t)=\begin{cases} 3, & 0 \le t \le 2 \\ -1, & 2 < t < 4 \\ 0, & t \ge 4 \end{cases}$

   (5) $f(t)=\sin(at+b)$，其中 a 與 b 皆為常數。

   (6) $f(t)=t^2$

   (7) $f(t)=\cos(at+b)$，其中 a 與 b 皆為常數。

2. 求下列圖形所表函數的拉氏轉換。

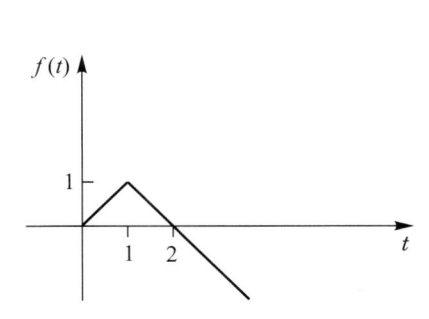

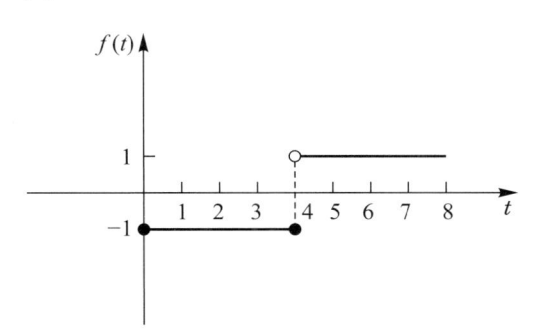

(1)

(2)

3. **gamma 函數** $\Gamma(x)$ 的定義如下：

$$\Gamma(x) = \int_0^\infty t^{x-1} e^{-t} dt, \quad x > 0$$

(1) 利用分部積分法證明：$\Gamma(x+1) = x\Gamma(x)$。

(2) 證明：$\Gamma(1) = 1$，$\Gamma(n+1) = n!$，$n = 1, 2, \cdots$ [gamma 函數又稱為**廣義階乘函數** (generalized factorial function)]。

(3) 設 $I = \int_0^\infty e^{-x^2} dx$，則可得

$$I^2 = \left(\int_0^\infty e^{-x^2} dx\right)\left(\int_0^\infty e^{-y^2} dy\right) = \int_0^\infty \int_0^\infty e^{-(x^2+y^2)} dx\, dy$$

計算上式的積分，證明：$I = \dfrac{\sqrt{\pi}}{2}$。

(4) 由 (3) 的結果，證明：$\Gamma\left(\dfrac{1}{2}\right) = \sqrt{\pi}$。

4. 依 gamma 函數的定義，$\Gamma(x)$ 必須當 x 為正數時才有意義，當 x 為負時，我們利用上題 (1) 的等式來定義

$$\Gamma(x) = \frac{\Gamma(x+1)}{x}$$

求 (1) $\Gamma\left(-\dfrac{1}{2}\right)$，(2) $\Gamma\left(-\dfrac{3}{2}\right)$，(3) $\Gamma\left(-\dfrac{5}{2}\right)$。

5. (1) 證明：$\mathscr{L}\{t^\alpha\} = \dfrac{\Gamma(\alpha+1)}{s^{\alpha+1}}$，$\alpha > -1$，$s > 0$。

(2) 求 $\mathcal{L}\{t^{-1/2}\}$。

(3) 求 $\mathcal{L}\{\sqrt{t}\}$。

6. 求下列各函數的拉氏轉換。

(1) t^3+3t-2 (2) $2t^2-3t+4$

(3) 10^t+2e^{-t} (4) $9x^4+6x^2-16$

(5) $\sin^2 2x$ (6) $10\cos 10x-\sin(-10x)$

(7) $\sin t \cos t$ (8) $\cos^2 t$

(9) $t^2 e^{3t}$ (10) $\cos t \cos 2t$

(11) $e^{-2t}(3\cos 6t - 5\sin 6t)$ (12) $e^{-2x}\sin 5x$

(13) $e^{-4x}\sqrt{x}$ (14) $2^t \cos 3t$

(15) $\sin\sqrt{t}$ (16) $\dfrac{e^{2t}}{\sqrt{t}}$

7. 將 $f(t)=\sin t^2$ 在 $t=0$ 處以泰勒級數展開，再利用逐項積分，求其拉氏轉換。

8. 求下列各式的反拉氏轉換。

(1) $\dfrac{s}{s^2+6}$ (2) $\dfrac{6}{2s-3}$

(3) $\dfrac{2s-18}{s^2+9}$ (4) $\dfrac{2s+3}{s^2+1}$

(5) $\dfrac{3s+2}{(s-1)^5}$ (6) $\dfrac{2s+3}{4s^2+20}$

(7) $\left\{\dfrac{6s-4}{s^2-4s+20}\right\}$ (8) $\left\{\dfrac{s-1}{s^2-2s+3}\right\}$

(9) $\left\{\dfrac{1}{s(s-1)^2}\right\}$ (10) $\left\{\dfrac{s+3}{4s^2+4s+1}\right\}$

(11) $\left\{\dfrac{1}{\sqrt{s-3}}\right\}$ (12) $\left\{\dfrac{1}{s^2(s+1)}\right\}$

(13) $\left\{\dfrac{s}{(s-2)^2+9}\right\}$

9. 利用部分分式法求下列各式的反拉氏轉換。

(1) $\dfrac{3s^2-1}{(s-2)(s-1)(s+1)}$ (2) $\dfrac{s+3}{s^2-s-2}$

(3) $\dfrac{s-3}{s(s+2)^2}$ (4) $\dfrac{s+1}{s(s^2+4)}$

(5) $\dfrac{s}{(s+1)^4}$ (6) $\dfrac{5s+4}{s^2(s+1)}$

(7) $\dfrac{s^2-2}{s(s^2-4)}$ (8) $\dfrac{s+1}{(s-2)^2(s-1)^2}$

(9) $\dfrac{1}{(s-1)(s^2+2s-3)}$ (10) $\dfrac{s^2-s-2}{(s+2)(s^2+4)}$

(11) $\dfrac{s^2}{(s-2)^3}$

3-2 拉氏轉換的微分與積分

本節中要討論對拉氏轉換式的微分與積分。下列定理告訴我們，對轉換式 $F(s)$ 微分，相當於將 $-t$ 與 $f(t)$ 相乘，再求其拉氏轉換。利用此特性，可以很容易的將一些複雜函數的拉氏轉換求出來。

定理 3-10 | 拉氏轉換的微分

設 $f(t)$ 在 $t \geq 0$ 為具有指數位 $e^{\alpha t}$ 的分段連續函數，若 $\mathcal{L}\{f(t)\} = F(s)$，則

$$\dfrac{d}{ds} F(s) = -\mathcal{L}\{t f(t)\}, \quad s > \alpha \text{。}$$

證
$$\dfrac{d}{ds} F(s) = \dfrac{d}{ds} \int_0^\infty e^{-st} f(t)\, dt = \int_0^\infty \left(\dfrac{\partial}{\partial s} e^{-st}\right) f(t)\, dt$$
$$= \int_0^\infty e^{-st} [-t f(t)]\, dt = \mathcal{L}\{-t f(t)\} \text{。}$$

在此，我們假設上式中，積分與微分順序可以調換。事實上可以證明，當 f 為具有指數位的分段連續函數時，積分與微分的順序可以調換。

例題 1

(1) $\mathcal{L}\{t e^{2t}\} = -\dfrac{d}{ds} \mathcal{L}\{e^{2t}\} = -\dfrac{d}{ds}\left(\dfrac{1}{s-2}\right) = \dfrac{1}{(s-2)^2}$。

(2) $\mathcal{L}\{t \sin kt\} = -\dfrac{d}{ds} \mathcal{L}\{\sin kt\} = -\dfrac{d}{ds}\left(\dfrac{k}{s^2+k^2}\right) = \dfrac{2ks}{(s^2+k^2)^2}$。

(3) $\mathcal{L}\{t \cos 2t\} = -\dfrac{d}{ds} \mathcal{L}\{\cos 2t\} = -\dfrac{d}{ds}\left(\dfrac{s}{s^2+4}\right) = \dfrac{s^2-4}{(s^2+4)^2}$。

定理 3-10 可推廣如下：

定理 3-11

對 $n=1, 2, 3, \cdots$

$$\mathcal{L}\{t^n f(t)\} = (-1)^n \frac{d^n}{ds^n} \mathcal{L}\{f(t)\} = (-1)^n \frac{d^n}{ds^n} F(s)$$

此處 $F(s) = \mathcal{L}\{f(t)\}$。

證

$$\frac{d}{ds} F(s) = \frac{d}{ds} \int_0^\infty e^{-st} f(t)\, dt = \int_0^\infty \frac{\partial}{\partial s}[e^{-st} f(t)]\, dt$$

$$= -\int_0^\infty e^{-st} t f(t)\, dt = -\mathcal{L}\{t f(t)\}$$

故

$$\mathcal{L}\{t f(t)\} = -\frac{d}{ds} \mathcal{L}\{f(t)\}$$

同理，

$$\mathcal{L}\{t^2 f(t)\} = \mathcal{L}\{t \cdot t f(t)\} = -\frac{d}{ds} \mathcal{L}\{t f(t)\}$$

$$= -\frac{d}{ds}\left(-\frac{d}{ds} \mathcal{L}\{f(t)\}\right) = \frac{d^2}{ds^2} \mathcal{L}\{f(t)\}$$

$$\vdots$$

$$\mathcal{L}\{t^n f(t)\} = (-1)^n \frac{d^n}{ds^n} \mathcal{L}\{f(t)\} = (-1)^n \frac{d^n}{ds^n} F(s) \quad \text{。}$$

例題 2

求 $\mathcal{L}\{t^2 \sin t\}$。

解

$$\mathcal{L}\{t^2 \sin t\} = (-1)^2 \frac{d^2}{ds^2} \mathcal{L}\{\sin t\} = \frac{d^2}{ds^2}\left(\frac{1}{s^2+1}\right)$$

$$= \frac{d}{ds}\left[-\frac{2s}{(s^2+1)^2}\right] = \frac{2(3s^2-1)}{(s^2+1)^3} \quad \text{。}$$

例題 3

求 $\mathcal{L}\{t^2 \sin kt\}$。

解

$$\mathcal{L}\{t^2 \sin kt\} = \frac{d^2}{ds^2}\mathcal{L}\{\sin kt\} = -\frac{d}{ds}\mathcal{L}\{t \sin kt\}$$

$$= -\frac{d}{ds}\left[\frac{2ks}{(s^2+k^2)^2}\right] \quad \text{(由例題 1 的 (2) 知)}$$

$$= -\frac{(s^2+k^2)^2 \, 2k - 8ks^2(s^2+k^2)}{(s^2+k^2)^4}$$

$$= \frac{6ks^2 - 2k^3}{(s^2+k^2)^3} \text{。}$$

下列定理說明，在區間 $[s, \infty)$ 對拉氏轉換式 $F(s)$ 積分，相當於將 $f(t)$ 除以 t，再求其拉氏轉換。

定理 3-12 | 拉氏轉換的積分

設 $f(t)$ 為具指數位 $e^{\alpha t}$ 的分段連續函數，且 $F(s) = \mathcal{L}\{f(t)\}$。若 $\lim\limits_{t \to 0^+} \dfrac{f(t)}{t}$ 存在，則

$$\int_s^\infty F(u)\, du = \mathcal{L}\left\{\frac{f(t)}{t}\right\}, \quad s > \alpha \text{。}$$

證

$$\int_s^\infty F(u)\, du = \int_s^\infty \left(\int_0^\infty e^{-ut} f(t)\, dt\right) du = \int_0^\infty f(t) \left(\int_s^\infty e^{-ut}\, du\right) dt$$

$$= \int_0^\infty f(t) \left\{-\frac{1}{t} \lim_{h \to \infty}\left[e^{-ut}\right]_s^h\right\} dt$$

$$= \int_0^\infty f(t) \left[-\frac{1}{t} \lim_{h \to \infty}(e^{-ht} - e^{-st})\right] dt$$

$$= \int_0^\infty \frac{f(t)}{t} e^{-st}\, dt$$

$$= \mathcal{L}\left\{\frac{f(t)}{t}\right\} \text{。}$$

例題 4

求 $\mathscr{L}\left\{\dfrac{\sin 2t}{t}\right\}$。

解 令
$$F(s)=\mathscr{L}\{\sin 2t\}=\dfrac{2}{s^2+4}$$

依定理 3-12，

$$\mathscr{L}\left\{\dfrac{\sin 2t}{t}\right\}=\int_s^\infty F(u)\,du=\int_s^\infty \dfrac{2}{u^2+4}\,du=\lim_{h\to\infty}\int_s^h \dfrac{2}{u^2+4}\,du$$

$$=\lim_{h\to\infty}\left[\tan^{-1}\dfrac{u}{2}\right]_s^h=\dfrac{\pi}{2}-\tan^{-1}\left(\dfrac{s}{2}\right)=\cot^{-1}\left(\dfrac{s}{2}\right)。$$

習題 3-2

1. 求下列各函數的拉氏轉換。

   (1) $t^2 e^t$ (2) $te^{-t}\cos t$

   (3) $t^2 \sin at$ (4) $t\cos\sqrt{7}\,t$

   (5) $t^3 e^{4t}$ (6) $t^2 \cos at$

   (7) $t^2 e^{-t}\sin 3t$ (8) $x^{7/2}$

   (9) $\dfrac{\sin 3t}{t}$ (10) $\dfrac{1-e^{-t}}{t}$

2. 求下列各式的反拉氏轉換。

   (1) $\dfrac{1}{(s-2)^2}$ (2) $\dfrac{s^3}{(s^2+1)^2}$

   (3) $\dfrac{2}{s^3+4s}$ (4) $\dfrac{2s}{(s^2-4)^2}$

   (5) $\ln\left(\dfrac{s+a}{s+b}\right)$ (6) $\cot^{-1}(s-1)$

   (7) $\ln\left(1+\dfrac{1}{s}\right)$

3-3 利用拉氏轉換解微分方程式

在討論過微分與積分的拉氏轉換，以及許多拉氏轉換的公式後，本節中要應用這些公式來解一些特殊類型的微分方程式。一般來說，附有初期條件的常係數線性微分方程式，可以利用拉氏轉換與反拉氏轉換直接求出特解，不必像一般的微分方程式解法，必須先求出通解，再由通解中找出適合初期條件的特解，這是拉氏轉換解法的優越處。

利用拉氏轉換求解微分方程式，大致上可分為下列四個步驟：

1. 對微分方程式等號兩邊同時取拉氏轉換。
2. 將初期條件代入。
3. 解出 $\mathcal{L}\{y\}$。
4. 求 $\mathcal{L}\{y\}$ 的反拉氏轉換。

現在，我們舉一些例子來加以說明。

例題 1

解 $y' - 5y = e^{5x}$, $y(0) = 2$。

解

$$\mathcal{L}\{y' - 5y\} = \mathcal{L}\{e^{5x}\}$$

$$\mathcal{L}\{y'\} - 5\mathcal{L}\{y\} = \frac{1}{s-5}$$

令 $Y(s) = \mathcal{L}\{y\}$，則

$$sY(s) - y(0) - 5Y(s) = \frac{1}{s-5}$$

以初期條件 $y(0) = 2$ 代入上式可得

$$Y(s) = \frac{2}{s-5} + \frac{1}{(s-5)^2}$$

故

$$y = \mathcal{L}^{-1}\{Y(s)\} = \mathcal{L}^{-1}\left\{\frac{2}{s-5} + \frac{1}{(s-5)^2}\right\}$$

$$= 2\mathcal{L}^{-1}\left\{\frac{1}{s-5}\right\} + \mathcal{L}^{-1}\left\{\frac{1}{(s-5)^2}\right\}$$

$$= 2e^{5x} + xe^{5x} \text{。}$$

例題 2

解 $\dfrac{dQ}{dt}+0.04Q=3.2e^{-0.04t}$, $Q(0)=0$。

解
$$\mathcal{L}\left\{\dfrac{dQ}{dt}\right\}+0.04\mathcal{L}\{Q\}=3.2\mathcal{L}\{e^{-0.04t}\}$$

$$s\mathcal{L}\{Q\}+0.04\mathcal{L}\{Q\}=\dfrac{3.2}{s+0.04}$$

$$\mathcal{L}\{Q\}=\dfrac{3.2}{(s+0.04)^2}$$

$$Q=3.2\mathcal{L}^{-1}\left\{\dfrac{1}{(s+0.04)^2}\right\}=3.2\,te^{-0.04t}。$$

例題 3

解 $y''-3y'+2y=4e^{2x}$, $y(0)=-3$, $y'(0)=5$。

解
$$\mathcal{L}\{y''\}-3\mathcal{L}\{y'\}+2\mathcal{L}\{y\}=4\mathcal{L}\{e^{2x}\}$$

令 $Y(s)=\mathcal{L}\{y\}$，則

$$[s^2\,Y(s)-s\,y(0)-y'(0)]-3[s\,Y(s)-y(0)]+2Y(s)=\dfrac{4}{s-2}$$

將初期條件 $y(0)=-3$, $y'(0)=5$ 代入上式，

$$[s^2\,Y(s)+3s-5]-3[s\,Y(s)+3]+2Y(s)=\dfrac{4}{s-2}$$

$$Y(s)=\dfrac{4}{(s^2-3s+2)(s-2)}+\dfrac{14-3s}{s^2-3s+2}$$

$$=\dfrac{-3s^2+20s-24}{(s-1)(s-2)^2}=-\dfrac{7}{s-1}+\dfrac{4}{s-2}+\dfrac{4}{(s-2)^2}$$

即，
$$Y(s)=-\dfrac{7}{s-1}+\dfrac{4}{s-2}+\dfrac{4}{(s-2)^2}$$

所以，
$$y=\mathcal{L}^{-1}\{Y(s)\}=\mathcal{L}^{-1}\left\{-\dfrac{7}{s-1}+\dfrac{4}{s-2}+\dfrac{4}{(s-2)^2}\right\}$$

$$=-7e^x+4e^{2x}+4xe^{2x}。$$

例題 4

解 $y'' - 2y' + y = \sin t$, $y(0) = y'(0) = 1$。

解
$$\mathcal{L}\{y''\} - 2\mathcal{L}\{y'\} + \mathcal{L}\{y\} = \mathcal{L}\{\sin t\}$$

令 $Y(s) = \mathcal{L}\{y\}$，則

$$[s^2 Y(s) - s\, y(0) - y'(0)] - 2[s\, Y(s) - y(0)] + Y(s) = \frac{1}{s^2 + 1}$$

以初期條件 $y(0) = y'(0) = 1$ 代入可得

$$Y(s) = \frac{1}{s - 1} + \frac{1}{(s-1)^2(s^2+1)}$$

$$\frac{1}{(s-1)^2(s^2+1)} = \frac{1}{2}\left[-\frac{1}{s-1} + \frac{1}{(s-1)^2} + \frac{s}{s^2+1}\right]$$

因而

$$Y(s) = \frac{1}{2}\left[\frac{1}{s-1} + \frac{1}{(s-1)^2} + \frac{s}{s^2+1}\right]$$

所以，

$$y(t) = \mathcal{L}^{-1}\{Y(s)\}$$

$$= \frac{1}{2}\left(\mathcal{L}^{-1}\left\{\frac{1}{s-1}\right\} + \mathcal{L}^{-1}\left\{\frac{1}{(s-1)^2}\right\} + \mathcal{L}^{-1}\left\{\frac{s}{s^2+1}\right\}\right)$$

$$= \frac{1}{2}(e^t + te^t + \cos t)。$$

例題 5

解 $\dfrac{d^2 I}{dt^2} + 4\dfrac{dI}{dt} + 20I = 0$, $I(0) = 0$, $I'(0) = 2$。

解
$$\mathcal{L}\left\{\frac{d^2 I}{dt^2}\right\} + 4\mathcal{L}\left\{\frac{dI}{dt}\right\} + 20\mathcal{L}\{I\} = 0$$

$$[s^2 \mathcal{L}\{I\} - s\, I(0) - I'(0)] + 4[s\, \mathcal{L}\{I\} - I(0)] + 20\mathcal{L}\{I\} = 0$$

$$s^2 \mathcal{L}\{I\} - 2 + 4s\, \mathcal{L}\{I\} + 20\mathcal{L}\{I\} = 0$$

可得
$$\mathcal{L}\{I\} = \frac{2}{s^2+4s+20}$$
$$I = \mathcal{L}^{-1}\left\{\frac{2}{s^2+4s+20}\right\} = \frac{1}{2}\mathcal{L}^{-1}\left\{\frac{4}{(s+2)^2+4^2}\right\}$$
$$= \frac{1}{2}e^{-2t}\sin 4t \text{。}$$

拉氏轉換也可以解聯立微分方程式，我們舉出下面例子作說明。

例題 6

解聯立方程式

$$\begin{cases} z'' + y' = \cos x \\ y'' - z = \sin x \end{cases}, \quad y(0)=1,\ y'(0)=0,\ z(0)=-1,\ z'(0)=-1 \text{。}$$

解

$$\begin{cases} \mathcal{L}\{z''\} + \mathcal{L}\{y'\} = \mathcal{L}\{\cos x\} \\ \mathcal{L}\{y''\} - \mathcal{L}\{z\} = \mathcal{L}\{\sin x\} \end{cases}$$

$$\begin{cases} s^2\mathcal{L}\{z\} - s\,z(0) - z'(0) + s\mathcal{L}\{y\} - y(0) = \dfrac{s}{s^2+1} \\ s^2\mathcal{L}\{y\} - s\,y(0) - y'(0) - \mathcal{L}\{z\} = \dfrac{1}{s^2+1} \end{cases}$$

將所有初期條件代入可得

$$\begin{cases} s\mathcal{L}\{y\} + s^2\mathcal{L}\{z\} = -\dfrac{s^3}{s^2+1} \\ s^2\mathcal{L}\{y\} - \mathcal{L}\{z\} = \dfrac{s^3+s+1}{s^2+1} \end{cases}$$

解得
$$\mathcal{L}\{y\} = \frac{\begin{vmatrix} -\dfrac{s^3}{s^2+1} & s^2 \\ \dfrac{s^3+s+1}{s^2+1} & -1 \end{vmatrix}}{\begin{vmatrix} s & s^2 \\ s^2 & -1 \end{vmatrix}} = \frac{s}{s^2+1}$$

$$\mathcal{L}\{z\} = \frac{\begin{vmatrix} s & -\dfrac{s^3}{s^2+1} \\ s^2 & \dfrac{s^3+s+1}{s^2+1} \end{vmatrix}}{\begin{vmatrix} s & s^2 \\ s^2 & -1 \end{vmatrix}} = -\frac{s+1}{s^2+1}$$

故 $y = \cos x$

$z = -\cos x - \sin x$。

習題 3-3

解下列各題。

1. $y' + 2y = e^{-2t}$, $y(0) = 1$
2. $y' + y = \sin x$, $y(0) = 0$
3. $y'' + 4y = 0$, $y(0) = 2$, $y'(0) = 2$
4. $\dfrac{dI}{dt} + 50I = 5$, $I(0) = 0$
5. $y'' + y = 2\cos t$, $y(0) = 1$, $y'(0) = 0$
6. $y'' - 4y = 8t^2 - 4$, $y(0) = 5$, $y'(0) = 10$
7. $y'' + y = x$, $y(0) = 1$, $y'(0) = -2$
8. $y'' + 2y' + 10y = e^{-t}\sin t$, $y(0) = 0$, $y'(0) = 1$
9. $y''' + y' = e^x$, $y(0) = y'(0) = y''(0) = 0$
10. $\dfrac{d^2Q}{dt^2} + 8\dfrac{dQ}{dt} + 25Q = 150$, $Q(0) = 0$, $Q'(0) = 0$
11. $\begin{cases} x'(t) = -x + y \\ y'(t) = -2x - 4y \end{cases}$, $x(0) = 1$, $y(0) = 0$
12. $y''' - 3y'' + 3y' - y = te^t$, $y(0) = 0$, $y'(0) = -1$, $y''(0) = -1$
13. $\begin{cases} y' + z = x \\ z' + 4y = 0 \end{cases}$, $y(0) = 1$, $z(0) = -1$
14. $\begin{cases} x' + y = 2\cos t \\ x + y' = 0 \end{cases}$, $x(0) = 0$, $y(0) = 1$
15. $\begin{cases} x'(t) = 2x - 2y + 3z \\ y'(t) = x + y + z \\ z'(t) = x + 3y - z \end{cases}$, $x(0) = 1$, $y(0) = z(0) = 0$

16. $\begin{cases} 3x'-y'-x-3y=e^{-t} \\ x'+3y'-3x+y=0 \end{cases}$, $x(0)=y(0)=0$

17. $\begin{cases} w''-y+2z=3e^{-x} \\ 2w'-2y'-z=0 \\ 2w'-2y+z'+2z''=0 \end{cases}$, $w(0)=1$, $w'(0)=1$, $y(0)=2$, $z(0)=2$, $z'(0)=-2$

18. $\begin{cases} x''=x+3y \\ y''=4x-4e^t \end{cases}$, $x(0)=2$, $x'(0)=3$, $y(0)=1$, $y'(0)=2$

19. $\begin{cases} x'(t)=2x-3y \\ y'(t)=-2x+y \end{cases}$, $x(0)=8$, $y(0)=3$

3-4　t-軸上的平移

在第一平移定理中，我們知道，若將轉換式 $F(s)$ 中的 s 以 $s-a$ 取代，則恰好等於對函數 $e^{at}f(t)$ 取拉氏轉換，即，

$$\text{若 } F(s)=\mathcal{L}\{f(t)\}，\text{則 } F(s-a)=\mathcal{L}\{e^{at}f(t)\}$$

在本節中，我們要討論當函數 $f(t)$ 的 t 以 $t-a$ 取代時，其轉換式會如何改變，這種在 t-軸上平移的特性，將以第二平移定理來說明。

下面先介紹一個非常有用的函數，稱為**單位階梯函數** (unit step function) [或稱為**黑維塞德函數** (Heaviside function)]，定義為

$$u(t)=\begin{cases} 0, & t<0 \\ 1, & t\geq 0 \end{cases}$$

其圖形如圖 3-2 所示。$u(t)$ 可視為開關函數，當 $t\geq 0$ 時，$u(t)=1$，顯示「開」機，而當 $t<0$ 時，$u(t)=0$，顯示「關」機。

註：單位階梯函數是由黑維塞德所提出，因此亦可記為 $H(t)$。

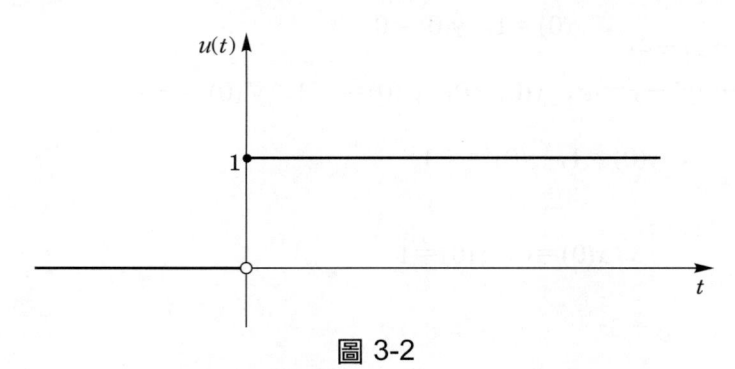

圖 3-2

若 $a \geq 0$，則由 $u(t)$ 的圖形向右移 a 單位可得 $u(t-a)$ 的圖形，如圖 3-3 所示，因而

$$u(t-a) = \begin{cases} 0, & t < a \\ 1, & t \geq a \end{cases}, \quad a \geq 0$$

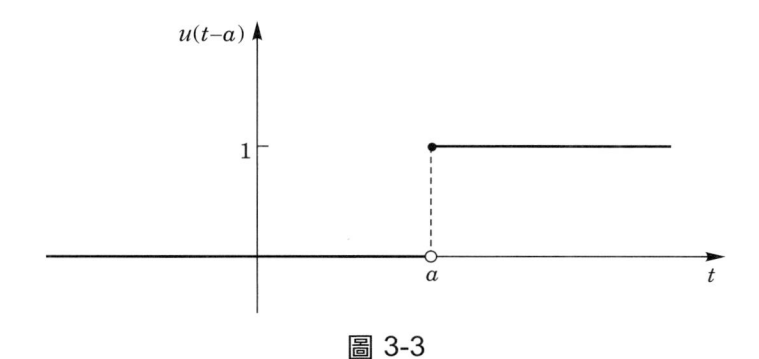

圖 3-3

我們可將 $u(t-a)$ 看成大小是 1 的平坦信號，當 $t < a$ 時，信號消失，而當 $t \geq a$ 時，信號恢復。

利用 $u(t-a)$ 可得

$$1 - u(t-a) = \begin{cases} 1, & t < a \\ 0, & t \geq a \end{cases}$$

其圖形如圖 3-4 所示。

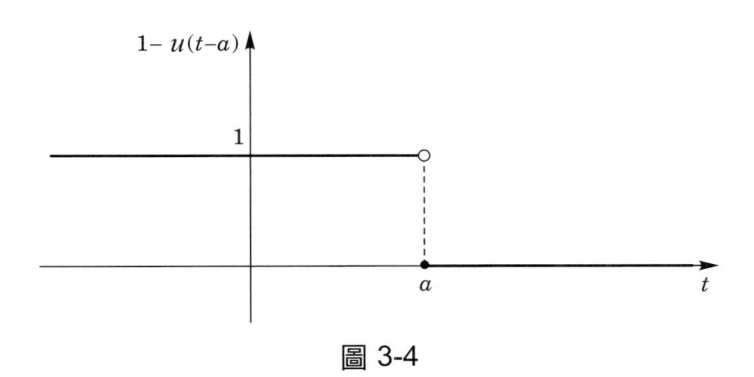

圖 3-4

若 $0 \leq a < b$，則

$$u(t-a) - u(t-b) = \begin{cases} 1, & a \leq t < b \\ 0, & 其他 \end{cases}$$

其圖形如圖 3-5 所示。

$$u(t-a)-u(t-b)$$

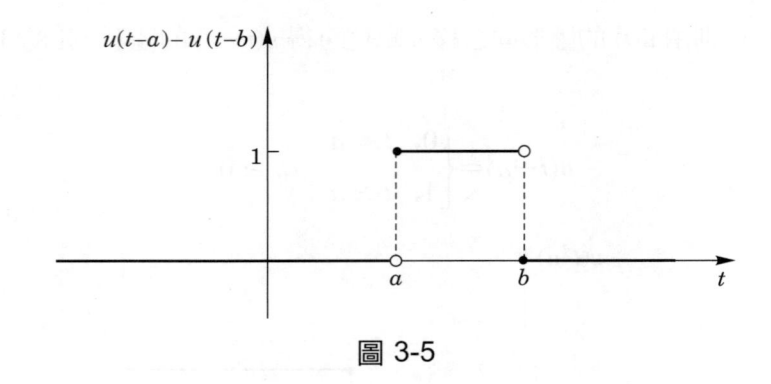

圖 3-5

例題 1

利用單位階梯函數表出函數

$$f(t)=\begin{cases}5, & t<1\\ 3, & t\geq 1\end{cases}。$$

解

$$f(t)=\begin{cases}5, & t<1\\ 3, & t\geq 1\end{cases}=5+\begin{cases}0, & t<1\\ -2, & t\geq 1\end{cases}$$

$$=5-2\begin{cases}0, & t<1\\ 1, & t\geq 1\end{cases}$$

$$=5-2u(t-1)。$$

例題 2

利用單位階梯函數表出函數

$$f(t)=\begin{cases}t, & 0\leq t<2\\ 2, & t\geq 2\end{cases}。$$

解

$$f(t)=\begin{cases}t, & 0\leq t<2\\ 2, & t\geq 2\end{cases}=t\begin{cases}1\\ 0\end{cases}+2\begin{cases}0, & 0\leq t<2\\ 1, & t\geq 2\end{cases}$$

$$=t[u(t)-u(t-2)]+2u(t-2)$$

$$=tu(t)+(2-t)u(t-2)。$$

設函數 f 的圖形如圖 3-6 所示。

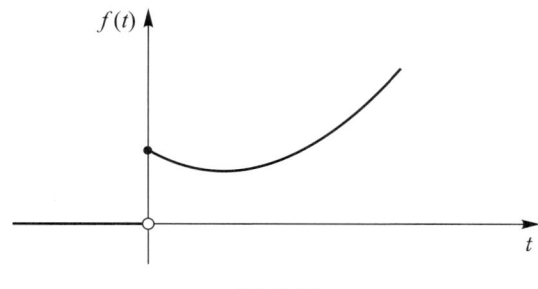

圖 3-6

則函數
$$g(t)=\begin{cases} 0 & ,\ t<a \\ f(t-a), & t\geq a \end{cases}$$

的圖形恰好是將 f 的圖形向右平移 a 單位，如圖 3-7 所示。

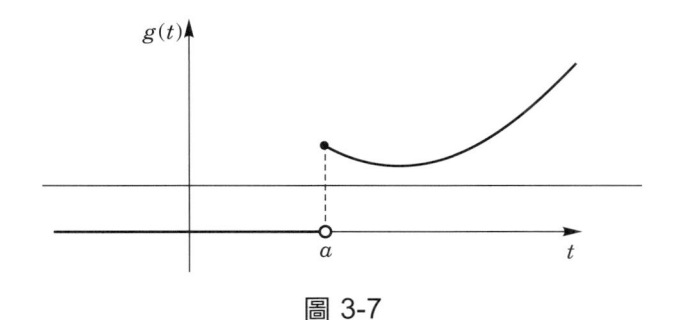

圖 3-7

函數 g 又可以用單位階梯函數寫成

$$g(t)=u(t-a)f(t-a)$$

即
$$u(t-a)f(t-a)=\begin{cases} 0 & ,\ t<a \\ f(t-a), & t\geq a \end{cases}。$$

定理 3-13 | 第二平移定理

設 $F(s)=\mathscr{L}\{f(t)\}$，若 $g(t)=\begin{cases} 0 & ,\ t<a \\ f(t-a), & t\geq a \end{cases}$，則

$$\mathscr{L}\{g(t)\}=\mathscr{L}\{u(t-a)f(t-a)\}=e^{-as}\,F(s)。$$

證 依定義，

$$\mathcal{L}\{g(t)\} = \int_0^\infty e^{-st} g(t)\, dt = \int_a^\infty e^{-st} f(t-a)\, dt$$

$$= e^{-as} \int_0^\infty e^{-su} f(u)\, du \quad (\text{令 } u = t-a)$$

$$= e^{-as} F(s)。$$

例題 3

求 $\mathcal{L}\{u(t-a)\}$ 與 $\mathcal{L}\{u(t-a) - u(t-b)\}$，其中 $a < b$。

解
$$\mathcal{L}\{u(t-a)\} = e^{-as} \mathcal{L}\{1\} = \frac{e^{-as}}{s}$$

$$\mathcal{L}\{u(t-a) - u(t-b)\} = \mathcal{L}\{u(t-a)\} - \mathcal{L}\{u(t-b)\}$$

$$= \frac{e^{-as}}{s} - \frac{e^{-bs}}{s}$$

$$= \frac{1}{s}(e^{-as} - e^{-bs})。$$

例題 4

設 $f(t) = \begin{cases} 0, & t < 1 \\ t-1, & t \geq 1 \end{cases}$，求 $\mathcal{L}\{f(t)\}$。

解
$$\mathcal{L}\{f(t)\} = e^{-s} \mathcal{L}\{t\} = \frac{e^{-s}}{s^2}。$$

例題 5

求 $\mathcal{L}\{(t-2)^3 u(t-2)\}$。

解 $\mathcal{L}\{(t-2)^3 u(t-2)\} = e^{-2s} \mathcal{L}\{t^3\} = e^{-2s} \dfrac{3!}{s^4} = \dfrac{6}{s^4} e^{-2s}$。

註：此一結果相當於計算積分 $\displaystyle\int_2^\infty e^{-st} (t-2)^3\, dt$。

例題 6

設 $f(t) = \begin{cases} 0, & 0 \leq t < \dfrac{\pi}{2} \\ \sin t, & t \geq \dfrac{\pi}{2} \end{cases}$,求 $\mathcal{L}\{f(t)\}$。

解 因 $\sin t = \cos\left(t - \dfrac{\pi}{2}\right)$,故 $f(t)$ 可改寫成

$$f(t) = \begin{cases} 0, & 0 < t < \dfrac{\pi}{2} \\ \cos\left(t - \dfrac{\pi}{2}\right), & t \geq \dfrac{\pi}{2} \end{cases}$$

所以, $\mathcal{L}\{f(t)\} = e^{-(\pi/2)s} \mathcal{L}\{\cos t\} = \dfrac{se^{-(\pi/2)s}}{s^2+1}$。

例題 7

求 $\mathcal{L}\{\sin t \, u(t-2\pi)\}$。

解
$$\mathcal{L}\{\sin t \, u(t-2\pi)\} = \mathcal{L}\{\sin(t-2\pi)\, u(t-2\pi)\}$$
$$= e^{-2\pi s} \mathcal{L}\{\sin t\} = \dfrac{e^{-2\pi s}}{s^2+1}。$$

例題 8

設 $f(t) = t^2 - 2t + 4$,求 $\mathcal{L}\{u(t-2)f(t)\}$。

解 利用泰勒級數,將 $f(t)$ 在 $t = 2$ 處展開,

$$f(t) = (t-2)^2 + 2(t-2) + 4$$

故 $\mathcal{L}\{u(t-2)f(t)\} = \mathcal{L}\{u(t-2)[(t-2)^2 + 2(t-2) + 4]\}$
$$= \mathcal{L}\{u(t-2)(t-2)^2\} + 2\mathcal{L}\{u(t-2)(t-2)\} + 4\mathcal{L}\{u(t-2)\}$$
$$= \dfrac{2e^{-2s}}{s^3} + 2\dfrac{e^{-2s}}{s^2} + 4\dfrac{e^{-2s}}{s}$$
$$= \dfrac{2e^{-2s}}{s}\left(\dfrac{1}{s^2} + \dfrac{1}{s} + 2\right)。$$

178　高等工程數學

由上面的例題可知，若 $f(t)$ 為多項式函數，則將 $f(t)$ 在 $t=a$ 處展開成泰勒級數，再利用第二平移定理，可以很容易求出其拉氏轉換。

例題 9

求下列函數的拉氏轉換。

解
$$f(t) = 2 - 3u(t-2) + u(t-3)$$
$$\mathcal{L}\{f(t)\} = \mathcal{L}\{2\} - 3\mathcal{L}\{u(t-2)\} + \mathcal{L}\{u(t-3)\}$$
$$= \frac{2}{s} - \frac{3e^{-2s}}{s} + \frac{e^{-3s}}{s} \text{。}$$

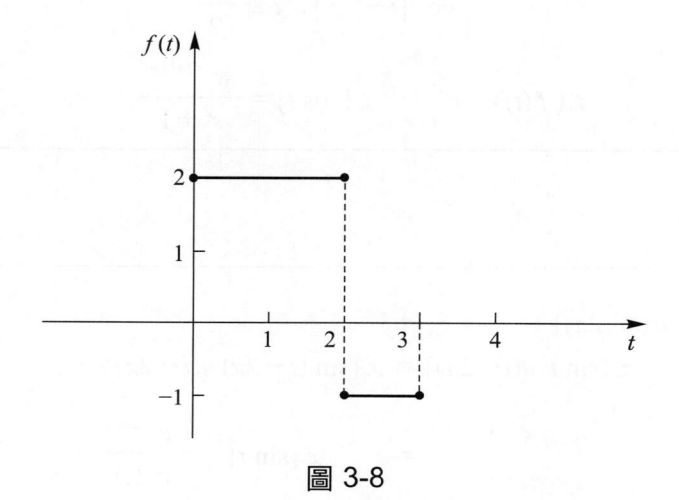

圖 3-8

例題 10

設 $f(t) = \begin{cases} \sin t, & 0 \leq t < \pi \\ 0, & t \geq \pi \end{cases}$，求 $\mathcal{L}\{f(t)\}$。

解 函數 $f(t)$ 可寫成
$$f(t) = [u(t) - u(t-\pi)]\sin t$$

故 $\mathcal{L}\{f(t)\} = \mathcal{L}\{[u(t) - u(t-\pi)]\sin t\}$
$= \mathcal{L}\{u(t)\sin t\} - \mathcal{L}\{u(t-\pi)\sin t\}$
$= \mathcal{L}\{u(t)\sin t\} + \mathcal{L}\{u(t-\pi)\sin(t-\pi)\}$
$= \dfrac{1}{s^2+1} + e^{-\pi s} \cdot \dfrac{1}{s^2+1}$
$= \dfrac{1+e^{-\pi s}}{s^2+1}$。

例題 11

求函數 $f(t) = \begin{cases} 1, & 0 \leq t < 1 \\ t, & 1 \leq t < 2 \\ 2, & t \geq 2 \end{cases}$ 的拉氏轉換。

解 利用單位階梯函數，$f(t)$ 可寫成

$$f(t) = u(t) + u(t-1)(t-1) + u(t-2)(2-t)$$

故 $\mathcal{L}\{f(t)\} = \mathcal{L}\{u(t)\} + \mathcal{L}\{u(t-1)(t-1)\} - \mathcal{L}\{u(t-2)(t-2)\}$

$= \dfrac{1}{s} + \dfrac{e^{-s}}{s^2} - \dfrac{e^{-2s}}{s^2}$。

例題 12

求 $\mathcal{L}^{-1}\left\{\dfrac{(1-e^{-s})^2}{s^2}\right\}$。

解 $\mathcal{L}^{-1}\left\{\dfrac{(1-e^{-s})^2}{s^2}\right\} = \mathcal{L}^{-1}\left\{\dfrac{1-2e^{-s}+e^{-2s}}{s^2}\right\}$

$= \mathcal{L}^{-1}\left\{\dfrac{1}{s^2}\right\} - 2\mathcal{L}^{-1}\left\{\dfrac{e^{-s}}{s^2}\right\} + \mathcal{L}^{-1}\left\{\dfrac{e^{-2s}}{s^2}\right\}$

依第二平移定理，

$$\mathscr{L}^{-1}\left\{\frac{e^{-s}}{s^2}\right\}=u(t-1)(t-1)$$

$$\mathscr{L}^{-1}\left\{\frac{e^{-2s}}{s^2}\right\}=u(t-2)(t-2)$$

故 $\mathscr{L}^{-1}\left\{\dfrac{(1-e^{-s})^2}{s^2}\right\}=t-2\,u(t-1)(t-1)+u(t-2)(t-2)$。

例題 13

解 $y'+3y+2\displaystyle\int_0^t y\,dt=5\,u(t)$，$y(0)=1$。

解

$$\mathscr{L}\left\{y'+3y+2\int_0^t y\,dt\right\}=\mathscr{L}\{5\,u(t)\}$$

$$\mathscr{L}\{y'\}+3\mathscr{L}\{y\}+2\mathscr{L}\left\{\int_0^t y\,dt\right\}=5\mathscr{L}\{u(t)\}$$

可得

$$[s\,Y(s)-1]+3Y(s)+\frac{2}{s}Y(s)=\frac{5}{s}$$

$$s^2 Y(s)-s+3s\,Y(s)+2Y(s)=5$$

$$(s^2+3s+2)Y(s)=s+5$$

$$Y(s)=\frac{s+5}{s^2+3s+2}=\frac{4}{s+1}-\frac{3}{s+2}$$

故 $y(t)=\mathscr{L}^{-1}\{Y(s)\}=4e^{-t}-3e^{-2t}$。

習題 3-4

1. 求下列各函數的拉氏轉換。

   (1) $f(t)=\begin{cases} 0, & 0 \leq t \leq 1 \\ (t-1)^2, & t > 1 \end{cases}$

   (2) $f(t)=\begin{cases} 1, & 0 \leq t \leq 2 \\ 0, & t > 2 \end{cases}$

   (3) $f(t)=\begin{cases} \sin t, & 0 \leq t \leq \pi \\ t, & t > \pi \end{cases}$

   (4) $f(t)=\begin{cases} \cos t, & 0 \leq t \leq \pi \\ 0, & t > \pi \end{cases}$

   (5) $u(t-1)(2t^3+3t-2)$

   (6) $u(t-2)t^2$

2. 求下列各式的反拉氏轉換。

   (1) $\dfrac{(1-e^{-2s})^2}{s^3}$

   (2) $\dfrac{e^{-4s}}{s^3}$

   (3) $\dfrac{se^{-2s}}{s^2+16}$

   (4) $\dfrac{e^{-\pi s/3}}{s^2+1}$

   (5) $\dfrac{e^{-3s}}{s^2+6s+10}$

3. 解 $y''+y=\begin{cases} 0, & x < 1 \\ 2, & x \geq 1 \end{cases}$，$y(0)=y'(0)=0$。

4. 解 $y''+16y=-16+16u(t-3)$，$y(0)=y'(0)=0$。

3-5 週期函數的拉氏轉換

若對所有 $t \geq 0$，存在一正數 p 使得 $f(t+p)=f(t)$，則 f 稱為**週期函數** (periodic function)，而 p 稱為 f 的**週期** (period)。在計算週期函數的拉氏轉換時，下面的定理提供了一個簡捷的公式。

定理 3-14　週期函數的拉氏轉換

設 $\mathcal{L}\{f(t)\}=F(s)$，若函數 f 具有週期 p，則

$$F(s)=\dfrac{1}{1-e^{-sp}}\int_0^p e^{-st}f(t)\,dt。$$

證 依拉氏轉換的定義，

$$F(s) = \int_0^\infty e^{-st} f(t)\, dt$$

$$= \int_0^p e^{-st} f(t)\, dt + \int_p^{2p} e^{-st} f(t)\, dt + \cdots + \int_{np}^{(n+1)p} e^{-st} f(t)\, dt + \cdots$$

$$= \sum_{n=0}^\infty \int_{np}^{(n+1)p} e^{-st} f(t)\, dt$$

令 $u = t - np$，則

$$\int_{np}^{(n+1)p} e^{-st} f(t)\, dt = \int_0^p e^{-s(u+np)} f(u+np)\, du$$

$$= e^{-nps} \int_0^p e^{-su} f(u)\, du$$

故

$$F(s) = \sum_{n=0}^\infty e^{-nps} \int_0^p e^{-su} f(u)\, du = \frac{1}{1-e^{-sp}} \int_0^p e^{-su} f(u)\, du$$

$$= \frac{1}{1-e^{-sp}} \int_0^p e^{-st} f(t)\, dt \, \text{。}$$

例題 1

(方形波) 設函數 $f(t)$ 的圖形如圖 3-9 所示，求 $\mathcal{L}\{f(t)\}$。

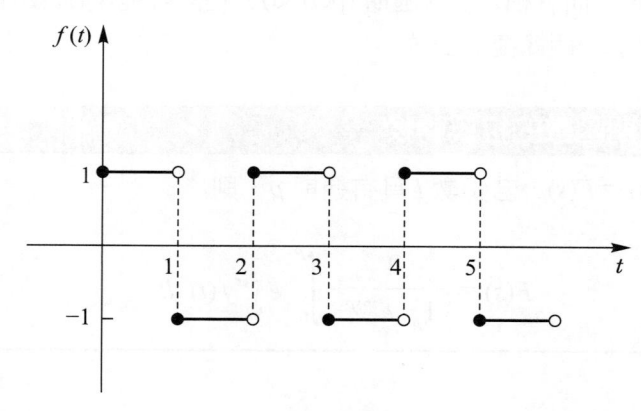

圖 3-9

解 函數 $f(t)$ 的週期 $p = 2$，依定理 3-14，

$$\int_0^2 e^{-st} f(t)\, dt = \int_0^1 e^{-st} \cdot 1\, dt + \int_1^2 e^{-st} \cdot (-1)\, dt$$

$$= \left[\frac{-1}{s} e^{-st}\right]_0^1 + \left[\frac{1}{s} e^{-st}\right]_0^2 = \frac{(1-e^{-s})^2}{s}$$

故 $\quad \mathcal{L}\{f(t)\} = \frac{1}{1-e^{-2s}} \int_0^2 e^{-st} f(t)\, dt$

$$= \frac{1}{1-e^{-2s}} \left[\frac{(1-e^{-s})^2}{s}\right] = \frac{1}{s}\left(\frac{1-e^{-s}}{1+e^{-s}}\right) \text{。}$$

例題 2

(鋸齒波) 週期函數 $f(t)$ 的圖形如圖 3-10 所示，求其拉氏轉換。

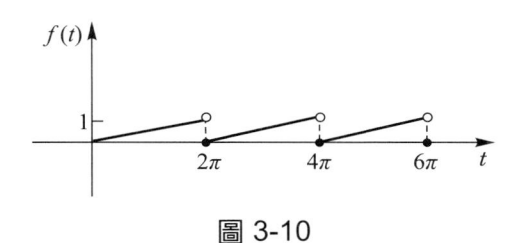

圖 3-10

解 因 $f(t)$ 的週期為 2π，可得

$$\int_0^{2\pi} e^{-st}\left(\frac{t}{2\pi}\right) dt = \frac{1}{2\pi} \int_0^{2\pi} e^{-st} t\, dt$$

$$= \frac{1}{2\pi}\left\{\left[-\frac{t}{s} e^{-st}\right]_0^{2\pi} + \frac{1}{s} \int_0^{2\pi} e^{-st}\, dt\right\}$$

$$= \frac{1}{2\pi}\left\{-\frac{2\pi}{s} e^{-2\pi s} - \frac{1}{s^2}\left[e^{-st}\right]\right\}$$

$$= \frac{1}{2\pi}\left(-\frac{2\pi}{s} e^{-2\pi s} - \frac{1}{s^2} e^{-2\pi s} + \frac{1}{s^2}\right)$$

$$= -\frac{e^{-2\pi s}}{s} - \frac{1}{2\pi s^2}(e^{-2\pi s} - 1),\ s > 0$$

故 $\mathcal{L}\{f(t)\} = \dfrac{1}{1-e^{-2\pi s}} \displaystyle\int_0^{2\pi} e^{-st} f(t)\, dt$

$= \dfrac{1}{1-e^{-2\pi s}} \left[-\dfrac{e^{-2\pi s}}{s} - \dfrac{1}{2\pi s^2}(e^{-2\pi s}-1) \right]$

$= \dfrac{1}{2\pi s^2} - \dfrac{e^{-2\pi s}}{s(1-e^{-2\pi s})},\ s > 0$。

例題 3

（半波整流）設 $f(t) = \dfrac{1}{2}(\sin t + |\sin t|)$，$t \geq 0$，圖形如圖 3-11 所示，求 $\mathcal{L}\{f(t)\}$。

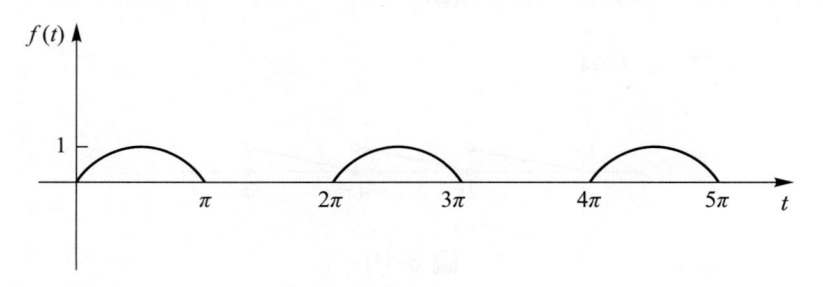

圖 3-11

解 函數 $f(t)$ 的週期為 2π，

$\displaystyle\int_0^{2\pi} e^{-st} f(t)\, dt = \int_0^{\pi} e^{-\pi t} \sin t\, dt = \dfrac{1+e^{-\pi s}}{s^2+1}$ （由 3-4 節例題 10）

故 $\mathcal{L}\{f(t)\} = \dfrac{1}{1-e^{-2\pi s}} \left(\dfrac{1+e^{-\pi s}}{s^2+1} \right) = \dfrac{1}{(s^2+1)(1-e^{-\pi s})}$。

例題 4

（全波整流）設 $f(t) = |\sin \omega t|$，$t \geq 0$，圖形如圖 3-12 所示，求 $\mathcal{L}\{f(t)\}$。

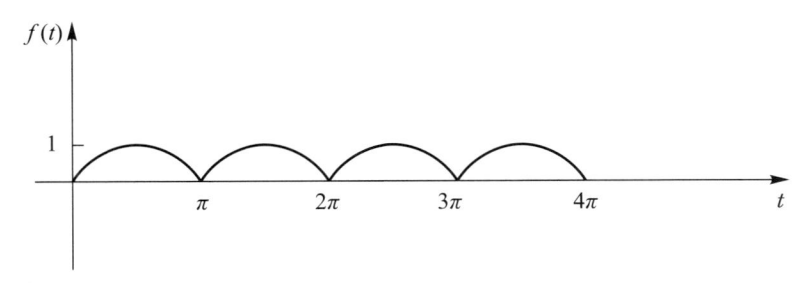

圖 3-12

解 函數 $f(t)$ 的週期為 π，

$$\int_0^\pi e^{-st} f(t)\, dt = \int_0^\pi e^{-st} \sin t\, dt = \frac{1+e^{-\pi s}}{s^2+1}$$

故 $\mathcal{L}\{f(t)\} = \frac{1}{1-e^{-\pi s}}\left(\frac{1+e^{-\pi s}}{s^2+1}\right) = \frac{1}{s^2+1}\coth\frac{\pi s}{2}$。

習題 3-5

求 1.～6. 題各週期函數的拉氏轉換。

1.

2.

3.

4.

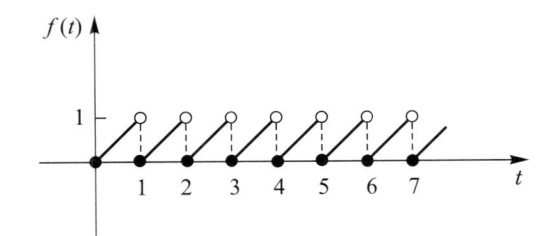

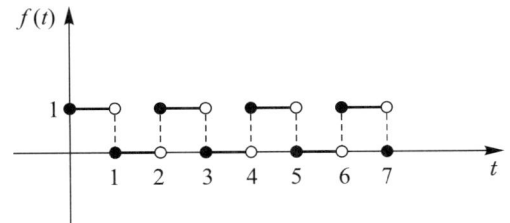

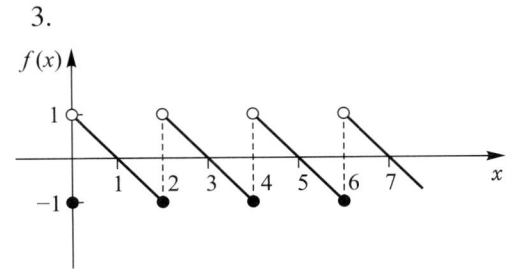

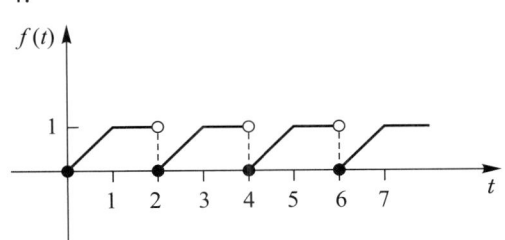

5. $f(t) = |\sin \omega t|$，$t \geq 0$

6.

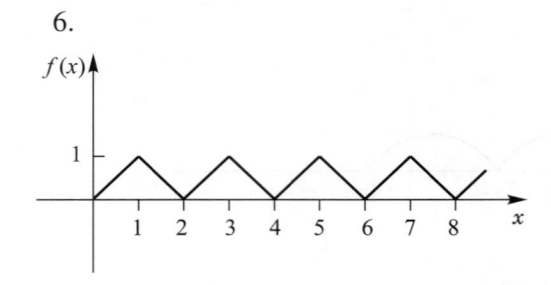

[圖：週期為2的三角波，峰值為1，位於x=1,3,5,7]

7. 已知初值問題

$$y'' + 4\pi^2 y = f(x), \quad y(0) = 0, \quad y'(0) = -2$$

其中 $f(x)$ 的週期為 1，

$$f(x) = \begin{cases} 2, & 0 \leq x < \dfrac{1}{2} \\ -2, & \dfrac{1}{2} \leq x < 1 \end{cases}$$

求其解的拉氏轉換。

8. 已知 $f(t) = \begin{cases} \sin \omega t, & 0 \leq t < \dfrac{\pi}{\omega} \\ 0, & \dfrac{\pi}{\omega} \leq t < \dfrac{2\pi}{\omega} \end{cases}$，求 $\mathscr{L}\{f(t)\}$。

3-6 褶積定理

若函數 f 的拉氏轉換 $F(s)$ 與函數 g 的拉氏轉換 $G(s)$ 為已知，很自然的，我們有興趣知道轉換式 $F(s)G(s)$ 是由何種函數轉換而來？亦即，我們希望知道 $F(s)G(s)$ 的反拉氏轉換為何？這個結果，將在定理中予以說明，下面先介紹**褶積** (convolution) 的概念。

定義 3-4

設兩函數 f 與 g 皆定義在 $[0, \infty)$，則 f 與 g 的褶積，記為 $f * g$，定義如下：

$$f(t) * g(t) = \int_0^t f(\tau) g(t-\tau) \, d\tau, \quad t \geq 0 \, 。$$

將定義 3-4 中的積分作變數變換，令 $u = t - \tau$，則

$$f(t) * g(t) = \int_0^t f(\tau)\, g(t-\tau)\, d\tau = \int_t^0 f(t-u)\, g(u)(-du)$$

$$= \int_0^t g(u)\, f(t-u)\, du$$

$$= g(t) * f(t) \text{。}$$

由此可得，褶積運算具有交換性，亦即，$f * g = g * f$ 在計算時究竟是採用 $f * g$ 或 $g * f$，可視兩者中何者比較容易積分而定。此外，有關函數的褶積還有以下的性質，讀者可試加證明。

1. $(cf) * g = c\,(f * g) = f * (cg)$，$c$ 為常數。
2. $f * (g + h) = f * g + f * h$。
3. $(f * g) * h = f * (g * h)$。

例題 1

計算 $t * t^2$。

解
$$t * t^2 = \int_0^t \tau(t-\tau)^2\, d\tau = \int_0^t (t^2\tau - 2t\tau^2 + \tau^3)\, d\tau$$

$$= \left[\frac{t^2\tau^2}{2} - \frac{2t\tau^3}{3} + \frac{\tau^4}{4} \right]_0^t = \frac{t^4}{2} - \frac{2t^4}{3} + \frac{t^4}{4}$$

$$= \frac{t^4}{12} \text{。}$$

例題 2

計算 $t * \cos t$。

解
$$t * \cos t = \cos t * t = \int_0^t \cos(t-\tau)\, d\tau$$

$$= t \int_0^t \cos \tau\, d\tau - \int_0^t \tau \cos \tau\, d\tau$$

$$= t\sin t - (t\sin t + \cos t - 1)$$
$$= 1 - \cos t \text{。}$$

例題 3

計算 $\cos \omega t * \cos \omega t$。

解
$$\cos \omega t * \cos \omega t = \int_0^t \cos \omega(t-\tau) \cos \omega\tau \, d\tau$$
$$= \int_0^t \frac{1}{2}[\cos(\omega t - \omega\tau + \omega\tau) + \cos(\omega t - \omega\tau - \omega\tau)] \, d\tau$$
$$= \frac{1}{2}\int_0^t [\cos \omega t + \cos \omega(t-2\tau)] \, d\tau$$
$$= \frac{1}{2}\int_0^t [\cos \omega t + \cos \omega(2\tau-t)] \, d\tau$$
$$= \frac{1}{2}\left[\tau \cos \omega t + \frac{1}{2\omega}\sin \omega(2\tau-t)\right]_0^t$$
$$= \frac{1}{2}\left[\left(t\cos \omega t + \frac{1}{2\omega}\sin \omega t\right) + \frac{1}{2\omega}\sin \omega t\right]$$
$$= \frac{1}{2}\left(t\cos \omega t + \frac{1}{\omega}\sin \omega t\right)\text{。}$$

定理 3-15 | 褶積定理

若 $\mathcal{L}\{f(t)\} = F(s)$, $\mathcal{L}\{g(t)\} = G(s)$，則
$$\mathcal{L}\{f(t) * g(t)\} = F(s)\,G(s)\text{。}$$

證
$$\mathcal{L}\{f(t) * g(t)\} = \int_0^\infty e^{-st}\left[\int_0^t f(\tau)\,g(t-\tau)\,d\tau\right] dt$$
$$= \int_0^\infty \int_0^t e^{-st} f(\tau)\,g(t-\tau)\,d\tau\,dt$$

上式的積分區域如圖 3-13 所示。

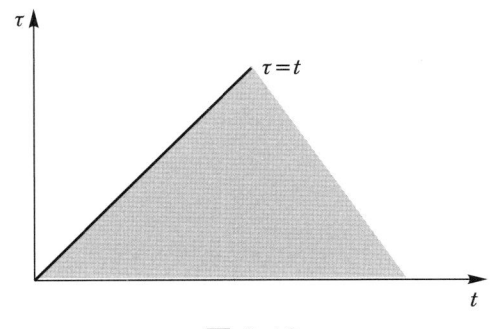

圖 3-13

將積分順序調換，再令 $u = t - \tau$，則 $dt = du$，故

$$\mathcal{L}\{f(t) * g(t)\} = \int_0^\infty \int_\tau^\infty e^{-st} f(\tau) g(t-\tau) \, dt \, d\tau$$

$$= \int_0^\infty f(\tau) \left[\int_\tau^\infty e^{-st} g(t-\tau) \, dt \right] d\tau$$

$$= \int_0^\infty f(\tau) \int_0^\infty e^{-s(u+\tau)} g(u) \, du \, d\tau$$

$$= \left(\int_0^\infty e^{-st} f(\tau) \, d\tau \right) \left(\int_0^\infty e^{-su} g(u) \, du \right)$$

$$= F(s) \, G(s) \, \text{。}$$

例題 4

計算 $\mathcal{L}\left\{ \int_0^t e^\tau \sin(t-\tau) \, d\tau \right\}$。

解 令 $f(t) = e^t$, $g(t) = \sin t$，則由定理 3-15 可得

$$\mathcal{L}\left\{ \int_0^t e^\tau \sin(t-\tau) \, d\tau \right\} = \mathcal{L}\{e^t\} \cdot \mathcal{L}\{\sin t\} = \frac{1}{s-1} \cdot \frac{1}{s^2+1}$$

$$= \frac{1}{(s-1)(s^2+1)} \, \text{。}$$

褶積定理在求一些轉換式的反拉氏轉換時非常有用，我們用下面的例題來說明。

例題 5

求 $\mathcal{L}^{-1}\left\{\dfrac{1}{s(s^2+1)}\right\}$。

解 令 $F(s)=\dfrac{1}{s}$，$G(s)=\dfrac{1}{s^2+1}$，則 $\mathcal{L}^{-1}\left\{\dfrac{1}{s(s^2+1)}\right\}=\mathcal{L}^{-1}\{F(s)\,G(s)\}$。

因 $f(t)=1$，$g(t)=\sin t$，可得

$$\mathcal{L}^{-1}\{F(s)\,G(s)\}=f(t)*g(t)=\int_0^t \sin(t-\tau)\,d\tau=\Big[\cos(t-\tau)\Big]_0^t=1-\cos t$$

故 $\mathcal{L}^{-1}\left\{\dfrac{1}{s(s^2+1)}\right\}=1-\cos t$。

例題 6

求 $\mathcal{L}^{-1}\left\{\dfrac{1}{(s^2+4)^2}\right\}$。

解 $\mathcal{L}^{-1}\left\{\dfrac{1}{(s^2+4)^2}\right\}=\mathcal{L}^{-1}\left\{\dfrac{1}{s^2+4}\cdot\dfrac{1}{s^2+4}\right\}=\dfrac{1}{4}\mathcal{L}^{-1}\left\{\dfrac{2}{s^2+4}\cdot\dfrac{2}{s^2+4}\right\}$

$=\dfrac{1}{4}(\sin 2t * \sin 2t)=\dfrac{1}{4}\int_0^t \sin 2\tau \sin 2(t-\tau)\,d\tau$

$=\dfrac{1}{16}(\sin 2t-2t\cos 2t)$。

一些特殊形式的積分方程式也可以應用褶積定理來求解。

例題 7

解 $y(t) = 1 + \int_0^t \sin(t-\tau)\, y(\tau)\, d\tau$。

解 $\mathcal{L}\{y(t)\} = \mathcal{L}\{1\} + \mathcal{L}\left\{\int_0^t \sin(t-\tau)\, y(\tau)\, d\tau\right\} = \dfrac{1}{s} + \mathcal{L}\{\sin t * y(t)\}$

令 $\mathcal{L}\{y(t)\} = Y(s)$，則

$$Y(s) = \dfrac{1}{s} + \dfrac{Y(s)}{s^2+1}$$

$$Y(s)\left(1 - \dfrac{1}{s^2+1}\right) = \dfrac{1}{s}$$

可得
$$Y(s) = \dfrac{s^2+1}{s^3} = \dfrac{1}{s} + \dfrac{1}{s^3}$$

故
$$y(t) = \mathcal{L}^{-1}\left\{\dfrac{1}{s} + \dfrac{1}{s^3}\right\} = 1 + \dfrac{t^2}{2}。$$

例題 8

解 $y(t) = e^{-t} + 2\int_0^t e^{-3x}\, y(t-x)\, dx$。

解 $\mathcal{L}\{y(t)\} = \mathcal{L}\{e^{-t}\} + 2\,\mathcal{L}\{e^{-3t} * y(t)\}$

令 $\mathcal{L}\{y(t)\} = Y(s)$，則

$$Y(s) = \dfrac{1}{s+1} + \dfrac{2}{s+3}Y(s)$$

$$Y(s) = \dfrac{s+3}{(s+1)^2} = \dfrac{1}{s+1} + \dfrac{2}{(s+1)^2}$$

故
$$y(t) = \mathcal{L}^{-1}\left\{\dfrac{1}{s+1}\right\} + \mathcal{L}^{-1}\left\{\dfrac{2}{(s+1)^2}\right\}$$

$$= e^{-t} + 2te^{-t} = e^{-t}(1+2t)。$$

習題 3-6

1. 求 $\sin t * \cos t$。
2. 求 $e^{2t} * e^{3t}$。
3. 導出 $\underbrace{1 * 1 * 1 * \cdots * 1}_{n}$ 的公式。
4. 利用褶積定理求反拉氏轉換。

   (1) $\dfrac{1}{s(s^2+4)}$ (2) $\dfrac{1}{s^2(s^2+1)}$

   (3) $\dfrac{1}{s^2(s+1)^2}$ (4) $\dfrac{s}{(s^2+1)^2}$

   (5) $\dfrac{1}{(s^2+4s+13)^2}$ (6) $\dfrac{s}{(s^2+\omega^2)^2}$

解下列各積分方程式。

5. $y(t) = t - \int_0^t (t-\tau)\, y(\tau)\, d\tau$
6. $y(t) = 2 + \int_0^t y(\tau)\, d\tau$
7. $y(t) = \cos t + \int_0^t y(\tau) \sin(t-\tau)\, d\tau$
8. $y(t) = t^2 + \int_0^t y(\tau) \sin(t-\tau)\, d\tau$
9. $y'(t) = \int_0^t y(\tau) \cos(t-\tau)\, d\tau, \quad y(0) = 1$
10. $\int_0^t y(\tau)\, y(t-\tau)\, d\tau = 4t$
11. 試證：$\mathscr{L}^{-1}\left\{\dfrac{F(s)}{s^2}\right\} = \int_0^t \int_0^v f(u)\, du\, dv$。

3-7 應用

在工程上，常常會遇到一個系統受一不連續的外力或者衝擊力所作用，這種微分方程式若用前面所述的微分方程式解法來處理，則會相當麻煩，但用拉氏轉換來處理這類型問題有其獨到之處。

例題 1

設某振動系統是由一彈簧與一物體構成，如圖 3-14 所示。彈簧的彈簧係數為 k，物體的質量為 m，將物體拉到 b 點然後釋放，不計摩擦，但物體受一外力 f 的作用，$f(t) = \begin{cases} 0, & 0 \leq t < a \\ F_0, & t \geq a \end{cases}$，試問其運動為何？

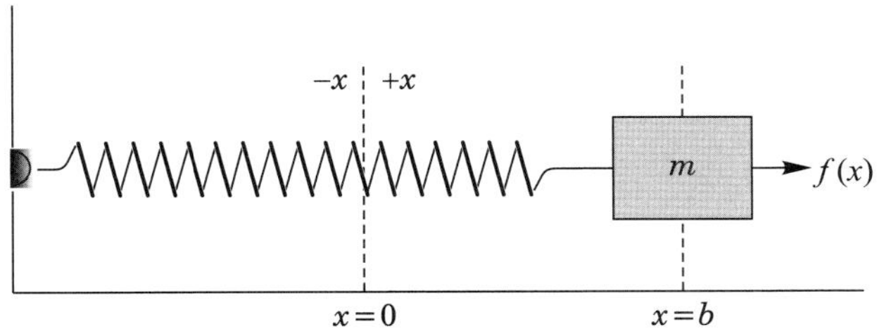

圖 3-14

解 依虎克定律，彈簧的回復力為 $-kx$，由牛頓第二運動定律，可得出系統的微分方程式為

$$m\frac{d^2x(t)}{dt^2} = -kx(t) + f(t)$$

初期條件為 $x(0) = b$，$x'(0) = 0$。

外力 $f(t)$ 可以用單位階梯函數表示成

$$f(t) = F_0\, u(t-a)$$

將微分方程式取拉氏轉換，再將初期條件代入可得

$$ms^2 X(s) - bs = -kX(s) + F_0 \frac{e^{-as}}{s}$$

$$X(s) = \frac{bs}{ms^2+k} + \frac{F_0\, e^{-as}}{s(ms^2+k)}$$

$$= \frac{bs}{ms^2+k} + \frac{F_0}{k} e^{-as}\left(\frac{1}{s} + \frac{ms}{ms^2+k}\right)$$

故　$x(t) = \mathcal{L}^{-1}\{X(s)\}$

$$= \frac{b}{m}\cos\sqrt{\frac{k}{m}}\, t + \frac{F_0}{k}\, u(t-a)\left[1 - \cos\sqrt{\frac{k}{m}}\,(t-a)\right]。$$

例題 2

如圖 3-15 所示的 RC 串聯電路，在時間 $t=0$ 時開關開著，若 $R=125$ 歐姆，$C=0.008$ 法拉，$V=5$ 伏特，求電流 $I(t)$ 為何(安培)？並繪出 $I(t)$ 的波形。

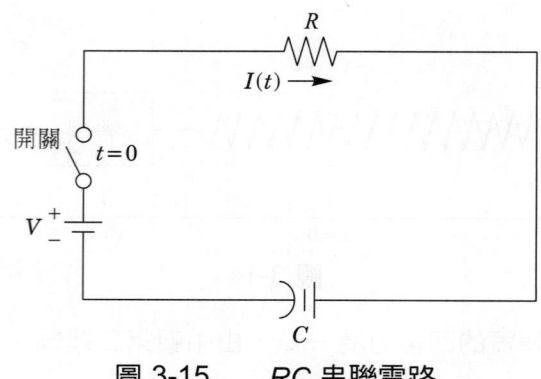

圖 3-15　RC 串聯電路

解 利用克希荷夫電壓定律

$$V = v_R + v_C = RI(t) + \frac{1}{C}\int I(t)\,dt$$

上式取拉氏轉換，並令 $\mathcal{L}\{I(t)\} = I(s)$，則

$$\mathcal{L}\{V\} = \mathcal{L}\{RI(t)\} + \mathcal{L}\left\{\frac{1}{C}\int I(t)\,dt\right\}$$

由於 R、C、V 與時間 t 無關，可視為常數，故

$$V\mathcal{L}\{1\} = R\,\mathcal{L}\{I(t)\} + \frac{1}{C}\mathcal{L}\left\{\int I(t)\,dt\right\}$$

$$\frac{V}{s} = RI(s) + \frac{1}{C}\cdot\frac{I(s)}{s}$$

$$I(s) = \frac{CV}{1 + RCs}$$

可得

$$I(t) = \mathcal{L}^{-1}\left\{\frac{CV}{1 + RCs}\right\} = \mathcal{L}^{-1}\left\{\frac{\dfrac{V}{R}}{s + \dfrac{1}{RC}}\right\}$$

$$= \frac{V}{R}\mathcal{L}^{-1}\left\{\frac{1}{s + \dfrac{1}{RC}}\right\} = \frac{V}{R}e^{-\frac{t}{RC}}$$

將電阻、電容與電動勢的數值代入，則求得電流

$$I(t)=\frac{1}{25}e^{-t}=0.04e^{-t} \text{ (安培)}$$

在 $t=0^+$ 時，電流最大為 0.04 安培，如圖 3-16 所示。

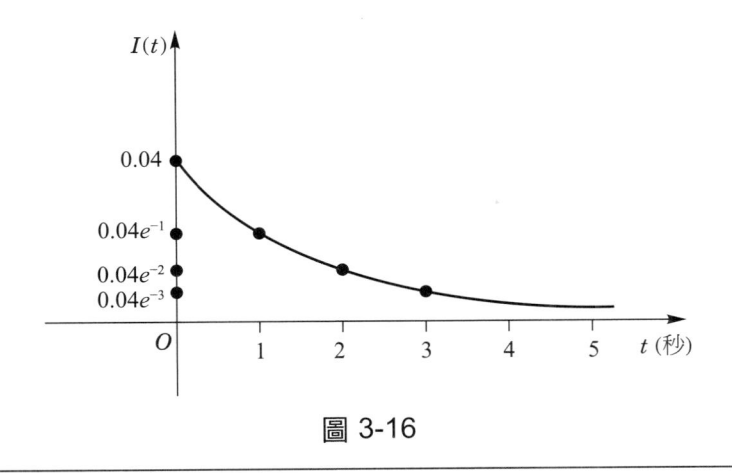

圖 3-16

例題 3

如圖 3-17 所示，在 RL 電路上加一電壓 $V(t)$，

$$V(t)=\frac{1}{2}(\sin \omega t+|\sin \omega t|), \quad t \geq 0$$

求電流 $I(t)$。

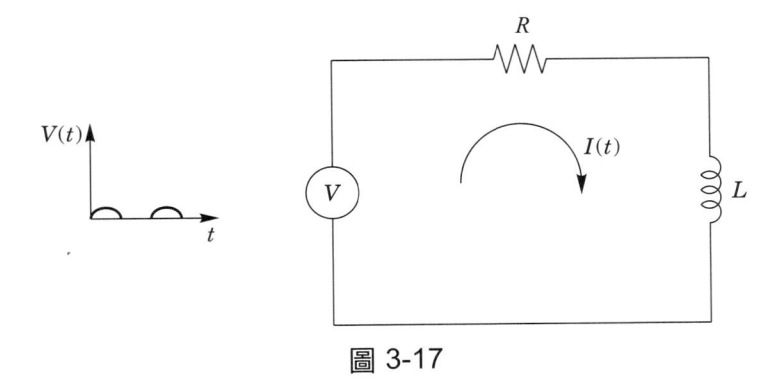

圖 3-17

解 在電路元件電感上的電壓為 $L\dfrac{dI}{dt}$，電阻上的電壓為 RI，依克希荷夫電壓定律，

$$L\frac{dI}{dt}+RI=\frac{1}{2}(\sin\omega t+|\sin\omega t|)$$

將電壓 $V(t)$ 用單位階梯函數來表示，可得

$$V(t)=\frac{1}{2}(\sin\omega t+|\sin\omega t|)$$

$$=u(t)\sin\omega t+u\left(t-\frac{\pi}{\omega}\right)\sin\omega\left(t-\frac{\pi}{\omega}\right)$$

$$+u\left(t-\frac{2\pi}{\omega}\right)\sin\omega\left(t-\frac{2\pi}{\omega}\right)+\cdots$$

將微分方程式取拉氏轉換，又未加電壓時，電流為零，即，$I(0)=0$，故

$$sL\mathcal{L}\{I(t)\}+R\mathcal{L}\{I(t)\}=\left(\frac{\omega}{s^2+\omega^2}\right)(1+e^{-\pi s/\omega}+e^{-2\pi s/\omega}+\cdots)$$

$$\mathcal{L}\{I(t)\}=\frac{1}{Ls+R}\left(\frac{\omega}{s^2+\omega^2}\right)(1+e^{-\pi s/\omega}+e^{-2\pi s/\omega}+\cdots)$$

$$=\frac{1}{R^2+L^2\omega^2}\left(\frac{L\omega}{s+R/L}-\frac{L\omega s}{s^2+\omega^2}+\frac{R\omega}{s^2+\omega^2}\right)(1+e^{-\pi s/\omega}+e^{-2\pi s/\omega}+\cdots)$$

$$=\frac{1}{R^2+L^2\omega^2}\sum_{n=0}^{\infty}e^{-n\pi s/\omega}\left(\frac{L\omega}{s+R/L}-\frac{L\omega s}{s^2+\omega^2}+\frac{R\omega}{s^2+\omega^2}\right)$$

可得

$$I(t)=\frac{1}{R^2+L^2\omega^2}\left[L\omega\sum_{k=0}^{\infty}u\left(t-\frac{k\pi}{\omega}\right)e^{-(R/L)\left(t-\frac{k\pi}{\omega}\right)}\right.$$

$$-L\omega\sum_{k=0}^{\infty}u\left(t-\frac{k\pi}{\omega}\right)\cos\omega\left(t-\frac{k\pi}{\omega}\right)$$

$$\left.+R\sum_{k=0}^{\infty}u\left(t-\frac{k\pi}{\omega}\right)\sin\omega\left(t-\frac{k\pi}{\omega}\right)\right]$$

當 $\dfrac{n\pi}{\omega}\leq t<\dfrac{(n+1)\pi}{\omega}$，電流 I 可表示成

$$I(t) = \frac{1}{R^2 + L^2\omega^2}\left[L\omega \sum_{k=0}^{\infty} e^{-(R/L)\left(t-\frac{k\pi}{\omega}\right)} - L\omega \sum_{k=0}^{\infty} \cos\omega\left(t-\frac{k\pi}{\omega}\right)\right.$$

$$\left. + R \sum_{k=0}^{\infty} \sin\omega\left(t-\frac{k\pi}{\omega}\right)\right]$$

$$= \frac{1}{R^2 + L^2\omega^2}\left[L\omega \cdot \frac{e^{-(R/L)t}(1-e^{R(n+1)\pi/L\omega})}{1-e^{R\pi/L\omega}}\right.$$

$$\left. - L\omega \sum_{k=0}^{\infty} (-1)^k \cos\omega t + R \sum_{k=0}^{\infty} (-1)^k \sin\omega t\right]$$

故 $I(t) = \begin{cases} \dfrac{1}{R^2+L^2\omega^2}\left[\dfrac{L\omega e^{-(R/L)t}(1-e^{R(n+1)\pi/L\omega})}{1-e^{R\pi/L\omega}}\right], & n \text{ 為正奇數} \\[2ex] \dfrac{1}{R^2+L^2\omega^2}\left[\dfrac{L\omega e^{-(R/L)t}(1-e^{R(n+1)\pi/L\omega})}{1-e^{R\pi/L\omega}}\right. \\[2ex] \left. -L\omega\cos\omega t + R\sin\omega t\right], & n \text{ 為非負偶數} \end{cases}$

$\dfrac{n\pi}{\omega} \leq t < \dfrac{(n+1)\pi}{\omega}$。

例題 4

已知一電路如圖 3-18 所示，若 $t=0$ 時，$I_1=0$, $I_2=0$。試問 I_1 及 I_2 各為何？

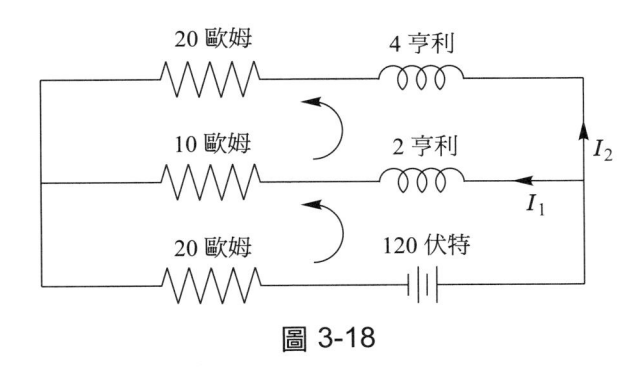

圖 3-18

解 依克希荷夫第二定律，

$$\begin{cases} 20(I_1+I_2)-120+2\dfrac{dI_1}{dt}+10I_1=0 \\ -10I_1-2\dfrac{dI_1}{dt}+4\dfrac{dI_2}{dt}+20I_2=0 \end{cases}$$

即,
$$\begin{cases} \dfrac{dI_1}{dt}+15I_1+10I_2=60 \\ \dfrac{dI_1}{dt}+5I_1-2\dfrac{dI_2}{dt}-10I_2=0 \end{cases}$$

$$\begin{cases} s\mathcal{L}\{I_1\}-I_1(0)+15\mathcal{L}\{I_1\}+10\mathcal{L}\{I_2\}=\dfrac{60}{s} \\ s\mathcal{L}\{I_1\}-I_1(0)+5\mathcal{L}\{I_1\}-2s\mathcal{L}\{I_2\}-I_2(0)-10\mathcal{L}\{I_2\}=0 \end{cases}$$

化成
$$\begin{cases} (s+15)\mathcal{L}\{I_1\}+10\mathcal{L}\{I_2\}=\dfrac{60}{s} \\ (s+5)\mathcal{L}\{I_1\}+(-2s-10)\mathcal{L}\{I_2\}=0 \end{cases}$$

解得
$$\mathcal{L}\{I_1\}=\dfrac{\begin{vmatrix} \dfrac{60}{s} & 10 \\ 0 & -2s-10 \end{vmatrix}}{\begin{vmatrix} s+15 & 10 \\ s+5 & -2s-10 \end{vmatrix}}=\dfrac{60}{s(s+20)}=3\left(\dfrac{1}{s}-\dfrac{1}{s+20}\right)$$

$$\mathcal{L}\{I_2\}=\dfrac{\begin{vmatrix} s+15 & \dfrac{60}{s} \\ s+5 & 0 \end{vmatrix}}{\begin{vmatrix} s+15 & 10 \\ s+5 & -2s-10 \end{vmatrix}}=\dfrac{30}{s(s+20)}=\dfrac{3}{2}\left(\dfrac{1}{s}-\dfrac{1}{s+20}\right)$$

故 $I_1=3(1-e^{-20t})$ 及 $I_2=\dfrac{3}{2}(1-e^{-20t})$。

在工程上,無可避免的,作用於某些系統的外力,是一個作用時間極短,或作用於一點,但是非常巨大的力。對這種型態的力,我們常稱為「衝擊」。

例如，鐵鎚在時間 $t=t_0$ 瞬間的敲擊，或負載集中作用於一點等。假設一力 f 作用於一物體，在時間 t_0 至 $t_0+\varepsilon$ 間，作用力的大小為 $\dfrac{1}{\varepsilon}$，在其他時間，其作用力均為零，如圖 3-19 所示。若令 $\varepsilon \to 0$ 則可視物體僅在時間 $t=t_0$ 時承受一非常巨大之力，而在其他時間，沒有任何力作用於此物體。

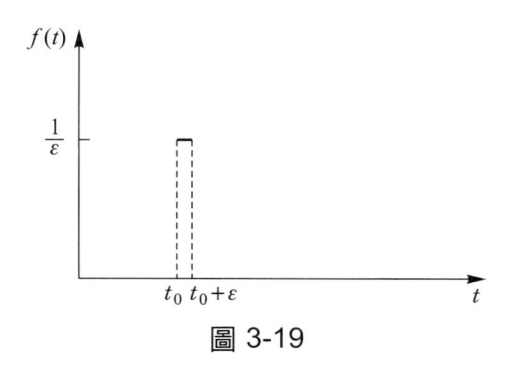

圖 3-19

現在，定義一個非常重要的函數

$$\delta(t-t_0)=\begin{cases} 0, & t \neq t_0 \\ \infty, & t=t_0 \end{cases}$$

$$\int_{-\infty}^{\infty} \delta(t-t_0)\, dt = 1$$

如此定義的函數為 **δ 函數**（δ-function）或 **單位脈衝函數** (unit impulse function)，可看成是函數 f 的極限狀況，亦即，

$$\delta(t-t_0)=\lim_{\varepsilon \to 0} f(t)$$

δ 函數通常用圖 3-20 的圖形來表示。

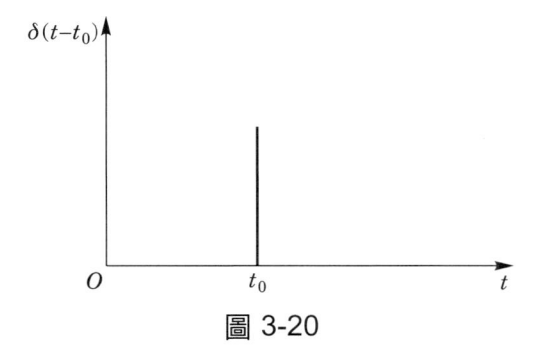

圖 3-20

在數學上來說，這種函數並不存在，但就其物理意義來說，卻可用來解釋許多衝擊現象。

δ 函數雖非指數位函數，但其拉氏轉換存在，

$$\mathcal{L}\{\delta(t-t_0)\} = \int_0^\infty e^{-st} \delta(t-t_0)\, dt = \int_{t_0}^{t_0+\varepsilon} e^{-st} \left(\lim_{\varepsilon \to 0} \frac{1}{\varepsilon}\right) dt$$

$$= \lim_{\varepsilon \to 0} \int_{t_0}^{t_0+\varepsilon} e^{-st} \frac{1}{\varepsilon}\, dt = \frac{1}{s} e^{-t_0 s} \lim_{\varepsilon \to 0} \left(\frac{1-e^{-s\varepsilon}}{\varepsilon}\right)$$

$$= \frac{1}{s} e^{-t_0 s} \lim_{\varepsilon \to 0}(s e^{-\varepsilon s}) = e^{-s t_0} \text{。}$$

習題 3-7

1. 在下圖電路中，$R=1$ 歐姆，$L=\dfrac{1}{2}$ 亨利，$C=1$ 法拉，$v_s=1$ 伏特，於 $t=0$ 時開關打開，求節點電壓 $v_1(t)$ 與 $v_2(t)$。

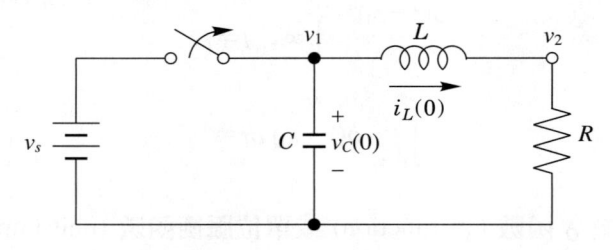

2. 解 $y'+y=3\delta(t-2)$，$y(0)=0$。
3. 解 $y''+y=\delta(t-1)$，$y(0)=y'(0)=0$。

3-8 拉氏轉換表

原函數 $f(t)$	轉換式 $F(s)$
1. $f(t)$	$\int_0^\infty e^{-st} f(t)\, dt$
2. $e^{at} f(t)$	$F(s-a)$
3. $f(at)$	$\dfrac{1}{a} F\left(\dfrac{s}{a}\right)$
4. $f'(t)$	$sF(s) - f(0)$
5. $f''(t)$	$s^2 F(s) - s f(0) - f'(0)$
6. $f^{(n)}(t)$	$s^n F(s) - s^{n-1} f(0) - s^{n-2} f'(0) - \cdots - s f^{(n-2)}(0) - f^{(n-1)}(0)$
7. $\int_0^t f(\tau)\, d\tau$	$\dfrac{1}{s} F(s)$
8. $t^n f(t)$	$(-1)^n \dfrac{d^n}{ds^n} F(s)$
9. $\dfrac{f(t)}{t}$	$\int_s^\infty f(u)\, du$
10. $u(t-a) f(t-a)$	$e^{-as} F(s)$
11. $f(t+P) = f(t)$	$\dfrac{1}{1-e^{-sp}} \int_0^p e^{-st} f(t)\, dt$
12. $f(t) * g(t) = \int_0^t f(\tau)\, g(t-\tau)\, d\tau$	$F(s)\, G(s)$
13. 1	$\dfrac{1}{s}$
14. t^n, n 為正整數	$\dfrac{n!}{s^{n+1}}$
15. t^α, $\alpha > -1$	$\dfrac{\Gamma(\alpha+1)}{s^{\alpha+1}}$
16. e^{at}	$\dfrac{1}{s-a}$
17. $\sin at$	$\dfrac{a}{s^2+a^2}$

原函數 $f(t)$	轉換式 $F(s)$
18. $\cos at$	$\dfrac{s}{s^2+a^2}$
19. $e^{at}\sin bt$	$\dfrac{b}{(s-a)^2+b^2}$
20. $e^{at}\cos bt$	$\dfrac{s-a}{(s-a)^2+b^2}$
21. $t^n e^{at}$	$\dfrac{n!}{(s-a)^{n+1}}$
22. $\sinh at$	$\dfrac{a}{s^2-a^2}$
23. $\cosh at$	$\dfrac{s}{s^2-a^2}$
24. $e^{at}\sinh bt$	$\dfrac{b}{(s-a)^2-b^2}$
25. $e^{at}\cosh bt$	$\dfrac{s-a}{(s-a)^2-b^2}$
26. $\dfrac{1}{2a}t\sin at$	$\dfrac{s}{(s^2+a^2)^2}$
27. $t\cos at$	$\dfrac{s^2-a^2}{(s^2+a^2)^2}$
28. $u(t-a)$	$\dfrac{e^{-as}}{s}$
29. $\delta(t-a)$	e^{-as}
30. $\delta(t)$	1

CHAPTER 04 微分方程式的級數解

在本章中,我們將探討利用冪級數表示某類線性微分方程式的解。對所給線性微分方程式及一點 x_0,我們打算求出該微分方程式之解在 x_0 的冪級數展開式中的係數。並非每一個線性微分方程式的每一個解在任一點皆有一冪級數展開式,例如,線性微分方程式 $x^2y''+7xy'+9y=0$ 的兩個線性獨立解 x^{-3} 與 $x^{-3}\ln x$ 在 $x=0$ 皆無冪級數展開式。

4-1 冪級數

若
$$f(x)=\sum_{n=0}^{\infty} c_n(x-x_0)^n, \quad |x-x_0|<r, \quad r>0$$

則稱函數 f 在點 x_0 為**可解析** (analytic)。若函數在 x_0 為可解析,則函數本身與其所有導函數在 x_0 皆有定義;我們僅需計算冪級數或其在 x_0 的逐項導數 (收斂冪級數可被逐項微分)。例如,所有多項式函數處處可解析,e^x、$\sin x$ 與 $\cos x$ 也是如此。有理函數在不使分母為零的點處可解析,例如,$f(x)=\dfrac{x+1}{(x-1)(x-2)}$ 在 $x=1$ 及 $x=2$ 以外的點處為可解析。另一方面,在 x_0 沒有定義的函數在該處不可解析,例如,$f(x)=\dfrac{1}{x}$ 在 $x=0$ 不可解析。函數若在 x_0 不可微分,當然在該處不可解析,例如,$f(x)=|x|$ 在 $x=0$ 不可解析,因它在 $x=0$ 沒有導數。又,$f(x)=\sqrt{x+1}$ 在 $x=-1$ 不可解析,因 $f'(x)=\dfrac{1}{2\sqrt{x+1}}$ 在 $x=-1$ 沒有定義。

定義 4-1

設
$$y'' + P(x)y' + Q(x)y = 0 \tag{4-1}$$

若 P 與 Q 在 x_0 皆為可解析，則稱點 x_0 為 (4-1) 式的**普通點** (ordinary point)；否則，稱點 x_0 為**奇異點** (singular point)。

例題 1

考慮微分方程式

$$y'' + xy' + (x^2 + 1)y = 0$$

此處，$P(x) = x$，$Q(x) = x^2 + 1$。因 P 與 Q 皆為多項式函數，它們處處可解析，故所有點皆是此微分方程式的普通點。

例題 2

微分方程式

$$y'' + \frac{2x}{(x-1)(x+2)} y' + \frac{\sin x}{x} y = 0$$

的奇異點為 1、−2 與 0，而其他點皆為普通點。

例題 3

考慮微分方程式

$$(x-1)y'' - xy' + \frac{2}{x} y = 0$$

將上式改寫成

$$y'' - \frac{x}{x-1} y' + \frac{2}{x(x-1)} y = 0$$

此處，$P(x) = \dfrac{x}{x-1}$，$Q(x) = \dfrac{2}{x(x-1)}$。因 P 在 $x = 1$ 以外的點為可解析，Q 在 $x = 0$ 及 $x = 1$ 以外的點為可解析，故 0 與 1 為微分方程式的奇異點，而其他點為普通點。顯然，0 為奇異點，即使 P 在 0 為可解析。我們敘述這事實藉以強調為了使 x_0 為普通點，P 與 Q 皆必須在 x_0 為可解析。

定理 4-1

若點 x_0 為 (4-1) 式的普通點，則 (4-1) 式有兩個形如 $\sum_{n=0}^{\infty} c_n(x-x_0)^n$ 的線性獨立解，而此兩個冪級數在開區間 $(x_0 - R,\ x_0 + R)$ 皆為收斂 ($R > 0$)。

定理 4-1 說明 (4-1) 式的冪級數解存在的充分條件，它指出若 x_0 為 (4-1) 式的普通點，則 (4-1) 式有兩個冪級數解，形如 $\sum_{n=0}^{\infty} c_n(x-x_0)^n x$，而這兩個冪級數解是線性獨立。因此，若 x_0 為 (4-1) 式的普通點，則我們可得到 (4-1) 式的通解為這兩個線性獨立冪級數解的線性組合。

例題 4

在例題 1 中，所有點皆為該微分方程式的普通點，因此，在任意點 x_0 處，該方程式有兩個形如 $\sum_{n=0}^{\infty} c_n(x-x_0)^n$ 的線性獨立解。

例題 5

在例題 3 中，我們知道 0 與 1 為該微分方程式的奇異點，因此，在任何點 $x_0 \neq 0$ 或 1，該微分方程式有兩個形如 $\sum_{n=0}^{\infty} c_n(x-x_0)^n$ 的線性獨立解。例如，在普通點 2 處，該方程式有兩個形如 $\sum_{n=0}^{\infty} c_n(x-2)^n$ 的線性獨立解；然而，在奇異點 0 處，我們不敢確信是否存在形如 $\sum_{n=0}^{\infty} c_n x^n$ 的解，或在奇異點 1 處，是否存在形如 $\sum_{n=0}^{\infty} c_n(x-1)^n$ 的解。

求線性微分方程式的冪級數解的步驟

1. 設解的形式為 $\sum_{n=0}^{\infty} c_n(x-x_0)^n$，此處 x_0 為微分方程式的普通點。若有初期條件，則取 x_0 為初始點。
2. 逐項計算冪級數的導函數，代入微分方程式並將相同之 x 的乘冪的係數集中，仔細計算含所予 x 的乘冪的所有項。需要的話，可調整求和指標使所有級數寫成具有 x 的相同指數的形式。
3. 令所有 x 的乘冪的係數為零，在所得方程式中利用較低足碼係數表較高足碼係數。
4. 若有初期條件，則利用它們求 c_0 與 c_1。

例題 6

求微分方程式

$$y'' + xy' + (x^2+1)y = 0$$

的冪級數解 ($x_0 = 0$)。

解 假設其解為 $y = \sum_{n=0}^{\infty} c_n x^n$，則 $y'(x) = \sum_{n=1}^{\infty} n c_n x^{n-1}$，$y''(x) = \sum_{n=2}^{\infty} n(n-1) c_n x^{n-2}$，代入微分方程式可得

$$\sum_{n=2}^{\infty} n(n-1) c_n x^{n-2} + x \sum_{n=1}^{\infty} n c_n x^{n-1} + x^2 \sum_{n=0}^{\infty} c_n x^n + \sum_{n=0}^{\infty} c_n x^n = 0$$

將此式改寫成

$$\sum_{n=2}^{\infty} n(n-1) c_n x^{n-2} + \sum_{n=1}^{\infty} n c_n x^{n-1} + \sum_{n=0}^{\infty} c_n x^{n+2} + \sum_{n=0}^{\infty} c_n x^n = 0$$

又

$$\sum_{n=2}^{\infty} n(n-1) c_n x^{n-2} = \sum_{n=0}^{\infty} (n+2)(n+1) c_{n+2} x^n$$

$$\sum_{n=0}^{\infty} c_n x^{n+2} = \sum_{n=2}^{\infty} c_{n-2} x^n$$

可得 $\sum_{n=0}^{\infty} (n+2)(n+1) c_{n+2} x^n + \sum_{n=1}^{\infty} n c_n x^n + \sum_{n=2}^{\infty} c_{n-2} x^n + \sum_{n=0}^{\infty} c_n x^n = 0$

化成 $2c_2 + 6c_3 x + \sum_{n=2}^{\infty} (n+2)(n+1) c_{n+2} x^n + c_1 x + \sum_{n=2}^{\infty} n c_n x^n$

$$+ \sum_{n=2}^{\infty} c_{n-2} x^n + c_0 + c_1 x + \sum_{n=2}^{\infty} c_n x^n = 0$$

即，$(c_0+2c_2)+(2c_1+6c_3)x+\sum_{n=2}^{\infty}[(n+2)(n+1)c_{n+2}+(n+1)c_n+c_{n-2}]x^n=0$
故

$$c_0+2c_2=0 \quad ①$$
$$2c_1+6c_3=0 \quad ②$$
$$(n+2)(n+1)c_{n+2}+(n+1)c_n+c_{n-2}=0, \quad n\geq 2 \quad ③$$

由 ① 式可得 $\quad c_2=-\dfrac{1}{2}c_0$

由 ② 式可得 $\quad c_3=-\dfrac{1}{3}c_1$

③ 式稱為**遞迴關係式** (recurrence relation)。於是，

$$c_{n+2}=-\dfrac{(n+1)c_n+c_{n-2}}{(n+1)(n+2)}, \quad n\geq 2$$

對 $n=2$，可得 $\quad c_4=-\dfrac{3c_2+c_0}{12}=\dfrac{1}{24}c_0$

對 $n=3$，可得 $\quad c_5=-\dfrac{4c_3+c_1}{20}=\dfrac{1}{60}c_1$

同理，我們可用 c_0 表偶次項的係數，而用 c_1 表奇次項的係數。

故 $\quad y=c_0+c_1 x-\dfrac{1}{2}c_0 x^2-\dfrac{1}{3}c_1 x^3+\dfrac{1}{24}c_0 x^4+\dfrac{1}{60}c_1 x^5+\cdots$

$$=c_0\left(1-\dfrac{1}{2}x^2+\dfrac{1}{24}x^4+\cdots\right)+c_1\left(x-\dfrac{1}{3}x^3+\dfrac{1}{60}x^5+\cdots\right) \quad ④$$

此為微分方程式的解，其中括弧內的兩個冪級數為微分方程式的兩個線性獨立解的冪級數展開式，c_0 與 c_1 皆為任意常數。所以，④ 式為微分方程式的通解。

例題 7

解 $(x^2-1)y''+3xy'+xy=0$；$y(0)=1$，$y'(0)=3$。

解 首先，我們看出除了點 $x=\pm 1$ 外，其他點皆為微分方程式的普通點，又因初始點 $x_0=0$，故假設微分方程式的解為

$$y = \sum_{n=0}^{\infty} c_n x^n$$

則
$$y' = \sum_{n=1}^{\infty} n c_n x^{n-1}, \qquad y'' = \sum_{n=2}^{\infty} n(n-1) c_n x^{n-2}$$

代入微分方程式可得

$$\sum_{n=2}^{\infty} n(n-1) c_n x^3 - \sum_{n=2}^{\infty} n(n-1) c_n x^{n-2} + 3 \sum_{n=1}^{\infty} n c_n x^n + \sum_{n=0}^{\infty} c_n x^{n+1} = 0$$

化成
$$\sum_{n=2}^{\infty} n(n-1) c_n x^n - \sum_{n=0}^{\infty} (n+2)(n+1) c_{n+2} x^n + 3 \sum_{n=1}^{\infty} n c_n x^n + \sum_{n=1}^{\infty} c_{n-1} x^n = 0$$

即，
$$\sum_{n=2}^{\infty} n(n-1) c_n x^n - 2c_2 - 6c_3 x - \sum_{n=2}^{\infty} (n+2)(n+1) c_{n+2} x^n$$
$$+ 3c_1 x + 3 \sum_{n=2}^{\infty} n c_n x^n + c_0 x + \sum_{n=2}^{\infty} c_{n-1} x^n = 0$$

整理成

$$-2c_2 + (c_0 + 3c_1 - 6c_3)x + \sum_{n=2}^{\infty} [-(n+2)(n+1)c_{n+2} + n(n+2)c_n + c_{n-1}]x^n = 0$$

故

$$-2c_2 = 0 \qquad \qquad ①$$
$$c_0 + 3c_1 - 6c_3 = 0 \qquad \qquad ②$$
$$-(n+2)(n+1)c_{n+2} + n(n+2)c_n + c_{n-1}, \; n \geq 2 \qquad ③$$

由 ① 式可得 $c_2 = 0$，由 ② 式可得 $c_3 = \dfrac{1}{6} c_0 + \dfrac{1}{2} c_1$。③ 式變成

$$c_{n+2} = \frac{n(n+2)c_n + c_{n-1}}{(n+1)(n+2)}, \; n \geq 2$$

依此，
$$c_4 = \frac{8c_2 + c_1}{12} = \frac{1}{12} c_1$$

$$c_5 = \frac{15c_3 + c_2}{20} = \frac{1}{8} c_0 + \frac{3}{8} c_1$$

$$\vdots \qquad\qquad \vdots$$

故 $y = c_0 + c_1 x + \left(\dfrac{c_0}{6} + \dfrac{c_1}{2} \right) x^3 + \dfrac{c_1}{12} x^4 + \left(\dfrac{c_0}{8} + \dfrac{3c_1}{8} \right) x^5 + \cdots$

$$= c_0 \left(1 + \frac{1}{6} x^3 + \frac{1}{8} x^5 + \cdots \right) + c_1 \left(x + \frac{1}{2} x^3 + \frac{1}{12} x^4 + \frac{3}{8} x^5 + \cdots \right) \qquad ④$$

此為微分方程式的通解。

利用初期條件 $y'(0) = 1$，求得 $c_0 = 1$。

對 ④ 式微分可得

$$y' = c_0 \left(\frac{1}{2} x^2 + \frac{5}{8} x^4 + \cdots \right) + c_1 \left(1 + \frac{3}{2} x^2 + \frac{1}{3} x^3 + \frac{15}{8} x^4 + \cdots \right)$$

利用初期條件 $y'(0) = 3$，求得 $c_1 = 3$。所以，特解為

$$y = \left(1 + \frac{1}{6} x^3 + \frac{1}{8} x^5 + \cdots \right) + 3 \left(x + \frac{1}{2} x^3 + \frac{1}{12} x^4 + \frac{3}{8} x^5 + \cdots \right)$$

$$= 1 + 3x + \frac{2}{3} x^3 + \frac{1}{4} x^4 + \frac{5}{4} x^5 + \cdots \text{。}$$

習題 4-1

求下列各題的冪級數解。

1. $xy' - y - x - 1 = 0 \ (x_0 = 1)$
2. $(1 - xy)y' - y = 0 \ (x_0 = 0)$
3. $\begin{cases} y' - x^2 - e^y = 0 \\ y(0) = 0 \end{cases}$
4. $y'' + y = 0 \ (x_0 = 0)$
5. $(1 + x^2)y'' + xy' - y = 0 \ (x_0 = 0)$
6. $y'' - xy = 0 \ (x_0 = 0)$
7. $y'' + (x - 1)y' + y = 0 \ (x_0 = 2)$
8. $y'' - x^2 y' - y = 0 \ (x_0 = 0)$
9. $y'' - 2x^2 y' + 4xy = x^2 + 2x + 2 \ (x_0 = 0)$
10. $\begin{cases} 3y'' - y' + (x+1)y = 1 \\ y(0) = y'(0) = 0 \end{cases}$
11. $\begin{cases} y'' - e^x y = 0 \\ y(0) = y'(0) = 1 \end{cases}$
12. $\begin{cases} xy'' + y' + xy = 0 \\ y(1) = 0, \ y'(1) = -1 \end{cases}$

4-2 正則奇異點

定義 4-2

假設一個二階齊次線性微分方程式可以寫成下列的形式：

$$(x - x_0)^2 y'' + (x - x_0) P(x) y' + Q(x) y = 0 \tag{4-2}$$

若 P 與 Q 在點 x_0 皆為可解析，則 x_0 稱為 (4-2) 式的**正則奇異點** (regular singular point)；否則，所有其他奇異點稱為**非正則奇異點** (irregular singular point)。

(4-2) 式也可以改寫成

$$y'' + \frac{P(x)}{x-x_0} y' + \frac{Q(x)}{(x-x_0)^2} y = 0 \tag{4-3}$$

於是，(4-3) 式有一正則奇異點 x_0，若且唯若 $P(x)$ 與 $Q(x)$ 在點 x_0 皆為可解析。

例題 1

考慮微分方程式 $2x^2 y'' - xy' + (x+3)y = 0$，它可改寫成

$$x^2 y'' - \frac{x}{2} y' + \frac{1}{2}(x+3)y = 0$$

此處 $P(x) = -\frac{1}{2}$ 與 $Q(x) = \frac{1}{2}(x+3)$，在 $x=0$ 皆為可解析。所以，0 為該微分方程式的正則奇異點。

例題 2

考慮微分方程式 $(1+x)y'' + 2xy' - 3y = 0$，它可改寫成

$$(1+x)^2 y'' + 2x(1+x)y' - 3(1+x)y = 0$$

此處 $P(x) = 2x$ 與 $Q(x) = -3(1+x)$ 在 $x=-1$ 皆為可解析。所以，-1 為該微分方程式的正則奇異點。

例題 3

考慮微分方程式 $x^3 y'' + x^2 y' + y = 0$，它可改寫成

$$x^2 y'' + xy' + \frac{1}{x} y = 0$$

此處 $P(x) = 1$ 在奇異點 0 為可解析，但 $Q(x) = \frac{1}{x}$ 在該點為不可解析，所以，0 為非正則奇異點。

例題 4

考慮微分方程式 $y'' + \dfrac{2}{x} y' + \dfrac{3}{x(x-1)^3} y = 0$，它可改寫成

$$y'' + \dfrac{2}{x} y' + \dfrac{3x}{x^2(x-1)^3} y = 0$$

此處 $P(x) = 2$ 與 $Q(x) = \dfrac{3x}{(x-1)^3}$ 在 $x=0$ 點 0 皆為可解析。所以，0 為正則奇異點。

原微分方程式又可寫成

$$y'' + \dfrac{2(x-1)}{x(x-1)} y' + \dfrac{3}{x(x-1)(x-1)^2} y = 0$$

此處 $P(x) = \dfrac{2(x-1)}{x}$ 在 $x=1$ 為可解析，但 $Q(x) = \dfrac{3}{x(x-1)}$ 在該點不可解析，所以，1 為非正則奇異點。

我們考慮微分方程式

$$a_0(x)y'' + a_1(x)y' + a_2(x)y = 0 \tag{4-4}$$

並假設 x_0 為 (4-4) 式的一個奇異點，則定理 4-1 在點 x_0 不適用，我們無法確信 $y = \sum\limits_{n=0}^{\infty} c_n(x-x_0)^n$ 是否為 (4-4) 式的冪級數解。其實，形如 (4-4) 式的微分方程式若具有奇異點 x_0，則沒有形如 $y = \sum\limits_{n=0}^{\infty} c_n(x-x_0)^n$ 的解。顯然，在這種情形下，我們必須尋找不同型的解，但我們期望哪一型的解呢？在某些條件下，我們有理由假設解的形式為 $y = |x-x_0|^r \sum\limits_{n=0}^{\infty} c_n(x-x_0)^n$，其中 r 為某 (實數或複數) 常數。

定理 4-2

若 x_0 為 (4-4) 式的正則奇異點，則 (4-3) 式至少有一個形如

$$y = |x-x_0|^r \sum\limits_{n=0}^{\infty} c_n(x-x_0)^n$$

的非必然解，其中 r 為待決定的 (實數或複數) 常數，而此解在 $0 < |x-x_0| < R$ $(R > 0)$ 的範圍內成立。

例題 5

考慮微分方程式
$$x^2(x-3)^2 y'' + 2(x-3)y' + (2x+1)y = 0 \qquad ①$$

它可改寫成
$$(x-3)^2 y'' + \frac{2}{x^2}(x-3)y' + \frac{2x+1}{x^2} y = 0$$

此處 $P(x) = \frac{2}{x^2}$ 與 $Q(x) = \frac{2x+1}{x^2}$ 在 $x = 3$ 皆為可解析。所以，3 為 ① 式的正則奇異點。

依定理 4-2，我們知道 ① 式至少有一個形如 $|x-3|^r \sum_{n=0}^{\infty} c_n(x-3)^n$ 的非零解，該解在 $0 < |x-3| < R \ (R > 0)$ 的範圍內成立。

另外，① 式可改寫成
$$x^2 y'' + \frac{2x}{x(x-3)} y' + \frac{2x+1}{(x-3)^2} y = 0$$

此處 $P(x) = \frac{2}{x(x-3)}$ 在 $x = 0$ 是不可解析，$Q(x) = \frac{2x+1}{(x-3)^2}$ 在 $x = 0$ 為可解析。因而 0 為 ① 式的非正則奇異點，定理 4-2 無法適用。所以，我們無法確信 ① 式是否有一個形如 $|x|^r \sum_{n=0}^{\infty} c_n x^n$ 的解。

我們既然確信 (4-4) 式在正則奇異點 x_0 至少有一個形如
$$y = |x - x_0|^r \sum_{n=0}^{\infty} c_n (x - x_0)^n$$

的解，那麼該如何去決定該解中的 c_n 與 r 呢？其程序類似於上節中所介紹的，稱為 **Frobenius 法** (method of Frobenius)。我們現在舉例說明如下。

例題 6

利用 Frobenius 法求微分方程式
$$2x^2 y'' - xy' + (x-5)y = 0$$

在開區間 $(0, R)$ 的解。

解 因 0 是微分方程式的正則奇異點，故對 $0 < x < R$，假設 $y = \sum_{n=0}^{\infty} c_n x^{n+r}$，其中

$c_0 \neq 0$,則

$$y' = \sum_{n=0}^{\infty} (n+r) c_n x^{n+r-1}$$

$$y'' = \sum_{n=0}^{\infty} (n+r)(n+r-1) c_n x^{n+r-2}$$

將 y、y' 及 y'' 代入微分方程式,可得

$$2\sum_{n=0}^{\infty} (n+r)(n+r-1) c_n x^{n+r} - \sum_{n=0}^{\infty} (n+r) c_n x^{n+r} + \sum_{n=0}^{\infty} c_n x^{n+r-1} - 5\sum_{n=0}^{\infty} c_n x^{n+r} = 0$$

$$\sum_{n=0}^{\infty} [2(n+r)(n+r-1) - (n+r) - 5] c_n x^{n+r} + \sum_{n=0}^{\infty} c_{n-1} x^{n+r} = 0$$

或

$$[2r(r-1) - r - 5] c_0 x^r + \sum_{n=1}^{\infty} \{[2(n+r)(n+r-1) - (n+r) - 5] c_n + c_{n-1}\} x^{n+r} = 0$$

可得

$$2r(r-1) - r - 5 = 0 \qquad \text{①}$$

與

$$[2(n+r)(n+r-1) - (n+r) - 5] c_n + c_{n-1} = 0, \quad n \geq 1 \qquad \text{②}$$

① 式稱為微分方程式的**指標方程式** (indicial equation)。將 ① 式改寫成

$$2r^2 - 3r - 5 = 0$$

由此式解得 $r = \dfrac{5}{2}$ 與 $r = -1$,它們是相異的實根。

以 $r = \dfrac{5}{2}$ 代入 ② 式,可得遞迴關係式

$$\left[2\left(n+\dfrac{5}{2}\right)\left(n+\dfrac{3}{2}\right) - \left(n+\dfrac{5}{2}\right) - 5\right] c_n + c_{n-1} = 0, \quad n \geq 1$$

化成

$$n(2n+7) c_n + c_{n-1} = 0, \quad n \geq 1$$

$$c_n = -\dfrac{c_{n-1}}{n(2n+7)}, \quad n \geq 1$$

求得 $c_1 = -\dfrac{1}{9} c_0$,$c_2 = -\dfrac{1}{22} c_1 = \dfrac{1}{198} c_0$,$c_3 = -\dfrac{1}{39} c_2 = -\dfrac{1}{7722} c_0$,…

以 $r=\dfrac{5}{2}$ 代入 $y=\sum\limits_{n=0}^{\infty}c_n x^{n+r}$ 中，並利用 c_1, c_2, c_3, $\cdots$，可得到對應於 $r=\dfrac{5}{2}$ 的解為

$$y=c_0\left(x^{5/2}-\dfrac{1}{9}x^{7/2}+\dfrac{1}{198}x^{9/2}-\dfrac{1}{7722}x^{11/2}+\cdots\right)$$

$$=c_0 x^{5/2}\left(1-\dfrac{1}{9}x+\dfrac{1}{198}x^2-\dfrac{1}{7722}x^3+\cdots\right) \qquad ③$$

以 $r=-1$ 代入 ② 式，可得遞迴關係式

$$[2(n-1)(n-2)-(n-1)-5]c_n+c_{n-1}=0,\ n\geq 1$$

化成
$$n(2n-7)c_n+c_{n-1}=0,\ n\geq 1$$

$$c_n=-\dfrac{c_{n-1}}{n(2n-7)},\ n\geq 1$$

求得 $c_1=\dfrac{1}{5}c_0$, $c_2=\dfrac{1}{6}c_1=\dfrac{1}{30}c_0$, $c_3=\dfrac{1}{3}c_2=\dfrac{1}{90}c_0$, $\cdots$

以 $r=-1$ 代入 $y=\sum\limits_{n=0}^{\infty}c_n x^{n+r}$ 中，並利用 c_1, c_2, c_3, $\cdots$，可得到對應於 $r=-1$ 的解為

$$y=c_0\left(x^{-1}+\dfrac{1}{5}+\dfrac{1}{30}x+\dfrac{1}{90}x^2+\cdots\right)$$

$$=c_0 x^{-1}\left(1+\dfrac{1}{5}x+\dfrac{1}{30}x^2+\dfrac{1}{90}x^3+\cdots\right) \qquad ④$$

分別對應於指標方程式的二個根 $\dfrac{5}{2}$ 與 -1 的兩個解，③ 式與 ④ 式為線性獨立，於是，微分方程式的通解為

$$y=c_1 x^{5/2}\left(1-\dfrac{1}{9}x+\dfrac{1}{198}x^2-\dfrac{1}{7722}x^3+\cdots\right)$$

$$+c_2 x^{-1}\left(1+\dfrac{1}{5}x+\dfrac{1}{30}x^2+\dfrac{1}{90}x^3+\cdots\right)$$

其中 c_1 與 c_2 皆為任意常數。

定理 4-3

設 x_0 為 (4-4) 式的正則奇異點，r_1 與 r_2 (此處 r_1 的實部 $\geq r_2$ 的實部) 為指標方程式的兩根。

(1) 若 $r_1 - r_2 \neq 0$ 或 $r_1 - r_2 \neq N$，N 為正整數，則 (4-4) 式有兩個線性獨立解 y_1 與 y_2，

$$y_1 = |x-x_0|^{r_1} \sum_{n=0}^{\infty} c_n(x-x_0)^n, \ c_0 \neq 0$$

$$y_2 = |x-x_0|^{r_2} \sum_{n=0}^{\infty} c_n^*(x-x_0)^n, \ c_0^* \neq 0 \text{。}$$

(2) 若 $r_1 - r_2 = N$，N 為正整數，則 (4-4) 式有兩個線性獨立解 y_1 與 y_2，

$$y_1(x) = |x-x_0|^{r_1} \sum_{n=0}^{\infty} c_n(x-x_0)^n, \ c_0 \neq 0$$

$$y_2(x) = |x-x_0|^{r_2} \sum_{n=0}^{\infty} c_n^*(x-x_0)^n + cy_1(x) \ln|x-x_0|$$

$c_0^* \neq 0$，c 為某常數。

(3) 若 $r_1 = r_2 = r$，則 (4-4) 式有兩個線性獨立解 y_1 與 y_2，

$$y_1(x) = |x-x_0|^{r} \sum_{n=0}^{\infty} c_n(x-x_0)^n, \ c_0 \neq 0$$

$$y_2(x) = |x-x_0|^{r+1} \sum_{n=0}^{\infty} c_n^*(x-x_0)^n + y_1(x) \ln|x-x_0|$$

以上的解在 $0 < |x-x_0| < R$ 的範圍內成立。

例題 7

利用 Frobenius 法求微分方程式

$$2x^2y'' + xy' + (x^2-3)y = 0$$

在開區間 $(0, R)$ 的解。

解 我們看出 0 為微分方程式的正則奇異點，因此，對 $0 < x < R$，假設一個解為

$$y = \sum_{n=0}^{\infty} c_n x^{n+r}$$

則
$$y' = \sum_{n=0}^{\infty} (n+r) c_n x^{n+r-1}$$
$$y'' = \sum_{n=0}^{\infty} (n+r)(n+r-1) c_n x^{n+r-2}$$

將 y、y' 及 y'' 代入微分方程式，可得

$$2\sum_{n=0}^{\infty}(n+r)(n+r-1)c_n x^{n+r} + \sum_{n=0}^{\infty}(n+r)c_n x^{n+r} + \sum_{n=0}^{\infty} c_n x^{n+r+2} - 3\sum_{n=0}^{\infty} c_n x^{n+r} = 0$$

寫成
$$\sum_{n=0}^{\infty}[2(n+r)(n+r-1)+(n+r)-3]c_n x^{n+r} + \sum_{n=2}^{\infty} c_{n-2} x^{n+r} = 0$$

或
$$[2r(r-1)+r-3]c_0 x^r + [2(r+1)r+(r+1)-3]c_1 x^{r+1}$$
$$+ \sum_{n=2}^{\infty}\{[2(n+r)(n+r-1)+(n+r)-3]c_n + c_{n-2}\} x^{n+r} = 0$$

可得指標方程式
$$2r(r-1)+r-3=0$$

即，
$$2r^2 - r - 3 = 0 \quad ①$$

以及方程式
$$[2(r+1)r+(r+1)-3]c_1 = 0 \quad ②$$

與遞迴關係式
$$[2(n+r)(n+r-1)+(n+r)-3]c_n + c_{n-2} = 0, \quad n \geq 2 \quad ③$$

① 式的解為 $r = \frac{3}{2}$ 與 -1。因 $\frac{3}{2} - (-1) = \frac{5}{2} \neq 0$ 且不為正整數，故依定理 4-3(1) 可知微分方程式有兩個形如 $y = \sum_{n=0}^{\infty} c_n x^{n+r}$ 的線性獨立解。

以 $r = \frac{3}{2}$ 代入 ② 式，可得 $c_1 = 0$。以 $r = \frac{3}{2}$ 代入 ③ 式，可得對應於根 $\frac{3}{2}$ 的遞迴關係式

$$n(2n+5)c_n + c_{n-2} = 0, \quad n \geq 2$$

$$c_n = -\frac{c_{n-2}}{n(2n+5)}, \quad n \geq 2$$

因此，$c_2 = -\frac{1}{18} c_0$，$c_3 = -\frac{1}{33} c_1 = 0$（因 $c_1 = 0$），$c_4 = -\frac{1}{52} c_2 = \frac{1}{936} c_0$，$c_5 = 0$，$\cdots$。

在 $y = \sum_{n=0}^{\infty} c_n x^{n+r}$ 中代入 $r = \frac{3}{2}$，並利用 c_1，c_2，c_3，$\cdots$，可得對應於根 $\frac{3}{2}$

的解

$$y_1(x) = c_0 x^{3/2}\left(1 - \frac{1}{18}x^2 + \frac{1}{936}x^4 - \cdots\right)$$ ④

以 $r = -1$ 代入 ② 式，可得 $c_1 = 0$。以 $r = -1$ 代入 ③ 式，可得對應於根 -1 的遞迴關係式

$$n(2n-5)c_n + c_{n-2} = 0, \ n \geq 2$$

即，

$$c_n = -\frac{c_{n-2}}{n(2n-5)}, \ n \geq 2$$

因此，$c_2 = \frac{1}{2}c_0$，$c_3 = -\frac{1}{3}c_1 = 0$（因 $c_1 = 0$），$c_4 = -\frac{1}{12}c_2 = -\frac{1}{24}c_0$，$c_5 = 0, \cdots$。在 $y = \sum_{n=0}^{\infty} c_n x^{n+r}$ 中代入 $r = -1$，並利用 $c_1, c_2, c_3, \cdots$，可得對應於根 -1 的解

$$y_2(x) = c_0 x^{-1}\left(1 + \frac{1}{2}x^2 - \frac{1}{24}x^4 + \cdots\right)$$ ⑤

因 ④ 式與 ⑤ 式為兩個線性獨立解，故微分方程式的通解為

$$y = c_1 x^{3/2}\left(1 - \frac{1}{18}x^2 + \frac{1}{936}x^4 - \cdots\right) + c_2 x^{-1}\left(1 + \frac{1}{2}x^2 - \frac{1}{24}x^4 + \cdots\right)$$

此處 c_1 與 c_2 皆為任意常數。

例題 8

利用 Frobenius 法求微分方程式

$$x^2 y'' - xy' - \left(x^2 + \frac{5}{4}\right)y = 0$$

在區間 $0 < x < R$ 的解。

解 因 0 為微分方程式的正則奇異點，故對 $0 < x < R$，假設一個解為

$$y = \sum_{n=0}^{\infty} c_n x^{n+r}, \ c_0 \neq 0$$

則

$$y' = \sum_{n=0}^{\infty} (n+r) c_n x^{n+r-1}$$

$$y'' = \sum_{n=0}^{\infty} (n+r)(n+r-1) c_n x^{n+r-2}$$

將 y、y' 及 y'' 代入微分方程式，可得

$$\sum_{n=0}^{\infty}(n+r)(n+r-1)c_n x^{n+r}-\sum_{n=0}^{\infty}(n+r)c_n x^{n+r}-\sum_{n=0}^{\infty}c_n x^{n+r+2}-\frac{5}{4}\sum_{n=0}^{\infty}c_n x^{n+r}=0$$

寫成 $\sum_{n=0}^{\infty}\left[(n+r)(n+r-1)-(n+r)-\frac{5}{4}\right]c_n x^{n+r}-\sum_{n=2}^{\infty}c_{n-2}x^{n+r}=0$

或 $\left[r(r-1)-r-\frac{5}{4}\right]c_0 x^r+\left[(r+1)r-(r+1)-\frac{5}{4}\right]c_1 x^{r+1}$

$$+\sum_{n=2}^{\infty}\left\{\left[(n+r)(n+r-1)-(n+r)-\frac{5}{4}\right]c_n-c_{n-2}\right\}x^{n+r}=0$$

因而 $r(r-1)-r-\frac{5}{4}=0$，即，

$$r^2-2r-\frac{5}{4}=0 \qquad ①$$

$$\left[(r+1)r-(r+1)-\frac{5}{4}\right]c_1=0 \qquad ②$$

$$\left[(n+r)(n+r-1)-(n+r)-\frac{5}{4}\right]c_n-c_{n-2}=0, \ n\geq 2 \qquad ③$$

由 ① 式可得 $r=\frac{5}{2}$、$-\frac{1}{2}$。以 $r=\frac{5}{2}$ 代入 ② 式中，可得 $c_1=0$。以 $r=\frac{5}{2}$ 代入 ③ 式中，可得 $n(n+3)c_n-c_{n-2}=0$，$n\geq 2$，即，

$$c_n=\frac{c_{n-2}}{n(n+3)}, \ n\geq 2。$$

依此，$c_2=\frac{c_0}{2\cdot 5}$，$c_3=\frac{c_1}{3\cdot 6}=0$(因 $c_1=0$)，$c_4=\frac{c_2}{4\cdot 7}=\frac{c_0}{2\cdot 4\cdot 5\cdot 7}$，$C_5=0$，…，即，

$$\begin{cases}c_{2n-1}=0\\ c_{2n}=\dfrac{c_0}{[2\cdot 4\cdot 6\cdots\cdot(2n)][5\cdot 7\cdot 9\cdots\cdot(2n+3)]}\end{cases}, \ n\geq 1$$

在 $y=\sum_{n=0}^{\infty}c_n x^{n+r}$ 中代入 $r=\frac{5}{2}$，並利用 c_{2n}，可得對應於根 $\frac{5}{2}$ 的解

$$y_1(x) = c_0 x^{5/2} \left(1 + \frac{x^2}{2 \cdot 5} + \frac{x^4}{2 \cdot 4 \cdot 5 \cdot 7} + \cdots \right)$$

$$= c_0 x^{5/2} \left\{1 + \sum_{n=1}^{\infty} \frac{x^{2n}}{[2 \cdot 4 \cdot 6 \cdots (2n)][5 \cdot 7 \cdot 9 \cdots (2n+3)]} \right\}$$

以 $r = -\frac{1}{2}$ 代入 ② 式，求得 $c_1 = 0$。又以 $r = -\frac{1}{2}$ 代入 ③ 式，可得對應於根 $-\frac{1}{2}$ 的遞迴關係式

$$n(n-3)c_n - c_{n-2} = 0, \quad n \geq 2 \qquad ④$$

對 $n \neq 3$，④ 式可寫成

$$c_n = \frac{c_{n-2}}{n(n-3)}, \quad n \geq 2, \quad n \neq 3 \qquad ⑤$$

對 $n = 2$，由 ⑤ 式可得 $c_2 = -\frac{c_0}{2}$。對 $n = 3$，⑤ 式不適合，而必須利用 ④ 式。

對 $n = 3$，⑤ 式變成 $0 \cdot c_3 - c_1 = 0$ 或 $0 = 0$（因 $c_1 = 0$），因此，對 $n = 3$，⑤ 式對 c_3 的任何值皆滿足，而知 c_3 與任意常數 c_0 無關；它是第二個任意常數。

對 $n > 3$，利用 ⑤ 式

$$c_4 = \frac{c_2}{4} = -\frac{c_0}{2 \cdot 4}, \qquad c_5 = \frac{c_3}{2 \cdot 5}$$

$$c_6 = \frac{c_4}{6 \cdot 3} = -\frac{c_0}{2 \cdot 4 \cdot 6 \cdot 3}, \qquad c_7 = \frac{c_5}{4 \cdot 7} = \frac{c_3}{2 \cdot 4 \cdot 5 \cdot 7}, \quad \cdots$$

即，$c_{2n} = -\dfrac{c_0}{[2 \cdot 4 \cdot 6 \cdots (2n)][3 \cdot 5 \cdot 7 \cdots (2n-3)]}, \quad n \geq 2$

$c_{2n+1} = \dfrac{c_3}{[2 \cdot 4 \cdot 6 \cdots (2n-2)][5 \cdot 7 \cdot 9 \cdots (2n+1)]}, \quad n \geq 2$

以 $r = -\frac{1}{2}$ 代入 $y = \sum_{n=0}^{\infty} c_n x^{n+r}$ 中，並利用 c_n 的值，可得對應於根 $-\frac{1}{2}$ 的解為

$$y_2(x) = c_0 x^{-1/2}\left(1 - \frac{x^2}{2} - \frac{x^4}{2\cdot 4} - \frac{x^6}{2\cdot 4\cdot 6\cdot 3} - \cdots\right)$$

$$+ c_3 x^{-1/2}\left(x^3 + \frac{x^5}{2\cdot 5} + \frac{x^7}{2\cdot 4\cdot 5\cdot 7} + \cdots\right)$$

$$= c_0 x^{-1/2}\left\{1 - \frac{x^2}{2} - \frac{x^4}{2\cdot 4} - \sum_{n=3}^{\infty} \frac{x^{2n}}{[2\cdot 4\cdot 6\cdots(2n)][3\cdot 5\cdot 7\cdots(2n-3)]}\right\}$$

$$+ c_3 x^{-1/2}\left\{x^3 + \sum_{n=2}^{\infty} \frac{x^{2n+1}}{[2\cdot 4\cdot 6\cdots(2n-2)][5\cdot 7\cdot 9\cdots(2n+1)]}\right\}$$

此處 c_0 與 c_3 皆為任意常數。

若在 $y_1(x)$ 中令 $c_0 = 1$，可得特解

$$\hat{y}_1(x) = x^{5/2}\left\{1 + \sum_{n=1}^{\infty} \frac{x^{2n}}{[2\cdot 4\cdot 6\cdots(2n)][5\cdot 7\cdot 9\cdots(2n+3)]}\right\}$$

若在 $\hat{y}_2(x)$ 中令 $c_0 = 1$，$c_3 = 0$，可得特解

$$\hat{y}_2(x) = x^{-1/2}\left\{1 - \frac{x^2}{2} - \frac{x^4}{2\cdot 4} - \sum_{n=3}^{\infty} \frac{x^{2n}}{[2\cdot 4\cdot 6\cdots(2n)][3\cdot 5\cdot 7\cdots(2n-3)]}\right\}$$

這兩個特解為線性獨立，所以微分方程式的通解為

$$y = c_1 \hat{y}_1(x) + c_2 \hat{y}_2(x) \qquad ⑥$$

此處 c_1 與 c_2 皆為任意常數。

現在，我們仔細看看 $y_2(x)$ 中的項。式子

$$x^{-1/2}\left\{x^3 + \sum_{n=2}^{\infty} \frac{x^{2n+1}}{[2\cdot 4\cdot 6\cdots(2n-2)][5\cdot 7\cdot 9\cdots(2n+1)]}\right\}$$

可以寫成

$$x^{5/2}\left\{1 + \sum_{n=2}^{\infty} \frac{x^{2n-2}}{[2\cdot 4\cdot 6\cdots(2n-2)][5\cdot 7\cdot 9\cdots(2n+1)]}\right\}$$

$$= x^{5/2}\left\{1 + \sum_{n=1}^{\infty} \frac{x^{2n}}{[2\cdot 4\cdot 6\cdots(2n)][3\cdot 5\cdot 7\cdots(2n+3)]}\right\}$$

而這正是 $\hat{y}_1(x)$。所以，

$$y_2(x) = c_0 \,\hat{y}_2(x) + c_3 \,\hat{y}_1(x) \qquad\qquad ⑦$$

此處 c_0 與 c_3 皆為任意常數，比較 ⑥ 式與 ⑦ 式，可知 $y_2(x)$ 本身就是微分方程式的通解，即使 $y_2(x)$ 是藉由較小根 $-\dfrac{1}{2}$ 所獲得。

有時候，當自變數 x 變成無限而非靠近某一個有限點時，我們欲求出微分方程式的解，其解法如下。

首先作變數變換 $x = \dfrac{1}{t}$，令 $Y(t) = y\left(\dfrac{1}{t}\right) = y(x)$，則依連鎖法則可得

$$\frac{dy}{dx} = \frac{dY}{dt}\frac{dt}{dx} = -\frac{1}{x^2}\frac{dY}{dt} = -t^2\frac{dY}{dt}$$

$$\frac{d^2y}{dx^2} = \frac{1}{x^4}\frac{d^2Y}{dt^2} + \frac{2}{x^3}\frac{dY}{dt} = t^4\frac{d^2Y}{dt^2} + 2t^3\frac{dY}{dt}$$

微分方程式

$$\frac{d^2y}{dx^2} + P(x)\frac{dy}{dx} + Q(x)y = 0 \qquad (4\text{-}5)$$

變成

$$\frac{d^2Y}{dt^2} + p(t)\frac{dY}{dt} + q(t)Y = 0 \qquad (4\text{-}6)$$

此處 $\qquad p(t) = \dfrac{2}{t} - \dfrac{1}{t^2}P\left(\dfrac{1}{t}\right), \qquad q(t) = \dfrac{1}{t^4}Q\left(\dfrac{1}{t}\right)$

若 (4-6) 式在 $t = 0$ 有一個普通點，則 (4-5) 式在無限遠處有一個普通點。同理，若 (4-6) 式在 $t = 0$ 有一個正則奇異點，則 (4-5) 式在無限遠處有一個正則奇異點。例如，欲求

$$2x^3\frac{d^2y}{dx^2} + 3x^2\frac{dy}{dx} + y = 0$$

的級數解，使得該解對 $|x|$ 值夠大時成立，可經由 $x = \dfrac{1}{t}$ 的變換。因而，上式變成

$$2t\frac{d^2Y}{dt^2} + \frac{dY}{dt} - Y = 0$$

此式在 $t=0$ 有一個正則奇異點。利用 Frobenius 法，求得 $r=\dfrac{1}{2}$ 與 0，對應解為

$$Y_1(t)=t^{1/2}\sum_{n=0}^{\infty}\frac{2^n}{(2n+1)!}t^n$$

$$Y_2(t)=\sum_{n=0}^{\infty}\frac{2^n}{(2n)!}t^n$$

以 $\dfrac{1}{x}$ 代換 t，可得原微分方程式的解為

$$y_1(x)=x^{1/2}\sum_{n=0}^{\infty}\frac{2^n}{(2n+1)!}x^{-n}$$

$$y_2(x)=\sum_{n=0}^{\infty}\frac{2^n}{(2n)!}x^{-n}$$

因 $Y_1(t)$ 與 $Y_2(t)$ 對 $|t|<\infty$ 皆收斂，故 $y_1(x)$ 與 $y_2(x)$ 對 $|x|>0$ 皆收斂。

例題 9

解 $x^4 y''+(2x^3+x)y'-y=0$。

解 令 $x=\dfrac{1}{t}$，$Y(t)=y(x)$，則

$$\frac{dy}{dx}=\frac{dY}{dt}\frac{dt}{dx}=-t^2\frac{dY}{dt}$$

$$\frac{d^2y}{dx^2}=t^4\frac{d^2Y}{dt^2}+2t^3\frac{dY}{dt}$$

代入微分方程式可得

$$t^{-4}[t^4 Y''+2t^3 Y']+(2t^{-3}+t^{-1})(-t^2 Y')-Y=0$$

即，

$$Y''-tY'-Y=0 \qquad ①$$

令 $Y=\sum_{n=0}^{\infty}c_n t^{n+r}$，則 $Y'=\sum_{n=0}^{\infty}c_n(n+r)t^{n+r-1}$

$$Y'' = \sum_{n=0}^{\infty} c_n (n+r)(n+r-1) t^{n+r-2}$$

代入 ① 式可得

$$\sum_{n=0}^{\infty} c_n (n+r)(n+r-1) t^{n+r-2} - \sum_{n=0}^{\infty} c_n (n+r) t^{n+r} - \sum_{n=0}^{\infty} c_n t^{n+r} = 0$$

即，

$$\sum_{n=0}^{\infty} c_n (n+r)(n+r-1) t^{n+r-2} - \sum_{n=2}^{\infty} c_{n-2} (n+r-2) t^{n+r-2} - \sum_{n=2}^{\infty} c_{n-2} t^{n+r-2} = 0$$

故

$$\sum_{n=2}^{\infty} [(n+r)(n+r-1) c_n - (n+r-1) c_{n-2}] t^{n+r-2} + r(r-1) c_0 t^{r-2} + r(r+1) c_1 t^{r-1} = 0$$

取 $c_1 = 0$，$r(r-1) = 0$，$r = 0$、1，則 $c_n = \dfrac{1}{n+r} c_{n-2}$。

(1) 當 $r = 0$，$c_n = \dfrac{1}{n} c_{n-2}$，$n \geq 2$

$$c_{2n} = \dfrac{1}{2n} c_{2n-2} = \dfrac{1}{2^n n!} c_0, \text{ 取 } c_0 = 1 \text{。}$$

$$Y_1 = \sum_{n=0}^{\infty} \dfrac{1}{2^n n!} t^{2n} \text{ (因 } c_1 = 0 = c_3 = c_5 = \cdots \text{)} \text{。}$$

(2) 令 $Y_2 = \sum_{n=0}^{\infty} c_n^* t^{n+1}$，則 $Y_2' = \sum_{n=0}^{\infty} c_n^* (n+1) t^n$

$$Y_2'' = \sum_{n=0}^{\infty} c_n^* n(n+1) t^{n-1}$$

代入 ① 式可得

$$\sum_{n=0}^{\infty} c_n^* n(n+1) t^{n-1} - \sum_{n=0}^{\infty} c_n^* (n+1) t^{n+1} - \sum_{n=0}^{\infty} c_n^* t^{n+1} = 0$$

即，$\sum_{n=0}^{\infty} c_n^* n(n+1) t^{n-1} - \sum_{n=2}^{\infty} c_{n-2}^* (n-1) t^{n-1} - \sum_{n=2}^{\infty} c_{n-2}^* t^{n-1} = 0$

故 $\sum_{n=2}^{\infty} [n(n+1) c_n^* - n c_{n-2}^*] t^{n-1} + 2 c_1^* = 0$

取 $c_1^* = 0$，則

$$c_n^* = \dfrac{n}{n(n+1)} c_{n-2}^* = \dfrac{1}{n+1} c_{n-2}^*, \ n \geq 2$$

$$\Rightarrow c_2^* = \dfrac{1}{3} c_0^*, \ c_3^* = \dfrac{1}{4} c_1^* = 0$$

$$\Rightarrow c_4^* = \frac{1}{5} c_2^* = \frac{1}{3 \cdot 5} c_0^*, \quad c_5^* = \frac{1}{6} c_3^* = 0 = c_7^* = c_9^* = c_{11}^* = \cdots$$

$$\Rightarrow Y_2 = \sum_{n=1}^{\infty} \frac{1}{1 \cdot 3 \cdot 5 \cdots (2n-1)} t^{2n-1}$$

$$\Rightarrow \begin{cases} y_1 = \sum_{n=0}^{\infty} \frac{1}{2^n n!} x^{-2n} \\ y_2 = \sum_{n=1}^{\infty} \frac{1}{1 \cdot 3 \cdot 5 \cdots (2n-1)} x^{-2n+1} \end{cases}$$

故通解為 $y = c_1 y_1(x) + c_2 y_2(x)$，其中 c_1 與 c_2 皆為任意常數。

習題 4-2

1. 找出下列各微分方程式的所有正則奇異點。
   (1) $(x-1)^2(x-2)y'' + xy' + y = 0$
   (2) $y'' + \dfrac{1-x}{x(x+1)(x+2)} y' + \dfrac{x+3}{x^2(x+2)^3} y = 0$
   (3) $y'' + \dfrac{\sin x}{x^2} y' + \dfrac{e^x}{x+1} y = 0$
   (4) $(2x+1)(x-2)^2 y'' + (x+2)y' = 0$

2. 求下列各微分方程式的指標方程式。
   (1) $y'' + \dfrac{2}{x} y' + xy = 0$
   (2) $y'' - \dfrac{1}{2x} y' + \dfrac{1+x^2}{2x^2} y = 0$
   (3) $y'' + \dfrac{3}{x} y' + \dfrac{1+x}{x^2} y = 0$

求下列各微分方程式在區間 $(0, \infty)$ 的級數解。

3. $2x^2 y'' + 3x(1-x)y' - y = 0$

4. $2x^2 y'' + (x^2 - x)y' + y = 0$

5. $3xy'' + 2y' + x^2 y = 0$

6. $2x^2 y'' - xy' + (x^2 + 1)y = 0$

7. $2x^3 y'' + (5x^2 - 2x)y' + (x+3)y = 0$

8. $x^2 y'' + xy' + \left(x^2 - \dfrac{1}{4}\right) y = 0$

4-3 貝索方程式與貝索函數

定義 4-3

具有下列形式
$$x^2 y'' + xy' + (x^2 - \alpha^2)y = 0 \tag{4-7}$$
的微分方程式稱為 **α 階貝索方程式** (Bessel's equation of order α)，此處 α 為參數。

α 階貝索方程式的非零解稱為 **α 階貝索函數** (Bessel's function of order α)。

貝索方程式出現在物理及工程上求解偏微分方程式的過程當中，基於其應用的重要性，我們將詳細研究 (4-7) 式的解。

假設 $\alpha \geq 0$，因 0 為 (4-7) 式的正則奇異點，故在 $0 < x < R$ 中，設 $y = \sum_{n=0}^{\infty} c_n x^{n+r}$，此處 $c_0 \neq 0$。以 y、y' 及 y'' 代入 (4-7) 式，化成

$$(r^2 - \alpha^2)c_0 x^r + [(r+1)^2 - \alpha^2]c_1 x^{r+1} + \sum_{n=2}^{\infty} \{[(n+r)^2 - \alpha^2]c_n + c_{n-2}\} x^{n+r} = 0$$

可得

$$r^2 - \alpha^2 = 0 \tag{4-8}$$
$$[(r+1)^2 - \alpha^2]c_1 = 0 \tag{4-9}$$
$$[(n+r)^2 - \alpha^2]c_n + c_{n-2} = 0, \quad n \geq 2 \tag{4-10}$$

(4-8) 式為 (4-7) 式的指標方程式，其根為 $r = \alpha$ 與 $-\alpha$。以 $r = \alpha$ 代入 (4-9) 式，可得 $(2\alpha + 1)c_1 = 0$。因 $\alpha \geq 0$，故 $c_1 = 0$。以 $r = \alpha$ 代入 (4-10) 式可得

$$c_n = -\frac{c_{n-2}}{n(n+2\alpha)}, \quad n \geq 2 \tag{4-11}$$

於是，$c_1 = c_3 = c_5 = \cdots = 0$，

$$c_{2n} = \frac{(-1)^n c_0}{[2 \cdot 4 \cdot 6 \cdots (2n)][(2+2\alpha)(4+2\alpha)\cdots(2n+2\alpha)]}$$
$$= \frac{(-1)^n c_0}{2^{2n} n! [(1+\alpha)(2+\alpha)\cdots(n+\alpha)]}, \quad n \geq 1$$

因此，對應於根 α 的解為

$$y_1(x) = c_0 \sum_{n=0}^{\infty} \frac{(-1)^n x^{2n+\alpha}}{2^{2n} n! [(1+\alpha)(2+\alpha)\cdots(n+\alpha)]}$$

若 α 為正整數，則上式可寫成

$$y_1(x) = c_0 \, 2^\alpha \; \alpha! \sum_{n=0}^{\infty} \frac{(-1)^n}{n!(n+\alpha)!} \left(\frac{x}{2}\right)^{2n+\alpha}$$

$$= c_0 \, 2^\alpha \; \Gamma(\alpha+1) \sum_{n=0}^{\infty} \frac{(-1)^n}{n! \, \Gamma(n+\alpha+1)} \left(\frac{x}{2}\right)^{2n+\alpha}$$

其中 $\Gamma(\alpha+1)$ 與 $\Gamma(n+\alpha+1)$ 為 gamma 函數。

取任意常數 $c_0 = \dfrac{1}{2^\alpha \, \Gamma(\alpha+1)}$，可得 (4-7) 式的一個特解，稱為**第一類 α 階貝索函數** (Bessel's function of first kind of order α)，記為 J_α，於是，

$$J_\alpha(x) = \sum_{n=0}^{\infty} \frac{(-1)^n}{n! \, \Gamma(n+\alpha+1)} \left(\frac{x}{2}\right)^{2n+\alpha} \tag{4-12}$$

由此可知 $J_0(0)=1$，$J_\alpha(0)=0$，$\alpha > 0$。兩數 J_0 與 J_1 的圖形如圖 4-1 所示。貝索方程式的每一個非零解在區間 $(0, \infty)$ 內有無窮多個零位 (或零值點)。

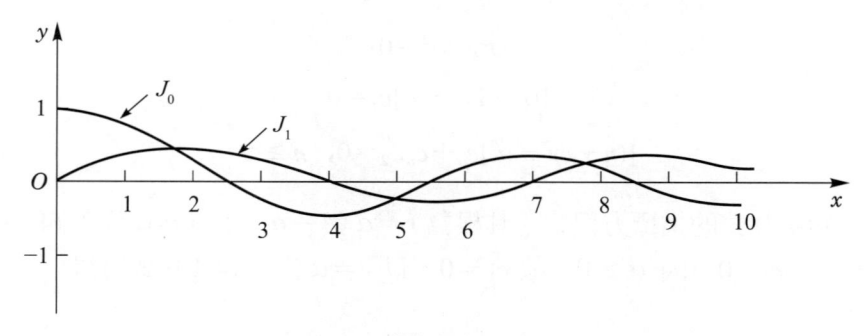

圖 4-1

對 $\alpha > 0$，若 2α 不為正整數，則依定理 4-3(1) 可知 (4-7) 式有一個對應於小根 $-\alpha$ 的解，其形式為 $\sum_{n=0}^{\infty} c_n x^{n+r}$。我們現在就這小根處理如下。

以 $r = -\alpha$ 代入 (4-9) 式，可得 $(1-2\alpha) c_1 = 0$。因 2α 不為正整數，可知 $2\alpha \neq 1$，故 $c_1 = 0$。以 $r = -\alpha$ 代入 (4-10) 式，可得

$$c_n = -\frac{c_{n-2}}{n(n-2\alpha)}, \; n \geq 2, \; n \neq 2\alpha \tag{4-13}$$

於是，$c_1=c_3=c_5=\cdots=0$，而對應於根 $-\alpha$ 的解為

$$y_2(x)=\sum_{n=0}^{\infty} c_{2n} x^{2n-\alpha} \tag{4-14}$$

此解與 J_α 為線性獨立。

欲確定 (4-14) 式中的係數 c_{2n} 是很容易的。我們看出對應於根 $-\alpha$ 的遞迴關係式 (4-13) 是得自對應於根 α 的遞迴關係式 (4-11) 中以 $-\alpha$ 代 α，因此，形如 (4-14) 式的解可得自 $J_\alpha(x)$ 中以 $-\alpha$ 代 α，記為 $J_{-\alpha}$，定義為

$$J_{-\alpha}(x)=\sum_{n=0}^{\infty} \frac{(-1)^n}{n!\,(n-\alpha)!}\left(\frac{x}{2}\right)^{2n-\alpha} \tag{4-15}$$

我們看出即使當 $\alpha=n+\dfrac{1}{2}$，n 為整數，(4-15) 式也有定義，而與 J_α 為線性獨立。

定理 4-4

若 α 不為整數，**α 階貝索方程式**

$$x^2 y'' + x y' + (x^2-\alpha^2)y=0$$

的通解為 $\quad y(x)=c_1 J_\alpha(x)+c_2 J_{-\alpha}(x)$。

若 α 不是整數，則函數

$$Y_\alpha(x)=\frac{(\cos \alpha\pi)\,J_\alpha(x)-J_{-\alpha}(x)}{\sin \alpha\pi} \tag{4-16}$$

也為 (4-7) 式的一解，而 J_α 與 Y_α 為線性獨立，故 $y(x)=c_1 J_\alpha(x)+c_2 Y_\alpha(x)$ 也為 (4-7) 式的通解，Y_α 稱為**第二類 α 階貝索函數** (Bessel's function of second kind of order α)。

當 α 為整數 n 時，(4-16) 式有不定型 $\dfrac{0}{0}$，然而其極限在 $\alpha \to n$ 時存在。我們定義

$$Y_n(x)=\lim_{\alpha \to n} Y_\alpha(x)$$

利用羅必達法則可得

$$Y_n(x) = \frac{1}{\pi}\left[\frac{\partial}{\partial \alpha}J_\alpha(x) - (-1)^n \frac{\partial}{\partial \alpha}J_{-\alpha}(x)\right]_{\alpha=n} \tag{4-17}$$

$$\frac{\partial}{\partial \alpha}J_\alpha(x) = \sum_{m=0}^{\infty} \frac{(-1)^m \left(\frac{x}{2}\right)^{2m+\alpha}}{m!\,(m+\alpha)!}\left(\ln\frac{x}{2}\right) - \sum_{m=0}^{\infty}\frac{(-1)^m \left(\frac{x}{2}\right)^{2m+\alpha}}{m!\,[(m+\alpha)!]^2}\frac{\partial}{\partial \alpha}[(m+\alpha)!]$$

$$= \sum_{m=0}^{\infty}\frac{(-1)^m \left(\frac{x}{2}\right)^{2m+\alpha}}{m!\,(m+\alpha)!}\left[\ln\frac{x}{2} - \psi(m+\alpha)\right]$$

其中函數 $\psi(a)$ 定義為

$$\psi(a) = \frac{\Gamma'(a+1)}{\Gamma(a+1)}$$

同理，
$$\frac{\partial}{\partial \alpha}J_{-\alpha}(x) = \sum_{m=0}^{\infty}\frac{(-1)^m \left(\frac{x}{2}\right)^{2m-\alpha}}{m!\,(m-\alpha)!}\left[-\ln\frac{x}{2} + \psi(m-\alpha)\right]$$

當 $\alpha = 0$ 時，

$$Y_0(x) = \frac{2}{\pi}\left[J_0(x)\ln\frac{x}{2} - \sum_{m=0}^{\infty}\frac{(-1)^m \psi(m)\left(\frac{x}{2}\right)^{2m}}{(m!)^2}\right] \tag{4-18}$$

因 $\Gamma(x+1) = x\Gamma(x)$，故 $\Gamma'(x+1) = x\Gamma'(x) + \Gamma(x)$，可知

$$\psi(m) = \psi(m-1) + \frac{1}{m} = \psi(m-2) + \frac{1}{m-1} + \frac{1}{m} = \cdots$$

$$= \psi(0) + 1 + \frac{1}{2} + \frac{1}{3} + \cdots + \frac{1}{m}$$

其中
$$\psi(0) = \frac{\Gamma'(1)}{\Gamma(1)} = \Gamma'(1) = \int_0^\infty e^{-t}\ln t\,dt = -\gamma$$

此處 $\gamma = 0.57721\cdots$ 稱為**歐勒常數** (Euler's constant)，定義為

$$\gamma = \lim_{m\to\infty}\left(1 + \frac{1}{2} + \frac{1}{3} + \cdots + \frac{1}{m} - \ln m\right)$$

若定義 $\phi(m) = \begin{cases} 1 + \dfrac{1}{2} + \dfrac{1}{3} + \cdots + \dfrac{1}{m}, & m=1, 2, 3, \cdots \\ 0, & m=0 \end{cases}$

則 $\psi(m) = -\gamma + \phi(m)$。代入 (4-18) 式可得

$$Y_0(x) = \frac{2}{\pi}\left[J_0(x)\left(\gamma + \ln\frac{x}{2}\right) - \sum_{m=0}^{\infty}\frac{(-1)^m \phi(m)\left(\dfrac{x}{2}\right)^{2m}}{(m!)^2}\right]$$

當 $\alpha = 1, 2, 3, \cdots, n$ 時，以類似的方法可得

$$Y_n(x) = \frac{2}{\pi}\left[J_n(x)\left(\gamma + \ln\frac{x}{2}\right) - \frac{1}{2}\sum_{m=0}^{n-1}\frac{(n-m-1)!\left(\dfrac{x}{2}\right)^{2m-n}}{m!}\right.$$

$$\left. - \frac{1}{2}\sum_{m=0}^{\infty}\frac{(-1)^m[\phi(m)+\phi(m+n)]\left(\dfrac{x}{2}\right)^{2m+n}}{m!\,(m+n)!}\right]$$

又當 $x \to 0$ 時，$Y_n(x) \to \infty$。若 $\alpha = n$，則 (4-7) 式的通解為

$$y(x) = c_1 J_n(x) + c_2 Y_n(x) \text{。}$$

第三類 α 階貝索函數為貝索方程式的複數解，定義為

$$H_\alpha^{(1)}(x) = J_\alpha(x) + i\,Y_\alpha(x)$$

$$H_\alpha^{(2)}(x) = J_\alpha(x) - i\,Y_\alpha(x)$$

這些函數也分別稱為**第一類 α 階韓可爾函數** (Hankel's function of the first kind of order α) 及**第二類 α 階韓可爾函數**。

第一類貝索函數滿足下列的關係式：

$$\frac{d}{dx}[x^\alpha J_\alpha(x)] = x^\alpha J_{\alpha-1}(x) \tag{4-19}$$

$$\frac{d}{dx}[x^{-\alpha} J_\alpha(x)] = -x^{-\alpha} J_{\alpha+1}(x) \tag{4-20}$$

今證明 (4-19) 式如下：

$$\frac{d}{dx}[x^\alpha J_\alpha(x)] = \frac{d}{dx} \sum_{m=0}^{\infty} \frac{(-1)^m x^{2m+2\alpha}}{2^{2m+\alpha} m!(m+\alpha)!} = \sum_{m=0}^{\infty} \frac{(-1)^m x^{2m+2\alpha-1}}{2^{2m+\alpha-1} m!(m+\alpha-1)!}$$

$$= x^\alpha \sum_{m=0}^{\infty} \frac{(-1)^m \left(\dfrac{x}{2}\right)^{2m+\alpha-1}}{m!(m+\alpha-1)!}$$

$$= x^\alpha J_{\alpha-1}(x)$$

由 (4-19) 式與 (4-20) 式可得積分式如下：

$$\int x^\alpha J_{\alpha-1}(x)\, dx = x^\alpha J_\alpha(x) + C \tag{4-21}$$

$$\int x^{-\alpha} J_{\alpha+1}(x)\, dx = -x^{-\alpha} J_\alpha(x) + C \tag{4-22}$$

由 (4-19) 式可得

$$J_\alpha'(x) = J_{\alpha-1}(x) - \frac{\alpha}{x} J_\alpha(x) \tag{4-23}$$

由 (4-20) 式可得

$$J_\alpha'(x) = -J_{\alpha+1}(x) + \frac{\alpha}{x} J_\alpha(x) \tag{4-24}$$

將 (4-23) 式與 (4-24) 式相加，可得

$$J_\alpha'(x) = \frac{1}{2}[J_{\alpha-1}(x) - J_{\alpha+1}(x)] \tag{4-25}$$

將 (4-23) 式與 (4-24) 式相減，可得

$$J_{\alpha+1}(x) = \frac{2\alpha}{x} J_\alpha(x) - J_{\alpha-1}(x) \tag{4-26}$$

例題 1

試以貝索函數表示積分式 $\int J_3(x)\, dx$ 的結果。

解 因

$$\frac{d}{dx}[x^{-\alpha} J_\alpha(x)] = -x^{-\alpha} J_{\alpha+1}(x)$$

故
$$\int x^{-\alpha} J_{\alpha+1}(x)\, dx = -x^{-\alpha} J_\alpha(x) + C$$

將原積分式寫成
$$\int J_3(x)\, dx = \int x^2\, (x^{-2} J_3(x))\, dx$$

利用分部積分法，令 $u = x^2$，$dv = x^{-2} J_3(x)\, dx$，

則
$$du = 2x\, dx, \quad v = \int x^{-2} J_3(x)\, dx = -x^{-2} J_2(x)$$

故
$$\int J_3(x)\, dx = \int x^2\, (x^{-2} J_3(x))\, dx$$
$$= x^2(-x^{-2} J_2(x)) - \int -x^{-2} J_2(x)\, 2x\, dx$$
$$= -J_2(x) + 2\int x^{-1} J_2(x)\, dx$$
$$= -J_2(x) + 2x^{-1} J_1(x) + C \text{。}$$

例題 2

試以貝索函數表示積分式 $\int x^4 J_1(x)\, dx$ 的結果。

解 利用積分公式
$$\int x^{-\alpha} J_{\alpha+1}(x)\, dx = -x^{-\alpha} J_\alpha(x) + C$$

令 $\alpha = 0$，則
$$\int J_1(x)\, dx = -J_0(x) + C$$

利用分部積分法，令 $u = x^4$，$dv = J_1(x)\, dx$，

則
$$du = 4x^3\, dx, \quad v = \int J_1(x)\, dx = -J_0(x) + C$$

故
$$\int x^4 J_1(x)\, dx = -x^4 J_0(x) + \int 4x^3 J_0(x)\, dx$$
$$= -x^4 J_0(x) + 4\int x^3 J_0(x)\, dx$$

再利用積分公式 $\int x^\alpha J_{\alpha-1}(x)\,dx = x^\alpha J_\alpha(x) + C$

令 $\alpha = 1$，則 $\int x J_0(x)\,dx = x J_1(x) + C$

利用分部積分法，令 $u = x^2,\ dv = x J_0(x)\,dx$，

則 $du = 2x\,dx,\ v = \int x J_0(x)\,dx = x J_1(x) + C$

故 $\int x^4 J_1(x)\,dx = -x^4 J_0(x) + 4\left[x^3 J_1(x) - \int 2x^2 J_1(x)\,dx\right]$

$= -x^4 J_0(x) + 4x^3 J_1(x) - 8\int x^2 J_1(x)\,dx$

$= -x^4 J_0(x) + 4x^3 J_1(x) - 8\left[-x^2 J_0(x) + 2\int x J_0(x)\,dx\right] + C$

$= -x^4 J_0(x) + 4x^3 J_1(x) + 8x^2 J_0(x) - 16x J_1(x) + C$。

例題 3

若 $\alpha = \dfrac{1}{2}$，則 $J_{1/2}(x) = \dfrac{\sqrt{x}}{\sqrt{2}} \sum_{n=0}^{\infty} \dfrac{(-1)^n}{n!\,\Gamma\left(\dfrac{3}{2} + n\right)} \left(\dfrac{x}{2}\right)^{2n}$

但 $\Gamma\left(\dfrac{3}{2} + n\right) = \Gamma\left(\dfrac{3}{2}\right)\left(\dfrac{3}{2} \cdot \dfrac{5}{2} \cdot \cdots \cdot \dfrac{2n+1}{2}\right)$

$= \dfrac{3 \cdot 5 \cdot \cdots \cdot (2n+1)}{2^n} \Gamma\left(\dfrac{3}{2}\right)$

可得

$J_{1/2}(x) = \dfrac{\sqrt{x}}{\sqrt{2}\,\Gamma\left(\dfrac{3}{2}\right)} \sum_{n=0}^{\infty} \dfrac{(-1)^n}{2^n\, n!\, 3 \cdot 5 \cdot \cdots \cdot (2n+1)} x^{2n}$

$= \dfrac{\sqrt{x}}{\sqrt{2}\,\Gamma\left(\dfrac{3}{2}\right)} \left(1 - \dfrac{x^2}{2 \cdot 3} + \dfrac{x^4}{2 \cdot 4 \cdot 3 \cdot 5} - \dfrac{x^6}{2 \cdot 4 \cdot 6 \cdot 3 \cdot 5 \cdot 7} + \cdots\right)$

$$= \frac{1}{\sqrt{2x}\,\Gamma\left(\frac{3}{2}\right)} \left(x - \frac{x^3}{3!} + \frac{x^5}{5!} - \frac{x^7}{7!} + \cdots\right)$$

$$= \frac{1}{\sqrt{2x}\,\Gamma\left(\frac{3}{2}\right)} \sin x$$

又 $\Gamma\left(\frac{3}{2}\right) = \frac{\sqrt{\pi}}{2}$，故 $J_{1/2}(x) = \sqrt{\frac{2}{\pi x}} \sin x$

同理，
$$J_{-1/2}(x) = \sqrt{\frac{2}{\pi x}} \cos x \text{。}$$

例題 4

依 (4-26) 式及例題 3 的結果，可得

$$J_{3/2}(x) = \frac{1}{x} J_{1/2}(x) - J_{-1/2}(x) = \sqrt{\frac{2}{\pi x}} \left(\frac{\sin x}{x} - \cos x\right)$$

$$J_{5/2}(x) = \frac{3}{x} J_{3/2}(x) - J_{1/2}(x) = \sqrt{\frac{2}{\pi x}} \left(\frac{3\sin x}{x^2} - \frac{3\cos x}{x} - \sin x\right)\text{。}$$

在 (4-19) 式、(4-20) 式及 (4-23) 式至 (4-26) 式當中，若將符號 J 換成任一符號，如 Y、$H^{(1)}$ 或 $H^{(2)}$，則仍然成立。依定義，

$$Y_\alpha(x) = \frac{(\cos \alpha\pi) J_\alpha(x) - J_{-\alpha}(x)}{\sin \alpha\pi}, \quad \alpha \text{ 不為正整數}$$

利用
$$\frac{d}{dx}[x^\alpha J_\alpha(x)] = x^\alpha J_{\alpha-1}(x)$$

與
$$\frac{d}{dx}[x^\alpha J_{-\alpha}(x)] = -x^\alpha J_{-\alpha+1}(x) \text{ [在 (4-20) 式中以 } -\alpha \text{ 代換 } \alpha\text{]}$$

可得
$$\frac{d}{dx}[x^\alpha Y_\alpha(x)] = \frac{(\cos \alpha\pi)\frac{d}{dx}[x^\alpha J_\alpha(x)] - \frac{d}{dx}[x^\alpha J_{-\alpha}(x)]}{\sin \alpha\pi}$$

$$= \frac{(\cos \alpha\pi) x^\alpha J_{\alpha-1}(x) + x^\alpha J_{-\alpha+1}(x)}{\sin \alpha\pi}$$

$$= x^\alpha \frac{[\cos (\alpha-1)\pi] J_{\alpha-1}(x) - J_{-\alpha+1}(x)}{\sin (\alpha-1)\pi}$$

$$= x^\alpha Y_{\alpha-1}(x)$$

同理，
$$\frac{d}{dx}[x^{-\alpha} Y_\alpha(x)] = -x^{-\alpha} Y_{\alpha+1}(x)$$

留予讀者自證。

例題 5

試證 $x J_\alpha'(x) = \alpha J_\alpha(x) - x J_{\alpha+1}(x)$（一般稱它為**微分遞迴關係式**）。

解
$$J_\alpha(x) = \sum_{n=0}^{\infty} \frac{(-1)^n}{n!\,\Gamma(1+\alpha+n)} \left(\frac{x}{2}\right)^{2n+\alpha}$$

$$x J_\alpha'(x) = \sum_{n=0}^{\infty} \frac{(-1)^n(2n+\alpha)}{n!\,\Gamma(1+\alpha+n)} \left(\frac{x}{2}\right)^{2n+\alpha}$$

$$= \alpha \sum_{n=0}^{\infty} \frac{(-1)^n}{n!\,\Gamma(1+\alpha+n)} \left(\frac{x}{2}\right)^{2n+\alpha} + 2\sum_{n=0}^{\infty} \frac{(-1)^n n}{n!\,\Gamma(1+\alpha+n)} \left(\frac{x}{2}\right)^{2n+\alpha}$$

$$= \alpha J_\alpha(x) + x \underbrace{\sum_{n=1}^{\infty} \frac{(-1)^n}{(n-1)!\,\Gamma(1+\alpha+n)} \left(\frac{x}{2}\right)^{2n+\alpha-1}}_{k=n-1}$$

$$= \alpha J_\alpha(x) - x \sum_{k=0}^{\infty} \frac{(-1)^k}{k!\,\Gamma(2+\alpha+k)} \left(\frac{x}{2}\right)^{2k+\alpha+1}$$

$$= \alpha J_\alpha(x) - x J_{\alpha+1}(x) \text{。}$$

例題 6

求 $x^2y'' + xy' + \left(x^2 - \dfrac{1}{4}\right)y = 0$ 的通解。

解 因 $\alpha^2 = \dfrac{1}{4}$，故 $\alpha = \dfrac{1}{2}$，因此，微分方程式的通解為

$$y(x) = c_1 J_{1/2}(x) + c_2 J_{-1/2}(x)$$

而 $J_{1/2}(x)$ 與 $J_{-1/2}(x)$ 皆可表示為三角函數。由 (4-12) 式得知，

$$J_{\pm 1/2}(x) = x^{\pm 1/2} \sum_{n=0}^{\infty} \frac{(-1)^n x^{2n}}{2^{2n \pm 1/2}\, n!\, \Gamma\left(1 + n \pm \dfrac{1}{2}\right)}$$

我們利用 gamma 函數的性質 $\Gamma(x+1) = x\Gamma(x)$ 與 $\Gamma\left(\dfrac{1}{2}\right) = \sqrt{\pi}$，可得

$$J_{1/2}(x) = \frac{\left(\dfrac{x}{2}\right)^{1/2}}{\Gamma\left(\dfrac{3}{2}\right)} - \frac{\left(\dfrac{x}{2}\right)^{5/2}}{1!\,\Gamma\left(\dfrac{5}{2}\right)} + \frac{\left(\dfrac{x}{2}\right)^{9/2}}{2!\,\Gamma\left(\dfrac{7}{2}\right)} - \cdots$$

$$= \frac{\left(\dfrac{x}{2}\right)^{1/2}}{\left(\dfrac{1}{2}\right)\sqrt{\pi}} - \frac{\left(\dfrac{x}{2}\right)^{5/2}}{1!\,\left(\dfrac{3}{2}\right)\left(\dfrac{1}{2}\right)\sqrt{\pi}} + \frac{\left(\dfrac{x}{2}\right)^{9/2}}{2!\,\left(\dfrac{5}{2}\right)\left(\dfrac{3}{2}\right)\left(\dfrac{1}{2}\right)\sqrt{\pi}} - \cdots$$

$$= \frac{\left(\dfrac{x}{2}\right)^{1/2}}{\left(\dfrac{1}{2}\right)\sqrt{\pi}} \left(1 - \frac{x^2}{3!} + \frac{x^4}{5!} - \cdots\right) = \frac{\left(\dfrac{x}{2}\right)^{1/2} \sin x}{\left(\dfrac{1}{2}\right)\sqrt{\pi}\, x}$$

$$= \sqrt{\frac{2}{\pi x}}\, \sin x$$

$$J_{-1/2}(x) = \frac{\left(\frac{x}{2}\right)^{-1/2}}{\Gamma\left(\frac{1}{2}\right)} - \frac{\left(\frac{x}{2}\right)^{3/2}}{1!\,\Gamma\left(\frac{3}{2}\right)} + \frac{\left(\frac{x}{2}\right)^{7/2}}{2!\,\Gamma\left(\frac{5}{2}\right)} - \cdots$$

$$= \frac{\left(\frac{x}{2}\right)^{-1/2}}{\sqrt{\pi}}\left(1 - \frac{x^2}{2!} + \frac{x^4}{4!} - \cdots\right)$$

$$= \sqrt{\frac{2}{\pi x}}\cos x$$

故通解為

$$y(x) = c_1 J_{1/2}(x) + c_2 J_{-1/2}(x) = c_1\sqrt{\frac{2}{\pi x}}\sin x + c_2\sqrt{\frac{2}{\pi x}}\cos x \, \text{。}$$

例題 7

試證 $x^2 y'' + xy' + (x^2 - 9)y = 0$ 在 $0 < x < \infty$ 的第二個解為

$$y_2 = J_3(x)\int \frac{dx}{x J_3^2(x)} \, \text{。}$$

解 因 $\alpha^2 = 9$，可得 $\alpha = 3$，故微分方程式的第一個解為

$$y_1 = J_3(x)$$

以 x^2 除微分方程式可得

$$y'' + \frac{1}{x}y' + \left(1 - \frac{9}{x^2}\right)y = 0$$

所以，

$$y_2 = y_1 \int \frac{e^{-\int \frac{1}{x}\,dx}}{y_1^2}\,dx = J_3(x)\int \frac{e^{-\int \frac{dx}{x}}}{J_3^2(x)}\,dx$$

$$= J_3(x)\int \frac{e^{-\ln|x|}}{[J_3(x)]^2}\,dx = J_3(x)\int \frac{dx}{x[J_3(x)]^2} \, \text{。}$$

習題 4-3

1. (1) 試證：$J_{-n}(x)=(-1)^n J_n(x)$，其中 n 為整數。

   (2) 利用 (1) 解釋為何 $AJ_n(x)+BJ_{-n}(x)$ 不為貝索方程式的通解，其中 n 為整數。

2. 試證：$\dfrac{d}{dx}J_0(x)=-J_1(x)$。

3. 利用 J_α 的定義，證明：
$$\frac{d}{dx}[x^\alpha J_\alpha(kx)]=kx^\alpha J_{\alpha-1}(kx)$$

$$\frac{d}{dx}[x^{-\alpha} J_\alpha(kx)]=-kx^{-\alpha} J_{\alpha+1}(kx)$$

   其中 k 為常數。

4. 對所有 n，證明下列公式：

   (1) $\dfrac{d}{dx}[x^n J_n(x)]=x^n J_{n-1}(x)$ (2) $\dfrac{d}{dx}[x^{-n} J_n(x)]=-x^{-n} J_{n+1}(x)$

5. 試證：$\dfrac{d}{dx}J_\alpha(kx)=k J_{\alpha-1}(kx)-\dfrac{\alpha}{x}J_\alpha(kx)=-k J_{\alpha+1}(kx)+\dfrac{\alpha}{x}J_\alpha(kx)$，其中 k 為常數。

6. 計算下列各積分。

   (1) $\displaystyle\int x^n J_{n-1}(x)\,dx$ (2) $\displaystyle\int \dfrac{J_{n+1}(x)}{x^n}\,dx$

7. 利用 J_α 為 α 階貝索方程式之解的事實，證明 $x^a J_\alpha(bx^c)$ 為下列方程式之一解。

$$y''-\left(\frac{2a-1}{x}\right)y'+\left(b^2c^2x^{2c-2}+\frac{a^2-\alpha^2 c^2}{x^2}\right)y=0$$

8. 計算：

   (1) $\displaystyle\int x^4 J_1(x)\,dx$ (2) $\displaystyle\int x^3 J_3(x)\,dx$

9. 利用第 7 題的結果解微分方程式
$$y''+\frac{1}{x}y'+\left(4x^2-\frac{4}{9x^2}\right)y=0 \, 。$$

4-4 雷建得方程式與雷建得多項式

定義 4-4

具有下列形式
$$(1-x^2)y'' - 2xy' + n(n+1)y = 0 \tag{4-27}$$
的微分方程式稱為**雷建得方程式** (Legendre's equation)，此處 n 為非負整數。

由於 $x = 0$ 為 (4-27) 式的普通點，我們假設一解的形式為
$$y = \sum_{k=0}^{\infty} c_k x^k$$

可得

$$(1-x^2)y'' - 2xy' + n(n+1)y$$

$$= (1-x^2) \sum_{k=0}^{\infty} c_k k(k-1) x^{k-2} - 2 \sum_{k=0}^{\infty} c_k k x^k + n(n+1) \sum_{k=0}^{\infty} c_k x^k$$

$$= \sum_{k=2}^{\infty} c_k k(k-1) x^{k-2} - \sum_{k=2}^{\infty} c_k k(k-1) x^k - 2 \sum_{k=1}^{\infty} c_k k x^k + n(n+1) \sum_{k=0}^{\infty} c_k x^k$$

$$= [n(n+1)c_0 + 2c_2]x^0 + [n(n+1)c_1 - 2c_1 + 6c_3]x$$

$$+ \underbrace{\sum_{k=4}^{\infty} c_k k(k-1) x^{k-2}}_{j=k-2} - \underbrace{\sum_{k=2}^{\infty} c_k k(k-1) x^k}_{j=k}$$

$$- 2 \underbrace{\sum_{k=2}^{\infty} c_k k x^k}_{j=k} + n(n+1) \underbrace{\sum_{k=2}^{\infty} c_k x^k}_{j=k}$$

$$= [n(n+1)c_0 + 2c_2] + [(n-1)(n+2)c_1 + 6c_3]x$$

$$+ \sum_{j=2}^{\infty} c_{j+2}(j+2)(j+1)x^j - \sum_{j=2}^{\infty} c_j j(j-1)x^j - 2\sum_{j=2}^{\infty} c_j j x^j + n(n+1)\sum_{j=2}^{\infty} c_j x^j$$

$$= [n(n+1)c_0 + 2c_2] + [(n-1)(n+2)c_1 + 6c_3]x$$

$$+ \sum_{j=2}^{\infty} [(j+2)(j+1)c_{j+2} - j(j-1)c_j - 2c_j j + n(n+1)c_j]x^j$$

$$= [n(n+1)c_0+2c_2]+[(n-1)(n+2)c_1+6c_3]x$$
$$+\sum_{j=2}^{\infty}[(j+2)(j+1)c_{j+2}]x^j-\sum_{j=2}^{\infty}[(j^2-j+2j-n^2-n)c_j]x^j$$
$$=[n(n+1)c_0+2c_2]+[(n-1)(n+2)c_1+6c_3]x$$
$$+\sum_{j=2}^{\infty}[(j+2)(j+1)c_{j+2}]x^j-\sum_{j=2}^{\infty}[(-n^2+j^2-n+j)c_j]x^j$$
$$=[n(n+1)c_0+2c_2]+[(n-1)(n+2)c_1+6c_3]x$$
$$+\sum_{j=2}^{\infty}[(j+2)(j+1)c_{j+2}]x^j+\sum_{j=2}^{\infty}[(n^2-j^2+n-j)c_j]x^j$$
$$=[n(n+1)c_0+2c_2]+[(n-1)(n+2)c_1+6c_3]x$$
$$+\sum_{j=2}^{\infty}[(j+2)(j+1)c_{j+2}+(n-j)(n+j+1)c_j]x^j$$
$$=0$$

所以,
$$n(n+1)c_0+2c_2=0$$
$$(n-1)(n+2)c_1+6c_3=0$$
$$(j+2)(j+1)c_{j+2}+(n-j)(n+j+1)c_j=0$$
$$c_2=-\frac{n(n+1)}{2!}c_0$$
$$c_3=-\frac{(n-1)(n+2)}{3!}c_1$$
$$c_{j+2}=-\frac{(n-j)(n+j+1)}{(j+2)(j+1)}c_j,\ j=2,\ 3,\ 4,\ \cdots$$

可得
$$c_4=-\frac{(n-2)(n+3)}{4\cdot 3}c_2=\frac{(n-2)n(n+1)(n+3)}{4!}c_0$$
$$c_5=-\frac{(n-3)(n+4)}{5\cdot 4}c_3=\frac{(n-3)(n-1)(n+2)(n+4)}{5!}c_1$$
$$c_6=-\frac{(n-4)(n+5)}{6\cdot 5}c_4=-\frac{(n-4)(n-2)n(n+1)(n+3)(n+5)}{6!}c_0$$
$$c_7=-\frac{(n-5)(n+6)}{7\cdot 6}c_5=-\frac{(n-5)(n-3)(n-1)(n+2)(n+4)(n+6)}{7!}c_1$$
$$\vdots$$

於是，對 $|x| < 1$ 時，我們得到兩個線性獨立冪級數解如下：

$$y_1(x) = c_0 \left[1 - \frac{n(n+1)}{2!} x^2 + \frac{(n-2)n(n+1)(n+3)}{4!} x^4 \right.$$
$$\left. - \frac{(n-4)(n-2)n(n+1)(n+3)(n+5)}{6!} x^6 + \cdots \right]$$

$$y_2(x) = c_1 \left[x - \frac{(n-1)(n+2)}{3!} x^3 + \frac{(n-3)(n-1)(n+2)(n+4)}{5!} x^5 \right.$$
$$\left. - \frac{(n-5)(n-3)(n-1)(n+2)(n+4)(n+6)}{7!} x^7 + \cdots \right] 。 \quad (4\text{-}28)$$

注意，若 n 為正偶數時，第一個級數可以終止，而 $y_2(x)$ 為一無窮級數。例如，若 $n = 4$，則

$$y_1(x) = c_0 \left(1 - \frac{4 \cdot 5}{2!} x^2 + \frac{2 \cdot 4 \cdot 5 \cdot 7}{4!} x^4 \right)$$
$$= c_0 \left(1 - 10x^2 + \frac{35}{3} x^4 \right) 。$$

同理，當 n 為正奇數時，級數 $y_2(x)$ 可終止至 x^n。亦即，當 n 為非負整數，我們得一**雷建得方程式**的 n 次多項式解。

我們得知一常數乘以**雷建得方程式**的解亦為其解，習慣上，我們分別選擇 c_0 與 c_1 隨著與 n 為正偶數或正奇數有關的特殊值。

對 $n = 0$，我們選擇 $c_0 = 1$，且對 $n = 2, 4, 6, \cdots$，

$$c_0 = (-1)^{n/2} \frac{1 \cdot 3 \cdot 5 \cdots (n-1)}{2 \cdot 4 \cdots n}$$

而對 $n = 1$，我們選擇 $c_1 = 1$，且對 $n = 3, 5, 7, \cdots$，

$$c_1 = (-1)^{(n-1)/2} \frac{1 \cdot 3 \cdot 5 \cdots n}{2 \cdot 4 \cdot 6 \cdots (n-1)}$$

例如，當 $n = 4$ 時，可得

$$y_1(x) = (-1)^{4/2} \frac{1 \cdot 3}{2 \cdot 4} \left(1 - 10x^2 + \frac{35}{3} x^4 \right)$$

$$= \frac{3}{8} - \frac{30}{8} x^2 + \frac{35}{8} x^4$$

$$= \frac{1}{8} (35x^4 - 30x^2 + 3) \text{。}$$

這些特殊的 n 次多項式解稱為**雷建得多項式** (Legendre polynomials) 並記為 $P_n(x)$。由級數 $y_1(x)$ 與 $y_2(x)$ 並由上面所選擇的 c_0 與 c_1，我們很容易得到前面幾個雷建得多項式如下：

$$P_0(x) = 1$$

$$P_1(x) = x$$

$$P_2(x) = \frac{1}{2} (3x^2 - 1)$$

$$P_3(x) = \frac{1}{2} (5x^3 - 3x)$$

$$P_4(x) = \frac{1}{8} (35x^4 - 30x^2 + 3)$$

$$P_5(x) = \frac{1}{8} (63x^5 - 70x^3 + 15x)$$

$$\vdots$$

一般而言，以上這些**雷建得多項式**可以表成

$$P_n(x) = \frac{1}{2^n} \sum_{k=0}^{\left[\!\left[\frac{n}{2}\right]\!\right]} (-1)^k \frac{(2n-2k)!}{k!\,(n-k)!\,(n-2k)!} x^{n-2k} \tag{4-29}$$

此處 $\left[\!\left[\dfrac{n}{2}\right]\!\right] = $ 最大整數 $\leq \dfrac{n}{2}$。

讀者應注意，$P_0(x)$、$P_1(x)$、$P_2(x)$、$P_3(x)$、$P_5(x)$ 與 $P_8(x)$ 分別為下列微分方程式的特解。

$$n=0, \quad (1-x^2)y''-2xy'=0$$
$$n=1, \quad (1-x^2)y''-2xy'+2y=0$$
$$n=2, \quad (1-x^2)y''-2xy'+6y=0$$
$$n=3, \quad (1-x^2)y''-2xy'+12y=0$$
$$n=4, \quad (1-x^2)y''-2xy'+20y=0$$
$$n=5, \quad (1-x^2)y''-2xy'+30y=0$$

前面五個雷建得多項式在區間 $-1 \leq x \leq 1$ 的圖形如圖 4-2 所示。

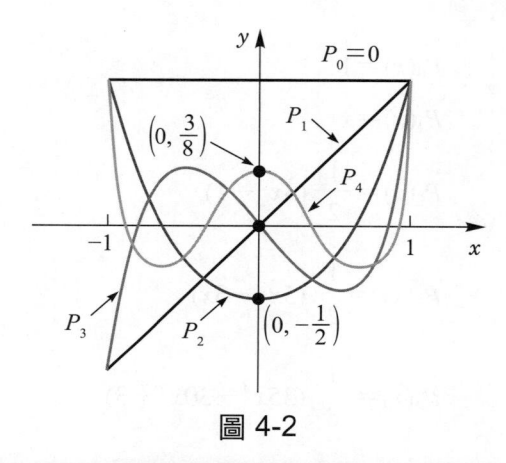

圖 4-2

定理 4-5

(1) 當 n 不是整數時，雷建得方程式的通解為

$$y(x)=y_1(x)+y_2(x)$$

其中

$$y_1(x)=c_0\left[1-\frac{n(n+1)}{2!}x^2+\frac{(n-2)n(n+1)(n+3)}{4!}x^4+\cdots\right]$$

$$y_2(x)=c_1\left[x-\frac{(n-1)(n+2)}{3!}x^3+\frac{(n-3)(n-1)(n+2)(n+4)}{5!}x^5+\cdots\right]$$

(2) 當 n 為整數時，又適當地選定了係數 c_n 之後，則 $y_1(x)$ 與 $y_2(x)$ 中有一個是雷建得多項式 $P_n(x)$，但另一個仍是無窮級數，記作 $H_n(x)$，此時雷建得方程式的通解為

$$y(x)=c_1 P_n(x)+c_2 H_n(x)。$$

例題 1

試由 n 次的雷建得多項式 $P_n(x)$，求 $P_4(x)$。

解 以 $n=4$ 代入 $P_n(x) = \dfrac{1}{2^n} \sum\limits_{k=0}^{[\frac{n}{2}]} (-1)^k \dfrac{(2n-2k)!}{k!\,(n-k)!\,(n-2k)!} x^{n-2k}$ 中，可得

$$P_4(x) = \dfrac{8!}{2^4\,4!\,4!} x^4 - \dfrac{6!}{2^4\,3!\,2!} x^2 + \dfrac{4!}{2^4\,2!\,2!}$$

$$= \dfrac{1}{8}(35x^4 - 30x^2 + 3)。$$

定義 4-5

下列函數

$$G(x,\,t) = (1 - 2xt + t^2)^{-1/2} \qquad (4\text{-}30)$$

稱為雷建得多項式的**生成函數** (generating function)。

為何函數 (4-30) 式稱為生成函數呢？我們可由二項式定理的展開式

$$(1-k)^{-1/2} = 1 + \dfrac{1}{2}k + \dfrac{1}{2!}\dfrac{1 \cdot 3}{2^2}k^2 + \dfrac{1}{3!}\dfrac{1 \cdot 3 \cdot 5}{2^3}k^3 + \cdots$$

令 $k = 2xt - t^2$，則

$$G(x,\,t) = 1 + \dfrac{1}{2}(2xt - t^2) + \dfrac{3}{8}(2xt - t^2)^2 + \dfrac{5}{16}(2xt - t^2)^3 + \cdots$$

將上式等號右邊展開，並合併 t 的各冪次的係數，又這些係數皆為 x 的函數，因而

$$G(x,\,t) = 1 + xt - \dfrac{t^2}{2} + \dfrac{3}{8}(4x^2t^2 - 4xt^3 + t^4)$$

$$+ \dfrac{5}{16}(8x^3t^3 - 12x^2t^4 + 6xt^7 - t^6) + \cdots$$

$$= 1 + xt + \left(\dfrac{3}{2}x^2 - \dfrac{1}{2}\right)t^2 + \left(\dfrac{5}{2}x^3 - \dfrac{3}{2}x\right)t^3 + \cdots$$

$$= 1 + xt + \dfrac{1}{2}(3x^2 - 1)t^2 + \dfrac{1}{2}(5x^3 - 3x)t^3 + \cdots$$

$$= P_0(x) + P_1(x)t + P_2(x)t^2 + P_3(x)t^3 + \cdots$$

故
$$G(x, t) = \sum_{n=0}^{\infty} P_n(x) t^n \text{。} \tag{4-31}$$

定理 4-6 │ 羅德里格公式

$P_n(x)$ 可以寫成微分表示式，稱為**羅德里格** (Rodrigues) 公式：
$$P_n(x) = \frac{1}{2^n n!} \frac{d^n}{dx^n} (x^2-1)^n, \quad n = 0, 1, 2, \cdots \text{。} \tag{4-32}$$

證 令 $u_n(x) = (x^2-1)^n$，則
$$\frac{d}{dx} u_n(x) = 2nx(x^2-1)^{n-1}$$

兩邊同乘以 (x^2-1) 並移項，可得
$$(x^2-1)u_n' - 2nxu_n = 0 \qquad \text{①}$$

利用**萊布尼茲微分定理**的公式：
$$(uv)^n = \sum_{k=0}^{n} \frac{n(n-1)(n-2)\cdots(n-k+1)}{k!} u^{(n-k)} v^{(k)}$$

將 ① 式微分 $(n+1)$ 次可得
$$(x^2-1)u_n^{(n+2)} + (n+1)2xu_n^{(n+1)} + \frac{n(n+1)}{2!} 2u_n^{(n)} - 2n[xu_n^{(n+1)} + (n+1)u_n^{(n)}] = 0$$

即，
$$(1-x^2)u_n^{(n+2)} - 2xu_n^{(n+1)} + n(n+1)u_n^{(n)} = 0 \qquad \text{②}$$

② 式與 (4-27) 式比較，得知 $u_n^{(n)}$ 與 $P_n(x)$ 皆滿足同一方程式，故
$$P_n(x) = c \frac{d^n}{dx^n} (x^2-1)^n$$

其中 c 為一適當常數。為了決定常數 c，我們利用 $P_n(1) = 1$，但
$$c \frac{d^n}{dx^n} (x^2-1)^n \bigg|_{x=1} = c \frac{d^n}{dx^n} [(x-1)^n (x+1)^n] \bigg|_{x=1} = c (n! \, 2^n) = 1$$

即，$c = \dfrac{1}{2^n n!}$，故

$$P_n(x) = \dfrac{1}{2^n n!} \dfrac{d^n}{dx^n} (x^2 - 1)^n, \quad n = 0, 1, 2, 3, \cdots 。$$

例題 2

試利用羅德里格公式導出 $P_3(x)$。

解 以 $n = 3$ 代入 $P_n(x) = \dfrac{1}{2^n n!} \dfrac{d^n}{dx^n} (x^2 - 1)^n$ 中，可得

$$P_3(x) = \dfrac{1}{2^3 \cdot 3!} \dfrac{d^3}{dx^3} [(x^2 - 1)^3] = \dfrac{1}{8 \cdot 3!} \dfrac{d^3}{dx^3} [(x^2 - 1)^3]$$

$$= \dfrac{1}{48} \dfrac{d^3}{dx^3} (x^6 - 3x^4 + 3x^2 - 1) = \dfrac{1}{48} (120x^3 - 72x)$$

$$= \dfrac{1}{2} (5x^3 - 3x)$$

$$= P_3(x) 。$$

定理 4-7 遞迴關係式

對每一正整數 n 而言，

$$(n+1) P_{n+1}(x) - (2n+1) x P_n(x) + n P_{n-1}(x) = 0 \tag{4-33}$$

其中 $-1 \leq x \leq 1$。

證 因

$$(1 - 2xt + t^2)^{-1/2} = \sum_{n=0}^{\infty} P_n(x) t^n$$

故上式等號兩邊對 t 微分，可得

$$-\dfrac{1}{2} (1 - 2xt + t^2)^{-3/2} (-2x + 2t) = \sum_{n=0}^{\infty} n P_n(x) t^{n-1}$$

即，

$$(1 - 2xt + t^2)^{-3/2} (x - t) = \sum_{n=1}^{\infty} n P_n(x) t^{n-1}$$

上式等號兩邊同乘以 $(1 - 2xt + t^2)$，可得

$$(x-t)(1-2xt+t^2)^{-1/2} = (1-2xt+t^2)\sum_{n=1}^{\infty} nP_n(x)\, t^{n-1}$$

或
$$(x-t)\sum_{n=0}^{\infty} P_n(x)\, t^n = (1-2xt+t^2)\sum_{n=1}^{\infty} nP_n(x)\, t^{n-1}$$

將上式整理成

$$\sum_{n=0}^{\infty} xP_n(x)\, t^n - \sum_{n=0}^{\infty} P_n(x)\, t^{n+1} - \sum_{n=1}^{\infty} nP_n(x)$$
$$+ 2x\sum_{n=1}^{\infty} nP_n(x)\, t^n - \sum_{n=1}^{\infty} nP_n(x)\, t^{n+1} = 0$$

或
$$x + x^2 t + \sum_{n=2}^{\infty} xP_n(x)\, t^n - t - \sum_{n=1}^{\infty} P_n(x)\, t^{n+1} - x - 2\left(\frac{3x^2-1}{2}\right)t$$
$$-\sum_{n=3}^{\infty} nP_n(x)\, t^{n-1} + 2x^2 t + 2x\sum_{n=2}^{\infty} nP_n(x)\, t^n - \sum_{n=1}^{\infty} nP_n(x)\, t^{n+1} = 0$$

可得
$$\sum_{k=2}^{\infty} [-(k+1)P_{k+1}(x) + (2k+1)xP_k(x) - kP_{k-1}(x)]t^k = 0$$

令 t^k 的全部係數為零，則求得三項的遞迴關係式

$$(k+1)P_{k+1}(x) - (2k+1)xP_k(x) + kP_{k-1}(x) = 0, \quad k = 2, 3, 4, \cdots$$

此式當 $k=1$ 時亦成立。所以，對每一正整數 n，

$$(n+1)P_{n+1}(x) - (2n+1)xP_n(x) + nP_{n-1}(x) = 0$$

成立。

例題 3

已知 $P_0(x) = 1$，$P_1(x) = x$，試利用遞迴關係式求 $P_2(x)$、$P_3(x)$ 與 $P_4(x)$。

解 (1) 令 $n = 1$，代入遞迴關係式中可得

$$2P_2(x) - 3x\, P_1(x) + P_0(x) = 0$$

故 $$P_2(x) = \frac{1}{2}[3x\, P_1(x) - P_0(x)] = \frac{1}{2}(3x^2 - 1)$$

(2) 令 $n = 2$，代入遞迴關係式中可得

$$3P_3(x) - 5x\, P_2(x) + 2P_1(x) = 0$$

故 $P_3(x) = \dfrac{1}{3}[5x\,P_2(x) - 2P_1(x)] = \dfrac{1}{3} \cdot \left[\dfrac{5}{2}x(3x^2-1) - 2x\right]$

$= \dfrac{1}{3}\left(\dfrac{15}{2}x^3 - \dfrac{9x}{2}\right) = \dfrac{1}{2}(5x^3 - 3x)$

(3) 令 $n = 3$，代入遞迴關係式中可得

$$4P_4(x) - 7x\,P_3(x) + 3P_2(x) = 0$$

故 $P_4(x) = \dfrac{1}{4}[7x\,P_3(x) - 3P_2(x)]$

$= \dfrac{1}{4}\left[\dfrac{7}{2}(5x^4 - 3x^2) - \dfrac{3}{2}(3x^2 - 1)\right]$

$= \dfrac{1}{8}(35x^4 - 30x^2 + 3)$。

＊接著我們要說明不同階的雷建得多項式互相**正交** (orthogonal)，即可以構成一正交函數集。例如，正弦函數集合 $\{\sin nx \mid n = 1, 2, 3, \cdots\}$ 在區間 $0 \le x \le \pi$ 具有**正交性** (orthogonality)，即，

$$\int_0^\pi \sin nx \sin mx\, dx = \begin{cases} 0, & n \ne m \\ \dfrac{\pi}{2}, & n = m \end{cases}$$

同理，雷建得多項式集在 $-1 \le x \le 1$ 中亦具有正交性。

定理 4-8

雷建得多項式 $P_n(x),\ n = 0, 1, 2, 3, \cdots$ 具有**正交性**，即，

$$\int_{-1}^{1} P_n(x)\,P_m(x)\,dx = \begin{cases} 0, & n \ne m \\ \dfrac{2}{2n+1}, & n = m \end{cases} \quad (4\text{-}34)$$

證 雷建得多項式 $P_n(x)$ 與 $P_m(x)$ 分別滿足雷建得方程式：

$$(1 - x^2)P_n'' - 2x\,P_n' + n(n+1)P_n = 0 \qquad ①$$

$$(1 - x^2)P_m'' - 2x\,P_m' + m(m+1)P_m = 0 \qquad ②$$

若 ① 式乘以 P_m 減去 ② 式乘以 P_n，則

$$(1-x^2)[P_n'' P_m - P_m'' P_n] - 2x[P_n' P_m - P_m' P_n]$$
$$= [m(m+1) - n(n+1)] P_n P_m \qquad ③$$

即，$\quad \dfrac{d}{dx}[(1-x^2)(P_n' P_m - P_m' P_n)] = [m(m+1) - n(n+1)] P_n P_m$

可得

$$[(1-x^2)(P_n' P_m - P_m' P_n)]\Big|_{x=-1}^{x=1} = [m(m+1) - n(n+1)] \int_{-1}^{1} P_n(x) P_m(x)\, dx$$

此一等式的左邊為零，故對 $n \neq m$，我們有

$$\int_{-1}^{1} P_n(x) P_m(x)\, dx = 0$$

對 $n = m$，(4-34) 式的證明留給讀者。

例題 4

試證雷建得多項式 $P_0(x)$、$P_1(x)$ 與 $P_2(x)$ 在 $(-1, 1)$ 彼此互相正交。

解 因 $P_0(x) = 1$，$P_1(x) = x$，$P_2(x) = \dfrac{1}{2}(3x^2 - 1)$，可得

$$\int_{-1}^{1} P_0(x) P_1(x)\, dx = \int_{-1}^{1} x\, dx = 0$$

$$\int_{-1}^{1} P_0(x) P_2(x)\, dx = \int_{-1}^{1} \frac{1}{2}(3x^2 - 1)\, dx = \frac{1}{2}\Big[x^3 - x\Big]_{-1}^{1}$$

$$= \frac{1}{2}[1 - 1 - (-1 + 1)] = 0$$

$$\int_{-1}^{1} P_1(x) P_2(x)\, dx = \int_{-1}^{1} \frac{1}{2} x(3x^2 - 1)\, dx = \frac{1}{2} \int_{-1}^{1} (3x^3 - x)\, dx$$

$$= \frac{1}{2}\left[\frac{3}{4} x^4 - \frac{x^2}{2}\right]_{-1}^{1}$$

$$= \frac{1}{2}\left(\frac{3}{4} - \frac{1}{2} - \frac{3}{4} + \frac{1}{2}\right)$$
$$= 0$$

故雷建得多項式 $P_0(x)$、$P_1(x)$ 與 $P_2(x)$ 彼此互相正交。

習題 4-4

1. 利用 $P_n(x) = \sum_{k=0}^{[\![\frac{n}{2}]\!]} (-1)^k \frac{(2n-2k)!}{2^n k!(n-k)!(n-2k)!} x^{n-2k}$ 其中 $[\![\frac{n}{2}]\!] = \leq \frac{n}{2}$ 最大整數 $\leq \frac{n}{2}$，求 $P_5(x)$。

2. 試證：對 $n = 4$ 而言，$P_n(x)$ 為雷建得方程式的解。

3. 試將多項式 x^3 以雷建得多項式表示之。

4. 利用羅德里格公式 $P_n(x) = \frac{1}{2^n n!} \frac{d^n}{dx^n}[(x^2-1)^n]$，求 $P_5(x)$。

5. 試證：對任何正整數 n 而言，
$$nP_{n-1}(x) - P'_n(x) + xP'_{n-1}(x) = 0 \text{。}$$

6. 試證：對任何正整數 n 而言，
$$\int_{-1}^{1} P_n(x)\,dx = 0 \text{。}$$

7. 利用雷建得遞迴關係式證明
$$\int_{-1}^{1} xP_n P_{n-1}\,dx = \frac{2n}{4n^2-1}, \quad n \geq 1 \text{。}$$

矩陣與線性方程組　05

矩陣在各方面的用途非常廣泛，舉凡電機、自動控制、土木、機械、企業管理、經濟學等，均普遍會應用到矩陣的觀念。

5-1 矩陣

定義 5-1

若有 $m \times n$ 個數 a_{ij} ($i = 1, 2, 3, \cdots, m$；$j = 1, 2, 3, \cdots, n$) 表成下列的形式：

$$A = \begin{bmatrix} a_{11} & a_{12} & \cdots & a_{1j} & \cdots & a_{1n} \\ a_{21} & a_{22} & \cdots & a_{2j} & \cdots & a_{2n} \\ \vdots & \vdots & & \vdots & & \vdots \\ a_{i1} & a_{i2} & \cdots & a_{ij} & \cdots & a_{in} \\ \vdots & \vdots & & \vdots & & \vdots \\ a_{m1} & a_{m2} & \cdots & a_{mj} & \cdots & a_{mn} \end{bmatrix} \begin{matrix} \leftarrow \text{第 1 列} \\ \\ \\ \leftarrow \text{第 } i \text{ 列} \\ \\ \leftarrow \text{第 } m \text{ 列} \end{matrix}$$

　　　　　　　↑　　　　↑　　↑
　　　　　　第 1 行　　第 j 行　第 n 行

其中有 m **列** (row) n **行** (column)，則它是由 a_{ij} 所組成的**矩陣** (matrix)。矩陣中第 i 列第 j 行的數 a_{ij}，稱為此矩陣第 i 列第 j 行的**元素** (element 或 entry)，故此矩陣中有 mn 個元素。

　　矩陣常以大寫英文字母 $A, B, C\cdots$ 來表示。若已知矩陣 A 有 m 列 n 行，則稱此矩陣 A 的**大小** (size) 為 $m \times n$ (唸成「m 乘 n」)，以 $A = [a_{ij}]_{m \times n}$ 表示，其中 $1 \leq i \leq m$，$1 \leq j \leq n$。凡是只有一行的矩陣，即，$m \times 1$ 矩陣，稱為**行矩陣** (column matrix)。凡是只有一列的矩陣，即，$1 \times n$ 矩陣，稱為**列矩陣** (row matrix)。各元素皆為 0 的矩陣稱為**零矩陣** (zero matrix)，記為「**0**」。

列數與行數相等的矩陣稱為**方陣** (square matrix)。列數與行數皆為 n 的方陣稱為 **n 階方陣** (n-square matrix)。若 n 階方陣 $A=[a_{ij}]$ 中除對角線上的元素外，其餘的元素皆為 0，即，$a_{ij}=0$ $(i \neq j)$，則稱為**對角方陣** (diagonal matrix)，通常皆用 $\text{diag}(a_{11},\ a_{22},\ a_{33},\ \cdots,\ a_{nn})$ 表示之。若一方陣中，除對角線上的元素為 1 外，其餘的元素皆為 0，則稱為**單位方陣** (unit matrix)，記為 I，即，

$$I = \begin{bmatrix} 1 & 0 & 0 & \cdots & 0 \\ 0 & 1 & 0 & \cdots & 0 \\ \vdots & \vdots & \vdots & & \vdots \\ 0 & 0 & 0 & \cdots & 1 \end{bmatrix}$$

或

$$I = \text{diag}(1,\ 1,\ 1,\ \cdots,\ 1) \text{。}$$

有時候，為了強調單位矩陣的大小，我們將 $n \times n$ 單位方陣寫成 I_n，例如，

$$I_2 = \begin{bmatrix} 1 & 0 \\ 0 & 1 \end{bmatrix},\ I_3 = \begin{bmatrix} 1 & 0 & 0 \\ 0 & 1 & 0 \\ 0 & 0 & 1 \end{bmatrix},\ \cdots \text{等等}$$

在方陣 $A=[a_{ij}]$ 中，當 $i>j$ 時，$a_{ij}=0$，即，對角線以下元素皆為 0，則稱 A 為**上三角方陣** (upper-triangular matrix)。在方陣 $A=[a_{ij}]$ 中，當 $i<j$ 時，$a_{ij}=0$，即對角線以上元素皆為 0，則稱 A 為**下三角方陣** (lower-triangular matrix)。例如，

$$\begin{bmatrix} 1 & -2 & 3 \\ 0 & 1 & 5 \\ 0 & 0 & 2 \end{bmatrix},\ \begin{bmatrix} 0 & 3 & -1 \\ 0 & 0 & 2 \\ 0 & 0 & 0 \end{bmatrix},\ \begin{bmatrix} 0 & 0 & 5 \\ 0 & 0 & 0 \\ 0 & 0 & 0 \end{bmatrix}$$

皆為上三角方陣。

$$\begin{bmatrix} 1 & 0 & 0 \\ 2 & 3 & 0 \\ 1 & 0 & 5 \end{bmatrix},\ \begin{bmatrix} 0 & 0 & 0 \\ 2 & 0 & 0 \\ 3 & 4 & 0 \end{bmatrix},\ \begin{bmatrix} 0 & 0 & 1 \\ 0 & 0 & 0 \\ 1 & 1 & 0 \end{bmatrix}$$

皆為下三角方陣。

註：對角方陣既是上三角亦是下三角。

在許多數學問題上為了要應用矩陣，需要作數學上的運算，它包含有矩陣的加、減、純量乘以矩陣以及矩陣的乘法。首先，我們定義兩個矩陣相等的觀念。

定義 5-2

已知兩個大小相同的矩陣 $A=[a_{ij}]_{m\times n}$, $B=[b_{ij}]_{m\times n}$, $1\leq i\leq m$, $1\leq j\leq n$。

(1) 若對於任意 i 與 j, $a_{ij}=b_{ij}$,則稱此兩個矩陣**相等**,以符號 $A=B$,或 $[a_{ij}]_{m\times n}=[b_{ij}]_{m\times n}$ 表之。

(2) 它們的**和** (sum) 為 $C=A+B$,此處 $C=[c_{ij}]_{m\times n}$ 定義如下:

$$c_{ij}=a_{ij}+b_{ij},\ 1\leq i\leq m,\ 1\leq j\leq n。$$

由此定義,可知兩個大小相同的矩陣方能相加,否則無意義。

定義 5-3

已知 $A=[a_{ij}]_{m\times n}$,則定義實數 α (有時稱為純量) 乘以矩陣的運算為 $B=\alpha A$,其中

$$B=[b_{ij}]_{m\times n}=[\alpha a_{ij}]_{m\times n}。$$

對於兩個大小相同的矩陣 A 與 B,我們定義 A 與 B 的**差** (difference) 為

$$A-B=A+(-1)B。$$

例題 1

已知 $A=\begin{bmatrix} -1 & 1 & 2 \\ 0 & 1 & -1 \end{bmatrix}$, $B=\begin{bmatrix} 3 & 1 & 0 \\ 0 & 1 & 0 \end{bmatrix}$,求一個 2×3 矩陣 X 滿足 $A-2B+3X=0$。

解
$$3X=2B-A=2\begin{bmatrix} 3 & 1 & 0 \\ 0 & 1 & 0 \end{bmatrix}-\begin{bmatrix} -1 & 1 & 2 \\ 0 & 1 & -1 \end{bmatrix}$$

$$=\begin{bmatrix} 6 & 2 & 0 \\ 0 & 2 & 0 \end{bmatrix}-\begin{bmatrix} -1 & 1 & 2 \\ 0 & 1 & -1 \end{bmatrix}=\begin{bmatrix} 7 & 1 & -2 \\ 0 & 1 & 1 \end{bmatrix}$$

故 $X=\dfrac{1}{3}\begin{bmatrix} 7 & 1 & -2 \\ 0 & 1 & 1 \end{bmatrix}=\begin{bmatrix} \dfrac{7}{3} & \dfrac{1}{3} & -\dfrac{2}{3} \\ 0 & \dfrac{1}{3} & \dfrac{1}{3} \end{bmatrix}$。

現在，我們先定義 $1\times m$ 列矩陣乘以 $m\times 1$ 行矩陣的積。令

$$A=[a_{11}\quad a_{12}\quad a_{13}\quad \cdots \quad a_{1m}],\ B=\begin{bmatrix} b_{11} \\ b_{21} \\ b_{31} \\ \vdots \\ b_{m1} \end{bmatrix}$$

則 A 乘以 B，記為 AB，為一個 1×1 矩陣，如下式

$$\begin{aligned} AB &= [a_{11}\quad a_{12}\quad a_{13}\quad \cdots \quad a_{1m}]\begin{bmatrix} b_{11} \\ b_{21} \\ b_{31} \\ \vdots \\ b_{m1} \end{bmatrix} \\ &= [a_{11}b_{11}+a_{12}b_{21}+a_{13}b_{31}+\cdots+a_{1m}b_{m1}]_{1\times 1} \\ &= \left[\sum_{p=1}^{m} a_{1p}b_{p1}\right]_{1\times 1} \end{aligned}$$

現在我們可將上面列矩陣與行矩陣的乘法推廣至矩陣 A 與矩陣 B 相乘，若 A 為 $m\times n$ 矩陣，且 B 為 $n\times l$ 矩陣，則乘積 AB 為 $m\times l$ 矩陣，而 AB 的第 i 列第 j 行的元素為單獨提出 A 的第 i 列及 B 的第 j 行，將列與行的相對應元素相乘，然後再將其各乘積相加。

定義 5-4

已知 $A=[a_{ij}]_{m\times n}$，$B=[b_{jk}]_{n\times l}$，則定義矩陣 A 與 B 的乘積為 $AB=C=[c_{ik}]_{m\times l}$，其中

$$c_{ik}=\sum_{j=1}^{n} a_{ij}b_{jk}$$

$i=1, 2, \cdots, m$；$j=1, 2, \cdots, n$；$k=1, 2, \cdots, l$。

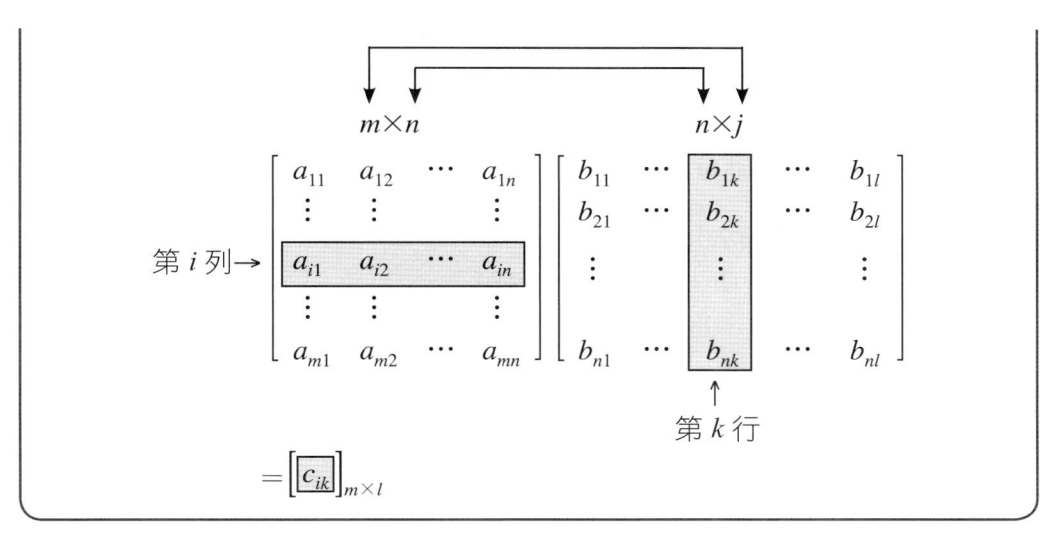

$$\begin{bmatrix} a_{11} & a_{12} & \cdots & a_{1n} \\ \vdots & \vdots & & \vdots \\ a_{i1} & a_{i2} & \cdots & a_{in} \\ \vdots & \vdots & & \vdots \\ a_{m1} & a_{m2} & \cdots & a_{mn} \end{bmatrix} \begin{bmatrix} b_{11} & \cdots & b_{1k} & \cdots & b_{1l} \\ b_{21} & \cdots & b_{2k} & \cdots & b_{2l} \\ \vdots & & \vdots & & \vdots \\ b_{n1} & \cdots & b_{nk} & \cdots & b_{nl} \end{bmatrix}$$

第 i 列 →（$a_{i1}, a_{i2}, \cdots, a_{in}$），第 k 行

$m \times n$，$n \times j$

$= [c_{ik}]_{m \times l}$

註：1. A 的行數必須與 B 的列數相等始可相乘，否則 AB 無意義。
　　2. 若 A 是 $m \times n$ 矩陣，B 是 $n \times l$ 矩陣，則 AB 是 $m \times l$ 矩陣。

我們現在提供一個簡便的方法來決定兩個矩陣的乘積是否有意義。寫下第一個矩陣的大小，以及在其右邊寫下第二個矩陣的大小，如圖 5-1 所示，若內層數值相等，則矩陣乘積有意義，而外層數值則可決定乘積矩陣的大小。

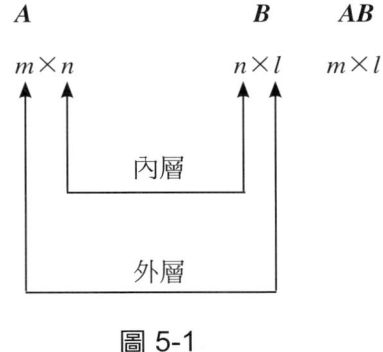

$$\begin{array}{ccc} A & B & AB \\ m \times n & n \times l & m \times l \end{array}$$

內層
外層

圖 5-1

例題 2

已知 $A = \begin{bmatrix} 1 & 1 \\ 0 & 0 \end{bmatrix}$，$B = \begin{bmatrix} 1 & 1 \\ 1 & 0 \end{bmatrix}$，求 AB 及 BA。

解 $AB = \begin{bmatrix} 1 & 1 \\ 0 & 0 \end{bmatrix} \begin{bmatrix} 1 & 1 \\ 1 & 0 \end{bmatrix} = \begin{bmatrix} 1+1 & 1+0 \\ 0+0 & 0+0 \end{bmatrix} = \begin{bmatrix} 2 & 1 \\ 0 & 0 \end{bmatrix}$

$BA = \begin{bmatrix} 1 & 1 \\ 1 & 0 \end{bmatrix} \begin{bmatrix} 1 & 1 \\ 0 & 0 \end{bmatrix} = \begin{bmatrix} 1+0 & 1+0 \\ 1+0 & 1+0 \end{bmatrix} = \begin{bmatrix} 1 & 1 \\ 1 & 1 \end{bmatrix}$。

定理 5-1

設 A、B、C 為三個矩陣,其加法與乘法的運算皆有意義,α 與 β 皆為任意實數,則下列的性質成立。

(1) $A+B=B+A$(加法交換律)
(2) $(A+B)+C=A+(B+C)$(加法結合律)
(3) $A+0=0+A=A$,此處 0 稱為矩陣 A 的**加法單位元素**。
(4) 對於任意矩陣 A,均存在矩陣 $-A$ 使得 $A+(-A)=(-A)+A=0$,此處 $-A$ 稱為矩陣 A 的**加法反元素**。
(5) $\alpha(A+B)=\alpha A+\alpha B$
(6) $(\alpha+\beta)A=\alpha A+\beta A$
(7) $(\alpha\beta)A=\alpha(\beta A)=\beta(\alpha A)$
(8) $(AB)C=A(BC)$(乘法結合律)
(9) $A(B+C)=AB+AC$(左分配律)
(10) $(A+B)C=AC+BC$(右分配律)
(11) $\alpha(AB)=(\alpha A)B=A(\alpha B)$
(12) 若 A 是 $m\times n$ 矩陣,則 $AI_n=I_mA=A$。

在實數系中,若 $a\in \mathbb{R}$,則

$$a \cdot a = a^2$$
$$a \cdot a \cdot a = a^3$$
$$\vdots$$
$$\underbrace{a \cdot a \cdot a \cdots a}_{n \text{ 個 } a} = a^n$$

又若 $a\neq 0$,則 $a^0=1$。仿此,若 A 為方陣,則我們將 A 的乘冪表成如下:

$$A^2=AA, \quad A^3=A^2A, \quad \cdots, \quad A^n=A^{n-1}A$$

若 $A\neq 0$,則定義 $A^0=I$。

定義 5-5

若 A 為方陣，則對任意多項式函數 $f(x)=a_n x^n+\cdots+a_1 x+a_0$，定義 $f(A)$ 為

$$f(A)=a_n A^n+\cdots+a_1 A+a_0 I$$

若 $f(A)=0$，則 A 稱為 $f(x)$ 的**零位** (zero)。

例題 3

已知 $A=\begin{bmatrix} 1 & 2 \\ 3 & -4 \end{bmatrix}$，可得 $A^2=\begin{bmatrix} 1 & 2 \\ 3 & -4 \end{bmatrix}\begin{bmatrix} 1 & 2 \\ 3 & -4 \end{bmatrix}=\begin{bmatrix} 7 & -6 \\ -9 & 22 \end{bmatrix}$

若 $f(x)=2x^2-x+3$，則 $f(A)=2\begin{bmatrix} 7 & -6 \\ -9 & 22 \end{bmatrix}-\begin{bmatrix} 1 & 2 \\ 3 & -4 \end{bmatrix}+3\begin{bmatrix} 1 & 0 \\ 0 & 1 \end{bmatrix}$

$$=\begin{bmatrix} 16 & -14 \\ -21 & 51 \end{bmatrix}$$

若 $g(x)=x^2+3x-10$，則 $g(A)=\begin{bmatrix} 7 & -6 \\ -9 & 22 \end{bmatrix}+3\begin{bmatrix} 1 & 2 \\ 3 & -4 \end{bmatrix}-10\begin{bmatrix} 1 & 0 \\ 0 & 1 \end{bmatrix}$

$$=\begin{bmatrix} 0 & 0 \\ 0 & 0 \end{bmatrix}$$

故 A 為 $g(x)$ 的零位。

定理 5-2

若 A 為方陣，r 與 s 皆為非負整數，則

(1) $A^{r+s}=(A^r)(A^s)$
(2) $(A^r)^s=A^{rs}=(A^s)^r$

例如，$A^{4+6}=(A^4)(A^6)=A^{10}$，$(A^3)^2=A^{(3)(2)}=(A^2)^3=A^6$。但是，實數的指數律 $(ab)^n=a^n b^n$ 在方陣的乘法中並不成立。事實上，如果 A 與 B 皆為 n 階方陣，且 n 是大於或等於 2 的整數，一般而言，$(AB)^n \neq A^n B^n$。因此，方陣相乘的順序非常重要，即使是最簡單的情形 $n=2$，我們通常也會得知 $(AB)(AB) \neq (AA)(BB)$。

例題 4

已知 $A=\begin{bmatrix} 2 & -4 \\ 1 & 3 \end{bmatrix}$，$B=\begin{bmatrix} 3 & 2 \\ -1 & 5 \end{bmatrix}$，可得

$$(AB)^2=\begin{bmatrix} 10 & -16 \\ 0 & 17 \end{bmatrix}^2=\begin{bmatrix} 100 & -432 \\ 0 & 289 \end{bmatrix}$$

然而，$A^2B^2=\begin{bmatrix} 0 & -20 \\ 5 & 5 \end{bmatrix}\begin{bmatrix} 7 & 16 \\ -8 & 23 \end{bmatrix}=\begin{bmatrix} 160 & -460 \\ -5 & 195 \end{bmatrix}$

因此，對方陣 A 與 B 而言，我們有 $(AB)^2 \neq A^2B^2$。

方陣的乘法性質與實數的乘法性質有相似之處，亦有相異之處，以下將一一說明。

一、相似處

1. 若 A、B 與 C 皆為 n 階方陣，則

$$(AB)C=A(BC)=ABC$$
$$A(B+C)=AB+AC$$
$$(A+B)C=AC+BC。$$

2. 若 A 為 n 階方陣，則

$$AI_n=I_nA=A$$

單位方陣在矩陣運算裡所扮演的角色就如同數值 1 在數值關係 $a\cdot 1=1\cdot a=a$ 裡所扮演的一樣。

3. 對 n 階方陣 A 與 n 階零方陣 $\mathbf{0}$，恆有 $A\mathbf{0}=\mathbf{0}A=\mathbf{0}$。

二、相異處

1. 對任一異於 0 的實數 a，恰有一實數 $\dfrac{1}{a}$，使得 $a\cdot\dfrac{1}{a}=1$；但對任一 n 階方陣 $A\neq \mathbf{0}$，未必有一 n 階方陣 B 滿足 $AB=I_n$。例如：

已知 $A=\begin{bmatrix} 1 & 0 \\ -1 & 0 \end{bmatrix}\neq \mathbf{0}$，$B=\begin{bmatrix} b_{11} & b_{12} \\ b_{21} & b_{22} \end{bmatrix}$

若 $AB=I_2$，即，$\begin{bmatrix} 1 & 0 \\ -1 & 0 \end{bmatrix} \begin{bmatrix} b_{11} & b_{12} \\ b_{21} & b_{22} \end{bmatrix} = \begin{bmatrix} 1 & 0 \\ 0 & 1 \end{bmatrix}$

則 $\begin{bmatrix} b_{11} & b_{12} \\ -b_{11} & -b_{12} \end{bmatrix} = \begin{bmatrix} 1 & 0 \\ 0 & 1 \end{bmatrix}$

可知 $b_{11}=1$，$b_{12}=0$，$-b_{11}=0$，$-b_{12}=1$，此為不合理。
故對方陣 A，不存在另一方陣 B 使 $AB=I_2$。

2. 對任意兩實數 a 與 b，$ab=ba$。但對任意兩個 n 階方陣 A 與 B，$AB=BA$ 未必成立，如例題 2。

3. 對兩實數 a、b，若 $ab=0$，則 $a=0$ 或 $b=0$。但對兩個 n 階方陣 A 及 B，若 $AB=0$，則 $A=0$ 或 $B=0$ 未必成立。例如：

已知 $A=\begin{bmatrix} 1 & 0 \\ 0 & 0 \end{bmatrix}$，$B=\begin{bmatrix} 0 & 0 \\ 1 & 0 \end{bmatrix}$

可得 $AB=\begin{bmatrix} 1 & 0 \\ 0 & 0 \end{bmatrix}\begin{bmatrix} 0 & 0 \\ 1 & 0 \end{bmatrix}=\begin{bmatrix} 0 & 0 \\ 0 & 0 \end{bmatrix}=\mathbf{0}$

但 $A\neq 0$ 且 $B\neq 0$。

4. 對實數 a、b 與 c，若 $ab=ac$，且 $a\neq 0$，則 $b=c$。但對三個 n 階方陣 A、B、C，若 $AB=AC$，且 $A\neq \mathbf{0}$，則 $B=C$ 未必成立。例如：

已知 $A=\begin{bmatrix} 0 & 1 \\ 0 & 2 \end{bmatrix}$，$B=\begin{bmatrix} 1 & 1 \\ 3 & 4 \end{bmatrix}$，$C=\begin{bmatrix} 2 & 5 \\ 3 & 4 \end{bmatrix}$

可得 $AB=AC=\begin{bmatrix} 3 & 4 \\ 6 & 8 \end{bmatrix}$

雖然 $A\neq \mathbf{0}$，但欲從方程式 $AB=AC$ 的兩端消去 A 而得 $B=C$ 是錯誤的。因此，對矩陣而言，**消去律**不成立。

5. 若實數 a 滿足 $a^2=0$，則一定有 $a=0$。但對矩陣 A，若 $A^2=\mathbf{0}$，不一定有 $A=\mathbf{0}$。例如：

已知 $A=\begin{bmatrix} 2 & 2 \\ -2 & -2 \end{bmatrix}$

可得 $A^2=\begin{bmatrix} 2 & 2 \\ -2 & -2 \end{bmatrix}\begin{bmatrix} 2 & 2 \\ -2 & -2 \end{bmatrix}=\begin{bmatrix} 0 & 0 \\ 0 & 0 \end{bmatrix}=\mathbf{0}$

但是 $A\neq \mathbf{0}$。

定義 5-6

已知 $A=[a_{ij}]_{m\times n}$，若 $a_{ij}^T=a_{ji}$ $(1\leq i\leq m,\ 1\leq j\leq n)$，則矩陣 $A^T=[a_{ij}^T]_{n\times m}$ 稱為 A 的**轉置** (transpose)，即，A 的轉置是由 A 的行與列互調而得。

定理 5-3 | 轉置的性質

設 $A=[a_{ij}]$ 為 $m\times p$ 矩陣，$B=[b_{ij}]$ 為 $p\times n$ 矩陣，r 為任意實數，則
(1) $(A^T)^T=A$
(2) $(AB)^T=B^TA^T$
(3) $(rA)^T=rA^T$
(4) 若 A 與 B 皆為 $m\times p$ 矩陣，則 $(A+B)^T=A^T+B^T$。

證 我們將只證明 (2)。因為 AB 為 $m\times n$ 矩陣，B^T 為 $n\times p$ 矩陣，A^T 為 $p\times m$ 矩陣，可知 $(AB)^T$ 與 B^TA^T 皆為 $n\times m$ 矩陣，所以，我們只要證明 $(AB)^T$ 與 B^TA^T 的第 i 列第 j 行的元素相等即可。令 $(AB)^T$ 的第 i 列第 j 行的元素為 c_{ij}^T，則

$$\begin{aligned}c_{ij}^T &= c_{ji} = a_{j1}b_{1i}+a_{j2}b_{2i}+a_{j3}b_{3i}+\cdots+a_{jp}b_{pi}\\ &= a_{1j}^T b_{i1}^T+a_{2j}^T b_{i2}^T+a_{3j}^T b_{i3}^T+\cdots+a_{pj}^T b_{ip}^T\\ &= b_{i1}^T a_{1j}^T+b_{i2}^T a_{2j}^T+b_{i3}^T a_{3j}^T+\cdots+b_{ip}^T a_{pj}^T\end{aligned}$$

以上亦為 B^TA^T 的第 i 列第 j 行的元素，故得證。

定義 5-7

已知方陣 $A=[a_{ij}]_{n\times n}$，
(1) 若 $A=A^T$，即，$a_{ij}=a_{ji}$，$\forall\ i\ 、j=1,\ 2,\ \cdots,\ n$，則稱 A 為**對稱方陣** (symmetric matrix)。
(2) 若 $A=-A^T$，則稱 A 為**反對稱方陣** (skew-symmetric matrix)。

定理 5-4

設 A 為對稱方陣，則下列的性質成立。
(1) 若 α 為任意實數，則 αA 亦為對稱方陣。
(2) $AA^T=A^TA=A^2$ 亦為對稱方陣。

定理 5-5

設 A 為反對稱方陣，則下列的性質成立。

(1) 若 α 為任意實數，則 αA 亦為反對稱方陣。
(2) $AA^T = A^T A = -A^2$ 為對稱方陣，而 A^2 亦為對稱方陣。

例題 5

若 $A = [a_{ij}]_{n \times n}$，試證：

(1) AA^T 與 $A^T A$ 皆為對稱。
(2) $A + A^T$ 為對稱。
(3) $A - A^T$ 為反對稱。

解 (1) 因 $(AA^T)^T = (A^T)^T A^T = AA^T$，故 AA^T 為對稱。
因 $(A^T A)^T = A^T (A^T)^T = A^T A$，故 $A^T A$ 為對稱。
(2) 因 $(A + A^T)^T = A^T + (A^T)^T = A + A^T$，故 $A + A^T$ 為對稱。
(3) 因 $(A - A^T)^T = A^T - (A^T)^T = A^T - A = -(A - A^T)$，故 $A - A^T$ 為反對稱。

例題 6

已知
$$A = \begin{bmatrix} 1 & -1 & 0 \\ 2 & 3 & 1 \\ 0 & 4 & 2 \end{bmatrix}, B = \begin{bmatrix} 0 & 2 & 1 \\ 1 & 0 & 3 \\ 4 & 1 & -1 \end{bmatrix}$$

試問 $A^2 - B^2$ 與 $(A - B)(A + B)$ 是否相等？

解
$$A^2 = \begin{bmatrix} 1 & -1 & 0 \\ 2 & 3 & 1 \\ 0 & 4 & 2 \end{bmatrix} \begin{bmatrix} 1 & -1 & 0 \\ 2 & 3 & 1 \\ 0 & 4 & 2 \end{bmatrix} = \begin{bmatrix} -1 & -4 & -1 \\ 8 & 11 & 5 \\ 8 & 20 & 8 \end{bmatrix}$$

$$B^2 = \begin{bmatrix} 0 & 2 & 1 \\ 1 & 0 & 3 \\ 4 & 1 & -1 \end{bmatrix} \begin{bmatrix} 0 & 2 & 1 \\ 1 & 0 & 3 \\ 4 & 1 & -1 \end{bmatrix} = \begin{bmatrix} 6 & 1 & 5 \\ 12 & 5 & -2 \\ -3 & 7 & 8 \end{bmatrix}$$

$$A^2 - B^2 = \begin{bmatrix} -1 & -4 & -1 \\ 8 & 11 & 5 \\ 8 & 20 & 8 \end{bmatrix} - \begin{bmatrix} 6 & 1 & 5 \\ 12 & 5 & -2 \\ -3 & 7 & 8 \end{bmatrix} = \begin{bmatrix} -7 & -5 & -6 \\ -4 & 6 & 7 \\ 11 & 13 & 0 \end{bmatrix}$$

$$A-B=\begin{bmatrix} 1 & -1 & 0 \\ 2 & 3 & 1 \\ 0 & 4 & 2 \end{bmatrix}-\begin{bmatrix} 0 & 2 & 1 \\ 1 & 0 & 3 \\ 4 & 1 & -1 \end{bmatrix}=\begin{bmatrix} 1 & -3 & -1 \\ 1 & 3 & -2 \\ -4 & 3 & 3 \end{bmatrix}$$

$$A+B=\begin{bmatrix} 1 & -1 & 0 \\ 2 & 3 & 1 \\ 0 & 4 & 2 \end{bmatrix}+\begin{bmatrix} 0 & 2 & 1 \\ 1 & 0 & 3 \\ 4 & 1 & -1 \end{bmatrix}=\begin{bmatrix} 1 & 1 & 1 \\ 3 & 3 & 4 \\ 4 & 5 & 1 \end{bmatrix}$$

$$(A-B)(A+B)=\begin{bmatrix} 1 & -3 & -1 \\ 1 & 3 & -2 \\ -4 & 3 & 3 \end{bmatrix}\begin{bmatrix} 1 & 1 & 1 \\ 3 & 3 & 4 \\ 4 & 5 & 1 \end{bmatrix}=\begin{bmatrix} -12 & -13 & -12 \\ 2 & 0 & 11 \\ 17 & 20 & 11 \end{bmatrix}$$

所以,$A^2-B^2 \neq (A-B)(A+B)$。

習題 5-1

1. 設 $\begin{bmatrix} 2x^2+1 & 3x+4y \\ 4x+y & y^2 \end{bmatrix} = \begin{bmatrix} 3x+15 & 2y \\ -2x-3y & 9 \end{bmatrix}$,求 x 與 y。

2. 已知 $A=\begin{bmatrix} 1 & 5 & 0 \\ 2 & 6 & 7 \end{bmatrix}$, $B=\begin{bmatrix} -1 & 4 & 2 \\ 1 & -3 & 8 \end{bmatrix}$, $C=\begin{bmatrix} -7 & -22 & -31 \\ -11 & 3 & 101 \end{bmatrix}$,
   求一個 2×3 階矩陣 X 使其滿足 $2A+4X=2B+C$。

3. 已知 $A=\begin{bmatrix} 1 & 2 \\ 4 & -3 \end{bmatrix}$。
   (1) 求 A^2 與 A^3。
   (2) 若 $f(x)=2x^3-4x+5$,求 $f(A)$。

4. 已知 $A=\begin{bmatrix} \cos\theta & \sin\theta \\ -\sin\theta & \cos\theta \end{bmatrix}$, $\theta=\dfrac{\pi}{3}$,求 A^2 與 A^3。

5. 已知 $A=\begin{bmatrix} 1 & -1 \\ 0 & 1 \end{bmatrix}$, $B=\begin{bmatrix} 1 & 2 \\ 1 & 1 \end{bmatrix}$,驗證下面二式:
   (1) $(A+B)^2 \neq A^2+2AB+B^2$
   (2) $(A+B)(A-B) \neq A^2-B^2$

6. 已知 $A=\begin{bmatrix} 1 & 2 \\ 0 & 1 \end{bmatrix}$,求 A^n。

7. 設 A、B 皆為 n 階方陣，則 $(AB)^2 = A^2B^2$ 恆成立嗎？驗證你的答案。

8. 已知 $A = \begin{bmatrix} 0 & a \\ \dfrac{1}{a} & 0 \end{bmatrix}$ $(a \neq 0)$，求 A^2、A^3、A^4、A^5 與 A^6。

9. 試證 $\begin{bmatrix} \lambda & 1 \\ 0 & \lambda \end{bmatrix}^n = \begin{bmatrix} \lambda^n & n\lambda^{n-1} \\ 0 & \lambda^n \end{bmatrix}$。

10. 若 $AB = BA$，且 n 為非負整數，試證 $(AB)^n = A^n B^n$。

11. 已知 $A = \begin{bmatrix} 2 & -1 & 3 \\ 0 & 4 & 5 \\ -2 & 1 & 4 \end{bmatrix}$，$B = \begin{bmatrix} 8 & -3 & -5 \\ 0 & 1 & 2 \\ 4 & -7 & 6 \end{bmatrix}$，$C = \begin{bmatrix} 0 & -2 & 3 \\ 1 & 7 & 4 \\ 3 & 5 & 9 \end{bmatrix}$

    試證：
    (1) $(A+B)^T = A^T + B^T$
    (2) $(AB)^T = B^T A^T$

12. 已知 $A = B^T = \begin{bmatrix} 2 & -3 & 1 & 1 \\ -4 & 0 & 1 & 2 \\ -1 & 3 & 0 & 1 \end{bmatrix}$，求 AB 與 BA。

13. 下列哪一個方陣是反對稱方陣？

$A = \begin{bmatrix} 0 & 1 & 3 \\ 1 & 0 & 4 \\ 3 & -4 & 0 \end{bmatrix}$ $B = \begin{bmatrix} 0 & -1 & -2 & -5 \\ 1 & 0 & 6 & -1 \\ 2 & -6 & 0 & 3 \\ 5 & 1 & 3 & 0 \end{bmatrix}$

$C = \begin{bmatrix} 0 & 3 & -4 \\ -3 & 0 & 5 \\ -4 & -5 & 0 \end{bmatrix}$ $D = \begin{bmatrix} 0 & 2 & 3 & -4 \\ -2 & 0 & 1 & -1 \\ -3 & -1 & 0 & 6 \\ 4 & 1 & -6 & 0 \end{bmatrix}$

14. 方陣 $A = [a_{ij}]_{n \times n}$ 的**跡數** (trace)，記為 $\text{tr}(A)$，定義為其對角線上所有元素的和，即，$\text{tr}(A) = a_{11} + a_{22} + \cdots + a_{nn}$。

    試證：若 A 與 B 皆為 n 階方陣，則 $\text{tr}(AB) = \text{tr}(BA)$。

15. 已知 A 為方陣，試證：
    (1) $\dfrac{1}{2}(A + A^T)$ 為對稱方陣。

(2) $\frac{1}{2}(A-A^T)$ 為反對稱方陣。

(3) A 可以表為一對稱方陣與一反對稱方陣的和。

16. 已知 $A = \begin{bmatrix} 1 & 2 & 3 \\ -1 & 4 & 1 \\ 2 & 5 & 6 \end{bmatrix}$，試驗證第 15 題中的 (1)、(2) 與 (3)。

5-2 反方陣

對每一個不等於零的數皆會存在一乘法反元素，但是在矩陣的運算中，對一個非零方陣是否會存在一方陣，使得此兩個方陣相乘為單位方陣呢？這就產生了反方陣的觀念了。我們看下面的定義。

定義 5-8

設 A 為 n 階方陣，若存在 n 階方陣 B 使得 $AB = BA = I_n$，則稱 B 為 A 的**逆方陣**或**反方陣** (inverse matrix)，此時，A 稱為**可逆方陣** (invertable matrix) 或**非奇異方陣** (nonsingular matrix)，通常以 A^{-1} 表示 A 的反方陣。反之，若不存在這樣的方陣 B，則稱 A 為**奇異方陣** (singular matrix)。

註：若 B 為 A 的反方陣，則亦稱 A 為 B 的反方陣。

例題 1

方陣 $A = \begin{bmatrix} 1 & 2 \\ 4 & 9 \end{bmatrix}$ 的反方陣為 $B = \begin{bmatrix} 9 & -2 \\ -4 & 1 \end{bmatrix}$，

因為 $AB = \begin{bmatrix} 1 & 2 \\ 4 & 9 \end{bmatrix}\begin{bmatrix} 9 & -2 \\ -4 & 1 \end{bmatrix} = \begin{bmatrix} 1 & 0 \\ 0 & 1 \end{bmatrix} = I_2$

$BA = \begin{bmatrix} 9 & -2 \\ -4 & 1 \end{bmatrix}\begin{bmatrix} 1 & 2 \\ 4 & 9 \end{bmatrix} = \begin{bmatrix} 1 & 0 \\ 0 & 1 \end{bmatrix} = I_2$。

例題 2

已知 $A = \begin{bmatrix} 1 & 2 \\ 3 & 4 \end{bmatrix}$，則 A 的反方陣是否存在？

解 為了求 A 的反方陣，我們設其反方陣為

$$A^{-1} = \begin{bmatrix} a & b \\ c & d \end{bmatrix}$$

因而

$$AA^{-1} = \begin{bmatrix} 1 & 2 \\ 3 & 4 \end{bmatrix} \begin{bmatrix} a & b \\ c & d \end{bmatrix} = \begin{bmatrix} 1 & 0 \\ 0 & 1 \end{bmatrix}$$

$$\begin{bmatrix} a+2c & b+2d \\ 3a+4c & 3b+4d \end{bmatrix} = \begin{bmatrix} 1 & 0 \\ 0 & 1 \end{bmatrix}$$

可得下列方程組

$$\begin{cases} a+2c=1 \\ 3a+4c=0 \end{cases} \quad \text{與} \quad \begin{cases} b+2d=0 \\ 3b+4d=1 \end{cases}$$

解得 $a=-2,\ c=\dfrac{3}{2},\ b=1,\ d=-\dfrac{1}{2}$。

又因

$$\begin{bmatrix} a & b \\ c & d \end{bmatrix} = \begin{bmatrix} -2 & 1 \\ \dfrac{3}{2} & -\dfrac{1}{2} \end{bmatrix}$$

亦滿足

$$\begin{bmatrix} -2 & 1 \\ \dfrac{3}{2} & -\dfrac{1}{2} \end{bmatrix} \begin{bmatrix} 1 & 2 \\ 3 & 4 \end{bmatrix} = \begin{bmatrix} 1 & 0 \\ 0 & 1 \end{bmatrix}$$

所以，$A^{-1} = \begin{bmatrix} -2 & 1 \\ \dfrac{3}{2} & -\dfrac{1}{2} \end{bmatrix}$。

一般而言，對方陣 $A = \begin{bmatrix} a & b \\ c & d \end{bmatrix}$，若 $ad-bc \neq 0$，則

$$A^{-1} = \dfrac{1}{ad-bc} \begin{bmatrix} d & -b \\ -c & a \end{bmatrix} \tag{5-1}$$

讀者要特別注意，並非每一個方陣皆有反方陣，例如，

$$A = \begin{bmatrix} 1 & 3 \\ 2 & 6 \end{bmatrix}$$

就沒有反方陣，所以 A 是一個奇異方陣。

定理 5-6

若 B 與 C 皆為方陣 A 的反方陣，則 $B = C$。

證 因 B 是 A 的反方陣，故 $BA = I$。又 $(BA)C = IC = C$，$(BA)C = B(AC) = BI = B$，可得 $B = C$。

定理 5-7

(1) 若 A 為非奇異方陣，則 A^{-1} 亦為非奇異方陣，且 $(A^{-1})^{-1} = A$。

(2) 若 c 為非零的實數，則 $(cA^{-1}) = \dfrac{1}{c} A^{-1}$。

(3) 若 A、B 皆為同階的非奇異方陣，則 AB 亦為非奇異方陣，而 $(AB)^{-1} = B^{-1}A^{-1}$。

(4) $(A^n)^{-1} = (A^{-1})^n$。

(5) 若 A 為非奇異方陣，則 A^T 亦為非奇異方陣，而 $(A^T)^{-1} = (A^{-1})^T$。

證 (3) 因 $(AB)(B^{-1}A^{-1}) = A(BB^{-1})A^{-1} = AIA^{-1} = AA^{-1} = I$

且 $(B^{-1}A^{-1})(AB) = B^{-1}(A^{-1}A)B = B^{-1}IB = B^{-1}B = I$

故 AB 為非奇異方陣。

$$AB(B^{-1}A^{-1}) = A(BB^{-1})A^{-1} = (AI)A^{-1} = AA^{-1} = I$$

因而 $(AB)^{-1} = B^{-1}A^{-1}$

(5) 因 $AA^{-1} = A^{-1}A = I$，可得

$$(AA^{-1})^T = (A^{-1}A)^T = I^T = I$$

$$(A^{-1})^T A^T = A^T (A^{-1})^T = I$$

故 $(A^T)^{-1} = (A^{-1})^T$。

推論：若 $A_1, A_2, A_3, \cdots, A_n$ 皆為同階的非奇異方陣，則 $A_1 A_2 A_3 \cdots A_n$ 亦是非奇異方陣，而

$$(A_1 A_2 A_3 \cdots A_n)^{-1} = A_n^{-1} A_{n-1}^{-1} \cdots A_3^{-1} A_2^{-1} A_1^{-1}。$$

例題 3

已知 $A^{-1}=\begin{bmatrix} 1 & 2 & -1 \\ 3 & 4 & 2 \\ 0 & 1 & -2 \end{bmatrix}$，$B^{-1}=\begin{bmatrix} 0 & 1 & 1 \\ 1 & 0 & 1 \\ -2 & 3 & 2 \end{bmatrix}$，求 $(AB)^{-1}$。

解 $(AB)^{-1}=B^{-1}A^{-1}=\begin{bmatrix} 0 & 1 & 1 \\ 1 & 0 & 1 \\ -2 & 3 & 2 \end{bmatrix}\begin{bmatrix} 1 & 2 & -1 \\ 3 & 4 & 2 \\ 0 & 1 & -2 \end{bmatrix}=\begin{bmatrix} 3 & 5 & 0 \\ 1 & 3 & -3 \\ 7 & 10 & 4 \end{bmatrix}$。

例題 4

已知 $A^{-1}=\begin{bmatrix} 1 & 2 & 0 \\ 0 & 1 & 0 \\ 3 & 1 & -1 \end{bmatrix}$ 與 $B=\begin{bmatrix} 2 \\ 1 \\ 3 \end{bmatrix}$，試解 $AX=B$ 的 X。

解 $AX=B \Rightarrow (A^{-1})AX=A^{-1}B$，可得

$$X=A^{-1}B$$

所以， $X=\begin{bmatrix} 1 & 2 & 0 \\ 0 & 1 & 0 \\ 3 & 1 & -1 \end{bmatrix}\begin{bmatrix} 2 \\ 1 \\ 3 \end{bmatrix}=\begin{bmatrix} 4 \\ 1 \\ 4 \end{bmatrix}$。

習題 5-2

1. 試問下列方陣是否可逆？若為可逆，求其反方陣。

   (1) $A=\begin{bmatrix} 3 & -2 \\ 1 & 1 \end{bmatrix}$　(2) $B=\begin{bmatrix} 3 & 1 \\ 6 & 2 \end{bmatrix}$　(3) $C=\begin{bmatrix} -3 & 2 \\ 4 & 1 \end{bmatrix}$

2. 若 A 為可逆方陣且 $7A$ 的反方陣為 $\begin{bmatrix} -3 & 7 \\ 1 & -2 \end{bmatrix}$，求 A。

3. 求 $A=\begin{bmatrix} \cos\theta & \sin\theta \\ -\sin\theta & \cos\theta \end{bmatrix}$ 的反方陣。

4. 求 A 使得 $(4A^T)^{-1}=\begin{bmatrix} 2 & 3 \\ -4 & -4 \end{bmatrix}$。

5. 若 A 與 B 皆為同階方陣，則下列關係是否成立？

    (1) $(A+B)^{-1} = A^{-1} + B^{-1}$ 　　　　(2) $(cA)^{-1} = \dfrac{1}{c} A^{-1}$, $c \neq 0$

6. 設 A 為方陣，試證：若 $A^5 = 0$，則

$$(I-A)^{-1} = I + A + A^2 + A^3 + A^4。$$

7. 求 x 使得 $\begin{bmatrix} 2x & 7 \\ 1 & 2 \end{bmatrix}^{-1} = \begin{bmatrix} 2 & -7 \\ -1 & 4 \end{bmatrix}$。

8. 若 A 為非奇異且為反對稱方陣，試證 A^{-1} 為反對稱方陣。

9. 設 A 與 B 皆為同階方陣且 $AB = 0$，若 B 為非奇異，求出 A。

10. 已知 $A^3 = \begin{bmatrix} 1 & 1 \\ -5 & -2 \end{bmatrix}$，求 $(2A)^{-3}$。

11. 已知 $A = \begin{bmatrix} 1 & 3 \\ 2 & 7 \end{bmatrix}$，則 $(A^T)^{-1}$、$(A^{-1})^T$ 與 A^{-1} 的關係為何？

5-3 基本列運算，簡約列梯陣

矩陣的基本列運算可求得一個方陣的反方陣，而簡約列梯陣又可用來解線性方程組。首先，我們先介紹三種基本列運算：

1. 將矩陣 A 中的第 i 列與第 j 列對調，以 $R_i \leftrightarrow R_j$ 表示之。
2. 將矩陣 A 中的第 i 列乘上非零常數 c，以 cR_i 表示之。
3. 將矩陣 A 中的第 i 列乘上非零常數 c，然後加在另一列，如第 j 列上，以 $cR_i + R_j$ 表示之。

此種基本列運算只是將一個矩陣變形為另一個矩陣，使所得矩陣適合某一特殊形式，原矩陣與所得矩陣並無相等關係。

定義 5-9

將單位方陣 I 經過基本列運算 $R_i \leftrightarrow R_j$，cR_i，$cR_i + R_j$ 後，可得下列三種**基本方陣** (elementary matrix)。
(1) I 中的第 i 列與第 j 列對調後所產生的基本方陣。
(2) I 中的第 i 列乘上非零常數 c 後所產生的基本方陣。
(3) I 中的第 i 列乘上非零常數 c 後，再加在第 j 列所產生的基本方陣。

例如：

$$\begin{bmatrix} 1 & 0 & 0 & 0 \\ 0 & 0 & 0 & 1 \\ 0 & 0 & 1 & 0 \\ 0 & 1 & 0 & 0 \end{bmatrix}, \begin{bmatrix} 1 & 0 \\ 0 & -3 \end{bmatrix}, \begin{bmatrix} 1 & 0 & 3 \\ 0 & 1 & 0 \\ 0 & 0 & 1 \end{bmatrix}$$ 皆為基本方陣。

I_4 的第 2 列與第 4 列對調　　I_2 的第 2 列乘上 -3　　I_3 的第 3 列乘上 3 加到第 1 列

定理 5-8

若對單位方陣 I_m 執行某一基本列運算產生基本方陣 E，而 A 為 $m \times n$ 矩陣，則矩陣 EA 等於對 A 執行該基本列運算所產生的矩陣。

例題 1

考慮矩陣

$$A = \begin{bmatrix} 1 & 0 & 2 & 3 \\ 2 & -1 & 3 & 6 \\ 2 & 4 & 4 & 0 \end{bmatrix}, \text{基本方陣 } E = \begin{bmatrix} 1 & 0 & 0 \\ 0 & 1 & 0 \\ 3 & 0 & 1 \end{bmatrix}$$

則

$$EA = \begin{bmatrix} 1 & 0 & 2 & 3 \\ 2 & -1 & 3 & 6 \\ 5 & 4 & 10 & 9 \end{bmatrix}$$

若單位方陣 I 經由一次的基本列運算後產生基本方陣 E，則會有另一次的基本列運算 [稱為**逆運算** (inverse operation)] 再將 E 還原到 I。表 5-1 列出了在右邊的運算是左邊相對應運算的逆運算。

表 5-1

對 I 作列運算產生 E	對 E 作列運算產生 I
將第 i 列與第 j 列對調	將第 i 列與第 j 列對調
以 $c \neq 0$ 乘上第 i 列	以 $\frac{1}{c}(c \neq 0)$ 乘上第 i 列
以 $c \neq 0$ 乘上第 i 列再加到第 j 列	以 $-c$ 乘上第 i 列再加到第 j 列

定理 5-9

每一基本方陣皆為可逆方陣，而其反方陣亦為基本方陣。

若對矩陣 A 執行有限次的基本列運算後得到矩陣 B，則我們能夠藉由這些基本列運算的逆運算按相反的順序對 B 執行而回到 A。

定義 5-10

若矩陣 A 經由有限次的基本列運算後變成矩陣 B，則稱 A 與 B 為**列同義** (row equivalent)，記為 $A \overset{R}{\sim} B$。

註：若 $A \overset{R}{\sim} B$, $B \overset{R}{\sim} C$，則 $A \overset{R}{\sim} C$。

例題 2

矩陣 $A = \begin{bmatrix} 1 & 2 & 4 & 3 \\ 2 & 1 & 3 & 2 \\ 1 & -1 & 2 & 3 \end{bmatrix}$ 列同義於 $B = \begin{bmatrix} 2 & 4 & 8 & 6 \\ 1 & -1 & 2 & 3 \\ 4 & -1 & 7 & 8 \end{bmatrix}$

因為 $A = \begin{bmatrix} 1 & 2 & 4 & 3 \\ 2 & 1 & 3 & 2 \\ 1 & -1 & 2 & 3 \end{bmatrix} \overset{2R_3+R_2}{\sim} \begin{bmatrix} 1 & 2 & 4 & 3 \\ 4 & -1 & 7 & 8 \\ 1 & -1 & 2 & 3 \end{bmatrix} \overset{R_2 \leftrightarrow R_3}{\sim}$

$\begin{bmatrix} 1 & 2 & 4 & 3 \\ 1 & -1 & 2 & 3 \\ 4 & -1 & 7 & 8 \end{bmatrix} \overset{2R_1}{\sim} \begin{bmatrix} 2 & 4 & 8 & 6 \\ 1 & -1 & 2 & 3 \\ 4 & -1 & 7 & 8 \end{bmatrix}$。

定理 5-10

若 A 與 B 皆為 $m \times n$ 矩陣，則 A 與 B 為列同義的充要條件為存在有限個 $m \times n$ 基本方陣 $E_1, E_2, E_3, \cdots, E_l$ 使得

$$B = E_l E_{l-1} \cdots E_3 E_2 E_1 A。$$

定理 5-11

若 n 階方陣 A 與 B 為列同義，則 A 與 B 同時為可逆方陣或同時為不可逆方陣。

定理 5-12

n 階方陣 A 為可逆方陣的充要條件為 $A \sim I_n$。

由此定理得知，必存在有限個基本方陣 $E_1, E_2, \cdots, E_l$ 使得

$$E_l E_{l-1} \cdots E_3 E_2 E_1 A = I_n$$

所以，
$$E_l E_{l-1} \cdots E_3 E_2 E_1 I_n = I_n A^{-1} = A^{-1}。$$

我們很容易瞭解，若想求一可逆 n 階方陣 A 的反方陣 A^{-1}，我們只要作 $n \times 2n$ 矩陣 $[A \vdots I_n]$，然後利用矩陣的基本列運算將 $[A \vdots I_n]$ 化成 $[I_n \vdots B]$ 的形式，則 B 即為所求的反方陣 A^{-1}。

例題 3

求 $A = \begin{bmatrix} 1 & -2 & 1 \\ -1 & 3 & 2 \\ 2 & -2 & 7 \end{bmatrix}$ 的反方陣。

解 我們作 3×6 矩陣 $[A \vdots I_3]$ 並將它化成 $[I_3 \vdots B]$。

$$\begin{bmatrix} 1 & -2 & 1 & \vdots & 1 & 0 & 0 \\ -1 & 3 & 2 & \vdots & 0 & 1 & 0 \\ 2 & -2 & 7 & \vdots & 0 & 0 & 1 \end{bmatrix} \underset{R_1+R_2}{\sim} \begin{bmatrix} 1 & -2 & 1 & \vdots & 1 & 0 & 0 \\ 0 & 1 & 3 & \vdots & 1 & 1 & 0 \\ 2 & -2 & 7 & \vdots & 0 & 0 & 1 \end{bmatrix} \underset{-2R_1+R_3}{\sim}$$

$$\begin{bmatrix} 1 & -2 & 1 & \vdots & 1 & 0 & 0 \\ 0 & 1 & 3 & \vdots & 1 & 1 & 0 \\ 0 & 2 & 5 & \vdots & -2 & 0 & 1 \end{bmatrix} \xrightarrow{-2R_2+R_3} \begin{bmatrix} 1 & -2 & 1 & \vdots & 1 & 0 & 0 \\ 0 & 1 & 3 & \vdots & 1 & 1 & 0 \\ 0 & 0 & -1 & \vdots & -4 & -2 & 1 \end{bmatrix} \xrightarrow{2R_2+R_1}$$

$$\begin{bmatrix} 1 & 0 & 7 & \vdots & 3 & 2 & 0 \\ 0 & 1 & 3 & \vdots & 1 & 1 & 0 \\ 0 & 0 & -1 & \vdots & -4 & -2 & 1 \end{bmatrix} \xrightarrow{-R_3} \begin{bmatrix} 1 & 0 & 7 & \vdots & 3 & 2 & 0 \\ 0 & 1 & 3 & \vdots & 1 & 1 & 0 \\ 0 & 0 & 1 & \vdots & 4 & 2 & -1 \end{bmatrix} \xrightarrow{-3R_3+R_2}$$

$$\begin{bmatrix} 1 & 0 & 7 & \vdots & 3 & 2 & 0 \\ 0 & 1 & 0 & \vdots & -11 & -5 & 3 \\ 0 & 0 & 1 & \vdots & 4 & 2 & -1 \end{bmatrix} \xrightarrow{-7R_3+R_1} \begin{bmatrix} 1 & 0 & 0 & \vdots & -25 & -12 & 7 \\ 0 & 1 & 0 & \vdots & -11 & -5 & 3 \\ 0 & 0 & 1 & \vdots & 4 & 2 & -1 \end{bmatrix}$$

故 $A^{-1} = \begin{bmatrix} -25 & -12 & 7 \\ -11 & -5 & 3 \\ 4 & 2 & -1 \end{bmatrix}$。

我們現在討論一種非常有用的矩陣形式，稱為**簡約列梯陣** (reduced row-echelon matrix)。

定義 5-11

若一個矩陣滿足下列的性質，則稱為簡約列梯陣。
(1) 矩陣中所有全為 0 的列 (如果有的話) 皆置於矩陣的底層。
(2) 非全為 0 的每一列中的第一個非 0 元素為 1，稱為此列的首項。
(3) 若第 i 列與第 $i+1$ 列是兩個非全為 0 的連續列，則第 $i+1$ 列的首項應置於第 i 列之首項的右方。
(4) 若一行含有某列的首項，則此行的其他元素皆為 0。

例題 4

$\begin{bmatrix} 1 & 0 & 0 & 0 & 3 \\ 0 & 0 & 1 & 0 & 4 \\ 0 & 0 & 0 & 1 & 1 \end{bmatrix}$ 與 $\begin{bmatrix} 1 & 0 & 0 & -2 \\ 0 & 1 & 2 & 1 \\ 0 & 0 & 0 & 0 \end{bmatrix}$ 皆為簡約列梯陣，但

$$\begin{bmatrix} 1 & 0 & 1 & -1 \\ 0 & 1 & -2 & 1 \\ 0 & 1 & 1 & 0 \\ 0 & 0 & 0 & 0 \end{bmatrix} \text{與} \begin{bmatrix} 1 & 1 & 0 & 1 \\ 0 & 1 & 2 & -1 \\ 0 & 0 & 1 & 0 \end{bmatrix} \text{並非簡約列梯陣。}$$

例題 5

將矩陣 $A = \begin{bmatrix} 0 & 0 & -2 & 0 & 7 & 12 \\ 2 & 4 & -10 & 6 & 12 & 28 \\ 2 & 4 & -5 & 6 & -5 & -1 \end{bmatrix}$ 化成簡約列梯陣。

解
$$A = \begin{bmatrix} 0 & 0 & -2 & 0 & 7 & 12 \\ 2 & 4 & -10 & 6 & 12 & 28 \\ 2 & 4 & -5 & 6 & -5 & -1 \end{bmatrix} \xrightarrow{R_1 \leftrightarrow R_2} \begin{bmatrix} 2 & 4 & -10 & 6 & 12 & 28 \\ 0 & 0 & -2 & 0 & 7 & 12 \\ 2 & 4 & -5 & 6 & -5 & -1 \end{bmatrix} \xrightarrow{\frac{1}{2}R_1}$$

$$\begin{bmatrix} 1 & 2 & -5 & 3 & 6 & 14 \\ 0 & 0 & -2 & 0 & 7 & 12 \\ 2 & 4 & -5 & 6 & -5 & -1 \end{bmatrix} \xrightarrow{-2R_1 + R_3} \begin{bmatrix} 1 & 2 & -5 & 3 & 6 & 14 \\ 0 & 0 & -2 & 0 & 7 & 12 \\ 0 & 0 & 5 & 0 & -17 & -29 \end{bmatrix} \xrightarrow{-\frac{1}{2}R_2}$$

$$\begin{bmatrix} 1 & 2 & -5 & 3 & 6 & 14 \\ 0 & 0 & 1 & 0 & -\frac{7}{2} & -6 \\ 0 & 0 & 5 & 0 & -17 & -29 \end{bmatrix} \xrightarrow{-5R_2 + R_3} \begin{bmatrix} 1 & 2 & -5 & 3 & 6 & 14 \\ 0 & 0 & 1 & 0 & -\frac{7}{2} & -6 \\ 0 & 0 & 0 & 0 & \frac{1}{2} & 1 \end{bmatrix} \xrightarrow{2R_3}$$

$$\begin{bmatrix} 1 & 2 & -5 & 3 & 6 & 14 \\ 0 & 0 & 1 & 0 & -\frac{7}{2} & -6 \\ 0 & 0 & 0 & 0 & 1 & 2 \end{bmatrix} \xrightarrow{\frac{7}{2}R_3 + R_2} \begin{bmatrix} 1 & 2 & -5 & 3 & 6 & 14 \\ 0 & 0 & 1 & 0 & 0 & 1 \\ 0 & 0 & 0 & 0 & 1 & 2 \end{bmatrix} \xrightarrow{-6R_3 + R_1}$$

$$\begin{bmatrix} 1 & 2 & -5 & 3 & 0 & 2 \\ 0 & 0 & 1 & 0 & 0 & 1 \\ 0 & 0 & 0 & 0 & 1 & 2 \end{bmatrix} \xrightarrow{5R_2 + R_1} \begin{bmatrix} 1 & 2 & 0 & 3 & 0 & 7 \\ 0 & 0 & 1 & 0 & 0 & 1 \\ 0 & 0 & 0 & 0 & 1 & 2 \end{bmatrix}。$$

習題 5-3

1. 下列何者為基本方陣？

   (1) $\begin{bmatrix} -8 & 1 \\ 1 & 0 \end{bmatrix}$
   (2) $\begin{bmatrix} 1 & 0 \\ -9 & 1 \end{bmatrix}$
   (3) $\begin{bmatrix} 1 & 0 & 0 \\ 0 & 0 & 1 \\ 0 & 1 & 0 \end{bmatrix}$

   (4) $\begin{bmatrix} 3 & 0 & 0 & 3 \\ 0 & 1 & 0 & 0 \\ 0 & 0 & 1 & 0 \\ 0 & 0 & 0 & 1 \end{bmatrix}$
   (5) $\begin{bmatrix} 1 & 0 & 0 \\ 0 & 1 & 7 \\ 0 & 0 & 1 \end{bmatrix}$

2. 試決定列運算以還原下列各基本方陣為單位方陣。

   (1) $\begin{bmatrix} 1 & 0 & 0 \\ 0 & 1 & 0 \\ 0 & 0 & 6 \end{bmatrix}$
   (2) $\begin{bmatrix} 1 & 0 \\ -7 & 1 \end{bmatrix}$

   (3) $\begin{bmatrix} 1 & 0 & -\frac{1}{5} & 0 \\ 0 & 1 & 0 & 0 \\ 0 & 1 & 1 & 0 \\ 0 & 0 & 0 & 1 \end{bmatrix}$
   (4) $\begin{bmatrix} 0 & 0 & 0 & 1 \\ 0 & 1 & 0 & 0 \\ 1 & 0 & 0 & 0 \\ 0 & 0 & 1 & 0 \end{bmatrix}$

3. 考慮下列的方陣

   $$A = \begin{bmatrix} 3 & 4 & 1 \\ 2 & -7 & -1 \\ 8 & 1 & 5 \end{bmatrix}, B = \begin{bmatrix} 8 & 1 & 5 \\ 2 & -7 & -1 \\ 3 & 4 & 1 \end{bmatrix}, C = \begin{bmatrix} 3 & 4 & 1 \\ 2 & -7 & -1 \\ 2 & -7 & 3 \end{bmatrix}$$

   求基本方陣 E_1、E_2、E_3 與 E_4 使得

   (1) $E_1 A = B$ (2) $E_2 B = A$ (3) $E_3 A = C$ (4) $E_4 C = A$

   求下列各方陣的反方陣。

4. $A = \begin{bmatrix} 3 & -2 & 1 \\ 1 & 4 & 3 \\ 0 & 2 & 2 \end{bmatrix}$

5. $B = \begin{bmatrix} 1 & 3 \\ 2 & 7 \end{bmatrix}$

6. $C = \begin{bmatrix} 1 & 0 & 1 & 0 \\ -1 & 1 & 1 & 0 \\ 0 & 1 & 0 & 1 \\ 1 & -1 & 1 & 0 \end{bmatrix}$

7. $D = \begin{bmatrix} 1 & 2 & -1 \\ 0 & 1 & 1 \\ 1 & 0 & -1 \end{bmatrix}$

下列各方陣是否可逆？若可逆，則求其反方陣。

8. $A = \begin{bmatrix} -3 & 1 & 1 & 1 \\ 1 & -3 & 1 & 1 \\ 1 & 1 & -3 & 1 \\ 1 & 1 & 1 & -3 \end{bmatrix}$

9. $B = \begin{bmatrix} 1 & -1 & 3 \\ 1 & 2 & -3 \\ 2 & 1 & 0 \end{bmatrix}$

10. 下列各矩陣中，哪些為簡約列梯陣？

$A = \begin{bmatrix} 1 & 0 & 0 & 0 & -3 \\ 0 & 0 & 1 & 0 & 4 \\ 0 & 0 & 0 & 1 & 2 \end{bmatrix}$
$B = \begin{bmatrix} 1 & 0 & 0 & 0 & 2 \\ 0 & 0 & 1 & 0 & 0 \\ 0 & 0 & 0 & 1 & 3 \\ 0 & 0 & 0 & 0 & 0 \end{bmatrix}$

$C = \begin{bmatrix} 0 & 1 & 0 & 0 & 5 \\ 0 & 0 & 1 & 0 & -4 \\ 0 & 0 & 0 & -1 & 3 \end{bmatrix}$
$D = \begin{bmatrix} 0 & 0 & 0 & 0 & 0 \\ 0 & 0 & 1 & 2 & -3 \\ 0 & 0 & 0 & 1 & 0 \\ 0 & 0 & 0 & 0 & 0 \end{bmatrix}$

11. 已知 $A = \begin{bmatrix} 1 & 1 & 0 \\ 1 & 0 & 0 \\ 1 & 2 & a \end{bmatrix}$，求 A 的反方陣存在時的所有 a 值。A^{-1} 為何？

12. 已知 $A = \begin{bmatrix} 0 & 0 & -1 & 2 & 3 \\ 0 & 2 & 3 & 4 & 5 \\ 0 & 1 & 3 & -1 & 2 \\ 0 & 3 & 2 & 4 & 1 \end{bmatrix}$，求出一簡約列梯陣 B 使其列同義於 A。

5-4 線性方程組的解法

由 n 個未知數與 m 個線性方程式所組成的系統，稱為**線性系統** (linear system) 或線性方程組，如下：

$$\begin{cases} a_{11}x_1 + a_{12}x_2 + \cdots + a_{1n}x_n = b_1 \\ a_{21}x_1 + a_{22}x_2 + \cdots + a_{2n}x_n = b_2 \\ \vdots \qquad \vdots \qquad \vdots \qquad \vdots \\ a_{m1}x_1 + a_{m2}x_2 + \cdots + a_{mn}x_n = b_m \end{cases} \qquad (5\text{-}2)$$

(5-2) 式可以改寫成矩陣方程式

$$AX = b \tag{5-3}$$

其中，$A = \begin{bmatrix} a_{11} & a_{12} & a_{13} & \cdots & a_{1n} \\ a_{21} & a_{22} & a_{23} & \cdots & a_{2n} \\ \vdots & \vdots & \vdots & & \vdots \\ a_{m1} & a_{m2} & a_{m3} & \cdots & a_{mn} \end{bmatrix}$, $X = \begin{bmatrix} x_1 \\ x_2 \\ \vdots \\ x_n \end{bmatrix}$, $b = \begin{bmatrix} b_1 \\ b_2 \\ \vdots \\ b_m \end{bmatrix}$，$A$ 稱為**係數矩陣** (coefficient matrix)，而 $[A \vdots b] = \begin{bmatrix} a_{11} & a_{12} & a_{13} & \cdots & a_{1n} & \vdots & b_1 \\ a_{21} & a_{22} & a_{23} & \cdots & a_{2n} & \vdots & b_2 \\ \vdots & \vdots & \vdots & & \vdots & \vdots & \vdots \\ a_{m1} & a_{m2} & a_{m3} & \cdots & a_{mn} & \vdots & b_m \end{bmatrix}$ 稱為**增廣矩陣** (augmented matrix)。

首先，我們介紹一種**高斯後代法** (Gauss backward-substitution) 化簡程序。

例題 1

解線性方程組

$$\begin{cases} x_1 - x_2 + x_3 = 4 \\ 3x_1 + 2x_2 + x_3 = 2 \\ 4x_1 + 2x_2 + 2x_3 = 8 \end{cases}$$

解 增廣矩陣為

$$\begin{bmatrix} 1 & -1 & 1 & \vdots & 4 \\ 3 & 2 & 1 & \vdots & 2 \\ 4 & 2 & 2 & \vdots & 8 \end{bmatrix} \xrightarrow{-3R_1 + R_2} \begin{bmatrix} 1 & -1 & 1 & \vdots & 4 \\ 0 & 5 & -2 & \vdots & -10 \\ 4 & 2 & 2 & \vdots & 8 \end{bmatrix} \xrightarrow{-4R_1 + R_3}$$

$$\begin{bmatrix} 1 & -1 & 1 & \vdots & 4 \\ 0 & 5 & -2 & \vdots & -10 \\ 0 & 6 & -2 & \vdots & -8 \end{bmatrix} \xrightarrow{-\frac{6}{5}R_2 + R_3} \begin{bmatrix} 1 & -1 & 1 & \vdots & 4 \\ 0 & 5 & -2 & \vdots & -10 \\ 0 & 0 & \frac{2}{5} & \vdots & 4 \end{bmatrix} \xrightarrow{\frac{1}{5}R_2}$$

$$\begin{bmatrix} 1 & -1 & 1 & \vdots & 4 \\ 0 & 1 & -\frac{2}{5} & \vdots & -2 \\ 0 & 0 & \frac{2}{5} & \vdots & 4 \end{bmatrix}$$

增廣矩陣所對應的方程組為

$$\begin{cases} x_1 - x_2 + x_3 = 4 & \text{①} \\ x_2 - \dfrac{2}{5}x_3 = -2 & \text{②} \\ \dfrac{2}{5}x_3 = 4 & \text{③} \end{cases}$$

由 ③ 式解得 $x_3 = 10$，代入 ② 式可得 $x_2 = -2 + \dfrac{2}{5}x_3 = -2 + 4 = 2$。最後將 x_3 與 x_2 再代入 ① 式可得 $x_1 = 4 + x_2 - x_3 = 4 + 2 - 10 = -4$。

但讀者應注意由原係數方陣的增廣矩陣，經由有限次的基本列運算後，其係數方陣列同義於一個上三角方陣，故由後代法依序解得 x_3、x_2 與 x_1 的值。如果我們再繼續矩陣的基本列運算，使係數方陣列同義於單位方陣，則可直接求得 x_1、x_2 與 x_3 的值，而不必使用後代法的運算步驟，再繼續矩陣的基本列運算。如下：

$$\begin{bmatrix} 1 & -1 & 1 & \vdots & 4 \\ 0 & 1 & -\dfrac{2}{5} & \vdots & -2 \\ 0 & 0 & \dfrac{2}{5} & \vdots & 4 \end{bmatrix} \xrightarrow{\frac{5}{2}R_3} \begin{bmatrix} 1 & -1 & 1 & \vdots & 4 \\ 0 & 1 & -\dfrac{2}{5} & \vdots & -2 \\ 0 & 0 & 1 & \vdots & 10 \end{bmatrix} \xrightarrow{R_2 + R_1}$$

$$\begin{bmatrix} 1 & 0 & \dfrac{3}{5} & \vdots & 2 \\ 0 & 1 & -\dfrac{2}{5} & \vdots & -2 \\ 0 & 0 & 1 & \vdots & 10 \end{bmatrix} \xrightarrow{-\frac{3}{5}R_3 + R_1} \begin{bmatrix} 1 & 0 & 0 & \vdots & -4 \\ 0 & 1 & -\dfrac{2}{5} & \vdots & -2 \\ 0 & 0 & 1 & \vdots & 10 \end{bmatrix}$$

$$\xrightarrow{\frac{2}{5}R_3 + R_2} \begin{bmatrix} 1 & 0 & 0 & \vdots & -4 \\ 0 & 1 & 0 & \vdots & 2 \\ 0 & 0 & 1 & \vdots & 10 \end{bmatrix}$$

即，$\begin{bmatrix} 1 & -1 & 1 & \vdots & 4 \\ 3 & 2 & 1 & \vdots & 2 \\ 4 & 2 & 2 & \vdots & 8 \end{bmatrix}$ 與 $\begin{bmatrix} 1 & 0 & 0 & \vdots & -4 \\ 0 & 1 & 0 & \vdots & 2 \\ 0 & 0 & 1 & \vdots & 10 \end{bmatrix}$ 為列同義，

矩陣 $\begin{bmatrix} 1 & 0 & 0 & \vdots & -4 \\ 0 & 1 & 0 & \vdots & 2 \\ 0 & 0 & 1 & \vdots & 10 \end{bmatrix}$ 所表示的就是方程組 $\begin{cases} 1x_1+0x_2+0x_3=-4 \\ 0x_1+1x_2+0x_3=2 \\ 0x_1+0x_2+1x_3=10 \end{cases}$

因此，方程組的解為 $\begin{cases} x_1=-4 \\ x_2=2 \\ x_3=10 \end{cases}$。

此方法稱為**高斯－約旦消去法** (Gauss-Jordan elimination)。

例題 2

有一電路如圖 5-2 所示，已知 $V_1=1$ 伏特，$V_2=3$ 伏特，$V_3=4$ 伏特，$R_1=2$ 歐姆，$R_2=4$ 歐姆，$R_3=3$ 歐姆，$R_4=1$ 歐姆，$R_5=4$ 歐姆，求電流 I_1、I_2 與 I_3。

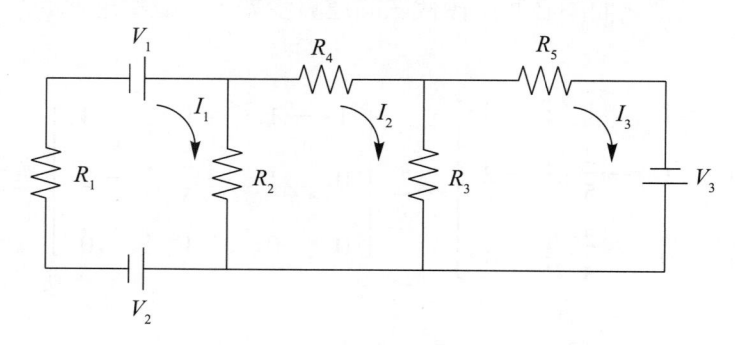

圖 5-2

解 依**歐姆定律**及**克希荷夫定律**，可由三個封閉迴路得到方程組

$$\begin{cases} V_2+R_1I_1-V_1+R_2(I_1-I_2)=0 \\ R_2(I_2-I_1)+R_4I_2+R_3(I_2-I_3)=0 \\ R_3(I_3-I_2)+R_5I_3-V_3=0 \end{cases}$$

現將各電壓值及電阻值代入上面方程組，可得

$$\begin{cases} 6I_1-4I_2 =-2 \\ -4I_1+8I_2-3I_3=0 \\ -3I_2+7I_3=4 \end{cases}$$

其增廣矩陣為

$$\begin{bmatrix} 6 & -4 & 0 & \vdots & -2 \\ -4 & 8 & -3 & \vdots & 0 \\ 0 & -3 & 7 & \vdots & 4 \end{bmatrix} \xrightarrow{\frac{1}{6}R_1} \begin{bmatrix} 1 & -\frac{2}{3} & 0 & \vdots & -\frac{1}{3} \\ -4 & 8 & -3 & \vdots & 0 \\ 0 & -3 & 7 & \vdots & 4 \end{bmatrix} \xrightarrow{4R_1+R_2}$$

$$\begin{bmatrix} 1 & -\frac{2}{3} & 0 & \vdots & -\frac{1}{3} \\ 0 & \frac{16}{3} & -3 & \vdots & -\frac{4}{3} \\ 0 & -3 & 7 & \vdots & 4 \end{bmatrix} \xrightarrow{-\frac{2}{9}R_3+R_1} \begin{bmatrix} 1 & 0 & -\frac{14}{9} & \vdots & -\frac{11}{9} \\ 0 & \frac{16}{3} & -3 & \vdots & -\frac{4}{3} \\ 0 & -3 & 7 & \vdots & 4 \end{bmatrix} \xrightarrow{\frac{9}{16}R_2+R_3}$$

$$\begin{bmatrix} 1 & 0 & -\frac{14}{9} & \vdots & -\frac{11}{9} \\ 0 & \frac{16}{3} & -3 & \vdots & -\frac{4}{3} \\ 0 & 0 & \frac{85}{16} & \vdots & \frac{13}{4} \end{bmatrix} \xrightarrow{\frac{16}{85}R_3} \begin{bmatrix} 1 & 0 & -\frac{14}{9} & \vdots & -\frac{11}{9} \\ 0 & \frac{16}{3} & -3 & \vdots & -\frac{4}{3} \\ 0 & 0 & 1 & \vdots & \frac{52}{85} \end{bmatrix} \xrightarrow{3R_3+R_2}$$

$$\begin{bmatrix} 1 & 0 & -\frac{14}{9} & \vdots & -\frac{11}{9} \\ 0 & \frac{16}{3} & 0 & \vdots & \frac{128}{255} \\ 0 & 0 & 1 & \vdots & \frac{52}{85} \end{bmatrix} \xrightarrow{\frac{3}{16}R_2} \begin{bmatrix} 1 & 0 & -\frac{14}{9} & \vdots & -\frac{11}{9} \\ 0 & 1 & 0 & \vdots & \frac{8}{85} \\ 0 & 0 & 1 & \vdots & \frac{52}{85} \end{bmatrix}$$

$$\xrightarrow{\frac{14}{9}R_3+R_1} \begin{bmatrix} 1 & 0 & 0 & \vdots & -\frac{23}{85} \\ 0 & 1 & 0 & \vdots & \frac{8}{85} \\ 0 & 0 & 1 & \vdots & \frac{52}{85} \end{bmatrix}$$

此即表示 $I_1 = -\dfrac{23}{85}$ 安培，$I_2 = \dfrac{8}{85}$ 安培，$I_3 = \dfrac{52}{85}$ 安培，負號則表示與原來電流 I_1 所示方向相反。

在 (5-2) 式中，若 $b_1 = b_2 = b_3 = \cdots = b_m = 0$，則稱為**齊次方程組** (homogeneous system)，我們亦可用矩陣形式寫成

$$AX = \mathbf{0} \tag{5-4}$$

(5-4) 式中的一組解

$$x_1 = x_2 = x_3 = \cdots = x_n = 0$$

是零解，或稱為**顯明解** (trivial solution)。另外，若齊次方程組的一組解 $x_1, x_2, x_3, \cdots, x_n$ 並非全為 0，則它們是一組非零解，或稱為**非顯明解** (nontrivial solution)。

定理 5-13

若 $n > m$，則 n 個未知數及 m 個線性方程式的齊次方程組有一組非零解。

例題 3

解齊次方程組

$$\begin{cases} x_1 + x_2 + x_3 + x_4 = 0 \\ x_1 \quad\quad\quad\quad + x_4 = 0 \\ x_1 + 2x_2 + x_3 \quad\quad = 0 \end{cases}$$

解 此方程組的增廣矩陣為

$$\begin{bmatrix} 1 & 1 & 1 & 1 & \vdots & 0 \\ 1 & 0 & 0 & 1 & \vdots & 0 \\ 1 & 2 & 1 & 0 & \vdots & 0 \end{bmatrix} \xrightarrow{-R_1 + R_2} \begin{bmatrix} 1 & 1 & 1 & 1 & \vdots & 0 \\ 0 & -1 & -1 & 0 & \vdots & 0 \\ 0 & 1 & 0 & -1 & \vdots & 0 \end{bmatrix} \xrightarrow{R_2 + R_1}$$

$$\begin{bmatrix} 1 & 0 & 0 & 1 & \vdots & 0 \\ 0 & -1 & -1 & 0 & \vdots & 0 \\ 0 & 1 & 0 & -1 & \vdots & 0 \end{bmatrix} \xrightarrow{R_2 + R_3} \begin{bmatrix} 1 & 0 & 0 & 1 & \vdots & 0 \\ 0 & -1 & -1 & 0 & \vdots & 0 \\ 0 & 0 & -1 & -1 & \vdots & 0 \end{bmatrix} \xrightarrow{-R_3}$$

$$\begin{bmatrix} 1 & 0 & 0 & 1 & \vdots & 0 \\ 0 & -1 & -1 & 0 & \vdots & 0 \\ 0 & 0 & 1 & 1 & \vdots & 0 \end{bmatrix} \xrightarrow{R_3 + R_2} \begin{bmatrix} 1 & 0 & 0 & 1 & \vdots & 0 \\ 0 & -1 & 0 & 1 & \vdots & 0 \\ 0 & 0 & 1 & 1 & \vdots & 0 \end{bmatrix} \xrightarrow{-R_2}$$

$$\begin{bmatrix} 1 & 0 & 0 & 1 & \vdots & 0 \\ 0 & 1 & 0 & -1 & \vdots & 0 \\ 0 & 0 & 1 & 1 & \vdots & 0 \end{bmatrix}$$

最後矩陣所表示的方程組就是

$$\begin{cases} x_1 + \cdots\cdots\cdots + x_4 = 0 \\ x_2 + \cdots\cdots - x_4 = 0 \\ x_3 + x_4 = 0 \end{cases}$$

故方程組的解為

$$\begin{cases} x_1 = -t \\ x_2 = t \\ x_3 = -t \\ x_4 = t \end{cases}, \quad t \in I\!R \text{。}$$

定理 5-14

若 A 為方陣，則齊次方程組

$$AX = \mathbf{0}$$

有一組非零解的充要條件是 A 為**奇異方陣**。

證 假設 A 為非奇異，則 A^{-1} 存在，

$$A^{-1}(AX) = A^{-1}\mathbf{0}$$
$$(A^{-1}A)X = \mathbf{0}$$
$$X = \mathbf{0}$$

所以，$AX = \mathbf{0}$ 的唯一解為 $X = \mathbf{0}$。

讀者請自行證明：假設 A 為奇異，則 $AX = \mathbf{0}$ 有一組非零解。

例題 4

考慮齊次方程組 $AX = \mathbf{0}$，其中 $A = \begin{bmatrix} 1 & 2 & -3 \\ 1 & -2 & 1 \\ 5 & -2 & -3 \end{bmatrix}$ 為奇異方陣。

此時，與原方程組的增廣矩陣

$$\begin{bmatrix} 1 & 2 & -3 & \vdots & 0 \\ 1 & -2 & 1 & \vdots & 0 \\ 5 & -2 & -3 & \vdots & 0 \end{bmatrix}$$

為列同義的簡約列梯陣為

$$\begin{bmatrix} 1 & 2 & -3 & \vdots & 0 \\ 1 & -2 & 1 & \vdots & 0 \\ 5 & -2 & -3 & \vdots & 0 \end{bmatrix} \underset{-R_1+R_2}{\overset{-5R_1+R_3}{\sim}} \begin{bmatrix} 1 & 2 & -3 & \vdots & 0 \\ 0 & -4 & 4 & \vdots & 0 \\ 0 & -12 & 12 & \vdots & 0 \end{bmatrix} \underset{\frac{1}{12}R_3}{\overset{\frac{1}{4}R_2}{\sim}}$$

$$\begin{bmatrix} 1 & 2 & -3 & \vdots & 0 \\ 0 & -1 & 1 & \vdots & 0 \\ 0 & -1 & 1 & \vdots & 0 \end{bmatrix} \overset{2R_2+R_1}{\sim} \begin{bmatrix} 1 & 0 & -1 & \vdots & 0 \\ 0 & -1 & 1 & \vdots & 0 \\ 0 & -1 & 1 & \vdots & 0 \end{bmatrix} \overset{-R_2+R_3}{\sim}$$

$$\begin{bmatrix} 1 & 0 & -1 & \vdots & 0 \\ 0 & -1 & 1 & \vdots & 0 \\ 0 & 0 & 0 & \vdots & 0 \end{bmatrix} \overset{-R_2}{\sim} \begin{bmatrix} 1 & 0 & -1 & \vdots & 0 \\ 0 & 1 & -1 & \vdots & 0 \\ 0 & 0 & 0 & \vdots & 0 \end{bmatrix}$$

最後矩陣所表示的方程組就是

$$\begin{cases} x_1 \phantom{{}+x_2} -x_3 = 0 \\ x_2 - x_3 = 0 \end{cases}$$

故方程組的解為

$$\begin{cases} x_1 = t \\ x_2 = t \\ x_3 = t \end{cases}$$

其中 t 為任意實數。因此，原方程組有一組非零解。

定理 5-15

已知 $A = [a_{ij}]_{n \times n}$，則下列的敘述為同義。

(1) A 為可逆方陣。
(2) $AX = 0$ 僅有零解。
(3) A 是列同義於 I_n。

推論：一個 n 階方陣為**非奇異**的充要條件是其為列同義於 I_n。

例題 5

考慮齊次方程組 $AX = 0$，其中 $A = \begin{bmatrix} 6 & -2 & -3 \\ -1 & 1 & 0 \\ -1 & 0 & 1 \end{bmatrix}$。

因為 A 是非奇異（何故？），所以

$$X = \begin{bmatrix} x_1 \\ x_2 \\ x_3 \end{bmatrix} = A^{-1} \mathbf{0} = \mathbf{0}$$

我們也可用**高斯－約旦消去法**來求解原來的方程組。此時，我們可求出與原方程組的增廣矩陣

$$\begin{bmatrix} 6 & -2 & -3 & \vdots & 0 \\ -1 & 1 & 0 & \vdots & 0 \\ -1 & 0 & 1 & \vdots & 0 \end{bmatrix}$$

為列同義的簡約列梯陣。

$$\begin{bmatrix} 6 & -2 & -3 & \vdots & 0 \\ -1 & 1 & 0 & \vdots & 0 \\ -1 & 0 & 1 & \vdots & 0 \end{bmatrix} \xrightarrow{R_1 \leftrightarrow R_3} \begin{bmatrix} -1 & 0 & 1 & \vdots & 0 \\ -1 & 1 & 0 & \vdots & 0 \\ 6 & -2 & -3 & \vdots & 0 \end{bmatrix} \xrightarrow{-R_1} \begin{bmatrix} 1 & 0 & -1 & \vdots & 0 \\ -1 & 1 & 0 & \vdots & 0 \\ 6 & -2 & -3 & \vdots & 0 \end{bmatrix}$$

$$\xrightarrow{-6R_1 + R_3} \begin{bmatrix} 1 & 0 & -1 & \vdots & 0 \\ -1 & 1 & 0 & \vdots & 0 \\ 0 & -2 & 3 & \vdots & 0 \end{bmatrix} \xrightarrow{R_1 + R_2} \begin{bmatrix} 1 & 0 & -1 & \vdots & 0 \\ 0 & 1 & -1 & \vdots & 0 \\ 0 & -2 & 3 & \vdots & 0 \end{bmatrix}$$

$$\xrightarrow{3R_2 + R_3} \begin{bmatrix} 1 & 0 & -1 & \vdots & 0 \\ 0 & 1 & -1 & \vdots & 0 \\ 0 & 1 & 0 & \vdots & 0 \end{bmatrix} \xrightarrow{-R_2 + R_3} \begin{bmatrix} 1 & 0 & -1 & \vdots & 0 \\ 0 & 1 & -1 & \vdots & 0 \\ 0 & 0 & 1 & \vdots & 0 \end{bmatrix}$$

$$\xrightarrow{R_3 + R_2} \begin{bmatrix} 1 & 0 & -1 & \vdots & 0 \\ 0 & 1 & 0 & \vdots & 0 \\ 0 & 0 & 1 & \vdots & 0 \end{bmatrix} \xrightarrow{R_3 + R_1} \begin{bmatrix} 1 & 0 & 0 & \vdots & 0 \\ 0 & 1 & 0 & \vdots & 0 \\ 0 & 0 & 1 & \vdots & 0 \end{bmatrix}$$

由上式最後矩陣可得出此解為 $X = \begin{bmatrix} x_1 \\ x_2 \\ x_3 \end{bmatrix} = \mathbf{0}$。

由以上的討論得知線性方程組可能有解，也可能無解；如果有解，可能只有一組解，也可能有無限多組解。至少有一組解的線性方程組稱為**相容** (consistent)，而無解的線性方程組稱為**不相容** (inconsistent)。

現在，我們再考慮 n 個未知數及 n 個一次方程式的線性方程組 $AX = B$ 的解。

定理 5-16

令 $AX = B$ 為具有 n 個未知數及 n 個一次方程式的線性方程組。若 A^{-1} 存在，則此方程組的解為唯一，而 $X = A^{-1}B$。

證
$$AX = A(A^{-1}B) = (AA^{-1})B = I_n B = B$$

於是，$X = A^{-1}B$ 為方程組的解。

我們現在證明解的唯一性。令 X_1 亦為其一解，則 $AX_1 = B$。

$$A^{-1}AX_1 = A^{-1}B$$
$$I_n X_1 = A^{-1}B$$
$$X_1 = A^{-1}B = X$$

於是，證得方程組有唯一解。

例題 6

解方程組 $\qquad AX = B$

其中 $A = \begin{bmatrix} 2 & 3 \\ 4 & 5 \end{bmatrix}$，$X = \begin{bmatrix} x_1 \\ x_2 \end{bmatrix}$，$B = \begin{bmatrix} 4 \\ 1 \end{bmatrix}$。

解 利用 (5-1) 式可得

$$X = A^{-1}B = -\frac{1}{2}\begin{bmatrix} 5 & -3 \\ -4 & 2 \end{bmatrix}\begin{bmatrix} 4 \\ 1 \end{bmatrix} = \begin{bmatrix} -\frac{5}{2} & \frac{3}{2} \\ 2 & -1 \end{bmatrix}\begin{bmatrix} 4 \\ 1 \end{bmatrix} = \begin{bmatrix} -\frac{17}{2} \\ 7 \end{bmatrix}。$$

例題 7

解方程組 $\begin{cases} x_1 - 2x_3 = 1 \\ 4x_1 - 2x_2 + x_3 = 2 \\ x_1 + 2x_2 - 10x_3 = -1 \end{cases}$。

解 此方程組的矩陣形式為

$$\begin{bmatrix} 1 & 0 & -2 \\ 4 & -2 & 1 \\ 1 & 2 & -10 \end{bmatrix} \begin{bmatrix} x_1 \\ x_2 \\ x_3 \end{bmatrix} = \begin{bmatrix} 1 \\ 2 \\ -1 \end{bmatrix}$$

先求出 $A = \begin{bmatrix} 1 & 0 & -2 \\ 4 & -2 & 1 \\ 1 & 2 & -10 \end{bmatrix}$ 的反方陣。

$$[A \vdots I_n] = \begin{bmatrix} 1 & 0 & -2 & \vdots & 1 & 0 & 0 \\ 4 & -2 & 1 & \vdots & 0 & 1 & 0 \\ 1 & 2 & -10 & \vdots & 0 & 0 & 1 \end{bmatrix} \xrightarrow{-4R_1 + R_2}$$

$$\begin{bmatrix} 1 & 0 & -2 & \vdots & 1 & 0 & 0 \\ 0 & -2 & 9 & \vdots & -4 & 1 & 0 \\ 1 & 2 & -10 & \vdots & 0 & 0 & 1 \end{bmatrix} \xrightarrow{-R_1 + R_3}$$

$$\begin{bmatrix} 1 & 0 & -2 & \vdots & 1 & 0 & 0 \\ 0 & -2 & 9 & \vdots & -4 & 1 & 0 \\ 0 & 2 & -8 & \vdots & -1 & 0 & 1 \end{bmatrix} \xrightarrow{R_2 + R_3}$$

$$\begin{bmatrix} 1 & 0 & -2 & \vdots & 1 & 0 & 0 \\ 0 & -2 & 9 & \vdots & -4 & 1 & 0 \\ 0 & 0 & 1 & \vdots & -5 & 1 & 1 \end{bmatrix} \xrightarrow{-9R_3 + R_2}$$

$$\begin{bmatrix} 1 & 0 & -2 & \vdots & 1 & 0 & 0 \\ 0 & -2 & 0 & \vdots & 41 & -8 & -9 \\ 0 & 0 & 1 & \vdots & -5 & 1 & 1 \end{bmatrix} \xrightarrow{-\frac{1}{2}R_2}$$

$$\begin{bmatrix} 1 & 0 & -2 & \vdots & 1 & 0 & 0 \\ 0 & 1 & 0 & \vdots & -\dfrac{41}{2} & 4 & \dfrac{9}{2} \\ 0 & 0 & 1 & \vdots & -5 & 1 & 1 \end{bmatrix} \xrightarrow{2R_3+R_1}$$

$$\begin{bmatrix} 1 & 0 & 0 & \vdots & -9 & 2 & 2 \\ 0 & 1 & 0 & \vdots & -\dfrac{41}{2} & 4 & \dfrac{9}{2} \\ 0 & 0 & 1 & \vdots & -5 & 1 & 1 \end{bmatrix}$$

故 $A^{-1} = \begin{bmatrix} -9 & 2 & 2 \\ -\dfrac{41}{2} & 4 & \dfrac{9}{2} \\ -5 & 1 & 1 \end{bmatrix}$

方程組的解為 $\begin{bmatrix} x_1 \\ x_2 \\ x_3 \end{bmatrix} = \begin{bmatrix} -9 & 2 & 2 \\ -\dfrac{41}{2} & 4 & \dfrac{9}{2} \\ -5 & 1 & 1 \end{bmatrix} \begin{bmatrix} 1 \\ 2 \\ -1 \end{bmatrix} = \begin{bmatrix} -7 \\ -17 \\ -4 \end{bmatrix}$。

習題 5-4

利用高斯後代法解下列各方程組。

1. $\begin{cases} 2x_1 - 3x_2 + x_3 = 1 \\ -x_1 + 2x_3 = 0 \\ 3x_1 - 3x_2 - x_3 = 1 \end{cases}$

2. $\begin{cases} x_1 - 2x_2 + x_3 = 5 \\ -2x_1 + 3x_2 + x_3 = 1 \\ x_1 + 3x_2 + 2x_3 = 2 \end{cases}$

3. $\begin{cases} x_1 + 2x_2 + x_3 = 7 \\ 2x_1 + x_3 = 4 \\ x_1 + 2x_3 = 5 \\ x_1 + 2x_2 + 3x_3 = 11 \\ 2x_1 + x_2 + 4x_3 = 12 \end{cases}$

4. $\begin{cases} x_2 - 2x_3 + x_4 = 1 \\ 2x_1 - x_2 - x_4 = 0 \\ 4x_1 + x_2 - 6x_3 + x_4 = 3 \end{cases}$

利用高斯-約旦消去法解下列各方程組。

5. $\begin{cases} -x_2 + x_3 = 3 \\ x_1 - x_2 - x_3 = 0 \\ -x_1 - x_3 = -3 \end{cases}$

6. $\begin{cases} x_1 - 2x_2 + x_3 = 5 \\ -2x_1 + 3x_2 + x_3 = 1 \\ x_1 + 3x_2 + 2x_3 = 2 \end{cases}$

7. 利用克希荷夫定律於下圖網路上的節點 X 或 Y，若已知 $R_1 = 3$ 歐姆，$R_2 = 5$ 歐姆，$R_3 = 2$ 歐姆，而 $E_1 = 3$ 伏特，$E_2 = 6$ 伏特，求流經每一個電阻器上的電流各為多少安培？

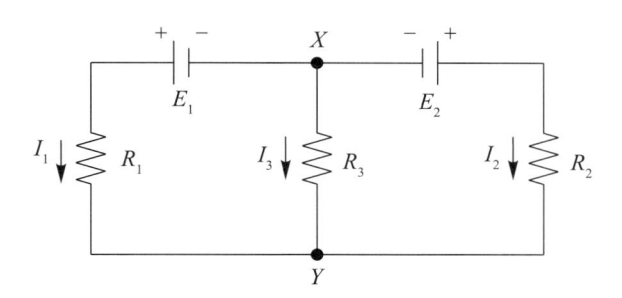

8. 就下列方程組 (1) 沒有解，(2) 有唯一解，(3) 有無限多解，求所有 a 的值。

$$\begin{cases} x_1 + x_2 - x_3 = 3 \\ x_1 - x_2 + 3x_3 = 4 \\ x_1 + x_2 + (a^2 - 10)x_3 = a \end{cases}$$

9. 方陣 A 列同義於 $I \Leftrightarrow AX = 0$ 僅有零解，試利用此觀念判斷下列哪一個方程組有一組非零解？

(1) $\begin{cases} x_1 + x_2 + 2x_3 = 0 \\ 2x_1 + x_2 + x_3 = 0 \\ 3x_1 - x_2 + x_3 = 0 \end{cases}$
(2) $\begin{cases} x_1 + 2x_2 + 3x_3 = 0 \\ 2x_2 + 2x_3 = 0 \\ x_1 + 2x_2 + 3x_3 = 0 \end{cases}$

(3) $\begin{cases} 2x_1 + x_2 - x_3 = 0 \\ x_1 - 2x_2 - 3x_3 = 0 \\ -3x_1 - x_2 + 2x_3 = 0 \end{cases}$

求出下列各線性方程組的係數方陣的反方陣以解方程組。

10. $\begin{cases} x_1 + 2x_2 - x_3 = 1 \\ x_2 + x_3 = 2 \\ x_1 - x_3 = 0 \end{cases}$
11. $\begin{cases} 6x_1 - 2x_2 - 3x_3 = 1 \\ -x_1 + x_2 = -1 \\ -x_1 + x_3 = 2 \end{cases}$

12. 已知 $A = \begin{bmatrix} -1 & -2 \\ -2 & 2 \end{bmatrix}$，求齊次方程組 $(\lambda I_2 - A)X = 0$ 有非零解的所有 λ 值。

13. 解齊次方程組

$$\begin{cases} x_1 - x_2 + x_3 = 0 \\ 2x_1 + x_2 = 0 \\ 2x_1 - 2x_2 + 2x_3 = 0 \end{cases}$$

5-5 行列式

每一個方陣皆可定義一個數與其對應，這個數就是行列式 (determinant)，行列式在解線性方程組時有其重要性。已知

$$A = \begin{bmatrix} a_{11} & a_{12} & \cdots & a_{1n} \\ a_{21} & a_{22} & \cdots & a_{2n} \\ \vdots & \vdots & & \vdots \\ a_{n1} & a_{n2} & \cdots & a_{nn} \end{bmatrix}$$

則其行列式記為 $\det(A)$ 或 $|A|$，即，

$$\det(A) = \begin{vmatrix} a_{11} & a_{12} & \cdots & a_{1n} \\ a_{21} & a_{22} & \cdots & a_{2n} \\ \vdots & \vdots & & \vdots \\ a_{n1} & a_{n2} & \cdots & a_{nn} \end{vmatrix}$$。

定義 5-12

(1) 已知 $A = [a_{11}]$，則定義 $\det(A) = a_{11}$。

(2) 已知 $A = \begin{bmatrix} a_{11} & a_{12} \\ a_{21} & a_{22} \end{bmatrix}$，則定義

$$\det(A) = \begin{vmatrix} a_{11} & a_{12} \\ a_{21} & a_{22} \end{vmatrix} = a_{11}a_{22} - a_{12}a_{21}$$。

(3) 已知 $A = \begin{bmatrix} a_{11} & a_{12} & a_{13} \\ a_{21} & a_{22} & a_{23} \\ a_{31} & a_{32} & a_{33} \end{bmatrix}$，則定義

$$\det(A) = a_{11} \begin{vmatrix} a_{22} & a_{23} \\ a_{32} & a_{33} \end{vmatrix} - a_{12} \begin{vmatrix} a_{21} & a_{23} \\ a_{31} & a_{33} \end{vmatrix} + a_{13} \begin{vmatrix} a_{21} & a_{22} \\ a_{31} & a_{32} \end{vmatrix}$$

或

$$\det(A) = a_{11}(a_{22}a_{33} - a_{23}a_{32}) - a_{12}(a_{21}a_{33} - a_{23}a_{31})$$
$$+ a_{13}(a_{21}a_{32} - a_{22}a_{31})$$
$$= a_{11}a_{22}a_{33} + a_{12}a_{23}a_{31} + a_{13}a_{21}a_{32} - a_{13}a_{22}a_{31}$$
$$- a_{12}a_{21}a_{33} - a_{11}a_{32}a_{23}$$。

定義 5-13

設 A 為 n 階方陣,並令 M_{ij} 為 A 中除去第 i 列及第 j 行後的 $(n-1) \times (n-1)$ **子矩陣** (submatrix),則子矩陣 M_{ij} 的行列式 $|M_{ij}|$ 稱為元素 a_{ij} 的**子行列式** (minor)。令 $C_{ij} = (-1)^{i+j} |M_{ij}|$,則 C_{ij} 稱為 a_{ij} 的**餘因子** (cofactor)。

定理 5-17

n 階方陣 A 的行列式可用任一列 (或行) 的每一元素乘其餘因子後相加來計算,即,

$$\det(A) = a_{i1}C_{i1} + a_{i2}C_{i2} + \cdots + a_{in}C_{in}$$
$$= \sum_{j=1}^{n} a_{ij} C_{ij} \text{ (對第 } i \text{ 列展開)}$$

或

$$\det(A) = a_{1j}C_{1j} + a_{2j}C_{2j} + \cdots + a_{nj}C_{nj}$$
$$= \sum_{i=1}^{n} a_{ij} C_{ij} \text{ (對第 } j \text{ 列展開)}。$$

如果以子行列式表示,則為

$$\det(A) = \sum_{j=1}^{n} (-1)^{i+j} a_{ij} |M_{ij}| \tag{5-5}$$

或

$$\det(A) = \sum_{i=1}^{n} (-1)^{i+j} a_{ij} |M_{ij}|。 \tag{5-6}$$

例題 1

已知行列式 $\det(A) = \begin{vmatrix} a & b & c & d \\ e & f & g & h \\ i & j & k & l \\ m & n & o & p \end{vmatrix}$,對第一列展開,可得

$$\det(A) = a \begin{vmatrix} f & g & h \\ j & k & l \\ n & o & p \end{vmatrix} - b \begin{vmatrix} e & g & h \\ i & k & l \\ m & o & p \end{vmatrix} + c \begin{vmatrix} e & f & h \\ i & j & l \\ m & n & p \end{vmatrix} - d \begin{vmatrix} e & f & g \\ i & j & k \\ m & n & o \end{vmatrix}$$

亦可對第二列展開，則

$$\det(A) = -e\begin{vmatrix} b & c & d \\ j & k & l \\ n & o & p \end{vmatrix} + f\begin{vmatrix} a & c & d \\ i & k & l \\ m & o & p \end{vmatrix} - g\begin{vmatrix} a & b & d \\ i & j & l \\ m & n & p \end{vmatrix} + h\begin{vmatrix} a & b & c \\ i & j & k \\ m & n & o \end{vmatrix}$$

同時亦可分別對第三列、第四列、第一行、第二行、第三行、第四行展開，所得的行列式皆相同。

例題 2

已知 $A = \begin{bmatrix} 1 & 0 & 1 & 1 \\ 2 & 1 & 0 & -1 \\ 3 & -1 & 1 & 1 \\ 0 & 1 & 0 & 1 \end{bmatrix}$，求 $\det(A)$。

解 由於第四列含有兩個 0 及兩個 1，我們考慮按第四列各元素展開，可得

$$\det(A) = (1)(-1)^{4+2}\begin{vmatrix} 1 & 1 & 1 \\ 2 & 0 & -1 \\ 3 & 1 & 1 \end{vmatrix} + (1)(-1)^{4+4}\begin{vmatrix} 1 & 0 & 1 \\ 2 & 1 & 0 \\ 3 & -1 & 1 \end{vmatrix}$$

$$= (1)(-1)^{1+2}\begin{vmatrix} 2 & -1 \\ 3 & 1 \end{vmatrix} + (1)(-1)^{3+2}\begin{vmatrix} 1 & 1 \\ 2 & -1 \end{vmatrix}$$

$$+ (1)(-1)^{2+2}\begin{vmatrix} 1 & 1 \\ 3 & 1 \end{vmatrix} + (-1)(-1)^{3+2}\begin{vmatrix} 1 & 1 \\ 2 & 0 \end{vmatrix}$$

$$= -(2+3) - (-1-2) + (1-3) + (0-2)$$

$$= -6 。$$

當方陣 A 的階數很大時，行列式的計算工作相當複雜。但若能善加利用行列式的特性，往往可將計算工作予以簡化。茲列舉一些行列式的性質如下：

性質 1

若方陣 A 中任何一列 (或行) 的元素全為零，則 $\det(A) = 0$。

性質 2

方陣 A 中某一列(或行)乘上常數 k 後的行列式為原行列式乘上 k。

性質 3

若 B 為方陣 A 中某兩列或某兩行對調後所得的方陣,則 $\det(B) = -\det(A)$。

性質 4

已知 $A = \begin{bmatrix} a_{11} & a_{12} & \cdots & a_{1j} & \cdots & a_{1n} \\ a_{21} & a_{22} & \cdots & a_{2j} & \cdots & a_{2n} \\ \vdots & \vdots & & \vdots & & \vdots \\ a_{n1} & a_{n2} & \cdots & a_{nj} & \cdots & a_{nn} \end{bmatrix}$, $B = \begin{bmatrix} a_{11} & a_{12} & \cdots & \alpha_{1j} & \cdots & a_{1n} \\ a_{21} & a_{22} & \cdots & \alpha_{2j} & \cdots & a_{2n} \\ \vdots & \vdots & & \vdots & & \vdots \\ a_{n1} & a_{n2} & \cdots & \alpha_{nj} & \cdots & a_{nn} \end{bmatrix}$

$C = \begin{bmatrix} a_{11} & a_{12} & \cdots & a_{1j}+\alpha_{1j} & \cdots & a_{1n} \\ a_{21} & a_{22} & \cdots & a_{2j}+\alpha_{2j} & \cdots & a_{2n} \\ \vdots & \vdots & & \vdots & & \vdots \\ a_{n1} & a_{n2} & \cdots & a_{nj}+\alpha_{nj} & \cdots & a_{nn} \end{bmatrix}$

則 $\det(C) = \det(A) + \det(B)$。

例題 3

已知 $A = \begin{bmatrix} 1 & -1 & 2 \\ 3 & 1 & 4 \\ 0 & -2 & 5 \end{bmatrix}$, $B = \begin{bmatrix} 1 & -6 & 2 \\ 3 & 2 & 4 \\ 0 & 4 & 5 \end{bmatrix}$

$C = \begin{bmatrix} 1 & -1-6 & 2 \\ 3 & 1+2 & 4 \\ 0 & -2+4 & 5 \end{bmatrix} = \begin{bmatrix} 1 & -7 & 2 \\ 3 & 3 & 4 \\ 0 & 2 & 5 \end{bmatrix}$

則 $\det(A) = 16$, $\det(B) = 108$

而 $\det(C) = 124 = \det(A) + \det(B)$。

性質 5

若方陣 A 中有兩列或兩行相同,則 $\det(A) = 0$。

性質 6

若 B 為方陣 A 中某一列 (或行) 乘上常數 k 後加在另一列 (或行) 所得的方陣，則

$$\det(B) = \det(A)。$$

例題 4

已知 $A = \begin{bmatrix} 1 & -1 & 2 \\ 3 & 1 & 4 \\ 0 & -2 & 5 \end{bmatrix}$，則 $\det(A) = 16$。如果我們將第三列各元素乘以 4 後加到第二列，我們求得新方陣 B 為

$$B = \begin{bmatrix} 1 & -1 & 2 \\ 3+4(0) & 1+4(-2) & 4+5(4) \\ 0 & -2 & 5 \end{bmatrix} = \begin{bmatrix} 1 & -1 & 2 \\ 3 & -7 & 24 \\ 0 & -2 & 5 \end{bmatrix}$$

而 $\det(B) = 16 = \det(A)$。

性質 7

若方陣 A 中的某一列 (或行) 為另外一列 (或行) 的常數倍，則 $\det(A) = 0$。

性質 8

若 A 與 B 皆為同階方陣，則

$$\det(AB) = \det(A)\det(B)。$$

例題 5

已知 $A = \begin{bmatrix} 1 & -1 & 2 \\ 3 & 1 & 4 \\ 0 & -2 & 5 \end{bmatrix}$, $B = \begin{bmatrix} 1 & -2 & 3 \\ 0 & -1 & 4 \\ 2 & 0 & -2 \end{bmatrix}$

則 $\det(A) = \begin{vmatrix} 1 & -1 & 2 \\ 3 & 1 & 4 \\ 0 & -2 & 5 \end{vmatrix} = 16$, $\det(B) = \begin{vmatrix} 1 & -2 & 3 \\ 0 & -1 & 4 \\ 2 & 0 & -2 \end{vmatrix} = -8$

而 $AB = \begin{bmatrix} 1 & -1 & 2 \\ 3 & 1 & 4 \\ 0 & -2 & 5 \end{bmatrix} \begin{bmatrix} 1 & -2 & 3 \\ 0 & -1 & 4 \\ 2 & 0 & -2 \end{bmatrix} = \begin{bmatrix} 5 & -1 & -5 \\ 11 & -7 & 5 \\ 10 & 2 & -18 \end{bmatrix}$

故 $\det(AB) = \begin{vmatrix} 5 & -1 & -5 \\ 11 & -7 & 5 \\ 10 & 2 & -18 \end{vmatrix} = -128 = (16)(-8)$

$= \det(A) \det(B)$。

性質 9

若 A 為可逆方陣，A^{-1} 為其反方陣，且 $\det(A) \neq 0$，則

$$\det(A^{-1}) = \frac{1}{\det(A)}。$$

性質 10

若 A 為方陣，則 $\det(A) = \det(A^T)$。

我們在 5-3 節中曾經利用矩陣的基本列運算去求一可逆方陣的反方陣，但是當方陣的階數不太大時 (一般為三階)，可以利用行列式的方法求反方陣。首先考慮一個三階方陣

$$A = \begin{bmatrix} 1 & 2 & -1 \\ 5 & 3 & 4 \\ -2 & 0 & 1 \end{bmatrix}$$

並發現 $a_{21}C_{21} + a_{22}C_{22} + a_{23}C_{23} = (5)(-2) + (3)(-1) + (4)(-4)$
$= -29 = \det(A)$

與 $a_{31}C_{21} + a_{32}C_{22} + a_{33}C_{23} = (-2)(-2) + (0)(-1) + (1)(-4) = 0$

以及 $a_{11}C_{11} + a_{21}C_{21} + a_{31}C_{31} = (1)(3) + (5)(-2) + (-2)(11)$
$= -29 = \det(A)$

與 $a_{11}C_{12} + a_{21}C_{22} + a_{31}C_{32} = (1)(-13) + (5)(-1) + (-2)(-9) = 0$

上面的結果只是一個特例，它的一般情形如下面的定理所述。

定理 5-18

已知 $A = [a_{ij}]_{n \times n}$，則下列兩式成立：

(1) $a_{i1}C_{k1} + a_{i2}C_{k2} + \cdots + a_{in}C_{kn} = \begin{cases} \det(A), & \text{若 } i = k \\ 0, & \text{若 } i \neq k \end{cases}$

(2) $a_{1j}C_{1k} + a_{2j}C_{2k} + \cdots + a_{nj}C_{nk} = \begin{cases} \det(A), & \text{若 } j = k \\ 0, & \text{若 } j \neq k \end{cases}$

定義 5-14

已知 $A = [a_{ij}]_{n \times n}$，而 C_{ij} 為 a_{ij} 的餘因子，則方陣 $\text{adj } A = [C_{ij}]^T$ 稱為 A 的**伴隨方陣** (adjoint of A)。

例題 6

已知 $A = \begin{bmatrix} 3 & -2 & 1 \\ 5 & 6 & 2 \\ 1 & 0 & -3 \end{bmatrix}$，計算 $\text{adj } A$。

解 A 的餘因子如下：

$C_{11} = (-1)^{1+1} \begin{vmatrix} 6 & 2 \\ 0 & -3 \end{vmatrix} = -18$, $\quad C_{12} = (-1)^{1+2} \begin{vmatrix} 5 & 2 \\ 1 & -3 \end{vmatrix} = 17$

$C_{13} = (-1)^{1+3} \begin{vmatrix} 5 & 6 \\ 1 & 0 \end{vmatrix} = -6$, $\quad C_{21} = (-1)^{2+1} \begin{vmatrix} -2 & 1 \\ 0 & -3 \end{vmatrix} = -6$

$C_{22} = (-1)^{2+2} \begin{vmatrix} 3 & 1 \\ 1 & -3 \end{vmatrix} = -10$, $\quad C_{23} = (-1)^{2+3} \begin{vmatrix} 3 & -2 \\ 1 & 0 \end{vmatrix} = -2$

$C_{31} = (-1)^{3+1} \begin{vmatrix} -2 & 1 \\ 6 & 2 \end{vmatrix} = -10$, $\quad C_{32} = (-1)^{3+2} \begin{vmatrix} 3 & 1 \\ 5 & 2 \end{vmatrix} = -1$

$C_{33} = (-1)^{3+3} \begin{vmatrix} 3 & -2 \\ 5 & 6 \end{vmatrix} = 28$

所以，$\operatorname{adj} A = \begin{bmatrix} C_{11} & C_{21} & C_{31} \\ C_{12} & C_{22} & C_{32} \\ C_{13} & C_{23} & C_{33} \end{bmatrix} = \begin{bmatrix} -18 & -6 & -10 \\ 17 & -10 & -1 \\ -6 & -2 & 28 \end{bmatrix}$。

定理 5-19

已知 $A = [a_{ij}]_{n \times n}$，則
$$A(\operatorname{adj} A) = (\operatorname{adj} A) A = \det(A) I_n。$$

證

$$A(\operatorname{adj} A) = \begin{bmatrix} a_{11} & a_{12} & a_{13} & \cdots & a_{1n} \\ a_{21} & a_{22} & a_{23} & \cdots & a_{2n} \\ \vdots & \vdots & \vdots & & \vdots \\ a_{i1} & a_{i2} & a_{i3} & \cdots & a_{in} \\ \vdots & \vdots & \vdots & & \vdots \\ a_{n1} & a_{n2} & a_{n3} & \cdots & a_{nn} \end{bmatrix} \begin{bmatrix} C_{11} & C_{21} & \cdots & C_{j1} & \cdots & C_{n1} \\ C_{12} & C_{22} & \cdots & C_{j2} & \cdots & C_{n2} \\ C_{13} & C_{23} & \cdots & C_{j3} & \cdots & C_{n3} \\ \vdots & \vdots & & \vdots & & \vdots \\ C_{1n} & C_{2n} & \cdots & C_{jn} & \cdots & C_{nn} \end{bmatrix}$$

由定理 5-18(1) 可知 $A(\operatorname{adj} A)$ 中第 i 列第 j 行的元素為

$$a_{i1} C_{j1} + a_{i2} C_{j2} + a_{i3} C_{j3} + \cdots + a_{in} A_{jn} = \begin{cases} \det(A), & 若\ i = j \\ 0, & 若\ i \neq j \end{cases}$$

可得

$$A(\operatorname{adj} A) = \begin{bmatrix} \det(A) & 0 & 0 & \cdots & 0 \\ 0 & \det(A) & 0 & \cdots & 0 \\ 0 & 0 & \det(A) & \cdots & 0 \\ \vdots & \vdots & \vdots & & \vdots \\ 0 & 0 & 0 & \cdots & \det(A) \end{bmatrix} = \det(A) I_n$$

由定理 5-18(2) 可知 $(\operatorname{adj} A) A$ 中第 i 列第 j 行的元素為

$$C_{1i} a_{1j} + C_{2i} a_{2j} + \cdots + C_{ni} a_{nj} = \begin{cases} \det(A), & 若\ i = j \\ 0, & 若\ i \neq j \end{cases}$$

可得 $(\operatorname{adj} A) A = \det(A) I_n$

因此，$A(\operatorname{adj} A) = (\operatorname{adj} A) A = \det(A) I_n$。

定理 5-20

若 A 為可逆方陣，則
$$A^{-1} = \frac{1}{\det(A)} \text{adj}(A)。$$

證 由定理 5-19 知，$A(\text{adj }A) = \det(A) I_n$，所以，若 $\det(A) \neq 0$，則

$$A \frac{1}{\det(A)} (\text{adj }A) = \frac{1}{\det(A)} (A(\text{adj }A))$$

$$= \frac{1}{\det(A)} (\det(A) I_n) = I_n$$

即，方陣 $\left(\dfrac{1}{\det(A)}\right)(\text{adj }A)$ 為 A 的反方陣。

因此，
$$A^{-1} = \frac{1}{\det(A)} (\text{adj }A)。$$

推論 1：方陣 A 為可逆的充要條件為 $\det(A) \neq 0$。

推論 2：若 A 為方陣，則齊次方程組 $AX = 0$ 有一組非零解的充要條件為 $\det(A) = 0$。

例題 7

求 $A = \begin{bmatrix} 1 & 2 & 3 \\ 2 & 3 & 4 \\ 1 & 5 & 7 \end{bmatrix}$ 的反方陣，並驗證 $AA^{-1} = I_3$。

解
$$\det(A) = \begin{vmatrix} 1 & 2 & 3 \\ 2 & 3 & 4 \\ 1 & 5 & 7 \end{vmatrix} = 1 \begin{vmatrix} 3 & 4 \\ 5 & 7 \end{vmatrix} - 2 \begin{vmatrix} 2 & 4 \\ 1 & 7 \end{vmatrix} + 3 \begin{vmatrix} 2 & 3 \\ 1 & 5 \end{vmatrix}$$

$$= 1 - 20 + 21 = 2$$

$$\det A = \begin{bmatrix} 1 & -10 & 7 \\ 1 & 4 & -3 \\ -1 & 2 & -1 \end{bmatrix}^T = \begin{bmatrix} 1 & 1 & -1 \\ -10 & 4 & 2 \\ 7 & -3 & -1 \end{bmatrix}$$

可得 $A^{-1} = \dfrac{1}{2}\begin{bmatrix} 1 & 1 & -1 \\ -10 & 4 & 2 \\ 7 & -3 & -1 \end{bmatrix} = \begin{bmatrix} \dfrac{1}{2} & \dfrac{1}{2} & -\dfrac{1}{2} \\ -5 & 2 & 1 \\ \dfrac{7}{2} & -\dfrac{3}{2} & -\dfrac{1}{2} \end{bmatrix}$

$AA^{-1} = \begin{bmatrix} 1 & 2 & 3 \\ 2 & 3 & 4 \\ 1 & 5 & 7 \end{bmatrix} \begin{bmatrix} \dfrac{1}{2} & \dfrac{1}{2} & -\dfrac{1}{2} \\ -5 & 2 & 1 \\ \dfrac{7}{2} & -\dfrac{3}{2} & -\dfrac{1}{2} \end{bmatrix}$

$= \begin{bmatrix} 1 & 0 & 0 \\ 0 & 1 & 0 \\ 0 & 0 & 1 \end{bmatrix} = I_3$。

例題 8

已知 $AB = AC$，試證：若 $\det(A) \neq 0$，則 $B = C$。

解 因 $\det(A) \neq 0$，故 A^{-1} 存在。

$$A^{-1}AB = A^{-1}AC \Rightarrow (A^{-1}A)B = (A^{-1}A)C \Rightarrow B = C$$

例題 9

若 A 為奇異方陣，試證 $A(\operatorname{adj} A) = 0$。

解 由定理 5-19，

$$A(\operatorname{adj} A) = (\operatorname{adj} A)A = \det(A)I_n$$

因 A 為奇異方陣，可知 $\det(A) = 0$，故 $A(\operatorname{adj} A) = 0$。

定理 5-21 ｜ 克雷莫法則 (Cramer's rule)

令
$$\begin{cases} a_{11}x_1+a_{12}x_2+\cdots+a_{1n}x_n=b_1 \\ a_{21}x_1+a_{22}x_2+\cdots+a_{2n}x_n=b_2 \\ \vdots \quad\quad \vdots \quad\quad \vdots \quad\quad \vdots \\ a_{n1}x_1+a_{n2}x_2+\cdots+a_{nn}x_n=b_n \end{cases}$$

寫成 $AX=B$，其中係數方陣為

$$A=[a_{ij}]_{n\times n}\text{，而 } B=\begin{bmatrix} b_1 \\ b_2 \\ \vdots \\ b_n \end{bmatrix}$$

若 $\det(A)\neq 0$，則此方程組有一組唯一解

$$x_1=\frac{\det(A_1)}{\det(A)},\ x_2=\frac{\det(A_2)}{\det(A)},\ \cdots,\ x_n=\frac{\det(A_n)}{\det(A)}$$

其中 A_i 是以 B 取代 A 的第 i 行而得。

證 若 $\det(A)\neq 0$，則 A^{-1} 存在，而線性方程組的解為

$$X=\begin{bmatrix} x_1 \\ x_2 \\ \vdots \\ x_n \end{bmatrix}=A^{-1}B=\left(\frac{1}{\det(A)}\operatorname{adj}A\right)B$$

$$=\begin{bmatrix} \dfrac{C_{11}}{\det(A)} & \dfrac{C_{21}}{\det(A)} & \cdots & \dfrac{C_{n1}}{\det(A)} \\ \dfrac{C_{12}}{\det(A)} & \dfrac{C_{22}}{\det(A)} & \cdots & \dfrac{C_{n2}}{\det(A)} \\ \vdots & \vdots & & \vdots \\ \dfrac{C_{1i}}{\det(A)} & \dfrac{C_{2i}}{\det(A)} & \cdots & \dfrac{C_{ni}}{\det(A)} \\ \vdots & \vdots & & \vdots \\ \dfrac{C_{1n}}{\det(A)} & \dfrac{C_{2n}}{\det(A)} & \cdots & \dfrac{C_{nn}}{\det(A)} \end{bmatrix}\begin{bmatrix} b_1 \\ b_2 \\ \vdots \\ b_i \\ \vdots \\ b_n \end{bmatrix}$$

即，$x_i = \dfrac{1}{\det(A)}(b_1 C_{1i} + b_2 C_{2i} + b_3 C_{3i} + \cdots + b_n C_{ni})$, $i = 1, 2, \cdots, n$

令 $A_i = \begin{bmatrix} a_{11} & a_{12} & a_{13} & \cdots & a_{1i-1} & b_1 & a_{1i+1} & \cdots & a_{1n} \\ a_{21} & a_{22} & a_{23} & \cdots & a_{2i-1} & b_2 & a_{2i+1} & \cdots & a_{2n} \\ \vdots & \vdots & \vdots & & \vdots & \vdots & \vdots & & \vdots \\ a_{n1} & a_{n2} & a_{n3} & \cdots & a_{ni-1} & b_n & a_{ni+1} & \cdots & a_{nn} \end{bmatrix}$

若我們按第 i 行各元素展開以求 $\det(A_i)$，則可得

$$\det(A_i) = b_1 C_{1i} + b_2 C_{2i} + b_3 C_{3i} + \cdots + b_n C_{ni}$$

故 $x_i = \dfrac{\det(A_i)}{\det(A)}$；$i = 1, 2, \cdots, n$。

例題 10

解方程組 $\begin{cases} 2x_1 + x_2 + x_3 = 0 \\ 4x_1 + 3x_2 + 2x_3 = 2 \\ 2x_1 - x_2 - 3x_3 = 0 \end{cases}$。

解 因 $\det(A) = \begin{vmatrix} 2 & 1 & 1 \\ 4 & 3 & 2 \\ 2 & -1 & -3 \end{vmatrix} = -18 + 4 - 4 - 6 - (-4) - (-12) = -8 \neq 0$

故方程組有唯一解，其解為

$$x_1 = \frac{1}{-8} \begin{vmatrix} 0 & 1 & 1 \\ 2 & 3 & 2 \\ 0 & -1 & -3 \end{vmatrix} = \frac{4}{-8} = -\frac{1}{2}$$

$$x_2 = \frac{1}{-8} \begin{vmatrix} 2 & 0 & 1 \\ 4 & 2 & 2 \\ 2 & 0 & -3 \end{vmatrix} = \frac{-16}{-8} = 2$$

$$x_3 = \frac{1}{-8} \begin{vmatrix} 2 & 1 & 0 \\ 4 & 3 & 2 \\ 2 & -1 & 0 \end{vmatrix} = \frac{8}{-8} = -1 \text{。}$$

計算行列式是件相當複雜的工作，當 n 很小時 (例如 $n \leq 4$)，克雷莫法則尚可使用，但當 $n > 4$ 時，我們利用矩陣列運算的方法來解方程組。讀者應注意，利用克雷莫法則求解一次方程組時，

1. 若 $\det(A) \neq 0$，則 n 元一次方程組為相容方程組，其唯一解為

$$x_1 = \frac{\det(A_1)}{\det(A)}, \quad x_2 = \frac{\det(A_2)}{\det(A)}, \quad \cdots, \quad x_n = \frac{\det(A_n)}{\det(A)}$$

2. 若 $\det(A) = \det(A_1) = \det(A_2) = \cdots = \det(A_n) = 0$，則 n 元一次方程組為相依方程組，其有無限多組解。

3. 若 $\det(A) = 0$，而 $\det(A_1) \neq 0$，或 $\det(A_2) \neq 0$，$\cdots$，或 $\det(A_n) \neq 0$，則 n 元一次方程組為矛盾方程組，其為無解。

例題 11

解方程組 $\begin{cases} x_1 - x_2 + 2x_3 = 4 \\ 2x_1 - x_2 + 2x_3 = 1 \\ 5x_1 - 3x_2 + 6x_3 = 6 \end{cases}$。

解 方程組的係數方陣為

$$A = \begin{bmatrix} 1 & -1 & 2 \\ 2 & -1 & 2 \\ 5 & -3 & 6 \end{bmatrix}$$

而 $\det(A) = \begin{vmatrix} 1 & -1 & 2 \\ 2 & -1 & 2 \\ 5 & -3 & 6 \end{vmatrix} = -2 \begin{vmatrix} 1 & 1 & 1 \\ 2 & 1 & 1 \\ 5 & 3 & 3 \end{vmatrix} = 0$

又 $\det(A_1) = \begin{vmatrix} 4 & -1 & 2 \\ 1 & -1 & 2 \\ 6 & -3 & 6 \end{vmatrix} = -2 \begin{vmatrix} 4 & 1 & 1 \\ 1 & 1 & 1 \\ 6 & 3 & 3 \end{vmatrix} = 0$

$\det(A_2) = \begin{vmatrix} 1 & 4 & 2 \\ 2 & 1 & 2 \\ 5 & 6 & 6 \end{vmatrix} = 6 + 40 + 24 - 10 - 12 - 48 = 0$

$$\det(A_3) = \begin{vmatrix} 1 & -1 & 4 \\ 2 & -1 & 1 \\ 5 & -3 & 6 \end{vmatrix} = -6 - 24 - 5 + 20 + 12 + 3 = 0$$

所以，此方程組有無限多組解。

習題 5-5

1. 在下列各題中，選定一行或列，以餘因子展開求行列式。

   (1) $A = \begin{bmatrix} 3 & 3 & 1 \\ 1 & 0 & -4 \\ 1 & -3 & 5 \end{bmatrix}$

   (2) $A = \begin{bmatrix} -3 & 0 & 7 \\ 2 & 5 & 1 \\ -1 & 0 & 5 \end{bmatrix}$

   (3) $A = \begin{bmatrix} 3 & 3 & 0 & 5 \\ 2 & 2 & 0 & -2 \\ 4 & 1 & -3 & 0 \\ 2 & 10 & 3 & 2 \end{bmatrix}$

2. 利用行列式的性質求下列各行列式。

   (1) $\begin{vmatrix} -4 & -10 & 8 & 5 \\ -5 & -9 & 9 & 4 \\ -3 & -11 & 7 & 6 \\ 8 & 7 & 6 & 5 \end{vmatrix}$

   (2) $\begin{vmatrix} 5 & 2 & 10 & -3 \\ 1 & -4 & -9 & 6 \\ -7 & 14 & 6 & -21 \\ 9 & 8 & 15 & -12 \end{vmatrix}$

   (3) $\begin{vmatrix} 2 & -3 & 2 & 5 & 3 \\ -3 & 4 & -2 & -5 & -4 \\ 2 & -2 & 6 & 2 & -5 \\ 5 & -5 & 2 & 8 & -6 \\ 3 & -4 & -5 & 6 & 10 \end{vmatrix}$

   (4) $\begin{vmatrix} 2 & -1 & 5 & 8 \\ 3 & 3 & 3 & 10 \\ 2 & 3 & 1 & 6 \\ 5 & 7 & 4 & 2 \end{vmatrix}$

3. 已知 $A = \begin{bmatrix} 1 & 0 & 3 & 0 \\ 2 & 1 & 4 & -1 \\ 3 & 2 & 4 & 0 \\ 0 & 3 & -1 & 0 \end{bmatrix}$，計算第三行元素的所有餘因子。

4. 已知 $A = \begin{bmatrix} 1+x & 2 & 3 & 4 \\ 1 & 2+x & 3 & 4 \\ 1 & 2 & 3+x & 4 \\ 1 & 2 & 3 & 4+x \end{bmatrix}$，試證 $\det(A) = (10+x)^3$。

5. 求所有的 λ 值滿足

$$\begin{vmatrix} \lambda+2 & -1 & 3 \\ 2 & \lambda-1 & 2 \\ 0 & 0 & \lambda+4 \end{vmatrix} = 0$$

6. 設 P 為可逆方陣，試證：若 $B = PAP^{-1}$，則 $\det(B) = \det(A)$。

7. 已知 $A = \begin{bmatrix} -3 & -1 & -3 \\ 0 & 3 & 0 \\ -2 & -1 & -2 \end{bmatrix}$，若 $\det(\lambda I_3 - A) = 0$，求 λ 的值。

8. 求下列各方陣的反方陣。

(1) $A = \begin{bmatrix} 1 & 2 & 3 \\ 2 & 3 & 4 \\ 1 & 5 & 7 \end{bmatrix}$ (2) $B = \begin{bmatrix} 1 & 1 & 0 \\ 1 & 1 & 1 \\ 0 & 2 & 1 \end{bmatrix}$ (3) $C = \begin{bmatrix} 1 & 2 & 2 \\ 3 & 1 & 0 \\ 1 & 1 & 1 \end{bmatrix}$

解下列各方程組。

9. $\begin{cases} 3x_1 - x_2 + 2x_3 = 1 \\ 4x_2 + 5x_3 = -1 \\ x_1 + 3x_2 + 2x_3 = 0 \end{cases}$ 10. $\begin{cases} x_1 + 4x_2 + 3x_3 = 6 \\ -x_1 - 2x_2 = -6 \\ 2x_1 + 2x_2 + 3x_3 = 4 \end{cases}$

11. $\begin{cases} x + 2y + 3z = 5 \\ 2x + 5y + 3z = 3 \\ x + 8z = 17 \end{cases}$ 12. $\begin{cases} 2x + 3y + z = 9 \\ x + 2y + 3z = 6 \\ 3x + y + 2z = 8 \end{cases}$

13. λ 為何值時可使齊次方程組

$$\begin{cases} (\lambda-2)x + 2y = 0 \\ 2x + (\lambda-2)y = 0 \end{cases}$$

有一組非零解？

14. 若 A 為 n 階奇異方陣，試證對任何 n 階方陣 B 而言，AB 為奇異方陣。

15. 若 A 為方陣，試證 $\det(AA^T) \geq 0$。

利用克雷莫法則解下列各方程組。

16. $\begin{cases} x_1 - 2x_2 + x_3 = 7 \\ 2x_1 - 5x_2 + 2x_3 = 6 \\ 3x_1 + x_2 - x_3 = 1 \end{cases}$

17. $\begin{cases} x_1 + x_2 + x_3 + x_4 = 4 \\ x_1 \qquad - 2x_3 + x_4 = 3 \\ \qquad x_2 + 3x_3 - x_4 = -1 \\ 2x_1 + x_2 \qquad + x_4 = 6 \end{cases}$

18. 下列各齊次方程組是否有非零解？

(1) $\begin{cases} x_1 - 2x_2 + x_3 = 0 \\ 2x_1 + 3x_2 + x_3 = 0 \\ 3x_1 + x_2 + 2x_3 = 0 \end{cases}$

(2) $\begin{cases} x_1 + 2x_2 \qquad + x_4 = 0 \\ x_1 + 2x_2 + 3x_3 \qquad = 0 \\ \qquad\qquad x_3 + 2x_4 = 0 \\ \qquad x_2 + 2x_3 - x_4 = 0 \end{cases}$

19. (1) 若將平面直角坐標系的坐標軸旋轉 θ 角，試證：平面上 P 點的原始坐標 (x, y) 與新坐標 (x', y') 的關係式為

$$\begin{bmatrix} x \\ y \end{bmatrix} = \begin{bmatrix} \cos\theta & -\sin\theta \\ \sin\theta & \cos\theta \end{bmatrix} \begin{bmatrix} x' \\ y' \end{bmatrix}。$$

(2) 已知 $A_\theta = \begin{bmatrix} \cos\theta & -\sin\theta \\ \sin\theta & \cos\theta \end{bmatrix}$，試證：$A_\alpha A_\beta = A_{\alpha+\beta}$，而

$$\begin{bmatrix} x' \\ y' \end{bmatrix} = \begin{bmatrix} \cos\theta & \sin\theta \\ -\sin\theta & \cos\theta \end{bmatrix} = \begin{bmatrix} x \\ y \end{bmatrix}。$$

向量與向量空間 | 06

在自然科學與工程方面所用的量皆表示其數值的大小與單位，如長度、質量、時間、面積、體積、功等，這樣的量稱為**純量** (scalar)。如果一個量除了大小之外，尚需考慮其方向，則稱此量為**向量** (vector)。如速度、加速度、力、電場、磁場皆屬此類。

6-1 三維空間 $I\!R^3$ 與 n 維空間 $I\!R^n$

在幾何學中，向量可以用自某點為始點至另一點為終點的帶有箭頭的有向線段來表示，此線段的長度稱為向量的**長度** (length) 或**大小** (magnitude)，而箭頭則表示向量的**方向** (direction)。但習慣上，向量常用粗體的英文字母 **A**, **B**, **C**, $\cdots$, **a**, **b**, **c**, $\cdots$, **i**, **j**, **k**, $\cdots$ 等表示。

設 $P(a_1, b_1, c_1)$ 與 $Q(a_2, b_2, c_2)$ 為三維空間 $I\!R^3$ 中任意兩點，則從 P 到 Q 所形成的向量 $\overrightarrow{PQ}$ 為

$$\overrightarrow{PQ} = \langle a_2-a_1, \ b_2-b_1, \ c_2-c_1 \rangle$$

其中 P 與 Q 分別稱為向量 $\overrightarrow{PQ}$ 的**始點** (initial point) 與**終點** (terminal point)，而 a_2-a_1、b_2-b_1、c_2-c_1 分別稱為向量 $\overrightarrow{PQ}$ 的 **x- 分量** (x-component)、**y- 分量** (y-component)、**z- 分量** (z-component)，向量 $\overrightarrow{PQ}$ 的**長度**或**大小**或**範數** (norm) 定義為

$$\| \overrightarrow{PQ} \| = \sqrt{(a_2-a_1)^2 + (b_2-b_1)^2 + (c_2-c_1)^2} \tag{6-1}$$

在空間 $I\!R^3$ 中，以原點 $O(0, 0, 0)$ 為有向線段的始點，$P(a_1, a_2, a_3)$ 為有向線段的終點，則 $\overrightarrow{OP}$ 稱為對應於

$$\mathbf{a} = \langle a_1, \ a_2, \ a_3 \rangle$$

或
$$\mathbf{a} = \begin{bmatrix} a_1 \\ a_2 \\ a_3 \end{bmatrix}$$ (此係以矩陣記法表示向量)

的**位置向量** (position vector)，如圖 6-1 所示。

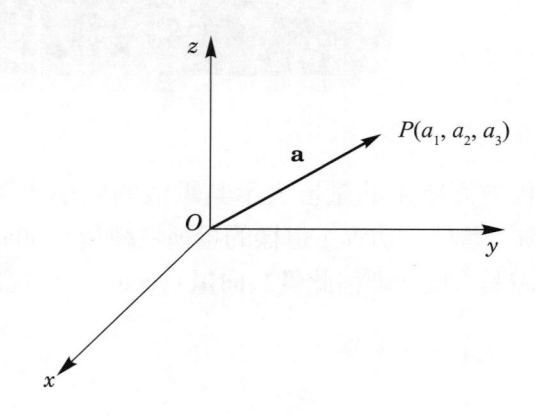

圖 6-1

零向量 (zero vector) 是以 $\mathbf{0} = \langle 0, 0, 0 \rangle$ 表示，此向量沒有確定的方向，也可以說具有任意的方向。長度為 1 的向量稱為**單位向量** (unit vector)。任一向量 $\mathbf{a}$ 皆可用與 $\mathbf{a}$ 同方向的單位向量 $\mathbf{u}$ 表示，即，

$$\mathbf{u} = \frac{\mathbf{a}}{\|\mathbf{a}\|}$$

若兩向量 $\mathbf{a}$ 與 $\mathbf{b}$ 的大小相等且方向相同，則稱為**相等**，記為「$\mathbf{a} = \mathbf{b}$」；換句話說，兩向量 $\mathbf{a} = \langle a_1, a_2, a_3 \rangle$ 與 $\mathbf{b} = \langle b_1, b_2, b_3 \rangle$ 相等，若且唯若

$$a_1 = b_1, \quad a_2 = b_2, \quad a_3 = b_3。$$

定義 6-1　向量和

兩向量 $\mathbf{a} = \langle a_1, a_2, a_3 \rangle$ 與 $\mathbf{b} = \langle b_1, b_2, b_3 \rangle$ 的**和**為以個別分量相加所形成的向量，即，

$$\mathbf{a} + \mathbf{b} = \langle a_1 + b_1, a_2 + b_2, a_3 + b_3 \rangle。$$

向量 $\mathbf{a}$ 的**逆向量** $-\mathbf{a}$ 定義為 $-\mathbf{a} = \langle -a_1, -a_2, -a_3 \rangle$，其長度與 $\mathbf{a}$ 相同，但方向相反。

定義 6-2　向量差

兩向量 $\mathbf{a}=\langle a_1,\ a_2,\ a_3\rangle$ 與 $\mathbf{b}=\langle b_1,\ b_2,\ b_3\rangle$ 的差定義為
$$\mathbf{a}-\mathbf{b}=\mathbf{a}+(-\mathbf{b})=\langle a_1-b_1,\ a_2-b_2,\ a_3-b_3\rangle\text{。}$$

定義 6-3　純量乘以向量或向量的純量倍

純量 (實數) α 乘以向量 $\mathbf{a}=\langle a_1,\ a_2,\ a_3\rangle$ 稱為**數積** (scalar multiplication)，以 $\alpha\mathbf{a}$ 表示，定義為
$$\alpha\mathbf{a}=\langle \alpha a_1,\ \alpha a_2,\ \alpha a_3\rangle\text{。}$$

$\alpha\mathbf{a}$ 的大小為 $|\alpha|\|\mathbf{a}\|$，其方向在 $\alpha>0$ 時與 $\mathbf{a}$ 同方向，在 $\alpha<0$ 時與 $\mathbf{a}$ 反方向。當 $\alpha=0$ 時，$\alpha\mathbf{a}=0$。尤其，當 α 為自然數時，$\alpha\mathbf{a}$ 表示 α 個 $\mathbf{a}$ 的和。

兩向量 $\mathbf{a}=\langle a_1,\ a_2,\ a_3\rangle$ 與 $\mathbf{b}=\langle b_1,\ b_2,\ b_3\rangle$ **平行** (parallel)(記為：「$\mathbf{a}\parallel\mathbf{b}$」)，若且唯若存在一純量 $\alpha\neq 0$，使得 $\mathbf{a}=\alpha\mathbf{b}$，即，
$$a_1=\alpha b_1,\ a_2=\alpha b_2,\ a_3=\alpha b_3\text{。}$$

向量 $\mathbf{i}=\langle 1,\ 0,\ 0\rangle$、$\mathbf{j}=\langle 0,\ 1,\ 0\rangle$ 與 $\mathbf{k}=\langle 0,\ 0,\ 1\rangle$ 稱為空間 $I\!R^3$ 中的三個**基本單位向量** (fundamental unit vector)，這三個向量的始點皆在原點，而其長度皆為 1。空間 $I\!R^3$ 中的任何向量 $\mathbf{v}$ 可以用 $\mathbf{i}$、$\mathbf{j}$、$\mathbf{k}$ 的線性組合形式表示，例如，由圖 6-2 所示，

$$\begin{aligned}\mathbf{v}=\overrightarrow{P_1P_2}&=\langle a_2-a_1,\ b_2-b_1,\ c_2-c_1\rangle\\&=(a_2-a_1)\mathbf{i}+(b_2-b_1)\mathbf{j}+(c_2-c_1)\mathbf{k}\text{。}\end{aligned}$$

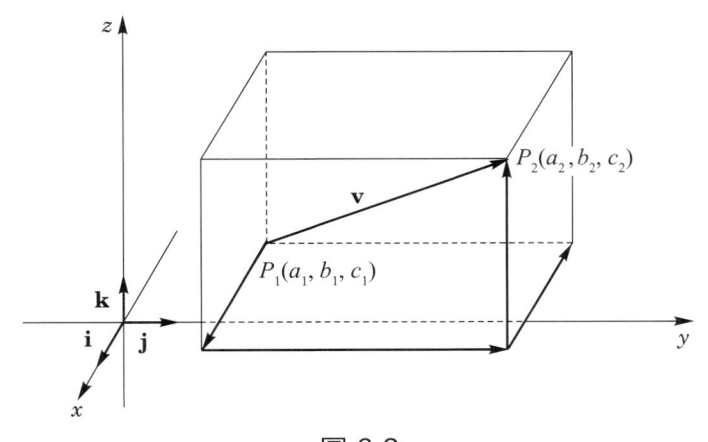

圖 6-2

定理 6-1 | 向量代數

若 **u**、**v** 與 **w** 為空間 $\mathbb{R}^3$ 中的向量，而 α、β 皆為實數，則下列性質成立。

(1) $\mathbf{u}+\mathbf{v}=\mathbf{v}+\mathbf{u}$
(2) $(\mathbf{u}+\mathbf{v})+\mathbf{w}=\mathbf{u}+(\mathbf{v}+\mathbf{w})$
(3) $\mathbf{u}+\mathbf{0}=\mathbf{0}+\mathbf{u}=\mathbf{u}$
(4) 存在 $-\mathbf{u}$ 使得 $\mathbf{u}+(-\mathbf{u})=(-\mathbf{u})+\mathbf{u}=\mathbf{0}$
(5) $\alpha(\mathbf{u}+\mathbf{v})=\alpha\mathbf{u}+\alpha\mathbf{v}$
(6) $(\alpha+\beta)\mathbf{v}=\alpha\mathbf{v}+\beta\mathbf{v}$
(7) $(\alpha\beta)\mathbf{u}=\alpha(\beta\mathbf{u})=\beta(\alpha\mathbf{u})$
(8) $1\mathbf{u}=\mathbf{u}$

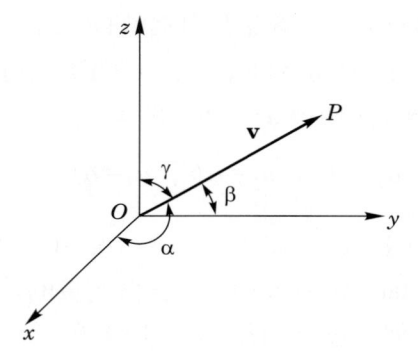

圖 6-3

空間 $\mathbb{R}^3$ 中的向量 **v** 可用它的長度及其**方向角** (directional angle) α、β、γ 來表示，如圖 6-3 所示。利用向量相等的定義，令

$$\mathbf{v}=\overrightarrow{OP}=a\mathbf{i}+b\mathbf{j}+c\mathbf{k}\text{，其中 }O\text{ 為原點}$$

方向角的定義如下：

α 為向量 **v** 與 x-軸正方向的夾角，$0 \leq \alpha \leq \pi$

β 為向量 **v** 與 y-軸正方向的夾角，$0 \leq \beta \leq \pi$

γ 為向量 **v** 與 z-軸正方向的夾角，$0 \leq \gamma \leq \pi$

由餘弦定義可知

$$\cos\alpha = \frac{a}{\|\overrightarrow{OP}\|} = \frac{a}{\|\mathbf{v}\|} = \frac{a}{\sqrt{a^2+b^2+c^2}}$$

$$\cos\beta = \frac{b}{\sqrt{a^2+b^2+c^2}}$$

$$\cos\gamma = \frac{c}{\sqrt{a^2+b^2+c^2}}$$

或　　　　$a = \|\mathbf{v}\|\cos\alpha$,　　$b = \|\mathbf{v}\|\cos\beta$,　　$c = \|\mathbf{v}\|\cos\gamma$

$\cos\alpha$、$\cos\beta$、$\cos\gamma$ 稱為向量 $\mathbf{v}$ 的**方向餘弦** (directional cosine)。因此，

$$\mathbf{v} = a\mathbf{i} + b\mathbf{j} + c\mathbf{k} = \|\mathbf{v}\|(\cos\alpha\mathbf{i} + \cos\beta\mathbf{j} + \cos\gamma\mathbf{k})$$

又　　　　$$\|\mathbf{v}\| = \|\mathbf{v}\|\,|\cos\alpha\mathbf{i} + \cos\beta\mathbf{j} + \cos\gamma\mathbf{k}|$$

可得　　　　$$\sqrt{\cos^2\alpha + \cos^2\beta + \cos^2\gamma} = 1$$

於是　　　　$$\cos^2\alpha + \cos^2\beta + \cos^2\gamma = 1$$

若 $\mathbf{u}$ 為單位向量，則

$$\mathbf{u} = \cos\alpha\mathbf{i} + \cos\beta\mathbf{j} + \cos\gamma\mathbf{k}。$$

例題 1

已知 $A(3, 1, 2)$ 及 $B(3+\sqrt{2}, 2, 1)$，求 $\overrightarrow{AB}$ 的方向餘弦及方向角。

解　　$\overrightarrow{AB} = \langle 3+\sqrt{2}-3,\ 2-1,\ 1-2\rangle = \langle\sqrt{2},\ 1,\ -1\rangle$

$$\|\overrightarrow{AB}\| = \sqrt{2+1+1} = 2$$

可得　　$\cos\alpha = \dfrac{\sqrt{2}}{2}$,　　$\cos\beta = \dfrac{1}{2}$,　　$\cos\gamma = -\dfrac{1}{2}$

故　　$\alpha = \dfrac{\pi}{4}$,　　$\beta = \dfrac{\pi}{3}$,　　$\gamma = \dfrac{2\pi}{3}$。

在空間 $I\!R^3$ 中直線可由其方向及該直線上一點決定。令 $\mathbf{u} = \langle u_1, u_2, u_3\rangle$ 為 $I\!R^3$ 中的非零向量，$P_0(x_0, y_0, z_0)$ 為 $I\!R^3$ 中的點，$\mathbf{x}_0 = \langle x_0, y_0, z_0\rangle$ 為 P_0 的位置向量，則通過 P_0 且平行於 $\mathbf{u}$ 之直線 L 上任一點 $P(x, y, z)$ 的位置向量 $\mathbf{x} = \langle x, y, z\rangle$ 滿足**向量方程式** (vector equation)

$$\mathbf{x}=\mathbf{x}_0+t\mathbf{u}, \quad -\infty < t < \infty \tag{6-2}$$

(見圖 6-4。) 因 (6-2) 式含有參數 t，故也可用分量表成

$$\begin{aligned} x &= x_0 + u_1 t \\ y &= y_0 + u_2 t, \quad -\infty < t < \infty \\ z &= z_0 + u_3 t \end{aligned} \tag{6-3}$$

其中各式稱為 L 的**參數方程式** (parametric equation)。若 u_1、u_2 與 u_3 皆不為 0，則可解 t 的每一方程式並令其相等，如此我們可得到通過 P_0 且平行於 $\mathbf{u}$ 之直線的**對稱方程式** (symmetric equation) 為

$$\frac{x-x_0}{u_1}=\frac{y-y_0}{u_2}=\frac{z-z_0}{u_3}。 \tag{6-4}$$

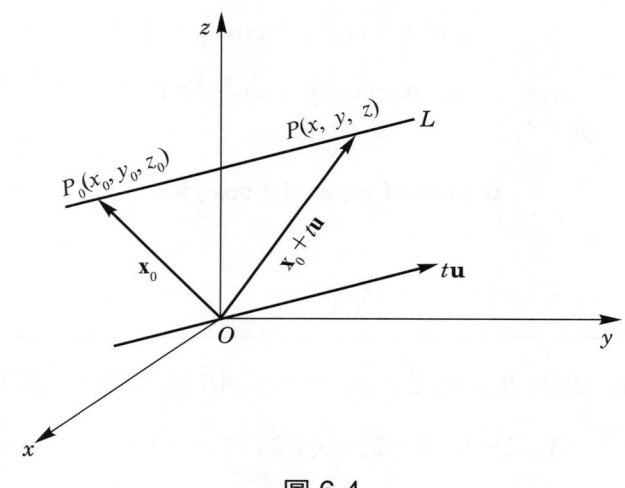

圖 6-4

例題 2

求通過點 $P_0(2, 3, -4)$ 與 $P_1(3, -2, 5)$ 的直線 L 的參數方程式。

解 因直線 L 必平行於向量 $\mathbf{u} = \overrightarrow{P_0 P_1} = \langle 1, -5, 9 \rangle$，

又 P_0 位於該直線上，故直線 L 的參數方程式為

$$\begin{aligned} x &= 2 + t \\ y &= 3 - 5t, \quad -\infty < t < \infty。 \\ z &= -4 + 9t \end{aligned}$$

一、內積

我們定義空間 $I\!R^3$ 中兩向量的**內積** (inner product)[或稱**點積** (dot product) 或稱**純量積** (scalar product)] 如下：

定義 6-4

設 $\mathbf{u}=u_1\mathbf{i}+u_2\mathbf{j}+u_3\mathbf{k}$ 與 $\mathbf{v}=v_1\mathbf{i}+v_2\mathbf{j}+v_3\mathbf{k}$ 為空間 $I\!R^3$ 中兩向量，θ 為它們之間的夾角，則 $\mathbf{u}$ 與 $\mathbf{v}$ 的內積定義為

$$\mathbf{u}\cdot\mathbf{v}=\begin{cases}\|\mathbf{u}\|\,\|\mathbf{v}\|\cos\theta, & \text{若 } \mathbf{u}\neq 0 \text{ 且 } \mathbf{v}\neq 0 \\ 0, & \text{若 } \mathbf{u}=0 \text{ 或 } \mathbf{v}=0\end{cases}$$

若利用定義求兩向量的內積，則必須先知道此兩向量之間的夾角，但夾角往往不易求得。我們可以利用**餘弦定律** (law of cosine) 導出內積的另一公式。

定理 6-2

設 $\mathbf{u}=u_1\mathbf{i}+u_2\mathbf{j}+u_3\mathbf{k}$ 與 $\mathbf{v}=v_1\mathbf{i}+v_2\mathbf{j}+v_3\mathbf{k}$ 為空間 $I\!R^3$ 中兩非零向量，則

$$\mathbf{u}\cdot\mathbf{v}=u_1v_1+u_2v_2+u_3v_3 \text{。}$$

證 若在空間 $I\!R^3$ 中，取兩點 P_1 與 P_2 使 $\overrightarrow{OP_1}=\mathbf{u}$，$\overrightarrow{OP_2}=\mathbf{v}$，其中 O 為原點，如圖 6-5 所示，則

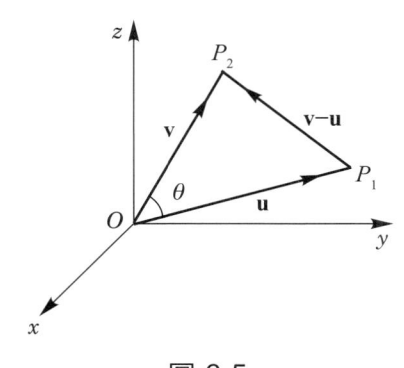

圖 6-5

$$\overrightarrow{P_1P_2}=\mathbf{v}-\mathbf{u}=(v_1-u_1)\mathbf{i}+(v_2-u_2)\mathbf{j}+(v_3-u_3)\mathbf{k}$$

考慮 $\triangle OP_1P_2$，由餘弦定律得知

$$\|\overrightarrow{P_1P_2}\|^2=\|\overrightarrow{OP_1}\|^2+\|\overrightarrow{OP_2}\|^2-2\|\overrightarrow{OP_1}\|\,\|\overrightarrow{OP_2}\|\cos\theta$$

其中 θ 為 $\mathbf{u}$ 與 $\mathbf{v}$ 之間的夾角，故

$$\|\mathbf{v}-\mathbf{u}\|^2 = \|\mathbf{u}\|^2 + \|\mathbf{v}\|^2 - 2\|\mathbf{u}\|\|\mathbf{v}\|\cos\theta$$

即，
$$\begin{aligned}\mathbf{u}\cdot\mathbf{v} &= \frac{1}{2}(\|\mathbf{u}\|^2 + \|\mathbf{v}\|^2 - \|\mathbf{v}-\mathbf{u}\|^2) \\ &= \frac{1}{2}\{u_1^2 + u_2^2 + u_3^2 + v_1^2 + v_2^2 + v_3^2 - [(v_1-u_1)^2 + (v_2-u_2)^2 + (v_3-u_3)^2]\} \\ &= u_1v_1 + u_2v_2 + u_3v_3 \text{。}\end{aligned}$$

例題 3

已知兩點 $P_1(2, 1, 0)$ 與 $P_2(1, 2, 3)$，求 $\overrightarrow{OP_1}$ 與 $\overrightarrow{OP_2}$ 之間的夾角 θ。

解 由定義可得

$$\cos\theta = \frac{\overrightarrow{OP_1}\cdot\overrightarrow{OP_2}}{\|\overrightarrow{OP_1}\|\|\overrightarrow{OP_2}\|}$$

$$= \frac{4}{\sqrt{5}\sqrt{14}} = \frac{4}{\sqrt{70}} = \frac{2\sqrt{70}}{35}$$

因此，
$$\theta = \cos^{-1}\frac{2\sqrt{70}}{35} \text{。}$$

定理 6-3 | 內積的性質

若 $\mathbf{u}$、$\mathbf{v}$ 與 $\mathbf{w}$ 皆為空間 $I\!R^3$ 中的向量，α 為實數，則

(1) $\|\mathbf{u}\| \geq 0$。
(2) $\mathbf{u}\cdot\mathbf{u} = \|\mathbf{u}\|^2 \geq 0$，即，$\|\mathbf{u}\| = (\mathbf{u}\cdot\mathbf{u})^{1/2} \geq 0$。若且唯若 $\mathbf{u} = \mathbf{0}$，則等號成立。
(3) $\mathbf{u}\cdot\mathbf{v} = \mathbf{v}\cdot\mathbf{u}$。
(4) $\mathbf{u}\cdot(\mathbf{v}+\mathbf{w}) = \mathbf{u}\cdot\mathbf{v} + \mathbf{u}\cdot\mathbf{w}$。
(5) $\alpha(\mathbf{u}\cdot\mathbf{v}) = (\alpha\mathbf{u})\cdot\mathbf{v} = \mathbf{u}\cdot(\alpha\mathbf{v})$。

在物理中，功可以用向量的內積來表示。當我們施一定力 F 經過一段距離 d，其所作的功為 $W=Fd$，此公式相當嚴謹，因為它只能應用於當力是沿著運動的直線。一般，設向量 $\overrightarrow{PQ}$ 代表一力，它的施力點沿著向量 $\overrightarrow{PR}$ 移動，如圖 6-6 所示，其中力 $\overrightarrow{PQ}$ 被用來沿著由 P 到 R 的水平路線去牽引一物體，而向量 $\overrightarrow{PQ}$ 是向量 $\overrightarrow{PS}$ 與 $\overrightarrow{SQ}$ 的和。由於 $\overrightarrow{SQ}$ 對水平的位移沒有作用，我們可以假設由 P 到 R 的運動僅為 $\overrightarrow{PS}$ 所致，因此，依公式 $W=Fd$，功 W 是由 $\overrightarrow{PQ}$ 在 $\overrightarrow{PR}$ 方向的分量乘以距離 $\|\overrightarrow{PR}\|$ 而求得，即，

$$W=(\|\overrightarrow{PQ}\|\cos\theta)\|\overrightarrow{PR}\|=\overrightarrow{PQ}\cdot\overrightarrow{PR}$$

這導出下面的定義：

當施力點沿著向量 $\overrightarrow{PR}$ 移動時，定力 $\overrightarrow{PQ}$ 所作的功為 $W=\overrightarrow{PQ}\cdot\overrightarrow{PR}$。

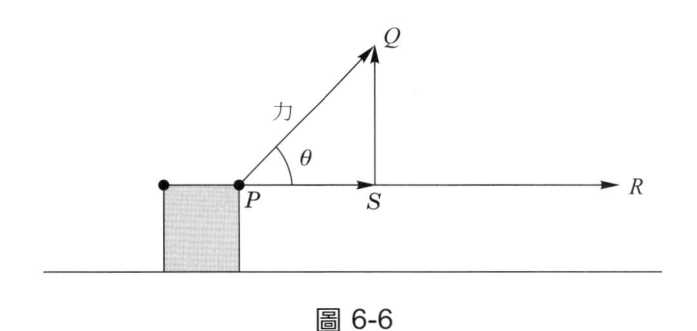

圖 6-6

例題 4

設某定力為 $\mathbf{a}=5\mathbf{i}+2\mathbf{j}+6\mathbf{k}$，求當此力的施力點由 $P(1, -1, 2)$ 移到 $R(4, 3, -1)$ 時所作的功。

解 在空間 $I\!R^3$ 中對應於 $\overrightarrow{PR}$ 的向量為

$$\mathbf{b}=\langle 4-1, 3-(-1), -1-2\rangle=\langle 3, 4, -3\rangle$$

若 $\overrightarrow{PQ}$ 是 $\mathbf{a}$ 的幾何表示，則功為

$$W=\overrightarrow{PQ}\cdot\overrightarrow{PR}=\mathbf{a}\cdot\mathbf{b}=15+8-18=5$$

例如，若長度的單位為呎且力的大小以磅計，則功為 5 呎 - 磅。若長度以米計而力以牛頓計，則所作的功為 5 **焦耳**。

定義 6-5

已知 **u** 與 **v** 為空間 $I\!R^3$ 中兩非零向量。
(1) **u** 與 **v** 之間的夾角為 0 或 π $\Leftrightarrow$ **u** 與 **v** 平行，以 **u** // **v** 表示。
(2) **u** 與 **v** 之間的夾角為 $\dfrac{\pi}{2}$ $\Leftrightarrow$ **u** 與 **v** 垂直，以 **u** $\perp$ **v** 表示。

定理 6-4

已知 **u** 與 **v** 為空間 $I\!R^3$ 中兩非零向量。
(1) **u** 與 **v** 互相垂直 $\Leftrightarrow$ **u**・**v** $= 0$，即，$\cos\theta = 0$。
(2) **u** 與 **v** 平行且同方向 $\Leftrightarrow$ **u**・**v** $= \|\mathbf{u}\|\|\mathbf{v}\|$，即，$\cos\theta = 1$。
(3) **u** 與 **v** 平行但方向相反 $\Leftrightarrow$ **u**・**v** $= -\|\mathbf{u}\|\|\mathbf{v}\|$，即，$\cos\theta = -1$。

例題 5

已知 $\mathbf{u} = -2\mathbf{i} + \mathbf{j} + 3\mathbf{k}$，$\mathbf{v} = 2\sqrt{3}\,\mathbf{i} - \sqrt{3}\,\mathbf{j} - 3\sqrt{3}\,\mathbf{k}$，試證 **u** 與 **v** 平行但方向相反。

解 由
$$\|\mathbf{u}\| = \sqrt{4+1+9} = \sqrt{14}$$
$$\|\mathbf{v}\| = \sqrt{12+3+27} = \sqrt{42}$$

可得 $\|\mathbf{u}\|\|\mathbf{v}\| = 14\sqrt{3}$，但

$$\mathbf{u}\cdot\mathbf{v} = (-2)(2\sqrt{3}) + (1)(-\sqrt{3}) + (3)(-3\sqrt{3})$$
$$= -14\sqrt{3} = -\|\mathbf{u}\|\|\mathbf{v}\|$$

故 **u** 與 **v** 平行但方向相反。

若 $\overrightarrow{PQ}$ 與 $\overrightarrow{PR}$ 具有相同的始點，而 Q 在通過 P 與 R 的直線上的投影為 S，如圖 6-7 所示，則 $\overrightarrow{PS}$ 稱為 $\overrightarrow{PQ}$ 在 $\overrightarrow{PR}$ 上的**向量投影** (vector projection)；純量 $\|\overrightarrow{PQ}\|\cos\theta$ 稱為 $\overrightarrow{PQ}$ 在 $\overrightarrow{PR}$ 上的**純量投影** (scalar projection)(或投影長度)，其中 θ 為 $\overrightarrow{PQ}$ 與 $\overrightarrow{PR}$ 之間的夾角，如圖 6-8 所示。

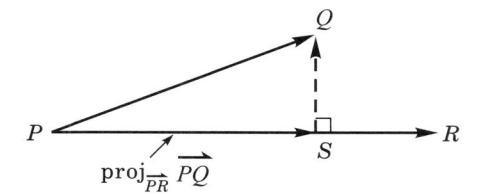

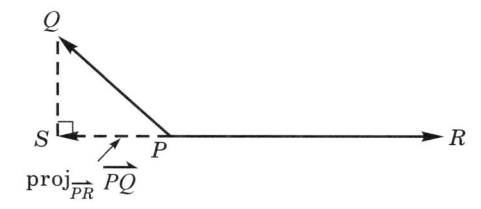

圖 6-7

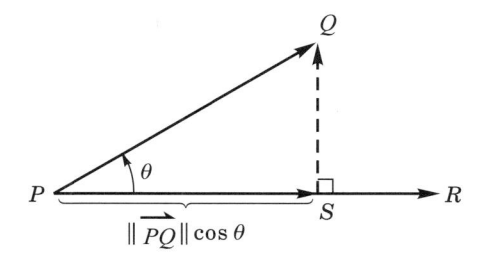

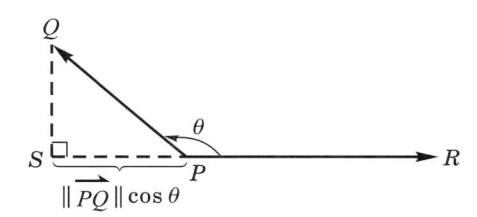

圖 6-8

注意，若 $0 \leq \theta < \dfrac{\pi}{2}$，則 $\|\overrightarrow{PQ}\|\cos\theta$ 為正；若 $\dfrac{\pi}{2} < \theta \leq \pi$，則 $\|\overrightarrow{PQ}\|\cos\theta$ 為負；若 $\theta = \dfrac{\pi}{2}$，則純量投影為 0。因此，

$$\text{comp}_{\overrightarrow{PR}}\overrightarrow{PQ} = \|\overrightarrow{PQ}\|\cos\theta = \overrightarrow{PQ}\cdot\dfrac{\overrightarrow{PR}}{\|\overrightarrow{PR}\|}。$$

定義 6-6

令 **u** 與 **v** 為空間 $I\!R^3$ 中兩非零向量，則 **v** 在 **u** 上的**純量投影**，記作 $\text{comp}_\mathbf{u}\mathbf{v}$，定義為

$$\text{comp}_\mathbf{u}\mathbf{v} = \dfrac{\mathbf{u}\cdot\mathbf{v}}{\|\mathbf{u}\|}。$$

在 **u** 上的向量投影，記作 $\text{proj}_\mathbf{u}\mathbf{v}$，定義為

$$\text{proj}_\mathbf{u}\mathbf{v} = \left(\dfrac{\mathbf{u}\cdot\mathbf{v}}{\|\mathbf{u}\|}\right)\dfrac{\mathbf{u}}{\|\mathbf{u}\|} = \dfrac{\mathbf{u}\cdot\mathbf{v}}{\|\mathbf{u}\|^2}\mathbf{u}。$$

我們亦可從定義 6-6 得知

1. 若 $\mathbf{u}\cdot\mathbf{v} > 0$，則 $\text{proj}_\mathbf{u}\mathbf{v}$ 與 **u** 同方向。
2. 若 $\mathbf{u}\cdot\mathbf{v} < 0$，則 $\text{proj}_\mathbf{u}\mathbf{v}$ 與 **u** 反方向。

如圖 6-9 所示。

(a) $\mathbf{u} \cdot \mathbf{v} > 0$　　　　(b) $\mathbf{u} \cdot \mathbf{v} < 0$

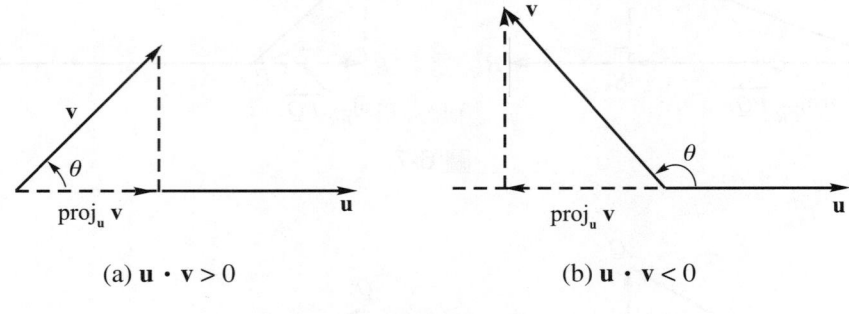

圖 6-9

定理 6-5

若 $\mathbf{u}$ 與 $\mathbf{v}$ 為空間 $I\!R^3$ 中兩非零向量,則 $\mathbf{v} - \text{proj}_{\mathbf{u}}\mathbf{v}$ 垂直於 $\mathbf{u}$。

例題 6

求 $\mathbf{v} = 2\mathbf{i} + \mathbf{j} + 2\mathbf{k}$ 在 $\mathbf{u} = -2\mathbf{i} + 3\mathbf{j} + \mathbf{k}$ 上的純量投影與向量投影。

解 因 $\|\mathbf{u}\| = \sqrt{4+9+1} = \sqrt{14}$,故 $\mathbf{v}$ 在 $\mathbf{u}$ 上的純量投影為

$$\text{comp}_{\mathbf{u}}\mathbf{v} = \frac{\mathbf{u} \cdot \mathbf{v}}{\|\mathbf{u}\|} = \frac{-4+3+2}{\sqrt{14}} = \frac{\sqrt{14}}{14}$$

向量投影為

$$\text{proj}_{\mathbf{u}}\mathbf{v} = \frac{\sqrt{14}}{14} \frac{\mathbf{u}}{\|\mathbf{u}\|} = \frac{1}{14}\mathbf{u} = -\frac{1}{7}\mathbf{i} + \frac{3}{14}\mathbf{j} + \frac{1}{14}\mathbf{k} \text{。}$$

二、叉積

在三維空間 $I\!R^3$ 中,兩向量的**叉積** (cross product)(或稱**向量積**或稱**外積**)產生另一向量。

定義 6-7

設 $\mathbf{u} = u_1\mathbf{i} + u_2\mathbf{j} + u_3\mathbf{k}$ 與 $\mathbf{v} = v_1\mathbf{i} + v_2\mathbf{j} + v_3\mathbf{k}$ 為空間 $I\!R^3$ 中兩非零向量,則 $\mathbf{u}$ 與 $\mathbf{v}$ 的叉積定義為

$$\mathbf{u} \times \mathbf{v} = \langle u_2v_3 - u_3v_2,\ u_3v_1 - u_1v_3,\ u_1v_2 - u_2v_1 \rangle \text{。}$$

定義 6-7 中的叉積可以寫成下面的形式來記憶。

$$\mathbf{u} \times \mathbf{v} = \begin{vmatrix} u_2 & u_3 \\ v_2 & v_3 \end{vmatrix} \mathbf{i} - \begin{vmatrix} u_1 & u_3 \\ v_1 & v_3 \end{vmatrix} \mathbf{j} + \begin{vmatrix} u_1 & u_2 \\ v_1 & v_2 \end{vmatrix} \mathbf{k}$$

$$= \begin{vmatrix} \mathbf{i} & \mathbf{j} & \mathbf{k} \\ u_1 & u_2 & u_3 \\ v_1 & v_2 & v_3 \end{vmatrix} \tag{6-5}$$

上式的右邊並非真正的行列式，這只是有助於記憶的設計，因行列式中的元素必須是純量，而非向量。但是對它化簡時，可按行列式的法則處理。

由向量叉積的定義可得

$$\begin{cases} \mathbf{i} \times \mathbf{j} = \mathbf{k} \\ \mathbf{j} \times \mathbf{i} = -\mathbf{k} \end{cases}, \quad \begin{cases} \mathbf{j} \times \mathbf{k} = \mathbf{i} \\ \mathbf{k} \times \mathbf{j} = -\mathbf{i} \end{cases}, \quad \begin{cases} \mathbf{k} \times \mathbf{i} = \mathbf{j} \\ \mathbf{i} \times \mathbf{k} = -\mathbf{j} \end{cases}。$$

例題 7

已知 $\mathbf{u} = 2\mathbf{i} - \mathbf{j} + \mathbf{k}$，$\mathbf{v} = 4\mathbf{i} + 2\mathbf{j} - \mathbf{k}$，求
(1) $\mathbf{u} \times \mathbf{v}$　　(2) $\mathbf{v} \times \mathbf{u}$　　(3) $\mathbf{u} \times \mathbf{u}$

解 (1) $\mathbf{u} \times \mathbf{v} = \begin{vmatrix} \mathbf{i} & \mathbf{j} & \mathbf{k} \\ 2 & -1 & 1 \\ 4 & 2 & -1 \end{vmatrix} = \begin{vmatrix} -1 & 1 \\ 2 & -1 \end{vmatrix} \mathbf{i} - \begin{vmatrix} 2 & 1 \\ 4 & -1 \end{vmatrix} \mathbf{j} + \begin{vmatrix} 2 & -1 \\ 4 & 2 \end{vmatrix} \mathbf{k}$

$= -\mathbf{i} + 6\mathbf{j} + 8\mathbf{k}$。

(2) $\mathbf{v} \times \mathbf{u} = \begin{vmatrix} \mathbf{i} & \mathbf{j} & \mathbf{k} \\ 4 & 2 & -1 \\ 2 & -1 & 1 \end{vmatrix} = \begin{vmatrix} 2 & -1 \\ -1 & 1 \end{vmatrix} \mathbf{i} - \begin{vmatrix} 4 & -1 \\ 2 & 1 \end{vmatrix} \mathbf{j} + \begin{vmatrix} 4 & 2 \\ 2 & -1 \end{vmatrix} \mathbf{k}$

$= \mathbf{i} - 6\mathbf{j} - 8\mathbf{k}$。

(3) $\mathbf{u} \times \mathbf{u} = \begin{vmatrix} \mathbf{i} & \mathbf{j} & \mathbf{k} \\ 2 & -1 & 1 \\ 2 & -1 & 1 \end{vmatrix} = \begin{vmatrix} -1 & 1 \\ -1 & 1 \end{vmatrix} \mathbf{i} - \begin{vmatrix} 2 & 1 \\ 2 & 1 \end{vmatrix} \mathbf{j} + \begin{vmatrix} 2 & -1 \\ 2 & -1 \end{vmatrix} \mathbf{k}$

$= \mathbf{0}$。

向量叉積具有下列的代數性質。

定理 6-6

若 $\mathbf{u}$、$\mathbf{v}$ 與 $\mathbf{w}$ 為空間 $I\!R_3$ 中的向量，α 為任意實數，則

(1) $\mathbf{u} \times \mathbf{0} = \mathbf{0} \times \mathbf{u} = \mathbf{0}$
(2) $\mathbf{u} \times \mathbf{v} = -\mathbf{v} \times \mathbf{u}$（叉積不可交換）
(3) $\mathbf{u} \times \mathbf{u} = \mathbf{0}$
(4) $\alpha(\mathbf{u} \times \mathbf{v}) = (\alpha \mathbf{u}) \times \mathbf{v} = \mathbf{u} \times (\alpha \mathbf{v})$
(5) $\mathbf{u} \times (\mathbf{v} + \mathbf{w}) = (\mathbf{u} \times \mathbf{v}) + (\mathbf{u} \times \mathbf{w})$
(6) $(\mathbf{u} \times \mathbf{v}) \cdot \mathbf{w} = \mathbf{u} \cdot (\mathbf{v} \times \mathbf{w}) = \begin{vmatrix} u_1 & u_2 & u_3 \\ v_1 & v_2 & v_3 \\ w_1 & w_2 & w_3 \end{vmatrix}$

　　[此積為 $\mathbf{u}$、$\mathbf{v}$、$\mathbf{w}$ 的**純量三重積** (scalar triple product)]

(7) $\mathbf{u} \times (\mathbf{v} \times \mathbf{w}) = (\mathbf{u} \cdot \mathbf{w})\mathbf{v} - (\mathbf{u} \cdot \mathbf{v})\mathbf{w}$
(8) $(\mathbf{u} \times \mathbf{v}) \times \mathbf{w} = (\mathbf{w} \cdot \mathbf{u})\mathbf{v} - (\mathbf{w} \cdot \mathbf{v})\mathbf{u}$

　　[(7)、(8) 稱為 $\mathbf{u}$、$\mathbf{v}$、$\mathbf{w}$ 的**向量三重積** (vector triple product)]

(9) $\mathbf{u} \cdot (\mathbf{u} \times \mathbf{v}) = \mathbf{v} \cdot (\mathbf{u} \times \mathbf{v}) = 0$
(10) $\| \mathbf{u} \times \mathbf{v} \|^2 = \| \mathbf{u} \|^2 \| \mathbf{v} \|^2 - (\mathbf{u} \cdot \mathbf{v})^2$

證 (2) 設 $\mathbf{u} = \langle u_1, u_2, u_3 \rangle$，$\mathbf{v} = \langle v_1, v_2, v_3 \rangle$，$\mathbf{w} = \langle w_1, w_2, w_3 \rangle$

$$\mathbf{u} \times \mathbf{v} = \begin{vmatrix} \mathbf{i} & \mathbf{j} & \mathbf{k} \\ u_1 & u_2 & u_3 \\ v_1 & v_2 & v_3 \end{vmatrix} = - \begin{vmatrix} \mathbf{i} & \mathbf{j} & \mathbf{k} \\ v_1 & v_2 & v_3 \\ u_1 & u_2 & u_3 \end{vmatrix} = -(\mathbf{v} \times \mathbf{u})。$$

(5) $\mathbf{u} \times (\mathbf{v} + \mathbf{w}) = \begin{vmatrix} \mathbf{i} & \mathbf{j} & \mathbf{k} \\ u_1 & u_2 & u_3 \\ v_1+w_1 & v_2+w_2 & v_3+w_3 \end{vmatrix}$

$= \begin{vmatrix} \mathbf{i} & \mathbf{j} & \mathbf{k} \\ u_1 & u_2 & u_3 \\ v_1 & v_2 & v_3 \end{vmatrix} + \begin{vmatrix} \mathbf{i} & \mathbf{j} & \mathbf{k} \\ u_1 & u_2 & u_3 \\ w_1 & w_2 & w_3 \end{vmatrix} = \mathbf{u} \times \mathbf{v} + \mathbf{u} \times \mathbf{w}。$

(6) 因　　$\mathbf{u} \times \mathbf{v} = (u_2 v_3 - u_3 v_2)\mathbf{i} - (u_1 v_3 - u_3 v_1)\mathbf{j} + (u_1 v_2 - u_2 v_1)\mathbf{k}$

可得 $(\mathbf{u} \times \mathbf{v}) \cdot \mathbf{w} = [(u_2v_3 - u_3v_2)\mathbf{i} - (u_1v_3 - u_3v_1)\mathbf{j} + (u_1v_2 - u_2v_1)\mathbf{k}]$
$\cdot (w_1\mathbf{i} + w_2\mathbf{j} + w_3\mathbf{k})$
$= (u_2v_3 - u_3v_2)w_1 - (u_1v_3 - u_3v_1)w_2 + (u_1v_2 - u_2v_1)w_3$
$= u_2v_3w_1 - u_3v_2w_1 - u_1v_3w_2 + u_3v_1w_2 + u_1v_2w_3 - u_2v_1w_3$
$= u_1(v_2w_3 - v_3w_2) - u_2(v_1w_3 - v_3w_1) + u_3(v_1w_2 - v_2w_1)$

又 $\mathbf{v} \times \mathbf{w} = (v_2w_3 - v_3w_2)\mathbf{i} - (v_1w_3 - v_3w_1)\mathbf{j} + (v_1w_2 - v_2w_1)\mathbf{k}$

可得 $\mathbf{u} \cdot (\mathbf{v} \times \mathbf{w}) = (u_1\mathbf{i} + u_2\mathbf{j} + u_3\mathbf{k}) \cdot [(v_2w_3 - v_3w_2)\mathbf{i} - (v_1w_3 - v_3w_1)\mathbf{j}$
$+ (v_1w_2 - v_2w_1)\mathbf{k}]$
$= u_1(v_2w_3 - v_3w_2) - u_2(v_1w_3 - v_3w_1) + u_3(v_1w_2 - v_2w_1)$
$= \begin{vmatrix} v_2 & v_3 \\ w_2 & w_3 \end{vmatrix} u_1 - \begin{vmatrix} v_1 & v_3 \\ w_1 & w_3 \end{vmatrix} u_2 + \begin{vmatrix} v_1 & v_2 \\ w_1 & w_2 \end{vmatrix} u_3$

故 $(\mathbf{u} \times \mathbf{v}) \cdot \mathbf{w} = \mathbf{u} \cdot (\mathbf{v} \times \mathbf{w}) = \begin{vmatrix} u_1 & u_2 & u_3 \\ v_1 & v_2 & v_3 \\ w_1 & w_2 & w_3 \end{vmatrix}$。

(10) 因 $\mathbf{u} \times \mathbf{v} = \langle u_2v_3 - u_3v_2, \ -(u_1v_3 - u_3v_1), \ u_1v_2 - u_2v_1 \rangle$

可得 $\|\mathbf{u} \times \mathbf{v}\|^2 = (u_2v_3 - u_3v_2)^2 + (u_1v_3 - u_3v_1)^2 + (u_1v_2 - u_2v_1)^2$
$= (u_2v_3)^2 - 2u_2u_3v_2v_3 + (u_3v_2)^2 + (u_1v_3)^2 - 2u_1u_3v_3v_1 + (u_3v_1)^2$
$+ (u_1v_2)^2 - 2u_1u_2v_1v_2 + (u_2v_1)^2$
$= (u_1v_2)^2 + (u_1v_3)^2 + (u_2v_1)^2 + (u_2v_3)^2 + (u_3v_1)^2 + (u_3v_2)^2$
$- 2u_1v_1u_2v_2 - 2u_2v_2u_3v_3 - 2u_3v_3u_1v_1$

而 $\|\mathbf{u}\|^2 \|\mathbf{v}\|^2 - (\mathbf{u} \cdot \mathbf{v})^2 = (u_1^2 + u_2^2 + u_3^2)(v_1^2 + v_2^2 + v_3^2) - (u_1v_1 + u_2v_2 + u_3v_3)^2$
$= (u_1v_2)^2 + (u_1v_3)^2 + (u_2v_1)^2 + (u_2v_3)^2 + (u_3v_1)^2 + (u_3v_2)^2$
$- 2u_1v_1u_2v_2 - 2u_2v_2u_3v_3 - 2u_3v_3u_1v_1$
$= \|\mathbf{u} \times \mathbf{v}\|^2$

故 $\|\mathbf{u} \times \mathbf{v}\|^2 = \|\mathbf{u}\|^2 \|\mathbf{v}\|^2 - (\mathbf{u} \cdot \mathbf{v})^2$。

例題 8

已知兩向量 $\mathbf{u} = \langle 2, \ -3, \ 4 \rangle$ 及 $\mathbf{v} = \langle 3, \ -1, \ 2 \rangle$，求同時與 $\mathbf{u}$ 及 $\mathbf{v}$ 垂直的單位向量。

解 因 $(u \times v) \perp u$ 且 $(u \times v) \perp v$，可知所求的向量平行於 $u \times v$，又

$$u \times v = \begin{vmatrix} i & j & k \\ 2 & -3 & 4 \\ 3 & -1 & 2 \end{vmatrix} = -2i + 8j + 7k$$

故單位向量為

$$n = \frac{n}{\|n\|} = \frac{-2i + 8j + 7k}{\sqrt{4 + 64 + 49}}$$

$$= -\frac{2\sqrt{13}}{39}i + \frac{8\sqrt{13}}{39}j + \frac{7\sqrt{13}}{39}k。$$

例題 9

計算 $a = 3i - 2j - 5k$，$b = i + 4j - 4k$，$c = 3j + 2k$ 的純量三重積。

解 由定理 6-6(6) 可得

$$a \cdot (b \times c) = \begin{vmatrix} 3 & -2 & -5 \\ 1 & 4 & -4 \\ 0 & 3 & 2 \end{vmatrix} = 3\begin{vmatrix} 4 & -4 \\ 3 & 2 \end{vmatrix} - (-2)\begin{vmatrix} 1 & -4 \\ 0 & 2 \end{vmatrix} + (-5)\begin{vmatrix} 1 & 4 \\ 0 & 3 \end{vmatrix}$$

$$= 60 + 4 - 15 = 49。$$

有關向量外積的幾何性質如下。

定理 6-7

設 u、v 與 w 為空間 $I\!R^3$ 中的向量，則
(1) $u \times v$ 不僅垂直於 u，亦垂直於 v。
(2) $u \times v = 0 \Leftrightarrow u \parallel v$。
(3) $\|u \times v\| = \|u\|\|v\|\sin\theta$，其中 $u \neq 0$, $v \neq 0$，θ 為 u 與 v 之間的夾角，且 $0 \leq \theta \leq \pi$。
(4) 若 $u \neq 0$, $v \neq 0$，則 $\|u \times v\|$ 表示以 u 與 v 為二鄰邊所決定平行四邊形的面積。
(5) 以 u、v 與 w 為三鄰邊所決定平行六面體的體積為

$$V = |u \cdot (v \times w)|。$$

證 (1) 設 $\mathbf{u}=\langle u_1, u_2, u_3\rangle$，$\mathbf{v}=\langle v_1, v_2, v_3\rangle$，則

$$\mathbf{u}\times\mathbf{v}=\langle u_2v_3-u_3v_2, -(u_1v_3-u_3v_1), u_1v_2-u_2v_1\rangle$$

而 $\mathbf{u}\cdot(\mathbf{u}\times\mathbf{v}) = u_1(u_2v_3-u_3v_2)-u_2(u_1v_3-u_3v_1)+u_3(u_1v_2-u_2v_1)$

$$= u_1u_2v_3-u_1u_3v_2-u_2u_1v_3+u_2u_3v_1+u_3u_1v_2-u_3u_2v_1$$

$$= 0$$

故 $(\mathbf{u}\times\mathbf{v})$ 垂直於 $\mathbf{u}$。同理，可證得 $(\mathbf{u}\times\mathbf{v})$ 垂直於 $\mathbf{v}$。

(3) 由定理 6-6(10)，

$$\|\mathbf{u}\times\mathbf{v}\|^2 = \|\mathbf{u}\|^2\|\mathbf{v}\|^2-(\mathbf{u}\cdot\mathbf{v})^2$$

因 $\mathbf{u}\cdot\mathbf{v}=\|\mathbf{u}\|\|\mathbf{v}\|\cos\theta$，可得

$$\|\mathbf{u}\times\mathbf{v}\|^2 = \|\mathbf{u}\|^2\|\mathbf{v}\|^2 - \|\mathbf{u}\|^2\|\mathbf{v}\|^2\cos^2\theta$$

$$= \|\mathbf{u}\|^2\|\mathbf{v}\|^2(1-\cos^2\theta)$$

$$= \|\mathbf{u}\|^2\|\mathbf{v}\|^2\sin^2\theta$$

故 $\|\mathbf{u}\times\mathbf{v}\| = \|\mathbf{u}\|\|\mathbf{v}\|\sin\theta$。

(4) 由圖 6-10 可知平行四邊形的面積為

$$A=\text{底}\times\text{高}=\|\mathbf{u}\|\|\mathbf{v}\|\sin\theta=\|\mathbf{u}\times\mathbf{v}\|。$$

(5) 由圖 6-11 可知平行六面體的底面積為 $A=\|\mathbf{v}\times\mathbf{w}\|$，高為

$$h=\|\text{proj}_{\mathbf{v}\times\mathbf{w}}\mathbf{u}\|=\frac{|\mathbf{u}\cdot(\mathbf{v}\times\mathbf{w})|}{\|\mathbf{v}\times\mathbf{w}\|}$$

故平行六面體的體積 V 為

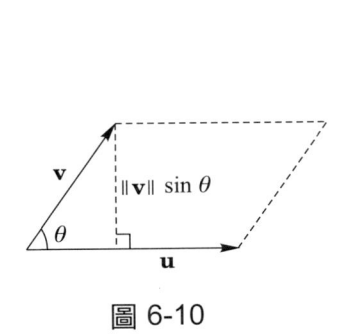

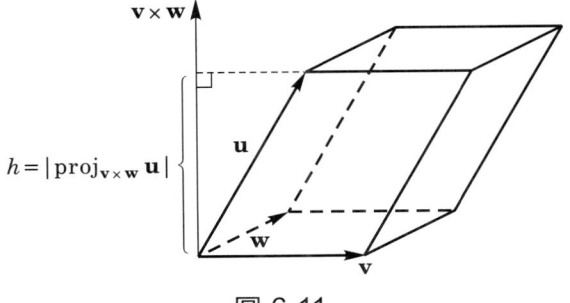

圖 6-10

圖 6-11

$$V = 底面積 \times 高 = \|\mathbf{v} \times \mathbf{w}\| \frac{|\mathbf{u} \cdot (\mathbf{v} \times \mathbf{w})|}{\|\mathbf{v} \times \mathbf{w}\|} = |\mathbf{u} \cdot (\mathbf{v} \times \mathbf{w})|。$$

註：1. $\mathbf{u} \times \mathbf{v}$ 的方向可用右手定則來決定：若右手除拇指外的四指指向 $\mathbf{u}$ 的方向，然後旋轉到 $\mathbf{v}$ (旋轉角小於 $180°$)，則拇指的指向為 $\mathbf{u} \times \mathbf{v}$ 的方向 (圖 6-12)。

2. $\mathbf{u} \cdot (\mathbf{v} \times \mathbf{w}) = \pm V$，其中 ＋ 或 － 取決於 $\mathbf{u}$ 與 $\mathbf{v} \times \mathbf{w}$ 之間的夾角為銳角或鈍角。

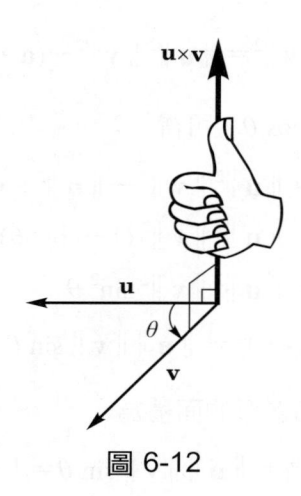

圖 6-12

例題 10

已知三角形的三頂點坐標分別為 $A(0, 0, 0)$, $B(1, 2, 1)$, $C(2, 3, 2)$，求此三角形的面積。

解 $\overrightarrow{AB} = \langle 1, 2, 1 \rangle$

$\overrightarrow{AC} = \langle 2, 3, 2 \rangle$

$$\triangle ABC \text{ 的面積} = \frac{1}{2} 平行四邊形的面積$$

$$= \frac{1}{2} \|\overrightarrow{AB} \times \overrightarrow{AC}\|$$

又 $\overrightarrow{AB} \times \overrightarrow{AC} = \begin{vmatrix} \mathbf{i} & \mathbf{j} & \mathbf{k} \\ 1 & 2 & 1 \\ 2 & 3 & 2 \end{vmatrix} = \mathbf{i} - \mathbf{k} = \langle 1, 0, -1 \rangle$

因此，

$$\triangle ABC \text{ 的面積} = \frac{1}{2} \| \langle 1, 0, -1 \rangle \|$$

$$= \frac{1}{2} \sqrt{1^2 + (-1)^2} = \frac{\sqrt{2}}{2} \text{。}$$

例題 11

已知 $\mathbf{u} = \mathbf{i} + \mathbf{j} + 2\mathbf{k}$，$\mathbf{v} = 2\mathbf{i} + 3\mathbf{k}$，$\mathbf{w} = \mathbf{i} - \mathbf{j} - 2\mathbf{k}$，求以 $\mathbf{u}$、$\mathbf{v}$ 與 $\mathbf{w}$ 為三鄰邊所決定平行六面體、三角柱及三角錐（四面體）的體積。

解 (1) 平行六面體的體積 $= |\mathbf{u} \cdot (\mathbf{v} \times \mathbf{w})| = \left\| \begin{matrix} 1 & 1 & 2 \\ 2 & 0 & 3 \\ 1 & -1 & -2 \end{matrix} \right\| = |6| = 6$。

(2) 三角柱的體積 $= \dfrac{1}{2}$ 平行六面體的體積 $= 3$。

(3) 三角錐的體積 $= \dfrac{1}{3}$ 三角柱的體積 $= \dfrac{1}{6}$ 平行六面體的體積 $= 1$。

例題 12

已知四點 $A(2, 1, -1)$、$B(3, 0, 2)$、$C(4, -2, 1)$ 及 $D(5, -3, 0)$ 求以 $\overrightarrow{AB}$、$\overrightarrow{AC}$ 及 $\overrightarrow{AD}$ 為三鄰邊所決定平行六面體的體積。

解 令 $\mathbf{u} = \overrightarrow{AB} = \langle 3-2, 0-1, 2-(-1) \rangle = \langle 1, -1, 3 \rangle$

$\mathbf{v} = \overrightarrow{AC} = \langle 4-2, -2-1, 1-(-1) \rangle = \langle 2, -3, 2 \rangle$

$\mathbf{w} = \overrightarrow{AD} = \langle 5-2, -3-1, 0-(-1) \rangle = \langle 3, -4, 1 \rangle$

因 $\mathbf{u} \cdot (\mathbf{v} \times \mathbf{w}) = \begin{vmatrix} 1 & -1 & 3 \\ 2 & -3 & 2 \\ 3 & -4 & 1 \end{vmatrix}$

$= (-3+8) - (-1)(2-6) + 3(-8+9) = 4$

故體積為 $V = |\mathbf{u} \cdot (\mathbf{v} \times \mathbf{w})| = |4| = 4$。

在空間 $I\!R^3$ 中，我們知道通過已知點 $P_1(x_1,\ y_1,\ z_1)$ 有無數個平面，而空間 $I\!R^3$ 中之一平面可由平面上一點與垂直於該平面的一向量決定，此向量稱為該平面的**法向量** (normal vector)。

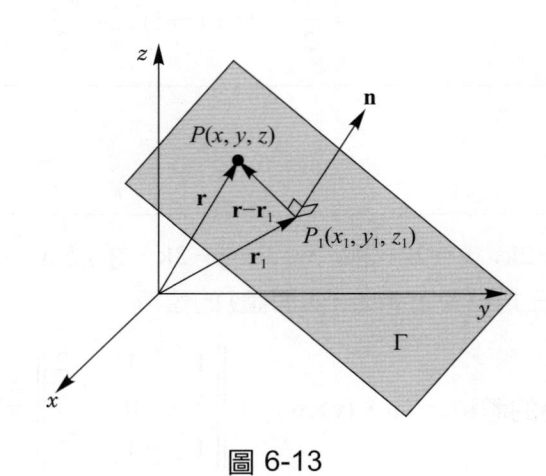

圖 6-13

如圖 6-13 所示，若點 $P_1(x_1,\ y_1,\ z_1)$ 與向量 $\mathbf{n}=\langle a,\ b,\ c\rangle$ 已確定，則僅能決定一平面 Γ，它包含 P_1 且具有一非零法向量 $\mathbf{n}$，此處 $\mathbf{n}$ 垂直於平面 Γ。

令 $P(x,\ y,\ z)$ 為平面上任意點，而點 P_1 與 P 的位置向量分別表為 $\mathbf{r}_1$ 與 $\mathbf{r}$，利用兩非零向量垂直的充要條件得知 P 在 Γ 上，若且唯若 $(\mathbf{r}-\mathbf{r}_1)\cdot\mathbf{n}=0$。因此，包含點 P_1 且垂直於向量 $\mathbf{n}$ 的平面的向量方程式為

$$(\mathbf{r}-\mathbf{r}_1)\cdot\mathbf{n}=0$$

$$[(x-x_1)\mathbf{i}+(y-y_1)\mathbf{j}+(z-z_1)\mathbf{k}]\cdot(a\mathbf{i}+b\mathbf{j}+c\mathbf{k})=0$$

可得
$$a(x-x_1)+b(y-y_1)+c(z-z_1)=0$$

或
$$ax+by+cz=d \tag{6-6}$$

此處
$$d=ax_1+by_1+cz_1$$

(6-6) 式稱為平面的一般方程式。讀者應注意平面的一般方程式中的 x、y 與 z 的係數為法向量 $\mathbf{n}$ 的分量。反之，任何形如 $ax+by+cz=d$ 的方程式 ($a^2+b^2+c^2\neq 0$) 為平面的方程式，而向量 $a\mathbf{i}+b\mathbf{j}+c\mathbf{k}$ 垂直於此平面。

例題 13

求通過三點 $A(1,\ -1,\ 2)$、$B(3,\ 0,\ 0)$ 與 $C(4,\ 2,\ 1)$ 的平面的方程式。

解 兩向量 $\overrightarrow{AB}=2\mathbf{i}+\mathbf{j}-2\mathbf{k}$ 與 $\overrightarrow{AC}=3\mathbf{i}+3\mathbf{j}-\mathbf{k}$ 應在所求的平面上，因而

$$\mathbf{n} = \overrightarrow{AB} \times \overrightarrow{AC} = \begin{vmatrix} \mathbf{i} & \mathbf{j} & \mathbf{k} \\ 2 & 1 & -2 \\ 3 & 3 & -1 \end{vmatrix} = 5\mathbf{i} - 4\mathbf{j} + 3\mathbf{k}$$

又它同時垂直於 $\overrightarrow{AB}$ 與 $\overrightarrow{AC}$，故可視其為法線上的一個向量，利用此向量及點 A，可得平面方程式

$$5(x-1) - 4(y+1) + 3(z-2) = 0$$

即， $$5x - 4y + 3z = 15。$$

例題 14

求通過點 $(-2, 1, 5)$ 且同時垂直於兩平面 $4x - 2y + 2z = -1$ 與 $3x + 3y - 6z = 5$ 的平面的方程式。

解 因所求平面垂直於平面 $4x - 2y + 2z = -1$ 與 $3x + 3y - 6z = 5$，故所求平面的法向量 $\mathbf{n}$ 垂直於 $\mathbf{n}_1 = \langle 4, -2, 2 \rangle$ 與 $\mathbf{n}_2 = \langle 3, 3, -6 \rangle$。

$$\mathbf{n} = \begin{vmatrix} \mathbf{i} & \mathbf{j} & \mathbf{k} \\ 4 & -2 & 2 \\ 3 & 3 & -6 \end{vmatrix} = 6\mathbf{i} + 30\mathbf{j} + 18\mathbf{k}$$

於是，所求平面的方程式為 $6(x+2) + 30(y-1) + 18(z-5) = 0$，

即， $$x + 5y + 3z = 18。$$

定理 6-8

若三向量 $\mathbf{u} = \langle u_1, u_2, u_3 \rangle$、$\mathbf{v} = \langle v_1, v_2, v_3 \rangle$ 與 $\mathbf{w} = \langle w_1, w_2, w_3 \rangle$ 具有共同的始點，則此三向量共平面的充要條件為

$$\mathbf{u} \cdot (\mathbf{v} \times \mathbf{w}) = \begin{vmatrix} u_1 & u_2 & u_3 \\ v_1 & v_2 & v_3 \\ w_1 & w_2 & w_3 \end{vmatrix} = 0。$$

例題 15

試證空間 IR^3 中四點 $A(1, 0, 1)$、$B(2, 2, 4)$、$C(5, 5, 7)$ 與 $D(8, 8, 10)$ 共平面。

解 我們考慮以 $\vec{AB}$、$\vec{AC}$、$\vec{AD}$ 為三鄰邊所決定的平行六面體，若證得其體積為 0，則 $\vec{AB}$、$\vec{AC}$ 與 $\vec{AD}$ 共平面，故 A、B、C 與 D 在同一平面上，即共平面。

令
$$\mathbf{a} = \vec{AB} = \langle 2-1, 2-0, 4-1 \rangle = \langle 1, 2, 3 \rangle$$
$$\mathbf{b} = \vec{AC} = \langle 5-1, 5-0, 7-1 \rangle = \langle 4, 5, 6 \rangle$$
$$\mathbf{c} = \vec{AD} = \langle 8-1, 8-0, 10-1 \rangle = \langle 7, 8, 9 \rangle$$

$$\mathbf{a} \cdot (\mathbf{b} \times \mathbf{c}) = \begin{vmatrix} 1 & 2 & 3 \\ 4 & 5 & 6 \\ 7 & 8 & 9 \end{vmatrix}$$

$$= 45 - 48 - 2(36 - 42) + 3(32 - 35) = 0$$

所以，A、B、C 與 D 共平面。

例題 16

已知三向量 $\mathbf{u} = \langle 1, a, 2 \rangle$、$\mathbf{v} = \langle b, 1, 3 \rangle$、$\mathbf{w} = \langle b, 1, 1 \rangle$ 及 $\mathbf{u} \perp \mathbf{v}$，而 $\mathbf{u}$、$\mathbf{v}$、$\mathbf{w}$ 共平面，求 a、b 的值。

解 已知 $\mathbf{u} \perp \mathbf{v}$，可得

$$\mathbf{u} \cdot \mathbf{v} = \langle 1, a, 2 \rangle \cdot \langle b, 1, 3 \rangle = b + a + 6 = 0$$

又 $\mathbf{u}$、$\mathbf{v}$、$\mathbf{w}$ 共平面，即，

$$\mathbf{u} \cdot \mathbf{v} \times \mathbf{w} = \begin{vmatrix} 1 & a & 2 \\ b & 1 & 3 \\ b & 1 & 1 \end{vmatrix} = 2ab - 2 = 0$$

解 $\begin{cases} a + b = -6 \\ ab = 1 \end{cases}$

可得 $\begin{cases} a = -3 + 2\sqrt{2} \\ b = -3 - 2\sqrt{2} \end{cases}$, $\begin{cases} a = -3 - 2\sqrt{2} \\ b = -3 + 2\sqrt{2} \end{cases}$。

現在，我們將較為具體的三維空間 $I\!R^3$ 空間推廣到更為抽象的 **n 維空間** (*n*-dimensional space)。令 n 為正整數，則實數有序 n 元組 $(x_1, x_2, \cdots, x_n)$ 所成的集合稱為 **n 維歐氏空間** (*n*-dimensional Euclidean space)，以 $I\!R^n$ 表示之。實數有序 n 元組 $(x_1, x_2, \cdots, x_n)$ 為空間 $I\!R^n$ 中的一點，若欲表示此點的位置向量，則以 $\langle x_1, x_2, \cdots, x_n \rangle$ 表示之。若 $n=1$，則 $I\!R^1$ 即為實數 $I\!R$；若 $n=2$，則 $I\!R^2$ 即為坐標平面 (二維空間)；若 $n=3$，則 $I\!R^3$ 即為三維空間。

定義 6-8

令 $\mathbf{u}=\langle u_1, u_2, \cdots, u_n \rangle$ 與 $\mathbf{v}=\langle v_1, v_2, \cdots, v_n \rangle$ 為空間 $I\!R^n$ 中任意向量，若

$$u_1=v_1, \ u_2=v_2, \ \cdots, \ u_n=v_n$$

則稱 $\mathbf{u}$ 與 $\mathbf{v}$ **相等**，記為 "$\mathbf{u}=\mathbf{v}$"。

$\mathbf{u}$ 與 $\mathbf{v}$ 的**和** $\mathbf{u}+\mathbf{v}$ (加法運算) 定義為

$$\mathbf{u}+\mathbf{v}=\langle u_1+v_1, \ u_2+v_2, \ \cdots, \ u_n+v_n \rangle$$

若 k 為實數，則 $\mathbf{u}$ 的**純量倍** $k\mathbf{u}$ (數積運算) 定義為

$$k\mathbf{u}=\langle ku_1, \ ku_2, \ \cdots, \ ku_n \rangle$$

定義 6-8 中的加法運算與數積運算稱為 $I\!R^n$ 的**標準運算** (standard operation)。

$I\!R^n$ 中的**零向量**記為 $\mathbf{0}$，即，$\mathbf{0}=\langle 0, 0, \cdots, 0 \rangle$。若 $\mathbf{u}=\langle u_1, u_2, \cdots, u_n \rangle \in I\!R^n$，則 $\mathbf{u}$ 的**逆向量**記為 $-\mathbf{u}$，而定義為 $-\mathbf{u}=\langle -u_1, -u_2, \cdots, -u_n \rangle$。若 $\mathbf{u}$、$\mathbf{v} \in I\!R^n$，則它們的**差** $\mathbf{u}-\mathbf{v}$ 定義為 $\mathbf{u}-\mathbf{v}=\mathbf{u}+(-\mathbf{v})$。

定理 6-9

若 $\mathbf{u}=\langle u_1, u_2, \cdots, u_n \rangle$、$\mathbf{v}=\langle v_1, v_2, \cdots, v_n \rangle$ 與 $\mathbf{w}=\langle w_1, w_2, \cdots, w_n \rangle$ 為 $I\!R^n$ 中三向量，而 k 與 l 為實數，則
(1) $\mathbf{u}+\mathbf{v}=\mathbf{v}+\mathbf{u}$。
(2) $\mathbf{u}+(\mathbf{v}+\mathbf{w})=(\mathbf{u}+\mathbf{v})+\mathbf{w}$。
(3) 存在一零向量 $\mathbf{0} \in I\!R^n$ 使得 $\mathbf{u}+\mathbf{0}=\mathbf{0}+\mathbf{u}=\mathbf{u}$。
(4) $\mathbf{u}+(-\mathbf{u})=\mathbf{0}$，亦即，$\mathbf{u}-\mathbf{u}=\mathbf{0}$。
(5) $k(l\mathbf{u})=(kl)\mathbf{u}$。
(6) $k(\mathbf{u}+\mathbf{v})=k\mathbf{u}+k\mathbf{v}$。
(7) $(k+l)\mathbf{u}=k\mathbf{u}+l\mathbf{u}$。
(8) $1\mathbf{u}=\mathbf{u}$。

定義 6-9

若 $\mathbf{u}=\langle u_1, u_2, \cdots, u_n\rangle$ 與 $\mathbf{v}=\langle v_1, v_2, \cdots, v_n\rangle$ 為 $\mathbb{R}^n$ 中兩向量，則它們的**內積**或**歐氏內積**定義為

$$\mathbf{u}\cdot\mathbf{v}=u_1v_1+u_2v_2+\cdots+u_nv_n。$$

若 $\mathbf{u}=\langle u_1, u_2, \cdots, u_n\rangle$ 與 $\mathbf{v}=\langle v_1, v_2, \cdots, v_n\rangle$ 為 $\mathbb{R}^n$ 中的向量，則定義 $\mathbf{u}$ 的**歐氏範數**(或**歐氏長度**)為

$$\|\mathbf{u}\|=(\mathbf{u}\cdot\mathbf{u})^{\frac{1}{2}}=\sqrt{u_1^2+u_2^2+\cdots+u_n^2}$$

而 $\mathbf{u}$ 與 $\mathbf{v}$ 之間的**歐氏距離** (Euclidean distance) 定義為

$$d(\mathbf{u},\mathbf{v})=\|\mathbf{u}-\mathbf{v}\|=\sqrt{(u_1-v_1)^2+(u_2-v_2)^2+(u_n-v_n)^2}。$$

定理 6-10

若 $\mathbf{u}$、$\mathbf{v}$ 與 $\mathbf{w}$ 為 $\mathbb{R}^n$ 中任意向量，而 α 為實數，則

(1) $\|\mathbf{u}\|\geq 0$。
(2) $\mathbf{u}\cdot\mathbf{u}=\|\mathbf{u}\|^2\geq 0$，即，$\|\mathbf{u}\|=(\mathbf{u}\cdot\mathbf{u})^{1/2}\geq 0$。
(3) $\|\mathbf{u}\|=0$，若且唯若 $\mathbf{u}=\mathbf{0}$。
(4) $\|\alpha\mathbf{u}\|=|\alpha|\|\mathbf{u}\|$。
(5) $\mathbf{u}\cdot\mathbf{v}=\mathbf{v}\cdot\mathbf{u}$。
(6) $\mathbf{u}\cdot(\mathbf{v}+\mathbf{w})=\mathbf{u}\cdot\mathbf{v}+\mathbf{v}\cdot\mathbf{w}$。
(7) $(\alpha\mathbf{u})\cdot\mathbf{v}=\alpha(\mathbf{u}\cdot\mathbf{v})=\mathbf{u}\cdot(\alpha\mathbf{v})$。

例題 17

已知 $\mathbf{u}=\langle -1, 3, 2, -1, 1\rangle$、$\mathbf{v}=\langle -3, 2, 4, -3, 2\rangle$、$\mathbf{w}=\langle -1, 2, 0, 3, 4\rangle$，求

(1) $\mathbf{u}\cdot\mathbf{v}$　　(2) $(\mathbf{u}+\mathbf{v})\cdot\mathbf{w}$　　(3) $d(\mathbf{u},\mathbf{v})$

解 (1) $\mathbf{u}\cdot\mathbf{v}=\langle -1, 3, 2, -1, 1\rangle\cdot\langle -3, 2, 4, -3, 2\rangle$
$=(-1)(-3)+(3)(2)+(2)(4)+(-1)(-3)+(1)(2)$
$=22$。

(2) $(\mathbf{u}+\mathbf{v}) \cdot \mathbf{w} = (\langle -1, 3, 2, -1, 1 \rangle + \langle -3, 2, 4, -3, 2 \rangle)$
$\cdot \langle -1, 2, 0, 3, 4 \rangle$
$= \langle -4, 5, 6, -4, 3 \rangle \cdot \langle -1, 2, 0, 3, 4 \rangle$
$= (-4)(-1)+(5)(2)+(6)(0)+(-4)(3)+(3)(4)$
$= 14$。

(3) $d(\mathbf{u}, \mathbf{v}) = \|\mathbf{u}-\mathbf{v}\| = \sqrt{(-1+3)^2+(3-2)^2+(2-4)^2+(-1+3)^2+(1-2)^2}$
$= \sqrt{14}$。

定理 6-11 │ 柯西－希瓦茲不等式

若 $\mathbf{u}$ 與 $\mathbf{v}$ 為 $I\!R^n$ 中任意向量，則

$$|\mathbf{u} \cdot \mathbf{v}| \leq \|\mathbf{u}\|\|\mathbf{v}\|$$

或以向量的分量表示為

$$(u_1v_1+u_2v_2+\cdots+u_nv_n) \leq (u_1^2+u_2^2+\cdots+u_n^2)^{1/2}(v_1^2+v_2^2+\cdots+v_n^2)^{1/2}。$$

定義 6-10

若空間 $I\!R^n$ 中兩個非零向量 $\mathbf{u}$ 與 $\mathbf{v}$ 之間的夾角為 θ，$0 \leq \theta \leq \pi$，則定義

$$\cos\theta = \frac{\mathbf{u} \cdot \mathbf{v}}{\|\mathbf{u}\|\|\mathbf{v}\|}。$$

例題 18

求空間 $I\!R^4$ 中二向量 $\mathbf{u}=\langle 1, 0, 0, 1 \rangle$ 與 $\mathbf{v}=\langle 0, 1, 0, 1 \rangle$ 之間的夾角。

解 設 $\mathbf{u}$ 與 $\mathbf{v}$ 之間的夾角為 θ，而

$$\|\mathbf{u}\|=\sqrt{2}, \qquad \|\mathbf{v}\|=\sqrt{2}, \qquad \mathbf{u}\cdot\mathbf{v}=1$$

可得 $$\cos\theta = \frac{\mathbf{u}\cdot\mathbf{v}}{\|\mathbf{u}\|\|\mathbf{v}\|} = \frac{1}{2}$$

故 $$\theta = \frac{\pi}{3}。$$

在空間 $\mathbb{R}^n$ 中討論兩向量的正交與平行是非常重要的，因此我們將下列定義公式化。

定義 6-11

已知空間 $\mathbb{R}^n$ 中兩個向量 **u** 與 **v**，若 $\mathbf{u} \cdot \mathbf{v} = 0$，則稱此兩向量**正交** (orthogonal)。若 $|\mathbf{u} \cdot \mathbf{v}| = \|\mathbf{u}\| \|\mathbf{v}\|$，則稱此兩向量平行。換句話說，若 $\cos\theta = 1$，則為同方向；若 $\cos\theta = -1$，則為反方向。

定理 6-12 │ 三角不等式

若 **u** 與 **v** 為空間 $\mathbb{R}^n$ 中的兩向量，則

$$\|\mathbf{u}+\mathbf{v}\| \leq \|\mathbf{u}\| + \|\mathbf{v}\|。$$

證 依據定理 6-10(2)，

$$\|\mathbf{u}+\mathbf{v}\|^2 = (\mathbf{u}+\mathbf{v}) \cdot (\mathbf{u}+\mathbf{v})$$
$$= \mathbf{u} \cdot \mathbf{u} + 2(\mathbf{u} \cdot \mathbf{v}) + \mathbf{v} \cdot \mathbf{v}$$
$$= \|\mathbf{u}\|^2 + 2(\mathbf{u} \cdot \mathbf{v}) + \|\mathbf{v}\|^2$$

由柯西－希瓦茲不等式可得

$$\|\mathbf{u}\|^2 + 2(\mathbf{u} \cdot \mathbf{v}) + \|\mathbf{v}\|^2 \leq \|\mathbf{u}\|^2 + 2\|\mathbf{u}\|\|\mathbf{v}\| + \|\mathbf{v}\|^2 = (\|\mathbf{u}\| + \|\mathbf{v}\|)^2$$

所以，$\|\mathbf{u}+\mathbf{v}\| \leq \|\mathbf{u}\| + \|\mathbf{v}\|$。

例題 19

設 $\mathbf{u} = \langle 1, 2, 3, -1 \rangle$ 與 $\mathbf{v} = \langle 1, 0, -2, 3 \rangle$ 為空間 $\mathbb{R}^4$ 中兩向量，試驗證三角不等式。

解
$$\|\mathbf{u}+\mathbf{v}\| = \|\langle 1, 2, 3, -1 \rangle + \langle 1, 0, -2, 3 \rangle\| = \|\langle 2, 2, 1, 2 \rangle\|$$
$$= \sqrt{4+4+1+4} = \sqrt{13}$$
$$\|\mathbf{u}\| = \sqrt{1+4+9+1} = \sqrt{15}$$
$$\|\mathbf{v}\| = \sqrt{1+4+9} = \sqrt{14}$$

所以，$\|\mathbf{u}+\mathbf{v}\| = \sqrt{13} \leq \sqrt{15} + \sqrt{14} = \|\mathbf{u}\| + \|\mathbf{v}\|$。

習題 6-1

1. 求與向量 $\mathbf{a} = 3\mathbf{i} + \mathbf{j} - 7\mathbf{k}$ 同方向的單位向量，並求與 $\mathbf{a}$ 方向相反且長度為 5 的向量。

2. 設 α 為實數，$\mathbf{v}$ 為空間 $I\!R^3$ 中的向量，試證 $\|\alpha\mathbf{v}\| = |\alpha|\,\|\mathbf{v}\|$。

3. 求向量 $\mathbf{v} = \langle 4, -1, 6 \rangle$ 的方向餘弦。

4. 求一長度為 7 且其方向餘弦為 $\dfrac{1}{\sqrt{6}}$、$\dfrac{1}{\sqrt{3}}$ 與 $\dfrac{1}{\sqrt{2}}$ 的向量 $\mathbf{v}$。

5. 設 $\triangle ABC$ 的頂點坐標為 $A(1, 3, 1)$、$B(0, -1, 3)$、$C(3, 1, 0)$，求此三角形重心的坐標。

6. 已知 $\mathbf{a}_1 = 2\mathbf{i} - \mathbf{j} + \mathbf{k}$，$\mathbf{a}_2 = \mathbf{i} + 3\mathbf{j} - 2\mathbf{k}$，$\mathbf{a}_3 = -2\mathbf{i} + \mathbf{j} - 3\mathbf{k}$，$\mathbf{a}_4 = 3\mathbf{i} + 2\mathbf{j} + 5\mathbf{k}$，求純量 a、b、c 使得 $\mathbf{a}_4 = a\mathbf{a}_1 + b\mathbf{a}_2 + c\mathbf{a}_3$ 成立。

7. 求通過點 $P_0(2, -3, 1)$ 與 $P_1(4, 2, 5)$ 的直線 L 的參數方程式。

8. 設空間 $I\!R^3$ 中三點分別為 $A(2, -3, 4)$、$B(-2, 6, 1)$ 與 $C(2, 0, 2)$，求 $\angle ABC$。

9. 求長度為 10 的兩個向量使其同時垂直於向量 $\mathbf{a} = \langle 4, 3, 6 \rangle$ 與 $\mathbf{b} = \langle -2, -3, -2 \rangle$。

10. 求 $\mathbf{u} = -4\mathbf{i} + \mathbf{j} - 2\mathbf{k}$ 在 $\mathbf{v} = \mathbf{i} + 3\mathbf{j} - 3\mathbf{k}$ 方向上的投影向量及投影長度。

11. 已知 $\mathbf{u} = \langle -3, 1, -\sqrt{5} \rangle$，$\mathbf{v} = \langle 2, 4, -\sqrt{5} \rangle$，試將 $\mathbf{u}$ 表示成一個平行於 $\mathbf{v}$ 的向量 $\mathbf{a}$ 與垂直於 $\mathbf{v}$ 的向量 $\mathbf{b}$ 的和向量。

12. 試證：平面上點 $P_0(x_0, y_0)$ 到直線 $ax + by + c = 0$ 的距離為
$$D = \dfrac{|ax_0 + by_0 + c|}{\sqrt{a^2 + b^2}}。$$

13. 求空間中一點 $P(3, -1, 2)$ 到平面 $2x - y + z = 4$ 的距離。

14. 若有一固定的力 $\mathbf{F} = 3\mathbf{i} - 6\mathbf{j} + 7\mathbf{k}$（以磅計）作用於一物體，使其由 $P(2, 1, 3)$ 移到 $Q(9, 4, 6)$，而距離單位為呎，求所作的功。

15. 求兩個單位向量使它們垂直於 $\mathbf{v}_1 = 3\mathbf{i} + 4\mathbf{j} - 2\mathbf{k}$ 與 $\mathbf{v}_2 = -3\mathbf{i} + 4\mathbf{j} + \mathbf{k}$。

16. 求以 $\mathbf{a} = -2\mathbf{i} + \mathbf{j} + 4\mathbf{k}$ 與 $\mathbf{b} = 4\mathbf{i} - 2\mathbf{j} - 5\mathbf{k}$ 為二鄰邊所決定的平行四邊形的面積。

17. 求頂點為 $A(2, 3, 4)$、$B(-1, 3, 2)$、$C(1, -4, 3)$ 與 $D(4, -4, 5)$ 的平行四邊形的面積。

18. 求頂點為 $A(0, 0, 0)$、$B(-1, 2, 4)$ 與 $C(2, -1, 4)$ 的三角形的面積。

19. 求以 $\mathbf{u} = 2\mathbf{i} + 3\mathbf{j} + 4\mathbf{k}$、$\mathbf{v} = 4\mathbf{j} - \mathbf{k}$ 與 $\mathbf{w} = \mathbf{i} + 3\mathbf{j} + 3\mathbf{k}$ 為三鄰邊所決定平行六面體的體積。

20. 令 K 為由 $\mathbf{u}=3\mathbf{i}+2\mathbf{j}+\mathbf{k}$、$\mathbf{v}=\mathbf{i}+\mathbf{j}+2\mathbf{k}$ 與 $\mathbf{w}=\mathbf{i}+3\mathbf{j}+3\mathbf{k}$ 為三鄰邊所決定的平行六面體。

    (1) 求 K 的體積。

    (2) 求 $\mathbf{u}$ 與 $\mathbf{v}$ 所決定平行四邊形的面積。

    (3) 求 $\mathbf{u}$ 與由 $\mathbf{v}$ 及 $\mathbf{w}$ 所決定平面之間的夾角。

21. 四面體的體積等於 $\dfrac{1}{3}$ 底面積乘以高。試證以 $\mathbf{a}$、$\mathbf{b}$ 與 $\mathbf{c}$ 所決定四面體的體積為 $\dfrac{1}{6}|\mathbf{a}\cdot(\mathbf{b}\times\mathbf{c})|$。

22. 求以 $(-1, 2, 3)$、$(4, -1, 2)$、$(5, 6, 3)$ 與 $(1, 1, -2)$ 為頂點的四面體的體積。

23. 求通過點 $(-1, 2, 3)$ 且平行於兩平面 $3x+2y-4z-6=0$ 與 $x+2y-z-3=0$ 的交線的直線方程式。

24. 求通過三點 $(-1, -2, -3)$、$(4, -2, 1)$ 與 $(5, 1, 6)$ 的平面的方程式。

25. 求包含點 $(1, -1, 2)$ 與直線 $x=t$, $y=1+t$, $z=-3+2t$ 的平面的方程式。

26. 求通過點 $P(2, -1, 6)$ 與 $Q(3, 1, -2)$ 之直線 L 的向量方程式、參數方程式與對稱方程式。

27. 對 $I\!R^n$ 中的向量證明恆等式 $\mathbf{u}\cdot\mathbf{v}=\dfrac{1}{4}\|\mathbf{u}+\mathbf{v}\|^2-\dfrac{1}{4}\|\mathbf{u}-\mathbf{v}\|^2$。

28. 對 $I\!R^n$ 中的向量證明恆等式 $\|\mathbf{u}+\mathbf{v}\|^2+\|\mathbf{u}-\mathbf{v}\|^2=2\|\mathbf{u}\|^2+2\|\mathbf{v}\|^2$。

6-2 向量空間

在上一節中,我們得知 $I\!R^n$ 具有多樣的性質;然而,某些性質在抽象「向量空間」的定義裡扮演著很重要的角色。

定義 6-12

令 V 為具有兩個運算的非空集合,一個是**加法** (addition) 運算,另一個是**數積** (scalar multiplication) 運算。若 V 中所有元素 $\mathbf{u}$、$\mathbf{v}$、$\mathbf{w}$ 與所有純量 k、l 皆滿足下列條件,則我們稱 V 為一**向量空間** (vector space),而 V 的元素稱為**向量**。

(1) $\mathbf{u}+\mathbf{v}\in V$。

(2) $\mathbf{u}+\mathbf{v}=\mathbf{v}+\mathbf{u}$。

(3) $(\mathbf{u}+\mathbf{v})+\mathbf{w}=\mathbf{u}+(\mathbf{v}+\mathbf{w})$。

(4) 對每一個 $\mathbf{u}\in V$，存在一元素 $\mathbf{0}\in V$ 使得 $\mathbf{u}+\mathbf{0}=\mathbf{0}+\mathbf{u}=\mathbf{u}$，此處 $\mathbf{0}$ 稱為**加法單位元素**。

(5) 對每一個 $\mathbf{u}\in V$，存在一元素 $-\mathbf{u}\in V$ 使得 $\mathbf{u}+(-\mathbf{u})=(-\mathbf{u})+\mathbf{u}=\mathbf{0}$，此處 $-\mathbf{u}$ 稱為 $\mathbf{u}$ 的**加法反元素**。

(6) $k\mathbf{u}\in V$。

(7) $k(\mathbf{u}+\mathbf{v})=k\mathbf{u}+k\mathbf{v}$。

(8) $(k+l)\mathbf{u}=k\mathbf{u}+l\mathbf{u}$。

(9) $k(l\mathbf{u})=(kl)\mathbf{u}$。

(10) $1\mathbf{u}=\mathbf{u}$。

註：1. 定義 6-12 中的純量可以是實數或複數，完全視需要而定。若純量是實數，向量空間稱為**實向量空間** (real vector space)；若純量是複數，則向量空間稱為**複向量空間** (complex vector space)。在往後幾節裡所涉及的向量空間是實向量空間。

2. 定義 6-12 中的運算符號是為了方便而作為一般性的代表，它們與 $I\!R^n$ 的標準運算可以沒有任何關係。

例題 1

(1) 集合 $I\!R^n$ 具有上一節所述兩個標準運算：加法運算與數積運算，所以 $I\!R^n$ 是一個向量空間。

(2) 令 $M_{m\times n}$ 表所有 $m\times n$ 實數矩陣所成的集合，具有兩個運算：加法運算與數積運算，則 $M_{m\times n}$ 是一個向量空間。

(3) 令 $P_n=\{a_n x^n+a_{n-1}x^{n-1}+\cdots+a_1 x+a_0 \,|\, a_n, a_{n-1}, \cdots, a_1, a_0 \in I\!R\}$，若對所有 $\mathbf{p}=p(x)$，$\mathbf{q}=q(x)\in P_n$ 與任意實數 k，定義

$$(\mathbf{p}+\mathbf{q})(x)=p(x)+q(x)$$

$$(k\mathbf{p})(x)=kp(x)$$

則 P_n 是一個向量空間。

(3) 令 $F(-\infty, \infty)$ 為定義在區間 $(-\infty, \infty)$ 的所有實值函數所成的集合，若對所有這種函數 $\mathbf{f}=f(x)$，$\mathbf{g}=g(x)$ 與任意實數 k，定義

$$(\mathbf{f}+\mathbf{g})(x)=f(x)+g(x)$$

$$(k\mathbf{f})(x)=kf(x)$$

則 $F(-\infty, \infty)$ 是一個向量空間。

定理 6-13

令 V 為向量空間，$\mathbf{u} \in V$，而 k 為純量。

(1) $0\mathbf{u} = \mathbf{0}$。
(2) $k\mathbf{0} = \mathbf{0}$。
(3) $(-1)\mathbf{u} = -\mathbf{u}$。
(4) 若 $k\mathbf{u} = \mathbf{0}$，則 $k = 0$ 或 $\mathbf{u} = \mathbf{0}$。

此定理的證明留給讀者練習。

定義 6-13

令 W 為向量空間 V 的非空子集合，具有定義在 V 上的加法與數積運算，而構成一個向量空間，則稱 W 為 V 的一個**子空間** (subspace)。

註：若 V 為向量空間，則集合 $\{\mathbf{0}\}$ 與 V 皆為 V 的子空間。

定理 6-14

令 W 為向量空間 V 的非空子集合，則 W 為 V 的子空間，若且唯若下列的條件皆成立。

(1) 若 $\mathbf{u}$、$\mathbf{v} \in W$，則 $\mathbf{u} + \mathbf{v} \in W$。
(2) 若 k 為純量，$\mathbf{u} \in W$，則 $k\mathbf{u} \in W$。

例題 2

(1) 在 $I\!R^3$ 中，通過原點的直線皆為 $I\!R^3$ 的子空間。
(2) 在 $I\!R^3$ 中，通過原點的平面皆為 $I\!R^3$ 的子空間。
(3) 令 $M_{n \times n}$ 表所有 n 階實數方陣形成的向量空間，則所有 n 階實數對稱方陣的集合為 $M_{n \times n}$ 的子空間。同理，所有 n 階實數上 (或下) 三角方陣的集合及 n 階實數對角方陣的集合，皆構成 M_n 的子空間。
(4) 令 W 為次數小於或等於 n (n 為某固定正整數) 的所有實係數多項式的集合，則 W 為 P_n 的子空間。
(5) 令 $C(-\infty, \infty)$ 表定義在區間 $(-\infty, \infty)$ 的所有實值連續函數的集合，則 $C(-\infty, \infty)$ 為 $F(-\infty, \infty)$ 的子空間。

例題 3

若 W_1 與 W_2 皆為向量空間 V 的子空間，試證 $W_1 \cap W_2$ 亦為 V 的子空間。

解 令 $\mathbf{u}$、$\mathbf{v} \in W_1 \cap W_2$，則 $\mathbf{u}$、$\mathbf{v} \in W_1$ 且 $\mathbf{u}$、$\mathbf{v} \in W_2$。因 W_1 與 W_2 皆為子空間，可知 $\mathbf{u}+\mathbf{v} \in W_1$ 且 $\mathbf{u}+\mathbf{v} \in W_2$，故 $\mathbf{u}+\mathbf{v} \in W_1 \cap W_2$。又 $k\mathbf{u} \in W_1$ 且 $k\mathbf{u} \in W_2$ (k 為任意純量)，可知 $k\mathbf{u} \in W_1 \cap W_2$。所以，$W_1 \cap W_2$ 是 V 的子空間。

在上一節中，我們討論到空間 $I\!R^3$ 中任一向量 $\mathbf{v}=\langle a_1, a_2, a_3 \rangle$ 可表示成單位向量 $\mathbf{i}$、$\mathbf{j}$ 與 $\mathbf{k}$ 的線性組合，寫成

$$\mathbf{v}=a_1\mathbf{i}+a_2\mathbf{j}+a_3\mathbf{k}$$

我們現在將此觀念推廣。

定義 6-14

向量空間 V 中的向量 $\mathbf{w}$ 為 V 中向量 $\mathbf{u}_1, \mathbf{u}_2, \cdots, \mathbf{u}_k$ 的**線性組合**定義為

$$\mathbf{w}=c_1\mathbf{u}_1+c_2\mathbf{u}_2+\cdots+c_k\mathbf{u}_k$$

其中 $c_1, c_2, \cdots, c_k$ 皆為純量。

例題 4

在 $I\!R^3$ 中，已知 $\mathbf{u}=\langle 1, 2, -1 \rangle$ 與 $\mathbf{v}=\langle 6, 4, 2 \rangle$，試證 $\mathbf{w}=\langle 9, 2, 7 \rangle$ 為 $\mathbf{u}$ 與 $\mathbf{v}$ 的線性組合。

解 為了使 $\mathbf{w}$ 為 $\mathbf{u}$ 與 $\mathbf{v}$ 的線性組合，我們必須求出 c_1、c_2 使得 $\mathbf{w}=c_1\mathbf{u}+c_2\mathbf{v}$，亦即，

$$\langle 9, 2, 7 \rangle = c_1\langle 1, 2, -1 \rangle + c_2\langle 6, 4, 2 \rangle$$
$$= \langle c_1+6c_2, 2c_1+4c_2, -c_1+2c_2 \rangle$$

可知
$$\begin{cases} c_1+6c_2=9 \\ 2c_1+4c_2=2 \\ -c_1+2c_2=7 \end{cases}$$

解得 $c_1=-3, c_2=2$。因此，

$$\mathbf{w}=-3\mathbf{u}+2\mathbf{v}。$$

例題 5

已知 $\mathbf{u}_1 = \langle 1, 2, -1 \rangle$ 與 $\mathbf{u}_2 = \langle 1, 0, -1 \rangle$，則 $\mathbf{u} = \langle 1, 0, 2 \rangle$ 為 $\mathbf{u}_1$ 與 $\mathbf{u}_2$ 的線性組合嗎？

解 若 $\mathbf{u}$ 為 $\mathbf{u}_1$ 與 $\mathbf{u}_2$ 的線性組合，則我們必可求出純量 c_1 與 c_2 使得

$$\mathbf{u} = c_1 \mathbf{u}_1 + c_2 \mathbf{u}_2$$

$$\langle 1, 0, 2 \rangle = c_1 \langle 1, 2, -1 \rangle + c_2 \langle 1, 0, -1 \rangle$$

可知

$$\begin{cases} c_1 + c_2 = 1 \\ 2c_1 = 0 \\ -c_1 - c_2 = 2 \end{cases}$$

此方程組沒有解，所以，$\mathbf{u}$ 並不為 $\mathbf{u}_1$ 與 $\mathbf{u}_2$ 的線性組合。

例題 6

試確定 $\mathbf{u} = \begin{bmatrix} -3 & -1 \\ 3 & 2 \end{bmatrix}$ 是否為 $\mathbf{A}_1 = \begin{bmatrix} 1 & -1 \\ 0 & 3 \end{bmatrix}$、$\mathbf{A}_2 = \begin{bmatrix} 1 & 1 \\ 0 & 2 \end{bmatrix}$ 與 $\mathbf{A}_3 = \begin{bmatrix} 2 & 2 \\ -1 & 1 \end{bmatrix}$ 的線性組合？

解 設 $\begin{bmatrix} -3 & -1 \\ 3 & 2 \end{bmatrix} = c_1 \mathbf{A}_1 + c_2 \mathbf{A}_2 + c_3 \mathbf{A}_3$，則

$$\begin{bmatrix} -3 & -1 \\ 3 & 2 \end{bmatrix} = c_1 \begin{bmatrix} 1 & -1 \\ 0 & 3 \end{bmatrix} + c_2 \begin{bmatrix} 1 & 1 \\ 0 & 2 \end{bmatrix} + c_3 \begin{bmatrix} 2 & 2 \\ -1 & 1 \end{bmatrix}$$

$$= \begin{bmatrix} c_1 + c_2 + 2c_3 & -c_1 + c_2 + 2c_3 \\ -c_3 & 3c_1 + 2c_2 + c_3 \end{bmatrix}$$

可知

$$\begin{cases} c_1 + c_2 + 2c_3 = -3 \\ -c_1 + c_2 + 2c_3 = -1 \\ -c_3 = 3 \\ 3c_1 + 2c_2 + c_3 = 2 \end{cases}$$

上述方程組的增廣矩陣如下：

$$\begin{bmatrix} 1 & 1 & 2 & \vdots & -3 \\ -1 & 1 & 2 & \vdots & -1 \\ 0 & 0 & -1 & \vdots & 3 \\ 3 & 2 & 1 & \vdots & 2 \end{bmatrix}$$

利用矩陣的基本列運算可得

$$\begin{bmatrix} 1 & 1 & 2 & \vdots & -3 \\ -1 & 1 & 2 & \vdots & -1 \\ 0 & 0 & -1 & \vdots & 3 \\ 3 & 2 & 1 & \vdots & 2 \end{bmatrix} \xrightarrow[-3R_1+R_4]{1R_1+R_2} \begin{bmatrix} 1 & 1 & 2 & \vdots & -3 \\ 0 & 2 & 4 & \vdots & -4 \\ 0 & 0 & -1 & \vdots & 3 \\ 0 & -1 & -5 & \vdots & 11 \end{bmatrix}$$

$$\xrightarrow[2R_4+R_2]{1R_4+R_1} \begin{bmatrix} 1 & 0 & -3 & \vdots & 8 \\ 0 & 0 & -6 & \vdots & 18 \\ 0 & 0 & -1 & \vdots & 3 \\ 0 & -1 & -5 & \vdots & 11 \end{bmatrix} \xrightarrow[\substack{-1R_3 \\ -1R_4 \\ R_4 \leftrightarrow R_2}]{-6R_3+R_2} \begin{bmatrix} 1 & 0 & -3 & \vdots & 8 \\ 0 & 1 & 5 & \vdots & -11 \\ 0 & 0 & 1 & \vdots & -3 \\ 0 & 0 & 0 & \vdots & 0 \end{bmatrix}$$

$$\xrightarrow[-5R_3+R_2]{3R_3+R_1} \begin{bmatrix} 1 & 0 & 0 & \vdots & -1 \\ 0 & 1 & 0 & \vdots & 4 \\ 0 & 0 & 1 & \vdots & -3 \\ 0 & 0 & 0 & \vdots & 0 \end{bmatrix}$$

於是，$\begin{cases} c_1 = -1 \\ c_2 = 4 \\ c_3 = -3 \end{cases}$

因而 $\begin{bmatrix} -3 & -1 \\ 3 & 2 \end{bmatrix} = -\mathbf{A}_1 + 4\mathbf{A}_2 - 3\mathbf{A}_3$

所以，$\mathbf{u}$ 為 $\mathbf{A}_1$、$\mathbf{A}_2$、$\mathbf{A}_3$ 的線性組合。

例題 7

試確定向量 t^2+t+2 是否為 $q_1(t)=t^2+2t+1$、$q_2(t)=t^2+3$ 與 $q_3(t)=t-1$ 的線性組合？

解 設
$$t^2+t+2 = c_1 q_1(t) + c_2 q_2(t) + c_3 q_3(t)$$
$$= c_1(t^2+2t+1) + c_2(t^2+3) + c_3(t-1)$$
$$= (c_1+c_2)t^2 + (2c_1+c_3)t + (c_1+3c_2-c_3)$$

可知
$$\begin{cases} c_1 + c_2 = 1 \\ 2c_1 + c_3 = 1 \\ c_1 + 3c_2 - c_3 = 2 \end{cases}$$

增廣矩陣如下：

$$\begin{bmatrix} 1 & 1 & 0 & \vdots & 1 \\ 2 & 0 & 1 & \vdots & 1 \\ 1 & 3 & -1 & \vdots & 2 \end{bmatrix}$$

利用矩陣的基本列運算可得

$$\begin{bmatrix} 1 & 1 & 0 & \vdots & 1 \\ 2 & 0 & 1 & \vdots & 1 \\ 1 & 3 & -1 & \vdots & 2 \end{bmatrix} \underset{-1R_1+R_3}{\overset{-2R_1+R_2}{\sim}} \begin{bmatrix} 1 & 1 & 0 & \vdots & 1 \\ 0 & -2 & 1 & \vdots & -1 \\ 0 & 2 & -1 & \vdots & 1 \end{bmatrix}$$

$$\overset{1R_3+R_2}{\sim} \begin{bmatrix} 1 & 1 & 0 & \vdots & 1 \\ 0 & 0 & 0 & \vdots & 0 \\ 0 & 2 & -1 & \vdots & 1 \end{bmatrix}$$

於是，$\begin{cases} c_1+c_2 = 1 \\ 2c_2-c_3 = 1 \end{cases} \Rightarrow \begin{cases} c_1 = 1-r \\ c_2 = r \\ c_3 = 2r-1 \end{cases}, r \in \mathbb{R}$

因而 $t^2+t+2 = (1-r)q_1(t) + rq_2(t) + (2r-1)q_3(t)$, $r \in \mathbb{R}$

所以，t_2+t+2 為 $q_1(t)$、$q_2(t)$、$q_3(t)$ 的線性組合。

定義 6-15

若 $\mathbf{v}_1$, $\mathbf{v}_2$, $\cdots$, $\mathbf{v}_n$ 為向量空間 V 中的向量,而在 V 中的每一個向量可表成這些向量的線性組合,則稱向量 $\mathbf{v}_1$, $\mathbf{v}_2$, $\cdots$, $\mathbf{v}_n$ **生成** (span) V。

例題 8

(1) 單位向量 $\mathbf{i} = \langle 1, 0, 0 \rangle$, $\mathbf{j} = \langle 0, 1, 0 \rangle$ 與 $\mathbf{k} = \langle 0, 0, 1 \rangle$ 生成向量空間 $I\!R^3$,因為 $I\!R^3$ 中的每一個向量 $\langle a, b, c \rangle$ 可寫成

$$\langle a, b, c \rangle = a\mathbf{i} + b\mathbf{j} + c\mathbf{k}$$

此為 $\mathbf{i}$、$\mathbf{j}$ 與 $\mathbf{k}$ 的線性組合。

(2) 集合 $V = \{1, x, x^2, \cdots, x^n\}$ 生成 P_n,此處 P_n 為實向量空間,其中每一個多項式

$$a_0 x^n + a_1 x^{n-1} + a_2 x^{n-2} + \cdots + a_{n-1} x + a_n$$

皆為 V 中元素的線性組合。

例題 9

試判斷下列向量是否可生成 $I\!R^3$。

$$\langle 1, 2, -1 \rangle, \langle 6, 3, 0 \rangle, \langle 4, -1, 2 \rangle, \langle 2, -5, 4 \rangle$$

解 設 $\mathbf{x} = \langle a, b, c \rangle \in I\!R^3$, $a, b, c \in I\!R$

且

$$\langle a, b, c \rangle = c_1 \langle 1, 2, -1 \rangle + c_2 \langle 6, 3, 0 \rangle + c_3 \langle 4, -1, 2 \rangle + c_4 \langle 2, -5, 4 \rangle$$
$$= \langle c_1 + 6c_2 + 4c_3 + 2c_4, \ 2c_1 + 3c_2 - c_3 - 5c_4, \ -c_1 + 0c_2 + 2c_3 + 4c_4 \rangle$$

可知

$$\begin{cases} c_1 + 6c_2 + 4c_3 + 2c_4 = a \\ 2c_1 + 3c_2 - c_3 - 5c_4 = b \\ -c_1 + 0c_2 + 2c_3 + 4c_4 = c \end{cases}$$

上述方程組的增廣矩陣為

$$\begin{bmatrix} 1 & 6 & 4 & 2 & \vdots & a \\ 2 & 3 & -1 & -5 & \vdots & b \\ -1 & 0 & 2 & 4 & \vdots & c \end{bmatrix}$$

利用矩陣的基本列運算可得：

$$\begin{bmatrix} 1 & 6 & 4 & 2 & \vdots & a \\ 2 & 3 & -1 & -5 & \vdots & b \\ -1 & 0 & 2 & 4 & \vdots & c \end{bmatrix} \underset{1R_1+R_3}{\overset{-2R_1+R_2}{\sim}} \begin{bmatrix} 1 & 6 & 4 & 2 & \vdots & a \\ 0 & -9 & -9 & -9 & \vdots & -2a+b \\ 0 & 6 & 6 & 6 & \vdots & a+c \end{bmatrix}$$

$$\overset{\frac{1}{6}R_3}{\sim} \begin{bmatrix} 1 & 6 & 4 & 2 & \vdots & a \\ 0 & -9 & -9 & -9 & \vdots & -2a+b \\ 0 & 1 & 1 & 1 & \vdots & \frac{a+c}{6} \end{bmatrix} \overset{9R_3+R_2}{\sim}$$

$$\begin{bmatrix} 1 & 6 & 4 & 2 & \vdots & a \\ 0 & 0 & 0 & 0 & \vdots & \frac{(-a+2b+3c)}{2} \\ 0 & 1 & 1 & 1 & \vdots & \frac{a+c}{6} \end{bmatrix}$$

若 $\dfrac{-a+2b+3c}{2} \neq 0$，則此方程組無解，亦即 $\langle 1, 2, -1 \rangle$, $\langle 6, 3, 0 \rangle$, $\langle 4, -1, 2 \rangle$, $\langle 2, -5, 4 \rangle$ 無法生成 $I\!R^3$。

若 $\mathbf{x}_1, \mathbf{x}_2, \cdots, \mathbf{x}_n$ 為向量空間 V 中 n 個向量，當 $c_1=c_2=\cdots=c_n=0$ 時，$c_1\mathbf{x}_1+c_2\mathbf{x}_2+\cdots+c_n\mathbf{x}_n=\mathbf{0}$。但是否會存在不全為零的常數 $c_1, c_2, \cdots, c_n$ 使得 $c_1\mathbf{x}_1+c_2\mathbf{x}_2+\cdots+c_n\mathbf{x}_n=\mathbf{0}$ 呢？我們看看下面的定義。

定義 6-16

已知 $\mathbf{x}_1, \mathbf{x}_2, \cdots, \mathbf{x}_n$ 為向量空間 V 中的向量，若存在不全為零的常數 $c_1, c_2, \cdots, c_n$ 使得

$$c_1\mathbf{x}_1+c_2\mathbf{x}_2+\cdots+c_n\mathbf{x}_n=\mathbf{0}$$

則稱 $\mathbf{x}_1$, $\mathbf{x}_2$, $\cdots$, $\mathbf{x}_n$ 為**線性相依**，而 $\{\mathbf{x}_1, \mathbf{x}_2, \cdots, \mathbf{x}_n\}$ 稱為**線性相依集合** (linearly dependent set)。

若僅有 $c_1=c_2=\cdots=c_n=0$ 使上式成立，則稱 $\mathbf{x}_1$, $\mathbf{x}_2$, $\cdots$, $\mathbf{x}_n$ 為**線性獨立**，而 $\{\mathbf{x}_1, \mathbf{x}_2, \cdots, \mathbf{x}_n\}$ 稱為**線性獨立集合** (linearly independent set)。

例題 10

(1) 若 $\mathbf{x}_1=\langle 2, -1, 0, 3\rangle$，$\mathbf{x}_2=\langle 1, 2, 5, -1\rangle$，$\mathbf{x}_3=\langle 7, -1, 5, 8\rangle$，則向量 $\mathbf{x}_1$、$\mathbf{x}_2$ 與 $\mathbf{x}_3$ 為線性相依，因為 $3\mathbf{x}_1+\mathbf{x}_2-\mathbf{x}_3=\mathbf{0}$。

(2) $I\!R^3$ 中的單位向量 $\mathbf{i}=\langle 1, 0, 0\rangle$、$\mathbf{j}=\langle 0, 1, 0\rangle$ 與 $\mathbf{k}=\langle 0, 0, 1\rangle$ 為線性獨立。

例題 11

試判斷向量 $\begin{bmatrix} 1 \\ -2 \\ 3 \end{bmatrix}$、$\begin{bmatrix} 2 \\ -2 \\ 0 \end{bmatrix}$ 與 $\begin{bmatrix} 0 \\ 1 \\ 7 \end{bmatrix}$ 是線性相依抑或線性獨立？

解 令 $c_1\begin{bmatrix} 1 \\ -2 \\ 3 \end{bmatrix}+c_2\begin{bmatrix} 2 \\ -2 \\ 0 \end{bmatrix}+c_3\begin{bmatrix} 0 \\ 1 \\ 7 \end{bmatrix}=\begin{bmatrix} 0 \\ 0 \\ 0 \end{bmatrix}$，則

$$\begin{cases} c_1+2c_2 =0 \\ -2c_1-2c_2+c_3=0 \\ 3c_1 +7c_3=0 \end{cases}$$

於是，此三個向量若為線性相依，則上述方程組應有非零解。我們將上述方程組寫成增廣矩陣，以矩陣的基本列運算解 c_1、c_2 與 c_3。

$$\begin{bmatrix} 1 & 2 & 0 & \vdots & 0 \\ -2 & -2 & 1 & \vdots & 0 \\ 3 & 0 & 7 & \vdots & 0 \end{bmatrix} \xrightarrow[-3R_1+R_3]{2R_1+R_2} \begin{bmatrix} 1 & 2 & 0 & \vdots & 0 \\ 0 & 2 & 1 & \vdots & 0 \\ 0 & -6 & 7 & \vdots & 0 \end{bmatrix} \xrightarrow{\frac{1}{2}R_2}$$

$$\begin{bmatrix} 1 & 2 & 0 & \vdots & 0 \\ 0 & 1 & \dfrac{1}{2} & \vdots & 0 \\ 0 & -6 & 7 & \vdots & 0 \end{bmatrix} \xrightarrow[6R_2+R_3]{-2R_2+R_1} \begin{bmatrix} 1 & 0 & -1 & \vdots & 0 \\ 0 & 1 & \dfrac{1}{2} & \vdots & 0 \\ 0 & 0 & 10 & \vdots & 0 \end{bmatrix} \xrightarrow{\frac{1}{10}R_3}$$

$$\begin{bmatrix} 1 & 0 & -1 & \vdots & 0 \\ 0 & 1 & \dfrac{1}{2} & \vdots & 0 \\ 0 & 0 & 1 & \vdots & 0 \end{bmatrix} \xrightarrow[-\frac{1}{2}R_3+R_2]{R_3+R_1} \begin{bmatrix} 1 & 0 & 0 & \vdots & 0 \\ 0 & 1 & 0 & \vdots & 0 \\ 0 & 0 & 1 & \vdots & 0 \end{bmatrix}$$

此最後的方程組產生 $c_1=0$，$c_2=0$，$c_3=0$，故方程組沒有非零解。因此所給予的向量為線性獨立。

定理 6-15

設 V 為向量空間，$\mathbf{x}_1$, $\mathbf{x}_2$, $\cdots$, $\mathbf{x}_n \in V$，則 $\mathbf{x}_1$, $\mathbf{x}_2$, $\cdots$, $\mathbf{x}_n$ 為線性相依的充要條件為其中有一個向量可表為其餘 $n-1$ 個向量的線性組合。

證 首先，我們假設 $\mathbf{x}_1$, $\mathbf{x}_2$, $\cdots$, $\mathbf{x}_n$ 為線性相依，則存在不全為 0 的常數 c_1, c_2, $\cdots$, c_n 使得

$$c_1\mathbf{x}_1+c_2\mathbf{x}_2+\cdots+c_n\mathbf{x}_n=\mathbf{0}$$

由於 c_1, c_2, $\cdots$, c_n 不全為 0，故有一個 $c_i \neq 0$，可得

$$\mathbf{x}_i = \left(-\frac{c_1}{c_i}\right)\mathbf{x}_1 + \left(-\frac{c_2}{c_i}\right)\mathbf{x}_2 + \cdots + \left(-\frac{c_{i-1}}{c_i}\right)\mathbf{x}_{i-1}$$

$$+ \left(-\frac{c_{i+1}}{c_i}\right)\mathbf{x}_{i+1} + \cdots + \left(-\frac{c_n}{c_i}\right)\mathbf{x}_n$$

故 $\mathbf{x}_i$ 為 $\mathbf{x}_1$, $\mathbf{x}_2$, $\cdots$, $\mathbf{x}_{i-1}$, $\mathbf{x}_{i+1}$, $\cdots$, $\mathbf{x}_n$ 的線性組合。

反之，若其中有一個向量 $\mathbf{x}_i$ 為其餘 $n-1$ 個向量的線性組合，即，存在 k_1, k_2, $\cdots$, k_{i-1}, k_{i+1}, $\cdots$, k_n 使得

$$\mathbf{x}_i = k_1\mathbf{x}_1+k_2\mathbf{x}_2+\cdots+k_{i-1}\mathbf{x}_{i-1}+k_{i+1}\mathbf{x}_{i+1}+\cdots+k_n\mathbf{x}_n$$

即，$k_1\mathbf{x}_1+k_2\mathbf{x}_2+\cdots+k_{i-1}\mathbf{x}_{i-1}+(-1)\mathbf{x}_i+k_{i+1}\mathbf{x}_{i+1}+\cdots+k_n\mathbf{x}_n=\mathbf{0}$

令 $c_j=k_j$，$j=1$, $2\cdots$, n，但 $j \neq i$，而 $c_i=-1$，可得 $c_1\mathbf{x}_1+c_2\mathbf{x}_2+\cdots+c_n\mathbf{x}_n=\mathbf{0}$。因 c_1, c_2, $\cdots$, c_n 不全為 0，故 $\mathbf{x}_1$, $\mathbf{x}_2$, $\cdots$, $\mathbf{x}_n$ 為線性相依。

定義 6-17

已知向量空間 V 有一組向量 $\{\mathbf{x}_1, \mathbf{x}_2, \cdots, \mathbf{x}_n\}$，若
(1) $\{\mathbf{x}_1, \mathbf{x}_2, \cdots, \mathbf{x}_n\}$ 生成 V，
(2) $\{\mathbf{x}_1, \mathbf{x}_2, \cdots, \mathbf{x}_n\}$ 為線性獨立，
則 $\{\mathbf{x}_1, \mathbf{x}_2, \cdots, \mathbf{x}_n\}$ 構成 V 的一個**基底** (basis)。

在空間 $I\!R^n$ 中，我們定義

$$\mathbf{e}_1 = \langle 1, 0, 0, \cdots, 0 \rangle, \quad \mathbf{e}_2 = \langle 0, 1, 0, \cdots, 0 \rangle$$
$$\mathbf{e}_3 = \langle 0, 0, 1, \cdots, 0 \rangle, \quad \cdots, \quad \mathbf{e}_n = \langle 0, 0, 0, \cdots, 1 \rangle$$

若
$$c_1 \mathbf{e}_1 + c_2 \mathbf{e}_2 + c_3 \mathbf{e}_3 + \cdots + c_n \mathbf{e}_n = \mathbf{0}$$

則 $c_1 = c_2 = \cdots = c_n = 0$，故向量 $\mathbf{e}_1, \mathbf{e}_2, \cdots, \mathbf{e}_n$ 為線性獨立。再者，若 $\mathbf{x} = \langle x_1, x_2, \cdots, x_n \rangle \in I\!R^n$，則 $\mathbf{x} = x_1 \mathbf{e}_1 + x_2 \mathbf{e}_2 + \cdots + x_n \mathbf{e}_n$，所以向量 $\mathbf{e}_1, \mathbf{e}_2, \cdots, \mathbf{e}_n$ 生成 $I\!R^n$。我們得知 $\{\mathbf{e}_1, \mathbf{e}_2, \cdots, \mathbf{e}_n\}$ 為 $I\!R^n$ 的基底，此基底稱為 $I\!R^n$ 的**標準基底** (standard basis)。

例題 12

試證 $S = \left\{ \begin{bmatrix} 1 & 0 \\ 0 & 0 \end{bmatrix}, \begin{bmatrix} 0 & 1 \\ 0 & 0 \end{bmatrix}, \begin{bmatrix} 0 & 0 \\ 1 & 0 \end{bmatrix}, \begin{bmatrix} 0 & 0 \\ 0 & 1 \end{bmatrix} \right\}$ 為所有 2×2 方陣形成的向量空間 V 的一個基底。

解 我們首先考慮方程式

$$c_1 \begin{bmatrix} 1 & 0 \\ 0 & 0 \end{bmatrix} + c_2 \begin{bmatrix} 0 & 1 \\ 0 & 0 \end{bmatrix} + c_3 \begin{bmatrix} 0 & 0 \\ 1 & 0 \end{bmatrix} + c_4 \begin{bmatrix} 0 & 0 \\ 0 & 1 \end{bmatrix} = \begin{bmatrix} 0 & 0 \\ 0 & 0 \end{bmatrix}$$

可得
$$\begin{bmatrix} c_1 & c_2 \\ c_3 & c_4 \end{bmatrix} = \begin{bmatrix} 0 & 0 \\ 0 & 0 \end{bmatrix}$$

此蘊涵著 $c_1 = c_2 = c_3 = c_4 = 0$，因此 S 為線性獨立。其次，證明 S 生成 V。我們取 V 中任意 2×2 方陣 $\begin{bmatrix} a & b \\ c & d \end{bmatrix}$，必須求出純量 $c_1 \cdot c_2 \cdot c_3$ 與 c_4 使得

$$\begin{bmatrix} a & b \\ c & d \end{bmatrix} = c_1 \begin{bmatrix} 1 & 0 \\ 0 & 0 \end{bmatrix} + c_2 \begin{bmatrix} 0 & 1 \\ 0 & 0 \end{bmatrix} + c_3 \begin{bmatrix} 0 & 0 \\ 1 & 0 \end{bmatrix} + c_4 \begin{bmatrix} 0 & 0 \\ 0 & 1 \end{bmatrix}$$

由上式可求出 $c_1 = a, c_2 = b, c_3 = c, c_4 = d$，所以 S 生成 V，因而 S 為向量空間 V 的一個基底。

例題 13

已知 $\mathbf{x}_1 = \langle 1, 2, 1 \rangle$, $\mathbf{x}_2 = \langle 2, 9, 0 \rangle$, $\mathbf{x}_3 = \langle 3, 3, 4 \rangle$，試證 $S = \{\mathbf{x}_1, \mathbf{x}_2, \mathbf{x}_3\}$ 為 IR^3 的一個基底。

解 首先，我們必須證明 S 生成 IR^3，故只要證明對 IR^3 中任一向量 $\mathbf{b} = \langle b_1, b_2, b_3 \rangle$ 可表示成

$$\mathbf{b} = c_1 \mathbf{x}_1 + c_2 \mathbf{x}_2 + c_3 \mathbf{x}_3$$

即， $\langle b_1, b_2, b_3 \rangle = \langle c_1 + 2c_2 + 3c_3, \ 2c_1 + 9c_2 + 3c_3, \ c_1 + 4c_3 \rangle$

由上式可知

$$\begin{cases} c_1 + 2c_2 + 3c_3 = b_1 \\ 2c_1 + 9c_2 + 3c_3 = b_2 \\ c_1 + 4c_3 = b_3 \end{cases}$$

此方程組的係數方陣的行列式為

$$\begin{vmatrix} 1 & 2 & 3 \\ 2 & 9 & 3 \\ 1 & 0 & 4 \end{vmatrix} = -1 \neq 0$$

可知係數方陣為可逆，因此該方程組對每一個 $\mathbf{b} = \langle b_1, b_2, b_3 \rangle$ 有唯一解，所以 S 生成向量空間 IR^3。

其次，欲證明 S 為線性獨立，就必須證明方程式

$$c_1 \mathbf{x}_1 + c_2 \mathbf{x}_2 + c_3 \mathbf{x}_3 = \mathbf{0}$$

的唯一解為 $c_1 = c_2 = c_3 = 0$。由上式可得

$$c_1 \langle 1, 2, 1 \rangle + c_2 \langle 2, 9, 0 \rangle + c_3 \langle 3, 3, 4 \rangle = \langle 0, 0, 0 \rangle$$

可知

$$\begin{cases} c_1 + 2c_2 + 3c_3 = 0 \\ 2c_1 + 9c_2 + 3c_3 = 0 \\ c_1 + 4c_3 = 0 \end{cases}$$

由於此方程組的係數方陣的行列式 $\det(A) \neq 0$，可知此方程組有零解 $c_1 = c_2 = c_3 = 0$。故 S 為線性獨立。綜合以上證明，S 為 IR^3 的一個基底。

定義 6-18

一個非零向量空間 V 的 **維度** (dimension) 等於 V 的基底的向量個數。V 的維度記為 $\dim V$，零向量空間的維度定義為零。

例如，$I\!R$ 的維度是 1，$I\!R^2$ 的維度是 2，$I\!R^3$ 的維度是 3，$I\!R^n$ 的維度是 n。

例題 14

設 $W=\{\langle a, b, c\rangle \mid b=a+c\}$ 為 $I\!R^3$ 的子空間，試求 W 的一個基底。

解 (1) $\forall \langle a, b, c\rangle \in W$

$$\langle a, b, c\rangle = \langle a, a+c, c\rangle = \langle a, a, 0\rangle + \langle 0, c, c\rangle$$
$$= a\langle 1, 1, 0\rangle + c\langle 0, 1, 1\rangle$$

亦即，$\{\langle 1, 1, 0\rangle, \langle 0, 1, 1\rangle\}$ 生成 W。

(2) 令 $c_1\langle 1, 1, 0\rangle + c_2\langle 0, 1, 1\rangle = \langle 0, 0, 0\rangle$，則

$$\begin{cases} c_1 = 0 \\ c_1+c_2 = 0 \\ c_2 = 0 \end{cases} \Rightarrow c_1 = c_2 = 0$$

亦即，$\{\langle 1, 1, 0\rangle, \langle 0, 1, 1\rangle\}$ 為線性獨立。

故由 (1)、(2)，$\{\langle 1, 1, 0\rangle, \langle 0, 1, 1\rangle\}$ 為 W 的一個基底。

例題 15

若 $\langle a, b, c, d\rangle \in I\!R^4$，其中 $a=b$，求 $I\!R^4$ 的子空間的維度。

解 設 $W=\{\langle a, b, c, d\rangle \mid a=b\}$ 為 $I\!R^4$ 的子空間。

(1) $\forall \langle a, b, c, d\rangle \in W$

$$\langle a, b, c, d\rangle = \langle a, a, c, d\rangle$$
$$= \langle a, a, 0, 0\rangle + \langle 0, 0, c, 0\rangle + \langle 0, 0, 0, d\rangle$$
$$= a\langle 1, 1, 0, 0\rangle + c\langle 0, 0, 1, 0\rangle + d\langle 0, 0, 0, 1\rangle$$

亦即，$\{\langle 1, 1, 0, 0\rangle, \langle 0, 0, 1, 0\rangle, \langle 0, 0, 0, 1\rangle\}$，生成 W。

(2) 令 $c_1\langle 1, 1, 0, 0\rangle + c_2\langle 0, 0, 1, 0\rangle + c_3\langle 0, 0, 0, 1\rangle = \langle 0, 0, 0, 0\rangle$，

則 $\begin{cases} c_1 = 0 \\ c_1 = 0 \\ c_2 = 0 \\ c_3 = 0 \end{cases} \Rightarrow c_1 = c_2 = c_3 = 0$。

亦即，$\{\langle 1, 1, 0, 0\rangle, \langle 0, 0, 1, 0\rangle, \langle 0, 0, 0, 1\rangle\}$ 為線性獨立。

由 (1)、(2) 知 $\{\langle 1, 1, 0, 0\rangle, \langle 0, 0, 1, 0\rangle, \langle 0, 0, 0, 1\rangle\}$ 為 W 的一個基底。所以，$\dim W = 3$。

習題 6-2

1. 在下列各題中，指出何者為向量空間；若它不為向量空間，則列出向量空間定義中哪些條件無法成立。

    (1) $V = \{\langle x, y\rangle \mid x, y \in I\!R\}$，定義運算如下：
    $$\langle x, y\rangle + \langle x', y'\rangle = \langle x+x', y+y'\rangle$$
    $$c\langle x, y\rangle = \langle 0, 0\rangle, \quad c \in I\!R$$

    (2) $V = \{\langle x, y, z\rangle \mid x, y, z \in I\!R\}$，定義運算如下：
    $$\langle x, y, z\rangle + \langle x', y', z'\rangle = \langle x', y+y', z'\rangle$$
    $$c\langle x, y, z\rangle = \langle cx, cy, cz\rangle, \quad c \in I\!R$$

    (3) $V = \{\langle 0, 0, z\rangle \mid z \in I\!R\}$，定義運算如下：
    $$\langle 0, 0, z\rangle + \langle 0, 0, z'\rangle = \langle 0, 0, z+z'\rangle$$
    $$c\langle 0, 0, z\rangle = \langle 0, 0, cz\rangle, \quad c \in I\!R$$

2. 下列何者為 $I\!R^4$ 的子空間？

    (1) $W = \{\langle a, b, c, d\rangle \mid a-b=2\}$
    (2) $W = \{\langle a, b, c, d\rangle \mid c=a+2b, d=a-3b\}$
    (3) $W = \{\langle a, b, c, d\rangle \mid a=0, b=-d\}$

3. 設 $\mathbf{u} = \langle 1, 2, -3\rangle$ 與 $\mathbf{v} = \langle -2, 3, 0\rangle$ 為 $I\!R^3$ 中的兩向量，而 W 為形如 $a\mathbf{u} + b\mathbf{v}$ 的所有向量所形成的集合，其中 a、b 為任意實數，試驗證 W 為 $I\!R^3$ 的子空間。

4. 令 $W = \{\langle x, y, z\rangle \mid x=at, y=bt, z=ct ; a、b、c、t \in I\!R\}$，證明 W 為 $I\!R^3$ 的子空間。

5. 試證：若 A 為 $m \times n$ 矩陣，則滿足 $A\mathbf{x} = \mathbf{0}$ 的解集合為 $I\!R^n$ 的子空間。

6. 試證：若 A 為 $m \times n$ 矩陣，則滿足 $A\mathbf{x} = \mathbf{B} \neq \mathbf{0}$ 的解集合並不是 $I\!R^n$ 的子空間。

7. 試證：$W = \{A \mid AT = TA, A、T \in M_{2 \times 2}\}$ 為 $M_{2 \times 2}$ 的子空間。

8. 令 f 為自 $I\!R$ 映至 $I\!R$ 的函數，則集合 $W=\{f\,|\,f(-x)=-f(x)\}$ 為 $F(-\infty, \infty)$ 的子空間。

9. 說明下列各集合不是 $M_{2\times 2}$ 的子空間。
   (1) $W=\{A\,|\,\det(A)=0,\ A\in M_{2\times 2}\}$
   (2) $W=\{A\,|\,A^2=A,\ A\in M_{2\times 2}\}$

10. 集合 $\{\langle a, b, c\rangle\,|\,a^2+b^2+c^2\leq 1\}$ 是否為 $I\!R^3$ 的子空間？

11. 下列向量中何者為 $\mathbf{x}_1=\langle 4, 2, -3\rangle$、$\mathbf{x}_2=\langle 2, 1, -2\rangle$ 與 $\mathbf{x}_3=\langle -2, -1, 0\rangle$ 的線性組合？
    (1) $\langle 1, 1, 1\rangle$ (2) $\langle -2, -1, 1\rangle$

12. 試確定向量 $\mathbf{u}=\begin{bmatrix}5 & 1\\ -1 & 9\end{bmatrix}$ 是否為 $A_1=\begin{bmatrix}1 & -1\\ 0 & 3\end{bmatrix}$, $A_2=\begin{bmatrix}1 & 1\\ 0 & 2\end{bmatrix}$, $A_3=\begin{bmatrix}2 & 2\\ -1 & 1\end{bmatrix}$ 的線性組合。

13. 試確定向量 $2t^2+2t+3$ 是否為 $q_1(t)=t^2+2t+1$、$q_2(t)=t^2+3$ 與 $q_3(t)=t-1$ 的線性組合。

14. 下列哪一組向量可生成 $I\!R^3$？
    (1) $\langle 1, -1, 2\rangle$, $\langle 0, 1, 1\rangle$
    (2) $\langle 2, 2, 3\rangle$, $\langle -1, -2, 1\rangle$, $\langle 0, 1, 0\rangle$
    (3) $\langle 1, 0, 0\rangle$, $\langle 0, 1, 0\rangle$, $\langle 0, 0, 1\rangle$, $\langle 1, 1, 1\rangle$

15. 判斷下列多項式可否生成 P_2。
$$t^2+1,\ t^2+t,\ t+1$$

16. 多項式 t^3+2t+1, t^2-t+2, t^3+2, $-t^3+t^2-5t+2$ 可生成 P_3 嗎？

17. 下列哪一組向量為線性相依？若是的話，試將其中一個向量表成其他向量的線性組合。
    (1) $\langle 4, 2, 1\rangle$, $\langle 2, 6, -5\rangle$, $\langle 1, -2, 3\rangle$
    (2) $\langle 1, 1, 0\rangle$, $\langle 0, 2, 3\rangle$, $\langle 1, 2, 3\rangle$, $\langle 3, 6, 6\rangle$
    (3) $\langle 1, 2, 3\rangle$, $\langle 1, 1, 1\rangle$, $\langle 1, 0, 1\rangle$

18. 下列哪一組向量為 $I\!R^3$ 的基底？
    (1) $\langle 1, 2, 0\rangle$, $\langle 0, 1, -1\rangle$
    (2) $\langle 1, 1, -1\rangle$, $\langle 2, 3, 4\rangle$, $\langle 4, 1, -1\rangle$, $\langle 0, 1, -1\rangle$
    (3) $\langle 3, 2, 2\rangle$, $\langle -1, 2, 1\rangle$, $\langle 0, 1, 0\rangle$

19. 求方程組的解空間的一個基底及維度。
$$x_1+2x_2\quad\quad +3x_4+\ x_5=0$$
$$2x_1+3x_2\quad\quad +3x_4+\ x_5=0$$

$$x_1 + x_2 + 2x_3 + 2x_4 + x_5 = 0$$
$$3x_1 + 5x_2 \qquad + 6x_4 + 2x_5 = 0$$
$$2x_1 + 3x_2 + 2x_3 + 5x_4 + 2x_5 = 0$$

20. 設 $W = \{\langle a, b, c, d \rangle \mid d = a+b\}$ 為 $I\!R^4$ 的子空間，求 $I\!R^4$ 的維度。

21. 求出下列齊次方程組的解空間的一個基底。

$$\begin{bmatrix} 1 & 0 & 2 \\ 2 & 1 & 3 \\ 3 & 1 & 2 \end{bmatrix} \begin{bmatrix} x_1 \\ x_2 \\ x_3 \end{bmatrix} = \begin{bmatrix} 0 \\ 0 \\ 0 \end{bmatrix}$$

6-3 列空間、行空間與核空間

定義 6-19

已知 $m \times n$ 矩陣

$$A = \begin{bmatrix} a_{11} & a_{12} & \cdots & a_{1n} \\ a_{21} & a_{22} & \cdots & a_{2n} \\ \vdots & \vdots & & \vdots \\ a_{m1} & a_{m2} & \cdots & a_{mn} \end{bmatrix}$$

A 的列

$$\mathbf{r}_1 = [a_{11}\ a_{12}\ \cdots\ a_{1n}]$$
$$\mathbf{r}_2 = [a_{21}\ a_{22}\ \cdots\ a_{2n}]$$
$$\vdots$$
$$\mathbf{r}_m = [a_{m1}\ a_{m2}\ \cdots\ a_{mn}]$$

可視為 $I\!R^n$ 的向量，稱為 A 的**列向量** (row vector)，這些向量生成 $I\!R^n$ 的一個子空間，稱為 A 的**列空間** (row space)。同理，A 的行

$$\mathbf{c}_1 = \begin{bmatrix} a_{11} \\ a_{21} \\ \vdots \\ a_{m1} \end{bmatrix},\ \mathbf{c}_2 = \begin{bmatrix} a_{12} \\ a_{22} \\ \vdots \\ a_{m2} \end{bmatrix},\ \cdots,\ \mathbf{c}_n = \begin{bmatrix} a_{1n} \\ a_{2n} \\ \vdots \\ a_{mn} \end{bmatrix}$$

可視為 $I\!R^m$ 的向量，稱為 A 的**行向量** (column vector)，這些向量生成 $I\!R^m$ 的一個子空間，稱為 A 的**行空間** (column space)。

定義 6-20

齊次方程組 $Ax = 0$ 的解空間為 $I\!R^n$ 的子空間，稱為**核空間** (kernel space 或 null space)，即，$N(A) = \{x \in I\!R^n \mid Ax = 0\}$。

例題 1

求 $A = \begin{bmatrix} 1 & -1 & 3 \\ 5 & -4 & -4 \\ 7 & -6 & 2 \end{bmatrix}$ 的核空間的一個基底。

解 A 的核空間即為齊次方程組

$$\begin{cases} x_1 - x_2 + 3x_3 = 0 \\ 5x_1 - 4x_2 - 4x_3 = 0 \\ 7x_1 - 6x_2 + 2x_3 = 0 \end{cases}$$

的解空間。

$$\begin{bmatrix} 1 & -1 & 3 & \vdots & 0 \\ 5 & -4 & -4 & \vdots & 0 \\ 7 & -6 & 2 & \vdots & 0 \end{bmatrix} \xrightarrow{-5R_1 + R_2} \begin{bmatrix} 1 & -1 & 3 & \vdots & 0 \\ 0 & 1 & -19 & \vdots & 0 \\ 7 & -6 & 2 & \vdots & 0 \end{bmatrix} \xrightarrow{-7R_1 + R_3}$$

$$\begin{bmatrix} 1 & -1 & 3 & \vdots & 0 \\ 0 & 1 & -19 & \vdots & 0 \\ 0 & 1 & -19 & \vdots & 0 \end{bmatrix} \xrightarrow{R_2 + (-1)R_3} \begin{bmatrix} 1 & -1 & 3 & \vdots & 0 \\ 0 & 1 & -19 & \vdots & 0 \\ 0 & 0 & 0 & \vdots & 0 \end{bmatrix} \xrightarrow{R_2 + R_1}$$

$$\begin{bmatrix} 1 & 0 & -16 & \vdots & 0 \\ 0 & 1 & -19 & \vdots & 0 \\ 0 & 0 & 0 & \vdots & 0 \end{bmatrix}$$

此方程組的解為 $x_1 = 16t$, $x_2 = 19t$, $x_3 = t$, $t \in I\!R$。

因而解向量為

$$\begin{bmatrix} x_1 \\ x_2 \\ x_3 \end{bmatrix} = \begin{bmatrix} 16t \\ 19t \\ t \end{bmatrix} = \begin{bmatrix} 16 \\ 19 \\ 1 \end{bmatrix} t, \ t \in I\!R$$

故向量 $\mathbf{v} = \begin{bmatrix} 16 \\ 19 \\ 1 \end{bmatrix}$ 為核空間的一個基底。

下面定理將幫助我們找出向量空間的基底。

定理 6-16

基本列運算不會改變任一矩陣的列空間或核空間。

定理 6-17

矩陣 A 的列梯陣中所有非零的列向量構成 A 的列空間的一個基底。

例題 2

求由向量 $\mathbf{v}_1 = \langle 1, -1, 3 \rangle$，$\mathbf{v}_2 = \langle 5, -4, -4 \rangle$，$\mathbf{v}_3 = \langle 7, -6, 2 \rangle$ 所生成的向量空間的一個基底。

解 由向量 $\mathbf{v}_1$、$\mathbf{v}_2$、$\mathbf{v}_3$ 所生成的向量空間即為矩陣

$$\begin{bmatrix} 1 & -1 & 3 \\ 5 & -4 & -4 \\ 7 & -6 & 2 \end{bmatrix}$$

的列空間。將此矩陣化成列梯陣

$$\begin{bmatrix} 1 & -1 & 3 \\ 0 & 1 & -19 \\ 0 & 0 & 0 \end{bmatrix}$$

此矩陣中非零的列向量為

$$\mathbf{w}_1 = \langle 1, -1, 3 \rangle, \qquad \mathbf{w}_2 = \langle 0, 1, -19 \rangle$$

就構成列空間的一個基底，且成為由 $\mathbf{v}_1$、$\mathbf{v}_2$ 及 $\mathbf{v}_3$ 所生成向量空間的一個基底。

上例中所得的基底向量不完全為原矩陣的列向量。然而，如何獲得由矩陣的列向量所生成的矩陣列空間的一個基底呢？其方法建立在下面兩個定理上。

定理 6-18

設 A 與 B 為兩個列同義矩陣。
(1) A 的某些行向量為線性獨立 $\Leftrightarrow B$ 的對應行向量為線性獨立。
(2) A 的某些行向量為 A 的空間的基底 $\Leftrightarrow B$ 的對應行向量為 B 的行空間的基底。

例題 3

求 $A = \begin{bmatrix} 1 & -1 & 3 \\ 5 & -4 & -4 \\ 7 & -6 & 2 \end{bmatrix}$ 的行空間的一個基底。

解 利用矩陣的基本列運算可得一個簡約列梯陣

$$R = \begin{bmatrix} 1 & 0 & -16 \\ 0 & 1 & -19 \\ 0 & 0 & 0 \end{bmatrix}$$

讀者可以證明行向量

$$\mathbf{v}_1' = \begin{bmatrix} 1 \\ 0 \\ 0 \end{bmatrix}, \quad \mathbf{v}_2' = \begin{bmatrix} 0 \\ 1 \\ 0 \end{bmatrix}$$

構成 R 的行空間的一個基底；因此，A 的行向量

$$\mathbf{v}_1 = \begin{bmatrix} 1 \\ 5 \\ 7 \end{bmatrix}, \quad \mathbf{v}_2 = \begin{bmatrix} -1 \\ -4 \\ -6 \end{bmatrix}$$

構成 A 的行空間的一個基底。

根據下面的定理，我們很容易找到矩陣的行空間的一個基底。

定理 6-19

若矩陣已為列梯陣，則其包含首項為 1 的所有行向量構成該矩陣的行空間的一個基底。

例題 4

求矩陣 $A = \begin{bmatrix} 1 & 4 & 5 & 2 \\ 2 & 1 & 3 & 0 \\ -1 & 3 & 2 & 2 \end{bmatrix}$ 的行空間的一個基底。

解 將此矩陣化成列梯陣

$$R = \begin{bmatrix} 1 & 4 & 5 & 2 \\ 0 & 1 & 1 & \frac{4}{7} \\ 0 & 0 & 0 & 0 \end{bmatrix}$$

R 的前二行含首項 1，所以這些向量構成 R 的行空間的一個基底，矩陣 A 中對應的行向量構成 A 的行空間的一個基底，此基底向量為

$$\mathbf{v}_1 = \begin{bmatrix} 1 \\ 2 \\ -1 \end{bmatrix}, \quad \mathbf{v}_2 = \begin{bmatrix} 4 \\ 1 \\ 3 \end{bmatrix}。$$

上例中，我們得到完全由 A 的行向量構成矩陣 A 的行空間的基底。

例題 5

求矩陣 $A = \begin{bmatrix} 1 & -1 & 3 \\ 5 & -4 & -4 \\ 7 & -6 & 2 \end{bmatrix}$

的列空間的一個基底，而該基底完全由 A 的列向量所組成。

解 首先我們將 A 轉置，因而，A 的列空間變成 A^T 的行空間，我們使用例題 3 的方法求得 A^T 的行空間的一個基底，再將行向量轉置為列向量。

$$A^T = \begin{bmatrix} 1 & 5 & 7 \\ -1 & -4 & -6 \\ 3 & -4 & 2 \end{bmatrix}$$

將 A^T 化成簡約列梯陣 $\begin{bmatrix} 1 & 0 & 2 \\ 0 & 1 & 1 \\ 0 & 0 & 0 \end{bmatrix}$

第一行及第二行含首項 1，所以 A^T 的對應行構成 A^T 的行空間的一個基底，應為

$$\mathbf{v}_1 = \begin{bmatrix} 1 \\ -1 \\ 3 \end{bmatrix}, \quad \mathbf{v}_2 = \begin{bmatrix} 5 \\ -4 \\ -4 \end{bmatrix}$$

將 $\mathbf{v}_1$ 及 $\mathbf{v}_2$ 轉置，可得 A 的列空間的基底向量為

$$\mathbf{w}_1 = \langle 1, -1, 3 \rangle, \quad \mathbf{w}_2 = \langle 5, -4, -4 \rangle \text{。}$$

例題 6

已知 $A = \begin{bmatrix} 1 & 1 & -2 \\ -1 & 2 & 1 \\ 0 & 1 & -1 \end{bmatrix}$，$\lambda = 3$，求齊次方程組 $(\lambda I_3 - A)X = \mathbf{0}$ 的解空間的一個基底。

解

$$\lambda I_3 - A = \begin{bmatrix} 3 & 0 & 0 \\ 0 & 3 & 0 \\ 0 & 0 & 3 \end{bmatrix} - \begin{bmatrix} 1 & 1 & -2 \\ -1 & 2 & 1 \\ 0 & 1 & -1 \end{bmatrix}$$

$$= \begin{bmatrix} 2 & -1 & 2 \\ 1 & 1 & -1 \\ 0 & -1 & 4 \end{bmatrix}$$

$$(\lambda I_3 - A)X = \mathbf{0} \Rightarrow \begin{bmatrix} 2 & -1 & 2 \\ 1 & 1 & -1 \\ 0 & -1 & 4 \end{bmatrix} \begin{bmatrix} x_1 \\ x_2 \\ x_3 \end{bmatrix} = \begin{bmatrix} 0 \\ 0 \\ 0 \end{bmatrix}$$

$$\begin{bmatrix} 2 & -1 & 2 & \vdots & 0 \\ 1 & 1 & -1 & \vdots & 0 \\ 0 & -1 & 4 & \vdots & 0 \end{bmatrix} \xrightarrow{-2R_2 + R_1}$$

$$\begin{bmatrix} 0 & -3 & 4 & \vdots & 0 \\ 1 & 1 & -1 & \vdots & 0 \\ 0 & -1 & 4 & \vdots & 0 \end{bmatrix} \xrightarrow{R_1 \leftrightarrow R_2} \begin{bmatrix} 1 & 1 & -1 & \vdots & 0 \\ 0 & -3 & 4 & \vdots & 0 \\ 0 & -1 & 4 & \vdots & 0 \end{bmatrix}$$

$$\underset{-3R_3+R_2}{\overset{1R_3+R_1}{\sim}} \begin{bmatrix} 1 & 0 & 3 & \vdots & 0 \\ 0 & 0 & -8 & \vdots & 0 \\ 0 & -1 & 4 & \vdots & 0 \end{bmatrix} \overset{-\frac{1}{8}R_2}{\sim} \begin{bmatrix} 1 & 0 & 3 & \vdots & 0 \\ 0 & 0 & 1 & \vdots & 0 \\ 0 & -1 & 4 & \vdots & 0 \end{bmatrix}$$

$$\overset{-1R_3}{\sim} \begin{bmatrix} 1 & 0 & 3 & \vdots & 0 \\ 0 & 0 & 1 & \vdots & 0 \\ 0 & 1 & -4 & \vdots & 0 \end{bmatrix} \overset{R_3 \leftrightarrow R_2}{\sim} \begin{bmatrix} 1 & 0 & 3 & \vdots & 0 \\ 0 & 1 & -4 & \vdots & 0 \\ 0 & 0 & 1 & \vdots & 0 \end{bmatrix}$$

$$\underset{4R_3+R_2}{\overset{-3R_3+R_1}{\sim}} \begin{bmatrix} 1 & 0 & 0 & \vdots & 0 \\ 0 & 1 & 0 & \vdots & 0 \\ 0 & 0 & 1 & \vdots & 0 \end{bmatrix} \Rightarrow X = \begin{bmatrix} x_1 \\ x_2 \\ x_3 \end{bmatrix} = \begin{bmatrix} 0 \\ 0 \\ 0 \end{bmatrix} = \mathbf{0}$$

所以，$(\lambda I_3 - A)X = \mathbf{0}$ 的解空間的基底為 $\{\mathbf{0}\}$。

定義 6-21

A 的列空間的維度稱為 A 的**列秩** (row rank)，A 的行空間的維度稱為 A 的**行秩** (column rank)。A 的核空間的維度稱為 A 的**核維度** (nullity)，記為 nullity(A)。

例題 7

求 $A = \begin{bmatrix} 1 & -1 & 3 \\ 5 & -4 & -4 \\ 7 & -6 & 2 \end{bmatrix}$ 的核維度、列秩、行秩。

解 由例題 1 得知，nullity(A) = 1，由例題 5 與例題 3，得知

$$A \text{ 的列秩} = A \text{ 的行秩} = 2。$$

定理 6-20

已知矩陣 $A = [a_{ij}]_{m \times n}$，則其列秩與行秩相等。

證 令 $\mathbf{x}_1, \mathbf{x}_2, \cdots, \mathbf{x}_m$ 為 A 的列向量，其中

$$\mathbf{x}_i = \langle a_{i1}, a_{i2}, \cdots, a_{in} \rangle, \quad 1 \leq i \leq m$$

設 A 的列秩為 k 且一組向量 $\{\mathbf{v}_1, \mathbf{v}_2, \cdots, \mathbf{v}_k\}$ 構成 A 的列空間的一個基底，其中 $\mathbf{v}_i = \langle b_{i1}, b_{i2}, \cdots, b_{in} \rangle$ $(i=1, 2, \cdots, k)$。現在，每一列向量皆為 $\mathbf{v}_1, \mathbf{v}_2, \cdots, \mathbf{v}_k$ 的線性組合

$$\mathbf{x}_1 = \alpha_{11}\mathbf{v}_1 + \alpha_{12}\mathbf{v}_2 + \cdots + \alpha_{1k}\mathbf{v}_k$$
$$\mathbf{x}_2 = \alpha_{21}\mathbf{v}_1 + \alpha_{22}\mathbf{v}_2 + \cdots + \alpha_{2k}\mathbf{v}_k$$
$$\vdots \qquad \vdots \qquad \vdots \qquad \vdots$$
$$\mathbf{x}_m = \alpha_{m1}\mathbf{v}_1 + \alpha_{m2}\mathbf{v}_2 + \cdots + \alpha_{mk}\mathbf{v}_k$$

其中 α_{ij} 為唯一確定的實數。由上面各等式可得

$$a_{1j} = \alpha_{11}b_{1j} + \alpha_{12}b_{2j} + \cdots + \alpha_{1k}b_{kj}$$
$$a_{2j} = \alpha_{21}b_{1j} + \alpha_{22}b_{2j} + \cdots + \alpha_{2k}b_{kj}$$
$$\vdots \qquad \vdots \qquad \vdots \qquad \vdots$$
$$a_{mj} = \alpha_{m1}b_{1j} + \alpha_{m2}b_{2j} + \cdots + \alpha_{mk}b_{kj}$$

即，

$$\begin{bmatrix} a_{1j} \\ a_{2j} \\ \vdots \\ a_{mj} \end{bmatrix} = b_{1j}\begin{bmatrix} \alpha_{11} \\ \alpha_{21} \\ \vdots \\ \alpha_{m1} \end{bmatrix} + b_{2j}\begin{bmatrix} \alpha_{12} \\ \alpha_{22} \\ \vdots \\ \alpha_{m2} \end{bmatrix} + \cdots + b_{kj}\begin{bmatrix} \alpha_{1k} \\ \alpha_{2k} \\ \vdots \\ \alpha_{mk} \end{bmatrix}$$

其中 $j = 1, 2, \cdots, n$。

因為 A 的每一行皆為 k 個向量的線性組合，所以 A 的行空間的維度至多為 k，亦即，A 的行秩 $\leq k = A$ 的列秩。同理，我們可得出 A 的列秩 $\leq A$ 的行秩，因此可知 A 的列秩與 A 的行秩相等。

定義 6-22

矩陣 A 的列空間及行空間的相同維度稱為 A 的**秩** (rank)，記為 rank(A)。

計算矩陣 A 的**秩**的步驟如下：

1. 利用矩陣的基本列運算將 A 變換成一簡約列梯陣 B。
2. rank A 等於 B 的非零列的個數。

例題 8

求矩陣 $A = \begin{bmatrix} 1 & -2 & -1 \\ 2 & -1 & 3 \\ 7 & -8 & 3 \\ 5 & -7 & 0 \end{bmatrix}$ 的秩。

解 利用矩陣的基本列運算,將 A 化成簡約列梯陣

$$B = \begin{bmatrix} 1 & 0 & \frac{7}{3} \\ 0 & 1 & \frac{5}{3} \\ 0 & 0 & 0 \\ 0 & 0 & 0 \end{bmatrix}$$

矩陣 B 有兩列非零列,故 $\operatorname{rank}(A) = 2$。

定理 6-21 | 矩陣的維度定理

設 A 為 $m \times n$ 矩陣,則

$$\operatorname{rank}(A) + \operatorname{nullity}(A) = n。$$

例題 9

矩陣 $A = \begin{bmatrix} 1 & -1 & 3 \\ 5 & -4 & -4 \\ 7 & -6 & 2 \end{bmatrix}$ 有三行,所以

$$\operatorname{rank}(A) + \operatorname{nullity}(A) = 3$$

此結果與例題 7 相同;在例題 7 中,我們得 $\operatorname{rank}(A) = 2$ 及 $\operatorname{nullity}(A) = 1$。

下面的定理整理出矩陣、線性方程組、行列式、向量空間、秩及核維度之間的同義關係。

定理 6-22

設 A 為 n 階方陣，則下列敘述為同義。

(1) A 為可逆。
(2) $Ax = 0$ 僅有零解。
(3) A 與 I_n 為列同義。
(4) 對每一 $n \times 1$ 矩陣 b，$Ax = b$ 為相容的。
(5) $\det(A) \neq 0$
(6) $\text{nullity}(A) = 0$
(7) $\text{rank}(A) = n$
(8) A 的所有列向量為線性獨立。
(9) A 的所有行向量為線性獨立。

習題 6-3

1. 求下列各矩陣的核空間的一個基底。

    (1) $A = \begin{bmatrix} 1 & 4 & 5 & 2 \\ 2 & 1 & 3 & 0 \\ -1 & 3 & 2 & 2 \end{bmatrix}$
    (2) $B = \begin{bmatrix} 2 & 0 & -1 \\ 4 & 0 & -2 \\ 0 & 0 & 0 \end{bmatrix}$

2. 求下列各矩陣的列空間的一個基底。

    (1) $A = \begin{bmatrix} 1 & 4 & 5 & 2 \\ 2 & 1 & 3 & 0 \\ -1 & 3 & 2 & 2 \end{bmatrix}$
    (2) $B = \begin{bmatrix} 2 & 0 & -1 \\ 4 & 0 & -2 \\ 0 & 0 & 0 \end{bmatrix}$

3. 求下列各矩陣的行空間的一個基底。

    (1) $A = \begin{bmatrix} 1 & 4 & 5 & 2 \\ 2 & 1 & 3 & 0 \\ -1 & 3 & 2 & 2 \end{bmatrix}$
    (2) $B = \begin{bmatrix} 1 & -2 & 0 & 0 & 3 \\ 2 & -5 & -3 & -2 & 6 \\ 0 & 5 & 15 & 10 & 0 \\ 2 & 6 & 18 & 8 & 6 \end{bmatrix}$

4. 已知 $A = \begin{bmatrix} 0 & 0 & 1 \\ 1 & 0 & -3 \\ 0 & 1 & 3 \end{bmatrix}$，$\lambda = 1$，求齊次方程組 $(\lambda I_3 - A)X = 0$ 的解空間的一個基底。

5. 求矩陣 $A = \begin{bmatrix} 1 & 4 & 5 & 6 & 9 \\ 3 & -2 & 1 & 4 & -1 \\ -1 & 0 & -1 & -2 & -1 \\ 2 & 3 & 5 & 7 & 8 \end{bmatrix}$ 的列空間的一個基底使其完全由 A 的列向量組成。

6. 求下列各矩陣 A 的秩及核維度。

(1) $A = \begin{bmatrix} 1 & 4 & 5 & 2 \\ 2 & 1 & 3 & 0 \\ -1 & 3 & 2 & 2 \end{bmatrix}$

(2) $A = \begin{bmatrix} 1 & 2 & -1 & 1 \\ 2 & 4 & -3 & 0 \\ 1 & 2 & 1 & 5 \end{bmatrix}$

6-4 內積空間

在 6-2 節中，我們曾經討論到 n 維歐氏空間中的內積；而在本節中，我們將該內積一般化，並進一步定義內積空間。

定義 6-23

令 V 為實向量空間，若對 V 中每一對向量 $\mathbf{u}$ 與 $\mathbf{v}$，存在唯一實數 $\langle \mathbf{u}, \mathbf{v} \rangle$ 與其對應，而對 V 中所有向量 $\mathbf{u}$、$\mathbf{v}$、$\mathbf{w}$ 與所有實數 k，滿足下列條件：

(1) $\langle \mathbf{u} + \mathbf{v}, \mathbf{w} \rangle = \langle \mathbf{u}, \mathbf{w} \rangle + \langle \mathbf{v}, \mathbf{w} \rangle$
(2) $\langle \mathbf{u}, \mathbf{v} \rangle = \langle \mathbf{v}, \mathbf{u} \rangle$
(3) $\langle k\mathbf{u}, \mathbf{v} \rangle = k \langle \mathbf{v}, \mathbf{u} \rangle$
(4) $\langle \mathbf{u}, \mathbf{u} \rangle \geq 0$，$\langle \mathbf{u}, \mathbf{u} \rangle = 0$，若且唯若 $\mathbf{u} = \mathbf{0}$。

則稱這種函數為 V 中的一個**內積** (inner product)。

註：$\langle \mathbf{u}, \mathbf{v} \rangle$ 稱為 $\mathbf{u}$ 與 $\mathbf{v}$ 的內積，也可記為 $(\mathbf{u} | \mathbf{v})$。

若實向量空間具有一內積，則稱為**實內積空間** (real inner product space)。

例題 1

令 $C[a, b]$ 表示定義在區間 $[a, b]$ 的所有連續實值函數形成的向量空間，$\mathbf{p} = p(x)$，$\mathbf{q} = q(x) \in C[a, b]$，試證

$$\langle \mathbf{p}, \mathbf{q} \rangle = \int_a^b p(x) \, q(x) \, dx$$

為 $C[a, b]$ 中的內積。

解 (1) 令 $\mathbf{r} = r(x)$ 為 $C[a, b]$ 中的任意函數,則

$$\langle \mathbf{p}+\mathbf{q}, \mathbf{r} \rangle = \int_a^b (p(x)+q(x))\, r(x)\, dx = \int_a^b p(x)\, r(x)\, dx + \int_a^b q(x)\, r(x)\, dx$$

$$= \langle \mathbf{p}, \mathbf{r} \rangle + \langle \mathbf{q}, \mathbf{r} \rangle$$

(2) $\langle k\mathbf{p}, \mathbf{q} \rangle = \int_a^b k\, p(x)\, q(x)\, dx = k \int_a^b p(x)\, q(x)\, dx = k \langle \mathbf{p}, \mathbf{q} \rangle$

(3) $\langle \mathbf{p}, \mathbf{q} \rangle = \int_a^b p(x)\, q(x)\, dx = \int_a^b q(x)\, p(x)\, dx = \langle \mathbf{q}, \mathbf{p} \rangle$

(4) 若 $\mathbf{p} = p(x)$ 為 $C[a, b]$ 中的任意函數,則 $[p(x)]^2 \geq 0$, $\forall x \in [a, b]$。

所以, $\langle \mathbf{p}, \mathbf{p} \rangle = \int_a^b [p(x)]^2\, dx \geq 0$

再者,由於 $[p(x)]^2 \geq 0$ 且 $\mathbf{p} = p(x)$ 在 $[a, b]$ 為連續函數,因此,$\int_a^b [p(x)]^2\, dx = 0$,若且唯若 $p(x) = 0$, $\forall x \in [a, b]$。所以,$\langle \mathbf{p}, \mathbf{p} \rangle = \int_a^b [p(x)]^2\, dx = 0$,若且唯若 $\mathbf{p} = 0$。

依內積的定義,我們證得 $\langle \mathbf{p}, \mathbf{q} \rangle = \int_a^b p(x)\, q(x)\, dx$ 為 $C[a, b]$ 中的內積。

定義 6-24

設 V 為內積空間,$\langle\ ,\ \rangle$ 為其內積。

(1) 若 $\mathbf{u} \in V$,則定義其**範數** (norm)(或長度) 為

$$\|\mathbf{u}\| = \langle \mathbf{u}, \mathbf{u} \rangle^{1/2}。$$

(2) 若 $\mathbf{u}$、$\mathbf{v} \in V$,則定義其**距離**為

$$d(\mathbf{u}, \mathbf{v}) = \|\mathbf{u} - \mathbf{v}\|。$$

定理 6-23 | 柯西－希瓦茲不等式

若 $\mathbf{u}$ 與 $\mathbf{v}$ 為內積空間 V 中的任意兩向量，$\langle\,,\,\rangle$ 為其內積，則

$$|\langle \mathbf{u}, \mathbf{v} \rangle| \leq \|\mathbf{u}\|\|\mathbf{v}\|。$$

證 若 $\mathbf{u}=\mathbf{0}$，則 $\langle \mathbf{u}, \mathbf{v} \rangle = 0$，$\langle \mathbf{u}, \mathbf{u} \rangle = 0$，故定理顯然成立。
假設 $\mathbf{u} \neq \mathbf{0}$，令 $t \in I\!R$，則

$$0 \leq \langle \mathbf{u}-t\mathbf{v}, \mathbf{u}-t\mathbf{v} \rangle \qquad (*)$$

$$= \langle \mathbf{u}, \mathbf{u} \rangle - 2t \langle \mathbf{u}\ \mathbf{v} \rangle + t^2 (\mathbf{v}, \mathbf{v})$$

$$= \|\mathbf{u}\|^2 - 2t \langle \mathbf{u}, \mathbf{v} \rangle + t^2 \|\mathbf{v}\|^2$$

再令 $a = \|\mathbf{v}\|^2$, $b = -2\langle \mathbf{u}, \mathbf{v} \rangle$, $c = \|\mathbf{u}\|^2$，則 $(*)$ 式可視為一個二次不等式

$$at^2 + bt + c \geq 0$$

此不等式欲成立，必須判別式小於或等於 0，即，

$$b^2 - 4ac \leq 0$$

於是，
$$4\langle \mathbf{u}, \mathbf{v} \rangle^2 - 4\|\mathbf{v}\|^2 \|\mathbf{u}\|^2 \leq 0$$

$$\langle \mathbf{u}, \mathbf{v} \rangle^2 \leq \|\mathbf{u}\|^2 \|\mathbf{v}\|^2$$

因此，
$$|\langle \mathbf{u}, \mathbf{v} \rangle| \leq \|\mathbf{u}\|\|\mathbf{v}\|。$$

定理 6-24

若 V 為內積空間，則其向量長度有下列性質：

(1) $\|\mathbf{u}\| \geq 0$, $\forall\ \mathbf{u} \in V$。
(2) $\|\mathbf{u}\| = 0 \Leftrightarrow \mathbf{u} = \mathbf{0}$。
(3) $\|\alpha \mathbf{u}\| = |\alpha|\|\mathbf{u}\|$, $\forall\ \alpha \in I\!R$, $\mathbf{u} \in V$。
(4) $\|\mathbf{u}+\mathbf{v}\| \leq \|\mathbf{u}\|+\|\mathbf{u}\|$, $\forall\ \mathbf{u}\,、\mathbf{v} \in V$，此即為**三角不等式**。

證 (1)、(2) 與 (3) 的證明非常容易，讀者自行證明。
(4) 的證明要利用柯西－希瓦茲不等式，證明如下：

$$\|\mathbf{u}+\mathbf{v}\|^2 = \langle \mathbf{u}+\mathbf{v}, \mathbf{u}+\mathbf{v} \rangle = \langle \mathbf{u}, \mathbf{u} \rangle + 2\langle \mathbf{u}, \mathbf{v} \rangle + \langle \mathbf{v}, \mathbf{v} \rangle$$

$$\leq \langle \mathbf{u}, \mathbf{u} \rangle + 2|\langle \mathbf{u}, \mathbf{v} \rangle| + \langle \mathbf{v}, \mathbf{v} \rangle$$

$$\leq \langle \mathbf{u}, \mathbf{u} \rangle + 2 \|\mathbf{u}\| \|\mathbf{v}\| + \langle \mathbf{v}, \mathbf{v} \rangle$$
$$= \|\mathbf{u}\|^2 + 2\|\mathbf{u}\|\|\mathbf{v}\| + \|\mathbf{v}\|^2$$
$$= (\|\mathbf{u}\| + \|\mathbf{v}\|)^2$$

可得 $\|\mathbf{u}+\mathbf{v}\| \leq \|\mathbf{u}\| + \|\mathbf{v}\|$。

例題 2

令向量空間 P_2 具有內積

$$\langle \mathbf{p}, \mathbf{q} \rangle = \int_{-1}^{1} p(x)\,q(x)\,dx$$

若 $\mathbf{p} = x+1$，求 $\mathbf{p}$ 的長度。

解 $\|\mathbf{p}\| = \sqrt{\langle \mathbf{p}, \mathbf{p} \rangle} = \left(\int_{-1}^{1} (x+1)^2 dx \right)^{1/2} = \left\{ \left[\frac{(x+1)^3}{3} \right]_{-1}^{1} \right\}^{1/2} = \frac{2\sqrt{6}}{3}$。

例題 3

令向量空間 P_2 具有內積

$$\langle \mathbf{p}, \mathbf{q} \rangle = \int_{0}^{1} p(x)\,q(x)\,dx$$

已知 $\mathbf{p} = p(x) = x+1$，$\mathbf{q} = q(x) = x^2$，求 $p(x)$ 與 $q(x)$ 在區間 $0 \leq x \leq 1$ 的內積及範數。

解 (1) $\langle \mathbf{p}, \mathbf{q} \rangle = \int_0^1 p(x)\,q(x)\,dx = \int_0^1 (x+1)\,x^2\,dx$

$$= \int_0^1 (x^3 + x^2)\,dx = \left[\frac{1}{4}x^4 + \frac{1}{3}x^3 \right]_0^1 = \frac{7}{12}。$$

(2) $\|\mathbf{p}\| = \sqrt{\langle \mathbf{p}, \mathbf{p} \rangle} = \sqrt{\int_0^1 [p(x)]^2 dx} = \sqrt{\int_0^1 (x+1)^2 dx}$

$$= \sqrt{\left[\frac{1}{3}(x+1)^3 \right]_0^1} = \frac{\sqrt{21}}{3}。$$

(3) $\|\mathbf{q}\| = \sqrt{\langle \mathbf{q}, \mathbf{q} \rangle} = \sqrt{\int_0^1 [q(x)]^2 dx} = \sqrt{\int_0^1 x^4 \, dx} = \dfrac{\sqrt{5}}{5}$。

例題 4

若 $A = \begin{bmatrix} a_1 & a_2 \\ a_3 & a_4 \end{bmatrix}$ 與 $B = \begin{bmatrix} b_1 & b_2 \\ b_3 & b_4 \end{bmatrix}$ 為任兩個 2×2 方陣，在 $M_{2 \times 2}$ 中定義內積

$$\langle A, B \rangle = a_1 b_1 + a_2 b_2 + a_3 b_3 + a_4 b_4$$

求 $d(A, B)$，其中 $A = \begin{bmatrix} 3 & -2 \\ 4 & 8 \end{bmatrix}$, $B = \begin{bmatrix} -1 & 3 \\ 1 & 1 \end{bmatrix}$。

解 因

$$A - B = \begin{bmatrix} 4 & -5 \\ 3 & 7 \end{bmatrix}$$

故

$$\begin{aligned} d(A, B) &= \|A - B\| = \langle A - B, A - B \rangle^{1/2} \\ &= \sqrt{16 + 25 + 9 + 49} \\ &= 3\sqrt{11} \end{aligned}$$

例題 5

在 $C[0, 1]$ 中定義內積 $\langle \mathbf{f}, \mathbf{g} \rangle = \int_0^1 f(x) g(x) \, dx$. 若 $f(x) = 1$, $g(x) = x$，試驗證

$$\|f(x) + g(x)\| \leq \|f(x)\| + \|g(x)\|。$$

解 $\|f(x) + g(x)\| = \langle f(x) + g(x), f(x) + g(x) \rangle^{1/2} = \langle 1 + x, 1 + x \rangle^{1/2}$

$$= \left[\int_0^1 (1 + x)^2 \, dx \right]^{1/2} = \sqrt{\dfrac{7}{3}}$$

$\|f(x)\| = \langle f(x), f(x) \rangle^{1/2} = \left(\int_0^1 dx \right)^{1/2} = 1$

$$\|g(x)\| = \langle g(x), g(x) \rangle^{1/2} = \left(\int_0^1 x^2\, dx \right)^{1/2} = \sqrt{\frac{1}{3}}$$

因此，
$$\sqrt{\frac{7}{3}} \leq 1 + \sqrt{\frac{1}{3}}$$

此即表示 $\|f(x) + g(x)\| \leq \|f(x)\| + \|g(x)\|$。

定理 6-25

設 V 為內積空間，則向量之間的距離具有下列的性質：

(1) $d(\mathbf{u}, \mathbf{v}) \geq 0$，$\forall\ \mathbf{u} \cdot \mathbf{v} \in V$。
(2) $d(\mathbf{u}, \mathbf{v}) = 0$，若且唯若 $\mathbf{u} = \mathbf{v}$。
(3) $d(\mathbf{u}, \mathbf{v}) = d(\mathbf{v}, \mathbf{u})$。
(4) $d(a\mathbf{u}, a\mathbf{v}) = |a|\, d(\mathbf{u}, \mathbf{v})$。
(5) $d(\mathbf{u}, \mathbf{v}) \leq d(\mathbf{u}, \mathbf{w}) + d(\mathbf{w}, \mathbf{v})$（三角不等式）。

例題 6

在 $C[-1, 1]$ 中定義內積 $\langle \mathbf{f}, \mathbf{g} \rangle = \int_{-1}^{1} f(x) g(x)\, dx$。若 $f(x) = 1$，$g(x) = x$，$w(x) = x^2$，試驗證

$$d(f(x), w(x)) \leq d(f(x), g(x)) + d(g(x), w(x))。$$

解
$$d(f(x), w(x)) = \|f(x) - w(x)\| = \left[\int_{-1}^{1} (x^2 - 1)^2\, dx \right]^{1/2} = \left[\int_{-1}^{1} (x^4 - 2x^2 + 1)\, dx \right]^{1/2}$$

$$= \left\{ \left[\frac{x^5}{5} - \frac{2x^3}{3} + x \right]_{-1}^{1} \right\}^{1/2} = \frac{4}{\sqrt{15}}$$

$$d(f(x), g(x)) = \|f(x) - g(x)\| = \left[\int_{-1}^{1} (x-1)^2\, dx \right]^{1/2} = \left\{ \left[\frac{1}{3}(x-1)^3 \right]_{-1}^{1} \right\}^{1/2} = \sqrt{\frac{8}{3}}$$

$$d(g(x), w(x)) = \|g(x) - w(x)\| = \left[\int_{-1}^{1} (x - x^2)^2\, dx \right]^{1/2} = \left[\int_{-1}^{1} (x^4 - 2x^3 + x^2)\, dx \right]^{1/2}$$

$$= \left\{ \left[\frac{x^5}{5} - \frac{x^4}{2} + \frac{x^3}{3} \right]_{-1}^{1} \right\}^{1/2} = \frac{4}{\sqrt{15}}$$

因此
$$\frac{4}{\sqrt{15}} \leq \sqrt{\frac{8}{3}} + \frac{4}{\sqrt{15}}$$

此即表示 $d(g(x),\ w(x)) \leq d(f(x),\ g(x)) + d(g(x),\ w(x))$。

定義 6-25

設 V 為內積空間，$\langle\ ,\ \rangle$ 為其內積，$\mathbf{u}$、$\mathbf{v} \in V$，若 $\langle \mathbf{u},\ \mathbf{v} \rangle = 0$，則稱 $\mathbf{u}$ 與 $\mathbf{v}$ **正交** (orthogonal)，以 $\mathbf{u} \perp \mathbf{v}$ 或 $\mathbf{v} \perp \mathbf{u}$ 表示之。若 $\mathbf{u}$ 正交於集合 W 中每一向量，則稱 $\mathbf{u}$ 正交於 W。

利用柯西－希瓦茲不等式

$$\langle \mathbf{u}, \mathbf{v} \rangle^2 \leq \|\mathbf{u}\|^2 \|\mathbf{v}\|^2$$

可得
$$-1 \leq \frac{\langle \mathbf{u}, \mathbf{v} \rangle}{\|\mathbf{u}\| \|\mathbf{v}\|} \leq 1$$

由上式可知，存在唯一的角 θ 使得

$$\cos \theta = \frac{\langle \mathbf{u}, \mathbf{v} \rangle}{\|\mathbf{u}\| \|\mathbf{v}\|},\ 0 \leq \theta \leq \pi$$

我們定義 θ 為 $\mathbf{u}$ 與 $\mathbf{v}$ 之間的**夾角**。

例題 7

在 $C[a,\ b]$ 中定義內積

$$\langle \mathbf{f}, \mathbf{g} \rangle = \int_a^b f(x)\, g(x)\, dx$$

試證函數 $f(x) = \cos x$ 與 $g(x) = \sin x$ 在 $C[-\pi,\ \pi]$ 中正交。

解 因
$$\langle \cos x, \sin x \rangle = \int_{-\pi}^{\pi} \cos x \sin x\, dx = \int_{-\pi}^{\pi} \sin x\, d\sin x$$

$$= \left[\frac{\sin^2 x}{2}\right]_{-\pi}^{\pi} = 0$$

故 $\cos x$ 與 $\sin x$ 在 $C[-\pi, \pi]$ 中正交。

定理 6-26 一般畢氏定理

若 V 為內積空間，$\mathbf{u}$ 與 $\mathbf{v}$ 為 V 中的兩正交向量，則
$$\|\mathbf{u}+\mathbf{v}\|^2 = \|\mathbf{u}\|^2 + \|\mathbf{v}\|^2。$$

證
$$\|\mathbf{u}+\mathbf{v}\|^2 = \langle\mathbf{u}+\mathbf{v}, \mathbf{u}+\mathbf{v}\rangle = \|\mathbf{u}\|^2 + 2\langle\mathbf{u}, \mathbf{v}\rangle + \|\mathbf{v}\|^2$$
$$= \|\mathbf{u}\|^2 + \|\mathbf{v}\|^2。$$

例題 8

若向量空間 P_2 具有內積 $\langle\mathbf{p}, \mathbf{q}\rangle = \int_{-1}^{1} p(x)q(x)\,dx$，令 $\mathbf{p}=x$，$\mathbf{q}=x^2$，試證 $\|\mathbf{p}+\mathbf{q}\|^2 = \|\mathbf{p}\|^2 + \|\mathbf{q}\|^2$。

解
$$\|\mathbf{p}\| = \langle\mathbf{p}, \mathbf{p}\rangle^{1/2} = \left(\int_{-1}^{1} x^2\,dx\right)^{1/2} = \sqrt{\frac{2}{3}}$$

$$\|\mathbf{q}\| = \langle\mathbf{q}, \mathbf{q}\rangle^{1/2} = \left(\int_{-1}^{1} x^4\,dx\right)^{1/2} = \sqrt{\frac{2}{5}}$$

$$\|\mathbf{p}+\mathbf{q}\| = \langle\mathbf{p}+\mathbf{q}, \mathbf{p}+\mathbf{q}\rangle = \left[\int_{-1}^{1} (x+x^2)^2\,dx\right]^{1/2}$$
$$= \left[\int_{-1}^{1} (x^2+2x^3+x^4)\,dx\right]^{1/2} = \left\{\left[\frac{x^3}{3}+\frac{x^4}{2}+\frac{x^5}{5}\right]_{-1}^{1}\right\}^{1/2}$$
$$= \sqrt{\frac{16}{15}}$$

可得 $\|\mathbf{p}\|^2 = \frac{2}{3}$，$\|\mathbf{q}\|^2 = \frac{2}{5}$，$\|\mathbf{p}+\mathbf{q}\|^2 = \frac{16}{15}$

所以，$\|\mathbf{p}+\mathbf{q}\|^2 = \|\mathbf{p}\|^2 + \|\mathbf{q}\|^2$。

定義 6-26

設 S 為某內積空間中的子集合，若 S 中任意兩個不同向量正交，則 S 稱為**正交集合** (orthogonal set)。若 S 中每一向量的範數皆為 1，則 S 稱為**正規正交集合** (orthonormal set)。

例題 9

設 $I\!R^3$ 具有歐氏內積，而 $S=\{\langle 1, 0, 1\rangle, \langle 0, 1, 0\rangle, \langle 1, 0, -1\rangle\}$，則 S 為正交集合。因為 $\langle 1, 0, 1\rangle \cdot \langle 0, 1, 0\rangle = 0$，$\langle 1, 0, 1\rangle \cdot \langle 1, 0, -1\rangle = 0$，$\langle 0, 1, 0\rangle \cdot \langle 1, 0, -1\rangle = 0$。

例題 10

在 $C[-\pi, \pi]$ 中定義內積

$$\langle \mathbf{f}, \mathbf{g}\rangle = \int_{-\pi}^{\pi} f(x)\, g(x)\, dx$$

試證：(1) $\{1,\ \cos x,\ \sin x\}$ 為正交集合。

(2) $\{1,\ \cos x,\ \cos 2x,\ \cdots\}$ 為正交集合。

解 (1) 因為 $\langle 1, \cos x\rangle = \displaystyle\int_{-\pi}^{\pi} \cos x\, dx = \Big[\sin x\Big]_{-\pi}^{\pi} = 0$

$$\langle 1, \sin x\rangle = \int_{-\pi}^{\pi} \sin x\, dx = \Big[-\cos x\Big]_{-\pi}^{\pi} = 0$$

$$\langle \cos x, \sin x\rangle = \int_{-\pi}^{\pi} \cos x \sin x\, dx = -\int_{-\pi}^{\pi} \cos x\, d(\cos x)$$

$$= \Big[-\frac{1}{2}\cos^2 x\Big]_{-\pi}^{\pi} = 0$$

故 $\{1,\ \cos x,\ \sin x\}$ 為正交集合。

(2) 若指定 $\phi_0(x) = 1$，$\phi_n(x) = \cos nx$，則必須證明

$$\int_{-\pi}^{\pi} \phi_0(x)\, \phi_n(x)\, dx = 0,\ n \neq 0 \quad \text{與} \quad \int_{-\pi}^{\pi} \phi_m(x)\, \phi_n(x)\, dx = 0,\ m \neq n$$

(i) $\langle \phi_0, \phi_n \rangle = \int_{-\pi}^{\pi} \phi_0(x) \phi_n(x) \, dx = \int_{-\pi}^{\pi} \cos nx \, dx = \frac{1}{n} \left[\sin nx \right]_{-\pi}^{\pi} = 0, \ n \neq 0$

(ii) $\langle \phi_m, \phi_n \rangle = \int_{-\pi}^{\pi} \phi_m(x) \phi_n(x) \, dx = \int_{-\pi}^{\pi} \cos mx \cos nx \, dx$

$$= \frac{1}{2} \int_{-\pi}^{\pi} [\cos(m+n)x + \cos(m-n)x] \, dx$$

$$= \frac{1}{2} \left[\frac{\sin(m+n)x}{m+n} + \frac{\sin(m-n)x}{m-n} \right]_{-\pi}^{\pi} = 0, \ m \neq n$$

故 $\{1, \cos x, \cos 2x, \cdots\}$ 為正交集合。

定理 6-27

若 $S = \{\mathbf{v}_1, \mathbf{v}_2, \cdots, \mathbf{v}_n\}$ 為內積空間中非零向量所成的正交集合，則 S 為線性獨立。

證 假設 $c_1\mathbf{v}_1 + c_2\mathbf{v}_2 + \cdots + c_n\mathbf{v}_n = \mathbf{0}$，則對任意 $i = 1, 2, \cdots, k$，

$$\langle c_1\mathbf{v}_1 + c_2\mathbf{v}_2 + \cdots + c_i\mathbf{v}_i + \cdots + c_n\mathbf{v}_n, \mathbf{v}_i \rangle = 0$$

或 $\quad c_1 \langle \mathbf{v}_1, \mathbf{v}_i \rangle + c_2 \langle \mathbf{v}_2, \mathbf{v}_i \rangle + \cdots + c_i \langle \mathbf{v}_i, \mathbf{v}_i \rangle + \cdots + c_n \langle \mathbf{v}_n, \mathbf{v}_i \rangle = 0$

因為 S 為正交集合，所以 $\langle \mathbf{v}_j, \mathbf{v}_i \rangle = 0$ 對 $j \neq i$。於是，

$$c_i \langle \mathbf{v}_i, \mathbf{v}_i \rangle = 0$$

或 $\quad c_i \|\mathbf{v}_i\|^2 = 0$

由於 $\mathbf{v}_i \neq \mathbf{0}$，故 $\|\mathbf{v}_i\|^2 > 0$，可得 $c_i = 0$，又 i 是任意的，因而 $c_1 = c_2 = \cdots = c_n = 0$。於是，$S$ 為線性獨立。

在內積空間中，正交向量所組成的基底稱為**正交基底** (orthogonal basis)，而範數皆為 1 的正交向量所組成的基底稱為**正規正交基底** (orthonormal basis)。

給予一組非零向量的正交基底 $\{\mathbf{v}_1, \mathbf{v}_2, \cdots, \mathbf{v}_n\}$，我們只要定義

$$\mathbf{u}_i = \left(\frac{1}{\|\mathbf{v}_i\|} \right) \mathbf{v}_i, \ i = 1, 2, \cdots, n$$

就可將它化成正規正交基底。將正交基底向量化成單位向量的過程稱為**正規化** (normalizing)。

現在,我們要討論如何將內積空間中的基底化成正規正交基底。

定理 6-28 | 格蘭姆－史密特正規正交法

若 W 為 n 維內積空間,$S = \{\mathbf{x}_1, \mathbf{x}_2, \cdots, \mathbf{x}_n\}$ 為一個基底,則可利用 S 找出 W 的一個正規正交基底。

證 我們先利用 S 求出 W 的一個正交基底 $\{\mathbf{y}_1, \mathbf{y}_2, \cdots, \mathbf{y}_m\}$。在 S 內任選一向量,如 $\mathbf{x}_1$,並設 $\mathbf{y}_1 = \mathbf{x}_1$。現在希望由 $\{\mathbf{x}_1, \mathbf{x}_2\}$ 所生成的子空間 W_1 內,求出一個與 $\mathbf{y}_1$ 正交的向量 $\mathbf{y}_2$,亦即求 c_1、c_2 使得

$$\mathbf{y}_2 = c_1 \mathbf{y}_1 + c_2 \mathbf{x}_2, \qquad \langle \mathbf{y}_2, \mathbf{y}_1 \rangle = 0$$

因此, $\langle \mathbf{y}_2, \mathbf{y}_1 \rangle = \langle c_1 \mathbf{y}_1 + c_2 \mathbf{x}_2, \mathbf{y}_1 \rangle = c_1 \langle \mathbf{y}_1, \mathbf{y}_1 \rangle + c_2 \langle \mathbf{x}_2, \mathbf{y}_1 \rangle$

因 $\mathbf{y}_1 \neq 0$,可知 $\langle \mathbf{y}_1, \mathbf{y}_1 \rangle \neq 0$,故

$$c_1 = -c_2 \frac{\langle \mathbf{x}_2, \mathbf{y}_1 \rangle}{\langle \mathbf{y}_1, \mathbf{y}_1 \rangle}$$

我們若取 $c_2 = 1$,則得

$$c_1 = -\frac{\langle \mathbf{x}_2, \mathbf{y}_1 \rangle}{\langle \mathbf{y}_1, \mathbf{y}_1 \rangle}$$

即,

$$\mathbf{y}_2 = \mathbf{x}_2 - \left(\frac{\langle \mathbf{x}_2, \mathbf{y}_1 \rangle}{\langle \mathbf{y}_1, \mathbf{y}_1 \rangle} \right) \mathbf{y}_1$$

此時,$\{\mathbf{y}_1, \mathbf{y}_2\}$ 為 W_1 的一個正交基底,如圖 6-14 所示。

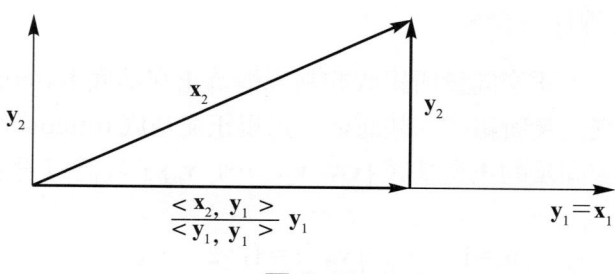

圖 6-14

其次，我們再由 $\{\mathbf{x}_1, \mathbf{x}_2, \mathbf{x}_3\}$ 所生成的子空間 W_2 內，找出一個與 $\mathbf{y}_1$、$\mathbf{y}_2$ 皆成正交的向量 $\mathbf{y}_3$，亦即求 d_1、d_2、d_3 使得

$$\mathbf{y}_3 = d_1\mathbf{y}_1 + d_2\mathbf{y}_2 + d_3\mathbf{x}_3, \qquad \langle\mathbf{y}_1, \mathbf{y}_3\rangle = 0, \qquad \langle\mathbf{y}_2, \mathbf{y}_3\rangle = 0$$

因

$$0 = \langle\mathbf{y}_3, \mathbf{y}_1\rangle = d_1\langle\mathbf{y}_1, \mathbf{y}_1\rangle + d_2\langle\mathbf{y}_2, \mathbf{y}_1\rangle + d_3\langle\mathbf{x}_3, \mathbf{y}_1\rangle$$

$$0 = \langle\mathbf{y}_3, \mathbf{y}_2\rangle = d_1\langle\mathbf{y}_1, \mathbf{y}_2\rangle + d_2\langle\mathbf{y}_2, \mathbf{y}_2\rangle + d_3\langle\mathbf{x}_3, \mathbf{y}_2\rangle$$

又

$$\langle\mathbf{y}_2, \mathbf{y}_1\rangle = \langle\mathbf{y}_1, \mathbf{y}_2\rangle = 0$$

故

$$0 = d_1\langle\mathbf{y}_1, \mathbf{y}_1\rangle + d_3\langle\mathbf{x}_3, \mathbf{y}_1\rangle$$

$$0 = d_2\langle\mathbf{y}_2, \mathbf{y}_2\rangle + d_3\langle\mathbf{x}_3, \mathbf{y}_2\rangle$$

當 $d_3 = 1$ 時，$d_1 = -\dfrac{\langle\mathbf{x}_3, \mathbf{y}_1\rangle}{\langle\mathbf{y}_1, \mathbf{y}_1\rangle}$，$d_2 = -\dfrac{\langle\mathbf{x}_3, \mathbf{y}_2\rangle}{\langle\mathbf{y}_2, \mathbf{y}_2\rangle}$

因此，

$$\mathbf{y}_3 = \mathbf{x}_3 - \left(\dfrac{\langle\mathbf{x}_3, \mathbf{y}_1\rangle}{\langle\mathbf{y}_1, \mathbf{y}_1\rangle}\right)\mathbf{y}_1 - \left(\dfrac{\langle\mathbf{x}_3, \mathbf{y}_2\rangle}{\langle\mathbf{y}_2, \mathbf{y}_2\rangle}\right)\mathbf{y}_2$$

此時，$\{\mathbf{y}_1, \mathbf{y}_2, \mathbf{y}_3\}$ 為 W_2 的正交基底。

依照相同的作法，我們可得一般式

$$\mathbf{y}_1 = \mathbf{x}_1$$

$$\mathbf{y}_i = \mathbf{x}_i - \left(\dfrac{\langle\mathbf{x}_i, \mathbf{y}_1\rangle}{\langle\mathbf{y}_1, \mathbf{y}_1\rangle}\right)\mathbf{y}_1 - \left(\dfrac{\langle\mathbf{x}_i, \mathbf{y}_2\rangle}{\langle\mathbf{y}_2, \mathbf{y}_2\rangle}\right)\mathbf{y}_2 - \cdots - \left(\dfrac{\langle\mathbf{x}_i, \mathbf{y}_{i-1}\rangle}{\langle\mathbf{y}_{i-1}, \mathbf{y}_{i-1}\rangle}\right)\mathbf{y}_{i-1}$$

$$= \mathbf{x}_i - \sum_{k=1}^{i-1}\left(\dfrac{\langle\mathbf{x}_i, \mathbf{y}_k\rangle}{\langle\mathbf{y}_k, \mathbf{y}_k\rangle}\right)\mathbf{y}_k, \quad i = 2, 3, \cdots, n$$

因此，$\{\mathbf{y}_1, \mathbf{y}_2, \cdots, \mathbf{y}_m\}$ 為 W 的一個正交基底。若將此正交基底向量化成單位向量

$$\mathbf{z}_i = \dfrac{1}{\|\mathbf{y}_i\|}\mathbf{y}_i, \quad i = 1, 2, \cdots, m$$

則 $\{\mathbf{z}_1, \mathbf{z}_2, \cdots, \mathbf{z}_m\}$ 即為 W 的一個正規正交基底。

例題 11

將 IR^3 的基底 $S = \{\mathbf{x}_1 = \langle 1, 1, 1\rangle, \mathbf{x}_2 = \langle 0, 1, 1\rangle, \mathbf{x}_3 = \langle 1, 2, 3\rangle\}$，加以正交化及正規正交化。

解 (1) 令 $\mathbf{y}_1 = \mathbf{x}_1 = \langle 1, 1, 1\rangle$，則

$$\mathbf{y}_2 = \mathbf{x}_2 - \left(\frac{\langle \mathbf{x}_2, \mathbf{y}_1 \rangle}{\langle \mathbf{y}_1, \mathbf{y}_1 \rangle}\right)\mathbf{y}_1 = \langle 0, 1, 1 \rangle - \frac{2}{3}\langle 1, 1, 1 \rangle$$

$$= \left\langle -\frac{2}{3}, \frac{1}{3}, \frac{1}{3} \right\rangle$$

$$\mathbf{y}_3 = \mathbf{x}_3 - \left(\frac{\langle \mathbf{x}_3, \mathbf{y}_1 \rangle}{\langle \mathbf{y}_1, \mathbf{y}_1 \rangle}\right)\mathbf{y}_1 - \left(\frac{\langle \mathbf{x}_3, \mathbf{y}_2 \rangle}{\langle \mathbf{y}_2, \mathbf{y}_2 \rangle}\right)\mathbf{y}_2$$

$$= \langle 1, 2, 3 \rangle - 2\langle 1, 1, 1 \rangle - \frac{3}{2}\left\langle -\frac{2}{3}, \frac{1}{3}, \frac{1}{3} \right\rangle$$

$$= \left\langle 0, -\frac{1}{2}, \frac{1}{2} \right\rangle$$

故 $\left\{ \langle 1, 1, 1 \rangle, \left\langle -\frac{2}{3}, \frac{1}{3}, \frac{1}{3} \right\rangle, \left\langle 0, -\frac{1}{2}, \frac{1}{2} \right\rangle \right\}$ 為 $I\!R^3$ 的一個正交基底。

(2) 令

$$\mathbf{z}_1 = \frac{1}{\|\mathbf{y}_1\|}\mathbf{y}_1 = \frac{1}{\sqrt{3}}\langle 1, 1, 1 \rangle = \left\langle \frac{1}{\sqrt{3}}, \frac{1}{\sqrt{3}}, \frac{1}{\sqrt{3}} \right\rangle$$

$$\mathbf{z}_2 = \frac{1}{\|\mathbf{y}_2\|}\mathbf{y}_2 = \frac{1}{\sqrt{\frac{2}{3}}}\left\langle -\frac{2}{3}, \frac{1}{3}, \frac{1}{3} \right\rangle = \left\langle -\frac{2}{\sqrt{6}}, \frac{1}{\sqrt{6}}, \frac{1}{\sqrt{6}} \right\rangle$$

$$\mathbf{z}_3 = \frac{1}{\|\mathbf{y}_3\|}\mathbf{y}_3 = \frac{1}{\sqrt{\frac{1}{2}}}\left\langle 0, -\frac{1}{2}, \frac{1}{2} \right\rangle = \left\langle 0, -\frac{1}{\sqrt{2}}, \frac{1}{\sqrt{2}} \right\rangle$$

故 $\left\{ \left\langle \frac{1}{\sqrt{3}}, \frac{1}{\sqrt{3}}, \frac{1}{\sqrt{3}} \right\rangle, \left\langle -\frac{2}{\sqrt{6}}, \frac{1}{\sqrt{6}}, \frac{1}{\sqrt{6}} \right\rangle, \left\langle 0, -\frac{1}{\sqrt{2}}, \frac{1}{\sqrt{2}} \right\rangle \right\}$ 為 $I\!R^3$ 的一個正規正交基底。

例題 12

令向量空間 P_2 具有內積

$$\langle \mathbf{p}, \mathbf{q} \rangle = \int_{-1}^{1} p(x)\,q(x)\,dx$$

試利用格蘭姆－史密特正交化方法將標準基底 $S = \{1, x, x_2\}$ 化成正規正交基底。

解 令 $\mathbf{y}_1 = 1$

$$\mathbf{y}_2 = x - \frac{\langle x, 1 \rangle}{\langle 1, 1 \rangle} = x - \frac{\int_{-1}^{1} x\,dx}{\int_{-1}^{1} dx} = x$$

$$\mathbf{y}_3 = x^2 - \frac{\langle x^2, 1 \rangle}{\langle 1, 1 \rangle} - \frac{\langle x^2, x \rangle}{\langle x, x \rangle} x = x^2 - \frac{\int_{-1}^{1} x^2\,dx}{2} - \frac{\int_{-1}^{1} x^3\,dx}{\int_{-1}^{1} x^2\,dx} x$$

$$= x^2 - \frac{1}{3}$$

再令

$$\mathbf{z}_1 = \frac{1}{\|\mathbf{y}_1\|} \mathbf{y}_1 = \frac{1}{\sqrt{\langle \mathbf{y}_1, \mathbf{y}_1 \rangle}} = \frac{1}{\sqrt{\int_{-1}^{1} dx}} = \frac{\sqrt{2}}{2}$$

$$\mathbf{z}_2 = \frac{1}{\|\mathbf{y}_2\|} \mathbf{y}_2 = \frac{\mathbf{x}}{\sqrt{\langle \mathbf{y}_2, \mathbf{y}_2 \rangle}} = \frac{1}{\sqrt{\int_{-1}^{1} x^2\,dx}} = \frac{\sqrt{6}}{2} x$$

$$\mathbf{z}_3 = \frac{1}{\|\mathbf{y}_3\|} \mathbf{y}_3 = \frac{1}{\sqrt{\langle \mathbf{y}_3, \mathbf{y}_3 \rangle}} \left(x^2 - \frac{1}{3}\right) = \frac{1}{\sqrt{\int_{-1}^{1} \left(x^2 - \frac{1}{3}\right)^2 dx}} \left(x^2 - \frac{1}{3}\right)$$

$$= \sqrt{\frac{45}{8}} \left(x^2 - \frac{1}{3}\right) = \frac{\sqrt{5}}{2\sqrt{2}} (3x^2 - 1) = \frac{\sqrt{10}}{4} (3x^2 - 1)$$

故 $\left\{\frac{\sqrt{2}}{2}, \frac{\sqrt{6}}{2} x, \frac{\sqrt{10}}{4} (3x^2 - 1)\right\}$ 為向量空間 P_2 的正規正交基底。

習題 6-4

1. 若 $U = \begin{bmatrix} u_1 & u_2 \\ u_3 & u_4 \end{bmatrix}$ 與 $V = \begin{bmatrix} v_1 & v_2 \\ v_3 & v_4 \end{bmatrix}$ 在 $M_{2\times 2}$ 中定義內積

$$\langle U, V \rangle = u_1 v_1 + u_2 v_2 + u_3 v_3 + u_4 v_4$$

   求介於方陣 $U = \begin{bmatrix} 1 & 0 \\ 1 & 1 \end{bmatrix}$ 與 $V = \begin{bmatrix} 0 & 2 \\ 0 & 0 \end{bmatrix}$ 之間的夾角。

2. 假設在 $\mathbb{R}^2$ 上定義的內積為 $\langle \mathbf{u}, \mathbf{v} \rangle = 2u_1 v_1 - u_2 v_1 - u_1 v_2 + u_2 v_2$，若 $\mathbf{u} = \langle 3, 4 \rangle$，$\mathbf{v} = \langle 1, 2 \rangle$，求 $d(\mathbf{u}, \mathbf{v})$。

3. 若 $M_{2\times 2}$ 的內積如第 1 題所定義，已知 $A = \begin{bmatrix} 1 & 5 \\ 8 & 3 \end{bmatrix}$ 與 $B = \begin{bmatrix} -5 & 0 \\ 7 & -3 \end{bmatrix}$，求 $d(A, B)$。

4. 令向量空間 P_2 具有內積

$$\langle \mathbf{p}, \mathbf{q} \rangle = \int_{-1}^{1} p(x) q(x)\, dx$$

   若 $\mathbf{p} = 1$，$\mathbf{q} = x$，求 $d(\mathbf{p}, \mathbf{q})$。

5. 對 $C[0, 1]$ 中的向量 $\mathbf{p} = x$，$\mathbf{q} = e^x$，利用內積 $\langle \mathbf{p}, \mathbf{q} \rangle = \int_0^1 p(x) q(x)\, dx$ 計算 $\langle \mathbf{p}, \mathbf{q} \rangle$。

6. 設內積空間 $C[0, 1]$ 具有內積

$$\langle \mathbf{f}, \mathbf{g} \rangle = \int_0^1 f(x) g(x)\, dx$$

   令 S 為向量 1 與 $2x - 1$ 所生成的子空間，試利用定理 6-26 證明 1 與 $2x - 1$ 正交。

7. 設兩函數 $f(x)$ 與 $g(x)$ 在 $[0, 1]$ 皆為連續，試證：

   (1) $\left[\int_0^1 f(x) g(x)\, dx \right]^2 \leq \left[\int_0^1 [f(x)]^2 dx \right] \left[\int_0^1 [g(x)]^2 dx \right]$

   (2) $\left[\int_0^1 (f(x) + g(x))^2\, dx \right]^{1/2} \leq \left[\int_0^1 [f(x)]^2 dx \right]^{1/2} + \left[\int_0^1 [g(x)]^2 dx \right]^{1/2}$

8. 在 $\mathbb{R}^3$ 中，利用**格蘭姆－史密特正交法**求出其具有基底 $\{\langle 1, -1, 0 \rangle, \langle 2, 0, 1 \rangle\}$ 的子空間之正規正交基底。

9. 將 $I\!R^3$ 的基底 $S=\{\mathbf{x}_1,\ \mathbf{x}_2,\ \mathbf{x}_3\}$ 加以正交及正規正交化，其中 $\mathbf{x}_1=\langle 2,\ 1,\ 2\rangle$，$\mathbf{x}_2=\langle 1,\ 0,\ 1\rangle$，$\mathbf{x}_3=\langle -1,\ 2,\ 3\rangle$。

10. 求在 $I\!R^3$ 中位於平面 $E=\{(x,\ y,\ z)\mid 2x-y+3z=0\}$ 上的向量集合所成的正規正交基底。

11. 在 $I\!R^4$ 中，利用**格蘭姆－史密特正交法**求出具有基底 $\{\langle 1,\ 0,\ -1,\ 0\rangle,\ \langle 1,\ -1,\ 0,\ 0\rangle,\ \langle 3,\ 1,\ 0,\ 0\rangle\}$ 的空間的正規正交基底。

12. 設向量空間 P_2 具有內積

$$\langle \mathbf{p},\ \mathbf{q}\rangle = \int_0^1 p(x)\,q(x)\,dx$$

試利用**格蘭姆－史密特正交法**將標準基底 $S=\{1,\ x,\ x^2\}$ 化成正規正交基底。

線性變換與矩陣的固有值

CHAPTER 07

固有值及固有向量在振動、電路系統、化學反應、機械應力等方面皆有其重要的應用。

7-1 線性變換的意義

本節中，我們將討論單一向量變數的函數，即，函數的形式為 $\mathbf{w} = L(\mathbf{v})$，此處自變數 $\mathbf{v}$ 及因變數 $\mathbf{w}$ 皆為向量，函數 L 係將某一個向量空間映至另一個向量空間。

定義 7-1

設 $L: V \to W$ 為自向量空間 V 映至向量空間 W 的函數，若
(1) 對所有 $\mathbf{u}$、$\mathbf{v} \in V$，$L(\mathbf{u} + \mathbf{v}) = L(\mathbf{u}) + L(\mathbf{v})$。
(2) 對所有 $\mathbf{u} \in V$ 及所有純量 k，$L(k\mathbf{u}) = kL(\mathbf{u})$。
則稱 L 為**線性變換** (linear transformation)。

由上面的定義看出，(1) $\mathbf{u} + \mathbf{v}$ 中的 "$+$" 是 V 中的加法運算，而在 $L(\mathbf{u}) + L(\mathbf{v})$ 中的 "$+$" 是 W 中的加法運算。(2) $k\mathbf{u}$ 在 V 中，而 $kL(\mathbf{u})$ 在 W 中。若 $V = W$，則線性變換 $L: V \to V$ 稱為**線性算子** (linear operator)。

例題 1

令 $L: I\!R^3 \to I\!R^2$ 定義為 $L(\langle x, y, z \rangle) = \langle x, y \rangle$，則 L 是否為線性變換？

解 令 $\mathbf{x} = \langle x_1, y_1, z_1 \rangle$，$\mathbf{y} = \langle x_2, y_2, z_2 \rangle$，則

$$L(\mathbf{x} + \mathbf{y}) = L(\langle x_1, y_1, z_1 \rangle + \langle x_2, y_2, z_2 \rangle)$$
$$= L(\langle x_1 + x_2, y_1 + y_2, z_1 + z_2 \rangle)$$
$$= \langle x_1 + x_2, y_1 + y_2 \rangle$$

$$= \langle x_1,\ y_1 \rangle + \langle x_2,\ y_2 \rangle$$
$$= L(\mathbf{x}) + L(\mathbf{y})$$

若 k 為實數，則

$$L(k\mathbf{x}) = L(k\langle x_1,\ y_1,\ z_1 \rangle) = L(\langle kx_1,\ ky_1,\ kz_1 \rangle)$$
$$= \langle kx_1,\ ky_1 \rangle = k\langle x_1,\ y_1 \rangle$$
$$= kL(\mathbf{x})$$

所以，L 為線性變換。

例題 2

若 $L: I\!R^3 \to I\!R^3$ 定義為

$$L\left(\begin{bmatrix} u \\ v \\ w \end{bmatrix}\right) = \begin{bmatrix} u+1 \\ 2v \\ w \end{bmatrix}$$

則 L 是否為線性變換？

解 令 $\mathbf{u} = \begin{bmatrix} u_1 \\ v_1 \\ w_1 \end{bmatrix},\ \mathbf{v} = \begin{bmatrix} u_2 \\ v_2 \\ w_2 \end{bmatrix}$，則

$$L(\mathbf{u}+\mathbf{v}) = L\left(\begin{bmatrix} u_1 \\ v_1 \\ w_1 \end{bmatrix} + \begin{bmatrix} u_2 \\ v_2 \\ w_2 \end{bmatrix}\right) = L\left(\begin{bmatrix} u_1+u_2 \\ v_1+v_2 \\ w_1+w_2 \end{bmatrix}\right) = \begin{bmatrix} u_1+u_2+1 \\ 2v_1+2v_2 \\ w_1+w_2 \end{bmatrix}$$

$$L(\mathbf{u}) + L(\mathbf{v}) = L\left(\begin{bmatrix} u_1 \\ v_1 \\ w_1 \end{bmatrix}\right) + L\left(\begin{bmatrix} u_2 \\ v_2 \\ w_2 \end{bmatrix}\right)$$

$$= \begin{bmatrix} u_1+1 \\ 2v_1 \\ w_1 \end{bmatrix} + \begin{bmatrix} u_2+1 \\ 2v_2 \\ w_2 \end{bmatrix} = \begin{bmatrix} u_1+u_2+2 \\ 2v_1+2v_2 \\ w_1+w_2 \end{bmatrix}$$

因 $L(\mathbf{u}+\mathbf{v}) \neq L(\mathbf{u})+L(\mathbf{v})$，故 L 不為線性變換。

例題 3

設 $L: P_2 \to P_3$ 為線性變換，已知 $L(1)=1$，$L(t)=t^2$，$L(t^2)=t^3+t$，求 $L(at^2+bt+c)$。

解
$$\begin{aligned}
L(at^2+bt+c) &= L(at^2)+L(bt)+L(c) \\
&= aL(t^2)+bL(t)+cL(1) \\
&= a(t^3+t)+b(t^2)+c \\
&= at^3+bt^2+at+c 。
\end{aligned}$$

定理 7-1

若 $L: V \to W$ 為線性變換，則下列性質成立。

(1) $L(\mathbf{0}_V)=\mathbf{0}_W$，其中 $\mathbf{0}_V$ 與 $\mathbf{0}_W$ 分別為 V 與 W 中的**零向量**。
(2) $L(k_1\mathbf{v}_1+k_2\mathbf{v}_2+\cdots+k_n\mathbf{v}_n)=k_1L(\mathbf{v}_1)+k_2L(\mathbf{v}_2)+\cdots+k_nL(\mathbf{v}_n)$。
(3) $L(-\mathbf{v})=-L(\mathbf{v})$。
(4) $L(\mathbf{u}-\mathbf{v})=L(\mathbf{u})-L(\mathbf{v})$。

定理 7-2

設 $L: V \to W$ 為 n 維向量空間 V 到向量空間 W 的線性變換，且 $S=\{\mathbf{x}_1, \mathbf{x}_2, \cdots, \mathbf{x}_n\}$ 為 V 的一個基底。若 $\mathbf{x}$ 為 V 中的任意向量，則 $L(\mathbf{x})$ 可完全由 $\{L(\mathbf{x}_1), L(\mathbf{x}_2), \cdots, L(\mathbf{x}_n)\}$ 所決定。

證 因 $\mathbf{x} \in V$，故 $\mathbf{x}=k_1\mathbf{x}_1+k_2\mathbf{x}_2+\cdots+k_n\mathbf{x}_n$，其中 $k_1, k_2, \cdots, k_n$ 皆為純量。由定理 7-1(2) 可知

$$\begin{aligned}
L(\mathbf{x}) &= L(k_1\mathbf{x}_1+k_2\mathbf{x}_2+\cdots+k_n\mathbf{x}_n) \\
&= k_1L(\mathbf{x}_1)+k_2L(\mathbf{x}_2)+\cdots+k_nL(\mathbf{x}_n)
\end{aligned}$$

因此，$L(\mathbf{x})$ 可完全由 $L(\mathbf{x}_1), L(\mathbf{x}_2), \cdots, L(\mathbf{x}_n)$ 所決定。

例題 4

令 $V=C[0, 1]$ 為定義在區間 $[0, 1]$ 的所有實值連續函數形成的向量空間，W 為 V 的子空間。設 $L: W \to V$ 為一函數且定義 $L(f)=f'$，試證 L 為線性變換。

解 (1) $\forall f, g \in W$, $L(f+g)=(f+g)'=f'+g'=L(f)+L(g)$。
(2) $\forall f \in W$, $c \in \mathbb{R}$, $L(cf)=(cf)'=cf'=cL(f)$。
所以，L 為線性變換。

例題 5

若 $L: \mathbb{R}^3 \to \mathbb{R}^2$ 為線性變換，$L(\langle 1, 0, 0\rangle)=\langle 2, -4\rangle$，$L(\langle 0, 1, 0\rangle)=\langle 3, -5\rangle$，$L(\langle 0, 0, 1\rangle)=\langle 2, 3\rangle$，求 $L(\langle 1, -2, 3\rangle)$。

解 $S=\{\langle 1, 0, 0\rangle, \langle 0, 1, 0\rangle, \langle 0, 0, 1\rangle\}$ 為 $\mathbb{R}^3$ 的一個基底，且

$$\langle 1, -2, 3\rangle = \langle 1, 0, 0\rangle - 2\langle 0, 1, 0\rangle + 3\langle 0, 0, 1\rangle$$

於是，由定理 7-2 可得

$$\begin{aligned}
L(\langle 1, -2, 3\rangle) &= L(\langle 1, 0, 0\rangle - 2\langle 0, 1, 0\rangle + 3\langle 0, 0, 1\rangle) \\
&= L(\langle 1, 0, 0\rangle) - 2L(\langle 0, 1, 0\rangle) + 3L(\langle 0, 0, 1\rangle) \\
&= \langle 2, -4\rangle - 2\langle 3, -5\rangle + 3\langle 2, 3\rangle \\
&= \langle 2, 15\rangle \text{。}
\end{aligned}$$

若 $L: \mathbb{R}^2 \to \mathbb{R}^3$ 定義為

$$L\left(\begin{bmatrix} x_1 \\ x_2 \end{bmatrix}\right) = \begin{bmatrix} x_2 \\ x_1 \\ x_1+x_2 \end{bmatrix}$$

我們很容易證得 L 為線性變換。如果我們給出矩陣 A 為

$$A = \begin{bmatrix} 0 & 1 \\ 1 & 0 \\ 1 & 1 \end{bmatrix}$$

則

$$L\left(\begin{bmatrix} x_1 \\ x_2 \end{bmatrix}\right) = \begin{bmatrix} x_2 \\ x_1 \\ x_1+x_2 \end{bmatrix} = \begin{bmatrix} 0 & 1 \\ 1 & 0 \\ 1 & 1 \end{bmatrix} \begin{bmatrix} x_1 \\ x_2 \end{bmatrix}$$

即，$L(\mathbf{x})=A\mathbf{x}$，其中 $\mathbf{x}=\begin{bmatrix} x_1 \\ x_2 \end{bmatrix}$。

一般而言，若 A 為任意 $m \times n$ 矩陣，則我們可定義一線性變換 $L：IR^n \to IR^m$ 為

$$L(\mathbf{x}) = A\mathbf{x}，其中 \mathbf{x} \in IR^n$$

理由如下：

$$L(a\mathbf{x}+b\mathbf{y}) = A(a\mathbf{x}+b\mathbf{y})$$
$$= aA\mathbf{x}+bA\mathbf{y}$$
$$= aL(\mathbf{x})+bL(\mathbf{y})$$

此處 a 與 b 皆為任意實數。於是，我們可將每一個 $m \times n$ 的矩陣 A 視為 L 的**矩陣表示式** (matrix representation)。

例題 6

設 $L：IR^2 \to IR^3$ 為線性變換，定義為

$$L\left(\begin{bmatrix} x \\ y \end{bmatrix}\right) = \begin{bmatrix} x+y \\ x-y \\ 2x+3y \end{bmatrix}$$

若 $\mathbf{x} = \begin{bmatrix} x \\ y \end{bmatrix}$ 為 IR^n 中的任意向量，求一矩陣 A 使得

$$L(\mathbf{x}) = A\mathbf{x} = \begin{bmatrix} x+y \\ x-y \\ 2x+3y \end{bmatrix}。$$

解 因

$$\mathbf{x} = \begin{bmatrix} x \\ y \end{bmatrix} = x\begin{bmatrix} 1 \\ 0 \end{bmatrix} + y\begin{bmatrix} 0 \\ 1 \end{bmatrix}$$

可得

$$L(\mathbf{x}) = L\left(x\begin{bmatrix} 1 \\ 0 \end{bmatrix} + y\begin{bmatrix} 0 \\ 1 \end{bmatrix}\right) = xL\left(\begin{bmatrix} 1 \\ 0 \end{bmatrix}\right) + yL\left(\begin{bmatrix} 0 \\ 1 \end{bmatrix}\right)$$

$$= x\begin{bmatrix} 1 \\ 1 \\ 2 \end{bmatrix} + y\begin{bmatrix} 1 \\ -1 \\ 3 \end{bmatrix} = \begin{bmatrix} 1 & 1 \\ 1 & -1 \\ 2 & 3 \end{bmatrix}\begin{bmatrix} x \\ y \end{bmatrix}$$

$$= \begin{bmatrix} x+y \\ x-y \\ 2x+3y \end{bmatrix}$$

故 $L(\mathbf{x}) = A\mathbf{x}$，其中

$$A = \begin{bmatrix} 1 & 1 \\ 1 & -1 \\ 2 & 3 \end{bmatrix}。$$

定理 7-3

若 $L: I\!R^n \to I\!R^m$ 為線性變換，則對每一個 $\mathbf{x} \in I\!R^n$，存在一個 $m \times n$ 矩陣 A 使得

$$L(\mathbf{x}) = A\mathbf{x}$$

成立。

證 對 $j = 1, 2, \cdots, n$，定義

$$\mathbf{a}_j = [a_{1j} \quad a_{2j} \cdots a_{mj}]^T = L(\mathbf{e}_j)$$

令 $\quad A = [a_{ij}] = [\mathbf{a}_1 \quad \mathbf{a}_2 \quad \cdots \quad \mathbf{a}_n]$

若 $\mathbf{x} = x_1\mathbf{e}_1 + x_2\mathbf{e}_2 + \cdots + x_n\mathbf{e}_n$ 為 $I\!R^n$ 中的任意向量，則

$$L(\mathbf{x}) = x_1 L(\mathbf{e}_1) + x_2 L(\mathbf{e}_2) + \cdots + x_n L(\mathbf{e}_n)$$

$$= x_1\mathbf{a}_1 + x_2\mathbf{a}_2 + \cdots + x_n\mathbf{a}_n$$

$$= [\mathbf{a}_1 \; \mathbf{a}_2 \; \cdots \; \mathbf{a}_n] \begin{bmatrix} x_1 \\ x_2 \\ \vdots \\ x_n \end{bmatrix} = A\mathbf{x}。$$

我們已證得由 $I\!R^n$ 到 $I\!R^m$ 的每一個線性變換可以藉 $m \times n$ 的矩陣表示。定理 7-3 的證明告訴我們對應於特殊的線性變換，應如何去建立矩陣 A。我們得知矩陣 A 的第一行為 $I\!R^n$ 中第一個標準基底 $\mathbf{e}_1$ 在 L 下的像，令 $\mathbf{a}_1 = L(\mathbf{e}_1)$。同理，矩陣 A 的第二行應為 $I\!R^n$ 中第二個標準基底 $\mathbf{e}_2$ 在 L 下的像，令 $\mathbf{a}_2 = L(\mathbf{e}_2)$。依此類推，$\mathbf{a}_3 = L(\mathbf{e}_3), \cdots, \mathbf{a}_n = L(\mathbf{e}_n)$。由於我們使用 $I\!R^n$ 中的標準基底向量 $\mathbf{e}_1, \mathbf{e}_2, \cdots, \mathbf{e}_n$，故稱矩陣 A 為 L 的**標準矩陣表示式** (standard matrix representation)。

例題 7

已知 $L : \mathbb{R}^3 \to \mathbb{R}^2$，對每一個 $\mathbf{x} = [x_1 \quad x_2 \quad x_3]^T \in \mathbb{R}^3$，定義

$$L(\mathbf{x}) = [x_1 + x_2, \quad x_2 + x_3]^T$$

(1) 試證 L 為線性變換。

(2) 求一矩陣 A 使得對每一個 $\mathbf{x} \in \mathbb{R}^3$，$L(\mathbf{x}) = A\mathbf{x}$ 恆成立。

解 (1) 令 $\mathbf{y} = [y_1 \quad y_2 \quad y_3]^T \in \mathbb{R}^3$，則

$$\begin{aligned}
L(\mathbf{x} + \mathbf{y}) &= L([x_1 \quad x_2 \quad x_3]^T + [y_1 \quad y_2 \quad y_3]^T) \\
&= L([x_1 + y_1 \quad x_2 + y_2 \quad x_3 + y_3]^T) \\
&= [x_1 + y_1 + x_2 + y_2 \quad x_2 + y_2 + x_3 + y_3]^T \\
&= [x_1 + x_2 + y_1 + y_2 \quad x_2 + x_3 + y_2 + y_3]^T \\
&= [x_1 + x_2 \quad x_2 + x_3]^T + [y_1 + y_2 \quad y_2 + y_3]^T \\
&= L(\mathbf{x}) + L(\mathbf{y})
\end{aligned}$$

對任意純量 k，

$$\begin{aligned}
L(k\mathbf{x}) &= L(k[x_1 \quad x_2 \quad x_3]^T) = L([kx_1 \quad kx_2 \quad kx_3]^T) \\
&= [kx_1 + kx_2 \quad kx_2 + kx_3]^T \\
&= k[x_1 + x_2 \quad x_2 + x_3]^T \\
&= k L(\mathbf{x})
\end{aligned}$$

故 L 為線性變換。

(2) 欲求矩陣 A，我們必先求 $L(\mathbf{e}_1)$，$L(\mathbf{e}_2)$，$L(\mathbf{e}_3)$。

$$L(\mathbf{e}_1) = L([1 \quad 0 \quad 0]^T) = [1 \quad 0]^T = \begin{bmatrix} 1 \\ 0 \end{bmatrix}$$

$$L(\mathbf{e}_2) = L([0 \quad 1 \quad 0]^T) = [1 \quad 1]^T = \begin{bmatrix} 1 \\ 1 \end{bmatrix}$$

$$L(\mathbf{e}_3) = L([0 \quad 0 \quad 1]^T) = [0 \quad 1]^T = \begin{bmatrix} 0 \\ 1 \end{bmatrix}$$

我們選擇這些向量為矩陣 A 的行，可得

$$A = \begin{bmatrix} 1 & 1 & 0 \\ 0 & 1 & 1 \end{bmatrix}$$

於是，
$$A\mathbf{x} = \begin{bmatrix} 1 & 1 & 0 \\ 0 & 1 & 1 \end{bmatrix} \begin{bmatrix} x_1 \\ x_2 \\ x_3 \end{bmatrix} = \begin{bmatrix} x_1 + x_2 \\ x_2 + x_3 \end{bmatrix}$$
$$= [x_1 + x_2 \quad x_2 + x_3]^T$$
$$= L(\mathbf{x}) \text{。}$$

例題 8

令 θ 為一固定角且 $L: I\!R^2 \to I\!R^2$ 定義為 $L(\mathbf{v}) = A\mathbf{v}$，此處

$$A = \begin{bmatrix} \cos\theta & -\sin\theta \\ \sin\theta & \cos\theta \end{bmatrix}$$

(1) 試說明 L 的幾何意義。
(2) 試證 L 為線性變換。

解 (1) 假設向量 $\mathbf{v} = \begin{bmatrix} a \\ b \end{bmatrix}$ 在 xy-平面上依逆時鐘方向旋轉一個角度 θ，得到向量 $\mathbf{v}' = \begin{bmatrix} c \\ d \end{bmatrix}$，如圖 7-1 所示。令 ϕ 為 $\mathbf{v}$ 與 x-軸正方向的夾角，且 $r = \|\mathbf{v}\|$，則 $\mathbf{v}$ 與 $\mathbf{v}'$ 的分量 a、b 及 c、d 分別為

$$a = r\cos\phi, \quad b = r\sin\phi$$

$$c = r\cos(\theta + \phi), \quad d = r\sin(\theta + \phi)$$

則
$$c = a\cos\theta - b\sin\theta \qquad ①$$
$$d = a\sin\theta + b\cos\theta \qquad ②$$

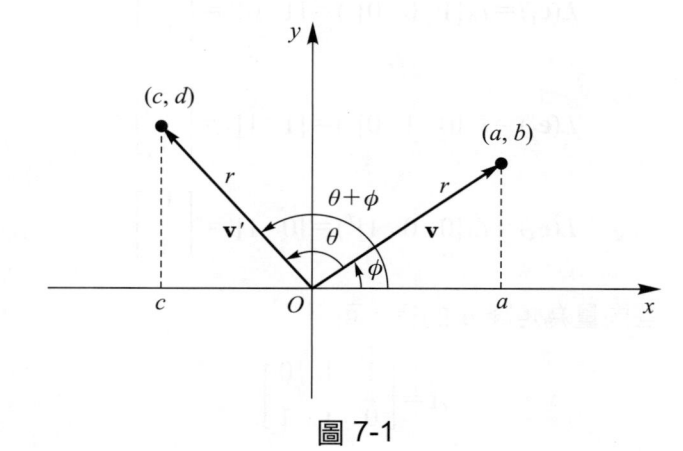

圖 7-1

由 ① 與 ② 得知

$$\mathbf{v}' = \begin{bmatrix} c \\ d \end{bmatrix} = \begin{bmatrix} a\cos\theta - b\sin\theta \\ a\sin\theta + b\cos\theta \end{bmatrix} = \begin{bmatrix} \cos\theta & -\sin\theta \\ \sin\theta & \cos\theta \end{bmatrix} \begin{bmatrix} a \\ b \end{bmatrix}$$

即，$\mathbf{v}' = A\mathbf{v} = L(\mathbf{v})$，故矩陣 A 稱為**旋轉變換** (rotation transformation)，而 $L(\mathbf{v})$ 的幾何意義為 $\mathbf{v}$ 以逆時鐘方向旋轉一角 θ 之後的向量。

(2) 於 $I\!R^2$ 中選擇任意兩向量 $\mathbf{u} = \begin{bmatrix} u_1 \\ u_2 \end{bmatrix}$ 與 $\mathbf{v} = \begin{bmatrix} v_1 \\ v_2 \end{bmatrix}$，$\alpha$ 為實數，則

$$A(\mathbf{u}+\mathbf{v}) = \begin{bmatrix} \cos\theta & -\sin\theta \\ \sin\theta & \cos\theta \end{bmatrix} \begin{bmatrix} u_1+v_1 \\ u_2+v_2 \end{bmatrix}$$

$$= \begin{bmatrix} \cos\theta & -\sin\theta \\ \sin\theta & \cos\theta \end{bmatrix} \begin{bmatrix} u_1 \\ u_2 \end{bmatrix} + \begin{bmatrix} \cos\theta & -\sin\theta \\ \sin\theta & \cos\theta \end{bmatrix} \begin{bmatrix} v_1 \\ v_2 \end{bmatrix}$$

$$= A\mathbf{u} + A\mathbf{v}$$

且 $A(\alpha\mathbf{u}) = \begin{bmatrix} \cos\theta & -\sin\theta \\ \sin\theta & \cos\theta \end{bmatrix} \begin{bmatrix} \alpha u_1 \\ \alpha u_2 \end{bmatrix} = \alpha \begin{bmatrix} \cos\theta & -\sin\theta \\ \sin\theta & \cos\theta \end{bmatrix} \begin{bmatrix} u_1 \\ u_2 \end{bmatrix}$

$$= \alpha A\mathbf{u}$$

故 L 為線性變換。

定義 7-2

設 V 為 n 維向量空間，具有基底 $B = \{\mathbf{x}_1, \mathbf{x}_2, \cdots, \mathbf{x}_n\}$，若

$$\mathbf{x} = a_1\mathbf{x}_1 + a_2\mathbf{x}_2 + \cdots + a_n\mathbf{x}_n$$

為 V 中的任意向量，則

$$[\mathbf{x}]_B = \begin{bmatrix} a_1 \\ a_2 \\ \vdots \\ a_n \end{bmatrix}$$

稱為 $\mathbf{x}$ 相對於基底 B 的**坐標向量** (coordinate vector)，$[\mathbf{x}]_B$ 的元素稱為 $\mathbf{x}$ 對於 B 的坐標。

例題 9

設 $B = \left\{ \begin{bmatrix} 1 \\ -1 \\ 0 \end{bmatrix}, \begin{bmatrix} 0 \\ 1 \\ 1 \end{bmatrix}, \begin{bmatrix} 1 \\ -1 \\ 1 \end{bmatrix} \right\}$ 為 $I\!R^3$ 的一個基底，求向量 $\mathbf{x} = \begin{bmatrix} 1 \\ 2 \\ 2 \end{bmatrix}$ 相對於 B 的坐標向量。

解 為了求出 $[\mathbf{x}]_B$，我們必須求出 a_1、a_2 與 a_3 使得

$$\begin{bmatrix} 1 \\ 2 \\ 2 \end{bmatrix} = a_1 \begin{bmatrix} 1 \\ -1 \\ 0 \end{bmatrix} + a_2 \begin{bmatrix} 0 \\ 1 \\ 1 \end{bmatrix} + a_3 \begin{bmatrix} 1 \\ -1 \\ 1 \end{bmatrix}$$

由此可知
$$\begin{cases} a_1 + a_3 = 1 \\ -a_1 + a_2 - a_3 = 2 \\ a_2 + a_3 = 2 \end{cases}$$

解得 $a_1 = 2, \quad a_2 = 3, \quad a_3 = -1$

因此，$[\mathbf{x}]_B = \begin{bmatrix} 2 \\ 3 \\ -1 \end{bmatrix}$。

定理 7-4

令 $L : V \to W$ 為一個從 n 維向量空間 V 到 m 維向量空間 W 的線性變換，$B = \{\mathbf{x}_1, \mathbf{x}_2, \cdots, \mathbf{x}_n\}$ 與 $T = \{\mathbf{y}_1, \mathbf{y}_2, \cdots, \mathbf{y}_m\}$ 分別表示 V 與 W 的基底，則 $m \times n$ 矩陣 A 的第 j 行為 $L(\mathbf{x}_j)$ 相對於 T 的坐標向量 $[L(\mathbf{x}_j)]_T$，A 與 L 有關且具有下列的性質：對某些 V 中的 $\mathbf{x}$ 而言，若 $\mathbf{y} = L(\mathbf{x})$，則

$$[\mathbf{y}]_T = A[\mathbf{x}]_B \tag{7-1}$$

其中 $[\mathbf{x}]_B$ 與 $[\mathbf{y}]_T$ 分別為 $\mathbf{x}$ 與 $\mathbf{y}$ 相對於基底 B 與 T 的坐標向量。

在 (7-1) 式中的 A 是唯一的，為了方便記憶 (7-1) 式，可參考圖 7-2。

CHAPTER 7 線性變換與矩陣的固有值

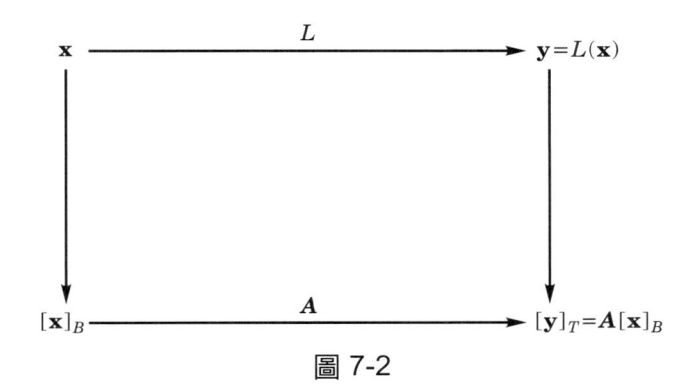

```
x ─────────── L ─────────→ y = L(x)
│                                  │
│                                  │
▼                                  ▼
[x]_B ───────── A ──────────→ [y]_T = A[x]_B
```

圖 7-2

例題 10

將 $L: I\!R^3 \to I\!R^2$ 定義為

$$L\left(\begin{bmatrix} x \\ y \\ z \end{bmatrix}\right) = \begin{bmatrix} x+2y \\ y+z \end{bmatrix}$$

設 $B = \{\mathbf{x}_1, \mathbf{x}_2, \mathbf{x}_3\}$ 與 $T = \{\mathbf{y}_1, \mathbf{y}_2\}$ 分別為 $I\!R^3$ 與 $I\!R^2$ 的基底，其中

$$\mathbf{x}_1 = \begin{bmatrix} 1 \\ 0 \\ 0 \end{bmatrix}, \quad \mathbf{x}_2 = \begin{bmatrix} 0 \\ 1 \\ 0 \end{bmatrix}, \quad \mathbf{x}_3 = \begin{bmatrix} 0 \\ 0 \\ 1 \end{bmatrix}$$

$$\mathbf{y}_1 = \begin{bmatrix} 1 \\ 0 \end{bmatrix}, \quad \mathbf{y}_2 = \begin{bmatrix} 0 \\ 1 \end{bmatrix}$$

求 L 的矩陣表示式 A。

解

$$L(\mathbf{x}_1) = \begin{bmatrix} 1+0 \\ 0+0 \end{bmatrix} = \begin{bmatrix} 1 \\ 0 \end{bmatrix} = 1\mathbf{y}_1 + 0\mathbf{y}_2, \quad [L(\mathbf{x}_1)]_T = \begin{bmatrix} 1 \\ 0 \end{bmatrix}$$

$$L(\mathbf{x}_2) = \begin{bmatrix} 0+2 \\ 1+0 \end{bmatrix} = \begin{bmatrix} 2 \\ 1 \end{bmatrix} = 2\mathbf{y}_1 + 1\mathbf{y}_2, \quad [L(\mathbf{x}_2)]_T = \begin{bmatrix} 2 \\ 1 \end{bmatrix}$$

$$L(\mathbf{x}_3) = \begin{bmatrix} 0+0 \\ 0+1 \end{bmatrix} = \begin{bmatrix} 0 \\ 1 \end{bmatrix} = 0\mathbf{y}_1 + 1\mathbf{y}_2, \quad [L(\mathbf{x}_3)]_T = \begin{bmatrix} 0 \\ 1 \end{bmatrix}$$

所以，

$$A = \begin{bmatrix} 1 & 2 & 0 \\ 0 & 1 & 1 \end{bmatrix}。$$

例題 11

設 $L: \mathbb{R}^3 \to \mathbb{R}^2$ 如例題 10 的定義，且 $B=\{\mathbf{x}_1, \mathbf{x}_2, \mathbf{x}_3\}$ 與 $T=\{\mathbf{y}_1, \mathbf{y}_2\}$ 分別為 $\mathbb{R}^3$ 與 $\mathbb{R}^2$ 的基底，其中

$$\mathbf{x}_1=\begin{bmatrix}1\\0\\1\end{bmatrix},\quad \mathbf{x}_2=\begin{bmatrix}0\\1\\1\end{bmatrix},\quad \mathbf{x}_3=\begin{bmatrix}1\\1\\1\end{bmatrix}$$

$$\mathbf{y}_1=\begin{bmatrix}1\\2\end{bmatrix},\quad \mathbf{y}_2=\begin{bmatrix}-1\\-1\end{bmatrix}$$

求 L 的矩陣表示式。若 $\mathbf{x}=\begin{bmatrix}1\\2\\3\end{bmatrix}$，試利用例題 10 的 L 去驗證。

解 $L(\mathbf{x}_1)=\begin{bmatrix}1+0\\0+1\end{bmatrix}=\begin{bmatrix}1\\1\end{bmatrix},\ L(\mathbf{x}_2)=\begin{bmatrix}0+2\\1+1\end{bmatrix}=\begin{bmatrix}2\\2\end{bmatrix},\ L(\mathbf{x}_3)=\begin{bmatrix}1+2\\1+1\end{bmatrix}=\begin{bmatrix}3\\2\end{bmatrix}$

$$L(\mathbf{x}_1)=\begin{bmatrix}1\\1\end{bmatrix}=a_1\mathbf{y}_1+a_2\mathbf{y}_2=a_1\begin{bmatrix}1\\2\end{bmatrix}+a_2\begin{bmatrix}-1\\-1\end{bmatrix}$$

$$L(\mathbf{x}_2)=\begin{bmatrix}2\\2\end{bmatrix}=b_1\mathbf{y}_1+b_2\mathbf{y}_2=b_1\begin{bmatrix}1\\2\end{bmatrix}+b_2\begin{bmatrix}-1\\-1\end{bmatrix}$$

$$L(\mathbf{x}_3)=\begin{bmatrix}3\\2\end{bmatrix}=c_1\mathbf{y}_1+c_2\mathbf{y}_2=c_1\begin{bmatrix}1\\2\end{bmatrix}+c_2\begin{bmatrix}-1\\-1\end{bmatrix}$$

解得 $a_1=0,\ a_2=-1,\ b_1=0,\ b_2=-2,\ c_1=-1,\ c_2=-4$

因而 $[L(\mathbf{x}_1)]_T=\begin{bmatrix}0\\-1\end{bmatrix},\quad [L(\mathbf{x}_2)]_T=\begin{bmatrix}0\\-2\end{bmatrix},\quad [L(\mathbf{x}_3)]_T=\begin{bmatrix}-1\\-4\end{bmatrix}$

因此，L 的矩陣表示式為

$$A=\begin{bmatrix}0 & 0 & -1\\-1 & -2 & -4\end{bmatrix}$$

若 $\mathbf{x}=\begin{bmatrix}1\\2\\3\end{bmatrix}$，則由例題 10 中的 L 可得

$$L(\mathbf{x}) = \begin{bmatrix} 1+4 \\ 2+3 \end{bmatrix} = \begin{bmatrix} 5 \\ 5 \end{bmatrix}$$

又
$$[\mathbf{x}]_B = \begin{bmatrix} 1 \\ 2 \\ 0 \end{bmatrix}$$

故
$$[L(\mathbf{x})]_T = \begin{bmatrix} 0 & 0 & -1 \\ -1 & -2 & -4 \end{bmatrix} \begin{bmatrix} 1 \\ 2 \\ 0 \end{bmatrix} = \begin{bmatrix} 0 \\ -5 \end{bmatrix}$$

因而，
$$L(\mathbf{x}) = 0 \begin{bmatrix} 1 \\ 2 \end{bmatrix} - 5 \begin{bmatrix} -1 \\ -1 \end{bmatrix} = \begin{bmatrix} 5 \\ 5 \end{bmatrix}$$

此與前面 $L(\mathbf{x})$ 的值一致。

習題 7-1

1. 下列何者為線性變換？

   (1) $L\left(\begin{bmatrix} x \\ y \\ z \end{bmatrix}\right) = \begin{bmatrix} x+y \\ y \\ x-z \end{bmatrix}$

   (2) $L(\langle x, y \rangle) = \langle x+1, y, x+y \rangle$

   (3) $L(\langle x, y \rangle) = \langle x^2+x, y-y^2 \rangle$

2. 描述下列線性變換的幾何意義。

   (1) $L(\langle x, y \rangle) = \langle -x, y \rangle$

   (2) $L(\langle x, y \rangle) = \langle -x, -y \rangle$

   (3) $L(\langle x, y \rangle) = \langle -y, x \rangle$

3. 若 $L : I\!R^3 \to I\!R^2$ 定義為

   $$L(\langle x, y, z \rangle) = \langle 2x+y-z, x+y+3z \rangle$$

   試證 L 為線性變換。

4. 考慮 $I\!R^3$ 中的一個基底 $S = \{\mathbf{v}_1, \mathbf{v}_2, \mathbf{v}_3\}$，其中 $\mathbf{v}_1 = \langle 1, 1, 1 \rangle$，$\mathbf{v}_2 = \langle 1, 1, 0 \rangle$，$\mathbf{v}_3 = \langle 1, 0, 0 \rangle$，令 $L : I\!R^3 \to I\!R^2$ 為線性變換且滿足

   $$L(\mathbf{v}_1) = \langle 1, 0 \rangle, \ L(\mathbf{v}_2) = \langle 2, -1 \rangle, \ L(\mathbf{v}_3) = \langle 4, 3 \rangle$$

求 $L(\langle x, y, z \rangle)$ 的表示式，然後利用此表示式求 $L(\langle 2, -3, 5 \rangle)$。

5. 設 $L: I\!R^2 \to I\!R^2$ 為線性變換，$L\left(\begin{bmatrix} 1 \\ 1 \end{bmatrix}\right) = \begin{bmatrix} 2 \\ -3 \end{bmatrix}$，$L\left(\begin{bmatrix} 0 \\ 1 \end{bmatrix}\right) = \begin{bmatrix} 1 \\ 2 \end{bmatrix}$，求 $L\left(\begin{bmatrix} 3 \\ -2 \end{bmatrix}\right)$。

6. 設 $V = C[a, b]$ 為在區間 $[a, b]$ 連續的所有實值函數形成的向量空間，若 $L: V \to I\!R$ 定義為

$$L(f) = \int_a^b f(x)\, dx$$

試證 L 為線性變換。

7. 下列各線性變換 L 係將 $I\!R^3$ 映至 $I\!R^2$，對於 $I\!R^3$ 中每一個 $\mathbf{x}$，求一矩陣 A 使得 $L(\mathbf{x}) = A\mathbf{x}$ 成立。

(1) $L\left(\begin{bmatrix} x_1 \\ x_2 \\ x_3 \end{bmatrix}\right) = \begin{bmatrix} x_2 - x_1 \\ x_3 - x_2 \end{bmatrix}$
(2) $L\left(\begin{bmatrix} x_1 \\ x_2 \\ x_3 \end{bmatrix}\right) = \begin{bmatrix} x_1 + x_2 \\ 0 \end{bmatrix}$

8. 下列各線性變換 L 係將 $I\!R^3$ 映至 $I\!R^3$，對於 $I\!R^3$ 中每一個向量 $\mathbf{x}$，求一矩陣 A 使得 $L(\mathbf{x}) = A\mathbf{x}$ 成立。

(1) $L\left(\begin{bmatrix} x_1 \\ x_2 \\ x_3 \end{bmatrix}\right) = \begin{bmatrix} 2x_3 \\ x_2 + 3x_1 \\ 2x_1 - x_3 \end{bmatrix}$
(2) $L\left(\begin{bmatrix} x_1 \\ x_2 \\ x_3 \end{bmatrix}\right) = \begin{bmatrix} x_1 \\ x_1 + x_2 \\ x_1 + x_2 + x_3 \end{bmatrix}$

9. (1) 令 $L: I\!R^3 \to I\!R^3$ 為線性變換，定義為

$$L(\mathbf{x}) = [2x_1 - x_2 - x_3 \quad 2x_2 - x_1 - x_3 \quad 2x_3 - x_1 - x_2]^T$$

求 L 的矩陣表示式 A。

(2) 對下列每一個向量，利用 (1) 中所求得的 A 去求 $L(\mathbf{x})$。

(i) $\mathbf{x} = \begin{bmatrix} 2 \\ 1 \\ 1 \end{bmatrix}$
(ii) $\mathbf{x} = \begin{bmatrix} -5 \\ 3 \\ 2 \end{bmatrix}$

10. 令 L 係將 P_2 映至 $I\!R^2$ 的線性變換，定義為

$$L(p(x)) = \begin{bmatrix} \int_0^2 p(x)\, dx \\ p(0) \end{bmatrix}$$

求一矩陣 A 使得

$$L(a+bx) = A \begin{bmatrix} a \\ b \end{bmatrix}。$$

11. 令 $L: I\!R^2 \to I\!R^2$ 為線性算子，其對平面上每一個向量旋轉一個角 $\theta = \dfrac{\pi}{4}$，求

$$L\left(\begin{bmatrix} x \\ y \end{bmatrix}\right) \quad 及 \quad L\left(\begin{bmatrix} -1 \\ 2 \end{bmatrix}\right)。$$

12. 令 $L: I\!R^2 \to I\!R^2$ 定義為

$$L\left(\begin{bmatrix} x \\ y \end{bmatrix}\right) = \begin{bmatrix} x+2y \\ 2x-y \end{bmatrix}$$

設 B 為 $I\!R^2$ 的標準基底且 $T = \left\{ \begin{bmatrix} -1 \\ 2 \end{bmatrix}, \begin{bmatrix} 2 \\ 0 \end{bmatrix} \right\}$ 為 $I\!R^2$ 的另一個基底，求 L 對於下列各基底的矩陣。

(1) B (2) B 與 T (3) T 與 B (4) T

(5) 利用 L 的定義及由 (1)、(2)、(3)、(4) 所得的矩陣計算 $L\left(\begin{bmatrix} -1 \\ 2 \end{bmatrix}\right)$。

13. 令 $L: I\!R^3 \to I\!R^3$ 定義為

$$L\left(\begin{bmatrix} x \\ y \\ z \end{bmatrix}\right) = \begin{bmatrix} x+2y+z \\ 2x-y \\ 2y+z \end{bmatrix}$$

設 B 為 $I\!R^3$ 的標準基底且 $T = \left\{ \begin{bmatrix} 1 \\ 0 \\ 1 \end{bmatrix}, \begin{bmatrix} 0 \\ 1 \\ 1 \end{bmatrix}, \begin{bmatrix} 0 \\ 0 \\ 1 \end{bmatrix} \right\}$ 為 $I\!R^3$ 的另一個基底，求 L 對於下列各基底的矩陣。

(1) B (2) B 與 T

(3) 利用 L 的定義及由 (1)、(2) 所得的矩陣計算 $L\left(\begin{bmatrix} 1 \\ 1 \\ -2 \end{bmatrix}\right)$。

14. 令 $L: I\!R^2 \to I\!R^3$ 定義為

$$L\left(\begin{bmatrix} x \\ y \end{bmatrix}\right) = \begin{bmatrix} x-2y \\ 2x+y \\ x+y \end{bmatrix}$$

設 $B=\left\{\begin{bmatrix}1\\-1\end{bmatrix},\begin{bmatrix}0\\1\end{bmatrix}\right\}$ 與 $T=\left\{\begin{bmatrix}1\\1\\0\end{bmatrix},\begin{bmatrix}0\\1\\1\end{bmatrix},\begin{bmatrix}1\\-1\\1\end{bmatrix}\right\}$ 分別為 $I\!R^2$ 與 $I\!R^3$ 的基底。

(1) 求 L 相對於基底 B 與 T 的矩陣。

(2) 利用 L 的定義以及由 (1) 所得的矩陣計算 $L\left(\begin{bmatrix}1\\2\end{bmatrix}\right)$。

15. 已知 $L: P_2 \to P_4$ 為線性變換，定義 $L(p(x))=x^2 p(x)$。

    (1) 求 L 相對於基底 $B=\{p_1, p_2, p_3\}$ 及 T 的矩陣，此處

    $$p_1=1+x^2, \qquad p_2=1+2x+3x^2, \qquad p_3=4+5x+x^2$$

    且 T 為 P_4 的標準基底。

    (2) 利用 (1) 所得的矩陣，計算 $L(-3+5x-2x^2)$。

16. 已知 $L: P_2 \to P_1$ 為線性變換，定義 $L(p(t))=p'(t)$。

    (1) 求出 $\ker L$（線性變換 L **核集**）的一個基底。

    (2) 求出 $\operatorname{range} L$（線性變換 L **值域**）的一個基底。

17. 設 $L: I\!R^4 \to I\!R^3$ 定義為

    $$L(\langle a_1, a_2, a_3, a_4\rangle)=\langle a_1+a_2, a_3+a_4, a_1+a_3\rangle$$

    求出 $\operatorname{range} L$ 的一個基底。

7-2 矩陣的固有值與固有向量

在許多的應用問題裡，一個相當重要的問題就是：假設 $L: V \to V$ 為線性算子，我們如何在 V 中求得一向量 **x** 使得 $L(\mathbf{x})$ 與 **x** 平行，即，求得一向量 **x** 與一純量 λ 使得

$$L(\mathbf{x})=\lambda\mathbf{x} \tag{7-2}$$

若 $\mathbf{x} \neq \mathbf{0}$ 且 λ 滿足 (7-2) 式，則 λ 稱為 L 的**固有值** (eigenvalue) 或**特徵值** (characteristic value)，而 **x** 稱為對應於固有值 λ 的**固有向量** (eigenvector) 或**特徵向量** (characteristic vector)。

例題 1

令 $L: \mathbb{R}^2 \to \mathbb{R}^2$ 為線性變換,定義為

$$L\left(\begin{bmatrix} x \\ y \end{bmatrix}\right) = \begin{bmatrix} x+y \\ 3x-y \end{bmatrix}$$

求 L 的固有值及對應於這些固有值的固有向量。

解 令 λ 為固有值,而 $\mathbf{v} = \begin{bmatrix} x_1 \\ x_2 \end{bmatrix}$ 為對應於 λ 的固有向量,則

$$L\left(\begin{bmatrix} x_1 \\ x_2 \end{bmatrix}\right) = \begin{bmatrix} x_1+x_2 \\ 3x_1-x_2 \end{bmatrix} = \lambda \begin{bmatrix} x_1 \\ x_2 \end{bmatrix} = \begin{bmatrix} \lambda x_1 \\ \lambda x_2 \end{bmatrix}$$

可得
$$\begin{cases} x_1 + x_2 = \lambda x_1 \\ 3x_1 - x_2 = \lambda x_2 \end{cases} \quad (*)$$

即,
$$\begin{cases} (1-\lambda)x_1 + x_2 = 0 \\ 3x_1 + (-1-\lambda)x_2 = 0 \end{cases}$$

因 $\mathbf{v} \neq \mathbf{0}$,故此方程組有**非顯明解**的充要條件為係數行列式為零。因此,

$$\begin{vmatrix} 1-\lambda & 1 \\ 3 & -1-\lambda \end{vmatrix} = 0 \text{,即,} \lambda^2 - 4 = 0 \text{,可得 } L \text{ 的固有值為 } \lambda = 2, -2 \text{。}$$

(1) 將 $\lambda = 2$ 代入 $(*)$ 中可知

$$\begin{cases} x_1 + x_2 = 2x_1 \\ 3x_1 - x_2 = 2x_2 \end{cases}$$

解得 $x_1 = x_2$。因此,對應於固有值 $\lambda = 2$ 的固有向量為形如 $\mathbf{v} = \begin{bmatrix} r \\ r \end{bmatrix} = r\begin{bmatrix} 1 \\ 1 \end{bmatrix}$,$r$ 為非零的任意實數。

(2) 再將 $\lambda = -2$ 代入 $(*)$ 中可知

$$\begin{cases} x_1 + x_2 = -2x_1 \\ 3x_1 - x_2 = -2x_2 \end{cases}$$

解得 $x_2 = -3x_1$。因此,對應於固有值 $\lambda = -2$ 的固有向量為形如 $\mathbf{v} = \begin{bmatrix} s \\ -3s \end{bmatrix} = s\begin{bmatrix} 1 \\ -3 \end{bmatrix}$,$s$ 為非零的任意實數。

在此例題中，我們不難發現方陣 $A=\begin{bmatrix} 1 & 1 \\ 3 & -1 \end{bmatrix}$ 恰為線性變換 L 的矩陣表示式。

定義 7-3

設 A 為 n 階方陣，若在 $I\!R^n$ 中，存在一非零向量 $\mathbf{x}$ 滿足

$$A\mathbf{x}=\lambda\mathbf{x}$$

則稱實數 λ 為 A 的**固有值**或**特徵值**，而稱 $\mathbf{x}$ 為對應於固有值 λ 的一**固有向量**或**特徵向量**。

註：有些實際應用中可能涉及複數向量空間與複數，有關這方面理論在更深入的教科書中討論，本書中只討論實數系中的固有值。

例題 2

令 $A=\begin{bmatrix} 4 & -2 \\ 1 & 1 \end{bmatrix}$, $\mathbf{x}=\begin{bmatrix} 2 \\ 1 \end{bmatrix}$

因

$$A\mathbf{x}=\begin{bmatrix} 4 & -2 \\ 1 & 1 \end{bmatrix}\begin{bmatrix} 2 \\ 1 \end{bmatrix}=\begin{bmatrix} 6 \\ 3 \end{bmatrix}=3\begin{bmatrix} 2 \\ 1 \end{bmatrix}=3\mathbf{x}$$

故 $\lambda=3$ 為 A 的固有值，而 $\mathbf{x}=\begin{bmatrix} 2 \\ 1 \end{bmatrix}$ 為對應於固有值 $\lambda=3$ 的固有向量。事實上，$\mathbf{x}$ 的純量倍數皆為 A 的固有向量，因為

$$A(\alpha\mathbf{x})=\alpha A\mathbf{x}=\alpha\lambda\mathbf{x}=\lambda(\alpha\mathbf{x})$$

於是，例如 $\mathbf{x}=\begin{bmatrix} 4 \\ 2 \end{bmatrix}$ 亦為對應於固有值 $\lambda=3$ 的固有向量，

因為

$$A\mathbf{x}=\begin{bmatrix} 4 & -2 \\ 1 & 1 \end{bmatrix}\begin{bmatrix} 4 \\ 2 \end{bmatrix}=\begin{bmatrix} 12 \\ 6 \end{bmatrix}=3\begin{bmatrix} 4 \\ 2 \end{bmatrix}=3\mathbf{x}。$$

固有值及固有向量在 $I\!R^2$ 及 $I\!R^3$ 上有一個很有用的幾何意義。若 λ 為 A 的一固有值，於圖 7-3 中，則我們可以看出 $\mathbf{x}$ 與 $A\mathbf{x}$ 在 $\lambda>1$、$0<\lambda<1$ 與 $\lambda<0$ 之情況中的關係。

(a) 伸長 ($\lambda > 1$)　　(b) 縮短 ($0 < \lambda < 1$)　　(c) 逆方向 ($\lambda < 0$)

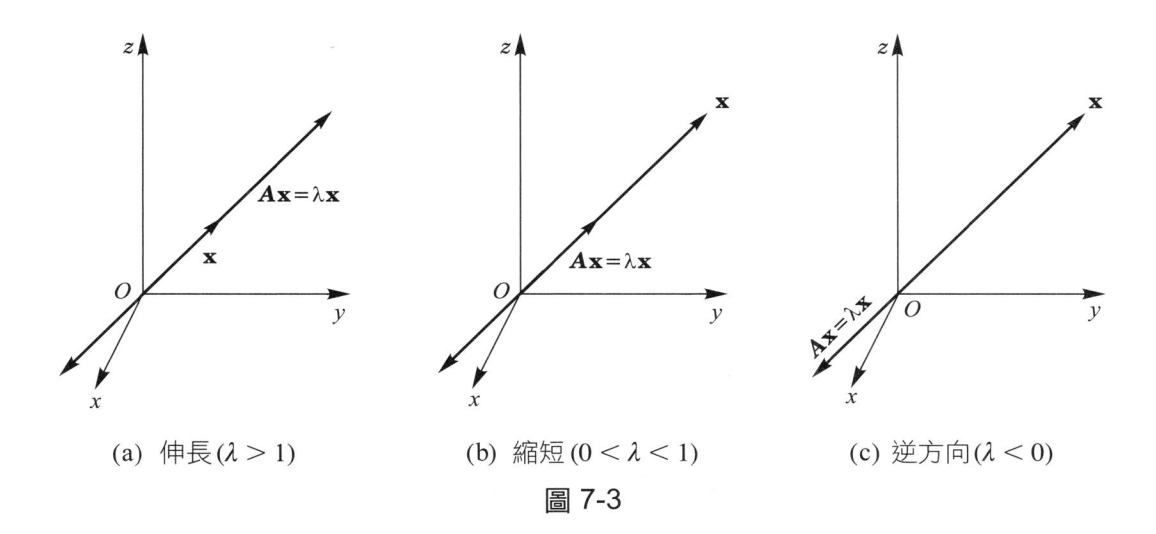

圖 7-3

特徵方程式與特徵多項式

欲求一個 n 階方陣 A 的固有值，我們改寫 $A\mathbf{x} = \lambda\mathbf{x}$ 為

$$A\mathbf{x} = \lambda I_n \mathbf{x}$$

即，

$$(\lambda I_n - A)\mathbf{x} = \mathbf{0} \tag{7-3}$$

因為 λ 為一固有值，故 (7-3) 式有一非顯明解。然而，(7-3) 式有一非顯明解，若且唯若

$$\det(\lambda I_n - A) = 0$$

定義 7-4

設 A 為 n 階方陣，則行列式

$$P(\lambda) = \det(\lambda I_n - A) = \begin{vmatrix} \lambda - a_{11} & -a_{12} & \cdots & -a_{1n} \\ -a_{21} & \lambda - a_{22} & \cdots & -a_{2n} \\ \vdots & \vdots & & \vdots \\ -a_{n1} & -a_{n2} & \cdots & \lambda - a_{nn} \end{vmatrix}$$

稱為 A 的**特徵多項式** (characteristic polynomial)，方程式

$$\det(\lambda I_n - A) = \mathbf{0}$$

稱為 A 的**特徵方程式** (characteristic equation)。

定理 7-5

矩陣 A 的固有值為 A 的特徵方程式的根。

證 設 λ 為 A 的固有值,其對應的固有向量為 $\mathbf{x}$,則

$$A\mathbf{x}=\lambda\mathbf{x}$$

上式可寫成

$$A\mathbf{x}=(\lambda I_n)\mathbf{x}$$

即,

$$(\lambda I_n - A)\mathbf{x}=\mathbf{0} \qquad (*)$$

(*)式為含 n 個未知數、n 個方程式的齊次方程組,此方程組有非顯明解的充要條件為係數方陣的行列式為零,亦即,若且唯若 $\det(\lambda I_n - A)=0$。反之,若 λ 為 A 之特徵方程式的實根,則 $\det(\lambda I_n - A)=0$。所以,齊次方程組 (*) 有非顯明解,而 λ 為 A 的固有值。

例題 3

已知

$$A=\begin{bmatrix} 1 & 2 & -1 \\ 1 & 0 & 1 \\ 4 & -4 & 5 \end{bmatrix}$$

求 A 的固有值及固有向量。

解 A 的特徵方程式為

$$\det(\lambda I_3 - A)=\begin{vmatrix} \lambda-1 & -2 & 1 \\ -1 & \lambda-0 & -1 \\ -4 & 4 & \lambda-5 \end{vmatrix}=0$$

即, $\lambda^3 - 6\lambda^2 + 11\lambda - 6 = 0$

可得 $(\lambda-1)(\lambda-2)(\lambda-3)=0$

因此,A 的固有值為 $\lambda = 1, 2, 3$。

(1) 令對應於 $\lambda = 1$ 的固有向量為 $\mathbf{x}_1 = \begin{bmatrix} x_1 \\ x_2 \\ x_3 \end{bmatrix}$,代入下式

$$(\lambda_1 I_3 - A)\mathbf{x}_1 = \mathbf{0}$$

則 $\begin{bmatrix} 0 & -2 & 1 \\ -1 & 1 & -1 \\ -4 & 4 & -4 \end{bmatrix} \begin{bmatrix} x_1 \\ x_2 \\ x_3 \end{bmatrix} = \begin{bmatrix} 0 \\ 0 \\ 0 \end{bmatrix}$

可知 $\begin{cases} -2x_2 + x_3 = 0 \\ -x_1 + x_2 - x_3 = 0 \\ -4x_1 + 4x_2 - 4x_3 = 0 \end{cases}$

解得 $x_3 = 2x_2$，$x_1 = -x_2$。

因此，$\mathbf{x}_1 = r \begin{bmatrix} -1 \\ 1 \\ 2 \end{bmatrix} (r \neq 0)$ 為對應於 $\lambda = 1$ 的固有向量。

(2) 令對應於 $\lambda = 2$ 的固有向量為 $\mathbf{x}_2 = \begin{bmatrix} x_1 \\ x_2 \\ x_3 \end{bmatrix}$，代入下式

$$(\lambda I_3 - A)\mathbf{x}_2 = \mathbf{0}$$

則 $\begin{bmatrix} 1 & -2 & 1 \\ -1 & 2 & -1 \\ -4 & 4 & -3 \end{bmatrix} \begin{bmatrix} x_1 \\ x_2 \\ x_3 \end{bmatrix} = \begin{bmatrix} 0 \\ 0 \\ 0 \end{bmatrix}$

可知 $\begin{cases} x_1 - 2x_2 + x_3 = 0 \\ -x_1 + 2x_2 - x_3 = 0 \\ -4x_1 + 4x_2 - 3x_3 = 0 \end{cases}$

解得 $x_1 = -2x_2$，$x_3 = 4x_2$。

因此，$\mathbf{x}_2 = s \begin{bmatrix} -2 \\ 1 \\ 4 \end{bmatrix} (s \neq 0)$ 為對應於 $\lambda = 2$ 的固有向量。

(3) 令對應於 $\lambda = 3$ 的固有向量為 $\mathbf{x}_3 = \begin{bmatrix} x_1 \\ x_2 \\ x_3 \end{bmatrix}$，代入下式

$$(\lambda I_3 - A)\mathbf{x}_3 = \mathbf{0}$$

則 $\begin{bmatrix} 2 & -2 & 1 \\ -1 & 3 & -1 \\ -4 & 4 & -2 \end{bmatrix} \begin{bmatrix} x_1 \\ x_2 \\ x_3 \end{bmatrix} = \begin{bmatrix} 0 \\ 0 \\ 0 \end{bmatrix}$

可知
$$\begin{cases} 2x_1 - 2x_2 + x_3 = 0 \\ -x_1 + 3x_2 - x_3 = 0 \\ -4x_1 + 4x_2 - 2x_3 = 0 \end{cases}$$

解得 $x_1 = -x_2$, $x_3 = 4x_2$。

因此，$\mathbf{x}_3 = t \begin{bmatrix} -1 \\ 1 \\ 4 \end{bmatrix}$ $(t \neq 0)$ 為對應於 $\lambda = 3$ 的固有向量。

定理 7-6

若 A 為 n 階方陣，則下列的敘述為同義。

(1) λ 為 A 的一**固有值**。
(2) 方程組 $(\lambda I_n - A) \mathbf{x} = 0$ 有**非顯明解**。
(3) $I\!R^n$ 中存在一非零向量 $\mathbf{x}$ 使得 $A\mathbf{x} = \lambda\mathbf{x}$。
(4) λ 為特徵方程式 $\det(\lambda I_n - A) = 0$ 的一實根。

固有空間的基底

定義 7-5

若 λ 為方陣 A 的固有值，則稱**子空間**
$$E_\lambda = \{\mathbf{x} \mid A\mathbf{x} = \lambda\mathbf{x}\}$$
為對應於固有值 λ 的**固有空間** (eigenspace)。

例題 4

求方陣
$$A = \begin{bmatrix} 0 & 0 & -2 \\ 1 & 2 & 1 \\ 1 & 0 & 3 \end{bmatrix}$$
的固有空間。

解 方陣的特徵方程式為

$$\det(\lambda I_3 - A) = \begin{vmatrix} \lambda & 0 & 2 \\ -1 & \lambda-2 & -1 \\ -1 & 0 & \lambda-3 \end{vmatrix} = 0$$

可得 $\qquad \lambda^3 - 5\lambda^2 + 8\lambda - 4 = 0$

即， $\qquad (\lambda-1)(\lambda-2)^2 = 0$

A 的固有值為 $\lambda = 1, 2, 2$，故 A 有兩個固有空間。

令 $\mathbf{x} = \begin{bmatrix} x_1 \\ x_2 \\ x_3 \end{bmatrix}$ 為對應於 λ 的固有向量，則 $\mathbf{x}$ 為方程式 $(\lambda I_3 - A)\mathbf{x} = \mathbf{0}$ 的非顯明解，亦即，

$$\begin{bmatrix} \lambda & 0 & 2 \\ -1 & \lambda-2 & -1 \\ -1 & 0 & \lambda-3 \end{bmatrix} \begin{bmatrix} x_1 \\ x_2 \\ x_3 \end{bmatrix} = \begin{bmatrix} 0 \\ 0 \\ 0 \end{bmatrix} \qquad (*)$$

(1) 以 $\lambda = 2$ 代入 (*) 式可得

$$\begin{bmatrix} 2 & 0 & 2 \\ -1 & 0 & -1 \\ -1 & 0 & -1 \end{bmatrix} \begin{bmatrix} x_1 \\ x_2 \\ x_3 \end{bmatrix} = \begin{bmatrix} 0 \\ 0 \\ 0 \end{bmatrix}$$

解得 $x_1 = -x_3$。

因此，$\mathbf{x} = \begin{bmatrix} -r \\ s \\ r \end{bmatrix}$，$r$、$s$ 皆為非零的任意實數。

但 $\mathbf{x} = \begin{bmatrix} -r \\ s \\ r \end{bmatrix} = \begin{bmatrix} -r \\ 0 \\ r \end{bmatrix} + \begin{bmatrix} 0 \\ s \\ 0 \end{bmatrix} = r\begin{bmatrix} -1 \\ 0 \\ 1 \end{bmatrix} + s\begin{bmatrix} 0 \\ 1 \\ 0 \end{bmatrix}$

因為 $\begin{bmatrix} -1 \\ 0 \\ 1 \end{bmatrix}$ 與 $\begin{bmatrix} 0 \\ 1 \\ 0 \end{bmatrix}$ 為兩線性獨立向量，故 $\left\{\begin{bmatrix} -1 \\ 0 \\ 1 \end{bmatrix}, \begin{bmatrix} 0 \\ 1 \\ 0 \end{bmatrix}\right\}$ 生成固有空間，所以 $\begin{bmatrix} -1 \\ 0 \\ 1 \end{bmatrix}$ 與 $\begin{bmatrix} 0 \\ 1 \\ 0 \end{bmatrix}$ 為固有空間的基底向量。

(2) 以 $\lambda = 1$ 代入 (*) 式可得

$$\begin{bmatrix} 1 & 0 & 2 \\ -1 & -1 & -1 \\ -1 & 0 & -2 \end{bmatrix} \begin{bmatrix} x_1 \\ x_2 \\ x_3 \end{bmatrix} = \begin{bmatrix} 0 \\ 0 \\ 0 \end{bmatrix}$$

即，
$$\begin{cases} x_1 \quad\quad\;\; +2x_3 = 0 \\ -x_1 - x_2 - x_3 = 0 \\ -x_1 \quad\quad\; -2x_3 = 0 \end{cases}$$

解得 $x_1 = -2x_3$, $x_2 = x_3$。

因此，$\mathbf{x} = \begin{bmatrix} -2r \\ r \\ r \end{bmatrix} = r \begin{bmatrix} -2 \\ 1 \\ 1 \end{bmatrix}$，$r$ 為非零的任意實數，

故 $\begin{bmatrix} -2 \\ 1 \\ 1 \end{bmatrix}$ 為對應於 $\lambda = 1$ 之固有空間的基底向量。

定理 7-7

若 A 為 n 階三角方陣（上三角、下三角或對角方陣），則 A 的所有固有值為 A 的對角線上的所有元素。

若方陣 A 的所有固有值及固有向量為已知，則 A^n (n 為正整數) 的所有固有值及固有向量也甚易求得，如下：若 λ 為 A 的一固有值且 $\mathbf{x}$ 為對應 λ 的固有向量，則

$$A^2\mathbf{x} = A(A\mathbf{x}) = A(\lambda\mathbf{x}) = \lambda(A\mathbf{x}) = \lambda(\lambda\mathbf{x}) = \lambda^2\mathbf{x}$$
$$A^3\mathbf{x} = A(A^2\mathbf{x}) = A(\lambda^2\mathbf{x}) = \lambda^2(A\mathbf{x}) = \lambda^2(\lambda\mathbf{x}) = \lambda^3\mathbf{x}$$
$$\vdots$$
$$A^n\mathbf{x} = A(A^{n-1}\mathbf{x}) = A(\lambda^{n-1}\mathbf{x}) = \lambda^{n-1}(A\mathbf{x}) = \lambda^{n-1}(\lambda\mathbf{x}) = \lambda^n\mathbf{x}$$

此說明 λ^n 為 A^n 的一固有值且 $\mathbf{x}$ 為 λ^n 所對應的固有向量。一般而言，我們有下面的結果。

定理 7-8

若 n 為正整數，λ 為方陣 A 的一固有值，$\mathbf{x}$ 為 λ 所對應的固有向量，則 λ^n 為 A^n 的固有值且 $\mathbf{x}$ 為 λ^n 所對應的固有向量。

例題 5

已知 $A = \begin{bmatrix} -1 & -2 & -2 \\ 1 & 2 & 1 \\ -1 & -1 & 0 \end{bmatrix}$，求 A^{25} 的固有值與固有空間的基底。

解 方陣 A 的特徵方程式為

$$\det(\lambda I_3 - A) = \begin{vmatrix} \lambda+1 & 2 & 2 \\ -1 & \lambda-2 & -1 \\ 1 & 1 & \lambda \end{vmatrix} = 0$$

可得 $(\lambda+1)(\lambda-1)^2 = 0$

於是，$\lambda = 1, -1$。

故 A^{25} 的固有值為 1^{25} 與 $(-1)^{25}$，即 1 與 −1。

令 $\mathbf{x} = \begin{bmatrix} x_1 \\ x_2 \\ x_3 \end{bmatrix}$ 為對應於 λ 的固有向量，則 $\mathbf{x}$ 為方程式 $(\lambda I_3 - A)\mathbf{x} = \mathbf{0}$ 的非顯明

解，即，

$$\begin{bmatrix} \lambda+1 & 2 & 2 \\ -1 & \lambda-2 & -1 \\ 1 & 1 & \lambda \end{bmatrix} \begin{bmatrix} x_1 \\ x_2 \\ x_3 \end{bmatrix} = \begin{bmatrix} 0 \\ 0 \\ 0 \end{bmatrix} \quad (*)$$

(1) 以 $\lambda = 1$ 代入 $(*)$ 式可得

$$\begin{bmatrix} 2 & 2 & 2 \\ -1 & -1 & -1 \\ 1 & 1 & 1 \end{bmatrix} \begin{bmatrix} x_1 \\ x_2 \\ x_3 \end{bmatrix} = \begin{bmatrix} 0 \\ 0 \\ 0 \end{bmatrix}$$

解得 $x_1 = -r-s$, $x_2 = r$, $x_3 = s$；r 與 s 皆為非零的任意實數。於是，

$$\mathbf{x} = \begin{bmatrix} -r-s \\ r \\ s \end{bmatrix} = \begin{bmatrix} -r \\ r \\ 0 \end{bmatrix} + \begin{bmatrix} -s \\ 0 \\ s \end{bmatrix} = r\begin{bmatrix} -1 \\ 1 \\ 0 \end{bmatrix} + s\begin{bmatrix} -1 \\ 0 \\ 1 \end{bmatrix}$$

因 $\begin{bmatrix} -1 \\ 1 \\ 0 \end{bmatrix}$ 與 $\begin{bmatrix} -1 \\ 0 \\ 1 \end{bmatrix}$ 為兩個線性獨立向量，可知，對應於 $\lambda = 1$ 的固有空間是由 $\left\{ \begin{bmatrix} -1 \\ 1 \\ 0 \end{bmatrix}, \begin{bmatrix} -1 \\ 0 \\ 1 \end{bmatrix} \right\}$ 生成。

因此，$\begin{bmatrix} -1 \\ 1 \\ 0 \end{bmatrix}$ 與 $\begin{bmatrix} -1 \\ 0 \\ 1 \end{bmatrix}$ 為固有空間的基底向量。

(2) 以 $\lambda = -1$ 代入 (*) 式可得

$$\begin{bmatrix} 0 & 2 & 2 \\ -1 & -3 & -1 \\ 1 & 1 & -1 \end{bmatrix} \begin{bmatrix} x_1 \\ x_2 \\ x_3 \end{bmatrix} = \begin{bmatrix} 0 \\ 0 \\ 0 \end{bmatrix}$$

解得 $x_1 = 2r$, $x_2 = -r$, $x_3 = r$, r 為非零的任意實數。於是，

$$\mathbf{x} = \begin{bmatrix} 2r \\ -r \\ r \end{bmatrix} = r \begin{bmatrix} 2 \\ -1 \\ 1 \end{bmatrix}$$

而對應於 $\lambda = -1$ 的固有空間是由 $\left\{ \begin{bmatrix} 2 \\ -1 \\ 1 \end{bmatrix} \right\}$ 生成，

故 $\begin{bmatrix} 2 \\ -1 \\ 1 \end{bmatrix}$ 為固有空間的基底向量。

習題 7-2

1. 求下列各方陣的特徵多項式。

(1) $\begin{bmatrix} 1 & 1 \\ 3 & -1 \end{bmatrix}$ (2) $\begin{bmatrix} 2 & 1 \\ -1 & 3 \end{bmatrix}$ (3) $\begin{bmatrix} -2 & -7 \\ 1 & 2 \end{bmatrix}$

(4) $\begin{bmatrix} 5 & 0 & 1 \\ 1 & 1 & 0 \\ -7 & 1 & 0 \end{bmatrix}$ (5) $\begin{bmatrix} 1 & 2 & 1 \\ 0 & 1 & 2 \\ -1 & 3 & 2 \end{bmatrix}$

2. 求下列各方陣的固有值及固有向量。

(1) $\begin{bmatrix} 2 & -2 & 3 \\ 0 & 3 & -2 \\ 0 & -1 & 2 \end{bmatrix}$ 　　(2) $\begin{bmatrix} 1 & 1 \\ -2 & 4 \end{bmatrix}$ 　　(3) $\begin{bmatrix} 1 & 1 & 1 \\ 0 & 3 & 3 \\ -2 & 1 & 1 \end{bmatrix}$

3. 已知 $A = \begin{bmatrix} 0 & 0 & 2 & 0 \\ 1 & 0 & 1 & 0 \\ 0 & 1 & -2 & 0 \\ 0 & 0 & 0 & 1 \end{bmatrix}$，求方陣 A 的固有空間的基底。

4. 已知 $A = \begin{bmatrix} 1 & 3 & 7 & 1 \\ 0 & -2 & 3 & 8 \\ 0 & 0 & 0 & 4 \\ 0 & 0 & 0 & \frac{1}{2} \end{bmatrix}$，求 A^9 的固有值。

5. (1) 試證一個二階方陣 A 的特徵方程式為 $\lambda^2 - \mathrm{tr}(A)\lambda + \det(A) = 0$。
   (2) 利用 (1) 的結果證明：若
$$A = \begin{bmatrix} a & b \\ c & d \end{bmatrix}$$
   則 A 的特徵方程式的解為
$$\lambda = \frac{1}{2}[(a+d) \pm \sqrt{(a-d)^2 + 4bc}]。$$

7-3 相似矩陣與對角化

在本節裡，我們將討論如何將一個 n 階方陣對角化，並為求解線性微分方程組預作準備。

定義 7-6

已知兩個 n 階方陣 A 與 B，若存在一可逆的 n 階方陣 P 使得
$$B = P^{-1}AP$$
我們稱 B **相似** (similar) 於 A。

例題 1

已知 $A = \begin{bmatrix} 2 & 1 \\ 0 & -1 \end{bmatrix}$, $B = \begin{bmatrix} 4 & -2 \\ 5 & -3 \end{bmatrix}$, $P = \begin{bmatrix} 2 & -1 \\ -1 & 1 \end{bmatrix}$，試證 B 相似於 A。

解

$$PB = \begin{bmatrix} 2 & -1 \\ -1 & 1 \end{bmatrix} \begin{bmatrix} 4 & -2 \\ 5 & -3 \end{bmatrix} = \begin{bmatrix} 3 & -1 \\ 1 & -1 \end{bmatrix}$$

$$AP = \begin{bmatrix} 2 & 1 \\ 0 & -1 \end{bmatrix} \begin{bmatrix} 2 & -1 \\ -1 & 1 \end{bmatrix} = \begin{bmatrix} 3 & -1 \\ 1 & -1 \end{bmatrix}$$

因

$$\det(P) = \begin{vmatrix} 2 & -1 \\ -1 & 1 \end{vmatrix} = 2 - 1 = 1 \neq 0$$

可知 P 為可逆方陣；又 $PB = AP$，可得

$$P^{-1}PB = P^{-1}AP \text{ 或 } B = P^{-1}AP$$

故證得 B 相似於 A。

定理 7-9

若 A 與 B 為相似的同階方陣，則 A 與 B 具有相同的特徵方程式，因此，它們亦具有相同的固有值。

證 因 A 與 B 相似，故 $B = P^{-1}AP$，而 $B - \lambda I = P^{-1}AP - \lambda I$。

於是，
$$\det(B - \lambda I) = \det(P^{-1}AP - \lambda I)$$
$$= \det(P^{-1}AP - P^{-1}(\lambda I)P)$$
$$= \det(P^{-1}(A - \lambda I)P)$$
$$= \det(P^{-1})\det(A - \lambda I)\det(P)$$
$$= \det(P^{-1})\det(P)\det(A - \lambda I)$$
$$= \det(P^{-1}P)\det(A - \lambda I)$$
$$= \det(I)\det(A - \lambda I)$$
$$= \det(A - \lambda I)$$

因此，A 與 B 具有相同的特徵方程式。又因為固有值為特徵方程式的根，所以 A 與 B 具有相同的固有值。

定義 7-7

若 n 階方陣 A 相似於對角方陣 D，則稱 A 為**可對角化** (diagonalizable)，即，存在一非奇異方陣 P 與一對角方陣 D 使得

$$P^{-1}AP = D。$$

若 D 為對角方陣，則 D 的固有值即為方陣 D 的對角線上的元素。如果 A 相似於 D，則 A 與 D 具有相同的固有值。結合此兩事實，我們得知若 A 為可對角化，則 A 相似於對角方陣 D，而 D 的對角線上的元素即為 A 的固有值。

定理 7-10

n 階方陣 A 為可對角化，若且唯若 A 具有一組 n 個線性獨立固有向量。

證 假設 $\{\mathbf{x}_1, \mathbf{x}_2, \cdots, \mathbf{x}_n\}$ 為 A 的一組 n 個線性獨立固有向量，則

$$A\mathbf{x}_k = \lambda_k \mathbf{x}_k, \quad k = 1, 2, \cdots, n$$

令 P 為 n 階方陣，其行向量為 A 的固有向量，則

$$P = [\mathbf{x}_1 \ \mathbf{x}_2 \ \cdots \ \mathbf{x}_n]$$

因 P 為非奇異方陣，故 P^{-1} 存在，而

$$P^{-1}P = [P^{-1}\mathbf{x}_1 \ P^{-1}\mathbf{x}_2 \ \cdots \ P^{-1}\mathbf{x}_n] = [\mathbf{e}_1 \ \mathbf{e}_2 \ \cdots \ \mathbf{e}_n] = I$$

再者，

$$AP = [A\mathbf{x}_1 \ A\mathbf{x}_2 \ \cdots \ A\mathbf{x}_n] = [\lambda_1 \mathbf{x}_1 \ \lambda_2 \mathbf{x}_2 \ \cdots \ \lambda_n \mathbf{x}_n]$$

可得

$$P^{-1}AP = [\lambda_1 P^{-1}\mathbf{x}_1 \ \lambda_2 P^{-1}\mathbf{x}_2 \ \cdots \ \lambda_n P^{-1}\mathbf{x}_n]$$
$$= [\lambda_1 \mathbf{e}_1 \ \lambda_2 \mathbf{e}_2 \ \cdots \ \lambda_n \mathbf{e}_n]$$

所以，

$$P^{-1}AP = \begin{bmatrix} \lambda_1 & 0 & 0 & \cdots & 0 \\ 0 & \lambda_2 & 0 & \cdots & 0 \\ 0 & 0 & \lambda_3 & \cdots & 0 \\ \vdots & \vdots & \vdots & & \vdots \\ 0 & 0 & 0 & \cdots & \lambda_n \end{bmatrix} = D$$

因此，我們證得若 A 具有 n 個線性獨立固有向量，則 A 相似於對角方陣 D。本定理另一半的證明留給讀者自行證明。

下面的推論非常有用，因它能辨別哪一類的方陣能夠對角化。

推論：若方陣 A 的特徵方程式有相異實根，則 A 為可對角化。

例題 2

將方陣 $A = \begin{bmatrix} 1 & 2 & -1 \\ 1 & 0 & 1 \\ 4 & -4 & 5 \end{bmatrix}$ 對角化。

解 我們已在上一節例題 3 中,求得方陣 A 的固有向量為

$$\mathbf{x}_1 = \begin{bmatrix} -1 \\ 1 \\ 2 \end{bmatrix}, \quad \mathbf{x}_2 = \begin{bmatrix} -2 \\ 1 \\ 4 \end{bmatrix}, \quad \mathbf{x}_3 = \begin{bmatrix} -1 \\ 1 \\ 4 \end{bmatrix}$$

又 $P = \begin{bmatrix} -1 & -2 & -1 \\ 1 & 1 & 1 \\ 2 & 4 & 4 \end{bmatrix}$ 且 $P^{-1} = \frac{1}{2} \begin{bmatrix} 0 & 4 & -1 \\ -2 & -2 & 0 \\ 2 & 0 & 1 \end{bmatrix}$

故 $P^{-1}AP = \frac{1}{2} \begin{bmatrix} 0 & 4 & -1 \\ -2 & -2 & 0 \\ 2 & 0 & 1 \end{bmatrix} \begin{bmatrix} 1 & 2 & -1 \\ 1 & 0 & 1 \\ 4 & -4 & 5 \end{bmatrix} \begin{bmatrix} -1 & -2 & -1 \\ 1 & 1 & 1 \\ 2 & 4 & 4 \end{bmatrix}$

$= \frac{1}{2} \begin{bmatrix} 0 & 4 & -1 \\ -2 & -2 & 0 \\ 2 & 0 & 1 \end{bmatrix} \begin{bmatrix} -1 & -4 & -3 \\ 1 & 2 & 3 \\ 2 & 8 & 12 \end{bmatrix}$

$= \frac{1}{2} \begin{bmatrix} 2 & 0 & 0 \\ 0 & 4 & 0 \\ 0 & 0 & 6 \end{bmatrix} = \begin{bmatrix} 1 & 0 & 0 \\ 0 & 2 & 0 \\ 0 & 0 & 3 \end{bmatrix}$

此一對角方陣之對角線上的元素恰為方陣 A 的固有值。

讀者應注意,方陣 P 中所有行的先後順序並不重要,因為 $P^{-1}AP$ 的第 i 個對角線元素為 P 的第 i 個行向量的固有值。方陣 P 之行位置的改變隨著 $P^{-1}AP$ 之對角線上固有值的位置作調整。在例題 3 中,若

$$P = \begin{bmatrix} -1 & -1 & -2 \\ 1 & 1 & 1 \\ 2 & 4 & 4 \end{bmatrix}$$

則

$$P^{-1}AP = \begin{bmatrix} 1 & 0 & 0 \\ 0 & 3 & 0 \\ 0 & 0 & 2 \end{bmatrix}$$

若 A 為 n 階方陣且 P 為非奇異方陣，則

$$(P^{-1}AP)^2 = P^{-1}APP^{-1}AP = P^{-1}AIAP = P^{-1}A^2P$$

$$(P^{-1}AP)^3 = P^{-1}APP^{-1}APP^{-1}AP = P^{-1}APP^{-1}A^2P$$

$$= P^{-1}AIA^2P = P^{-1}A^3P$$

$$\vdots$$

依此類推，一般而言，對任一正整數 k，

$$(P^{-1}AP)^k = P^{-1}A^kP$$

若 A 為可對角化，且 $P^{-1}AP = D$ 為對角方陣，則

$$D^k = P^{-1}A^kP$$

由上式可得

$$A^k = PD^kP^{-1} \tag{7-4}$$

由 (7-4) 式得知，若求出 D^k，則可計算出 A^k。若

$$D = \begin{bmatrix} \alpha_1 & 0 & 0 & \cdots & 0 \\ 0 & \alpha_2 & 0 & \cdots & 0 \\ \vdots & \vdots & \vdots & & \vdots \\ 0 & 0 & 0 & \cdots & \alpha_n \end{bmatrix}$$

則

$$D^k = \begin{bmatrix} \alpha_1^k & 0 & 0 & \cdots & 0 \\ 0 & \alpha_2^k & 0 & \cdots & 0 \\ \vdots & \vdots & \vdots & & \vdots \\ 0 & 0 & 0 & \cdots & \alpha_n^k \end{bmatrix}。$$

例題 3

設 $A = \begin{bmatrix} 1 & 2 & -1 \\ 1 & 0 & 1 \\ 4 & -4 & 5 \end{bmatrix}$，求 A^5。

解 我們在例題 2 中，證明了方陣 A 可被

$$P = \begin{bmatrix} -1 & -2 & -1 \\ 1 & 1 & 1 \\ 2 & 4 & 4 \end{bmatrix}$$

對角化，且

$$D=P^{-1}AP=\begin{bmatrix} 1 & 0 & 0 \\ 0 & 2 & 0 \\ 0 & 0 & 3 \end{bmatrix}$$

因此，由 (7-4) 式可知

$$A^5=PD^5P^{-1}$$

故 $A^5 = \begin{bmatrix} -1 & -2 & -1 \\ 1 & 1 & 1 \\ 2 & 4 & 4 \end{bmatrix} \begin{bmatrix} 1^5 & 0 & 0 \\ 0 & 2^5 & 0 \\ 0 & 0 & 3^5 \end{bmatrix} \begin{bmatrix} 0 & 2 & -\frac{1}{2} \\ -1 & -1 & 0 \\ 1 & 0 & \frac{1}{2} \end{bmatrix}$

$$= \begin{bmatrix} -179 & 62 & -121 \\ 211 & -30 & 121 \\ 844 & -124 & 485 \end{bmatrix} \text{。}$$

有關方陣之乘冪的計算除了利用 (7-4) 式外，若方陣 A 不能被對角化，則利用下面的定理計算 A 的乘冪。

定理 7-11 │ 凱利－漢米爾頓定理 (Cayley-Hamilton theorem)

若 A 為 n 階方陣，$P(\lambda)=c_n\lambda^n+\cdots+c_1\lambda+c_0$ 為其特徵多項式，則 $P(A)=0$，即，A 為特徵多項式的**零位**。

例題 4

已知 $A=\begin{bmatrix} 0 & 1 & 0 \\ 0 & 0 & 1 \\ 1 & -3 & 3 \end{bmatrix}$ 的特徵多項式為 $P(\lambda)=\lambda^3-3\lambda^2+3\lambda-1$，試證 $P(A)=0$。

解 因 $A^2=\begin{bmatrix} 0 & 0 & 1 \\ 1 & -3 & 3 \\ 3 & -8 & 6 \end{bmatrix}$，$A^3=\begin{bmatrix} 1 & -3 & 3 \\ 3 & -8 & 6 \\ 6 & -15 & 10 \end{bmatrix}$，故

$$P(A) = -I + 3A - 3A^2 + A^3$$

$$= -\begin{bmatrix} 1 & 0 & 0 \\ 0 & 1 & 0 \\ 0 & 0 & 1 \end{bmatrix} + 3\begin{bmatrix} 0 & 1 & 0 \\ 0 & 0 & 1 \\ 1 & -3 & 3 \end{bmatrix} - 3\begin{bmatrix} 0 & 0 & 1 \\ 1 & -3 & 3 \\ 3 & -8 & 6 \end{bmatrix} + \begin{bmatrix} 1 & -3 & 3 \\ 3 & -8 & 6 \\ 6 & -15 & 10 \end{bmatrix}$$

$$= \begin{bmatrix} 0 & 0 & 0 \\ 0 & 0 & 0 \\ 0 & 0 & 0 \end{bmatrix} = \mathbf{0} \text{。}$$

例題 5

已知 $A = \begin{bmatrix} 0 & 1 & 0 \\ 0 & 0 & 1 \\ 1 & -3 & 3 \end{bmatrix}$，計算 A^4。

解 A 的特徵多項式為

$$P(\lambda) = \det(\lambda I - A) = \begin{vmatrix} \lambda & -1 & 0 \\ 0 & \lambda & -1 \\ -1 & 3 & \lambda - 3 \end{vmatrix}$$

$$= \lambda^3 - 3\lambda^2 + 3\lambda - 1$$

利用例題 4 得知

$$P(A) = A^3 - 3A^2 + 3A - I = \mathbf{0}$$

即，
$$A^3 = I - 3A + 3A^2$$

$$A^3 = \begin{bmatrix} 1 & 0 & 0 \\ 0 & 1 & 0 \\ 0 & 0 & 1 \end{bmatrix} - 3\begin{bmatrix} 0 & 1 & 0 \\ 0 & 0 & 1 \\ 1 & -3 & 3 \end{bmatrix} + 3\begin{bmatrix} 0 & 0 & 1 \\ 1 & -3 & 3 \\ 3 & -8 & 6 \end{bmatrix}$$

$$= \begin{bmatrix} 1 & -3 & 3 \\ 3 & -8 & 6 \\ 6 & -15 & 10 \end{bmatrix}$$

所以，
$$A^4 = AA^3 = \begin{bmatrix} 0 & 1 & 0 \\ 0 & 0 & 1 \\ 1 & -3 & 3 \end{bmatrix} \begin{bmatrix} 1 & -3 & 3 \\ 3 & -8 & 6 \\ 6 & -15 & 10 \end{bmatrix}$$

$$= \begin{bmatrix} 3 & -8 & 6 \\ 6 & -15 & 10 \\ 10 & -24 & 15 \end{bmatrix}。$$

近似對角化形式──約旦方陣

當方陣 A 的特徵方程式有重根時,除非方陣對稱且元素為實數,否則不能對角化。但是,存在一種相似變換

$$J = P^{-1}AP$$

其中 $J = P^{-1}AP$ 皆為 n 階方陣使得方陣 J 幾乎是一個對角方陣。

定義 7-8

若一個 n 階方陣的對角線上的元素皆為該方陣的固有值 λ,而對角線上方第一斜行皆為 1,其餘皆為 0,則稱其為**約旦分塊方陣** (Jordan block matrix),記為:

$$J = \begin{bmatrix} \lambda & 1 & 0 & \cdots & \cdots & 0 \\ 0 & \lambda & 1 & 0 & \cdots & 0 \\ 0 & 0 & \lambda & 1 & \cdots & 0 \\ \vdots & \vdots & \vdots & & & \vdots \\ \vdots & \vdots & \vdots & & \ddots & \vdots \\ 0 & 0 & 0 & \cdots & \cdots & \lambda \end{bmatrix}。$$

定義 7-9

形如

$$J = \begin{bmatrix} J_1 & 0 & 0 & \cdots & 0 \\ 0 & J_2 & 0 & \cdots & 0 \\ 0 & 0 & J_3 & \cdots & 0 \\ \vdots & \vdots & \vdots & & \vdots \\ 0 & 0 & 0 & \cdots & J_n \end{bmatrix}$$

的方陣稱為**約旦標準方陣** (Jordan canonical matrix),其中 J_1, J_2, J_3, $\cdots$, J_n 皆為約旦分塊方陣,其對角線上的元素分別為固有值 λ_1, λ_2, λ_3, $\cdots$, λ_n。

例如，$A=[6]$、$B=\begin{bmatrix} 3 & 1 \\ 0 & 3 \end{bmatrix}$ 與 $C=\begin{bmatrix} 3 & 1 & 0 \\ 0 & 3 & 1 \\ 0 & 0 & 3 \end{bmatrix}$ 皆為約旦分塊方陣。

例題 6

$$A=\begin{bmatrix} 5 & 1 & 0 & 0 & 0 & 0 \\ 0 & 5 & 1 & 0 & 0 & 0 \\ 0 & 0 & 5 & 0 & 0 & 0 \\ 0 & 0 & 0 & 6 & 1 & 0 \\ 0 & 0 & 0 & 0 & 6 & 0 \\ 0 & 0 & 0 & 0 & 0 & 7 \end{bmatrix}$$ 為約旦標準方陣，其中，$J_1=\begin{bmatrix} 5 & 1 & 0 \\ 0 & 5 & 1 \\ 0 & 0 & 5 \end{bmatrix}$，

$J_2=\begin{bmatrix} 6 & 1 \\ 0 & 6 \end{bmatrix}$，$J_3=[7]$ 皆為約旦分塊方陣。

定理 7-12 | 約旦標準方陣

設 A 為 n 階方陣，則存在一可逆方陣 P 使得

$$P^{-1}AP=\begin{bmatrix} J_1 & 0 & 0 & \cdots & 0 \\ 0 & J_2 & 0 & \cdots & 0 \\ 0 & 0 & J_3 & \cdots & 0 \\ \vdots & \vdots & \vdots & & \vdots \\ 0 & 0 & 0 & \cdots & J_n \end{bmatrix}=J$$

其中 J_1，J_2，J_3，$\cdots$，J_n 皆為約旦分塊方陣，其對角線上的元素分別為 λ_1，λ_2，λ_3，$\cdots$，λ_n (其中 λ_i 可相同)，n 為 A 的固有向量的最大線性獨立子集合的向量個數。

方陣 P 的求法

假設 n 階方陣 A 的特徵方程式有 r 個重根，即，

$$\underbrace{\lambda_1, \lambda_1, \lambda_1, \cdots, \lambda_1}_{r\ 個}, \lambda_{r+1}, \cdots, \lambda_n$$

則 $P=[P_1 \ P_2 \ P_3 \ \cdots \ P_r \ P_{r+1} \ P_{r+2} \ \cdots \ P_n]$

其中 P_i 必須依照下列的步驟：

1. $(\lambda_1 I_n - A)P_1 = 0$，求 P_1。
2. $(\lambda_i I_n - A)P_i + P_{i-1} = 0$，求 P_i，其中 $i = 2, 3, \cdots, r$。
3. $(\lambda_k I_n - A)P_k = 0$，求 P_k，其中 $k = r+1, r+2, \cdots, n$。
4. $P^{-1}AP = A$ 為約旦標準方陣。

例題 7

已知 $A = \begin{bmatrix} 0 & 6 & -5 \\ 1 & 0 & 2 \\ 3 & 2 & 4 \end{bmatrix}$，求方陣 P 使得 $J = P^{-1}AP$ 為約旦標準方陣。

解 A 的特徵方程式為 $\det(\lambda I_3 - A) = \begin{vmatrix} \lambda & -6 & 5 \\ -1 & \lambda & -2 \\ -3 & -2 & \lambda - 4 \end{vmatrix} = 0$

$\Rightarrow \lambda = 1, 1, 2$。

(1) 對 $\lambda = 1$，令

$$P_1 = \begin{bmatrix} p_1 \\ p_2 \\ p_3 \end{bmatrix}，則$$

$$(\lambda I_3 - A)P_1 = \begin{bmatrix} 1 & -6 & 5 \\ -1 & 1 & -2 \\ -3 & -2 & -3 \end{bmatrix} \begin{bmatrix} p_1 \\ p_2 \\ p_3 \end{bmatrix} = 0$$

可知 $\begin{cases} p_1 - 6p_2 + 5p_3 = 0 \\ -p_1 + p_2 - 2p_3 = 0 \\ -3p_1 - 2p_2 - 3p_3 = 0 \end{cases}$

解得 $p_2 = -\dfrac{3}{7} p_1$，$p_3 = -\dfrac{5}{7} p_1$。

而其解為 $\begin{bmatrix} t \\ -\dfrac{3}{7}t \\ -\dfrac{5}{7}t \end{bmatrix}$，$t$ 為非零的任意實數。因此，$P_1 = \begin{bmatrix} 1 \\ -\dfrac{3}{7} \\ -\dfrac{5}{7} \end{bmatrix}$ 為對應

於 $\lambda = 1$ 的固有向量。

(2) 對 $\lambda = 1$，令 $\boldsymbol{P}_2 = \begin{bmatrix} p_1 \\ p_2 \\ p_3 \end{bmatrix}$，則

$$(\lambda \boldsymbol{I}_3 - \boldsymbol{A})\boldsymbol{P}_2 + \boldsymbol{P}_1 = \begin{bmatrix} 1 & -6 & 5 \\ -1 & 1 & -2 \\ -3 & -2 & -3 \end{bmatrix} \begin{bmatrix} p_1 \\ p_2 \\ p_3 \end{bmatrix} + \begin{bmatrix} 1 \\ -\dfrac{3}{7} \\ -\dfrac{5}{7} \end{bmatrix} = \boldsymbol{0}$$

解得 $p_1 = 1$, $p_2 = -\dfrac{22}{49}$, $p_3 = -\dfrac{46}{49}$

故 $\boldsymbol{P}_2 = \begin{bmatrix} 1 \\ -\dfrac{22}{49} \\ -\dfrac{46}{49} \end{bmatrix}$。

(3) 對 $\lambda = 2$，令 $\boldsymbol{P}_3 = \begin{bmatrix} p_1 \\ p_2 \\ p_3 \end{bmatrix}$，則

$$(\lambda \boldsymbol{I}_3 - \boldsymbol{A})\boldsymbol{P}_3 = \begin{bmatrix} 2 & -6 & 5 \\ -1 & 2 & -2 \\ -3 & -2 & -2 \end{bmatrix} \begin{bmatrix} p_1 \\ p_2 \\ p_3 \end{bmatrix} = \boldsymbol{0}$$

可知 $\begin{cases} 2p_1 - 6p_2 + 5p_3 = 0 \\ -p_1 + 2p_2 - 2p_3 = 0 \\ -3p_1 - 2p_2 - 2p_3 = 0 \end{cases}$

解得 $p_1 = -p_3$, $p_2 = \dfrac{1}{2} p_3$。

而其解為 $\begin{bmatrix} -t \\ \dfrac{1}{2}t \\ t \end{bmatrix}$，$t$ 為非零的任意實數。因此，$\boldsymbol{P}_3 = \begin{bmatrix} 2 \\ -1 \\ -2 \end{bmatrix}$ 為對應於

$\lambda = 2$ 的固有向量。

所以，$P = [P_1 \ P_2 \ P_3] = \begin{bmatrix} 1 & 1 & 2 \\ -\dfrac{3}{7} & -\dfrac{22}{49} & -1 \\ -\dfrac{5}{7} & -\dfrac{46}{49} & -2 \end{bmatrix}$

可得 $P^{-1}AP = \begin{bmatrix} 1 & 1 & 0 \\ 0 & 1 & 0 \\ 0 & 0 & 2 \end{bmatrix} = J$

其中 $J_1 = \begin{bmatrix} 1 & 1 \\ 0 & 1 \end{bmatrix}$, $J_2 = [2]$。

定義 7-10

若方陣 Q 為可逆且

$$Q^{-1} = Q^T$$

則方陣 Q 稱為**正交** (orthogonal)。

定理 7-13

若 Q 為對稱方陣，則 Q 的相異固有值所對應的固有向量為正交。

定理 7-14

n 階方陣 Q 為正交，若且唯若 Q 的各行形成 $I\!R^n$ 中的**正規正交基底**。

證 令 $Q = \begin{bmatrix} a_{11} & a_{12} & \cdots & a_{1n} \\ a_{21} & a_{22} & \cdots & a_{2n} \\ \vdots & \vdots & & \vdots \\ a_{n1} & a_{n2} & \cdots & a_{nn} \end{bmatrix}$，則 $Q^T = \begin{bmatrix} a_{11} & a_{21} & \cdots & a_{n1} \\ a_{12} & a_{22} & \cdots & a_{n2} \\ \vdots & \vdots & & \vdots \\ a_{1n} & a_{2n} & \cdots & a_{nn} \end{bmatrix}$。

令 $C = [c_{ij}] = Q^T Q$，則 $c_{ij} = a_{1i}a_{1j} + a_{2i}a_{2j} + \cdots + a_{ni}a_{nj} = \mathbf{b}_i \cdot \mathbf{b}_j$，此處 $\mathbf{b}_i$ 代表方陣 Q 的第 i 行。若方陣 Q 的各行為正規正交，則

$$c_{ij} = \begin{cases} 0, & \text{若 } i \neq j \\ 1, & \text{若 } i = j \end{cases} \tag{*}$$

即，$C = I$。反之，若 $Q^T = Q^{-1}$，則 $C = I$。於是，(∗) 式成立，而方陣 Q 的各行為正規正交，故得證。

例題 8

已知 $\mathbf{u}_1 = \begin{bmatrix} \frac{1}{\sqrt{2}} \\ \frac{1}{\sqrt{2}} \\ 0 \end{bmatrix}$，$\mathbf{u}_2 = \begin{bmatrix} -\frac{1}{\sqrt{6}} \\ \frac{1}{\sqrt{6}} \\ \frac{2}{\sqrt{6}} \end{bmatrix}$，$\mathbf{u}_3 = \begin{bmatrix} \frac{1}{\sqrt{3}} \\ -\frac{1}{\sqrt{3}} \\ \frac{1}{\sqrt{3}} \end{bmatrix}$

形成 $I\!R^3$ 中的正規正交基底，則方陣

$$Q = \begin{bmatrix} \frac{1}{\sqrt{2}} & -\frac{1}{\sqrt{6}} & \frac{1}{\sqrt{3}} \\ \frac{1}{\sqrt{2}} & \frac{1}{\sqrt{6}} & -\frac{1}{\sqrt{3}} \\ 0 & \frac{2}{\sqrt{6}} & \frac{1}{\sqrt{3}} \end{bmatrix}$$

為正交方陣。我們可檢查

$$Q^T Q = \begin{bmatrix} \frac{1}{\sqrt{2}} & \frac{1}{\sqrt{2}} & 0 \\ -\frac{1}{\sqrt{6}} & \frac{1}{\sqrt{6}} & \frac{2}{\sqrt{6}} \\ \frac{1}{\sqrt{3}} & -\frac{1}{\sqrt{3}} & \frac{1}{\sqrt{3}} \end{bmatrix} \begin{bmatrix} \frac{1}{\sqrt{2}} & -\frac{1}{\sqrt{6}} & \frac{1}{\sqrt{3}} \\ \frac{1}{\sqrt{2}} & \frac{1}{\sqrt{6}} & -\frac{1}{\sqrt{3}} \\ 0 & \frac{2}{\sqrt{6}} & \frac{1}{\sqrt{3}} \end{bmatrix}$$

$$= \begin{bmatrix} 1 & 0 & 0 \\ 0 & 1 & 0 \\ 0 & 0 & 1 \end{bmatrix} \text{。}$$

定義 7-11

已知方陣 A，若存在一正交方陣 Q 使得

$$Q^{-1}AQ\ (=Q^TAQ)=D$$

為對角方陣，其中 $D=\text{diag}(\lambda_1,\ \lambda_2,\ \cdots,\ \lambda_n)$，$\lambda_1,\ \lambda_2,\ \cdots,\ \lambda_n$ 為方陣 A 的固有值，則稱 A 為**正交對角化** (orthogonally diagonalizable)。

定理 7-15

方陣 A 為正交對角化，若且唯若 A 為對稱方陣。

利用此定理，我們可得正交對角化對稱方陣 A 的步驟如下：

1. 對 A 的每一固有空間求一基底。
2. 對 A 的每一個固有空間，應用格蘭姆－史密特的正交化過程，求得一正規正交基底。
3. 由 2. 中所得的正規正交固有向量作為方陣 Q 的行向量，此方陣 Q 將可正交對角化方陣 A。

例題 9

求一正交方陣 Q 使

$$A=\begin{bmatrix} 5 & 4 & 2 \\ 4 & 5 & 2 \\ 2 & 2 & 2 \end{bmatrix}$$

為對角化。

解 A 的特徵方程式為

$$\det(\lambda I_3-A)=\begin{vmatrix} \lambda-5 & -4 & -2 \\ -4 & \lambda-5 & -2 \\ -2 & -2 & \lambda-2 \end{vmatrix}$$

$$=\begin{vmatrix} \lambda-1 & -\lambda+1 & 0 \\ 0 & \lambda-1 & -2\lambda+2 \\ -2 & -2 & \lambda-2 \end{vmatrix}$$

$$= (\lambda - 1)^2(\lambda - 10)$$
$$= 0$$

可得 A 的特徵值為 $\lambda = 1, 1, 10$。

(1) 對 $\lambda = 1$，求得線性獨立固有向量

$$\mathbf{x}_1 = \begin{bmatrix} -1 \\ 1 \\ 0 \end{bmatrix}, \quad \mathbf{x}_2 = \begin{bmatrix} -1 \\ 0 \\ 2 \end{bmatrix}。$$

(2) 對 $\lambda = 10$，求得固有向量

$$\mathbf{x}_3 = \begin{bmatrix} 2 \\ 2 \\ 1 \end{bmatrix}$$

對 $\{\mathbf{x}_1, \mathbf{x}_2\}$ 應用格蘭姆－史密特正交化過程，求正規正交固有向量如下：

令
$$\mathbf{u}_1 = \frac{\mathbf{x}_1}{\|\mathbf{x}_1\|} = \begin{bmatrix} -\frac{1}{\sqrt{2}} \\ \frac{1}{\sqrt{2}} \\ 0 \end{bmatrix}$$

則 $\mathbf{x}_2' = \mathbf{x}_2 - (\mathbf{x}_2 \cdot \mathbf{u}_1)\mathbf{u}_1 = \begin{bmatrix} -1 \\ 0 \\ 2 \end{bmatrix} - \frac{1}{\sqrt{2}} \begin{bmatrix} -\frac{1}{\sqrt{2}} \\ \frac{1}{\sqrt{2}} \\ 0 \end{bmatrix} = \begin{bmatrix} -\frac{1}{2} \\ -\frac{1}{2} \\ 2 \end{bmatrix}$

且 $\|\mathbf{x}_2'\| = \frac{3\sqrt{2}}{2}$，故

$$\mathbf{u}_2 = \frac{\mathbf{x}_2'}{\|\mathbf{x}_2'\|} = \frac{2}{3\sqrt{2}} \begin{bmatrix} -\frac{1}{2} \\ -\frac{1}{2} \\ 2 \end{bmatrix} = \begin{bmatrix} -\frac{1}{3\sqrt{2}} \\ -\frac{1}{3\sqrt{2}} \\ \frac{4}{3\sqrt{2}} \end{bmatrix}$$

而 $\mathbf{u}_1 \cdot \mathbf{u}_2 = \dfrac{1}{6} - \dfrac{1}{6} + 0 = 0$，即，$\mathbf{u}_1 \perp \mathbf{u}_2$。

對 $\{\mathbf{x}_3\}$ 利用格蘭姆－史密特法，可得

$$\mathbf{u}_3 = \dfrac{\mathbf{x}_3}{\|\mathbf{x}_3\|} = \dfrac{1}{3}\begin{bmatrix} 2 \\ 2 \\ 1 \end{bmatrix} = \begin{bmatrix} \dfrac{2}{3} \\ \dfrac{2}{3} \\ \dfrac{1}{3} \end{bmatrix}$$

又
$$\mathbf{u}_1 \cdot \mathbf{u}_3 = -\dfrac{2}{3\sqrt{2}} + \dfrac{2}{3\sqrt{2}} = 0$$

$$\mathbf{u}_2 \cdot \mathbf{u}_3 = -\dfrac{2}{9\sqrt{2}} - \dfrac{2}{9\sqrt{2}} + \dfrac{4}{9\sqrt{2}} = 0$$

故 $\mathbf{u}_1 \perp \mathbf{u}_3$ 且 $\mathbf{u}_2 \perp \mathbf{u}_3$。於是，

$$Q = \begin{bmatrix} -\dfrac{1}{\sqrt{2}} & -\dfrac{1}{3\sqrt{2}} & \dfrac{2}{3} \\ \dfrac{1}{\sqrt{2}} & -\dfrac{1}{3\sqrt{2}} & \dfrac{2}{3} \\ 0 & \dfrac{4}{3\sqrt{2}} & \dfrac{1}{3} \end{bmatrix}$$

為正交方陣，而

$Q^T A Q$

$$= \begin{bmatrix} -\dfrac{1}{\sqrt{2}} & \dfrac{1}{\sqrt{2}} & 0 \\ -\dfrac{1}{3\sqrt{2}} & -\dfrac{1}{3\sqrt{2}} & \dfrac{4}{3\sqrt{2}} \\ \dfrac{2}{3} & \dfrac{2}{3} & \dfrac{1}{3} \end{bmatrix} \begin{bmatrix} 5 & 4 & 2 \\ 4 & 5 & 2 \\ 2 & 2 & 2 \end{bmatrix} \begin{bmatrix} -\dfrac{1}{\sqrt{2}} & -\dfrac{1}{3\sqrt{2}} & \dfrac{2}{3} \\ \dfrac{1}{\sqrt{2}} & -\dfrac{1}{3\sqrt{2}} & \dfrac{2}{3} \\ 0 & \dfrac{4}{3\sqrt{2}} & \dfrac{1}{3} \end{bmatrix}$$

$$= \begin{bmatrix} -\dfrac{1}{\sqrt{2}} & \dfrac{1}{\sqrt{2}} & 0 \\ -\dfrac{1}{3\sqrt{2}} & -\dfrac{1}{3\sqrt{2}} & \dfrac{4}{3\sqrt{2}} \\ \dfrac{20}{3} & \dfrac{20}{3} & \dfrac{10}{3} \end{bmatrix} \begin{bmatrix} -\dfrac{1}{\sqrt{2}} & -\dfrac{1}{3\sqrt{2}} & \dfrac{2}{3} \\ \dfrac{1}{\sqrt{2}} & -\dfrac{1}{3\sqrt{2}} & \dfrac{2}{3} \\ 0 & \dfrac{4}{3\sqrt{2}} & \dfrac{1}{3} \end{bmatrix}$$

$$= \begin{bmatrix} 1 & 0 & 0 \\ 0 & 1 & 0 \\ 0 & 0 & 10 \end{bmatrix} \text{。}$$

習題 7-3

1. 下列各方陣中，哪些是可對角化？

   (1) $\begin{bmatrix} 1 & 0 \\ -2 & 1 \end{bmatrix}$
   (2) $\begin{bmatrix} 1 & 4 \\ 1 & -2 \end{bmatrix}$
   (3) $\begin{bmatrix} 1 & 1 & -2 \\ 4 & 0 & 4 \\ 1 & -1 & 4 \end{bmatrix}$

   (4) $\begin{bmatrix} 1 & 2 & 3 \\ 0 & -1 & 2 \\ 0 & 0 & 2 \end{bmatrix}$
   (5) $\begin{bmatrix} 3 & 1 & 0 \\ 0 & 3 & 1 \\ 0 & 0 & 3 \end{bmatrix}$

將下列各方陣對角化。

2. $A = \begin{bmatrix} 1 & 1 & 2 \\ 0 & 1 & 0 \\ 0 & 1 & 3 \end{bmatrix}$

3. $A = \begin{bmatrix} 2 & 0 & -2 \\ 0 & 3 & 0 \\ 0 & 0 & 3 \end{bmatrix}$

4. $A = \begin{bmatrix} 1 & 0 & 0 \\ 0 & 1 & 1 \\ 0 & 1 & 1 \end{bmatrix}$

5. $A = \begin{bmatrix} -1 & 4 & -2 \\ -3 & 4 & 0 \\ -3 & 1 & 3 \end{bmatrix}$

6. 將下列各方陣化成約旦標準方陣。

   (1) $A = \begin{bmatrix} 3 & 1 & -1 \\ -1 & 1 & 1 \\ 0 & 0 & 2 \end{bmatrix}$
   (2) $B = \begin{bmatrix} 2 & 2 & 4 \\ 0 & -2 & 0 \\ -1 & 4 & 6 \end{bmatrix}$

7. 已知 $A=\begin{bmatrix} 1 & 0 & 0 \\ 0 & 1 & 1 \\ 0 & 1 & 1 \end{bmatrix}$，求 A^6。

8. 已知 $A=\begin{bmatrix} -1 & 7 & -1 \\ 0 & 1 & 0 \\ 0 & 15 & -2 \end{bmatrix}$，仿照本節例題 3 的方法求 A^{11} 的值。

9. 若 $A=\begin{bmatrix} 1 & -1 & 4 \\ 3 & 2 & -1 \\ 2 & 1 & -1 \end{bmatrix}$ 為可逆方陣，試利用凱利－漢米爾頓定理求 A^{-1}。

10. 試證

$$Q=\begin{bmatrix} \dfrac{2}{3} & \dfrac{2}{3} & \dfrac{1}{3} \\ -\dfrac{2}{3} & \dfrac{1}{3} & \dfrac{2}{3} \\ \dfrac{1}{3} & -\dfrac{2}{3} & \dfrac{2}{3} \end{bmatrix}$$

為一個正交方陣。

11. 求出下列每一個正交方陣的逆方陣。

(1) $A=\begin{bmatrix} 1 & 0 & 0 \\ 0 & \dfrac{1}{\sqrt{2}} & -\dfrac{1}{\sqrt{2}} \\ 0 & -\dfrac{1}{\sqrt{2}} & -\dfrac{1}{\sqrt{2}} \end{bmatrix}$ (2) $B=\begin{bmatrix} 1 & 0 & 0 \\ 0 & \cos\theta & \sin\theta \\ 0 & -\sin\theta & \cos\theta \end{bmatrix}$

試將下列每一個方陣 A 對角化，並求出正交方陣 Q 使得 $Q^T A Q$ 為對角方陣。

12. $A=\begin{bmatrix} 4 & 2 & 2 \\ 2 & 4 & 2 \\ 2 & 2 & 4 \end{bmatrix}$ 13. $A=\begin{bmatrix} 2 & 2 \\ 2 & 2 \end{bmatrix}$

14. $A=\begin{bmatrix} 2 & -1 & -1 \\ -1 & 2 & -1 \\ -1 & -1 & 2 \end{bmatrix}$ 15. $A=\begin{bmatrix} 0 & 0 & 0 \\ 0 & 2 & 2 \\ 0 & 2 & 2 \end{bmatrix}$

7-4 指數方陣

我們在微積分中，曾經學過自然指數函數 e^x 可表為冪級數如下：

$$e^x = 1 + x + \frac{1}{2!}x^2 + \frac{1}{3!}x^3 + \cdots$$

同理，對任一方陣 A，我們可定義**指數方陣** (exponential matrix) e^A 如下：

定義 7-12

設 A 為實數方陣，則 e^A 定義為

$$e^A = I + A + \frac{1}{2!}A^2 + \frac{1}{3!}A^3 + \cdots 。$$

若 D 為對角方陣，即，

$$D = \begin{bmatrix} \lambda_1 & & & \mathbf{0} \\ & \lambda_2 & & \\ & & \ddots & \\ \mathbf{0} & & & \lambda_n \end{bmatrix} = \text{diag}(\lambda_1, \ \lambda_2, \ \cdots, \ \lambda_n)$$

則其指數方陣 e^D 較容易計算，方法如下：

$$\begin{aligned}
e^D &= \lim_{m \to \infty} \left(I + D + \frac{1}{2!}D^2 + \frac{1}{3!}D^3 + \cdots + \frac{1}{m!}D^m \right) \\
&= \lim_{m \to \infty} \left[\text{diag}(1, \ 1, \ \cdots, \ 1) + \text{diag}(\lambda_1, \ \lambda_2, \ \cdots, \ \lambda_n) \right. \\
&\qquad \left. + \text{diag}\frac{1}{2!}(\lambda_1^2, \ \lambda_2^2, \ \cdots, \ \lambda_n^2) + \cdots + \text{diag}\frac{1}{m!}(\lambda_1^m, \ \lambda_2^m, \ \cdots, \ \lambda_n^m) \right] \\
&= \lim_{m \to \infty} \left[\text{diag}\left(\sum_{k=1}^{m} \frac{1}{k!}\lambda_1^k, \ \sum_{k=1}^{m} \frac{1}{k!}\lambda_2^k, \ \cdots, \ \sum_{k=1}^{m} \frac{1}{k!}\lambda_n^k \right) \right] \\
&= \text{diag}(e^{\lambda_1}, \ e^{\lambda_2}, \ \cdots, \ e^{\lambda_n}) = \begin{bmatrix} e^{\lambda_1} & & & \\ & e^{\lambda_2} & & \\ & & \ddots & \\ & & & e^{\lambda_n} \end{bmatrix} 。
\end{aligned}$$

但對於一般的方陣 A 而言，e^A 的計算就比較複雜，如果方陣 A 可對角化，則

$$A^k = PD^k P^{-1}, \quad k = 1, 2, \cdots$$

因此，
$$\begin{aligned}
e^A &= I + A + \frac{1}{2!}A^2 + \frac{1}{3!}A^3 + \cdots \\
&= I + PDP^{-1} + \frac{1}{2!}PD^2P^{-1} + \frac{1}{3!}PD^3P^{-1} + \cdots \\
&= P\left(I + D + \frac{1}{2!}D^2 + \frac{1}{3!}D^3 + \cdots\right)P^{-1} \\
&= Pe^D P^{-1} \text{。}
\end{aligned} \tag{7-5}$$

例題 1

已知 $A = \begin{bmatrix} -2 & -6 \\ 1 & 3 \end{bmatrix}$，求 e^A。

解 A 的固有值為 1 與 0，其固有向量分別為

$$\mathbf{v}_1 = \begin{bmatrix} -2 \\ 1 \end{bmatrix} \quad \text{與} \quad \mathbf{v}_2 = \begin{bmatrix} -3 \\ 1 \end{bmatrix}$$

又 $P = \begin{bmatrix} -2 & -3 \\ 1 & 1 \end{bmatrix}$，而 $P^{-1} = \begin{bmatrix} 1 & 3 \\ -1 & -2 \end{bmatrix}$。

可得 $A = PDP^{-1} = \begin{bmatrix} -2 & -3 \\ 1 & 1 \end{bmatrix} \begin{bmatrix} 1 & 0 \\ 0 & 0 \end{bmatrix} \begin{bmatrix} 1 & 3 \\ -1 & -2 \end{bmatrix}$

故 $e^A = Pe^D P^{-1} = \begin{bmatrix} -2 & -3 \\ 1 & 1 \end{bmatrix} \begin{bmatrix} e & 0 \\ 0 & 1 \end{bmatrix} \begin{bmatrix} 1 & 3 \\ -1 & -2 \end{bmatrix}$

$$= \begin{bmatrix} 3 - 2e & 6 - 6e \\ e - 1 & 3e - 2 \end{bmatrix} \text{。}$$

若 A 為對角方陣，則我們可以直接利用

$$e^{tA} = I + tA + \frac{t^2 A^2}{2!} + \frac{t^3 A^3}{3!} + \cdots \tag{7-6}$$

求得。

例題 2

已知 $A = \begin{bmatrix} 1 & 0 & 0 \\ 0 & 2 & 0 \\ 0 & 0 & 3 \end{bmatrix}$,求 e^{tA}。

解 因 $A^2 = \begin{bmatrix} 1 & 0 & 0 \\ 0 & 2^2 & 0 \\ 0 & 0 & 3^2 \end{bmatrix}$, $A^3 = \begin{bmatrix} 1 & 0 & 0 \\ 0 & 2^3 & 0 \\ 0 & 0 & 3^3 \end{bmatrix}$, $\cdots$, $A^m = \begin{bmatrix} 1 & 0 & 0 \\ 0 & 2^m & 0 \\ 0 & 0 & 3^m \end{bmatrix}$

又 $e^{tA} = I + tA + \dfrac{t^2 A^2}{2!} + \dfrac{t^3 A^3}{3!} + \cdots$

故 $e^{tA} = \begin{bmatrix} 1 & 0 & 0 \\ 0 & 1 & 0 \\ 0 & 0 & 1 \end{bmatrix} + \begin{bmatrix} t & 0 & 0 \\ 0 & 2t & 0 \\ 0 & 0 & 3t \end{bmatrix} + \begin{bmatrix} \dfrac{t^2}{2!} & 0 & 0 \\ 0 & \dfrac{2^2 t^2}{2!} & 0 \\ 0 & 0 & \dfrac{3^2 t^2}{2!} \end{bmatrix}$

$+ \begin{bmatrix} \dfrac{t^3}{3!} & 0 & 0 \\ 0 & \dfrac{2^3 t^3}{3!} & 0 \\ 0 & 0 & \dfrac{3^3 t^3}{3!} \end{bmatrix} + \cdots$

$= \begin{bmatrix} 1 + t + \dfrac{t^2}{2!} + \dfrac{t^3}{3!} + \cdots & 0 & 0 \\ 0 & 1 + 2t + \dfrac{(2t)^2}{2!} + \dfrac{(2t)^3}{3!} + \cdots & 0 \\ 0 & 0 & 1 + 3t + \dfrac{(3t)^2}{2!} + \dfrac{(3t)^3}{3!} + \cdots \end{bmatrix}$

$= \begin{bmatrix} e^t & 0 & 0 \\ 0 & e^{2t} & 0 \\ 0 & 0 & e^{3t} \end{bmatrix}$。

例題 3

已知 $A = \begin{bmatrix} -3 & -1 \\ 2 & 0 \end{bmatrix}$，求 e^{tA}。

解 A 的固有值為 -1 與 -2，其固有向量分別為

$$\mathbf{v}_1 = \begin{bmatrix} 1 \\ -2 \end{bmatrix} \quad \text{與} \quad \mathbf{v}_2 = \begin{bmatrix} 1 \\ -1 \end{bmatrix}$$

於是，$P = \begin{bmatrix} 1 & 1 \\ -2 & -1 \end{bmatrix}$, $P^{-1} = \begin{bmatrix} -1 & -1 \\ 2 & 1 \end{bmatrix}$

故 $e^{tA} = \begin{bmatrix} 1 & 1 \\ -2 & -1 \end{bmatrix} \begin{bmatrix} e^{-t} & 0 \\ 0 & e^{-2t} \end{bmatrix} \begin{bmatrix} -1 & -1 \\ 2 & 1 \end{bmatrix}$

$= \begin{bmatrix} -e^{-t} + 2e^{-2t} & -e^{-t} + e^{-2t} \\ 2e^{-t} - 2e^{-2t} & 2e^{-t} - e^{-2t} \end{bmatrix}$。

如果一個二階方陣為不可對角化，但可化成約旦標準方陣，我們應如何求 e^{tA} 呢？

例題 4

已知 $A = \begin{bmatrix} a & 1 \\ 0 & a \end{bmatrix}$，試證 $e^{tA} = \begin{bmatrix} e^{at} & te^{at} \\ 0 & e^{at} \end{bmatrix}$。

解 $A^2 = \begin{bmatrix} a^2 & 2a \\ 0 & a^2 \end{bmatrix}$, $A^3 = \begin{bmatrix} a^3 & 3a^2 \\ 0 & a^3 \end{bmatrix}$, $\cdots$, $A^m = \begin{bmatrix} a^m & ma^{m-1} \\ 0 & a^m \end{bmatrix}$

利用 $e^{tA} = I + tA + \dfrac{(tA)^2}{2!} + \dfrac{(tA)^3}{3!} + \cdots$

可得 $e^{tA} = \begin{bmatrix} \sum\limits_{m=0}^{\infty} \dfrac{(at)^m}{m!} & \sum\limits_{m=1}^{\infty} \dfrac{ma^{m-1} t^m}{m!} \\ 0 & \sum\limits_{m=0}^{\infty} \dfrac{(at)^m}{m!} \end{bmatrix}$

又 $\sum\limits_{m=1}^{\infty} \dfrac{ma^{m-1} t^m}{m!} = \sum\limits_{m=1}^{\infty} \dfrac{a^{m-1} t^m}{(m-1)!} = t + at^2 + \dfrac{a^2 t^3}{2!} + \dfrac{a^3 t^4}{3!} + \cdots$

$$= t\left(1 + at + \frac{a^2 t^2}{2!} + \frac{a^3 t^3}{3!} + \cdots\right) = te^{at}$$

於是，
$$e^{tA} = \begin{bmatrix} e^{at} & te^{at} \\ 0 & e^{at} \end{bmatrix}。$$

在例題 4 中，方陣 A 可化成約旦標準方陣，因此，對任一方陣 A，我們提供下列的定理去求 e^{tA}。

定理 7-16

若 J 為方陣 A 的約旦標準方陣且 $J = P^{-1}AP$，則 $A = PJP^{-1}$，而
$$e^{tA} = Pe^{tJ}P^{-1}。$$

證 首先我們得知

$$A^n = (PJP^{-1})^n = \overbrace{(PJP^{-1})(PJP^{-1})(PJP^{-1})\cdots(PJP^{-1})}^{n\text{ 個相乘}}$$
$$= PJ(P^{-1}P)J(P^{-1}P)J(P^{-1}P)\cdots(P^{-1}P)JP^{-1}$$
$$= PJ^n P^{-1}$$

因而
$$(tA)^n = P(tJ)^n P^{-1}$$

於是，
$$e^{tA} = I + tA + \frac{(tA)^2}{2!} + \frac{(tA)^3}{3!} + \cdots$$
$$= PIP^{-1} + P(tJ)P^{-1} + P\frac{(tJ)^2}{2!}P^{-1} + \cdots$$
$$= P\left[I + (tJ) + \frac{(tJ)^2}{2!} + \frac{(tJ)^3}{3!} + \cdots\right]P^{-1}$$
$$= Pe^{tJ}P^{-1}。$$

定理 7-16 告訴我們，若想計算 e^{tA}，僅需要計算 e^{tJ}，但 J 為對角方陣時，我們知道如何去計算 e^{tJ}。如果 A 為二階方陣但不可對角化，則 $J = \begin{bmatrix} \lambda & 1 \\ 0 & \lambda \end{bmatrix}$ 且 $e^{tJ} = \begin{bmatrix} e^{\lambda t} & te^{\lambda t} \\ 0 & e^{\lambda t} \end{bmatrix}。$

例題 5

已知 $A = \begin{bmatrix} 2 & -1 \\ 1 & 4 \end{bmatrix}$，求 e^{tA}。

解 因 $\det(\lambda I - A) = \begin{vmatrix} \lambda-2 & 1 \\ -1 & \lambda-4 \end{vmatrix} = (\lambda-3)^2 = 0$，故 $\lambda = 3$ 為 A 的唯一固有值，

其所對應的固有向量為 $P_1 = \begin{bmatrix} 1 \\ -1 \end{bmatrix}$。另外一固有向量 $P_2 = \begin{bmatrix} p_1 \\ p_2 \end{bmatrix}$ 滿足

$$(\lambda I_2 - A)P_2 + P_1 = 0$$

於是，
$$(3I_2 - A)\begin{bmatrix} p_1 \\ p_2 \end{bmatrix} = -\begin{bmatrix} 1 \\ -1 \end{bmatrix}$$

$$\Rightarrow \begin{bmatrix} 1 & 1 \\ -1 & -1 \end{bmatrix}\begin{bmatrix} p_1 \\ p_2 \end{bmatrix} = \begin{bmatrix} -1 \\ 1 \end{bmatrix}$$

$$\Rightarrow \begin{cases} p_1 + p_2 = -1 \\ -p_1 - p_2 = 1 \end{cases}$$

所以，P_2 的可能選擇為 $P_2 = \begin{bmatrix} 1 \\ -2 \end{bmatrix}$。

因而 $P = \begin{bmatrix} 1 & 1 \\ -1 & -2 \end{bmatrix}$, $P^{-1} = \begin{bmatrix} 2 & 1 \\ -1 & -1 \end{bmatrix}$

且 $P^{-1}AP = \begin{bmatrix} 2 & 1 \\ -1 & -1 \end{bmatrix}\begin{bmatrix} 2 & -1 \\ 1 & 4 \end{bmatrix}\begin{bmatrix} 1 & 1 \\ -1 & -2 \end{bmatrix} = \begin{bmatrix} 3 & 1 \\ 0 & 3 \end{bmatrix} = J$

可得 $e^{tJ} = \begin{bmatrix} e^{3t} & te^{3t} \\ 0 & e^{3t} \end{bmatrix} = e^{3t}\begin{bmatrix} 1 & t \\ 0 & 1 \end{bmatrix}$

於是，$e^{tA} = Pe^{tJ}P^{-1} = e^{3t}\begin{bmatrix} 1 & 1 \\ -1 & -2 \end{bmatrix}\begin{bmatrix} 1 & t \\ 0 & 1 \end{bmatrix}\begin{bmatrix} 2 & 1 \\ -1 & -1 \end{bmatrix}$

$$= e^{3t}\begin{bmatrix} 1-t & -t \\ t & 1+t \end{bmatrix}。$$

習題 7-4

就下列每一個方陣，計算 e^A。

1. $A = \begin{bmatrix} 3 & -2 & 1 \\ 0 & 2 & 0 \\ 0 & 0 & 0 \end{bmatrix}$ 2. $A = \begin{bmatrix} 0 & -1 \\ 2 & 3 \end{bmatrix}$ 3. $A = \begin{bmatrix} 1 & 2 & -1 \\ 1 & 0 & 1 \\ 4 & -4 & 5 \end{bmatrix}$

4. 已知 $A = \begin{bmatrix} -2 & 1 & 0 \\ -2 & 1 & -1 \\ -1 & 1 & -2 \end{bmatrix}$，求 e^{tA}。

5. 已知 $N_3 = \begin{bmatrix} 0 & 1 & 0 \\ 0 & 0 & 1 \\ 0 & 0 & 0 \end{bmatrix}$，試證 (1) $N_3^3 = \mathbf{0}$ (2) $e^{tN_3} = \begin{bmatrix} 1 & t & \dfrac{t}{2} \\ 0 & 1 & t \\ 0 & 0 & 1 \end{bmatrix}$。

6. 已知 $J = \begin{bmatrix} \lambda & 1 & 0 \\ 0 & \lambda & 1 \\ 0 & 0 & \lambda \end{bmatrix}$，試證 $e^{tJ} = e^{\lambda t} \begin{bmatrix} 1 & t & \dfrac{t^2}{2} \\ 0 & 1 & t \\ 0 & 0 & 1 \end{bmatrix}$。

7-5 二次型

含 n 個變數 x_1, x_2, x_3, $\cdots$, x_n 的線性方程式可表為

$$a_1 x_1 + a_2 x_2 + a_3 x_3 + \cdots + a_n x_n = b$$

的形式，此式等號左邊的式子

$$a_1 x_1 + a_2 x_2 + a_3 x_3 + \cdots + a_n x_n$$

為一個 n 變數函數，稱為**一次型** (linear form)。在本節中，我們將介紹一種函數，而此種函數稱為**二次型** (quadratic form)。例如：

含二變數 x_1 及 x_2 的二次型可表為

$$a_1 x_1^2 + a_2 x_2^2 + a_3 x_1 x_2 \tag{7-7}$$

同理，含三變數 x_1、x_2 及 x_3 的二次型為

$$a_1 x_1^2 + a_2 x_2^2 + a_3 x_3^2 + a_4 x_1 x_2 + a_5 x_1 x_3 + a_6 x_2 x_3 \tag{7-8}$$

在二次型裡，不同變數相乘的項稱為**混合乘積項** (cross-product term)。因此，(7-7) 式的最後一項與 (7-8) 式的最後三項為混合乘積項。假若我們同意省略 1×1 矩陣的括號，則 (7-7) 式可寫成矩陣相乘的形式：

$$a_1x_1^2+a_2x_2^2+a_3x_1x_2=[x_1\ x_2]\begin{bmatrix} a_1 & \dfrac{a_3}{2} \\ \dfrac{a_3}{2} & a_2 \end{bmatrix}\begin{bmatrix} x_1 \\ x_2 \end{bmatrix} \qquad (7\text{-}9)$$

讀者應注意，(7-9) 式中的二階方陣是對稱的，其對角線元素為二次型之平方項的係數，而非對角線元素為混合乘積項 x_1x_2 之係數的一半。

同理，(7-8) 式亦可寫成

$$a_1x_1^2+a_2x_2^2+a_3x_3^2+a_4x_1x_2+a_5x_1x_3+a_6x_2x_3$$

$$=[x_1\ x_2\ x_3]\begin{bmatrix} a_1 & \dfrac{a_4}{2} & \dfrac{a_5}{2} \\ \dfrac{a_4}{2} & a_2 & \dfrac{a_6}{2} \\ \dfrac{a_5}{2} & \dfrac{a_6}{2} & a_3 \end{bmatrix}\begin{bmatrix} x_1 \\ x_2 \\ x_3 \end{bmatrix}$$

二次型並不限制為只含二個變數或三個變數，一般二次型含 n 個變數的定義如下：

定義 7-13

含 $x_1,\ x_2,\ x_3,\ \cdots,\ x_n$ 的二次型可表示為

$$[x_1\ x_2\ x_3\ \cdots\ x_n]\,A\begin{bmatrix} x_1 \\ x_2 \\ x_3 \\ \vdots \\ x_n \end{bmatrix} \qquad (7\text{-}10)$$

此處 A 為 n 階對稱方陣。令

$$\mathbf{x}=\begin{bmatrix} x_1 \\ x_2 \\ x_3 \\ \vdots \\ x_n \end{bmatrix}$$

則 (7-10) 式可化成

$$\mathbf{x}^T A \mathbf{x}\ \text{。} \qquad (7\text{-}11)$$

若將 (7-11) 式展開，最後的結果可表示為

$$\mathbf{x}^T A \mathbf{x} = a_{11} x_1^2 + a_{22} x_2^2 + \cdots + a_{nn} x_n^2 + \sum_{i \neq j} a_{ij} x_i x_j \qquad (7\text{-}12)$$

其中
$$\sum_{i \neq j} a_{ij} x_i x_j$$

表示形如 $a_{ij} x_i x_j$ 之各項的和，而 x_i 與 x_j 為相異變數。

注意，平方項的係數出現於三階對稱方陣的對角線上，而混合乘積項的係數被二等分，分別置於下表所列出非對角線的位置。

混合乘積項	係數	在 A 中的位置
$x_1 x_2$	a	$\begin{bmatrix} ① & \dfrac{a}{2} & \dfrac{b}{2} \\ \dfrac{a}{2} & ② & \dfrac{c}{2} \\ \dfrac{b}{2} & \dfrac{c}{2} & ③ \end{bmatrix}$
$x_1 x_3$	b	
$x_2 x_3$	c	

註：①、②、③ 分別表 x_1^2、x_2^2 與 x_3^2 的係數。

二次型所探討的主題極為廣泛，在本節中僅介紹兩個主題：

1. 假若 $\mathbf{x}$ 的限制條件為

$$\|\mathbf{x}\| = 1$$

求二次型 $\mathbf{x}^T A \mathbf{x}$ 的最大值與最小值。

2. 對角化二次型，應用至圓錐曲線。

求二次型 $\mathbf{x}^T A \mathbf{x}$ 的最大值或最小值

定理 7-17

設 A 為 n 階對稱方陣，而其固有值依遞減順序排列為 $\lambda_1 \geq \lambda_2 \geq \cdots \geq \lambda_n$。若對 $I\!R^n$ 的**歐幾里得內積**使 $\mathbf{x}$ 受到 $\|\mathbf{x}\| = 1$ 的限制，則

(1) $\lambda_1 \geq \mathbf{x}^T A \mathbf{x} \geq \lambda_n$。

(2) $\mathbf{x}^T A \mathbf{x} = \lambda_n$，此處 $\mathbf{x}$ 為對應於 λ_n 的固有向量；而 $\mathbf{x}^T A \mathbf{x} = \lambda_1$，此處 $\mathbf{x}$ 為對應於 λ_1 的固有向量。

例題 1

在 $x_1^2 + x_2^2 = 1$ 的條件限制下，求二次型 $x_1^2 + x_2^2 + 4x_1x_2$ 的最大值及最小值，並求產生最大值及最小值時的 x_1 與 x_2。

解 二次型可以寫成

$$x_1^2 + x_2^2 + 4x_1x_2 = \mathbf{x}^T A \mathbf{x} = [x_1 \ x_2] \begin{bmatrix} 1 & 2 \\ 2 & 1 \end{bmatrix} \begin{bmatrix} x_1 \\ x_2 \end{bmatrix}$$

令 $A = \begin{bmatrix} 1 & 2 \\ 2 & 1 \end{bmatrix}$，則 A 的特徵方程式為

$$\det(\lambda I_2 - A) = \begin{vmatrix} \lambda - 1 & -2 \\ -2 & \lambda - 1 \end{vmatrix} = \lambda^2 - 2\lambda - 3 = (\lambda - 3)(\lambda + 1) = 0$$

於是，A 的固有值為 $\lambda = 3$ 與 $\lambda = -1$，此二值分別為二次型在受限制條件下的最大值與最小值。若想求得產生極值時的 x_1 值與 x_2 值，我們必須求這些固有值所對應的固有向量，並將它正規化使其滿足限制條件 $x_1^2 + x_2^2 = 1$。

固有值 $\lambda = 3$ 與 $\lambda = -1$ 所對應的固有向量分別為

$$\begin{bmatrix} 1 \\ 1 \end{bmatrix} \quad \text{與} \quad \begin{bmatrix} 1 \\ -1 \end{bmatrix}$$

將這些固有向量正規化分別可得

$$\pm \begin{bmatrix} \dfrac{1}{\sqrt{2}} \\ \dfrac{1}{\sqrt{2}} \end{bmatrix} \quad \text{與} \quad \pm \begin{bmatrix} \dfrac{1}{\sqrt{2}} \\ -\dfrac{1}{\sqrt{2}} \end{bmatrix}$$

於是，在受限制條件 $x_1^2 + x_2^2 = 1$ 之下，二次型的最大值為 $\lambda = 3$，它發生在

$\pm \begin{bmatrix} \dfrac{1}{\sqrt{2}} \\ \dfrac{1}{\sqrt{2}} \end{bmatrix}$；二次型的最小值為 $\lambda = -1$，它發生在 $\pm \begin{bmatrix} \dfrac{1}{\sqrt{2}} \\ -\dfrac{1}{\sqrt{2}} \end{bmatrix}$。

例題 2

在 $x_1^2+x_2^2+x_3^2=1$ 的條件限制下，求二次型 $2x_1^2+x_2^2+x_3^2+2x_1x_3+2x_1x_2$ 的最大值及最小值，並求產生最大值及最小值時的 x_1、x_2 與 x_3。

解 二次型可以寫成

$$2x_1^2+x_2^2+x_3^2+2x_1x_3+2x_1x_2=[x_1\ x_2\ x_3]\begin{bmatrix} 2 & 1 & 1 \\ 1 & 1 & 0 \\ 1 & 0 & 1 \end{bmatrix}\begin{bmatrix} x_1 \\ x_2 \\ x_3 \end{bmatrix}$$

令 $A=\begin{bmatrix} 2 & 1 & 1 \\ 1 & 1 & 0 \\ 1 & 0 & 1 \end{bmatrix}$，則 A 的特徵方程式為

$$\det(\lambda I_3-A)=\begin{vmatrix} \lambda-2 & -1 & -1 \\ -1 & \lambda-1 & 0 \\ -1 & 0 & \lambda-1 \end{vmatrix}=\lambda(\lambda-1)(\lambda-3)=0$$

(1) 當 $\lambda=3$ 時，

$$\begin{bmatrix} 3-2 & -1 & -1 \\ -1 & 3-1 & 0 \\ -1 & 0 & 3-1 \end{bmatrix}\begin{bmatrix} x_1 \\ x_2 \\ x_3 \end{bmatrix}=\begin{bmatrix} 0 \\ 0 \\ 0 \end{bmatrix}$$

$$\Rightarrow \begin{cases} x_1-x_2-x_3=0 \\ -x_1+2x_2=0 \\ -x_1+2x_3=0 \end{cases}$$

令 $x_3=t,\ x_2=t,\ x_1=2t$ (t 為非零的任意實數)，即，$\mathbf{x}=t\begin{bmatrix} 2 \\ 1 \\ 1 \end{bmatrix}$，

則正規化 $\begin{bmatrix} 2 \\ 1 \\ 1 \end{bmatrix}$ 得到 $\pm\begin{bmatrix} \dfrac{2}{\sqrt{6}} \\ \dfrac{1}{\sqrt{6}} \\ \dfrac{1}{\sqrt{6}} \end{bmatrix}$ 使得 $x_1^2+x_2^2+x_3^2=1$。

(2) 當 $\lambda = 0$ 時，

$$\begin{bmatrix} -2 & -1 & -1 \\ -1 & -1 & 0 \\ -1 & 0 & -1 \end{bmatrix} \begin{bmatrix} x_1 \\ x_2 \\ x_3 \end{bmatrix} = \begin{bmatrix} 0 \\ 0 \\ 0 \end{bmatrix}$$

$$\Rightarrow \begin{cases} -2x_1 - x_2 - x_3 = 0 \\ -x_1 - x_2 = 0 \\ -x_1 - x_3 = 0 \end{cases}$$

令 $x_1 = t$, $x_2 = -t$, $x_3 = -t$ (t 為非零的任意實數)，即，$\mathbf{x} = t \begin{bmatrix} 1 \\ -1 \\ -1 \end{bmatrix}$，

則正規化 $\begin{bmatrix} 1 \\ -1 \\ -1 \end{bmatrix}$ 得到 $\pm \begin{bmatrix} \frac{1}{\sqrt{3}} \\ -\frac{1}{\sqrt{3}} \\ -\frac{1}{\sqrt{3}} \end{bmatrix}$ 使得 $x_1^2 + x_2^2 + x_3^2 = 1$。

於是，在受限制條件 $x_1^2 + x_2^2 + x_3^2 = 1$ 之下，二次型的最大值為 $\lambda = 3$，它

發生在 $\pm \begin{bmatrix} \frac{2}{\sqrt{6}} \\ \frac{1}{\sqrt{6}} \\ \frac{1}{\sqrt{6}} \end{bmatrix}$；二次型的最小值為 $\lambda = 0$，它發生在 $\pm \begin{bmatrix} \frac{1}{\sqrt{3}} \\ -\frac{1}{\sqrt{3}} \\ -\frac{1}{\sqrt{3}} \end{bmatrix}$。

定義 7-14

設 A 為對稱方陣，
若二次型 $\mathbf{x}^T A \mathbf{x} > 0$，$\forall \mathbf{x} \neq \mathbf{0}$，則稱 A 為**正定** (positive definite)。
若二次型 $\mathbf{x}^T A \mathbf{x} < 0$，$\forall \mathbf{x} \neq \mathbf{0}$，則稱 A 為**負定** (negative definite)。

定理 7-18

(1) 對稱方陣 A 為正定，若且唯若 A 的固有值皆為正數。
(2) 對稱方陣 A 為負定，若且唯若 A 的固有值皆為負數。

例題 3

對稱方陣 $A = \begin{bmatrix} 3 & -1 & 0 \\ -1 & 2 & -1 \\ 0 & -1 & 3 \end{bmatrix}$ 的固有值為 1、3 與 4，皆為正數，故 A 為正定，且 $\forall \mathbf{x} \neq \mathbf{0}$，

$$\mathbf{x}^T A \mathbf{x} = 3x_1^2 + 2x_2^2 + 3x_3^2 - 2x_1 x_2 - 2x_2 x_3 > 0。$$

給定一個 n 階方陣

$$A = \begin{bmatrix} a_{11} & a_{12} & a_{13} & \cdots & a_{1n} \\ a_{21} & a_{22} & a_{23} & \cdots & a_{2n} \\ a_{31} & a_{32} & a_{33} & \cdots & a_{3n} \\ \vdots & \vdots & \vdots & & \vdots \\ a_{n1} & a_{n2} & a_{n3} & \cdots & a_{nn} \end{bmatrix}$$

將 A 中第一列及第一行以外的所有列行全部劃去，那麼所剩下的就是 A_1，行列式 $|A_1|$ 就稱為**一階主餘因子** (first principal minor)。同理，將 A 中第一、二列及第一、二行以外的所有列行全部劃去，得出的行列式 $|A_2|$ 就稱為**二階主餘因子**，餘此類推，因此

$$|A_1| = |a_{11}| = a_{11}, \quad |A_2| = \begin{vmatrix} a_{11} & a_{12} \\ a_{21} & a_{22} \end{vmatrix},$$

$$|A_3| = \begin{vmatrix} a_{11} & a_{12} & a_{13} \\ a_{21} & a_{22} & a_{23} \\ a_{31} & a_{32} & a_{33} \end{vmatrix}, \quad \cdots, \quad |A_n| = |A|。$$

定理 7-19

若 A 為對稱方陣,則下列的敘述為同義。

(1) A 為正定。
(2) A 的固有值皆為正數。
(3) 存在一可逆方陣 Q 使得 $A = Q^T Q$。
(4) $\det(A_k) > 0$,$\forall k = 1, 2, 3, \cdots, n$。

定理 7-20

若 A 為對稱方陣,則下列的敘述為同義

(1) A 為負定。
(2) A 的固有值皆為負數。
(3) 存在一可逆方陣 Q 使得 $A = -Q^T Q$。
(4) $(-1)^k \det(A_k) > 0$,$\forall k = 1, 2, 3, \cdots, n$。

定理 7-21

設 $A = [a_{ij}]_{n \times n}$ 為對稱方陣,則 A 為正定的充要條件為

$$|A_1| = |a_{11}| = a_{11} > 0, \quad |A_2| = \begin{vmatrix} a_{11} & a_{12} \\ a_{21} & a_{22} \end{vmatrix} > 0,$$

$$|A_3| = \begin{vmatrix} a_{11} & a_{12} & a_{13} \\ a_{21} & a_{22} & a_{23} \\ a_{31} & a_{32} & a_{33} \end{vmatrix} > 0, \cdots, \quad |A_n| = |A| > 0。$$

定理 7-22

設 $A = [a_{ij}]_{n \times n}$ 為對稱方陣,則 A 為負定的充要條件為

$$|A_1| = |a_{11}| = a_{11} < 0, \quad |A_2| = \begin{vmatrix} a_{11} & a_{12} \\ a_{21} & a_{22} \end{vmatrix} > 0,$$

$$|A_3| = \begin{vmatrix} a_{11} & a_{12} & a_{13} \\ a_{21} & a_{22} & a_{23} \\ a_{31} & a_{32} & a_{33} \end{vmatrix} < 0, \cdots, \quad (-1)^n |A| > 0。$$

例題 4

對稱方陣 $A = \begin{bmatrix} 5 & -1 & 0 \\ -1 & 2 & -1 \\ 0 & -1 & 3 \end{bmatrix}$ 為正定，

因為 $|A_1| = |a_{11}| = 5 > 0$, $|A_2| = \begin{vmatrix} a_{11} & a_{12} \\ a_{21} & a_{22} \end{vmatrix} = \begin{vmatrix} 5 & -1 \\ -1 & 2 \end{vmatrix} = 10 - 1 = 9 > 0$

$|A_3| = |A| = \begin{vmatrix} 5 & -1 & 0 \\ -1 & 2 & -1 \\ 0 & -1 & 3 \end{vmatrix} = 22 > 0$。

對角化二次型

我們討論如何利用變數變換以消去二次型中的混合乘積項，並將所得結果應用至圓錐曲線。

定理 7-23

令 A 為實數對稱方陣，其固有值為 $\lambda_1, \lambda_2, \cdots, \lambda_n$，又 P 是將 A 對角化的正交方陣，則坐標變換 $\mathbf{x} = P Y$ 將

$$\sum_{i=1}^{n} \sum_{j=1}^{n} a_{ij} x_i x_j$$

轉變成 $\lambda_1 y_1^2 + \lambda_2 y_2^2 + \cdots + \lambda_n y_n^2$。

證 令 $Y = \begin{bmatrix} y_1 \\ y_2 \\ \vdots \\ y_n \end{bmatrix}$，將 $\mathbf{x} = PY$ 代入二次型 $\mathbf{x}^T A \mathbf{x}$ 中，可得

$$\mathbf{x}^T A \mathbf{x} = (PY)^T A(PY) = (Y^T P^T) A(PY) = Y^T (P^T A P) Y$$
$$= Y^T D Y$$

但是 $Y^TDY = [y_1 \ y_2 \ \cdots \ y_n] \begin{bmatrix} \lambda_1 & & & \mathbf{0} \\ & \lambda_2 & & \\ & & \ddots & \\ \mathbf{0} & & & \lambda_n \end{bmatrix} \begin{bmatrix} y_1 \\ y_2 \\ \vdots \\ y_n \end{bmatrix}$

$= \lambda_1^2 y_1^2 + \lambda_2^2 y_2^2 + \cdots + \lambda_n^2 y_n^2$。

此即為不具有混合乘積項的二次型。

例題 5

利用變數變換化簡二次型 $6x_1^2 + 4x_1x_2 + 9x_2^2$ 為一平方和 (用新變數表出)。

解 二次型可寫成

$$6x_1^2 + 4x_1x_2 + 9x_2^2 = \mathbf{x}^T A \mathbf{x} = [x_1 \ x_2] \begin{bmatrix} 6 & 2 \\ 2 & 9 \end{bmatrix} \begin{bmatrix} x_1 \\ x_2 \end{bmatrix}, \ A = \begin{bmatrix} 6 & 2 \\ 2 & 9 \end{bmatrix}$$

A 的特徵方程式為

$$\det(\lambda I_2 - A) = \begin{vmatrix} \lambda - 6 & -2 \\ -2 & \lambda - 9 \end{vmatrix} = \lambda^2 - 15\lambda + 50 = (\lambda - 10)(\lambda - 5) = 0$$

故 A 的固有值為 $\lambda = 10, 5$。於是，我們求得對應這些固有值的固有向量分別為

$$\mathbf{x}_1 = r \begin{bmatrix} 1 \\ 2 \end{bmatrix} \quad \text{與} \quad \mathbf{x}_2 = t \begin{bmatrix} -2 \\ 1 \end{bmatrix} \ (r \text{ 與 } t \text{ 皆為非零的任意實數})$$

所以，固有空間的正規正交基底向量為

$$\mathbf{u}_1 = \begin{bmatrix} \dfrac{1}{\sqrt{5}} \\ \dfrac{2}{\sqrt{5}} \end{bmatrix} \quad \text{與} \quad \mathbf{u}_2 = \begin{bmatrix} -\dfrac{2}{\sqrt{5}} \\ \dfrac{1}{\sqrt{5}} \end{bmatrix}$$

又 $P = \begin{bmatrix} \dfrac{1}{\sqrt{5}} & -\dfrac{2}{\sqrt{5}} \\ \dfrac{2}{\sqrt{5}} & \dfrac{1}{\sqrt{5}} \end{bmatrix}$ 可正交對角化 $\mathbf{x}^T A \mathbf{x}$，

所以，可消去混合乘積項的正交坐標變換為 $\mathbf{x} = \mathbf{PY}$，即，

$$\begin{bmatrix} x_1 \\ x_2 \end{bmatrix} = \begin{bmatrix} \dfrac{1}{\sqrt{5}} & -\dfrac{2}{\sqrt{5}} \\ \dfrac{2}{\sqrt{5}} & \dfrac{1}{\sqrt{5}} \end{bmatrix} \begin{bmatrix} y_1 \\ y_2 \end{bmatrix}$$

故新的二次型為

$$[y_1 \; y_2] \begin{bmatrix} 10 & 0 \\ 0 & 5 \end{bmatrix} \begin{bmatrix} y_1 \\ y_2 \end{bmatrix}$$

或 $\qquad 10y_1^2 + 5y_2^2$

因為 $\mathbf{P}^T \mathbf{AP} = \begin{bmatrix} \dfrac{1}{\sqrt{5}} & \dfrac{2}{\sqrt{5}} \\ -\dfrac{2}{\sqrt{5}} & \dfrac{1}{\sqrt{5}} \end{bmatrix} \begin{bmatrix} 6 & 2 \\ 2 & 9 \end{bmatrix} \begin{bmatrix} \dfrac{1}{\sqrt{5}} & -\dfrac{2}{\sqrt{5}} \\ \dfrac{2}{\sqrt{5}} & \dfrac{1}{\sqrt{5}} \end{bmatrix} = \begin{bmatrix} 10 & 0 \\ 0 & 5 \end{bmatrix}$。

依據以上的討論，如果二次方程式中含有混合乘積項，則可利用旋轉變換將混合乘積項消去，而使圓錐曲線成為位於標準位置的圓錐曲線。

已知方程式

$$ax^2 + 2bxy + cy^2 + dx + ey + f = 0 \qquad (7\text{-}13)$$

其中 a, b, c, $\cdots$, f 皆為實數，而 a, b, c 至少有一不為零，則此形式的方程式稱為含 x 與 y 的二次方程式，

$$ax^2 + 2bxy + cy^2$$

稱為**伴隨二次型** (associated quadratic form)。(7-13) 式的圖形為二維平面上的**二次曲線**或**圓錐曲線**。

例題 6

試繪二次方程式 $2x^2 + y^2 - 12x - 4y = -18$ 的圖形。

解 方程式 $2x^2 + y^2 - 12x - 4y + 18 = 0$ 因不包含混合乘積項，其圖形為一圓錐曲線，故僅需平移坐標軸，無需旋轉坐標軸即可繪出其圖形。我們利用配方法可得

$$2(x-3)^2 + (y-2)^2 = 4$$

此式的圖形為**橢圓**,其中心位於 (3, 2),長軸在直線 $x=3$ 上,短軸在直線 $y=2$ 上。令 $x'=x-3$, $y'=y-2$,則

$$2x'^2+y'^2=4$$

或

$$\frac{x'^2}{2}+\frac{y'^2}{4}=1$$

此為在 $x'y'$ 坐標平面上標準位置的橢圓,如圖 7-4 所示。

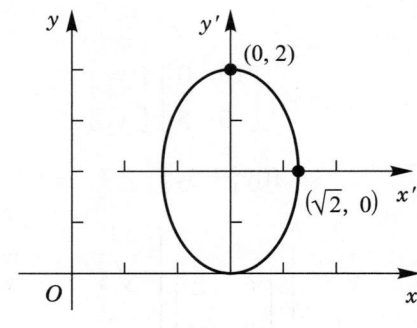

圖 7-4

假如我們同意省略一階方陣的括號,則 (7-13) 式可以寫成

$$[x \quad y]\begin{bmatrix} a & b \\ b & c \end{bmatrix}\begin{bmatrix} x \\ y \end{bmatrix}+[d \quad e]\begin{bmatrix} x \\ y \end{bmatrix}+f=0$$

或

$$\mathbf{x}^T A \mathbf{x}+\mathbf{k}\mathbf{x}+f=0$$

其中

$$\mathbf{x}=\begin{bmatrix} x \\ y \end{bmatrix}, \quad A=\begin{bmatrix} a & b \\ b & c \end{bmatrix}, \quad \mathbf{k}=[d \quad e]。$$

定理 7-24 │ $I\!R^2$ 平面上的主軸定理

令 xy- 坐標平面上的圓錐曲線 C 的方程式為

$$ax^2+2bxy+cy^2+dx+ey+f=0$$

且

$$\mathbf{x}^T A \mathbf{x}=ax^2+2bxy+cy^2$$

為 C 的伴隨二次型,則可以旋轉 x、y 坐標軸,以使圓錐曲線 C 在 $x'y'$ 坐標系的方程式為

$$[x' \quad y']\begin{bmatrix} \lambda_1 & 0 \\ 0 & \lambda_2 \end{bmatrix}\begin{bmatrix} x' \\ y' \end{bmatrix}+[d \quad e]\begin{bmatrix} P_{11} & P_{12} \\ P_{21} & P_{22} \end{bmatrix}\begin{bmatrix} x' \\ y' \end{bmatrix}+f=0$$

或 $\lambda_1 x'^2 + \lambda_2 y'^2 + d'x' + e'y' + f = 0$

(此處 λ_1 及 λ_2 為 A 的固有值,$d' = dP_{11} + eP_{21}$, $e' = dP_{12} + eP_{22}$)。旋轉坐標軸可用 $\mathbf{x} = P\mathbf{x}'$ 代入 $\mathbf{x}^T A\mathbf{x}$ 中完成,此處 P 可正交對角化 A 且 $\det(P) = 1$。

例題 7

描述方程式

$$5x^2 - 4xy + 8y^2 + \frac{20}{\sqrt{5}} x - \frac{80}{\sqrt{5}} y + 4 = 0$$

的曲線。

解 此方程式的矩陣形式為

$$\mathbf{x}^T A\mathbf{x} + \mathbf{k}\mathbf{x} + 4 = 0 \quad \text{①}$$

其中 $\mathbf{x} = \begin{bmatrix} x \\ y \end{bmatrix}$, $A = \begin{bmatrix} 5 & -2 \\ -2 & 8 \end{bmatrix}$, $\mathbf{k} = \begin{bmatrix} \dfrac{20}{\sqrt{5}} & -\dfrac{80}{\sqrt{5}} \end{bmatrix}$

A 的特徵方程式為

$$\det(\lambda I_2 - A) = \begin{vmatrix} \lambda - 5 & 2 \\ 2 & \lambda - 8 \end{vmatrix} = (\lambda - 9)(\lambda - 4) = 0$$

故 A 的固有值為 $\lambda = 4, 9$。於是,求得固有空間的正規正交基底向量為

$$\mathbf{u}_1 = \begin{bmatrix} \dfrac{2}{\sqrt{5}} \\ \dfrac{1}{\sqrt{5}} \end{bmatrix} \quad \text{與} \quad \mathbf{u}_2 = \begin{bmatrix} -\dfrac{1}{\sqrt{5}} \\ \dfrac{2}{\sqrt{5}} \end{bmatrix}$$

又 $P = \begin{bmatrix} \dfrac{2}{\sqrt{5}} & -\dfrac{1}{\sqrt{5}} \\ \dfrac{1}{\sqrt{5}} & \dfrac{2}{\sqrt{5}} \end{bmatrix}$

可正交對角化 $\mathbf{x}^T A\mathbf{x}$,而正交坐標變換

$$\mathbf{x} = P\mathbf{x}' \quad \text{②}$$

為一旋轉，將 ② 式代入 ① 式可得

$$(Px')^T A(Px') + k(Px') + 4 = 0$$

或

$$(x')^T (P^T A P)x' + (kP)x' + 4 = 0 \qquad ③$$

因

$$P^T A P = D = \begin{bmatrix} 4 & 0 \\ 0 & 9 \end{bmatrix}$$

且

$$kP = \begin{bmatrix} \dfrac{20}{\sqrt{5}} & -\dfrac{80}{\sqrt{5}} \end{bmatrix} \begin{bmatrix} \dfrac{2}{\sqrt{5}} & -\dfrac{1}{\sqrt{5}} \\ \dfrac{1}{\sqrt{5}} & \dfrac{2}{\sqrt{5}} \end{bmatrix} = [-8 \quad -36]$$

故 ③ 式可重寫為

$$4x'^2 + 9y'^2 - 8x' - 36y' + 4 = 0$$

或

$$4(x'-1)^2 + 9(y'-2)^2 = 36$$

我們利用

$$x'' = x' - 1, \qquad y'' = y' - 2$$

平移坐標軸可得

$$4x''^2 + 9y''^2 = 36$$

或

$$\frac{x''^2}{9} + \frac{y''^2}{4} = 1$$

此即為圖 7-5 的橢圓方程式。

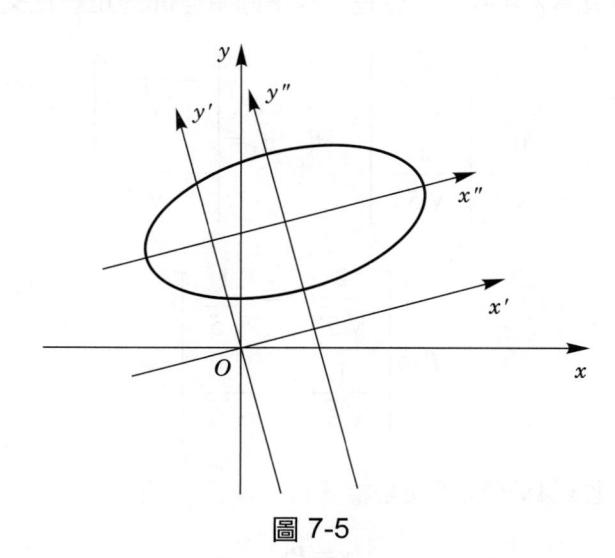

圖 7-5

習題 7-5

1. 下列何者是二次型？
   (1) $5x_1^2 + 2x_2^3 - 4x_1x_2$
   (2) $x_1^2 - \sqrt{2}\,x_1x_2x_3$
   (3) $(x_1 - x_2)^2 + 2(x_1 + 4x_2)^2$
   (4) $x_1x_2 - 4x_1x_3 + x_2x_3$

2. 將下列的二次型表為矩陣形式 $\mathbf{x}^T A \mathbf{x}$，其中 A 為對稱方陣。
   (1) $5x_1^2 + 4x_1x_2$
   (2) $4x_1^2 - 9x_2^2 + 6x_1x_2$
   (3) $x_1^2 + x_2^2 - x_3^2 - x_4^2 + 2x_1x_2 - 10x_1x_4 + 4x_3x_4$
   (4) $9x_1^2 - x_2^2 + 4x_3^2 + 6x_1x_2 - 8x_1x_3 + x_2x_3$

3. 將下列各題化成不包含矩陣的二次型。

   (1) $\begin{bmatrix} x_1 & x_2 & x_3 \end{bmatrix} \begin{bmatrix} 1 & 0 & 0 \\ 0 & -3 & 0 \\ 0 & 0 & 5 \end{bmatrix} \begin{bmatrix} x_1 \\ x_2 \\ x_3 \end{bmatrix}$
   (2) $\begin{bmatrix} x_1 & x_2 \end{bmatrix} \begin{bmatrix} 2 & -3 \\ -3 & 5 \end{bmatrix} \begin{bmatrix} x_1 \\ x_2 \end{bmatrix}$

   (3) $\begin{bmatrix} x_1 & x_2 & x_3 & x_4 \end{bmatrix} \begin{bmatrix} 0 & 1 & 1 & 1 \\ 1 & 0 & 1 & 1 \\ 1 & 1 & 0 & 1 \\ 1 & 1 & 1 & 0 \end{bmatrix} \begin{bmatrix} x_1 \\ x_2 \\ x_3 \\ x_4 \end{bmatrix}$

4. 在 $x_1^2 + x_2^2 + x_3^2 = 1$ 的條件限制下，求二次型 $x_1^2 + x_2^2 + 2x_3^2 - 2x_1x_2 + 4x_1x_3 + 4x_2x_3$ 的最大值及最小值，並求產生最大值及最小值時的 x_1、x_2 與 x_3。

5. 在 $x_1^2 + x_2^2 = 1$ 的條件限制下，求二次型 $2x_1^2 + 2x_2^2 + 3x_1x_2$ 的最大值及最小值，並求產生最大值及最小值時的 x_1 與 x_2。

6. 利用定理 7-21 與定理 7-22，判斷下列方陣為正定或負定。

$$A = \begin{bmatrix} -4 & 0 & 0 \\ 7 & -3 & 0 \\ 8 & 9 & -1 \end{bmatrix}$$

7. 利用定理 7-18 判斷下列方陣何者是正定。

$$\begin{bmatrix} 5 & -1 \\ -1 & 5 \end{bmatrix}, \quad \begin{bmatrix} 2 & -2 \\ -2 & -1 \end{bmatrix}, \quad \begin{bmatrix} 3 & -1 & 0 \\ -1 & 2 & -1 \\ 0 & -1 & 3 \end{bmatrix}。$$

8. 利用變數變換化簡下面二次型為一平方和 (用新變數表出)。
    (1) $5x_1^2 + 2x_2^2 + 4x_1x_2$
    (2) $x_1^2 - x_3^2 - 4x_1x_2 + 4x_2x_3$
9. 在下列各題中，平移並旋轉坐標軸以使二次曲線位於標準位置，並寫出其名稱，求其在最終坐標系中的方程式。
    (1) $9x^2 - 4xy + 6y^2 - 10x - 20y = 5$
    (2) $2x^2 - 4xy - y^2 - 4x - 8y = -14$

CHAPTER 08 線性微分方程組

線性微分方程組在工程上，尤其是電路學、自動控制或彈簧系統的振動問題，應用非常廣泛。我們曾在第三章例題中，利用**拉氏轉換**解微分方程組，在本章中我們將利用矩陣解線性微分方程組。

8-1 齊次線性微分方程組

通常，一個 n 階線性微分方程式可導出 n 個一階線性微分方程式。今說明如下：設 n 階線性微分方程式為

$$x^{(n)}(t) = f(t,\ x(t),\ x'(t),\ x''(t),\ \cdots,\ x^{(n-1)}(t)) \tag{8-1}$$

令 $\quad x_1(t) = x(t),\ x_2(t) = x'(t),\ x_3(t) = x''(t),\ \cdots,\ x_n(t) = x^{(n-1)}(t)$

則 $\quad x_1'(t) = x'(t) = x_2(t),\ x_2'(t) = x''(t) = x_3(t),\ \cdots,\ x_n'(t) = x^{(n)}(t)$

於是，可得方程式組

$$\begin{aligned} x_1'(t) &= x_2(t) \\ x_2'(t) &= x_3(t) \\ &\vdots \\ x_{n-1}'(t) &= x_n(t) \\ x_n'(t) &= f(t,\ x_1(t),\ x_2(t),\ \cdots,\ x_n(t)) \end{aligned} \tag{8-2}$$

顯然，方程組 (8-2) 同義於 (8-1) 式，因此，方程組 (8-2) 的解就是 (8-1) 式的解。

現在，我們考慮含有 n 個一階線性微分方程式的**一階線性微分方程組**

$$\begin{aligned} x_1'(t) &= a_{11}(t)x_1(t) + a_{12}(t)x_2(t) + \cdots + a_{1n}(t)x_n(t) + f_1(t) \\ x_2'(t) &= a_{21}(t)x_1(t) + a_{22}(t)x_2(t) + \cdots + a_{2n}(t)x_n(t) + f_2(t) \\ &\vdots \qquad\qquad\qquad \vdots \\ x_n'(t) &= a_{n1}(t)x_1(t) + a_{n2}(t)x_2(t) + \cdots + a_{nn}(t)x_n(t) + f_n(t) \end{aligned} \tag{8-3}$$

令 $\mathbf{x}(t) = \begin{bmatrix} x_1(t) \\ x_2(t) \\ \vdots \\ x_n(t) \end{bmatrix}$,定義 $\mathbf{x}'(t) = \dfrac{d\mathbf{x}(t)}{dt} = \begin{bmatrix} \dfrac{dx_1(t)}{dt} \\ \dfrac{dx_2(t)}{dt} \\ \vdots \\ \dfrac{dx_n(t)}{dt} \end{bmatrix} = \begin{bmatrix} x_1'(t) \\ x_2'(t) \\ \vdots \\ x_n'(t) \end{bmatrix}$

而係數方陣為 $A(t) = \begin{bmatrix} a_{11}(t) & a_{12}(t) & \cdots & a_{1n}(t) \\ a_{21}(t) & a_{22}(t) & \cdots & a_{2n}(t) \\ \vdots & \vdots & & \vdots \\ a_{n1}(t) & a_{n2}(t) & \cdots & a_{nn}(t) \end{bmatrix}$

且 $\mathbf{f}(t) = \begin{bmatrix} f_1(t) \\ f_2(t) \\ \vdots \\ f_n(t) \end{bmatrix}$

則方程組 (8-3) 可改寫成

$$\mathbf{x}'(t) = A(t)\mathbf{x}(t) + \mathbf{f}(t) \tag{8-4}$$

若對某 t 值,$\mathbf{f}(t) \neq \mathbf{0}$,則稱方程組 (8-4) 為**非齊次**;若對所有 t 值,$\mathbf{f}(t) = \mathbf{0}$,則稱方程組 (8-4) 為**齊次**。$\mathbf{x}'(t) = A(t)\mathbf{x}(t) + \mathbf{f}(t)$ 之一解為 $\mathbf{x}(t)$。

例題 1

試證 $\mathbf{x}_1(t) = \begin{bmatrix} -2e^{2t} \\ e^{2t} \end{bmatrix}$ 與 $\mathbf{x}_2(t) = \begin{bmatrix} e^{3t} \\ -e^{3t} \end{bmatrix}$

皆為齊次微分方程組

$$\mathbf{x}'(t) = \begin{bmatrix} 1 & -2 \\ 1 & 4 \end{bmatrix} \mathbf{x}(t) = A\mathbf{x}(t)$$

的解。

解 已知 $\mathbf{x}_1(t) = \begin{bmatrix} -2e^{2t} \\ e^{2t} \end{bmatrix}$,微分可得

$$\mathbf{x}_1'(t) = \frac{d}{dt}\begin{bmatrix} -2e^{2t} \\ e^{2t} \end{bmatrix} = \begin{bmatrix} -4e^{2t} \\ 2e^{2t} \end{bmatrix}$$

所以，$A\mathbf{x}_1(t) = \begin{bmatrix} 1 & -2 \\ 1 & 4 \end{bmatrix}\begin{bmatrix} -2e^{2t} \\ e^{2t} \end{bmatrix} = \begin{bmatrix} -2e^{2t} - 2e^{2t} \\ -2e^{2t} + 4e^{2t} \end{bmatrix}$

$$= \begin{bmatrix} -4e^{2t} \\ 2e^{2t} \end{bmatrix}$$

因為 $\mathbf{x}_1'(t) = A\mathbf{x}_1(t)$，故 $\mathbf{x}_1(t)$ 為 $\mathbf{x}'(t) = A\mathbf{x}(t)$ 的解。同理，可證得 $\mathbf{x}_2(t)$ 亦為 $\mathbf{x}'(t) = A\mathbf{x}(t)$ 的解。

定義 8-1

齊次微分方程組 $\mathbf{x}'(t) = A(t)\mathbf{x}(t)$ 在 $[a, b]$ 的 n 個線性獨立解 $\mathbf{x}_1(t)$，$\mathbf{x}_2(t)$，$\cdots$，$\mathbf{x}_n(t)$ 所組成的集合稱為在 $[a, b]$ 的**基本解集合** (fundamental set of solutions)。

定理 8-1

令 $\mathbf{x}_1(t) = \begin{bmatrix} x_{11}(t) \\ x_{21}(t) \\ \vdots \\ x_{n1}(t) \end{bmatrix}$，$\mathbf{x}_2(t) = \begin{bmatrix} x_{12}(t) \\ x_{22}(t) \\ \vdots \\ x_{n2}(t) \end{bmatrix}$，$\cdots$，$\mathbf{x}_n(t) = \begin{bmatrix} x_{1n}(t) \\ x_{2n}(t) \\ \vdots \\ x_{nn}(t) \end{bmatrix}$ 為齊次微分方程組 $\mathbf{x}'(t) = A(t)\mathbf{x}(t)$ 在 $[a, b]$ 的 n 個解。這些解為線性獨立，若且唯若對每一個 $t \in [a, b]$，

$$\det(\mathbf{x}_1(t), \mathbf{x}_2(t), \cdots, \mathbf{x}_n(t)) = \begin{vmatrix} x_{11}(t) & x_{12}(t) & \cdots & x_{1n}(t) \\ x_{21}(t) & x_{22}(t) & \cdots & x_{2n}(t) \\ \vdots & \vdots & & \vdots \\ x_{n1}(t) & x_{n2}(t) & \cdots & x_{nn}(t) \end{vmatrix} \neq 0。$$

定義 8-2

令 $\mathbf{x}_1(t)$, $\mathbf{x}_2(t)$, $\cdots$, $\mathbf{x}_n(t)$ 為 $\mathbf{x}'(t) = A(t)\mathbf{x}(t)$ 在 $[a, b]$ 的基本解集合，則微分方程組的**通解**為

$$\mathbf{x}(t) = c_1\mathbf{x}_1(t) + c_2\mathbf{x}_2(t) + \cdots + c_n\mathbf{x}_n(t)$$

其中 c_1, c_2, $\cdots$, c_n 為任意常數。$\mathbf{x}(t_0) = \mathbf{x}_0$ 稱為初期條件，下列的問題

$$\begin{cases} \mathbf{x}'(t) = A(t)\mathbf{x}(t) \\ \mathbf{x}(t_0) = \mathbf{x}_0 \end{cases}$$

稱為**初值問題**。

例題 2

已知 $\mathbf{x}_1(t) = \begin{bmatrix} -e^{-t} \\ e^{-t} \\ 0 \end{bmatrix}$, $\mathbf{x}_2(t) = \begin{bmatrix} -e^{-t} \\ 0 \\ e^{-t} \end{bmatrix}$, $\mathbf{x}_3(t) = \begin{bmatrix} e^{-4t} \\ e^{-4t} \\ e^{-4t} \end{bmatrix}$，試證 $\mathbf{x}_1(t)$、$\mathbf{x}_2(t)$ 與 $\mathbf{x}_3(t)$ 構成

$$\mathbf{x}'(t) = \begin{bmatrix} -2 & -1 & -1 \\ -1 & -2 & -1 \\ -1 & -1 & -2 \end{bmatrix} \mathbf{x}(t)$$

的一個基本解集合並寫出通解。

解 $\mathbf{x}'_1(t) = \dfrac{d}{dt}\begin{bmatrix} -e^{-t} \\ e^{-t} \\ 0 \end{bmatrix} = \begin{bmatrix} e^{-t} \\ -e^{-t} \\ 0 \end{bmatrix}$, $\mathbf{x}'_2(t) = \dfrac{d}{dt}\begin{bmatrix} -e^{-t} \\ 0 \\ e^{-t} \end{bmatrix} = \begin{bmatrix} e^{-t} \\ 0 \\ -e^{-t} \end{bmatrix}$,

$$\mathbf{x}'_3(t) = \dfrac{d}{dt}\begin{bmatrix} e^{-4t} \\ e^{-4t} \\ e^{-4t} \end{bmatrix} = \begin{bmatrix} -4e^{-4t} \\ -4e^{-4t} \\ -4e^{-4t} \end{bmatrix}$$

將 $\mathbf{x}_1(t)$、$\mathbf{x}_2(t)$、$\mathbf{x}_3(t)$ 分別代入微分方程組中可得

$$\begin{bmatrix} -2 & -1 & -1 \\ -1 & -2 & -1 \\ -1 & -1 & -2 \end{bmatrix} \begin{bmatrix} -e^{-t} \\ e^{-t} \\ 0 \end{bmatrix} = \begin{bmatrix} 2e^{-t} - e^{-t} \\ e^{-t} - 2e^{-t} \\ e^{-t} - e^{-t} \end{bmatrix} = \begin{bmatrix} e^{-t} \\ -e^{-t} \\ 0 \end{bmatrix} = \mathbf{x}'_1(t)$$

$$\begin{bmatrix} -2 & -1 & -1 \\ -1 & -2 & -1 \\ -1 & -1 & -2 \end{bmatrix} \begin{bmatrix} -e^{-t} \\ 0 \\ e^{-t} \end{bmatrix} = \begin{bmatrix} 2e^{-t} - e^{-t} \\ e^{-t} - e^{-t} \\ e^{-t} - 2e^{-t} \end{bmatrix} = \begin{bmatrix} e^{-t} \\ 0 \\ -e^{-t} \end{bmatrix} = \mathbf{x}_2'(t)$$

$$\begin{bmatrix} -2 & -1 & -1 \\ -1 & -2 & -1 \\ -1 & -1 & -2 \end{bmatrix} \begin{bmatrix} e^{-4t} \\ e^{-4t} \\ e^{-4t} \end{bmatrix} = \begin{bmatrix} -2e^{-4t} - e^{-4t} - e^{-4t} \\ -e^{-4t} - 2e^{-4t} - e^{-4t} \\ -e^{-4t} - e^{-4t} - 2e^{-4t} \end{bmatrix} = \begin{bmatrix} -4e^{-4t} \\ -4e^{-4t} \\ -4e^{-4t} \end{bmatrix} = \mathbf{x}_3'(t)$$

所以，$\mathbf{x}_1(t)$、$\mathbf{x}_2(t)$ 與 $\mathbf{x}_3(t)$ 皆為微分方程組的解。又

$$\det(\mathbf{x}_1(t), \mathbf{x}_2(t), \mathbf{x}_3(t)) = \begin{vmatrix} -e^{-t} & -e^{-t} & e^{-4t} \\ e^{-t} & 0 & e^{-4t} \\ 0 & e^{-t} & e^{-4t} \end{vmatrix} = 3e^{-6t} \neq 0$$

因此，$\mathbf{x}_1(t)$、$\mathbf{x}_2(t)$ 與 $\mathbf{x}_3(t)$ 構成一個基本解集合。微分方程組的通解為

$$\mathbf{x}(t) = c_1 \begin{bmatrix} -e^{-t} \\ e^{-t} \\ 0 \end{bmatrix} + c_2 \begin{bmatrix} -e^{-t} \\ 0 \\ e^{-t} \end{bmatrix} + c_3 \begin{bmatrix} e^{-4t} \\ e^{-4t} \\ e^{-4t} \end{bmatrix}。$$

定義 8-3

若 $\mathbf{x}_1(t) = \begin{bmatrix} x_{11}(t) \\ x_{12}(t) \\ \vdots \\ x_{n1}(t) \end{bmatrix}$, $\mathbf{x}_2(t) = \begin{bmatrix} x_{12}(t) \\ x_{22}(t) \\ \vdots \\ x_{n2}(t) \end{bmatrix}$, $\cdots$, $\mathbf{x}_n(t) = \begin{bmatrix} x_{1n}(t) \\ x_{2n}(t) \\ \vdots \\ x_{nn}(t) \end{bmatrix}$

構成 $\mathbf{x}'(t) = A(t)\mathbf{x}(t)$ 在 $[a, b]$ 的基本解集合，則方陣

$$F = [\mathbf{x}_1(t) \ \mathbf{x}_2(t) \cdots \mathbf{x}_n(t)] = \begin{bmatrix} x_{11}(t) & x_{12}(t) & \cdots & x_{1n}(t) \\ x_{21}(t) & x_{22}(t) & \cdots & x_{2n}(t) \\ \vdots & \vdots & & \vdots \\ x_{n1}(t) & x_{n2}(t) & \cdots & x_{nn}(t) \end{bmatrix}$$

稱為微分方程組的**基本方陣** (fundamental matrix)。

齊次微分方程組 $\mathbf{x}'(t) = A(t)\mathbf{x}(t)$ 的通解可以寫成基本方陣 F 與 $n \times 1$ 常數行矩陣的乘積。若 $\mathbf{x}_1(t), \mathbf{x}_2(t), \cdots, \mathbf{x}_n(t)$ 構成 $\mathbf{x}'(t) = A(t)\mathbf{x}(t)$ 的基本解集合，則其通解為

$$\mathbf{x}(t) = c_1\mathbf{x}_1(t) + c_2\mathbf{x}_2(t) + \cdots + c_n\mathbf{x}_n(t)$$

$$= \begin{bmatrix} c_1x_{11}(t) + c_2x_{12}(t) + \cdots + c_nx_{1n}(t) \\ c_1x_{21}(t) + c_2x_{22}(t) + \cdots + c_nx_{2n}(t) \\ \vdots & \vdots & \vdots \\ c_1x_{n1}(t) + c_2x_{n2}(t) + \cdots + c_nx_{nn}(t) \end{bmatrix}$$

$$= \begin{bmatrix} x_{11}(t) & x_{12}(t) & \cdots & x_{1n}(t) \\ x_{21}(t) & x_{22}(t) & \cdots & x_{2n}(t) \\ \vdots & \vdots & & \vdots \\ x_{n1}(t) & x_{n2}(t) & \cdots & x_{nn}(t) \end{bmatrix} \begin{bmatrix} c_1 \\ c_2 \\ \vdots \\ c_n \end{bmatrix}$$

或 $\mathbf{x}(t) = \boldsymbol{F}\boldsymbol{c}$，此處 $\boldsymbol{c} = \begin{bmatrix} c_1 \\ c_2 \\ \vdots \\ c_n \end{bmatrix}$。

例題 3

若 $\mathbf{x}_1(t) = e^{-t}\begin{bmatrix} -1 \\ 1 \\ 0 \end{bmatrix}$，$\mathbf{x}_2(t) = e^{-t}\begin{bmatrix} -1 \\ 0 \\ 1 \end{bmatrix}$ 與 $\mathbf{x}_3(t) = e^{-4t}\begin{bmatrix} 1 \\ 1 \\ 1 \end{bmatrix}$ 為

$\mathbf{x}'(t) = \begin{bmatrix} -2 & -1 & -1 \\ -1 & -2 & -1 \\ -1 & -1 & -2 \end{bmatrix} \mathbf{x}(t)$ 的解，試將其通解寫成 $\boldsymbol{F}$ 與 3×1 的任意常數行矩陣的乘積。

解 微分方程組的基本方陣為

$$\boldsymbol{F} = \begin{bmatrix} -e^{-t} & -e^{-t} & e^{-4t} \\ e^{-t} & 0 & e^{-4t} \\ 0 & e^{-t} & e^{-4t} \end{bmatrix}$$

於是，微分方程組的通解可寫成

$$\mathbf{x}(t) = \begin{bmatrix} -e^{-t} & -e^{-t} & e^{-4t} \\ e^{-t} & 0 & e^{-4t} \\ 0 & e^{-t} & e^{-4t} \end{bmatrix} \begin{bmatrix} c_1 \\ c_2 \\ c_3 \end{bmatrix}。$$

習題 8-1

在下列各題證明 $\mathbf{x}(t)$ 為微分方程組的解。

1. $\mathbf{x}'(t) = \begin{bmatrix} 3 & -18 \\ 2 & -9 \end{bmatrix} \mathbf{x}(t)$, $\mathbf{x}(t) = \begin{bmatrix} 3e^{-3t} \\ e^{-3t} \end{bmatrix}$

2. $\begin{aligned} x_1'(t) &= x_1(t) + 4x_2(t) \\ x_2'(t) &= x_1(t) + x_2(t) \end{aligned}$, $\mathbf{x}(t) = \begin{bmatrix} -2e^{-t} \\ e^{-t} \end{bmatrix}$

3. $\begin{aligned} x_1'(t) &= 5x_1(t) + 2x_2(t) + 2x_3(t) \\ x_2'(t) &= 2x_1(t) + 2x_2(t) - 4x_3(t) \\ x_3'(t) &= 2x_1(t) - 4x_2(t) + 2x_3(t) \end{aligned}$, $\mathbf{x}(t) = \begin{bmatrix} 4e^{6t} \\ e^{6t} \\ e^{6t} \end{bmatrix}$

4. $\mathbf{x}'(t) = \begin{bmatrix} 1 & 0 & 1 \\ 1 & 1 & 0 \\ -2 & 0 & -1 \end{bmatrix} \mathbf{x}(t)$, $\mathbf{x}(t) = \begin{bmatrix} -\cos t \\ e^t + \dfrac{1}{2}\cos t - \dfrac{1}{2}\sin t \\ \cos t + \sin t \end{bmatrix}$

在下列各題證明 $\mathbf{x}_1(t)$ 與 $\mathbf{x}_2(t)$ 構成一個基本解集合，並寫出微分方程組的通解。

5. $\mathbf{x}_1(t) = e^{2t} \begin{bmatrix} 0 \\ 1 \end{bmatrix}$, $\mathbf{x}_2(t) = e^{2t} \begin{bmatrix} \dfrac{1}{3} \\ t \end{bmatrix}$, $\mathbf{x}'(t) = \begin{bmatrix} 2 & 0 \\ 3 & 2 \end{bmatrix} \mathbf{x}(t)$

6. $\mathbf{x}_1(t) = \begin{bmatrix} 2e^{3t} \\ e^{3t} \end{bmatrix}$, $\mathbf{x}_2(t) = \begin{bmatrix} -2e^{-t} \\ e^{-t} \end{bmatrix}$, $\mathbf{x}'(t) = \begin{bmatrix} 1 & 4 \\ 1 & 1 \end{bmatrix} \mathbf{x}(t)$

7. 已知 $\mathbf{x}_1(t) = \begin{bmatrix} 0 \\ 1 \\ 0 \end{bmatrix}$, $\mathbf{x}_2(t) = \begin{bmatrix} -\cos t \\ \dfrac{1}{2}(\cos t - \sin t) \\ \cos t + \sin t \end{bmatrix}$, $\mathbf{x}_3(t) = \begin{bmatrix} -\sin t \\ \dfrac{1}{2}(\cos t + \sin t) \\ \sin t - \cos t \end{bmatrix}$,

$\mathbf{x}'(t) = \begin{bmatrix} 1 & 0 & 1 \\ 1 & 1 & 0 \\ -2 & 0 & -1 \end{bmatrix} \mathbf{x}(t)$

證明 $\mathbf{x}_1(t)$、$\mathbf{x}_2(t)$ 與 $\mathbf{x}_3(t)$ 構成一個基本解集合，並寫出微分方程組的通解。

8-2 齊次線性微分方程組的解法

在上一節 (8-3) 式中最簡單的方程組為單一方程式

$$\frac{dx}{dt} = ax \tag{8-5}$$

其中 a 為實常數。上式的通解為

$$x = ce^{at} \tag{8-6}$$

因而，對初值問題

$$\begin{cases} \dfrac{dx}{dt} = ax \\ x(0) = x_0 \end{cases}$$

只要以 $t = 0$ 代入 (8-6) 式，則 $c = x_0$。於是，初值問題的解為

$$x = x_0 e^{at} \text{。}$$

現在，考慮齊次微分方程組

$$\mathbf{x}'(t) = \mathbf{A}\mathbf{x}(t) \tag{8-7}$$

此處 $\mathbf{A}$ 為實數方陣。若 $\mathbf{A}$ 為對角方陣，則微分方程組 (8-7) 稱為對角化，即，

$$\begin{aligned} x_1'(t) &= a_{11}\, x_1(t) \\ x_2'(t) &= \qquad a_{22}\, x_2(t) \\ &\vdots \qquad\qquad \vdots \\ x_n'(t) &= \qquad\qquad\qquad a_{nn}\, x_n(t) \end{aligned} \tag{8-8}$$

或

$$\begin{bmatrix} x_1'(t) \\ x_2'(t) \\ \vdots \\ x_n'(t) \end{bmatrix} = \begin{bmatrix} a_{11} & & & \mathbf{0} \\ & a_{22} & & \\ & & \ddots & \\ \mathbf{0} & & & a_{nn} \end{bmatrix} \begin{bmatrix} x_1'(t) \\ x_2'(t) \\ \vdots \\ x_n'(t) \end{bmatrix} \tag{8-9}$$

方程組 (8-8) 非常容易解。方程組 (8-8) 可利用 (8-5) 式的解法各自求解，所以方程組 (8-8) 的解為

$$\begin{aligned} x_1(t) &= c_1\, e^{a_{11}t} \\ x_2(t) &= c_2\, e^{a_{22}t} \\ &\vdots \qquad \vdots \\ x_n(t) &= c_n\, e^{a_{nn}t} \end{aligned} \tag{8-10}$$

其中 c_1, c_2, $\cdots$, c_n 為任意實常數，可得方程組 (8-8) 的通解為

$$\mathbf{x}(t) = \begin{bmatrix} c_1 e^{a_{11}t} \\ c_2 e^{a_{22}t} \\ \vdots \\ c_n e^{a_{nn}t} \end{bmatrix} = c_1 \begin{bmatrix} 1 \\ 0 \\ 0 \\ \vdots \\ 0 \end{bmatrix} e^{a_{11}t} + c_2 \begin{bmatrix} 0 \\ 1 \\ 0 \\ \vdots \\ 0 \end{bmatrix} e^{a_{22}t} + \cdots + c_n \begin{bmatrix} 0 \\ 0 \\ 0 \\ \vdots \\ 0 \\ 1 \end{bmatrix} e^{a_{nn}t}$$

於是，

$$\mathbf{x}^{(1)}(t) = \begin{bmatrix} 1 \\ 0 \\ 0 \\ \vdots \\ 0 \end{bmatrix} e^{a_{11}t}, \quad \mathbf{x}^{(2)}(t) = \begin{bmatrix} 0 \\ 1 \\ 0 \\ \vdots \\ 0 \end{bmatrix} e^{a_{22}t}, \quad \cdots, \quad \mathbf{x}^{(n)}(t) = \begin{bmatrix} 0 \\ 0 \\ 0 \\ \vdots \\ 0 \\ 1 \end{bmatrix} e^{a_{nn}t}$$

作為對角化微分方程組 (8-9) 的基本方陣。

例題 1

求對角化微分方程組

$$\begin{bmatrix} x_1' \\ x_2' \\ x_3' \end{bmatrix} = \begin{bmatrix} 3 & 0 & 0 \\ 0 & -2 & 0 \\ 0 & 0 & 5 \end{bmatrix} \begin{bmatrix} x_1 \\ x_2 \\ x_3 \end{bmatrix}$$

的通解。

解 微分方程組可寫成三個方程式

$$x_1'(t) = 3x_1$$
$$x_2'(t) = -2x_2$$
$$x_3'(t) = 5x_3$$

積分可得 $\quad x_1 = c_1 e^{3t}, \quad x_2 = c_2 e^{-2t}, \quad x_3 = c_3 e^{5t}$

其中 c_1、c_2 與 c_3 為任意實常數。於是，

$$\mathbf{x}(t) = \begin{bmatrix} c_1 e^{3t} \\ c_2 e^{-2t} \\ c_3 e^{5t} \end{bmatrix} = c_1 \begin{bmatrix} 1 \\ 0 \\ 0 \end{bmatrix} e^{3t} + c_2 \begin{bmatrix} 0 \\ 1 \\ 0 \end{bmatrix} e^{-2t} + c_3 \begin{bmatrix} 0 \\ 0 \\ 1 \end{bmatrix} e^{5t}$$

為微分方程組的通解。

例題 1 的方程組很容易求解，因為每一個方程式僅含一個未知函數，而方程組的係數方陣為對角方陣。但若 A 不為對角方陣，我們應如何來處理方程組 $\mathbf{x}'(t) = A\mathbf{x}(t)$ 呢？以下是我們討論的方法。

利用方陣的固有值解微分方程組

定理 8-2

令 λ 為方陣 A 的固有值，其所對應的固有向量為 $\mathbf{v}$，則 $\mathbf{x}(t) = e^{\lambda t}\mathbf{v}$ 為 $\mathbf{x}'(t) = A\mathbf{x}(t)$ 的解。

證 若 $\mathbf{x}(t) = e^{\lambda t}\mathbf{v}$，則

$$\mathbf{x}'(t) = \lambda e^{\lambda t}\mathbf{v} = e^{\lambda t}(\lambda \mathbf{v})$$

因 λ 為 A 的固有值，故

$$\mathbf{x}'(t) = e^{\lambda t}(A\mathbf{v}) = A(e^{\lambda t}\mathbf{v}) = A\mathbf{x}(t)$$

若 A 具有 n 個線性獨立固有向量 $\mathbf{v}_1, \mathbf{v}_2, \cdots, \mathbf{v}_n$，其所對應的固有值為 $\lambda_1, \lambda_2, \cdots, \lambda_n$（不需要相異），則微分方程組 $\mathbf{x}'(t) = A\mathbf{x}(t)$ 的 n 個線性獨立解為

$$e^{\lambda_1 t}\mathbf{v}_1, \ e^{\lambda_2 t}\mathbf{v}_2, \ \cdots, \ e^{\lambda_n t}\mathbf{v}_n$$

故其線性組合

$$\mathbf{x}(t) = c_1 e^{\lambda_1 t}\mathbf{v}_1 + c_2 e^{\lambda_2 t}\mathbf{v}_2 + \cdots + c_n e^{\lambda_n t}\mathbf{v}_n$$

為微分方程組的通解。

例題 2

解初值問題

$$x_1' = 3x_1 + 4x_2$$
$$x_2' = 3x_1 + 2x_2$$
$$x_1(0) = 6, \quad x_2(0) = 1$$

解 首先將微分方程組寫成

$$\mathbf{x}'(t) = \begin{bmatrix} 3 & 4 \\ 3 & 2 \end{bmatrix} \mathbf{x}(t), \quad \mathbf{x}(0) = \begin{bmatrix} 6 \\ 1 \end{bmatrix}$$

係數方陣 $A = \begin{bmatrix} 3 & 4 \\ 3 & 2 \end{bmatrix}$ 的特徵方程式為

$$\det(\lambda I_3 - A) = \begin{vmatrix} \lambda - 3 & -4 \\ -3 & \lambda - 2 \end{vmatrix} = (\lambda - 3)(\lambda - 2) - 12 = (\lambda - 6)(\lambda + 1) = 0$$

可得固有值為 $\lambda = 6$ 與 -1，此兩固有值所對應的兩固有向量分別為

$\mathbf{v}_1 = \begin{bmatrix} 4 \\ 3 \end{bmatrix}$ 與 $\mathbf{v}_2 = \begin{bmatrix} 1 \\ -1 \end{bmatrix}$，故微分方程組的通解為

$$\mathbf{x}(t) = c_1 e^{6t} \begin{bmatrix} 4 \\ 3 \end{bmatrix} + c_2 e^{-t} \begin{bmatrix} 1 \\ -1 \end{bmatrix} = \begin{bmatrix} 4c_1 e^{6t} + c_2 e^{-t} \\ 3c_1 e^{6t} - c_2 e^{-t} \end{bmatrix}$$

因初期條件為 $\mathbf{x}(0) = \begin{bmatrix} 6 \\ 1 \end{bmatrix}$，故 $\mathbf{x}(0) = \begin{bmatrix} 4c_1 + c_2 \\ 3c_1 - c_2 \end{bmatrix} = \begin{bmatrix} 6 \\ 1 \end{bmatrix}$，

即， $\begin{cases} 4c_1 + c_2 = 6 \\ 3c_1 - c_2 = 1 \end{cases}$

解得 $c_1 = 1$, $c_2 = 2$。因此，初值問題的解為

$$\mathbf{x}(t) = \begin{bmatrix} 4e^{6t} + 2e^{-t} \\ 3e^{6t} - 2e^{-t} \end{bmatrix} \circ$$

例題 3

解初值問題

$$\mathbf{x}'(t) = \begin{bmatrix} 0 & 1 & 0 \\ 0 & 0 & 1 \\ 8 & -14 & 7 \end{bmatrix} \mathbf{x}(t), \quad \mathbf{x}(0) = \begin{bmatrix} 4 \\ 6 \\ 8 \end{bmatrix} \circ$$

解 係數方陣 $A = \begin{bmatrix} 0 & 1 & 0 \\ 0 & 0 & 1 \\ 8 & -14 & 7 \end{bmatrix}$ 的特徵方程式為

$$\det(\lambda I_3 - A) = \begin{bmatrix} \lambda & -1 & 0 \\ 0 & \lambda & -1 \\ -8 & 14 & \lambda-7 \end{bmatrix}$$
$$= \lambda^3 - 7\lambda^2 + 14\lambda - 8$$
$$= (\lambda-1)(\lambda-2)(\lambda-4) = 0$$

可得固有值為 $\lambda = 1, 2, 4$，此三個固有值所對應的固有向量分別為

$$\mathbf{v}_1 = \begin{bmatrix} 1 \\ 1 \\ 1 \end{bmatrix}, \quad \mathbf{v}_2 = \begin{bmatrix} 1 \\ 2 \\ 4 \end{bmatrix}, \quad \mathbf{v}_3 = \begin{bmatrix} 1 \\ 4 \\ 16 \end{bmatrix}$$

故通解為

$$\mathbf{x}(t) = c_1 e^t \begin{bmatrix} 1 \\ 1 \\ 1 \end{bmatrix} + c_2 e^{2t} \begin{bmatrix} 1 \\ 2 \\ 4 \end{bmatrix} + c_3 e^{4t} \begin{bmatrix} 1 \\ 4 \\ 16 \end{bmatrix}$$

或

$$\mathbf{x}(t) = \begin{bmatrix} 1 & 1 & 1 \\ 1 & 2 & 4 \\ 1 & 4 & 16 \end{bmatrix} \begin{bmatrix} c_1 e^t \\ c_2 e^{2t} \\ c_3 e^{4t} \end{bmatrix}$$

又

$$\mathbf{x}(0) = \begin{bmatrix} 1 & 1 & 1 \\ 1 & 2 & 4 \\ 1 & 4 & 16 \end{bmatrix} \begin{bmatrix} c_1 \\ c_2 \\ c_3 \end{bmatrix} = \begin{bmatrix} 4 \\ 6 \\ 8 \end{bmatrix}$$

解得 $c_1 = \dfrac{4}{3}$, $c_2 = 3$, $c_3 = -\dfrac{1}{3}$。所以，初值問題的解為

$$\mathbf{x}(t) = \begin{bmatrix} \dfrac{4}{3} e^t + 3e^{2t} - \dfrac{1}{3} e^{4t} \\ \dfrac{4}{3} e^t + 6e^{2t} - \dfrac{4}{3} e^{4t} \\ \dfrac{4}{3} e^t + 12e^{2t} - \dfrac{16}{3} e^{4t} \end{bmatrix}。$$

例題 4

今有兩個迴圈電路，如圖 8-1 所示。此電路所描述的方程組為

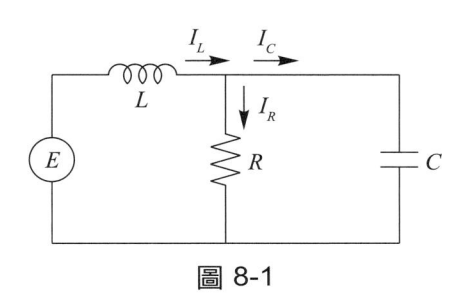

$$\begin{cases} \dfrac{dI_L}{dt} = -\dfrac{R}{L} I_R + \dfrac{E}{L} \\[2mm] \dfrac{dI_R}{dt} = \dfrac{I_L}{RC} - \dfrac{I_R}{RC} \end{cases}$$

圖 8-1

求在任何時間 t 通過電阻器與電感器的電流，其中 $R = 100$ 歐姆，$C = 1.5 \times 10^{-4}$ 法拉，$L = 8$ 亨利，$E = 0$，$I_L(0) = 0.2$ 安培，$I_R(0) = 0.4$ 安培。

解 方程組可以寫成

$$\mathbf{I}'(t) = \frac{d}{dt}\begin{bmatrix} I_L(t) \\ I_R(t) \end{bmatrix} = \begin{bmatrix} 0 & -\dfrac{R}{L} \\[2mm] \dfrac{1}{RC} & -\dfrac{1}{RC} \end{bmatrix} \mathbf{I}(t) + \begin{bmatrix} \dfrac{E}{L} \\[2mm] 0 \end{bmatrix}$$

或

$$\mathbf{I}'(t) = \begin{bmatrix} 0 & -\dfrac{25}{2} \\[2mm] \dfrac{200}{3} & -\dfrac{200}{3} \end{bmatrix} \mathbf{I}(t)$$

係數方陣的固有值為 -50 與 $-\dfrac{50}{3}$，其所對應的固有向量分別為 $\mathbf{v}_1 = \begin{bmatrix} 1 \\ 4 \end{bmatrix}$ 與 $\mathbf{v}_2 = \begin{bmatrix} 3 \\ 4 \end{bmatrix}$，故通解為

$$\mathbf{I}(t) = c_1 e^{-50t} \begin{bmatrix} 1 \\ 4 \end{bmatrix} + c_2 e^{(-50/3)t} \begin{bmatrix} 3 \\ 4 \end{bmatrix}$$

$$= \begin{bmatrix} c_1 e^{-50t} + 3c_2 e^{(-50/3)t} \\ 4c_1 e^{-50t} + 4c_2 e^{(-50/3)t} \end{bmatrix}$$

利用初期條件

$$I(0) = \begin{bmatrix} 0.2 \\ 0.4 \end{bmatrix}$$

$$I(0) = \begin{bmatrix} c_1 + 3c_2 \\ 4c_1 + 4c_2 \end{bmatrix} = \begin{bmatrix} 0.2 \\ 0.4 \end{bmatrix}$$

解得 $c_1 = c_2 = 0.05$。所以，初值問題的解為

$$I(t) = \begin{bmatrix} 0.05e^{-50t} + 0.15e^{(-50/3)t} \\ 0.2e^{-50t} + 0.2e^{(-50/3)t} \end{bmatrix}。$$

例題 5

解微分方程組

$$x_1'(t) = 3x_1(t) - 2x_2(t)$$
$$x_2'(t) = -2x_1(t) + 3x_2(t)。$$
$$x_3'(t) = 5x_3(t)$$

方程組寫成

$$\mathbf{x}'(t) = \begin{bmatrix} 3 & -2 & 0 \\ -2 & 3 & 0 \\ 0 & 0 & 5 \end{bmatrix} \mathbf{x}(t)$$

係數方陣 $A = \begin{bmatrix} 3 & -2 & 0 \\ -2 & 3 & 0 \\ 0 & 0 & 5 \end{bmatrix}$ 的特徵方程式為

$$\det(\lambda I_3 - A) = \begin{vmatrix} \lambda-3 & 2 & 0 \\ 2 & \lambda-3 & 0 \\ 0 & 0 & \lambda-5 \end{vmatrix}$$

$$= (\lambda-5)^2 (\lambda-1) = 0$$

固有值為 $\lambda = 1, 5, 5$。
$\lambda = 1$ 代入 $(\lambda I_3 - A)\mathbf{v} = \mathbf{0}$ 中，

$$\begin{bmatrix} -2 & 2 & 0 \\ 2 & -2 & 0 \\ 0 & 0 & -4 \end{bmatrix} \begin{bmatrix} v_1 \\ v_2 \\ v_3 \end{bmatrix} = \begin{bmatrix} 0 \\ 0 \\ 0 \end{bmatrix}$$

解得固有向量為 $\mathbf{v}_1 = \begin{bmatrix} 1 \\ 1 \\ 0 \end{bmatrix}$，所以 $\mathbf{x}_1(t) = e^t \begin{bmatrix} 1 \\ 1 \\ 0 \end{bmatrix}$。

$\lambda = 5$ 代入 $(\lambda \mathbf{I}_3 - \mathbf{A})\mathbf{v} = \mathbf{0}$ 中，

$$\begin{bmatrix} 2 & 2 & 0 \\ 2 & 2 & 0 \\ 0 & 0 & 0 \end{bmatrix} \begin{bmatrix} v_1 \\ v_2 \\ v_3 \end{bmatrix} = \begin{bmatrix} 0 \\ 0 \\ 0 \end{bmatrix}$$

解得方陣 $\mathbf{A}$ 之固有空間的一個基底為 $\mathbf{v}_2 = \begin{bmatrix} 0 \\ 0 \\ 1 \end{bmatrix}$ 與 $\mathbf{v}_3 = \begin{bmatrix} 1 \\ -1 \\ 0 \end{bmatrix}$。

於是，$\mathbf{x}_2(t) = e^{5t} \begin{bmatrix} 0 \\ 0 \\ 1 \end{bmatrix}$ 與 $\mathbf{x}_3(t) = e^{5t} \begin{bmatrix} 1 \\ -1 \\ 0 \end{bmatrix}$ 為線性獨立解。所以，通解為

$$\mathbf{x}(t) = c_1 \begin{bmatrix} 1 \\ 1 \\ 0 \end{bmatrix} e^t + c_2 \begin{bmatrix} 0 \\ 0 \\ 1 \end{bmatrix} e^{5t} + c_3 \begin{bmatrix} 1 \\ -1 \\ 0 \end{bmatrix} e^{5t} = \begin{bmatrix} c_1 e^t + c_3 e^{5t} \\ c_1 e^t - c_3 e^{5t} \\ c_2 e^{5t} \end{bmatrix}。$$

讀者應注意，此微分方程組的係數方陣具有兩個相同的固有值，但對應三個線性獨立固有向量，故可求得微分方程組的通解。然而，如果只有兩個相同固有值僅對應於一個固有向量，則應如何求得微分方程組的通解呢？

令 $\mathbf{x}' = \mathbf{A}\mathbf{x}$，其係數方陣具有兩個相同的固有值 $\lambda_1 = \lambda_2 = \lambda$，但僅對應於一個固有向量 $\mathbf{v}$，則此微分方程組的一解為 $\mathbf{x}_1 = \mathbf{v}e^{\lambda t}$。若想求此微分方程組的第二個線性獨立解，我們可假設存在解的形式為

$$\mathbf{x}_2 = (\mathbf{c} + t\mathbf{d})e^{\lambda t}$$

此處 $\mathbf{c}$ 與 $\mathbf{d}$ 為待定的行向量。我們現在求 $\mathbf{c}$ 與 $\mathbf{d}$ 使得 $\mathbf{x}_2$ 為 $\mathbf{x}' = \mathbf{A}\mathbf{x}$ 的線性獨立解。以 $\mathbf{x}_2 = (\mathbf{c} + t\mathbf{d})e^{\lambda t}$ 及

$$\begin{aligned} \mathbf{x}_2' &= (\mathbf{c} + t\mathbf{d})\frac{d}{dt}e^{\lambda t} + e^{\lambda t}\frac{d}{dt}(\mathbf{c} + t\mathbf{d}) \\ &= \lambda(\mathbf{c} + t\mathbf{d})e^{\lambda t} + \mathbf{d}e^{\lambda t} \end{aligned}$$

代入微分方程組中可得

$$\lambda(\mathbf{c}+t\mathbf{d})e^{\lambda t}+\mathbf{d}e^{\lambda t}=A(\mathbf{c}+t\mathbf{d})e^{\lambda t}$$

因 $e^{\lambda t} \neq 0$，故

$$\lambda\mathbf{c}+\lambda t\mathbf{d}+\mathbf{d}=A\mathbf{c}+At\mathbf{d} \tag{8-11}$$

令 (8-11) 式中 t 的係數相等，即，

$$\lambda\mathbf{d}=A\mathbf{d}$$

則

$$(\lambda I-A)\mathbf{d}=\mathbf{0}$$

此方程式說明 $\mathbf{d}$ 為方陣 A 的固有向量，其所對應的固有值為 λ。因我們知道 λ 所對應的唯一固有向量為 $\mathbf{v}$，故選擇 $\mathbf{d}=\mathbf{v}$。

同理，令 (8-11) 式中常數方陣相等，即，

$$\lambda\mathbf{c}+\mathbf{d}=A\mathbf{c}$$

則

$$(\lambda I-A)\mathbf{c}=\mathbf{d}$$

在此方程式中以 $\mathbf{v}$ 取代 $\mathbf{d}$，由於 λ 與 A 皆為已知，故我們可得解 $\mathbf{c}$。

由以上的討論，我們可歸納成下面的結論：

令 $\mathbf{x}'=A\mathbf{x}$，A 為實數係數方陣，$\lambda_1=\lambda_2=\lambda$ 為兩相等的實數固有值，但僅對應於單一固有向量 $\mathbf{v}$，則

$$\mathbf{x}_1=\mathbf{v}e^{\lambda t}$$

與

$$\mathbf{x}_2=(\mathbf{c}+t\mathbf{v})e^{\lambda t}$$

為微分方程組 $\mathbf{x}'=A\mathbf{x}$ 的線性獨立解，此處 $\mathbf{c}$ 為 $(\lambda I-A)\mathbf{c}=\mathbf{v}$ 的解向量。

讀者應注意，此結論可推廣至具有三個相等的實數固有值情形。例如，若 $\lambda_1=\lambda_2=\lambda_3=\lambda$ 僅對應於單一固有向量 $\mathbf{v}$，則微分方程組 $\mathbf{x}'=A\mathbf{x}$ 的三個線性獨立解為

$$\mathbf{x}_1=\mathbf{v}e^{\lambda t}$$
$$\mathbf{x}_2=(\mathbf{c}+t\mathbf{d})e^{\lambda t}$$
$$\mathbf{x}_3=(\mathbf{c}+t\mathbf{d}+t^2\mathbf{e})e^{\lambda t}$$

此處 $\mathbf{c}$、$\mathbf{d}$ 與 $\mathbf{e}$ 為常數行向量，可代入已知方程組中求得。

例題 6

解微分方程組

$$\mathbf{x}' = \begin{bmatrix} 2 & 0 \\ 3 & 2 \end{bmatrix} \mathbf{x} \text{。}$$

解 係數方陣 $A = \begin{bmatrix} 2 & 0 \\ 3 & 2 \end{bmatrix}$ 的特徵方程式為

$$\det(\lambda I_2 - A) = \begin{vmatrix} \lambda - 2 & 0 \\ -3 & \lambda - 2 \end{vmatrix} = (\lambda - 2)^2 = 0$$

可得固有值為 $\lambda = 2$ (二重根)。

令 $\lambda = 2$ 所對應的固有向量為 $\mathbf{v} = \begin{bmatrix} v_1 \\ v_2 \end{bmatrix}$，則

$$\begin{bmatrix} 2-2 & 0 \\ -3 & 2-2 \end{bmatrix} \begin{bmatrix} v_1 \\ v_2 \end{bmatrix} = \begin{bmatrix} 0 \\ 0 \end{bmatrix}$$

我們由此方程組推斷 $v_1 = 0$ 且 v_2 為任意值。選擇 $v_2 = 1$，可得唯一的固有向量

$$\mathbf{v} = \begin{bmatrix} 0 \\ 1 \end{bmatrix}$$

故微分方程組的一解為

$$\mathbf{x}_1 = \begin{bmatrix} 0 \\ 1 \end{bmatrix} e^{2t}$$

設微分方程組的另一解為

$$\mathbf{x}_2 = (\mathbf{c} + t\mathbf{v}) e^{\lambda t}$$

上式中的常數行向量 $\mathbf{c}$ 為 $(2I_2 - A)\mathbf{c} = \mathbf{v}$ 的解。

令 $\mathbf{c} = \begin{bmatrix} c_1 \\ c_2 \end{bmatrix}$，則 $\left(\begin{bmatrix} 2 & 0 \\ 0 & 2 \end{bmatrix} - \begin{bmatrix} 2 & 0 \\ 3 & 2 \end{bmatrix} \right) \begin{bmatrix} c_1 \\ c_2 \end{bmatrix} = \begin{bmatrix} 0 \\ 1 \end{bmatrix}$

或 $\begin{bmatrix} 0 & 0 \\ 3 & 0 \end{bmatrix} \begin{bmatrix} c_1 \\ c_2 \end{bmatrix} = \begin{bmatrix} 0 \\ 1 \end{bmatrix}$

解得 $c_1 = \dfrac{1}{3}$，$c_2 = 0$。因此，$c = \begin{bmatrix} \dfrac{1}{3} \\ 0 \end{bmatrix}$，可得

$$\mathbf{x}_2 = \left(\begin{bmatrix} \frac{1}{3} \\ 0 \end{bmatrix} + \begin{bmatrix} 0 \\ 1 \end{bmatrix} t \right) e^{2t}$$

於是,通解為

$$\mathbf{x} = c_1 \begin{bmatrix} 0 \\ 1 \end{bmatrix} e^{2t} + c_2 \left(\begin{bmatrix} \frac{1}{3} \\ 0 \end{bmatrix} + \begin{bmatrix} 0 \\ 1 \end{bmatrix} t \right) e^{2t} = \begin{bmatrix} \frac{1}{3} c_2 e^{2t} \\ c_1 e^{2t} + c_2 t e^{2t} \end{bmatrix}。$$

利用方陣對角化解微分方程組

我們考慮齊次微分方程組

$$\begin{aligned} x_1'(t) &= a_{11} x_1(t) + a_{12} x_2(t) + \cdots + a_{1n} x_n(t) \\ x_2'(t) &= a_{21} x_1(t) + a_{22} x_2(t) + \cdots + a_{2n} x_n(t) \\ &\vdots \qquad \vdots \qquad \vdots \qquad \vdots \\ x_n'(t) &= a_{n1} x_1(t) + a_{n2} x_2(t) + \cdots + a_{nn} x_n(t) \end{aligned} \tag{8-12}$$

此處每一個 a_{ij} 為實數,則上面方程組可寫成

$$\mathbf{x}' = A\mathbf{x}$$

由於 A 不為對角方陣,我們只要作下列的代換就可將方程組 (8-12) 變換成含對角方陣的微分方程組。令

$$\begin{aligned} x_1(t) &= p_{11} u_1(t) + p_{12} u_2(t) + \cdots + p_{1n} u_n(t) \\ x_2(t) &= p_{21} u_1(t) + p_{22} u_2(t) + \cdots + p_{2n} u_n(t) \\ &\vdots \qquad \vdots \qquad \vdots \qquad \vdots \\ x_n(t) &= p_{n1} u_1(t) + p_{n2} u_2(t) + \cdots + p_{nn} u_n(t) \end{aligned}$$

或

$$\mathbf{x} = P\mathbf{u} \tag{8-13}$$

其中 $\mathbf{x} = \begin{bmatrix} x_1(t) \\ x_2(t) \\ \vdots \\ x_n(t) \end{bmatrix}$, $P = \begin{bmatrix} p_{11} & p_{12} & \cdots & p_{1n} \\ p_{21} & p_{22} & \cdots & p_{2n} \\ \vdots & \vdots & & \vdots \\ p_{n1} & p_{n2} & \cdots & p_{nn} \end{bmatrix}$, $\mathbf{u} = \begin{bmatrix} u_1(t) \\ u_2(t) \\ \vdots \\ u_n(t) \end{bmatrix}$

此處 p_{ij} 為待定的常數。微分 (8-13) 式可得

$$\mathbf{x}' = P\mathbf{u}' \tag{8-14}$$

若將 $\mathbf{x} = P\mathbf{u}$ 及 $\mathbf{x}' = P\mathbf{u}'$ 代入原微分方程組 $\mathbf{x}' = A\mathbf{x}$ 中，又假設 P 為可逆方陣，則

$$P\mathbf{u}' = A(P\mathbf{u})$$
$$\mathbf{u}' = (P^{-1}AP)\mathbf{u}$$

或

$$\mathbf{u}' = D\mathbf{u} \tag{8-15}$$

此處 $D = P^{-1}AP$ 為對角方陣。綜合以上的討論，我們先找出使 A 對角化的方陣 P，再由 (8-15) 式解得 $\mathbf{u}$，然後利用 (8-13) 式確定 $\mathbf{x}$，則可求得微分方程組 (8-12) 的解。

例題 7

解初值問題

$$x_1' = 3x_1 + 4x_2$$
$$x_2' = 3x_1 + 2x_2$$
$$x_1(0) = 6, \quad x_2(0) = 1$$

首先將微分方程組寫成

$$\mathbf{x}'(t) = \begin{bmatrix} 3 & 4 \\ 3 & 2 \end{bmatrix} \mathbf{x}(t), \qquad \mathbf{x}(0) = \begin{bmatrix} 6 \\ 1 \end{bmatrix}$$

利用例題 2 得知 $A = \begin{bmatrix} 3 & 4 \\ 3 & 2 \end{bmatrix}$ 的固有值為 6 與 -1，此兩固有值所對應的固有空間的基底分別為 $\mathbf{v}_1 = \begin{bmatrix} 4 \\ 3 \end{bmatrix}$ 與 $\mathbf{v}_2 = \begin{bmatrix} 1 \\ -1 \end{bmatrix}$。因此，

$$P = \begin{bmatrix} 4 & 1 \\ 3 & -1 \end{bmatrix}$$

可對角化 A，而

$$D = P^{-1}AP = \begin{bmatrix} 6 & 0 \\ 0 & -1 \end{bmatrix}$$

由代換 $\mathbf{x}=P\mathbf{u}$ 及 $\mathbf{x}'=P\mathbf{u}'$

所得新的「對角方程組」為

$$\mathbf{u}'=D\mathbf{u}=\begin{bmatrix} 6 & 0 \\ 0 & -1 \end{bmatrix}\mathbf{u} \quad 或 \quad \begin{cases} u_1'=6u_1 \\ u_2'=-u_2 \end{cases}$$

其解為

$$\mathbf{u}=\begin{bmatrix} c_1 e^{6t} \\ c_2 e^{-t} \end{bmatrix}$$

所以，方程組 $\mathbf{x}=P\mathbf{u}$ 的解為

$$\mathbf{x}(t)=\begin{bmatrix} 4 & 1 \\ 3 & -1 \end{bmatrix}\begin{bmatrix} c_1 e^{6t} \\ c_2 e^{-t} \end{bmatrix}=\begin{bmatrix} 4c_1 e^{6t}+c_2 e^{-t} \\ 3c_1 e^{6t}-c_2 e^{-t} \end{bmatrix}$$

因初期條件為

$$\mathbf{x}(0)=\begin{bmatrix} 6 \\ 1 \end{bmatrix}$$

故

$$\mathbf{x}(0)=\begin{bmatrix} 4c_1+c_2 \\ 3c_1-c_2 \end{bmatrix}=\begin{bmatrix} 6 \\ 1 \end{bmatrix}$$

解得 $c_1=1$，$c_2=2$。因此，初值問題的解為

$$\mathbf{x}(t)=\begin{bmatrix} 4e^{6t}+2e^{-t} \\ 3e^{6t}-2e^{-t} \end{bmatrix}。$$

例題 8

解微分方程組

$$\begin{aligned} x_1' &= x_2 \\ x_2' &= x_3 \\ x_3' &= 8x_1-14x_2+7x_3 \end{aligned}$$

解 此微分方程組寫成

$$\mathbf{x}'(t)=\begin{bmatrix} 0 & 1 & 0 \\ 0 & 0 & 1 \\ 8 & -14 & 7 \end{bmatrix}\mathbf{x}(t)$$

利用例題 3 得知 $A = \begin{bmatrix} 0 & 1 & 0 \\ 0 & 0 & 1 \\ 8 & -14 & 7 \end{bmatrix}$ 的固有值為 1、2 與 4。此三個固有值所對應的固有空間的基底分別為

$$\mathbf{v}_1 = \begin{bmatrix} 1 \\ 1 \\ 1 \end{bmatrix}, \quad \mathbf{v}_2 = \begin{bmatrix} 1 \\ 2 \\ 4 \end{bmatrix}, \quad \mathbf{v}_3 = \begin{bmatrix} 1 \\ 4 \\ 16 \end{bmatrix}$$

因此，

$$P = \begin{bmatrix} 1 & 1 & 1 \\ 1 & 2 & 4 \\ 1 & 4 & 16 \end{bmatrix}$$

可對角化 A，而

$$D = P^{-1}AP = \begin{bmatrix} 1 & 0 & 0 \\ 0 & 2 & 0 \\ 0 & 0 & 4 \end{bmatrix}$$

由代換 $\mathbf{x} = P\mathbf{u}$ 及 $\mathbf{x}' = P\mathbf{u}'$ 所得新的「對角化方程組」為

$$\mathbf{u}' = D\mathbf{u} = \begin{bmatrix} 1 & 0 & 0 \\ 0 & 2 & 0 \\ 0 & 0 & 4 \end{bmatrix} \mathbf{u} \quad \text{或} \quad \begin{cases} u_1' = u_1 \\ u_2' = 2u_2 \\ u_3' = 4u_3 \end{cases}$$

其解為

$$\mathbf{u} = \begin{bmatrix} c_1 e^t \\ c_2 e^{2t} \\ c_3 e^{4t} \end{bmatrix}$$

所以，方程組 $\mathbf{x} = P\mathbf{u}$ 的解為

$$\mathbf{x}(t) = \begin{bmatrix} 1 & 1 & 1 \\ 1 & 2 & 4 \\ 1 & 4 & 16 \end{bmatrix} \begin{bmatrix} c_1 e^t \\ c_2 e^{2t} \\ c_3 e^{4t} \end{bmatrix} = \begin{bmatrix} c_1 e^t + c_2 e^{2t} + c_3 e^{4t} \\ c_1 e^t + 2c_2 e^{2t} + 4c_3 e^{4t} \\ c_1 e^t + 4c_2 e^{2t} + 16c_3 e^{4t} \end{bmatrix} 。$$

如果方程組 (8-12) 中的方陣 A 不能被對角化，我們可以選擇 P 使得 $J = P^{-1}AP$ 為 A 的約旦典式，寫成

$$J = \begin{bmatrix} \lambda_1 & \varepsilon_1 & & & & \mathbf{0} \\ & \lambda_2 & \varepsilon_2 & & & \\ & & \ddots & \ddots & & \\ & & & & \lambda_{n-1} & \varepsilon_{n-1} \\ \mathbf{0} & & & & & \lambda_n \end{bmatrix}$$

在對角線上的固有值 λ_i 不必相異，而位於對角線上方第一斜行上的每一個 ε_i 為 1 或 0。尤其是，若 $\varepsilon_i = 1$，則 $\lambda_{i+1} = \lambda_i$。(8-15) 式變成

$$\mathbf{u}' = J\mathbf{u}$$

或具有下列的形式：

$$\begin{aligned} u_1' &= \lambda_1 u_1 + \varepsilon_1 u_2 \\ u_2' &= \lambda_2 u_2 + \varepsilon_2 u_3 \\ &\vdots \qquad \vdots \\ u_{n-1}' &= \lambda_{n-1} u_{n-1} + \varepsilon_{n-1} u_n \\ u_n' &= \lambda_n u_n \end{aligned}$$

我們可以由最後一個方程式解得 $u_n = k_n e^{\lambda_n t}$，再依次向前解出 u_{n-1}, u_{n-2}, $\cdots$, u_1。最後，再代入 $\mathbf{x} = P\mathbf{u}$ 中即得微分方程組 $\mathbf{x}' = A\mathbf{x}$ 的解。

例題 9

解初值問題

$$\begin{aligned} x_1' &= 2x_1 + 2x_2 + 3x_3 \\ x_2' &= \qquad\ -x_2 \\ x_3' &= 2x_1 + 2x_2 + x_3 \end{aligned}, \quad x_1(0) = x_2(0) = x_3(0) = 1 \text{。}$$

解 微分方程組的矩陣形式為 $\mathbf{x}' = A\mathbf{x}$，其中

$$A = \begin{bmatrix} 2 & 2 & 3 \\ 0 & -1 & 0 \\ 2 & 2 & 1 \end{bmatrix}, \quad \mathbf{x} = \begin{bmatrix} x_1 \\ x_2 \\ x_3 \end{bmatrix} \text{。}$$

由於方陣 A 不能被對角化，但我們可找到另一方陣

$$P = \begin{bmatrix} \dfrac{1}{2} & 1 & \dfrac{3}{2} \\ 0 & -\dfrac{5}{4} & 0 \\ -\dfrac{1}{2} & 0 & 1 \end{bmatrix}$$

使得
$$J = P^{-1}AP = \begin{bmatrix} -1 & 1 & 0 \\ 0 & -1 & 0 \\ 0 & 0 & 4 \end{bmatrix}$$

此為約旦典式，則微分方程組變成 $\mathbf{u}' = J\mathbf{u}$，或

$$u_1' = -u_1 + u_2$$
$$u_2' = -u_2$$
$$u_3' = 4u_3$$

此微分方程組的解為

$$u_1 = (k_1 + k_2 t)e^{-t}$$
$$u_2 = k_2 e^{-t}$$
$$u_3 = k_3 e^{4t}$$

再代入 $\mathbf{x} = P\mathbf{u}$ 中，則求得原微分方程組的解。所以

$$\begin{bmatrix} x_1 \\ x_2 \\ x_3 \end{bmatrix} = \begin{bmatrix} \dfrac{1}{2} & 1 & \dfrac{3}{2} \\ 0 & -\dfrac{5}{4} & 0 \\ -\dfrac{1}{2} & 0 & 1 \end{bmatrix} \begin{bmatrix} u_1 \\ u_2 \\ u_3 \end{bmatrix} = \begin{bmatrix} \left(\dfrac{1}{2}k_1 + k_2 + \dfrac{1}{2}k_2 t\right)e^{-t} + \dfrac{3}{2}k_3 e^{4t} \\ -\dfrac{5}{4}k_2 e^{-t} \\ \left(-\dfrac{1}{2}k_1 - \dfrac{1}{2}k_2 t\right)e^{-t} + k_3 e^{4t} \end{bmatrix}$$

將初期條件 $\mathbf{x}(0) = \begin{bmatrix} 1 \\ 1 \\ 1 \end{bmatrix}$ 代入上式可得

$$\begin{bmatrix} x_1(0) \\ x_2(0) \\ x_3(0) \end{bmatrix} = \begin{bmatrix} \frac{1}{2}k_1 + k_2 + \frac{3}{2}k_3 \\ -\frac{5}{4}k_2 \\ -\frac{1}{2}k_1 + k_3 \end{bmatrix} = \begin{bmatrix} 1 \\ 1 \\ 1 \end{bmatrix}$$

解得 $k_1 = \frac{6}{25}$, $k_2 = -\frac{4}{5}$, $k_3 = \frac{28}{25}$。因此，

$$\begin{bmatrix} x_1(t) \\ x_2(t) \\ x_3(t) \end{bmatrix} = \begin{bmatrix} \left(-\frac{17}{25} - \frac{2}{5}t\right)e^{-t} + \frac{42}{25}e^{4t} \\ e^{-t} \\ \left(-\frac{3}{25} + \frac{2}{5}t\right)e^{-t} + \frac{28}{25}e^{4t} \end{bmatrix}$$

指數方陣可用來解初值問題

$$\mathbf{x}' = A\mathbf{x}, \qquad \mathbf{x}(0) = \mathbf{x}_0 \tag{8-16}$$

(8-16) 式的解類似於方程式

$$x' = ax, \qquad x(0) = x_0$$

上式的解為

$$x = x_0 e^{at} \tag{8-17}$$

我們可將 (8-17) 式一般化，並藉指數方陣 e^{tA} 來表示 (8-16) 式的解。因 e^{tA} 的展開式具有無限大的收斂半徑，故

$$\begin{aligned} \frac{d}{dt}e^{tA} &= \frac{d}{dt}\left(I + tA + \frac{1}{2!}t^2A^2 + \frac{1}{3!}t^3A^3 + \cdots\right) \\ &= \left(A + tA^2 + \frac{1}{2!}t^2A^3 + \cdots\right) \\ &= A\left(I + tA + \frac{1}{2!}t^2A^2 + \cdots\right) \\ &= Ae^{tA} \end{aligned}$$

如果按照 (8-17) 式的形式，

$$\mathbf{x}(t) = e^{tA}\mathbf{x}_0$$

可得

$$\mathbf{x}' = Ae^{tA}\mathbf{x}_0 = A\mathbf{x}$$

此處 $\mathbf{x}(0) = \mathbf{x}_0$，於是，初值問題 $\mathbf{x}' = A\mathbf{x}$，$\mathbf{x}(0) = \mathbf{x}_0$ 的解為

$$\mathbf{x} = e^{tA}\mathbf{x}_0 \tag{8-18}$$

若 A 為可對角化，則可將 (8-18) 式寫成

$$\mathbf{x} = Pe^{tD}P^{-1}\mathbf{x}_0$$

令 $\mathbf{c} = P^{-1}\mathbf{x}_0$，$P$ 係以 A 的固有向量作為行所構成的方陣，於是，

$$\mathbf{x} = Pe^{tD}\mathbf{c} = [\mathbf{v}_1 \ \mathbf{v}_2 \ \cdots \ \mathbf{v}_n] \begin{bmatrix} e^{\lambda_1 t} & & & & \mathbf{0} \\ & e^{\lambda_2 t} & & & \\ & & e^{\lambda_3 t} & & \\ & & & \ddots & \\ \mathbf{0} & & & & e^{\lambda_n t} \end{bmatrix} \begin{bmatrix} c_1 \\ c_2 \\ c_3 \\ \vdots \\ c_n \end{bmatrix}$$

$$= [\mathbf{v}_1 \ \mathbf{v}_2 \ \cdots \ \mathbf{v}_n] \begin{bmatrix} c_1 e^{\lambda_1 t} \\ c_2 e^{\lambda_2 t} \\ c_3 e^{\lambda_3 t} \\ \vdots \\ c_n e^{\lambda_n t} \end{bmatrix}$$

$$= c_1 e^{\lambda_1 t} \mathbf{v}_1 + c_2 e^{\lambda_2 t} \mathbf{v}_2 + \cdots + c_n e^{\lambda_n t} \mathbf{v}_n \text{。}$$

例題 10

解初值問題

$$\mathbf{x}' = \begin{bmatrix} 3 & 4 \\ 3 & 2 \end{bmatrix} \mathbf{x}, \qquad \mathbf{x}(0) = \begin{bmatrix} 6 \\ 1 \end{bmatrix} \text{。}$$

解 利用例題 2 得知 $A = \begin{bmatrix} 3 & 4 \\ 3 & 2 \end{bmatrix}$ 的固有值為 6 與 -1，其所對應的固有向量分別為 $\mathbf{v}_1 = \begin{bmatrix} 4 \\ 3 \end{bmatrix}$ 與 $\mathbf{v}_2 = \begin{bmatrix} 1 \\ -1 \end{bmatrix}$。於是，

$$A = PDP^{-1} = \begin{bmatrix} 4 & 1 \\ 3 & -1 \end{bmatrix} \begin{bmatrix} 6 & 0 \\ 0 & -1 \end{bmatrix} \begin{bmatrix} \dfrac{1}{7} & \dfrac{1}{7} \\ \dfrac{3}{7} & -\dfrac{4}{7} \end{bmatrix}$$

所以,故初值問題的解為

$$\mathbf{x} = e^{tA}\mathbf{x}_0 = Pe^{tD}P^{-1}\mathbf{x}_0$$

$$= \begin{bmatrix} 4 & 1 \\ 3 & -1 \end{bmatrix} \begin{bmatrix} e^{6t} & 0 \\ 0 & e^{-t} \end{bmatrix} \begin{bmatrix} \dfrac{1}{7} & \dfrac{1}{7} \\ \dfrac{3}{7} & -\dfrac{4}{7} \end{bmatrix} \begin{bmatrix} 6 \\ 1 \end{bmatrix}$$

$$= \begin{bmatrix} 4e^{6t} & e^{-t} \\ 3e^{6t} & -e^{-t} \end{bmatrix} \begin{bmatrix} 1 \\ 2 \end{bmatrix}$$

$$= \begin{bmatrix} 4e^{6t} + 2e^{-t} \\ 3e^{6t} - 2e^{-t} \end{bmatrix} \text{。}$$

例題 11

解初值問題

$$\mathbf{x}' = \begin{bmatrix} 0 & 1 & 0 \\ 0 & 0 & 1 \\ -2 & 1 & 2 \end{bmatrix} \mathbf{x}, \qquad \mathbf{x}(0) = \begin{bmatrix} 1 \\ 0 \\ -1 \end{bmatrix} \text{。}$$

解 係數方陣 $A = \begin{bmatrix} 0 & 1 & 0 \\ 0 & 0 & 1 \\ -2 & 1 & 2 \end{bmatrix}$ 的特徵方程式為

$$\det(\lambda I_3 - A) = \begin{vmatrix} \lambda & -1 & 0 \\ 0 & \lambda & -1 \\ 2 & -1 & \lambda-2 \end{vmatrix} = \lambda^2(\lambda-2) + 2 - \lambda = (\lambda-2)(\lambda^2-1) = 0$$

固有值為 $\lambda = -1, 1, 2$,其所對應的固有向量分別為

$$\mathbf{v}_1 = \begin{bmatrix} 1 \\ -1 \\ 1 \end{bmatrix}, \; \mathbf{v}_2 = \begin{bmatrix} 1 \\ 1 \\ 1 \end{bmatrix}, \; \mathbf{v}_3 = \begin{bmatrix} 1 \\ 2 \\ 4 \end{bmatrix} \text{。於是,}$$

CHAPTER 8 線性微分方程組

$$A = PDP^{-1} = \begin{bmatrix} 1 & 1 & 1 \\ -1 & 1 & 2 \\ 1 & 1 & 4 \end{bmatrix} \begin{bmatrix} -1 & 0 & 0 \\ 0 & 1 & 0 \\ 0 & 0 & 2 \end{bmatrix} \begin{bmatrix} \dfrac{1}{3} & -\dfrac{1}{2} & \dfrac{1}{6} \\ 1 & \dfrac{1}{2} & -\dfrac{1}{2} \\ -\dfrac{1}{3} & 0 & \dfrac{1}{3} \end{bmatrix}$$

故初值問題的解為

$$\mathbf{x} = e^{tA}\mathbf{x}_0 = Pe^{tD}P^{-1}\mathbf{x}_0$$

$$= \begin{bmatrix} 1 & 1 & 1 \\ -1 & 1 & 2 \\ 1 & 1 & 4 \end{bmatrix} \begin{bmatrix} e^{-t} & 0 & 0 \\ 0 & e^{t} & 0 \\ 0 & 0 & e^{2t} \end{bmatrix} \begin{bmatrix} \dfrac{1}{3} & -\dfrac{1}{2} & \dfrac{1}{6} \\ 1 & \dfrac{1}{2} & -\dfrac{1}{2} \\ -\dfrac{1}{3} & 0 & \dfrac{1}{3} \end{bmatrix} \begin{bmatrix} 1 \\ 0 \\ -1 \end{bmatrix}$$

$$= \begin{bmatrix} 1 & 1 & 1 \\ -1 & 1 & 2 \\ 1 & 1 & 4 \end{bmatrix} \begin{bmatrix} e^{-t} & 0 & 0 \\ 0 & e^{t} & 0 \\ 0 & 0 & e^{2t} \end{bmatrix} \begin{bmatrix} \dfrac{1}{6} \\ \dfrac{3}{2} \\ -\dfrac{2}{3} \end{bmatrix}$$

$$= \begin{bmatrix} e^{-t} & e^{t} & e^{2t} \\ -e^{-t} & e^{t} & 2e^{2t} \\ e^{-t} & e^{t} & 4e^{2t} \end{bmatrix} \begin{bmatrix} \dfrac{1}{6} \\ \dfrac{3}{2} \\ -\dfrac{2}{3} \end{bmatrix} = \begin{bmatrix} \dfrac{1}{6}e^{-t} + \dfrac{3}{2}e^{t} - \dfrac{2}{3}e^{2t} \\ -\dfrac{1}{6}e^{-t} + \dfrac{3}{2}e^{t} - \dfrac{4}{3}e^{2t} \\ \dfrac{1}{6}e^{-t} + \dfrac{3}{2}e^{t} - \dfrac{8}{3}e^{2t} \end{bmatrix}$$

習題 8-2

利用方陣的固有值解下列各初值問題。

1. $\mathbf{x}' = \begin{bmatrix} 0 & 1 & 0 \\ 0 & 0 & 1 \\ -2 & 1 & 2 \end{bmatrix} \mathbf{x}, \quad \mathbf{x}(0) = \begin{bmatrix} 1 \\ 1 \\ 2 \end{bmatrix}$

2. $\mathbf{x}' = \begin{bmatrix} 3 & -2 \\ -1 & 2 \end{bmatrix} \mathbf{x}, \quad \mathbf{x}(0) = \begin{bmatrix} 1 \\ -1 \end{bmatrix}$

3. $x_1' = 4x_1 + x_3$

    $x_2' = -2x_1 + x_2$

    $x_3' = -2x_1 + x_3$

    $x_1(0) = -1, \quad x_2(0) = 1, \quad x_3(0) = 0$

4. 求下列微分方程組的通解。

    $x_1' = 3x_1 - 18x_2$

    $x_2' = 2x_1 - 9x_2$

利用方陣對角化解下列各初值問題。

5. $\mathbf{x}' = \begin{bmatrix} 4 & 2 & 2 \\ 2 & 4 & 2 \\ 2 & 2 & 4 \end{bmatrix} \mathbf{x}, \quad \mathbf{x}(0) = \begin{bmatrix} 1 \\ 1 \\ -1 \end{bmatrix}$

6. $\mathbf{x}' = \begin{bmatrix} 1 & 3 \\ 4 & 5 \end{bmatrix} \mathbf{x}, \quad \mathbf{x}'(0) = \begin{bmatrix} 1 \\ -1 \end{bmatrix}$

7. 解初值問題 $\mathbf{x}' = \begin{bmatrix} 3 & 1 & -1 \\ -1 & 1 & 1 \\ 0 & 0 & 2 \end{bmatrix} \mathbf{x}, \quad \mathbf{x}(0) = \begin{bmatrix} 1 \\ 1 \\ 1 \end{bmatrix}$。

利用指數方陣解下列各初值問題。

8. $\mathbf{x}' = \begin{bmatrix} 1 & 1 \\ 9 & 1 \end{bmatrix} \mathbf{x}, \quad \mathbf{x}(0) = \begin{bmatrix} 1 \\ 2 \end{bmatrix}$

9. $\mathbf{x}' = \begin{bmatrix} 1 & -1 & -1 \\ 0 & 1 & 3 \\ 0 & 3 & 1 \end{bmatrix} \mathbf{x}, \quad \mathbf{x}(0) = \begin{bmatrix} 1 \\ 1 \\ -1 \end{bmatrix}$

8-3 複數固有值

對一階線性微分方程組

$$\mathbf{x}' = A\mathbf{x} \tag{8-19}$$

若 A 為實數 n 階方陣，則其特徵多項式

$$p(\lambda) = \det(\lambda I_n - A)$$

具有實係數。因此，若 $\lambda = a + ib$ 為一複數固有值，並令 $\mathbf{v}$ 為 λ 所對應的固有向量，則向量 $\mathbf{v}$ 可分成實數與虛數部分，即，

$$\mathbf{v} = \begin{bmatrix} v_1 \\ v_2 \\ \vdots \\ v_n \end{bmatrix} = \begin{bmatrix} \text{Re}(v_1) + i\text{Im}(v_1) \\ \text{Re}(v_2) + i\text{Im}(v_2) \\ \vdots \\ \text{Re}(v_n) + i\text{Im}(v_n) \end{bmatrix} = \begin{bmatrix} \text{Re}(v_1) \\ \text{Re}(v_2) \\ \vdots \\ \text{Re}(v_n) \end{bmatrix} + i \begin{bmatrix} \text{Im}(v_1) \\ \text{Im}(v_2) \\ \vdots \\ \text{Im}(v_n) \end{bmatrix} = \text{Re}(\mathbf{v}) + i\text{Im}(\mathbf{v})$$

因

$$A\overline{\mathbf{v}} = \overline{A}\,\overline{\mathbf{v}} = \overline{A\mathbf{v}} = \overline{\lambda \mathbf{v}} = \overline{\lambda}\,\overline{\mathbf{v}}$$

故 $\overline{\lambda} = a - ib$ 亦為 A 的固有值，而 $\overline{\mathbf{v}} = \text{Re}(\mathbf{v}) - i\text{Im}(\mathbf{v})$ 為 $\overline{\lambda}$ 所對應的固有向量。於是，$e^{\lambda t}\mathbf{v}$ 與 $e^{\overline{\lambda}t}\overline{\mathbf{v}}$ 皆為 (8-19) 式的解，這些解皆為複數值。利用歐勒公式可知

$$e^{\lambda t}\mathbf{v} = e^{(a+ib)t}\mathbf{v} = e^{at}e^{ibt}\mathbf{v}$$
$$= e^{at}(\cos bt + i\sin bt)(\text{Re}(\mathbf{v}) + i\text{Im}(\mathbf{v}))$$

$$e^{\overline{\lambda}t}\overline{\mathbf{v}} = e^{(a-ib)t}\overline{\mathbf{v}} = e^{at}e^{-ibt}\overline{\mathbf{v}}$$
$$= e^{at}(\cos bt - i\sin bt)(\text{Re}(\mathbf{v}) - i\text{Im}(\mathbf{v}))$$

令

$$\mathbf{x}_1 = \frac{1}{2}(e^{\lambda t}\mathbf{v} + e^{\overline{\lambda}t}\overline{\mathbf{v}})$$

$$\mathbf{x}_2 = \frac{1}{2i}(e^{\lambda t}\mathbf{v} - e^{\overline{\lambda}t}\overline{\mathbf{v}})$$

則

$$\mathbf{x}_1 = \text{Re}(e^{\lambda t}\mathbf{v}), \quad \mathbf{x}_2 = \text{Im}(e^{\lambda t}\mathbf{v})。$$

定理 8-3

若 A 為實數方陣且 $\lambda = a+ib$ 為 A 的複數固有值，其所對應的固有向量為 $\mathbf{v}$，則

$$\mathbf{x}_1 = e^{at}[(\cos bt)\,\text{Re}(\mathbf{v}) - (\sin bt)\,\text{Im}(\mathbf{v})]$$

與 (8-20)

$$\mathbf{x}_2 = e^{at}[(\cos bt)\,\text{Im}(\mathbf{v}) + (\sin bt)\,\text{Re}(\mathbf{v})]$$

為 (8-19) 式兩個線性獨立的實數解。

例題 1

解微分方程組

$$\begin{aligned} x_1' &= x_1 + x_2 \\ x_2' &= -2x_1 + 3x_2 \end{aligned}$$

解 微分方程組的矩陣表示式為

$$\mathbf{x}' = \begin{bmatrix} 1 & 1 \\ -2 & 3 \end{bmatrix} \mathbf{x}$$

係數方陣 $A = \begin{bmatrix} 1 & 1 \\ -2 & 3 \end{bmatrix}$ 的特徵方程式為

$$\begin{aligned} \det(\lambda I_2 - A) &= \begin{vmatrix} \lambda-1 & -1 \\ 2 & \lambda-3 \end{vmatrix} \\ &= (\lambda-1)(\lambda-3)+2 \\ &= \lambda^2 - 4\lambda + 5 = 0 \end{aligned}$$

可得 A 的固有值為 $\lambda = 2+i$ 與 $2-i$。

令 $\lambda = 2+i$ 所對應的固有向量為 $\mathbf{v} = \begin{bmatrix} v_1 \\ v_2 \end{bmatrix}$，則

$$\begin{bmatrix} 2+i-1 & -1 \\ 2 & 2+i-3 \end{bmatrix} \begin{bmatrix} v_1 \\ v_2 \end{bmatrix} = \begin{bmatrix} 0 \\ 0 \end{bmatrix}$$

可知 $\begin{cases} (1+i)v_1 - v_2 = 0 \\ 2v_1 + (-1+i)v_2 = 0 \end{cases}$

解得 $v_1 = 1$，$v_2 = 1+i$，故

$$\mathbf{v} = \begin{bmatrix} 1 \\ 1+i \end{bmatrix} = \begin{bmatrix} 1 \\ 1 \end{bmatrix} + i \begin{bmatrix} 0 \\ 1 \end{bmatrix}$$

以 $a=2$，$b=1$，$\mathrm{Re}(\mathbf{v}) = \begin{bmatrix} 1 \\ 1 \end{bmatrix}$ 與 $\mathrm{Im}(\mathbf{v}) = \begin{bmatrix} 0 \\ 1 \end{bmatrix}$，代入 (8-20) 式中可得

$$\mathbf{x}_1 = e^{2t}\left(\begin{bmatrix} 1 \\ 1 \end{bmatrix} \cos t - \begin{bmatrix} 0 \\ 1 \end{bmatrix} \sin t \right) \text{ 與 } \mathbf{x}_2 = e^{2t}\left(\begin{bmatrix} 0 \\ 1 \end{bmatrix} \cos t + \begin{bmatrix} 1 \\ 1 \end{bmatrix} \sin t \right)$$

故通解為

$$\begin{aligned}
\mathbf{x} &= c_1 \mathbf{x}_1 + c_2 \mathbf{x}_2 \\
&= c_1 e^{2t}\left(\begin{bmatrix} 1 \\ 1 \end{bmatrix} \cos t - \begin{bmatrix} 0 \\ 1 \end{bmatrix} \sin t \right) + c_2 e^{2t}\left(\begin{bmatrix} 0 \\ 1 \end{bmatrix} \cos t + \begin{bmatrix} 1 \\ 1 \end{bmatrix} \sin t \right) \\
&= c_1 \begin{bmatrix} e^{2t} \cos t \\ e^{2t} \cos t - e^{2t} \sin t \end{bmatrix} + c_2 \begin{bmatrix} e^{2t} \sin t \\ e^{2t} \cos t + e^{2t} \sin t \end{bmatrix} \\
&= c_1 \begin{bmatrix} e^{2t} \cos t \\ e^{2t}(\cos t - \sin t) \end{bmatrix} + c_2 \begin{bmatrix} e^{2t} \sin t \\ e^{2t}(\cos t + \sin t) \end{bmatrix} 。
\end{aligned}$$

例題 2

解微分方程組

$$\mathbf{x}' = \begin{bmatrix} 2 & -1 & -1 \\ 2 & 1 & -1 \\ 0 & -1 & 1 \end{bmatrix} \mathbf{x} 。$$

解 係數方陣 $A = \begin{bmatrix} 2 & -1 & -1 \\ 2 & 1 & -1 \\ 0 & -1 & 1 \end{bmatrix}$ 的特徵方程式為

$$\det(\lambda I_3 - A) = \begin{vmatrix} \lambda-2 & 1 & 1 \\ -2 & \lambda-1 & 1 \\ 0 & 1 & \lambda-1 \end{vmatrix} = \lambda^3 - 4\lambda^2 + 6\lambda - 4 = 0$$

可得 A 的固有值為 $\lambda = 2,\ 1+i,\ 1-i$。

(1) 對 $\lambda = 2$，令固有向量為 $\mathbf{v} = \begin{bmatrix} v_1 \\ v_2 \\ v_3 \end{bmatrix}$，則

$$\begin{bmatrix} 0 & 1 & 1 \\ -2 & 1 & 1 \\ 0 & 1 & 1 \end{bmatrix} \begin{bmatrix} v_1 \\ v_2 \\ v_3 \end{bmatrix} = \begin{bmatrix} 0 \\ 0 \\ 0 \end{bmatrix}$$

可知 $\begin{cases} v_2 + v_3 = 0 \\ -2v_1 + v_2 + v_3 = 0 \end{cases}$

解得 $v_1 = 0,\ v_2 = -v_3$。

於是，$\mathbf{v} = \begin{bmatrix} 0 \\ 1 \\ -1 \end{bmatrix}$，可得 $\mathbf{x}_1 = \begin{bmatrix} 0 \\ 1 \\ -1 \end{bmatrix} e^{2t}$。

(2) 對 $\lambda = 1+i$，令固有向量為 $\mathbf{v} = \begin{bmatrix} v_1 \\ v_2 \\ v_3 \end{bmatrix}$，則

$$\begin{bmatrix} i-1 & 1 & 1 \\ -2 & i & 1 \\ 0 & 1 & i \end{bmatrix} \begin{bmatrix} v_1 \\ v_2 \\ v_3 \end{bmatrix} = \begin{bmatrix} 0 \\ 0 \\ 0 \end{bmatrix}$$

可知 $\begin{cases} (i-1)v_1 + v_2 + v_3 = 0 \\ -2v_1 + iv_2 + v_3 = 0 \\ v_2 + iv_3 = 0 \end{cases}$

解得 $v_1 = v_3,\ v_2 = -iv_3$。於是，$\mathbf{v} = \begin{bmatrix} 1 \\ -i \\ 1 \end{bmatrix}$，因而 $\text{Re}(\mathbf{v}) = \begin{bmatrix} 1 \\ 0 \\ 1 \end{bmatrix}$，

$\text{Im}(\mathbf{v}) = \begin{bmatrix} 0 \\ -1 \\ 0 \end{bmatrix}$。

以 $a = 1,\ b = 1$，$\text{Re}(\mathbf{v})$ 與 $\text{Im}(\mathbf{v})$，代入 (8-20) 式中可得

$$\mathbf{x}_2 = e^t \left(\begin{bmatrix} 1 \\ 0 \\ 1 \end{bmatrix} \cos t - \begin{bmatrix} 0 \\ -1 \\ 0 \end{bmatrix} \sin t \right), \quad \mathbf{x}_3 = e^t \left(\begin{bmatrix} 0 \\ -1 \\ 0 \end{bmatrix} \cos t + \begin{bmatrix} 1 \\ 0 \\ 1 \end{bmatrix} \sin t \right)$$

故通解為

$$\mathbf{x} = c_1 \mathbf{x}_1 + c_2 \mathbf{x}_2 + c_3 \mathbf{x}_3$$

$$= c_1 \begin{bmatrix} 0 \\ 1 \\ -1 \end{bmatrix} e^{2t} + c_2 e^t \left(\begin{bmatrix} 1 \\ 0 \\ 1 \end{bmatrix} \cos t - \begin{bmatrix} 0 \\ -1 \\ 0 \end{bmatrix} \sin t \right)$$

$$+ c_3 e^t \left(\begin{bmatrix} 0 \\ -1 \\ 0 \end{bmatrix} \cos t + \begin{bmatrix} 1 \\ 0 \\ 1 \end{bmatrix} \sin t \right) 。$$

習題 8-3

解下列各微分方程組。

1. $\mathbf{x}' = \begin{bmatrix} 4 & -4 \\ 5 & -4 \end{bmatrix} \mathbf{x}, \quad \mathbf{x}(\pi) = \begin{bmatrix} 0 \\ 1 \end{bmatrix}$

2. $\mathbf{x}' = \begin{bmatrix} 1 & 10 \\ -1 & -1 \end{bmatrix} \mathbf{x}$

3. $\mathbf{x}' = \begin{bmatrix} 1 & 2 & 0 \\ -1 & -1 & 0 \\ 1 & 0 & -1 \end{bmatrix} \mathbf{x}$

4. $\mathbf{x}' = \begin{bmatrix} 1 & -1 & -1 \\ 1 & 1 & 0 \\ 3 & 0 & 1 \end{bmatrix} \mathbf{x}$

5. $\mathbf{x}' = \begin{bmatrix} 1 & 4 & 0 \\ -1 & 0 & 0 \\ 1 & 4 & -1 \end{bmatrix} \mathbf{x}, \quad \mathbf{x}(0) = \begin{bmatrix} -2 \\ 0 \\ 0 \end{bmatrix}$

8-4 非齊次微分方程組

考慮一階非齊次微分方程組

$$\begin{aligned} x_1'(t) &= a_{11} x_1(t) + a_{12} x_2(t) + \cdots + a_{1n} x_n(t) + f_1(t) \\ x_2'(t) &= a_{21} x_1(t) + a_{22} x_2(t) + \cdots + a_{2n} x_n(t) + f_2(t) \\ &\vdots \qquad \vdots \qquad \vdots \qquad \qquad \vdots \qquad \vdots \\ x_n'(t) &= a_{n1} x_1(t) + a_{n2} x_2(t) + \cdots + a_{nn} x_n(t) + f_n(t) \end{aligned} \qquad (8\text{-}21)$$

此處每一個 a_{ij} 是常數，則微分方程組 (8-21) 可以寫成

$$\mathbf{x}' = A\mathbf{x} + \mathbf{f} \tag{8-22}$$

其中 $\mathbf{x} = \begin{bmatrix} x_1(t) \\ x_2(t) \\ \vdots \\ x_n(t) \end{bmatrix}$, $A = \begin{bmatrix} a_{11} & a_{12} & \cdots & a_{1n} \\ a_{21} & a_{22} & \cdots & a_{2n} \\ \vdots & \vdots & & \vdots \\ a_{n1} & a_{n2} & \cdots & a_{nn} \end{bmatrix}$, $\mathbf{f} = \begin{bmatrix} f_1(t) \\ f_2(t) \\ \vdots \\ f_n(t) \end{bmatrix}$。

我們非常容易證明非齊次微分方程組的通解為

$$\mathbf{x} = \mathbf{x}_c + \mathbf{x}_p \tag{8-23}$$

其中 $\mathbf{x}_c$ 為所對應齊次微分方程組 $\mathbf{x}' = A\mathbf{x}$ 的通解，而 $\mathbf{x}_p$ 為 $\mathbf{x}' = A\mathbf{x} + \mathbf{f}$ 的任一特解。

未定係數法

例題 1

已知非齊次微分方程組 $\mathbf{x}' = A\mathbf{x} + \mathbf{f}$，其中

$$A = \begin{bmatrix} 1 & 0 \\ 6 & -1 \end{bmatrix}$$

試就下列函數解此微分方程組。

(1) $\mathbf{f}(t) = \begin{bmatrix} 2 \\ 1 \end{bmatrix}$　(2) $\mathbf{f}(t) = \begin{bmatrix} 2 \\ 1 \end{bmatrix} e^{2t}$　(3) $\mathbf{f}(t) = \begin{bmatrix} 2 \\ 1 \end{bmatrix} \sin t$　(4) $\mathbf{f}(t) = \begin{bmatrix} 2 \\ 1 \end{bmatrix} e^t$

解 首先解對應的齊次微分方程組 $\mathbf{x}' = A\mathbf{x}$。特徵方程式為

$$\det(\lambda I_2 - A) = \begin{vmatrix} \lambda - 1 & 0 \\ -6 & \lambda + 1 \end{vmatrix} = \lambda^2 - 1 = 0$$

可得固有值為 $\lambda = \pm 1$。對應 $\lambda = 1$ 的固有向量為 $\mathbf{v}_1 = \begin{bmatrix} 1 \\ 3 \end{bmatrix}$，對應 $\lambda = -1$ 的固有向量為 $\mathbf{v}_2 = \begin{bmatrix} 0 \\ 1 \end{bmatrix}$。於是，$\mathbf{x}_c = c_1 e^t \begin{bmatrix} 1 \\ 3 \end{bmatrix} + c_2 e^{-t} \begin{bmatrix} 0 \\ 1 \end{bmatrix}$。

現在分別就不同的 $\mathbf{x}(t)$ 求 $\mathbf{x}_p$。

(1) 我們選擇 $\mathbf{x}_p$ 為常數向量 $\mathbf{x}_p = \mathbf{p} = \begin{bmatrix} p_1 \\ p_2 \end{bmatrix}$ 的形式。

將 $\mathbf{p}$ 代入 $\mathbf{x}' = A\mathbf{x} + \mathbf{f}$ 中，

$$\begin{bmatrix} 0 \\ 0 \end{bmatrix} = \begin{bmatrix} 1 & 0 \\ 6 & -1 \end{bmatrix} \begin{bmatrix} p_1 \\ p_2 \end{bmatrix} + \begin{bmatrix} 2 \\ 1 \end{bmatrix}$$

解得 $p_1 = -2$，$p_2 = -11$。於是，$\mathbf{x}_p = \begin{bmatrix} -2 \\ -11 \end{bmatrix}$。

所以，通解為

$$\mathbf{x}(t) = c_1 e^t \begin{bmatrix} 1 \\ 3 \end{bmatrix} + c_2 e^{-t} \begin{bmatrix} 0 \\ 1 \end{bmatrix} - \begin{bmatrix} 2 \\ 11 \end{bmatrix}$$

(2) 我們選擇

$$\mathbf{x}_p = \mathbf{p} e^{2t} = \begin{bmatrix} p_1 \\ p_2 \end{bmatrix} e^{2t}$$

代入已知微分方程組中可得

$$2e^{2t} \begin{bmatrix} p_1 \\ p_2 \end{bmatrix} = \begin{bmatrix} 1 & 0 \\ 6 & -1 \end{bmatrix} \begin{bmatrix} p_1 \\ p_2 \end{bmatrix} e^{2t} + \begin{bmatrix} 2 \\ 1 \end{bmatrix} e^{2t}$$

$$= \begin{bmatrix} p_1 \\ 6p_1 - p_2 \end{bmatrix} e^{2t} + \begin{bmatrix} 2 \\ 1 \end{bmatrix} e^{2t}$$

解得 $p_1 = 2$，$p_2 = \dfrac{13}{3}$。於是，$\mathbf{x}_p = \begin{bmatrix} 2 \\ \dfrac{13}{3} \end{bmatrix} e^{2t}$。

所以，通解為

$$\mathbf{x}(t) = c_1 e^t \begin{bmatrix} 1 \\ 3 \end{bmatrix} + c_2 e^{-t} \begin{bmatrix} 0 \\ 1 \end{bmatrix} + e^{2t} \begin{bmatrix} 2 \\ \dfrac{13}{3} \end{bmatrix}$$

(3) 我們選擇 $\mathbf{x}_p = \mathbf{p} \sin t + \mathbf{q} \cos t = \begin{bmatrix} p_1 \\ p_2 \end{bmatrix} \sin t + \begin{bmatrix} q_1 \\ q_2 \end{bmatrix} \cos t$

代入微分方程組中，

$$\mathbf{p}\cos t - \mathbf{q}\sin t = \begin{bmatrix} 1 & 0 \\ 6 & -1 \end{bmatrix}\mathbf{p}\sin t + \begin{bmatrix} 1 & 0 \\ 6 & -1 \end{bmatrix}\mathbf{q}\cos t + \begin{bmatrix} 2 \\ 1 \end{bmatrix}\sin t$$

即,

$$\begin{bmatrix} p_1 \\ p_2 \end{bmatrix}\cos t - \begin{bmatrix} q_1 \\ q_2 \end{bmatrix}\sin t = \begin{bmatrix} p_1 \\ 6p_1 - p_2 \end{bmatrix}\sin t + \begin{bmatrix} q_1 \\ 6q_1 - q_2 \end{bmatrix}\cos t + \begin{bmatrix} 2 \\ 1 \end{bmatrix}\sin t$$

可得方程組

$$p_1 \cos t - q_1 \sin t = p_1 \sin t + q_1 \cos t + 2\sin t$$

$$p_2 \cos t - q_2 \sin t = 6p_1 \sin t - p_2 \sin t + 6q_1 \cos t - q_2 \cos t + \sin t$$

在每一個方程式中,令 $\cos t$ 與 $\sin t$ 的個別係數相等,則

$$p_1 = q_1 \quad , \quad p_2 = 6q_1 - q_2$$
$$-q_1 = p_1 + 2, \quad -q_2 = 6p_1 - p_2 + 1$$

解得 $p_1 = q_1 = -1$, $p_2 = -\dfrac{11}{2}$, $q_2 = -\dfrac{1}{2}$。於是,

$$\mathbf{x}_p = -\begin{bmatrix} 1 \\ \dfrac{11}{2} \end{bmatrix}\sin t - \begin{bmatrix} 1 \\ \dfrac{1}{2} \end{bmatrix}\cos t$$

所以,通解為

$$\mathbf{x}(t) = c_1 e^t \begin{bmatrix} 1 \\ 3 \end{bmatrix} + c_2 e^{-t}\begin{bmatrix} 0 \\ 1 \end{bmatrix} - \begin{bmatrix} 1 \\ \dfrac{11}{2} \end{bmatrix}\sin t - \begin{bmatrix} 1 \\ \dfrac{1}{2} \end{bmatrix}\cos t \, \text{。}$$

(4) 若我們將 $\mathbf{x}_p = \mathbf{p}e^t$ 代入已知微分方程組中可得

$$\begin{bmatrix} p_1 \\ p_2 \end{bmatrix}e^t = \begin{bmatrix} 1 & 0 \\ 6 & -1 \end{bmatrix}\begin{bmatrix} p_1 \\ p_2 \end{bmatrix}e^t + \begin{bmatrix} 2 \\ 1 \end{bmatrix}e^t$$

則

$$p_1 = p_1 + 2$$
$$p_2 = 6p_1 - p_2 + 1$$

此為不相容方程組,故無解,其乃因特解的形式 $\mathbf{p}e^t$ 含在 $\mathbf{x}_c$ 中,因而假設 $\mathbf{x}_p = \mathbf{p}e^t$ 無法產生一線性獨立解。欲求得一線性獨立解,可用 e^t 乘以 $\mathbf{p} + t\mathbf{q}$,其中 $\mathbf{p}$ 與 $\mathbf{q}$ 為待定的常數向量。將 $\mathbf{x}_p = (\mathbf{p} + t\mathbf{q})e^t$ 代入已知微分方程組中可得

$$(\mathbf{p}+t\mathbf{q})e^t+\mathbf{q}e^t=\begin{bmatrix}1 & 0\\ 6 & -1\end{bmatrix}(\mathbf{p}+t\mathbf{q})e^t+\begin{bmatrix}2\\ 1\end{bmatrix}e^t$$

因為 $e^t \neq 0$，故

$$\begin{bmatrix}p_1\\ p_2\end{bmatrix}+t\begin{bmatrix}q_1\\ q_2\end{bmatrix}+\begin{bmatrix}q_1\\ q_2\end{bmatrix}=\begin{bmatrix}p_1\\ 6p_1-p_2\end{bmatrix}+t\begin{bmatrix}q_1\\ 6q_1-q_2\end{bmatrix}+\begin{bmatrix}2\\ 1\end{bmatrix}$$

上式中令 t 的係數相等，即，

$$q_1=q_1$$
$$q_2=6q_1-q_2$$

再令常數向量相等，即，

$$p_1+q_1=p_1+2$$
$$p_2+q_2=6p_1-p_2+1$$

選擇小寫 $p_1=1$，可得 $q_1=2$，$q_2=6$，$p_2=\dfrac{1}{2}$。將這些值代入 $\mathbf{x}_p=(\mathbf{p}+t\mathbf{q})e^t$ 中可得

$$\mathbf{x}_p=\left(\begin{bmatrix}1\\ \dfrac{1}{2}\end{bmatrix}+t\begin{bmatrix}2\\ 6\end{bmatrix}\right)e^t$$

所以，通解為

$$\mathbf{x}(t)=c_1e^t\begin{bmatrix}1\\ 3\end{bmatrix}+c_2e^{-t}\begin{bmatrix}0\\ 1\end{bmatrix}+e^t\begin{bmatrix}1\\ \dfrac{1}{2}\end{bmatrix}+te^t\begin{bmatrix}2\\ 6\end{bmatrix}。$$

讀者應注意，對 p_1 值不同的選擇將導致不同形式的 $\mathbf{x}_p$，但是在任何情況，通解將為 $\mathbf{x}_c+\mathbf{x}_p$。

註：**疊合原理** (superposition principle)：若 $\mathbf{x}_{p_1}$ 與 $\mathbf{x}_{p_2}$ 分別為 $\mathbf{x}'=A\mathbf{x}+\mathbf{f}_1$ 與 $\mathbf{x}'=A\mathbf{x}+\mathbf{f}_2$ 的特解，則

$$\mathbf{x}_p=\mathbf{x}_{p_1}+\mathbf{x}_{p_2}$$

為 $\mathbf{x}'=A\mathbf{x}+\mathbf{f}_1+\mathbf{f}_2$ 的特解。

例題 2

利用例題 1 的結果求微分方程組

$$\mathbf{x}' = \begin{bmatrix} 1 & 0 \\ 6 & -1 \end{bmatrix} \mathbf{x} + \begin{bmatrix} 2 \\ 1 \end{bmatrix} + \begin{bmatrix} 2 \\ 1 \end{bmatrix} e^{2t}$$

的特解。

解 由例題 1(1) 可知，$\mathbf{x}_p = \begin{bmatrix} -2 \\ -11 \end{bmatrix}$ 為 $\mathbf{x}' = \begin{bmatrix} 1 & 0 \\ 6 & -1 \end{bmatrix} \mathbf{x} + \begin{bmatrix} 2 \\ 1 \end{bmatrix}$ 的特解。

由例題 1(2) 可知，$\mathbf{x}_p = \begin{bmatrix} 2 \\ \dfrac{13}{3} \end{bmatrix} e^{2t}$ 為 $\mathbf{x}' = \begin{bmatrix} 1 & 0 \\ 6 & -1 \end{bmatrix} \mathbf{x} + \begin{bmatrix} 2 \\ 1 \end{bmatrix} e^{2t}$ 的特解。

於是，依疊合原理，我們得知

$$\mathbf{x}_p = \begin{bmatrix} -2 \\ -11 \end{bmatrix} + \begin{bmatrix} 2 \\ \dfrac{13}{3} \end{bmatrix} e^{2t}$$

為 $\mathbf{x}' = \begin{bmatrix} 1 & 0 \\ 6 & -1 \end{bmatrix} \mathbf{x} + \begin{bmatrix} 2 \\ 1 \end{bmatrix} + \begin{bmatrix} 2 \\ 1 \end{bmatrix} e^{2t}$ 的特解。

參數變化法

在 8-1 節中，我們曾討論到齊次微分方程組 $\mathbf{x}' = A\mathbf{x}$ 的解可以寫成 $\mathbf{x} = F\mathbf{c}$ 的形式，其中 $\mathbf{c}$ 為任意常數的 $n \times 1$ 行向量且 F 為基本方陣。我們假設 $\mathbf{x}_p$ 可以表成

$$\mathbf{x}_p = F\mathbf{u}$$

其中 $\mathbf{u}$ 是在將 $\mathbf{x}_p$ 完全代入非齊次微分方程組 $\mathbf{x}' = A\mathbf{x} + \mathbf{f}$ 中之後待定的 $n \times 1$ 行向量。因

$$(F\mathbf{u})' = AF\mathbf{u} + \mathbf{f}$$

或

$$F'\mathbf{u} + F\mathbf{u}' = AF\mathbf{u} + \mathbf{f}$$

又 F 為解的基本方陣，即，$F' = AF$，因而

$$F\mathbf{u}' = \mathbf{f}$$

上式等號兩邊同乘以 F^{-1} 可得

$$\mathbf{u}' = F^{-1}\mathbf{f}$$

因而

$$\mathbf{u} = \int F^{-1}\mathbf{f}\,dt \tag{8-24}$$

其中 $F^{-1}\mathbf{f}$ 的積分係將矩陣 $F^{-1}\mathbf{f}$ 的每一元素積分即可。所以，微分方程組 $\mathbf{x}' = A\mathbf{x} + \mathbf{f}$ 的通解為

$$\mathbf{x} = \mathbf{x}_c + \mathbf{x}_p = F\mathbf{c} + F\int F^{-1}\mathbf{f}\,dt \text{。}$$

定理 8-4

若 $F(t)$ 為 $\mathbf{x}' = A\mathbf{x}$ 的可逆基本方陣，則

$$\mathbf{x}' = A\mathbf{x} + \mathbf{f}(t)$$

的通解為

$$\mathbf{x}(t) = F(t)\left(\mathbf{c} + \int F^{-1}(t)\,\mathbf{f}(t)\,dt\right) \text{。} \tag{8-25}$$

定理 8-5

若 $F(t)$ 為 $\mathbf{x}' = A\mathbf{x}$ 的可逆基本方陣，則初值問題

$$\mathbf{x}' = A\mathbf{x} + \mathbf{f}(t), \quad \mathbf{x}(0) = \mathbf{b}$$

的唯一解為

$$\mathbf{x}(t) = F(t)\left(F^{-1}(0)\,\mathbf{b} + \int_0^t F^{-1}(s)\,\mathbf{f}(s)\,ds\right) \text{。} \tag{8-26}$$

例題 3

解微分方程組

$$\mathbf{x}' = \begin{bmatrix} 1 & 0 \\ 6 & -1 \end{bmatrix}\mathbf{x} + \begin{bmatrix} e^t \\ t \end{bmatrix} \text{。}$$

[解] 由例題 1 可知齊次微分方程組 $\mathbf{x}' = \begin{bmatrix} 1 & 0 \\ 6 & -1 \end{bmatrix} \mathbf{x}$ 的通解為

$$\mathbf{x}_c = c_1 \begin{bmatrix} 1 \\ 3 \end{bmatrix} e^t + c_2 \begin{bmatrix} 0 \\ 1 \end{bmatrix} e^{-t}$$

因此，基本方陣為
$$\mathbf{F} = \begin{bmatrix} e^t & 0 \\ 3e^t & e^{-t} \end{bmatrix}$$

$\mathbf{F}$ 的逆方陣為
$$\mathbf{F}^{-1} = \begin{bmatrix} e^{-t} & 0 \\ -3e^t & e^t \end{bmatrix}$$

於是，
$$\mathbf{F}^{-1} \mathbf{f} = \begin{bmatrix} e^{-t} & 0 \\ -3e^t & e^t \end{bmatrix} \begin{bmatrix} e^t \\ t \end{bmatrix} = \begin{bmatrix} 1 \\ -3e^{2t} + te^t \end{bmatrix}$$

我們利用 (8-24) 式計算 $\mathbf{u}$，可得

$$\mathbf{u} = \int \mathbf{F}^{-1} \mathbf{f} \, dt = \begin{bmatrix} \int dt \\ \int -3e^{2t} \, dt + \int te^t \, dt \end{bmatrix} = \begin{bmatrix} t \\ -\frac{3}{2} e^{2t} + te^t - e^t \end{bmatrix}$$

代入 $\mathbf{x}_p = \mathbf{F}\mathbf{u}$ 中可得

$$\mathbf{x}_p = \mathbf{F}\mathbf{u} = \begin{bmatrix} e^t & 0 \\ 3e^t & e^{-t} \end{bmatrix} \begin{bmatrix} t \\ -\frac{3}{2} e^{2t} + te^t - e^t \end{bmatrix} = \begin{bmatrix} te^t \\ 3te^t - \frac{3}{2} e^t + t - 1 \end{bmatrix}$$

$$= \begin{bmatrix} 1 \\ 3 \end{bmatrix} te^t + \begin{bmatrix} 0 \\ -\frac{3}{2} \end{bmatrix} e^t + \begin{bmatrix} 0 \\ 1 \end{bmatrix} t + \begin{bmatrix} 0 \\ -1 \end{bmatrix}$$

最後求得通解為

$$\mathbf{x}(t) = \mathbf{x}_c + \mathbf{x}_p$$
$$= c_1 \begin{bmatrix} 1 \\ 3 \end{bmatrix} e^t + c_2 \begin{bmatrix} 0 \\ 1 \end{bmatrix} e^{-t} + \begin{bmatrix} 1 \\ 3 \end{bmatrix} te^t + \begin{bmatrix} 0 \\ -\frac{3}{2} \end{bmatrix} e^t + \begin{bmatrix} 0 \\ 1 \end{bmatrix} t + \begin{bmatrix} 0 \\ -1 \end{bmatrix} \text{。}$$

例題 4

解微分方程組

$$\mathbf{x}' = \begin{bmatrix} 1 & 1 \\ 4 & 1 \end{bmatrix} \mathbf{x} + e^t \begin{bmatrix} 1 \\ 1 \end{bmatrix}。$$

解 我們已知 $\mathbf{x}' = \begin{bmatrix} 1 & 1 \\ 4 & 1 \end{bmatrix} \mathbf{x}$ 的兩個線性獨立解分別為

$$\mathbf{x}_1(t) = e^{-t} \begin{bmatrix} 1 \\ -2 \end{bmatrix}, \qquad \mathbf{x}_2(t) = e^{3t} \begin{bmatrix} 1 \\ 2 \end{bmatrix}$$

所以，$\mathbf{x}' = \begin{bmatrix} 1 & 1 \\ 4 & 1 \end{bmatrix} \mathbf{x}$ 的基本方陣為

$$\mathbf{F}(t) = \begin{bmatrix} e^{-t} & e^{3t} \\ -2e^{-t} & 2e^{3t} \end{bmatrix}$$

而

$$\mathbf{F}^{-1}(t) = \begin{bmatrix} \dfrac{1}{2} e^t & -\dfrac{1}{4} e^t \\ \dfrac{1}{2} e^{-3t} & \dfrac{1}{4} e^{-3t} \end{bmatrix}$$

代入 (8-25) 式中可得

$$\mathbf{x}(t) = \begin{bmatrix} e^{-t} & e^{3t} \\ -2e^{-t} & 2e^{3t} \end{bmatrix} \left(\begin{bmatrix} c_1 \\ c_2 \end{bmatrix} + \int \begin{bmatrix} \dfrac{1}{2} e^t & -\dfrac{1}{4} e^t \\ \dfrac{1}{2} e^{-3t} & \dfrac{1}{4} e^{-3t} \end{bmatrix} \begin{bmatrix} e^t \\ e^t \end{bmatrix} dt \right)$$

$$= \begin{bmatrix} e^{-t} & e^{3t} \\ -2e^{-t} & 2e^{3t} \end{bmatrix} \left(\begin{bmatrix} c_1 \\ c_2 \end{bmatrix} + \int \begin{bmatrix} \dfrac{1}{4} e^{2t} \\ \dfrac{3}{4} e^{-2t} \end{bmatrix} dt \right)$$

$$= c_1 \begin{bmatrix} e^{-t} \\ -2e^{-t} \end{bmatrix} + c_2 \begin{bmatrix} e^{3t} \\ 2e^{3t} \end{bmatrix} + \dfrac{1}{8} \begin{bmatrix} e^{-t} & e^{3t} \\ -2e^{-t} & 2e^{3t} \end{bmatrix} \begin{bmatrix} e^{2t} \\ -3e^{-2t} \end{bmatrix}$$

$$= c_1 \begin{bmatrix} e^{-t} \\ -2e^{-t} \end{bmatrix} + c_2 \begin{bmatrix} e^{3t} \\ 2e^{3t} \end{bmatrix} - \dfrac{1}{4} e^t \begin{bmatrix} 1 \\ 4 \end{bmatrix}。$$

例題 5

解初值問題

$$\mathbf{x}' = A\mathbf{x} + \mathbf{f}(t), \qquad \mathbf{x}(0) = \begin{bmatrix} 0 \\ 0 \end{bmatrix}$$

其中
$$A = \begin{bmatrix} 0 & 1 \\ -1 & 2 \end{bmatrix}, \qquad \mathbf{f}(t) = \begin{bmatrix} 1 \\ 1 \end{bmatrix} e^{-t}$$

而 $\mathbf{x}' = A\mathbf{x}$ 的基本方陣為 $F(t) = e^t \begin{bmatrix} 1-t & t \\ -t & 1+t \end{bmatrix}$。

解 因
$$F^{-1}(t) = e^{-t} \begin{bmatrix} 1+t & -t \\ t & 1-t \end{bmatrix}$$

可得
$$F^{-1}(0) = \begin{bmatrix} 1 & 0 \\ 0 & 1 \end{bmatrix}$$

代入 (8-26) 式中可得

$$\mathbf{x}(t) = e^t \begin{bmatrix} 1-t & t \\ -t & 1+t \end{bmatrix} \left(\begin{bmatrix} 1 & 0 \\ 0 & 1 \end{bmatrix} \begin{bmatrix} 0 \\ 0 \end{bmatrix} + \int_0^t \begin{bmatrix} e^{-s}(1+s) & -se^{-s} \\ se^{-s} & e^{-s}(1-s) \end{bmatrix} \begin{bmatrix} e^{-s} \\ e^{-s} \end{bmatrix} ds \right)$$

$$= e^t \begin{bmatrix} 1-t & t \\ -t & 1+t \end{bmatrix} \left(\int_0^t \begin{bmatrix} e^{-2s} \\ e^{-2s} \end{bmatrix} \right) ds$$

$$= e^t \begin{bmatrix} 1-t & t \\ -t & 1+t \end{bmatrix} \begin{bmatrix} -\frac{1}{2} e^{-2t} + \frac{1}{2} \\ -\frac{1}{2} e^{-2t} + \frac{1}{2} \end{bmatrix} = e^t \begin{bmatrix} -\frac{1}{2} e^{-2t} + \frac{1}{2} \\ -\frac{1}{2} e^{-2t} + \frac{1}{2} \end{bmatrix}$$

$$= \frac{1}{2}(e^t - e^{-t}) \begin{bmatrix} 1 \\ 1 \end{bmatrix}。$$

拉氏轉換法

我們已在第三章中討論到如何利用拉氏轉換解常係數非齊次微分方程式或微分方程組。同理，我們可利用拉氏轉換解矩陣微分方程式

$$\mathbf{x}' = A\mathbf{x} + \mathbf{f}(t), \quad \mathbf{x}(0) = \mathbf{b}。 \tag{8-27}$$

假設 $\mathbf{x}(t)$ 與 $\mathbf{f}(t)$ 的拉氏轉換分別表為 $X(s)$ 與 $F(s)$，並對 (8-27) 式作拉氏轉換，則可得

$$sX(s) - \mathbf{x}(0) = AX(s) + F(s)$$

所以，
$$(sI - A)X(s) = F(s) + \mathbf{b}$$

若 s 不是 A 的固有值，則可得

$$X(s) = (sI - A)^{-1}(F(s) + \mathbf{b}) \tag{8-28}$$

定理 8-6

微分方程組 $\mathbf{x}' = A\mathbf{x}$ 的基本方陣為
$$F(t) = \mathscr{L}^{-1}[(sI - A)^{-1}]。$$

證 因 $F'(t) = AF(t)$ 且 $F(0) = I$，可得
$$s\mathscr{L}[F(t)] - F(0) = s\mathscr{L}[F(t)] - I = A\mathscr{L}[F(t)]$$

故 $\mathscr{L}[F(t)] = (sI - A)^{-1}$（若 s 不是 A 的固有值）。

例題 6

解初值問題

$$\mathbf{x}' = \begin{bmatrix} 1 & 0 \\ -1 & 3 \end{bmatrix} \mathbf{x} + \begin{bmatrix} e^{2t} \\ 3 \end{bmatrix}, \quad \mathbf{x}(0) = \begin{bmatrix} 1 \\ 0 \end{bmatrix}。$$

解 首先計算 $F(s) + \mathbf{x}(0)$

$$F(s) + \mathbf{x}(0) = \begin{bmatrix} \dfrac{1}{s-2} \\ \dfrac{3}{s} \end{bmatrix} + \begin{bmatrix} 1 \\ 0 \end{bmatrix} = \begin{bmatrix} (s-2)^{-1} + 1 \\ 3s^{-1} \end{bmatrix}$$

又 $(sI - A)^{-1} = \begin{bmatrix} s-1 & 0 \\ 1 & s-3 \end{bmatrix}^{-1} = \dfrac{1}{(s-1)(s-3)} \begin{bmatrix} s-3 & 0 \\ -1 & s-1 \end{bmatrix}$

可得

$$\mathbf{x}(s) = (s\mathbf{I}-\mathbf{A})^{-1}(\mathbf{F}(s)+\mathbf{x}(0)) = \frac{1}{(s-1)(s-3)}\begin{bmatrix} s-3 & 0 \\ -1 & s-1 \end{bmatrix}\begin{bmatrix} (s-2)^{-1}+1 \\ 3s^{-1} \end{bmatrix}$$

$$= \frac{1}{s(s-2)}\begin{bmatrix} s \\ 2 \end{bmatrix} = \begin{bmatrix} \dfrac{1}{s-2} \\ \dfrac{2}{s(s-2)} \end{bmatrix}$$

故所求的解為

$$\mathbf{x}(t) = \mathcal{L}^{-1}[\mathbf{x}(s)] = \begin{bmatrix} e^{2t} \\ e^{2t}-1 \end{bmatrix} = e^{2t}\begin{bmatrix} 1 \\ 1 \end{bmatrix} + \begin{bmatrix} 0 \\ -1 \end{bmatrix}。$$

習題 8-4

利用未定係數法求下列各微分方程組的通解。

1. $\mathbf{x}' = \begin{bmatrix} 1 & 4 \\ 1 & 1 \end{bmatrix}\mathbf{x} + \begin{bmatrix} 4e^t \\ 0 \end{bmatrix}$

2. $\mathbf{x}' = \begin{bmatrix} 1 & 4 \\ 1 & 1 \end{bmatrix}\mathbf{x} + \begin{bmatrix} 1 \\ 4 \end{bmatrix}$

3. $\mathbf{x}' = \begin{bmatrix} 1 & 0 & 1 \\ 1 & 1 & 0 \\ -2 & 0 & -1 \end{bmatrix}\mathbf{x} + \begin{bmatrix} 2 \\ 1 \\ 0 \end{bmatrix}$

4. $x_1' = x_1 + 4x_2$
   $x_2' = x_1 + x_2 + e^{-t}$

5. $\mathbf{x}' = \begin{bmatrix} 1 & 0 & 1 \\ 1 & 1 & 0 \\ -2 & 0 & -1 \end{bmatrix}\mathbf{x} + \begin{bmatrix} e^{-t} \\ 0 \\ 0 \end{bmatrix}$

6. 利用未定係數法解初值問題

   $x_1' + x_1 + 3x_2' = 1, \quad x_1(0) = 0$

   $3x_1 + x_2' + 2x_2 = t, \quad x_2(0) = 0$

利用參數變化法解下列各微分方程組。

7. $x_1' = 2x_1 + x_2 - e^t$
   $x_2' = 3x_1 + 4x_2 - 7e^t$

8. $\mathbf{x}' = \begin{bmatrix} 3 & 2 \\ 1 & 2 \end{bmatrix} \mathbf{x} + \begin{bmatrix} 4e^{5t} \\ 0 \end{bmatrix}$, $x(0) = \begin{bmatrix} 1 \\ -1 \end{bmatrix}$

9. $x_1' = x_1 - x_2 - x_3 + 1$
   $x_2' = x_2 + 3x_3$
   $x_3' = 3x_2 + x_3 + 2e^{-t}$

10. $x_1' = 2x_1 + t$, $x_1(0) = 2$
    $x_2' = -3x_2 + \sin t$, $x_2(0) = -1$

11. 利用拉氏轉換解初值問題

$$\mathbf{x}' = \begin{bmatrix} 1 & 1 & 0 \\ 0 & 1 & 1 \\ 0 & 0 & 1 \end{bmatrix} \mathbf{x}, \quad \mathbf{x}(0) = \begin{bmatrix} 1 \\ 1 \\ 0 \end{bmatrix}$$

12. 解初值問題

$$\mathbf{x}' = \begin{bmatrix} 0 & 1 \\ -1 & 2 \end{bmatrix} \mathbf{x} + \begin{bmatrix} 0 \\ 1 \end{bmatrix}, \quad \mathbf{x}(0) = \begin{bmatrix} 0 \\ 1 \end{bmatrix}$$

13. 利用拉氏轉換解初值問題

$$\mathbf{x}' = \begin{bmatrix} 1 & 1 \\ -1 & 1 \end{bmatrix} \mathbf{x} + \begin{bmatrix} \cos t \\ -\sin t \end{bmatrix}, \quad \mathbf{x}(0) = \begin{bmatrix} -1 \\ 0 \end{bmatrix}$$

8-5 化常係數線性微分方程式為微分方程組

一個 n 階常係數線性微分方程式可表示為

$$b_n x^{(n)}(t) + b_{n-1} x^{(n-1)}(t) + b_{n-2} x^{(n-2)}(t) + \cdots + b_1 x'(t) + b_0 x(t) = g(t) \quad (8\text{-}29)$$

將上式改寫成

$$x^{(n)}(t) = a_{n-1} x^{(n-1)}(t) + a_{n-2} x^{(n-2)}(t) + \cdots + a_1 x'(t) + a_0 x(t) + f(t) \quad (8\text{-}30)$$

其中 $a_j = -\dfrac{b_j}{b_n}$ ($j = 0, 1, 2, \cdots, n-1$), $f(t) = \dfrac{g(t)}{b_n}$

若令 $x_1(t) = x(t)$, $x_2(t) = x'(t)$, $x_3(t) = x''(t)$, $\cdots$, $x_n(t) = x^{(n-1)}(t)$

則 (8-30) 式變成

$$x_1'(t) = x_2(t)$$
$$x_2'(t) = x_3(t)$$
$$x_3'(t) = x_4(t)$$
$$\vdots$$
$$x_{n-1}'(t) = x_n(t)$$
$$x_n'(t) = a_0 x_1(t) + a_1 x_2(t) + \cdots + a_{n-1} x_n(t) + f(t)$$

此微分方程組可寫成

$$\begin{bmatrix} x_1'(t) \\ x_2'(t) \\ \vdots \\ x_n'(t) \end{bmatrix} = \begin{bmatrix} 0 & 1 & 0 & \cdots & 0 \\ 0 & 0 & 1 & \cdots & 0 \\ \vdots & \vdots & \vdots & & \vdots \\ a_0 & a_1 & a_2 & \cdots & a_{n-1} \end{bmatrix} \begin{bmatrix} x_1(t) \\ x_2(t) \\ \vdots \\ x_n(t) \end{bmatrix} + \begin{bmatrix} 0 \\ 0 \\ \vdots \\ f(t) \end{bmatrix}$$

或

$$\mathbf{x}'(t) = \mathbf{A}\mathbf{x}(t) + \mathbf{f}(t)$$

解出 $x_1(t)$ 即為所求。

例題 1

將微分方程式 $x''(t) - 6x'(t) + 9x(t) = t$ 化成矩陣形式。

解 微分方程式改寫成

$$x''(t) = 6x'(t) - 9x(t) + t$$

所以，$a_1 = 6$，$a_0 = -9$，$f(t) = t$。令 $x_1(t) = x(t)$，$x_2(t) = x'(t)$，則

$$x_1'(t) = x_2(t), \quad x_2'(t) = x''(t) = 6x_2(t) - 9x_1(t) + t$$

因此，

$$x_1'(t) = 0x_1(t) + x_2(t) + 0$$
$$x_2'(t) = -9x_1(t) + 6x_2(t) + t$$

寫成矩陣的形式

$$\mathbf{x}'(t) = \mathbf{A}\mathbf{x}(t) + \mathbf{f}(t)$$

其中 $\mathbf{x}(t) = \begin{bmatrix} x_1(t) \\ x_2(t) \end{bmatrix}$，$\mathbf{A} = \begin{bmatrix} 0 & 1 \\ -9 & 6 \end{bmatrix}$，$\mathbf{f}(t) = \begin{bmatrix} 0 \\ t \end{bmatrix}$。

例題 2

解初值問題

$$x''(t) + 2x'(t) - 8x(t) = e^t$$
$$x(0) = 1$$
$$x'(0) = -4$$

解 $x''(t) = -2x'(t) + 8x(t) + e^t$

令 $x_1(t) = x(t)$，$x_2(t) = x'(t)$，則 $x_1'(t) = x_2(t)$，$x_2'(t) = 8x_1(t) - 2x_2(t) + e^t$

可得
$$\begin{bmatrix} x_1'(t) \\ x_2'(t) \end{bmatrix} = \begin{bmatrix} 0 & 1 \\ 8 & -2 \end{bmatrix} \begin{bmatrix} x_1(t) \\ x_2(t) \end{bmatrix} + \begin{bmatrix} 0 \\ e^t \end{bmatrix}$$

或 $\mathbf{x}' = A\mathbf{x} + \mathbf{f}$，其中 $\mathbf{x} = \begin{bmatrix} x_1(t) \\ x_2(t) \end{bmatrix}$，$A = \begin{bmatrix} 0 & 1 \\ 8 & -2 \end{bmatrix}$，$\mathbf{f} = \begin{bmatrix} 0 \\ e^t \end{bmatrix}$。

A 的特徵方程式為

$$\det(\lambda I_2 - A) = \begin{vmatrix} \lambda & -1 \\ -8 & \lambda+2 \end{vmatrix} = \lambda^2 + 2\lambda - 8 = 0$$

可得固有值為 $\lambda = -4, 2$。$\lambda = -4$ 所對應的固有向量為 $\mathbf{v}_1 = \begin{bmatrix} 1 \\ -4 \end{bmatrix}$，$\lambda = 2$ 所對應的固有向量為 $\mathbf{v}_2 = \begin{bmatrix} 1 \\ 2 \end{bmatrix}$，可得齊次微分方程組 $\mathbf{x}' = A\mathbf{x}$ 的通解為

$$\mathbf{x}_c = c_1 \begin{bmatrix} 1 \\ -4 \end{bmatrix} e^{-4t} + c_2 \begin{bmatrix} 1 \\ 2 \end{bmatrix} e^{2t}$$

故基本方陣為

$$F = \begin{bmatrix} e^{-4t} & e^{2t} \\ -4e^{-4t} & 2e^{2t} \end{bmatrix}$$

F 的逆方陣為
$$F^{-1} = \begin{bmatrix} \dfrac{1}{3}e^{4t} & -\dfrac{1}{6}e^{4t} \\ \dfrac{2}{3}e^{-2t} & \dfrac{1}{6}e^{-2t} \end{bmatrix}$$

於是，$F^{-1}\mathbf{f} = \begin{bmatrix} \dfrac{1}{3}e^{4t} & -\dfrac{1}{6}e^{4t} \\ \dfrac{2}{3}e^{-2t} & \dfrac{1}{6}e^{-2t} \end{bmatrix} \begin{bmatrix} 0 \\ e^t \end{bmatrix} = \begin{bmatrix} -\dfrac{1}{6}e^{5t} \\ \dfrac{1}{6}e^{-t} \end{bmatrix}$

$$\mathbf{u} = \int F^{-1}\mathbf{f}\,dt = \begin{bmatrix} -\dfrac{1}{6}\int e^{5t}\,dt \\ \dfrac{1}{6}\int e^{-t}\,dt \end{bmatrix} = \begin{bmatrix} -\dfrac{1}{30}e^{5t} \\ -\dfrac{1}{6}e^{-t} \end{bmatrix}$$

代入 $\mathbf{x}_p = F\mathbf{u}$ 中可得

$$\mathbf{x}_p = F\mathbf{u} = \begin{bmatrix} e^{-4t} & e^{2t} \\ -4e^{-4t} & 2e^{2t} \end{bmatrix} \begin{bmatrix} -\dfrac{1}{30}e^{5t} \\ -\dfrac{1}{6}e^{-t} \end{bmatrix} = \begin{bmatrix} -\dfrac{1}{5}e^{t} \\ -\dfrac{1}{5}e^{t} \end{bmatrix}$$

故通解為

$$\mathbf{x}(t) = c_1 \begin{bmatrix} 1 \\ -4 \end{bmatrix} e^{-4t} + c_2 \begin{bmatrix} 1 \\ 2 \end{bmatrix} e^{2t} + \begin{bmatrix} -\dfrac{1}{5}e^{t} \\ -\dfrac{1}{5}e^{t} \end{bmatrix}$$

利用初期條件

$$\mathbf{x}(0) = \begin{bmatrix} x_1(0) \\ x_2(0) \end{bmatrix} = \begin{bmatrix} x(0) \\ x'(0) \end{bmatrix} = \begin{bmatrix} 1 \\ -4 \end{bmatrix}$$

可知

$$\begin{cases} c_1 + c_2 - \dfrac{1}{5} = 1 \\ -4c_1 + 2c_2 - \dfrac{1}{5} = -4 \end{cases}$$

解得 $c_1 = \dfrac{31}{30}$, $c_2 = \dfrac{1}{6}$。所以，特解為

$$x(t) = \dfrac{31}{30}e^{-4t} + \dfrac{1}{6}e^{2t} - \dfrac{1}{5}e^{t}。$$

習題 8-5

利用矩陣方法解下列各初值問題。

1. $x''(t) + x(t) = 3$, $x(\pi) = 1$, $x'(\pi) = 2$
2. $x''(t) + 2x'(t) - 8x(t) = e^t$, $x(0) = 1$, $x'(0) = -4$
3. $x^{(4)}(t) - x(t) = 0$, $x(0) = 1$, $x'(0) = x''(0) = x'''(0) = 0$
4. $x'''(t) + 3x''(t) + 2x'(t) = 0$, $x(0) = x'(0) = 0$, $x''(0) = 2$

CHAPTER 09 向量分析

在科學與工程方面,大部分所涉及到的力不是在靜態發生,其狀態會隨著時間、位置及各種條件而改變,因此,我們探究單變數或多變數函數的值是向量的許多應用。本章中主要的結果有:**格林定理** (Green's theorem)、**散度定理** (divergence theorem) 與**史托克定理** (Stoke's theorem),這些定理在位勢理論與偏微分方程式的應用非常廣泛。

9-1 向量函數

以前,我們所涉及函數的值域是由純量所組成,這樣的函數稱為**純量值函數** (scalar-valued function),或簡稱為**純量函數**;現在,我們需要考慮值域是由二維空間 IR^2 或三維空間 IR^3 中的向量所組成的函數,這種函數稱為**向量值函數** (vector-valued function),或簡稱為**向量函數**。在三維空間 IR^3 中,單變數 t 的向量函數 $\mathbf{F}(t)$ 可表成

$$\mathbf{F}(t) = \langle f_1(t),\ f_2(t),\ f_3(t) \rangle = f_1(t)\mathbf{i} + f_2(t)\mathbf{j} + f_3(t)\mathbf{k}$$

的形式,此處 $f_1(t)$、$f_2(t)$ 與 $f_3(t)$ 皆為 t 的實值函數,這些實值函數為 $\mathbf{F}$ 的**分量函數** (component function) 或**分量**。同樣,在三維空間 IR^3 中,三變數 x、y 及 z 的向量函數 $\mathbf{F}(x,\ y,\ z)$ 可表成

$$\mathbf{F}(x,\ y,\ z) = \langle f_1(x,\ y,\ z),\ f_2(x,\ y,\ z),\ f_3(x,\ y,\ z) \rangle$$

或

$$\mathbf{F}(x,\ y,\ z) = f_1(x,\ y,\ z)\mathbf{i} + f_2(x,\ y,\ z)\mathbf{j} + f_3(x,\ y,\ z)\mathbf{k}。$$

例題 1

若 $\mathbf{F}(t) = 2t^2\mathbf{i} + \sqrt{t-1}\,\mathbf{j} + \sqrt{4-t}\,\mathbf{k}$,求向量函數的定義域。

解 $\mathbf{F}(t)$ 的分量函數為 $f_1(t) = 2t^2$,$f_2(t) = \sqrt{t-1}$,$f_3(t) = \sqrt{4-t}$,,$\mathbf{F}$ 的定義域

包含所有的 t 值使得 $\mathbf{F}(t)$ 所定義的向量函數有定義。$f_1(t)$、$f_2(t)$ 與 $f_3(t)$ 在 $t \in [1, 4]$ 時皆有定義，故 $\mathbf{F}$ 的定義域為閉區間 $[1, 4]$。

純量函數的極限觀念可適用於向量函數。

定義 9-1

$\lim\limits_{t \to t_0} \mathbf{F}(t) = \mathbf{L}$ 的意義如下：

對每一正數 ε，皆可找到一正數 δ 使得若 $0 < |t - t_0| < \delta$ 時，則 $|\mathbf{F}(t) - \mathbf{L}| < \varepsilon$。

定義 9-2

若 $\mathbf{F}(t) = f_1(t)\mathbf{i} + f_2(t)\mathbf{j} + f_3(t)\mathbf{k}$，則定義

$$\lim_{t \to t_0} \mathbf{F}(t) = \langle \lim_{t \to t_0} f_1(t),\ \lim_{t \to t_0} f_2(t),\ \lim_{t \to t_0} f_3(t) \rangle$$

或

$$\lim_{t \to t_0} \mathbf{F}(t) = [\lim_{t \to t_0} f_1(t)]\mathbf{i} + [\lim_{t \to t_0} f_2(t)]\mathbf{j} + [\lim_{t \to t_0} f_3(t)]\mathbf{k}$$

其中假設 $\lim\limits_{t \to t_0} f_i(t)$ 存在，$i = 1,\ 2,\ 3$。

例題 2

令 $\mathbf{F}(t) = (1 + t^4)\mathbf{i} + t^2 e^{-t}\mathbf{j} + \dfrac{\sin t}{t}\mathbf{k}$，求 $\lim\limits_{t \to 0} \mathbf{F}(t)$。

解

$$\lim_{t \to 0} \mathbf{F}(t) = \left[\lim_{t \to 0}(1+t^4)\right]\mathbf{i} + \left[\lim_{t \to 0} t^2 e^{-t}\right]\mathbf{j} + \left[\lim_{t \to 0} \dfrac{\sin t}{t}\right]\mathbf{k}$$

$$= \mathbf{i} + \mathbf{k}。$$

定義 9-3

若 $\lim\limits_{t \to t_0} \mathbf{F}(t) = \mathbf{F}(t_0)$，則稱 $\mathbf{F}$ 在 t_0 為連續。

$\mathbf{F}(t)=f_1(t)\mathbf{i}+f_2(t)\mathbf{j}+f_3(t)\mathbf{k}$ 在 t_0 為連續，若且唯若 $f_1(t)$、$f_2(t)$ 與 $f_3(t)$ 在 t_0 皆為連續。若 $\mathbf{F}(t)$ 在某區間各點皆連續，則稱它在該區間為連續。

定義 9-4

若極限

$$\lim_{\Delta t \to 0} \frac{\mathbf{F}(t+\Delta t)-\mathbf{F}(t)}{\Delta t}$$

存在，則稱此極限為 $\mathbf{F}(t)$ 的導函數，記為 $\mathbf{F}'(t)$，或記為 $\dfrac{d}{dt}\mathbf{F}(t)$，而 $\mathbf{F}(t)$ 稱為**可微分**。

若 $\mathbf{F}(t)=f_1(t)\mathbf{i}+f_2(t)\mathbf{j}+f_3(t)\mathbf{k}$，其中 f_1、f_2 與 f_3 皆為可微分函數，則

$$\begin{aligned}\mathbf{F}'(t)&=\frac{d}{dt}\mathbf{F}(t)=\lim_{\Delta t\to 0}\frac{\mathbf{F}(t+\Delta t)-\mathbf{F}(t)}{\Delta t}\\ &=\lim_{\Delta t\to 0}\frac{f_1(t+\Delta t)-f_1(t)}{\Delta t}\mathbf{i}+\lim_{\Delta t\to 0}\frac{f_2(t+\Delta t)-f_2(t)}{\Delta t}\mathbf{j}\\ &\quad+\lim_{\Delta t\to 0}\frac{f_3(t+\Delta t)-f_3(t)}{\Delta t}\mathbf{k}\\ &=f_1'(t)\mathbf{i}+f_2'(t)\mathbf{j}+f_3'(t)\mathbf{k}。\end{aligned}\tag{9-1}$$

利用定義 9-4，我們可導出向量函數的微分公式。

設 $\mathbf{F}(t)$、$\mathbf{G}(t)$ 與 $\mathbf{H}(t)$ 皆為 t 的向量函數，而 $\phi(t)$ 為 t 的純量函數，則

1. $\dfrac{d}{dt}(\mathbf{F}\pm\mathbf{G})=\dfrac{d\mathbf{F}}{dt}\pm\dfrac{d\mathbf{G}}{dt}$

2. $\dfrac{d}{dt}(k\mathbf{F})=k\dfrac{d\mathbf{F}}{dt}$，$k$ 為常數

3. $\dfrac{d}{dt}(\phi\mathbf{F})=\phi\dfrac{d\mathbf{F}}{dt}+\dfrac{d\phi}{dt}\mathbf{F}$

4. $\dfrac{d}{dt}(\mathbf{F}\cdot\mathbf{G})=\dfrac{d\mathbf{F}}{dt}\cdot\mathbf{G}+\mathbf{F}\cdot\dfrac{d\mathbf{G}}{dt}$

5. $\dfrac{d}{dt}(\mathbf{F}\times\mathbf{G})=\dfrac{d\mathbf{F}}{dt}\times\mathbf{G}+\mathbf{F}\times\dfrac{d\mathbf{G}}{dt}$

6. $\dfrac{d\mathbf{A}}{dt}=\mathbf{0}$，$\mathbf{A}$ 為常向量

7. 若 $\mathbf{F}$ 為 t 的可微分函數，t 為 u 的可微分函數，則

$$\frac{d\mathbf{F}}{du}=\frac{d\mathbf{F}}{dt}\frac{dt}{du}$$

8. $\dfrac{d}{dt}[\mathbf{F}(\phi(t))]=\phi'(t)\,\mathbf{F}'(\phi(t))$

對於多變數的向量函數而言，若 $\mathbf{F}(x,\ y,\ z)=f_1(x,\ y,\ z)\mathbf{i}+f_2(x,\ y,\ z)\mathbf{j}+f_3(x,\ y,\ z)\mathbf{k}$，其中 f_1、f_2 與 f_3 的偏導函數皆存在，則

$$\frac{\partial \mathbf{F}}{\partial x}=\lim_{\Delta x\to 0}\frac{\mathbf{F}(x+\Delta x,\ y,\ z)-\mathbf{F}(x,\ y,\ z)}{\Delta x}$$

$$=\lim_{\Delta x\to 0}\frac{f_1(x+\Delta x,\ y,\ z)-f_1(x,\ y,\ z)}{\Delta x}\mathbf{i}+\lim_{\Delta x\to 0}\frac{f_2(x+\Delta x,\ y,\ z)-f_2(x,\ y,\ z)}{\Delta x}\mathbf{j}$$

$$+\lim_{\Delta x\to 0}\frac{f_3(x+\Delta x,\ y,\ z)-f_3(x,\ y,\ z)}{\Delta x}\mathbf{k}$$

$$=\frac{\partial f_1}{\partial x}\mathbf{i}+\frac{\partial f_2}{\partial x}\mathbf{j}+\frac{\partial f_3}{\partial x}\mathbf{k} \tag{9-2}$$

同理，

$$\frac{\partial \mathbf{F}}{\partial y}=\frac{\partial f_1}{\partial y}\mathbf{i}+\frac{\partial f_2}{\partial y}\mathbf{j}+\frac{\partial f_3}{\partial y}\mathbf{k} \tag{9-3}$$

$$\frac{\partial \mathbf{F}}{\partial z}=\frac{\partial f_1}{\partial z}\mathbf{i}+\frac{\partial f_2}{\partial z}\mathbf{j}+\frac{\partial f_3}{\partial z}\mathbf{k}。 \tag{9-4}$$

例題 3

若 $\mathbf{F}(t)=\sin t\mathbf{i}+\cos t\mathbf{j}+t\mathbf{k}$，求 $\dfrac{d\mathbf{F}}{dt}$、$\dfrac{d^2\mathbf{F}}{dt^2}$、$\left\|\dfrac{d\mathbf{F}}{dt}\right\|$ 與 $\left\|\dfrac{d^2\mathbf{F}}{dt^2}\right\|$。

解

$$\frac{d\mathbf{F}}{dt}=\frac{d}{dt}(\sin t)\mathbf{i}+\frac{d}{dt}(\cos t)\mathbf{j}+\frac{d}{dt}(t)\mathbf{k}=\cos t\mathbf{i}-\sin t\mathbf{j}+\mathbf{k}$$

$$\frac{d^2\mathbf{F}}{dt^2}=\frac{d}{dt}\left(\frac{d\mathbf{F}}{dt}\right)=\frac{d}{dt}(\cos t)\mathbf{i}-\frac{d}{dt}(\sin t)\mathbf{j}+\frac{d}{dt}(1)\mathbf{k}$$
$$=-\sin t\mathbf{i}-\cos t\mathbf{j}$$

$$\left\|\frac{d\mathbf{F}}{dt}\right\|=\sqrt{\cos^2 t+\sin^2 t+1}=\sqrt{2}$$

$$\left\|\frac{d^2\mathbf{F}}{dt^2}\right\|=\sqrt{\sin^2 t+\cos^2 t}=1。$$

例題 4

若 $\mathbf{F}(x, y) = (2x^2y - x^4)\mathbf{i} + (e^{xy} - y\sin x)\mathbf{j} + (x^2\cos y)\mathbf{k}$，求 $\dfrac{\partial \mathbf{F}}{\partial x}$、$\dfrac{\partial \mathbf{F}}{\partial y}$、$\dfrac{\partial^2 \mathbf{F}}{\partial x^2}$、$\dfrac{\partial^2 \mathbf{F}}{\partial y^2}$、$\dfrac{\partial^2 \mathbf{F}}{\partial x\, \partial y}$ 與 $\dfrac{\partial^2 \mathbf{F}}{\partial y\, \partial x}$。

解

$$\dfrac{\partial \mathbf{F}}{\partial x} = \dfrac{\partial}{\partial x}(2x^2y - x^4)\mathbf{i} + \dfrac{\partial}{\partial x}(e^{xy} - y\sin x)\mathbf{j} + \dfrac{\partial}{\partial x}(x^2\cos y)\mathbf{k}$$

$$= (4xy - 4x^3)\mathbf{i} + (ye^{xy} - y\cos x)\mathbf{j} + 2x\cos y\,\mathbf{k}$$

$$\dfrac{\partial \mathbf{F}}{\partial y} = \dfrac{\partial}{\partial y}(2x^2y - x^4)\mathbf{i} + \dfrac{\partial}{\partial y}(e^{xy} - y\sin x)\mathbf{j} + \dfrac{\partial}{\partial y}(x^2\cos y)\mathbf{k}$$

$$= 2x^2\mathbf{i} + (xe^{xy} - \sin x)\mathbf{j} - x^2\sin y\,\mathbf{k}$$

$$\dfrac{\partial^2 \mathbf{F}}{\partial x^2} = \dfrac{\partial}{\partial x}(4xy - 4x^3)\mathbf{i} + \dfrac{\partial}{\partial x}(ye^{xy} - y\cos x)\mathbf{j} + \dfrac{\partial}{\partial x}(2x\cos y)\mathbf{k}$$

$$= (4y - 12x^2)\mathbf{i} + (y^2 e^{xy} + y\sin x)\mathbf{j} + 2\cos y\,\mathbf{k}$$

$$\dfrac{\partial^2 \mathbf{F}}{\partial y^2} = \dfrac{\partial}{\partial y}(2x^2)\mathbf{i} + \dfrac{\partial}{\partial y}(xe^{xy} - \sin x)\mathbf{j} - \dfrac{\partial}{\partial y}(x^2\sin y)\mathbf{k}$$

$$= x^2 e^{xy}\mathbf{j} - x^2\cos y\,\mathbf{k}$$

$$\dfrac{\partial^2 \mathbf{F}}{\partial x\, \partial y} = \dfrac{\partial}{\partial x}\left(\dfrac{\partial \mathbf{F}}{\partial y}\right) = \dfrac{\partial}{\partial x}(2x^2)\mathbf{i} + \dfrac{\partial}{\partial x}(xe^{xy} - \sin x)\mathbf{j} - \dfrac{\partial}{\partial x}(x^2\sin y)\mathbf{k}$$

$$= 4x\mathbf{i} + (xye^{xy} + e^{xy} - \cos x)\mathbf{j} - 2x\sin y\,\mathbf{k}$$

$$\dfrac{\partial^2 \mathbf{F}}{\partial y\, \partial x} = \dfrac{\partial}{\partial y}\left(\dfrac{\partial \mathbf{F}}{\partial x}\right) = \dfrac{\partial}{\partial y}(4xy - 4x^3)\mathbf{i} + \dfrac{\partial}{\partial y}(ye^{xy} - y\cos x)\mathbf{j} + \dfrac{\partial}{\partial y}(2x\cos y)\mathbf{k}$$

$$= 4x\mathbf{i} + (xye^{xy} + e^{xy} - \cos x)\mathbf{j} - 2x\sin y\,\mathbf{k}。$$

例題 5

若 $\|\mathbf{F}(t)\| = c$（定值）且 $\|\mathbf{F}'(t)\| \neq 0$，則 $\mathbf{F} \perp \mathbf{F}'$。

解 由 $(\mathbf{F} \cdot \mathbf{F})' = \mathbf{F}' \cdot \mathbf{F} + \mathbf{F} \cdot \mathbf{F}' = 2\mathbf{F} \cdot \mathbf{F}' = 0$，可知

$$\mathbf{F} \cdot \mathbf{F}' = 0$$

因 $\mathbf{F}' \neq \mathbf{0}$，故 $\mathbf{F} \perp \mathbf{F}'$。

有關向量函數的積分，定義如下：

若 $\mathbf{F}(t) = f_1(t)\mathbf{i} + f_2(t)\mathbf{j} + f_3(t)\mathbf{k}$，則定義

$$\int \mathbf{F}(t)\,dt = \int [f_1(t)\mathbf{i} + f_2(t)\mathbf{j} + f_3(t)\mathbf{k}]\,dt$$

$$= \left[\int f_1(t)\,dt\right]\mathbf{i} + \left[\int f_2(t)\,dt\right]\mathbf{j} + \left[\int f_3(t)\,dt\right]\mathbf{k} \tag{9-5}$$

$$\int_a^b \mathbf{F}(t)\,dt = \int_a^b [f_1(t)\mathbf{i} + f_2(t)\mathbf{j} + f_3(t)\mathbf{k}]\,dt$$

$$= \left[\int_a^b f_1(t)\,dt\right]\mathbf{i} + \left[\int_a^b f_2(t)\,dt\right]\mathbf{j} + \left[\int_a^b f_3(t)\,dt\right]\mathbf{k} \text{。} \tag{9-6}$$

例題 6

設 $\mathbf{F}(t) = 3\sin^2 t \cos t\,\mathbf{i} + 3\sin t \cos^2 t\,\mathbf{j} + 2\sin t \cos t\,\mathbf{k}$，求

(1) $\int \mathbf{F}(t)\,dt$ (2) $\int_0^{\pi/2} \mathbf{F}(t)\,dt$

解 (1) $\int \mathbf{F}(t)\,dt = \int (3\sin^2 t \cos t\,\mathbf{i} + 3\sin t \cos^2 t\,\mathbf{j} + 2\sin t \cos t\,\mathbf{k})\,dt$

$$= \left(\int 3\sin^2 t \cos t\,dt\right)\mathbf{i} + \left(\int 3\sin t \cos^2 t\,dt\right)\mathbf{j} + \left(\int 2\sin t \cos t\,dt\right)\mathbf{k}$$

$$= (\sin^3 t\,\mathbf{i} - \cos^3 t\,\mathbf{j} + \sin^2 t\,\mathbf{k}) + C_1\mathbf{i} + C_2\mathbf{j} + C_3\mathbf{k}$$

$$= \sin^3 t\,\mathbf{i} - \cos^3 t\,\mathbf{j} + \sin^2 t\,\mathbf{k} + \mathbf{C}$$

此處 $\mathbf{C} = C_1\mathbf{i} + C_2\mathbf{j} + C_3\mathbf{k}$ 為任意向量積分常數。

(2) $\int_0^{\pi/2} \mathbf{F}(t)\,dt = \int_0^{\pi/2} (3\sin^2 t \cos t\,\mathbf{i} + 3\sin t \cos^2 t\,\mathbf{j} + 2\sin t \cos t\,\mathbf{k})\,dt$

$$= \left(\int_0^{\pi/2} 3\sin^2 t \cos t\,dt\right)\mathbf{i} + \left(\int_0^{\pi/2} 3\sin t \cos^2 t\,dt\right)\mathbf{j}$$

$$+ \left(\int_0^{\pi/2} 2\sin t \cos t\,dt\right)\mathbf{k}$$

$$= \left[\sin^3 t\right]_0^{\pi/2} \mathbf{i} - \left[\cos^3 t\right]_0^{\pi/2} \mathbf{j} - \left[\sin^2 t\right]_0^{\pi/2} \mathbf{k}$$

$$= \mathbf{i} + \mathbf{j} + \mathbf{k} \text{。}$$

向量函數的積分具有下列的性質：

1. $\int k\mathbf{F}(t)\,dt = k\int \mathbf{F}(t)\,dt$，$k$ 為常數

2. $\int [\mathbf{F}(t) \pm \mathbf{G}(t)]\,dt = \int \mathbf{F}(t)\,dt \pm \int \mathbf{G}(t)\,dt$

3. $\dfrac{d}{dt}\left[\int \mathbf{F}(t)\,dt\right] = \mathbf{F}(t)$

4. $\int \mathbf{F}'(t)\,dt = \mathbf{F}(t) + \mathbf{C}$

5. $\int_a^b \mathbf{F}'(t)\,dt = \left[\mathbf{F}(t)\right]_a^b = \mathbf{F}(b) - \mathbf{F}(a)$

習題 9-1

1. 已知 $\mathbf{F}(t) = \sin t\mathbf{i} + \cos t\mathbf{j} + \mathbf{k}$。

    (1) 求 $\mathbf{F}'(t)$。
    (2) 試證：$\mathbf{F}'(t)$ 恆平行於 xy- 平面。
    (3) 哪些 t 值使 $\mathbf{F}'(t)$ 平行於 xz- 平面？
    (4) $\mathbf{F}(t)$ 的大小是否一定？
    (5) $\mathbf{F}'(t)$ 的大小是否一定？
    (6) 計算 $\mathbf{F}''(t)$。

2. 求下列各題的 $\mathbf{F}'(t)$。

    (1) $\mathbf{F}(t) = \sin t\mathbf{i} + e^{-t}\mathbf{j} + t\mathbf{k}$
    (2) $\mathbf{F}(t) = 2t\mathbf{i} + t^3\mathbf{j}$
    (3) $\mathbf{F}(t) = (\sin t + t^2)(\mathbf{i} + \mathbf{j} + 3\mathbf{k})$
    (4) $\mathbf{F}(t) = (t^3\mathbf{i} + \mathbf{j} - \mathbf{k}) \times (e^t\mathbf{i} + \mathbf{j} + t^2\mathbf{k})$
    (5) $\mathbf{F}(t) = 3\mathbf{i} - \mathbf{k}$

3. 求下列各題的 $f'(t)$。

    (1) $f(t) = \|2t\mathbf{i} + 2t\mathbf{j} - \mathbf{k}\|$

(2) $f(t)=(3t\mathbf{i}+5t^2\mathbf{j})\cdot(t\mathbf{i}-\sin t\mathbf{j})$

(3) $f(t)=[(\mathbf{i}+\mathbf{j}-2\mathbf{k})\times(3t^4\mathbf{i}+t\mathbf{j})]\cdot\mathbf{k}$

4. 設 $\mathbf{F}=\mathbf{F}(t)$、$\mathbf{G}=\mathbf{G}(t)$ 與 $\mathbf{H}=\mathbf{H}(t)$ 皆為可微分向量函數，試證：

$$\frac{d}{dt}[\mathbf{F}\cdot(\mathbf{G}\times\mathbf{H})]=\frac{d\mathbf{F}}{dt}\cdot(\mathbf{G}\times\mathbf{H})+\mathbf{F}\cdot\left(\frac{d\mathbf{G}}{dt}\times\mathbf{H}\right)+\mathbf{F}\cdot\left(\mathbf{G}\times\frac{d\mathbf{H}}{dt}\right)。$$

5. 試證：$\dfrac{d}{dt}\left(\mathbf{R}\times\dfrac{d\mathbf{R}}{dt}\right)=\mathbf{R}\times\dfrac{d^2\mathbf{R}}{dt^2}$。

6. 已知 $\mathbf{F}'(t)=\cos t\mathbf{i}+\sin t\mathbf{j}$ 且 $\mathbf{F}(0)=\mathbf{i}-\mathbf{j}$，求 $\mathbf{F}(t)$。

7. 設 f_1、f_2、f_3、g_1、g_2、g_3、h_1、h_2 與 h_3 皆為 t 的可微分函數，利用第 4 題證明：

$$\frac{d}{dt}\begin{vmatrix}f_1 & f_2 & f_3\\ g_1 & g_2 & g_3\\ h_1 & h_2 & h_3\end{vmatrix}=\begin{vmatrix}f_1' & f_2' & f_3'\\ g_1 & g_2 & g_3\\ h_1 & h_2 & h_3\end{vmatrix}+\begin{vmatrix}f_1 & f_2 & f_3\\ g_1' & g_2' & g_3'\\ h_1 & h_2 & h_3\end{vmatrix}+\begin{vmatrix}f_1 & f_2 & f_3\\ g_1 & g_2 & g_3\\ h_1' & h_2' & h_3'\end{vmatrix}$$

8. 已知 $\mathbf{F}''(t)=12t^2\mathbf{i}-2\mathbf{j}$，$\mathbf{F}'(0)=\mathbf{0}$ 且 $\mathbf{F}(0)=2\mathbf{i}-4\mathbf{j}$，求 $\mathbf{F}(t)$。

9. 已知 $\mathbf{F}'(t)=2\mathbf{i}+\dfrac{t}{t^2+1}\mathbf{j}+t\mathbf{k}$ 且 $\mathbf{F}(1)=\mathbf{0}$，求 $\mathbf{F}(t)$。

9-2 曲線

在解析幾何中，我們常將三維空間曲線表成參數方程式：

$$x=x(t),\quad y=y(t),\quad z=z(t)$$

因此，我們不難用向量來表示三維空間曲線，即，

$$\mathbf{R}=\mathbf{R}(t)=x(t)\mathbf{i}+y(t)\mathbf{j}+z(t)\mathbf{k} \tag{9-7}$$

當 t 變化時，向量 $\mathbf{R}(t)$ 的終點所描出的軌跡為此曲線，$\mathbf{R}(t)$ 稱為**位置向量**(position vector)。

我們將 (x, y, z) 想像成三維空間 $I\!R^3$ 中運動質點的位置特別地有用，其中 t 代表時間。在持續期間 Δt 當中，該質點的位置向量自 $\mathbf{R}(t)$ 改變至 $\mathbf{R}(t+\Delta t)$，它在這段期間所經過的位移為 (如圖 9-1 所示)

$$\Delta\mathbf{R}=\mathbf{R}(t+\Delta t)-\mathbf{R}(t)=\Delta x\mathbf{i}+\Delta y\mathbf{j}+\Delta z\mathbf{k}$$

以 Δt 除上式可得**平均速度**為

$$\frac{\Delta\mathbf{R}}{\Delta t}=\frac{\Delta x}{\Delta t}\mathbf{i}+\frac{\Delta y}{\Delta t}\mathbf{j}+\frac{\Delta z}{\Delta t}\mathbf{k}$$

若 **R** 為可微分，則當 Δt 趨近 0 時，平均速度 $\dfrac{\Delta \mathbf{R}}{\Delta t}$ 趨近一極限，其為**（瞬時）速度**

$$\mathbf{v} = \mathbf{v}(t) = \frac{d\mathbf{R}}{dt} = \frac{dx}{dt}\mathbf{i} + \frac{dy}{dt}\mathbf{j} + \frac{dz}{dt}\mathbf{k}$$

v 的大小稱為**速率**，記為 v，即，$\|\mathbf{v}\| = v$。

圖 9-1 似乎指出速度向量 $\dfrac{d\mathbf{R}}{dt}$ 切於曲線。參考圖 9-2，當 Q 沿著曲線趨近 P 時，直線 L_1 與由 P 及 Q 所決定割線 L_2 之間的夾角 θ 趨近零，因而 L_1 切曲線於 P 處，即，當 Q 趨近 P 時，L_2 的方向趨近 L_1 的方向。將此觀念應用到圖 9-1 的情況，當 Δt 趨近零時，割線必須有一個極限方向，即 $\dfrac{d\mathbf{R}}{dt}$ 的方向，除非 $\dfrac{d\mathbf{R}}{dt} = \mathbf{0}$。所以，若 $\mathbf{R}'(t_0) \neq \mathbf{0}$，則曲線 $\mathbf{R}(t)$ 在點 $(x(t_0), y(t_0), z(t_0))$ 有一條切線，其方向與 $\dfrac{d\mathbf{R}}{dt}$ 的方向一致。簡言之，$\dfrac{d\mathbf{R}}{dt}$ 切於曲線。

習慣上，我們以 **T** 表示切於曲線的單位向量，即，

$$\mathbf{T} = \frac{\left(\dfrac{dx}{dt}\right)\mathbf{i} + \left(\dfrac{dy}{dt}\right)\mathbf{j} + \left(\dfrac{dz}{dt}\right)\mathbf{k}}{\sqrt{\left(\dfrac{dx}{dt}\right)^2 + \left(\dfrac{dy}{dt}\right)^2 + \left(\dfrac{dz}{dt}\right)^2}} \circ \tag{9-8}$$

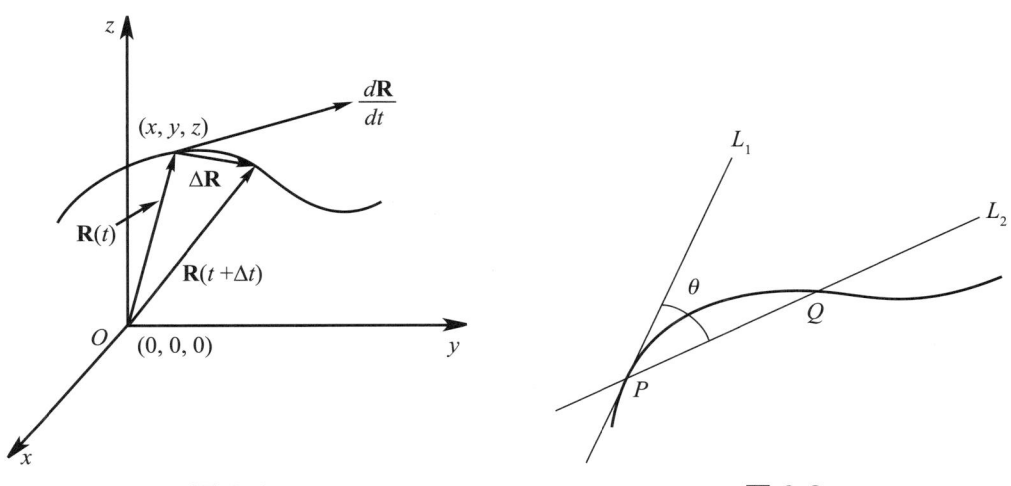

圖 9-1

圖 9-2

已知曲線 C 的位置向量 $\mathbf{R}(t)$ 定義在區間 I，若 $\mathbf{R}(t)$ 為連續且 $\mathbf{R}'(t) \neq \mathbf{0}$ (I 若含端點則除外)，則稱 C 在 I 為**平滑** (smooth)。例如，曲線 $\mathbf{R}(t) = \cos t\mathbf{i} + \sin t\mathbf{j} + t\mathbf{k}$ $(t \in I\!R)$ 為平滑，因為 $\mathbf{R}'(t) = -\sin t\mathbf{i} + \cos t\mathbf{j} + \mathbf{k} \neq \mathbf{0}$。

我們曾在微積分中指出，若平面上的平滑曲線的參數方程式為

$$\begin{cases} x = x(t) \\ y = y(t) \end{cases}, \quad a \leq t \leq b$$

則其長度為

$$L = \int_a^b \sqrt{\left(\frac{dx}{dt}\right)^2 + \left(\frac{dy}{dt}\right)^2} \, dt$$

此結果可推廣到三維空間中的平滑曲線。若三維空間中的平滑曲線的參數方程式為

$$\begin{cases} x = x(t) \\ y = y(t) \\ z = z(t) \end{cases}, \quad a \leq t \leq b$$

則曲線的長度為

$$L = \int_a^b \sqrt{\left(\frac{dx}{dt}\right)^2 + \left(\frac{dy}{dt}\right)^2 + \left(\frac{dz}{dt}\right)^2} \, dt = \int_a^b \left\| \frac{d\mathbf{R}}{dt} \right\| dt \tag{9-9}$$

此處 $\mathbf{R} = \mathbf{R}(t) = x(t)\mathbf{i} + y(t)\mathbf{j} + z(t)\mathbf{k}$。

例題 1

求**圓螺旋線** (circular helix)

$$x = \cos t$$
$$y = \sin t$$
$$z = t$$

自 $t = 0$ 至 $t = \pi$ 之部分的長度。

解 由 (9-9) 式，可知長度為

$$L = \int_0^\pi \sqrt{\left(\frac{dx}{dt}\right)^2 + \left(\frac{dy}{dt}\right)^2 + \left(\frac{dz}{dt}\right)^2}\, dt$$

$$= \int_0^\pi \sqrt{\sin^2 t + \cos^2 t + 1}\, dt = \int_0^\pi \sqrt{2}\, dt = \sqrt{2}\,\pi$$

我們從 (9-9) 式可知,自曲線上某初始位置 $\mathbf{R}(t_0)$ 沿著曲線量至可變位置 $\mathbf{R}(t)$ 的弧長為

$$s = s(t) = \int_{t_0}^{t} \left\| \frac{d\mathbf{R}}{dt} \right\| dt, \quad t \geq t_0$$

利用微積分學基本定理可得

$$\frac{ds}{dt} = \left\| \frac{d\mathbf{R}}{dt} \right\| \quad (=\|\mathbf{v}\|)$$

上式變成

$$\frac{ds}{dt} = \left[\left(\frac{dx}{dt}\right)^2 + \left(\frac{dy}{dt}\right)^2 + \left(\frac{dz}{dt}\right)^2\right]^{1/2}$$

因 $\dfrac{ds}{dt} \neq 0$,故依連鎖法則可得

$$\frac{d\mathbf{R}}{ds} = \frac{d\mathbf{R}}{dt} \Big/ \frac{ds}{dt} = \frac{d\mathbf{R}}{dt} \Big/ \left\| \frac{d\mathbf{R}}{dt} \right\|$$

因 $\dfrac{d\mathbf{R}}{dt}$ 切於曲線,故 $\dfrac{d\mathbf{R}}{ds}$ 亦切於曲線。又,$\dfrac{d\mathbf{R}}{ds}$ 是單位切向量,所以,依 (9-8) 式,$\mathbf{T} = \dfrac{d\mathbf{R}}{ds}$。

$\mathbf{T}$ 既為曲線上一點的單位切向量,則向量 $\dfrac{d\mathbf{T}}{ds}$ 表示每單位弧長所改變的 $\mathbf{T}$。雖然 $\mathbf{T}$ 的大小恆為 1,但 $\mathbf{T}$ 的方向隨處不同,在彎曲程度較大的地方,切線方向的改變較多 (每單位弧長),彎曲程度較小的地方,方向的改變較少。因此,$\dfrac{d\mathbf{T}}{ds}$ 可用來測量曲線彎曲的程度,它的大小 $\left\|\dfrac{d\mathbf{T}}{ds}\right\|$ 稱為曲線在該點的**曲率** (curvature),記為

$$\kappa = \left\| \frac{d\mathbf{T}}{ds} \right\| = 曲率 \tag{9-10}$$

其倒數稱為**曲率半徑** (radius of curvature)，記為

$$\rho = \frac{1}{\kappa} = 曲率半徑。$$

註：直線的曲率為零。

因 **T** 為單位切向量，其導向量垂直於 **T**，故 $\dfrac{d\mathbf{T}}{ds}$ 的方向為法線方向。定義

$$\frac{d\mathbf{T}}{ds} = \kappa \mathbf{N} \qquad (9\text{-}11)$$

N 為單位向量，稱為**單位主法向量** (unit principal normal vector)，指向曲線的凹側 (如圖 9-3 所示)。

利用 **T** 與 **N**，我們可在曲線上一點 P (圖 9-4) 定一個直角坐標系，取

$$\mathbf{B} = \mathbf{T} \times \mathbf{N} \quad (當然 \|\mathbf{B}\| = 1)$$

B 稱為**單位副法向量** (unit binormal vector)。

因 $\mathbf{B} \cdot \mathbf{B} = 1$，故 $\mathbf{B} \cdot \dfrac{d\mathbf{B}}{ds} = 0$，即，

(1) $\mathbf{B} \perp \dfrac{d\mathbf{B}}{ds}$，又 $\mathbf{T} \cdot \mathbf{B} = 0$，可得

$$\mathbf{T} \cdot \frac{d\mathbf{B}}{ds} + \mathbf{B} \cdot \frac{d\mathbf{T}}{ds} = 0$$

$$\mathbf{T} \cdot \frac{d\mathbf{B}}{ds} = -\mathbf{B} \cdot \kappa \mathbf{N} = 0$$

即，

圖 9-3

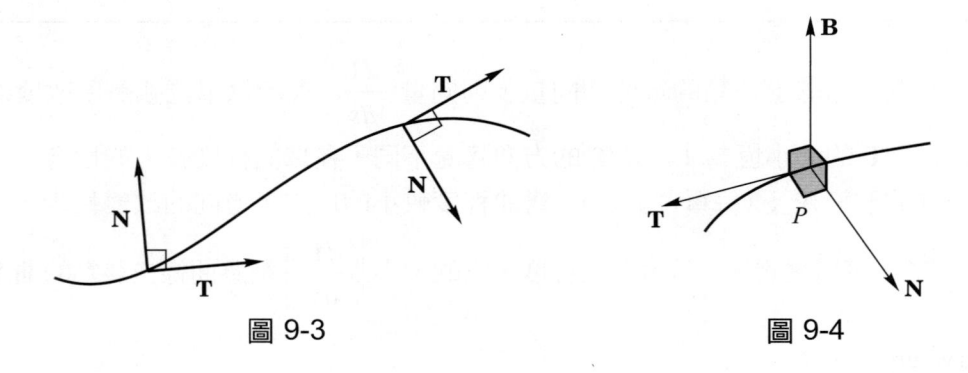

圖 9-4

(2) $\mathbf{T} \perp \dfrac{d\mathbf{B}}{ds}$。

由 (1) 及 (2) 可知，$\dfrac{d\mathbf{B}}{ds}$ 與 $\mathbf{N}$ 平行，故取適當的純量函數 $\tau(s)$ 使

$$\dfrac{d\mathbf{B}}{ds} = -\tau(s)\,\mathbf{N} \tag{9-12}$$

此 $\tau(s)$ 稱為曲線在 P 點的**扭率** (torsion)。

由 $\mathbf{N} = \mathbf{B} \times \mathbf{T}$ 對 s 微分可得

$$\dfrac{d\mathbf{N}}{ds} = -\kappa\mathbf{T} + \tau\mathbf{B} \tag{9-13}$$

上述 (9-11)、(9-12) 及 (9-13) 式稱為**弗列涅特－史列特** (Frenet-Serret) **公式**。

$\mathbf{T}$、$\mathbf{N}$ 與 $\mathbf{B}$ 共同構成了一種直角坐標系，但當曲線上的點變動時，此坐標系亦在空間移動，所以並不是一種靜止而是方向可變的坐標系。

例題 2

試證：在半徑為 a 之圓上每一點的曲率為 $\dfrac{1}{a}$。

解 令此圓的圓心在原點，則其參數方程式為

$$\begin{cases} x = a\cos t \\ y = a\sin t \end{cases},\quad 0 \le t \le 2\pi$$

而 $\mathbf{R}(t) = a\cos t\,\mathbf{i} + a\sin t\,\mathbf{j}$

於是， $\dfrac{d\mathbf{R}}{dt} = -a\sin t\,\mathbf{i} + a\cos t\,\mathbf{j}$

$$\mathbf{T}(t) = \dfrac{d\mathbf{R}}{dt} \Big/ \left\|\dfrac{d\mathbf{R}}{dt}\right\| = -\sin t\,\mathbf{i} + \cos t\,\mathbf{j}$$

$$\dfrac{d\mathbf{T}}{dt} = -\cos t\,\mathbf{i} - \sin t\,\mathbf{j}$$

$$\kappa = \left\|\dfrac{d\mathbf{T}}{ds}\right\| = \left\|\dfrac{d\mathbf{T}}{dt} \Big/ \dfrac{ds}{dt}\right\| = \left\|\dfrac{d\mathbf{T}}{dt}\right\| \Big/ \left\|\dfrac{d\mathbf{R}}{dt}\right\| = \dfrac{1}{a}。$$

例題 3

已知空間曲線為 $x=t$, $y=t^2$, $z=\dfrac{2}{3}t^3$，求單位切向量、單位主法向量、單位副法向量、曲率及扭率。

解 位置向量為

$$\mathbf{R}(t)=t\mathbf{i}+t^2\mathbf{j}+\dfrac{2}{3}t^3\mathbf{k}$$

$$\Rightarrow \dfrac{d\mathbf{R}}{dt}=\mathbf{i}+2t\mathbf{j}+2t^2\mathbf{k}$$

$$\Rightarrow \dfrac{ds}{dt}=\left\|\dfrac{d\mathbf{R}}{dt}\right\|=\sqrt{1+4t^2+4t^4}=1+2t^2$$

故

$$T=\dfrac{d\mathbf{R}}{ds}=\dfrac{d\mathbf{R}/dt}{ds/dt}=\dfrac{\mathbf{i}+2t\mathbf{j}+2t^2\mathbf{k}}{1+2t^2}$$

$$\dfrac{d\mathbf{T}}{dt}=\dfrac{-4t\mathbf{i}+(2-4t^2)\mathbf{j}+4t\mathbf{k}}{(1+2t^2)^2}$$

$$\dfrac{d\mathbf{T}}{ds}=\dfrac{d\mathbf{T}/dt}{ds/dt}=\dfrac{-4t\mathbf{i}+(2-4t^2)\mathbf{j}+4t\mathbf{k}}{(1+2t^2)^3}$$

因

$$\dfrac{d\mathbf{T}}{ds}=\kappa\mathbf{N}$$

$$\Rightarrow \kappa=\left\|\dfrac{d\mathbf{T}}{ds}\right\|=\dfrac{2}{(1+2t^2)^2}$$

故

$$\mathbf{N}=\dfrac{1}{\kappa}\dfrac{d\mathbf{T}}{ds}=\dfrac{-2t\mathbf{i}+(1-2t^2)\mathbf{j}+2t\mathbf{k}}{1+2t^2}$$

可得

$$\mathbf{B}=\mathbf{T}\times\mathbf{N}=\begin{vmatrix} \mathbf{i} & \mathbf{j} & \mathbf{k} \\ \dfrac{1}{1+2t^2} & \dfrac{2t}{1+2t^2} & \dfrac{2t^2}{1+2t^2} \\ \dfrac{-2t}{1+2t^2} & \dfrac{1-2t^2}{1+2t^2} & \dfrac{2t}{1+2t^2} \end{vmatrix}=\dfrac{2t^2\mathbf{i}-2t\mathbf{j}+\mathbf{k}}{1+2t^2}$$

因

$$\dfrac{d\mathbf{B}}{dt}=\dfrac{4t\mathbf{i}+(4t^2-2)\mathbf{j}-4t\mathbf{k}}{(1+2t^2)^2}$$

且
$$\frac{d\mathbf{B}}{ds}=\frac{d\mathbf{B}/dt}{ds/dt}=\frac{4t\mathbf{i}+(4t^2-2)\mathbf{j}-4t\mathbf{k}}{(1+2t^2)^3}$$

又
$$\frac{d\mathbf{B}}{ds}=-\tau\mathbf{N}$$

故
$$\tau=\frac{2}{(1+2t^2)^2}。$$

假設一平滑曲線 C 的位置向量為 $\mathbf{R}(t)=x(t)\mathbf{i}+y(t)\mathbf{j}+z(t)\mathbf{k}$，$\mathbf{R}(t)$為二次可微分，今有某質點沿著 C 運動，則其速度 $\mathbf{v}$ 及加速度 $\mathbf{a}$ 分別為

$$\mathbf{v}=\mathbf{v}(t)=\frac{d\mathbf{R}}{dt}=\frac{dx}{dt}\mathbf{i}+\frac{dy}{dt}\mathbf{j}+\frac{dz}{dt}\mathbf{k}$$

$$\mathbf{a}=\mathbf{a}(t)=\frac{d\mathbf{v}}{dt}=\frac{d^2\mathbf{R}}{dt^2}=\frac{d^2x}{dt^2}\mathbf{i}+\frac{d^2y}{dt^2}\mathbf{j}+\frac{d^2z}{dt^2}\mathbf{k}$$

因 $\|\mathbf{v}(t)\|=\dfrac{ds}{dt}$，故寫成 $\mathbf{v}(t)=\dfrac{ds}{dt}\mathbf{T}$。因而，

$$\mathbf{a}=\frac{d\mathbf{v}}{dt}=\frac{d}{dt}\left(\frac{ds}{dt}\mathbf{T}\right)=\frac{d^2s}{dt^2}\mathbf{T}+\frac{ds}{dt}\frac{d\mathbf{T}}{dt}$$

$$=\frac{d^2s}{dt^2}\mathbf{T}+\frac{ds}{dt}\frac{d\mathbf{T}}{ds}\frac{ds}{dt}$$

$$=\frac{d^2s}{dt^2}\mathbf{T}+\kappa\left(\frac{ds}{dt}\right)^2\mathbf{N}$$

$$=a_t\mathbf{T}+a_n\mathbf{N} \tag{9-14}$$

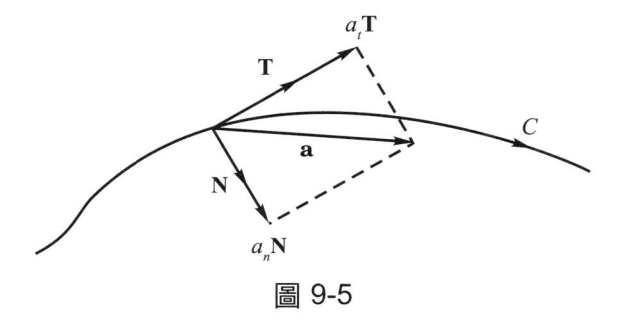

圖 9-5

(見圖 9-5) 此處 $a_t = \dfrac{d^2s}{dt^2}$，$a_n = \kappa \left(\dfrac{ds}{dt}\right)^2$ 分別稱為**加速度 a** 的**切線分量** (tangential component) 及**法線分量** (normal component)。

依畢氏定理可知

$$\|\mathbf{a}^2\| = a_t^2 + a_n^2 \tag{9-15}$$

欲計算 a，只需求 $\dfrac{d^2\mathbf{R}}{dt^2}$，然後計算 $\left\|\dfrac{d^2\mathbf{R}}{dt^2}\right\|$。欲計算 a_t，只需求 $\dfrac{d\mathbf{R}}{dt}$，再計算 $\left\|\dfrac{d\mathbf{R}}{dt}\right\| \left(= \dfrac{ds}{dt}\right)$，最後對 t 微分。在算出 a 及 a_t 之後，利用 (9-15) 式就很容易求得 a_n。

例題 4

某質點以角速率 ω 繞 xy- 平面上的圓 $x^2 + y^2 = r^2$ 作運動，位置為

$$x = r\cos\omega t, \qquad y = r\sin\omega t, \qquad z = 0$$

求該質點加速度的切線分量與法線分量。

解
$$\mathbf{R}(t) = r\cos\omega t\,\mathbf{i} + r\sin\omega t\,\mathbf{j}$$

$$\frac{d\mathbf{R}}{dt} = -r\omega\sin\omega t\,\mathbf{i} + r\omega\cos\omega t\,\mathbf{j}$$

$$\frac{d^2\mathbf{R}}{dt^2} = -r\omega^2\cos\omega t\,\mathbf{i} - r\omega^2\sin\omega t\,\mathbf{j}$$

$$\frac{ds}{dt} = \left\|\frac{d\mathbf{R}}{dt}\right\| = \sqrt{r^2\omega^2\sin^2\omega t + r^2\omega^2\cos^2\omega t} = \omega r$$

$$a = \left\|\frac{d^2\mathbf{R}}{dt^2}\right\| = \omega^2 r$$

因 $\dfrac{ds}{dt}$ 為常數，故 $a_t = \dfrac{d^2s}{dt^2} = 0$，$a_n = a = \omega^2 r$。

例題 5

已知質點在時間 t 的坐標為

$$x = 5 \sin 4t$$
$$y = 5 \cos 4t$$
$$z = 10t$$

求其速率、加速度的切線分量及法線分量、單位切向量、曲率。

解 $\mathbf{R}(t) = 5\sin 4t\mathbf{i} + 5\cos 4t\mathbf{j} + 10t\mathbf{k}$

$$\Rightarrow \frac{d\mathbf{R}}{dt} = 20\cos 4t\mathbf{i} - 20\sin 4t\mathbf{j} + 10\mathbf{k}$$

$$\Rightarrow \frac{d^2\mathbf{R}}{dt^2} = -80\sin 4t\mathbf{i} - 80\cos 4t\mathbf{j}$$

速率為 $\dfrac{ds}{dt} = \left|\dfrac{d\mathbf{R}}{dt}\right| = \sqrt{400\cos^2 4t + 400\sin^2 4t + 100} = 10\sqrt{5}$

$$a_t = \frac{d^2s}{dt^2} = 0$$

$$a = \left|\frac{d^2\mathbf{R}}{dt^2}\right| = \sqrt{6400\sin^2 4t + 6400\cos^2 4t} = 80$$

$$a_n = \sqrt{a^2 - a_t^2} = 80$$

$$\mathbf{T} = \frac{d\mathbf{R}}{dt} \bigg/ \left|\frac{d\mathbf{R}}{dt}\right| = \frac{\sqrt{5}}{5}(2\cos 4t\mathbf{i} - 2\sin 4t\mathbf{j} + \mathbf{k})$$

$$\kappa = a_n \bigg/ \left(\frac{ds}{dt}\right)^2 = \frac{4}{25} \text{。}$$

習題 9-2

1. 求圓螺旋線 $\mathbf{R}(t) = t\mathbf{i} + \sin t\mathbf{j} + \cos t\mathbf{k}$ 的曲率及扭率。
2. 求圓螺旋線 $\mathbf{R}(t) = a\cos t\mathbf{i} + a\sin t\mathbf{j} + ct\mathbf{k}$ 上兩點 $(a, 0, 0)$ 與 $(a, 0, 2c\pi)$ 之間的長度。

3. 求曲線 $\mathbf{R}(t) = \cos t\mathbf{j} + 3 \sin t\mathbf{k}$ 上點 $P\left(0, \dfrac{1}{\sqrt{2}}, \dfrac{3}{\sqrt{2}}\right)$ 處的單位切向量、單位主法向量、單位副法向量、曲率及扭率。

4. 求圓螺旋線 $\mathbf{R}(t) = a \cos t\mathbf{i} + a \sin t\mathbf{j} + ct\mathbf{k}$ 的單位切向量、單位主法向量、單位副法向量、曲率及扭率。

5. 凡各點在同一平面上的曲線稱為**平面曲線** (plane curve)。試證平面曲線的扭率處為零。

6. 試證：曲線 $x = x(s)$，$y = y(s)$，$z = z(s)$ 的曲率半徑為

$$\rho = \dfrac{1}{\left[\left(\dfrac{d^2 x}{ds^2}\right)^2 + \left(\dfrac{d^2 y}{ds^2}\right)^2 + \left(\dfrac{d^2 z}{ds^2}\right)^2\right]^{1/2}}。$$

7. 已知質點在時間 t 的坐標為

$$x = e^t \cos t$$
$$y = e^t \sin t$$
$$z = e^t$$

求其速率、加速度的切線分量及法線分量、單位切向量、曲率。

8. 某質點在時間 t 的坐標為

$$x = \sin t - t \cos t$$
$$y = t \sin t + \cos t$$
$$z = t^2$$

求其速率、加速度的切線分量及法線分量、曲率。

9-3 方向導數與梯度

函數 f 的一階偏導函數等於 f 沿著各坐標軸方向的變化率。如果我們想尋求沿著任意方向 f 的變化率，就需要方向導數的觀念。

欲明瞭沿著任意方向的導數定義，我們先選定 $\mathbb{R}^3$ 中的一點 P 及在 P 處的一個方向，此方向用單位向量 u 表示。設 L 為由 P 指向 u 方向的射線，又 Q 為 L 上一點，其與 P 的距離為 s（圖 9-6）。

圖 9-6

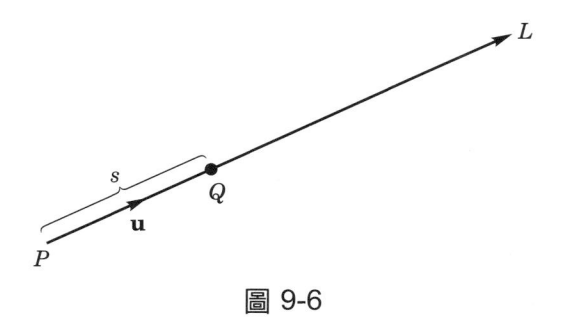

定義 9-5

若極限
$$\lim_{s \to 0} \frac{f(Q)-f(P)}{s}$$
存在，則稱它為 f 在點 P 沿著 $\mathbf{u}$ 方向的**方向導數** (directional derivative)，記為 $\dfrac{df}{ds}$。

很顯然，$\dfrac{df}{ds}$ 為 f 在點 P 沿著 $\mathbf{u}$ 方向的變化率。依此方法，f 在 P 有無窮多個方向導數。

設 P 的位置向量為 $\mathbf{A}$，則射線 L 的向量方程式為

$$\mathbf{R}(s) = x(s)\,\mathbf{i} + y(s)\,\mathbf{j} + z(s)\,\mathbf{k} = \mathbf{A} + s\mathbf{u}, \quad s \geq 0$$

若 $\mathbf{R}$ 對 s 作微分，則當 s 改變時，$\mathbf{A}$ 不隨 s 而改變，$\mathbf{u}$ 為單位常向量，亦不改變，故

$$\frac{d\mathbf{R}}{ds} = \frac{dx}{ds}\,\mathbf{i} + \frac{dy}{ds}\,\mathbf{j} + \frac{dz}{ds}\,\mathbf{k} = \mathbf{u}$$

又 $\dfrac{df}{ds}$ 為函數 $f(x(s),\ y(s),\ z(s))$ 對 s 的導函數，所以，

$$\frac{df}{ds} = \frac{\partial f}{\partial x}\frac{dx}{ds} + \frac{\partial f}{\partial y}\frac{dy}{ds} + \frac{\partial f}{\partial z}\frac{dz}{ds}$$

如果我們引用下面的向量

$$\operatorname{grad} f = \frac{\partial f}{\partial x}\,\mathbf{i} + \frac{\partial f}{\partial y}\,\mathbf{j} + \frac{\partial f}{\partial z}\,\mathbf{k}$$

則
$$\frac{df}{ds} = (\text{grad } f) \cdot \mathbf{u} \tag{9-16}$$

向量 grad f 稱為純量函數 f 的**梯度** (gradient)。另一種常用的寫法是用**向量算子** ∇ (唸成「del」或「nabla」)

$$\nabla = \frac{\partial}{\partial x}\mathbf{i} + \frac{\partial}{\partial y}\mathbf{j} + \frac{\partial}{\partial z}\mathbf{k}$$

而
$$\nabla f = \left(\frac{\partial}{\partial x}\mathbf{i} + \frac{\partial}{\partial y}\mathbf{j} + \frac{\partial}{\partial z}\mathbf{k}\right)f$$

$$= \frac{\partial f}{\partial x}\mathbf{i} + \frac{\partial f}{\partial y}\mathbf{j} + \frac{\partial f}{\partial z}\mathbf{k}$$

則 grad f 亦可寫成 ∇f。換句話說，(9-16) 式亦可寫成

$$\frac{df}{ds} = \nabla f \cdot \mathbf{u} \text{。} \tag{9-17}$$

注意：若 $\mathbf{u}$ 沿著 x- 軸的正方向，則 $\mathbf{u} = \mathbf{i}$，且

$$\frac{df}{ds} = \nabla f \cdot \mathbf{u} = \left(\frac{\partial f}{\partial x}\mathbf{i} + \frac{\partial f}{\partial y}\mathbf{j} + \frac{\partial f}{\partial z}\mathbf{k}\right) \cdot \mathbf{i} = \frac{\partial f}{\partial x}$$

同理，沿著 y- 軸的正方向的方向導數為 $\frac{\partial f}{\partial y}$，依此類推。

由 (9-17) 式，

$$\frac{df}{ds} = \|\nabla f\| \|\mathbf{u}\| \cos\theta = \|\nabla f\| \cos\theta$$

其中 θ 為 ∇f 與 $\mathbf{u}$ 之間的夾角。我們可看出當 $\theta = 0$ 時，$\frac{df}{ds}$ 的值最大，此時 $\mathbf{u}$ 的方向，即是 ∇f 的方向，換句話說，梯度 ∇f 的方向即 f 之變化率最大的方向，且在 f 增加的方向，而 $\|\nabla f\|$ 等於 $\frac{df}{ds}$ 的最大值。

算子 ∇ 具有下列性質：

1. $\nabla(f \pm g) = \nabla f \pm \nabla g$
2. $\nabla(kf) = k\nabla f$，k 為常數
3. $\nabla(fg) = f\nabla g + g\nabla f$

4. $\nabla\left(\dfrac{f}{g}\right)=\dfrac{g\nabla f-f\nabla g}{g^2}$

5. $\nabla(f^n)=nf^{n-1}\nabla f$。

例題 1

求函數 $f(x, y, z)=x^2+y^2-z$ 在點 $(1, 1, 2)$ 沿著 $2\mathbf{i}+2\mathbf{j}-\mathbf{k}$ 方向的方向導數。

解 $\nabla f(x, y, z)=2x\mathbf{i}+2y\mathbf{j}-\mathbf{k}$，$\nabla f(1, 1, 2)=2\mathbf{i}+2\mathbf{j}-\mathbf{k}$。沿著 $2\mathbf{i}+2\mathbf{j}-\mathbf{k}$ 方向的單位向量為 $\mathbf{u}=\dfrac{2}{3}\mathbf{i}+\dfrac{2}{3}\mathbf{j}-\dfrac{1}{3}\mathbf{k}$，故方向導數為

$$\frac{df}{ds}=(\operatorname{grad} f)\cdot \mathbf{u}=\frac{4}{3}+\frac{4}{3}+\frac{1}{3}=3。$$

例題 2

已知在空間 $I\!R^3$ 中一點 (x, y, z) 處的溫度為 $f(x, y, z)=x^2+y^2-z$。若位於點 $(1, 1, 2)$ 處的某蚊子想要往儘可能涼快的方向飛去，則它應該沿什麼方向移動？

解 $\nabla f(1, 1, 2)=2\mathbf{i}+2\mathbf{j}-\mathbf{k}$。該蚊子應該沿著 $-\nabla f(1, 1, 2)=-2\mathbf{i}-2\mathbf{j}+\mathbf{k}$ 的方向移動，因 ∇f 為溫度增加的方向。

我們現在來看一看 $\operatorname{grad} f$ 的幾何意義：在純量函數 f 所決定的純量場中，f 值相等的各點，於二維空間 $I\!R^2$ 中構成一曲線，於三維空間 $I\!R^3$ 中構成一曲面，即，

$$f(x, y)=c=\text{常數 (二維空間)}$$
$$f(x, y, z)=c=\text{常數 (三維空間)}$$

在不同的 c 值時，分別構成曲線族與曲面族，這些曲線與曲面分別稱為**等值線** (level curve) 與**等值面** (level surface)。

在曲面 $f(x, y, z)=c$ 上通過點 $P(x, y, z)$ 任取一曲線 C：$\mathbf{R}(t)=x(t)\mathbf{i}+y(t)\mathbf{j}+z(t)\mathbf{k}$，則可知

$$f(x(t), y(t), z(t))=c$$

將上式對 t 微分可得

$$\frac{\partial f}{\partial x}\frac{dx}{dt}+\frac{\partial f}{\partial y}\frac{dy}{dt}+\frac{\partial f}{\partial z}\frac{dz}{dt}=0$$

即，

$$\nabla f \cdot \frac{d\mathbf{R}}{dt}=0$$

其中 $\frac{d\mathbf{R}}{dt}$ 為曲線的切向量。因曲線為在曲面上所任取，故 ∇f 與通過 P 點的任意切線垂直，即 ∇f 垂直於通過 P 點的切平面，而 ∇f 的方向稱為該曲面的法線方向。

於二維空間中，梯度 ∇f 在等值線的法線方向，而與切線垂直。若在等值線各處作切於 ∇f 的曲線族，則該曲線族與等值線正交。

例題 3

求曲面 $f(x, y, z)=c$ 的切平面與法線的方程式。

解 (1) 設切點在 $P_0(x_0, y_0, z_0)$，其位置向量為 $\mathbf{R}_0=x_0\mathbf{i}+y_0\mathbf{j}+z_0\mathbf{k}$，而切平面上任一點 $P(x, y, z)$ 的位置向量為 $\mathbf{R}=x\mathbf{i}+y\mathbf{j}+z\mathbf{k}$，則 P_0 至 P 的向量為 $\mathbf{R}-\mathbf{R}_0$，其在切平面上與 ∇f 垂直，如圖 9-7 所示。因此，

$$(\mathbf{R}-\mathbf{R}_0) \cdot \nabla f = 0$$

或 $[(x-x_0)\mathbf{i}+(y-y_0)\mathbf{j}+(z-z_0)\mathbf{k}] \cdot \left(\frac{\partial f}{\partial x}\mathbf{i}+\frac{\partial f}{\partial y}\mathbf{j}+\frac{\partial f}{\partial z}\mathbf{k}\right)=0$

即，

$$(x-x_0)\frac{\partial f}{\partial x}+(y-y_0)\frac{\partial f}{\partial y}+(z-z_0)\frac{\partial f}{\partial z}=0$$

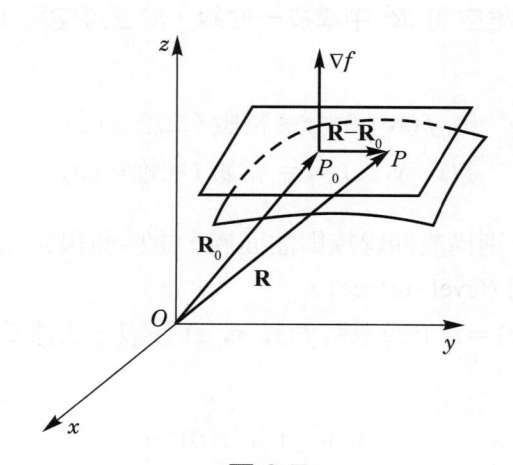

圖 9-7

再將 $x=x_0$, $y=y_0$, $z=z_0$ 代入 $\dfrac{\partial f}{\partial x}$、$\dfrac{\partial f}{\partial y}$、$\dfrac{\partial f}{\partial z}$ 中，即可求得切平面方程式

$$(x-x_0)\dfrac{\partial f}{\partial x}\bigg|_{(x_0,\ y_0,\ z_0)} + (y-y_0)\dfrac{\partial f}{\partial y}\bigg|_{(x_0,\ y_0,\ z_0)} + (z-z_0)\dfrac{\partial f}{\partial z}\bigg|_{(x_0,\ y_0,\ z_0)} = 0 \text{。}$$

(2) 令法線上任一點 P 的位置向量為 $\mathbf{R}=x\mathbf{i}+y\mathbf{j}+z\mathbf{k}$，點 P_0 的位置向量為 $\mathbf{R}_0=x_0\mathbf{i}+y_0\mathbf{j}+z_0\mathbf{k}$，則 $\overrightarrow{P_0P}$ 與 $\mathbf{R}-\mathbf{R}_0$ 在法線上，且與 ∇f 平行，如圖 9-8 所示。因此，

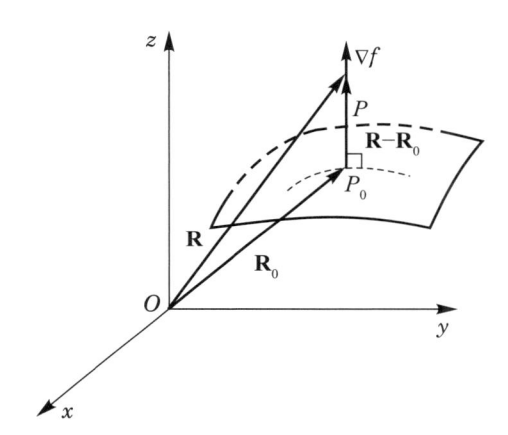

圖 9-8

$$(\mathbf{R}-\mathbf{R}_0)\times\nabla f=\mathbf{0}$$

或

$$\begin{vmatrix} \mathbf{i} & \mathbf{j} & \mathbf{k} \\ x-x_0 & y-y_0 & z-z_0 \\ \dfrac{\partial f}{\partial x} & \dfrac{\partial f}{\partial y} & \dfrac{\partial f}{\partial z} \end{vmatrix}=\mathbf{0}$$

即，$\left\langle (y-y_0)\dfrac{\partial f}{\partial z} - (z-z_0)\dfrac{\partial f}{\partial y},\ (z-z_0)\dfrac{\partial f}{\partial x} - (x-x_0)\dfrac{\partial f}{\partial z},\right.$

$\left. (x-x_0)\dfrac{\partial f}{\partial y} - (y-y_0)\dfrac{\partial f}{\partial x} \right\rangle = \langle 0,\ 0,\ 0 \rangle$

故
$$\begin{cases} (y-y_0)\dfrac{\partial f}{\partial z}-(z-z_0)\dfrac{\partial f}{\partial y}=0 \\ (z-z_0)\dfrac{\partial f}{\partial x}-(x-x_0)\dfrac{\partial f}{\partial z}=0 \\ (x-x_0)\dfrac{\partial f}{\partial y}-(y-y_0)\dfrac{\partial f}{\partial x}=0 \end{cases}$$

由上式可得

$$\dfrac{x-x_0}{\left.\dfrac{\partial f}{\partial x}\right|_{(x_0,\,y_0,\,z_0)}}=\dfrac{y-y_0}{\left.\dfrac{\partial f}{\partial y}\right|_{(x_0,\,y_0,\,z_0)}}=\dfrac{z-z_0}{\left.\dfrac{\partial f}{\partial z}\right|_{(x_0,\,y_0,\,z_0)}}$$

此為法線的**對稱方程式**。又令比值為 t，可得

$$\begin{cases} x=x_0+t\left.\dfrac{\partial f}{\partial x}\right|_{(x_0,\,y_0,\,z_0)} \\ y=y_0+t\left.\dfrac{\partial f}{\partial y}\right|_{(x_0,\,y_0,\,z_0)} \\ z=z_0+t\left.\dfrac{\partial f}{\partial z}\right|_{(x_0,\,y_0,\,z_0)} \end{cases}$$

此為法線的參數方程式。

例題 4

求曲面 $2xz^2-3xy-4x=7$ 在點 $(1,\,-1,\,2)$ 的切平面與法線的方程式。

解　　$f(x,\,y,\,z)=2xz^2-3xy-4x=7$
$\Rightarrow \nabla f(x,\,y,\,z)=(2z^2-3y-4)\mathbf{i}-3x\mathbf{j}+4xz\mathbf{k}$
$\Rightarrow \nabla f(1,\,-1,\,2)=7\mathbf{i}-3\mathbf{j}+8\mathbf{k}$

故切平面方程式為　$7(x-1)-3(y+1)+8(z-2)=0$

即，　　　　　　　　$7x-3y+8z=26$

而法線方程式為　$\dfrac{x-1}{7}=\dfrac{y+1}{-3}=\dfrac{z-2}{8}$。

習題 9-3

1. 求下列各函數的梯度 ∇f。

   (1) $f(x, y, z) = xyz$　　(2) $f(x, y, z) = e^{-x} \cos yz$　　(3) $f(x, y) = \dfrac{x}{x^2 + y^2}$

2. 若 $\mathbf{R} = x\mathbf{i} + y\mathbf{j} + z\mathbf{k}$，試證：$\nabla \|\mathbf{R}\|^n = n \|\mathbf{R}\|^{n-2} \mathbf{R}$。

3. 若 $\mathbf{R} = x\mathbf{i} + y\mathbf{j} + z\mathbf{k}$，求 $\nabla \ln \|\mathbf{R}\|$ 及 $\nabla \left(\dfrac{1}{\|\mathbf{R}\|} \right)$。

4. 求 $f(x, y, z) = x^2 yz + 4xz^2$ 在點 $(1, -2, -1)$ 沿著 $2\mathbf{i} - \mathbf{j} - 2\mathbf{k}$ 方向的方向導數。

5. 設 $\mathbf{A}$ 為常向量，$\mathbf{R} = x\mathbf{i} + y\mathbf{j} + z\mathbf{k}$，試證：$\nabla (\mathbf{A} \cdot \mathbf{R}) = \mathbf{A}$。

6. 求 $f(x, y, z) = x^2 yz^3$ 在點 $(1, 2, -1)$ 沿著自該點朝向點 $(2, 0, 3)$ 之方向的方向導數。

7. 求橢球面 $\dfrac{x^2}{4} + y^2 + \dfrac{z^2}{9} = 3$ 在點 $P(-2, 1, -3)$ 的切平面與法線的方程式。

8. 試證 $\nabla (f^n) = n f^{n-1} \nabla f$。

9. 求兩曲面 $x^2 + y^2 + z^2 = 9$ 與 $z = x^2 + y^2 - 3$ 在點 $(2, -1, 2)$ 的交角 (即兩切平面之間的夾角)。

9-4 散度與旋度

在本節中，我們定義使用在向量場的兩個運算，每一個運算像微分，其中一個產生**純量場** (scalar field)，而另一個產生**向量場** (vector field)。

定義 9-6

設向量函數 $\mathbf{F}(x, y, z) = f_1(x, y, z)\mathbf{i} + f_2(x, y, z)\mathbf{j} + f_3(x, y, z)\mathbf{k}$ 為可微分，則函數

$$\text{div } \mathbf{F} = \frac{\partial f_1}{\partial x} + \frac{\partial f_2}{\partial y} + \frac{\partial f_3}{\partial z}$$

稱為 $\mathbf{F}$ 的**散度** (divergence) 或 $\mathbf{F}$ 所產生向量場的散度。

例如，若 $\mathbf{F} = xe^y \mathbf{i} + e^{xy} \mathbf{j} + \sin yz \mathbf{k}$，則

$$\text{div } \mathbf{F} = \frac{\partial}{\partial x}(xe^y) + \frac{\partial}{\partial y}(e^{xy}) + \frac{\partial}{\partial z}(\sin yz) = e^y + xe^{xy} + y \cos yz$$

div $\mathbf{F}$ 亦可寫成 $\nabla \cdot \mathbf{F}$，即，

$$\text{div } \mathbf{F} = \nabla \cdot \mathbf{F} = \left(\frac{\partial}{\partial x}\mathbf{i} + \frac{\partial}{\partial y}\mathbf{j} + \frac{\partial}{\partial z}\mathbf{k}\right) \cdot (f_1\mathbf{i} + f_2\mathbf{j} + f_3\mathbf{k})$$

$$= \frac{\partial f_1}{\partial x} + \frac{\partial f_2}{\partial y} + \frac{\partial f_3}{\partial z}$$

上式中的「乘積」項 $\left(\frac{\partial}{\partial x}\right)f_1$、$\left(\frac{\partial}{\partial y}\right)f_2$ 與 $\left(\frac{\partial}{\partial z}\right)f_3$，分別為偏導函數 $\frac{\partial f_1}{\partial x}$、$\frac{\partial f_2}{\partial y}$ 與 $\frac{\partial f_3}{\partial z}$。因 $\frac{\partial \mathbf{F}}{\partial x} \cdot \mathbf{i} = \frac{\partial f_1}{\partial x}$，$\frac{\partial \mathbf{F}}{\partial y} \cdot \mathbf{j} = \frac{\partial f_2}{\partial y}$，$\frac{\partial \mathbf{F}}{\partial z} \cdot \mathbf{k} = \frac{\partial f_3}{\partial z}$，故

$$\nabla \cdot \mathbf{F} = \frac{\partial \mathbf{F}}{\partial x} \cdot \mathbf{i} + \frac{\partial \mathbf{F}}{\partial y} \cdot \mathbf{j} + \frac{\partial \mathbf{F}}{\partial z} \cdot \mathbf{k}$$

關於散度的一些性質，今摘要如下：

1. $\nabla \cdot (\mathbf{F} \pm \mathbf{G}) = \nabla \cdot \mathbf{F} \pm \nabla \cdot \mathbf{G}$
2. $\nabla \cdot (k\mathbf{F}) = k\nabla \cdot \mathbf{F}$ (k 為常數)
3. $\nabla \cdot (g\mathbf{F}) = (\nabla g) \cdot \mathbf{F} + g(\nabla \cdot \mathbf{F})$。

例題 1

(1) 試證 $\nabla \cdot \nabla f = \nabla^2 f$ (∇^2 唸成「del square」)，其中 $\nabla^2 = \nabla \cdot \nabla = \frac{\partial^2}{\partial x^2} + \frac{\partial^2}{\partial y^2} + \frac{\partial^2}{\partial z^2}$ 稱為**拉普拉斯算子** (Laplacian operator)。

(2) 證明 $\nabla^2\left(\frac{1}{R}\right) = 0$，其中 $R = \sqrt{x^2 + y^2 + z^2}$。

解 (1) $\nabla \cdot \nabla f = \left(\frac{\partial}{\partial x}\mathbf{i} + \frac{\partial}{\partial y}\mathbf{j} + \frac{\partial}{\partial z}\mathbf{k}\right) \cdot \left(\frac{\partial f}{\partial x}\mathbf{i} + \frac{\partial f}{\partial y}\mathbf{j} + \frac{\partial f}{\partial z}\mathbf{k}\right)$

$= \frac{\partial}{\partial x}\left(\frac{\partial f}{\partial x}\right) + \frac{\partial}{\partial y}\left(\frac{\partial f}{\partial y}\right) + \frac{\partial}{\partial z}\left(\frac{\partial f}{\partial z}\right)$

$= \frac{\partial^2 f}{\partial x^2} + \frac{\partial^2 f}{\partial y^2} + \frac{\partial^2 f}{\partial z^2}$

$= \left(\frac{\partial^2}{\partial x^2} + \frac{\partial^2}{\partial y^2} + \frac{\partial^2}{\partial z^2}\right)f$

$= \nabla^2 f$。

(2) $\nabla^2\left(\dfrac{1}{R}\right) = \left(\dfrac{\partial^2}{\partial x^2} + \dfrac{\partial^2}{\partial y^2} + \dfrac{\partial^2}{\partial z^2}\right)\left(\dfrac{1}{\sqrt{x^2+y^2+z^2}}\right)$

$$\dfrac{\partial^2}{\partial x^2}[(x^2+y^2+z^2)^{-1/2}] = \dfrac{2x^2-y^2-z^2}{(x^2+y^2+z^2)^{5/2}}$$

$$\dfrac{\partial^2}{\partial y^2}[(x^2+y^2+z^2)^{-1/2}] = \dfrac{-x^2+2y^2-z^2}{(x^2+y^2+z^2)^{5/2}}$$

$$\dfrac{\partial^2}{\partial z^2}[(x^2+y^2+z^2)^{-1/2}] = \dfrac{-x^2-y^2+2z^2}{(x^2+y^2+z^2)^{5/2}}$$

三式相加可得

$$\left(\dfrac{\partial^2}{\partial x^2} + \dfrac{\partial^2}{\partial y^2} + \dfrac{\partial^2}{\partial z^2}\right)[(x^2+y^2+z^2)^{-1/2}] = 0$$

即， $\nabla^2\left(\dfrac{1}{R}\right) = 0$。

註： 1. $\nabla^2 f$ 表向量 ∇f 的散度或寫成 $\text{div}(\text{grad } f) = \nabla^2 f$。
2. 方程式 $\nabla^2 f = 0$ 稱為**拉普拉斯方程式** (Laplace's equation)。

下面一個例題係由流體力學中選出，可初步說明向量場散度的物理意義。

例題 2

試說明散度在流體中的意義。

解 考慮流體在任一點的流速為 $\mathbf{v} = v_1(x, y, z)\mathbf{i} + v_2(x, y, z)\mathbf{j} + v_3(x, y, z)\mathbf{k}$。假設 $P(x, y, z)$ 為流體所流過空間中的一點，以 P 點為中心，在其附近取一個與各坐標軸平行之邊 Δx, Δy, Δz 所成的長方體，如圖 9-9 所示，其中面 $ABCD$ 的中心為 $M\left(x - \dfrac{\Delta x}{2}, y, z\right)$，面 $EFGH$ 的中心為 $N\left(x + \dfrac{\Delta x}{2}, y, z\right)$。現在，我們探討長方體在單位時間內流出流入的流量 (體積)。流體沿著 x- 軸方向通過面 $ABCD$ 而進入長方體內的體積，等於流速 $\mathbf{v}$ 在 M 點的 x- 分量 $v_1\left(x - \dfrac{\Delta x}{2}, y, z\right)$ 與 $\Delta y\,\Delta z$ 的乘積。無限小的 v_1 在 (x, y, z) 的泰勒展開式中，若二階以上的項無限小而忽略不計，則

$$v_1\left(x-\frac{\Delta x}{2},\ y,\ z\right)\Delta y\,\Delta z=\left[v_1(x,\ y,\ z)-\frac{1}{2}\frac{\partial v_1}{\partial x}\Delta x\right]\Delta y\,\Delta z$$

同理，由面 EFGH 流向外的流體體積為

$$\left[v_1(x,\ y,\ z)+\frac{1}{2}\frac{\partial v_1}{\partial x}\Delta x\right]\Delta y\,\Delta z$$

此相對兩面流量的差等於該相對兩面間向外流出的總體積，即，沿著 x- 方向共流出的量為 $\dfrac{\partial v_1}{\partial x}\Delta x\,\Delta y\,\Delta z$，再將左右面及上下面合併計算，結果在單位時間內自長方體向外流出的總體積為

$$\left(\frac{\partial v_1}{\partial x}+\frac{\partial v_2}{\partial y}+\frac{\partial v_3}{\partial z}\right)\Delta x\Delta y\Delta z = (\text{div }\mathbf{v})\Delta x\,\Delta y\,\Delta z$$
$$= (\nabla\cdot\mathbf{v})\Delta x\,\Delta y\,\Delta z$$

因此，div v 即表示在 P 點於單位時間內單位體積流出的體積，這就是所謂 **v** 的散度。

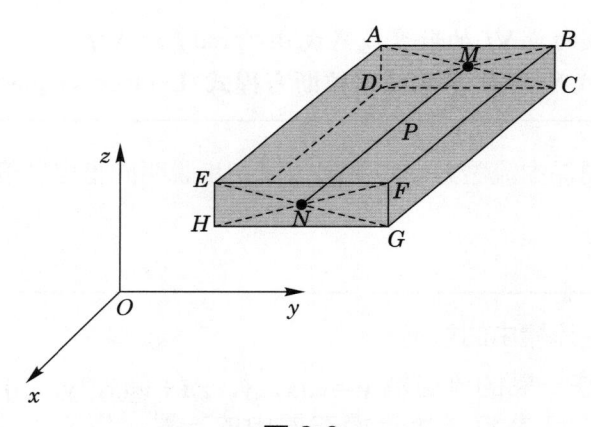

圖 9-9

定義 9-7

設向量函數 $\mathbf{F}(x,\ y,\ z)=f_1(x,\ y,\ z)\mathbf{i}+f_2(x,\ y,\ z)\mathbf{j}+f_3(x,\ y,\ z)\mathbf{k}$ 為可微分，則函數

$$\text{curl }\mathbf{F}=\left(\frac{\partial f_3}{\partial y}-\frac{\partial f_2}{\partial z}\right)\mathbf{i}+\left(\frac{\partial f_1}{\partial z}-\frac{\partial f_3}{\partial x}\right)\mathbf{j}+\left(\frac{\partial f_2}{\partial x}-\frac{\partial f_1}{\partial y}\right)\mathbf{k}$$

稱為 **F** 的**旋度** (curl 或 rotation) 或 **F** 所產生向量場的旋度。

curl **F** 亦可寫成 $\nabla \times \mathbf{F}$，即，

$$\text{curl } \mathbf{F} = \nabla \times \mathbf{F} = \begin{vmatrix} \mathbf{i} & \mathbf{j} & \mathbf{k} \\ \dfrac{\partial}{\partial x} & \dfrac{\partial}{\partial y} & \dfrac{\partial}{\partial z} \\ f_1 & f_2 & f_3 \end{vmatrix}$$

有關旋度的性質，敘述如下：

1. $\nabla \times (\mathbf{F} \pm \mathbf{G}) = \nabla \times \mathbf{F} \pm \nabla \times \mathbf{G}$
2. $\nabla \times (k\mathbf{F}) = k \nabla \times \mathbf{F}$ （k 為常數）
3. $\nabla \times (g\mathbf{F}) = (\nabla g) \times \mathbf{F} + g(\nabla \times \mathbf{F})$，$g$ 為純量函數
4. $\nabla \cdot (\mathbf{F} \times \mathbf{G}) = \mathbf{G} \cdot (\nabla \times \mathbf{F}) - \mathbf{F} \cdot (\nabla \times \mathbf{G})$。
5. $\nabla \times (\nabla \times \mathbf{F}) = \nabla(\nabla \cdot \mathbf{F}) - (\nabla \cdot \nabla)\mathbf{F} = \nabla(\nabla \cdot \mathbf{F}) - \nabla^2 \mathbf{F}$
6. $\nabla \times \nabla f = \mathbf{0}$
7. $\nabla \cdot (\nabla \times \mathbf{F}) = 0$。

例題 3

試證 $\nabla^2(fg) = f\nabla^2 g + 2\nabla f \cdot \nabla g + g\nabla^2 f$。

解
$$\begin{aligned}\nabla^2(fg) &= \nabla \cdot [\nabla(fg)] = \nabla \cdot (f\nabla g + g\nabla f) \\ &= \nabla \cdot (f\nabla g) + \nabla \cdot (g\nabla f) \\ &= f\nabla^2 g + \nabla f \cdot \nabla g + g\nabla^2 f + \nabla g \cdot \nabla f \\ &= f\nabla^2 g + 2\nabla f \cdot \nabla g + g\nabla^2 f\end{aligned}$$

在許多應用方面，旋度扮演著極重要的角色，我們舉出下面的例題作為說明。

例題 4

在以等角速度 Ω 旋轉的剛體中，求速度的旋度。

解 考慮以等角速度 Ω 繞著空間一固定軸旋轉的剛體運動。旋轉軸的方向與角速度的方向相同，其旋轉方向循右手系，如圖 9-10 所示。設 P 為剛體上的一點，位於與旋轉軸垂直之平面上的圓周上，今取該軸上一點 O 為原點，則 P 點的位置向量為 $\mathbf{R} = x\mathbf{i} + y\mathbf{j} + z\mathbf{k}$，$\mathbf{R}$ 與軸成 θ 角。我們知道在 P 的線速度 $\mathbf{v}$ 垂直於 Ω 及 $\mathbf{R}$，其大小為 $\|\Omega\| \|\mathbf{R}\| \sin \theta$，故 $\mathbf{v} = \Omega \times \mathbf{R}$。因 $\Omega = \omega_1 \mathbf{i} + \omega_2 \mathbf{j} + \omega_3 \mathbf{k}$，$\omega_1$、$\omega_2$ 及 ω_3 皆為定數，故

$$\mathbf{v} = \Omega \times \mathbf{R} = \begin{vmatrix} \mathbf{i} & \mathbf{j} & \mathbf{k} \\ \omega_1 & \omega_2 & \omega_3 \\ x & y & z \end{vmatrix}$$

$$= (\omega_2 z - \omega_3 y)\mathbf{i} + (\omega_3 x - \omega_1 z)\mathbf{j} + (\omega_1 y - \omega_2 x)\mathbf{k}$$

可得　$\nabla \times \mathbf{v} = 2\omega_1 \mathbf{i} + 2\omega_2 \mathbf{j} + 2\omega_3 \mathbf{k} = 2\Omega$

即，在旋轉剛體中，速度的旋度等於角速度的兩倍，其方向亦同於旋轉軸。

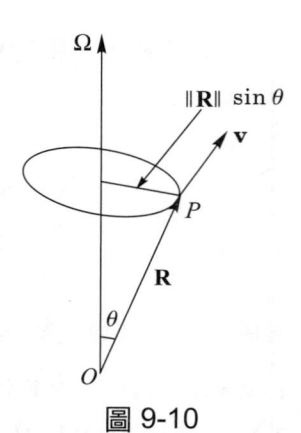

圖 9-10

習題 9-4

1. 已知 $f(x, y) = \ln(x^2 + y^2)$，試證：$\nabla^2 f = 0$。
2. 試證：$\nabla \cdot (f\nabla g) = f\nabla^2 g + \nabla f \cdot \nabla g$。
3. 已知 $\mathbf{F} = x^2 y\mathbf{i} - 2xz\mathbf{j} + 2yz\mathbf{k}$，求 $\nabla \times (\nabla \times \mathbf{F})$。
4. 已知 $\mathbf{R} = x\mathbf{i} + y\mathbf{j} + z\mathbf{k}$，試證：

    (1) $\nabla^2 \left(\dfrac{1}{\|\mathbf{R}\|} \right) = 0$　　　　(2) $\nabla \cdot \left(\dfrac{\mathbf{R}}{\|\mathbf{R}\|^3} \right) = 0$

5. 若 Ω 為常向量且 $\mathbf{v} = \Omega \times \mathbf{R}$，試證：div $\mathbf{v} = 0$。
6. 若 $\nabla \times \mathbf{A} = \mathbf{0}$ 且 $\mathbf{R} = x\mathbf{i} + y\mathbf{j} + z\mathbf{k}$，求 $\nabla \cdot (\mathbf{A} \times \mathbf{R})$。

9-5　線積分

在本節中，我們將討論沿著平面曲線或三維空間曲線的積分，這種積分稱為**線積分** (line integral)。線積分的觀念係將定積分 $\int_a^b f(x)\, dx$ 的觀念加以推廣。

令平面曲線 C 的參數方程式為

$$x = x(t),\ y = y(t),\ a \leq t \leq b$$

並假設 C 為平滑曲線 (即，$x'(t)$ 與 $y'(t)$ 在 $[a, b]$ 皆為連續且不同時為零)。現在，我們對參數區間 $[a, b]$ 選取分點如下：

$$a = t_0 < t_1 < t_2 < \cdots < t_n = b$$

而將 $[a, b]$ 分成 n 個子區間，這 n 個子區間構成 $[a, b]$ 之一分割 P。最大子區間的長度定義成分割 P 的範數並記為 $\|P\|$。令 $x_i = x(t_i)$，$y_i = y(t_i)$，則在 C 上的對應點 $P_i(x_i, y_i)$ 將 C 分成 n 個小弧段，長度為 Δs_1，Δs_2，$\cdots$，Δs_n，如圖 9-11 所示。我們在第 i 個小弧段上任取一點 $P_i^*(x_i^*, y_i^*)$（此對應於 $[t_{i-1}, t_i]$ 中的 t_i^*）。若函數 $f(x, y)$ 在包含 C 的區域為連續，則作成一和

$$\sum_{i=1}^{n} f(x_i^*, y_i^*) \Delta s_i。$$

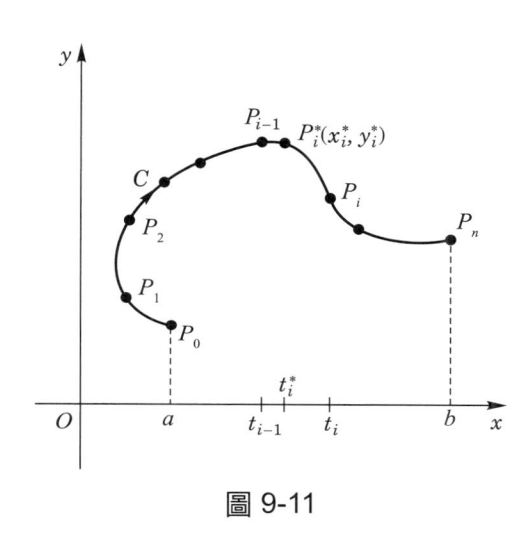

圖 9-11

定義 9-8

設平滑平面曲線 C 的參數方程式為

$$\begin{cases} x = x(t) \\ y = y(t) \end{cases}, \quad a \le t \le b$$

若函數 $f(x, y)$ 在包含 C 的區域為連續，則 **f 沿著 C（對弧長）的線積分** 定義為

$$\int_C f(x, y)\, ds = \lim_{\|P\| \to 0} \sum_{i=1}^{n} f(x_i^*, y_i^*) \Delta s_i$$

倘若上面極限存在，曲線 C 稱為**積分路徑** (path of integration)。

在 9-3 節，我們從微積分得知 C 的長度為

$$L = \int_a^b \sqrt{\left(\frac{dx}{dt}\right)^2 + \left(\frac{dy}{dt}\right)^2}\, dt$$

因此，在 C 上，從 $t=a$ 所對應的點到 $t=t$ 所對應的點之間的弧長為

$$s(t) = \int_a^t \sqrt{\left(\frac{dx}{dt}\right)^2 + \left(\frac{dy}{dt}\right)^2}\, dt$$

[此處 $s(t)$ 為弧長函數] 可得

$$\frac{ds}{dt} = \sqrt{\left(\frac{dx}{dt}\right)^2 + \left(\frac{dy}{dt}\right)^2}$$

$$ds = \sqrt{\left(\frac{dx}{dt}\right)^2 + \left(\frac{dy}{dt}\right)^2}\, dt$$

所以，
$$\int_C f(x,\, y)\, ds = \int_a^b f(x(t),\, y(t))\, \sqrt{[x'(t)]^2 + [y'(t)]^2}\, dt \text{。} \tag{9-18}$$

當 C 是從點 $(a,\, 0)$ 到點 $(b,\, 0)$ 的線段時，以 x 作為參數，可將 C 的參數方程式表成如下：$x=x,\ y=0,\ a \le x \le b$，則 (9-18) 式變成

$$\int_C f(x,\, y)\, ds = \int_a^b f(x,\, 0)\, dx$$

因此，線積分化成普通的單積分。

例題 1

計算 $\int_C x^2 y\, ds$，其中 C 的參數方程式為 $x=\cos t,\ y=\sin t,\ 0 \le t \le \dfrac{\pi}{2}$。

解 曲線 C 如圖 9-12 所示。

$$\begin{aligned}
\int_C x^2 y\, ds &= \int_0^{\pi/2} \cos^2 t \sin t \sqrt{\sin^2 t + \cos^2 t}\, dt \\
&= -\int_0^{\pi/2} \cos^2 t\, d\cos t = -\frac{1}{3} \cos^3 t \Big|_0^{\pi/2} \\
&= \frac{1}{3} \text{。}
\end{aligned}$$

圖 9-12

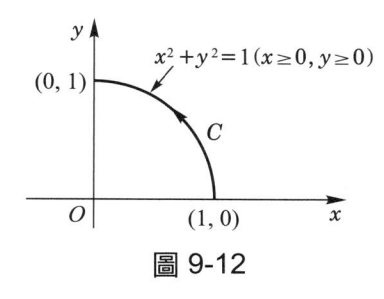

若在定義 9-8 中分別用 Δx_i 及 Δy_i 代換 Δs_i，則

$$\int_C f(x, y)\, dx = \lim_{\|P\| \to 0} \sum_{i=1}^{n} f(x_i^*, y_i^*)\, \Delta x_i$$

$$\int_C f(x, y)\, dy = \lim_{\|P\| \to 0} \sum_{i=1}^{n} f(x_i^*, y_i^*)\, \Delta y_i$$

符號 $\int_C f(x, y)\, dx$ 為 ***f* 沿著 *C* 對 *x* 的線積分**，$\int_C f(x, y)\, dy$ 為 ***f* 沿著 *C* 對 *y* 的線積分**。

若 $x = x(t)$, $y = y(t)$, $a \le t \le b$，則 $dx = x'(t)dt$, $dy = y'(t)dt$，可得

$$\int_C f(x, y)\, dx = \int_a^b f(x(t), y(t))\, x'(t)\, dt \tag{9-19}$$

$$\int_C f(x, y)\, dy = \int_a^b f(x(t), y(t))\, y'(t)\, dt \tag{9-20}$$

線積分時常出現

$$\int_C P(x, y)\, dx + \int_C Q(x, y)\, dy$$

的形式，我們習慣上將它縮寫成

$$\int_C P(x, y)\, dx + Q(x, y)\, dy$$

即，

$$\int_C P(x, y)\, dx + Q(x, y)\, dy = \int_C P(x, y)\, dx + \int_C Q(x, y)\, dy \tag{9-21}$$

$P(x, y)\, dx + Q(x, y)\, dy$ 稱為**微分式** (differential form)。

例題 2

計算 $\int_C 2xy\,dx+(x^2+y^2)\,dy$，其中 C 的參數方程式為 $x=\cos t$，$y=\sin t$，$0 \leq t \leq \dfrac{\pi}{2}$。

解 曲線 C 如圖 9-13 所示。

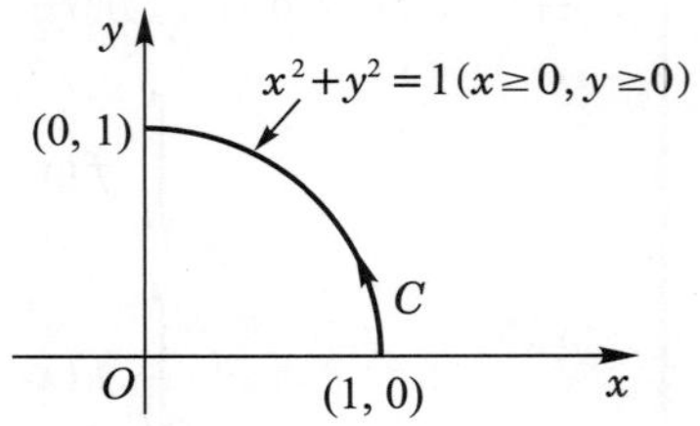

$$\int_C 2xy\,dx = \int_0^{\pi/2} (2\cos t \sin t)(-\sin t)\,dt$$

$$= -2\int_0^{\pi/2} \sin^2 t \cos t\,dt$$

$$= \left[-\dfrac{2}{3}\sin^3 t\right]_0^{\pi/2}$$

$$= -\dfrac{2}{3}$$

圖 9-13

$$\int_C (x^2+y^2)\,dy = \int_0^{\pi/2} (\cos^2 t + \sin^2 t)\cos t\,dt$$

$$= \int_0^{\pi/2} \cos t\,dt = \left[\sin t\right]_0^{\pi/2} = 1$$

於是， $\int_C 2xy\,dx+(x^2+y^2)\,dy = \int_C 2xy\,dx + \int_C (x^2+y^2)\,dy$

$$= -\dfrac{2}{3}+1 = \dfrac{1}{3}。$$

若曲線 C 是沿著某方向，則沿著反方向的同樣曲線通常記為符號 $-C$。於是，

$$\int_{-C} f(x,\ y)\,dx = -\int_C f(x,\ y)\,dx$$

$$\int_{-C} f(x,\ y)\,dy = -\int_C f(x,\ y)\,dy$$

$$\int_{-C} P(x,\ y)\,dx + Q(x,\ y)\,dy = -\int_C P(x,\ y)\,dx + Q(x,\ y)\,dy。$$

在線積分的定義裡，我們需要曲線 C 為平滑。然而，該定義可推廣到端點連著端點的有限多條平滑曲線 C_1, C_2, $\cdots$, C_n 所形成的曲線，這種曲線稱為**分段平滑** (piecewise smooth) (圖 9-14)。我們定義沿著分段平滑曲線 C 的線積分為在各分段的積分的和：

$$\int_C = \int_{C_1} + \int_{C_2} + \cdots + \int_{C_n} \text{。}$$

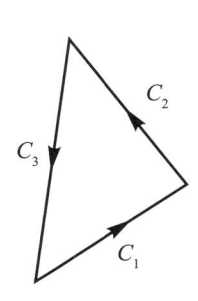

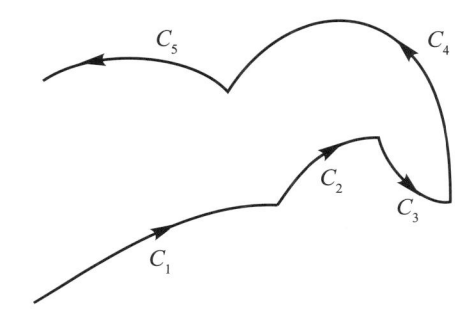

圖 9-14

例題 3

計算 $\int_C x^2 y\, dx + x\, dy$，其中路徑 C 為自原點向右沿著水平線段至點 $(1, 0)$，再向上沿著垂直線段至點 $(1, 2)$，然後沿著直線段回到原點。

解 路徑 C 如圖 9-15 所示。

C_1：$x = t$, $y = 0$, $0 \leq t \leq 1$

C_2：$x = 1$, $y = t$, $0 \leq t \leq 2$

C_3：$x = 1-t$, $y = 2-2t$, $0 \leq t \leq 1$

$$\int_{C_1} x^2 y\, dx + x\, dy = 0$$

$$\int_{C_2} x^2 y\, dx + x\, dy = \int_0^2 dt = 2$$

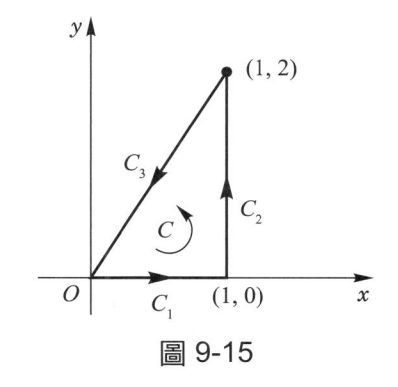

圖 9-15

$$\int_{C_3} x^2y\,dx + x\,dy = \int_0^1 (1-t)^2(2-2t)(-dt) + \int_0^1 (1-t)(-2dt)$$

$$= 2\int_0^1 (t-1)^3\,dt + 2\int_0^1 (t-1)\,dt$$

$$= \left[\frac{1}{2}(t-1)^4\right]_0^1 + \left[(t-1)^2\right]_0^1 = -\frac{1}{2} - 1 = -\frac{3}{2}$$

所以， $\int_C x^2y\,dx + x\,dy = 2 - \frac{3}{2} = \frac{1}{2}$ 。

例題 4

求 $\int_C [xy\,dx + y(x-y)\,dy]$ 的值，其中 C 為自原點經 $P(0, 3)$ 至 $Q(3, 3)$ 的折線。

解 C 可分為兩段 C_1 及 C_2 如圖 9-16 所示。

$$\int_C [xy\,dx + y(x-y)\,dy] = \int_{C_1}[xy\,dx+y(x-y)\,dy] + \int_{C_2}[xy\,dx+y(x-y)\,dy]$$

在 C_1 上，$x = 0$，故 $dx = 0$，而 y 的值自 0 增至 3，

$$\int_{C_1}[xy\,dx + y(x-y)\,dy] = \int_0^3 (-y^2)\,dy = -9$$

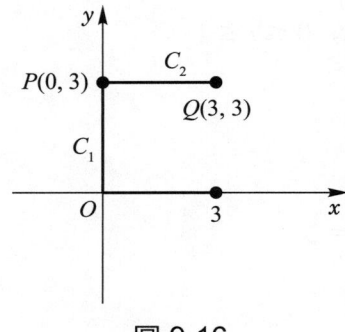

圖 9-16

在 C_2 上，$y=3$，故 $dy=0$，而 x 的值自 0 增至 3，

$$\int_{C_2} [xy\, dx + y(x-y)\, dy] = \int_0^3 3x\, dx = \frac{27}{2}$$

故原積分式 $= -9 + \dfrac{27}{2} = \dfrac{9}{2}$。

線積分的觀念可推廣到三維空間。假設三維空間中的平滑曲線 C 的參數方程式為

$$\begin{aligned} x &= x(t) \\ y &= y(t), \quad a \leq t \leq b \\ z &= z(t) \end{aligned}$$

若函數 $f(x, y, z)$ 在包含 C 的區域為連續，則我們定義 **f 沿著 C（對弧長）的線積分** 為

$$\int_C f(x, y, z)\, ds = \lim_{\|P\| \to 0} \sum_{i=1}^n f(x_i^*, y_i^*, z_i^*) \Delta s_i$$

我們可用下列公式計算線積分：

$$\int_C f(x, y, z)\, ds = \int_a^b f(x(t), y(t), z(t)) \sqrt{[x'(t)]^2 + [y'(t)]^2 + [z'(t)]^2}\, dt \tag{9-22}$$

$$\int_C f(x, y, z)\, dx = \int_a^b f(x(t), y(t), z(t))\, x'(t)\, dt \tag{9-23}$$

$$\int_C f(x, y, z)\, dy = \int_a^b f(x(t), y(t), z(t))\, y'(t)\, dt \tag{9-24}$$

$$\int_C f(x, y, z)\, dz = \int_a^b f(x(t), y(t), z(t))\, z'(t)\, dt \tag{9-25}$$

$$\int_C P(x, y, z)\, dx + Q(x, y, z)\, dy + R(x, y, z)\, dz$$

$$= \int_C P(x, y, z)\, dx + \int_C Q(x, y, z)\, dy + \int_C R(x, y, z)\, dz \text{。} \tag{9-26}$$

例題 5

計算 $\int_C (x+2y)\,dx+(x-y)\,dy$，其中曲線 C 為：

$$x=2\cos t,\quad y=4\sin t,\quad 0\le t\le \frac{\pi}{4}。$$

解
$$\int_C (x+2y)\,dx+(x-y)\,dy=\int_0^{\pi/4}(8\cos^2 t-16\sin^2 t-20\sin t\cos t)\,dt$$

$$=8\int_0^{\pi/4}\frac{1+\cos 2t}{2}\,dt-16\int_0^{\pi/4}\frac{1-\cos 2t}{2}\,dt-20\int_0^{\pi/4}\sin t\,d(\sin t)$$

$$=\left[4\left(t+\frac{1}{2}\sin 2t\right)\right]_0^{\pi/4}-\left[8\left(t-\frac{1}{2}\sin 2t\right)\right]_0^{\pi/4}-\left[10\sin^2 t\right]_0^{\pi/4}$$

$$=4\left(\frac{\pi}{4}+\frac{1}{2}\right)-8\left(\frac{\pi}{4}-\frac{1}{2}\right)-5$$

$$=\pi+2-2\pi+4-5=1-\pi。$$

例題 6

計算 $\int_C y\,dx+z\,dy+x\,dz$，其中 C 為自點 $(2, 0, 0)$ 至點 $(3, 4, 5)$ 的線段。

解 $\mathbf{R}=\langle x, y, z\rangle=\langle 2, 0, 0\rangle+t\langle 3-2, 4-0, 5-0\rangle$

$\qquad\quad=\langle 2+t, 4t, 5t\rangle,\ 0\le t\le 1$

C 的參數方程式為

$$\begin{aligned}x&=2+t\\ y&=4t,\qquad 0\le t\le 1\\ z&=5t\end{aligned}$$

於是，$\int_C y\,dx + z\,dy + x\,dz = \int_0^1 [4t\,dt + 20t\,dt + 5(2+t)\,dt]$

$$= \int_0^1 (29t + 10)\,dt = \left[\frac{29}{2}t^2 + 10t\right]_0^1 = \frac{49}{2}。$$

定義 9-9

設平滑曲線 C 的位置向量為 $\mathbf{R}(t) = x(t)\mathbf{i} + y(t)\mathbf{j} + z(t)\mathbf{k}$，若向量函數 $\mathbf{F}(x, y, z) = f_1(x, y, z)\mathbf{i} + f_2(x, y, z)\mathbf{j} + f_3(x, y, z)\mathbf{k}$ 在包含 C 的區域為連續，則 **F 沿著 C 的線積分**定義為

$$\int_C \mathbf{F} \cdot d\mathbf{R} = \int_C f_1(x, y, z)\,dx + f_2(x, y, z)\,dy + f_3(x, y, z)\,dz。$$

例題 7

求向量函數 $\mathbf{F} = (y+z)\mathbf{i} + (z+x)\mathbf{j} + (x+y)\mathbf{k}$ 沿著曲線 $C：\mathbf{R} = at\mathbf{i} + bt\mathbf{j} + ct\mathbf{k}$ $(0 \leq t \leq 1)$ 的線積分。

解 因 $x = at$，$y = bt$，$z = ct$，故

$$\int_C \mathbf{F} \cdot d\mathbf{R} = \int_C [(y+z)\,dx + (z+x)\,dy + (x+y)\,dz]$$

$$= \int_0^1 [a(b+c) + b(c+a) + c(a+b)]t\,dt$$

$$= ab + bc + ca。$$

例題 8

已知 $\mathbf{F} = y\mathbf{i} + z\mathbf{j} + x\mathbf{k}$，求沿著下列各路徑的線積分。

(1) $C：\mathbf{R} = t\mathbf{i} + t^2\mathbf{j} + t^3\mathbf{k}$ $(0 \leq t \leq 1)$。

(2) 依次連接 $(0, 0, 0)$、$(1, 0, 0)$、$(1, 0, 1)$ 及 $(1, 1, 1)$ 等四點所成的折線 C。

(3) 自點 $(0, 0, 0)$ 經直線至點 $(1, 1, 1)$ 的路徑。

解 (1) $\int_C \mathbf{F} \cdot d\mathbf{R} = \int_0^1 (t^2 + 2t^4 + 3t^3)\, dt = \dfrac{1}{3} + \dfrac{2}{5} + \dfrac{3}{4} = \dfrac{89}{60}$。

(2) 如圖 9-17 所示，C_1、C_2、C_3 各表折線 C 的三線段。

$C_1 : \mathbf{R} = t\mathbf{i}$ $\quad (0 \le t \le 1)$

$C_2 : \mathbf{R} = \mathbf{i} + t\mathbf{k}$ $\quad (0 \le t \le 1)$

$C_3 : \mathbf{R} = \mathbf{i} + t\mathbf{j} + \mathbf{k}$ $\quad (0 \le t \le 1)$

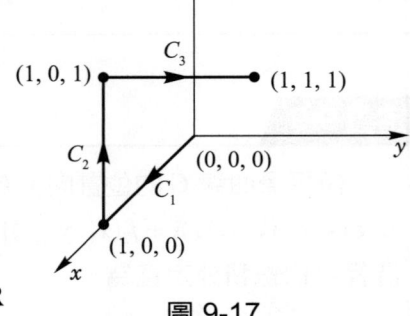

故 $\int_C \mathbf{F} \cdot d\mathbf{R}$

$= \int_{C_1} \mathbf{F} \cdot d\mathbf{R} + \int_{C_2} \mathbf{F} \cdot d\mathbf{R} + \int_{C_3} \mathbf{F} \cdot d\mathbf{R}$

$= \int_0^1 0\, dt + \int_0^1 dt + \int_0^1 dt$

$= 1 + 1 = 2$。

圖 9-17

(3) 自點 $(0, 0, 0)$ 經直線至點 $(1, 1, 1)$ 的路徑為 $C : \mathbf{R} = t\mathbf{i} + t\mathbf{j} + t\mathbf{k}$ $(0 \le t \le 1)$。

$$\int_C \mathbf{F} \cdot d\mathbf{R} = \int_0^1 (t + t + t)\, dt = \dfrac{3}{2}。$$

例題 9

以力 $\mathbf{F}$ 將一物體沿著曲線 C 移動，所作的功為

$$W = \int_C \mathbf{F} \cdot d\mathbf{R}$$

若某物體在力 $\mathbf{F}(x, y) = x^3 y\mathbf{i} + (x - y)\mathbf{j}$ 的限制下，由點 $(-2, 4)$ 沿著拋物線 $y = x^2$ 移到點 $(1, 1)$，求所作的功。

解 路徑 $C : \mathbf{R}(t) = t\mathbf{i} + t^2\mathbf{j}$ $(-2 \le t \le 1)$

因 $x = t$，$y = t^2$，故所作的功為

$$\int_C \mathbf{F} \cdot d\mathbf{R} = \int_C [x^3 y\, dx + (x-y)\, dy] = \int_{-2}^{1} (t^5 + 2t^2 - 2t^3)\, dt$$

$$= \left[\frac{1}{6} t^6 + \frac{2}{3} t^3 - \frac{1}{2} t^4 \right]_{-2}^{1} = 3 \text{。}$$

線積分的值除了得到純量外，亦可得到向量，如 $\int_C f\, d\mathbf{R}$ 與 $\int_C \mathbf{F}\, dl$，其中 $\int_C f\, d\mathbf{R}$ 的意義為

$$\int_C f\, d\mathbf{R} = \int_C f(dx\mathbf{i} + dy\mathbf{j} + dz\mathbf{k}) = \left(\int_C f\, dx\right)\mathbf{i} + \left(\int_C f\, dy\right)\mathbf{j} + \left(\int_C f\, dz\right)\mathbf{k}$$

而 $\int_C \mathbf{F}\, dl$ 的意義為

$$\int_C \mathbf{F}\, dl = \int_C (f_1\mathbf{i} + f_2\mathbf{j} + f_3\mathbf{k})\, dl$$

$$= \left(\int_C f_1\, dl\right)\mathbf{i} + \left(\int_C f_2\, dl\right)\mathbf{j} + \left(\int_C f_3\, dl\right)\mathbf{k} \text{。}$$

習題 9-5

1. 令曲線 C 的參數方程式為：$x = t$, $y = t^2$, $0 \leq t \leq 1$，計算

    (1) $\int_C (2x + y)\, dx$ (2) $\int_C (2x + y)\, dx + (x^2 - y)\, dy$ (3) $\int_C (x^2 - y)\, dy$

2. 計算 $\int_C x \cos z\, ds$，其中 C 的參數方程式為：$x = \cos t$, $y = \sin t$, $z = t$, $0 \leq t \leq 2\pi$。

3. 計算 $\int_C y\, dx - x^2\, dy$，其中曲線 C 為：$x = t$, $y = \frac{1}{2} t^2$, $0 \leq t \leq 2$。

4. 已知 $\mathbf{F}(x, y) = x^2\mathbf{i} + xy\mathbf{j}$ 且 C 為半圓 $\mathbf{R}(t) = 2\cos t\mathbf{i} + 2\sin t\mathbf{j}$ ($0 \leq t \leq \pi$)，計算 $\int_C \mathbf{F} \cdot d\mathbf{R}$。

5. 試沿著下列路徑，計算 $\int_C [(x^2-y)\,dx+(x+y^2)\,dy]$。
   (1) 自點 (0, 1) 經直線至點 (1, 2)。
   (2) 先自點 (0, 1) 經直線至點 (1, 1)，然後經直線至點 (1, 2)。
   (3) $C: x=t,\ y=t^2+1\ (0 \le t \le 1)$。

6. 計算 $\int_C yz\,dx - xz\,dy + xy\,dz$，其中曲線 C 為：$x=e^t,\ y=e^{3t},\ z=e^{-t}$, $0 \le t \le 1$。

7. 若質點在力 $\mathbf{F}(x,\ y)=xy\mathbf{i}+x^2\mathbf{j}$ 的作用下，由點 (0, 0) 沿著曲線 $x=y^2$ 移到點 (1, 1)，求所作的功。

8. 已知 $\mathbf{F}=3xy\mathbf{i}-y^2\mathbf{j}$，計算 $\int_C \mathbf{F}\cdot d\mathbf{R}$，其中 $C: y=2x^2$ 為平面上自點 (0, 0) 至點 (1, 2) 的曲線。

9. 已知 $\mathbf{F}=(3x^2+6y)\mathbf{i}-14yz\mathbf{j}+20xz^2\mathbf{k}$，求沿著下列路徑的線積分。
   (1) $C: \mathbf{R}=t\mathbf{i}+t^2\mathbf{j}+t^3\mathbf{k}\ (0 \le t \le 1)$。
   (2) 依次連接 (0, 0, 0)、(1, 0, 0)、(1, 1, 0) 及 (1, 1, 1) 等四點所成的折線。
   (3) 自點 (0, 0, 0) 經直線至點 (1, 1, 1)。

10. 已知力 $\mathbf{F}=(2x-y+z)\mathbf{i}+(x+y-z^2)\mathbf{j}+(3x-2y+4z)\mathbf{k}$，在 xy-平面上，C 為以原點作圓心而半徑為 3 的圓，求此力沿著 C 移動一物體繞一圈所作的功。

9-6 與路徑無關的線積分

一般，線積分 $\int_C \mathbf{F}\cdot d\mathbf{R}$ 的值與曲線 C 有關。然而，我們將在本節中說明，當被積分函數滿足適當條件時，線積分的值僅與曲線 C 的兩端點位置有關，而與連接該兩端點的曲線形狀無關。在這種情形當中，線積分的計算大幅簡化。

首先，我們在此舉出一個例子。

例題 1

已知 $\mathbf{F}(x,\ y)=y\mathbf{i}+x\mathbf{j}$，試沿著下列曲線計算積分。

(1) 直線 $y=x$ 自點 (0, 0) 至點 (1, 1) 的部分。
(2) 拋物線 $y=x^2$ 自點 (0, 0) 至點 (1, 1) 的部分。

(3) 立方曲線 $y = x^3$ 自點 (0, 0) 至點 (1, 1) 的部分。

解 (1) 以 $x = t$ 作為參數，則曲線 C 為 $\mathbf{R}(t) = t\mathbf{i} + t\mathbf{j}$ ($0 \leq t \leq 1$)。

因 $\mathbf{F}(x, y) = y\mathbf{i} + x\mathbf{j}$，故 $\mathbf{F}(x(t), y(t)) = t\mathbf{i} + t\mathbf{j}$。於是，

$$\int_C \mathbf{F} \cdot d\mathbf{R} = \int_0^1 (t\mathbf{i} + t\mathbf{j}) \cdot (\mathbf{i} + \mathbf{j}) \, dt = \int_0^1 2t \, dt = 1 \text{。}$$

(2) 以 $x = t$ 作為參數，則曲線 C 為 $\mathbf{R}(t) = t\mathbf{i} + t^2\mathbf{j}$ ($0 \leq t \leq 1$)，而 $\mathbf{F}(x(t), y(t)) = t^2\mathbf{i} + t\mathbf{j}$。於是，

$$\int_C \mathbf{F} \cdot d\mathbf{R} = \int_0^1 (t^2\mathbf{i} + t\mathbf{j}) \cdot (\mathbf{i} + 2t\mathbf{j}) \, dt = \int_0^1 3t^2 \, dt = 1 \text{。}$$

(3) 以 $x = t$ 作為參數，則曲線 C 為 $\mathbf{R}(t) = t\mathbf{i} + t^3\mathbf{j}$ ($0 \leq t \leq 1$)，而 $\mathbf{F}(x(t), y(t)) = t^3\mathbf{i} + t\mathbf{j}$。於是，

$$\int_C \mathbf{F} \cdot d\mathbf{R} = \int_0^1 (t^3\mathbf{i} + t\mathbf{j}) \cdot (\mathbf{i} + 3t^2\mathbf{j}) \, dt = \int_0^1 4t^3 \, dt = 1 \text{。}$$

在本例中，我們對線積分得到相同的值，即使我們沿著連接點 (0, 0) 到點 (1, 1) 的三條不同路徑；其實，這並非偶然。下面定理告訴我們就是這種情形，因為 $\mathbf{F}(x, y) = y\mathbf{i} + x\mathbf{j}$ 為某函數 ϕ 的梯度 [明確地說，$\mathbf{F}(x, y) = \nabla \phi(x, y)$，此處 $\phi(x, y) = xy$]。

定理 9-1 線積分基本定理

令 $\mathbf{F}(x, y) = P(x, y)\mathbf{i} + Q(x, y)\mathbf{j}$，$P$ 與 Q 在包含兩點 (x_0, y_0) 與 (x_1, y_1) 的某區域皆為連續。若 $\mathbf{F}(x, y) = \nabla \phi(x, y)$ 對該區域中每一點皆成立，則對於始點在 (x_0, y_0) 且終點在 (x_1, y_1) 而完全位於該區域內的任意分段平滑曲線 C 而言，

$$\int_C \mathbf{F}(x, y) \cdot d\mathbf{R} = \phi(x_1, y_1) - \phi(x_0, y_0) \text{。}$$

證 我們僅對平滑曲線 C 給予證明。

若 C 的參數方程式為：$x = x(t)$，$y = y(t)$ ($a \leq t \leq b$)，則曲線 C 的始點與終點分別為

$$(x_0, y_0) = (x(a), y(a))$$
$$(x_1, y_1) = (x(b), y(b))$$

因 $\mathbf{F}(x, y) = \nabla \phi(x, y)$，可知

$$\mathbf{F}(x, y) = \frac{\partial \phi}{\partial x} \mathbf{i} + \frac{\partial \phi}{\partial y} \mathbf{j}$$

故 $\int_C \mathbf{F}(x, y) \cdot d\mathbf{R} = \int_C \frac{\partial \phi}{\partial x} dx + \frac{\partial \phi}{\partial y} dy = \int_a^b \left(\frac{\partial \phi}{\partial x} \frac{dx}{dt} + \frac{\partial \phi}{\partial y} \frac{dy}{dt} \right) dt$

$$= \int_a^b \frac{d}{dt} [\phi(x(t), y(t))] dt = \Big[\phi(x(t), y(t)) \Big]_a^b$$

$$= \phi(x(b), y(b)) - \phi(x(a), y(a)) = \phi(x_1, y_1) - \phi(x_0, y_0) 。$$

因定理 9-1 中的式子的等號右邊僅含 ϕ 在兩端點 (x_0, y_0) 與 (x_1, y_1) 的值，故左邊的積分對於連接這兩點的每一條分段平滑曲線 C 有相同的值，我們稱該積分與路徑 C 無關。若向量函數 $\mathbf{F} = \nabla \phi$，則稱 $\mathbf{F}$ 為保守，ϕ 為 $\mathbf{F}$ 的**位勢函數** (potential function)，而 $\mathbf{F}$ 所產生的向量場稱為**保守場** (conservative field)。定理 9-1 告訴我們，若 $\mathbf{F}$ 在某區域為保守，C 為在該區域中的路徑，則線積分 $\int_C \mathbf{F} \cdot d\mathbf{R}$ 與路徑無關，且積分值可由位勢函數在該路徑兩端點的值決定。

例題 2

函數 $\mathbf{F}(x, y) = y\mathbf{i} + x\mathbf{j}$ 為 $\phi(x, y) = xy$ 的梯度，於是，沿著自點 $(0, 0)$ 至點 $(1, 1)$ 的任意分段平滑曲線 C，

$$\int_C \mathbf{F} \cdot d\mathbf{R} = \phi(1, 1) - \phi(0, 0) = 1 - 0 = 1$$

此結果與例題 1 所得結果一致。

定理 9-2

令 $\mathbf{F}(x, y) = P(x, y)\mathbf{i} + Q(x, y)\mathbf{j}$，其中 P 與 Q 在某開區域皆有連續的一階偏導函數。若 $\mathbf{F}(x, y) = \nabla \phi(x, y)$，則

$$\frac{\partial P}{\partial y} = \frac{\partial Q}{\partial x}$$

在該區域中每一點皆成立。

證 因 $\mathbf{F}(x, y) = \nabla\phi(x, y)$，可知

$$P(x, y) = \frac{\partial \phi}{\partial x}, \quad Q(x, y) = \frac{\partial \phi}{\partial y}$$

故

$$\frac{\partial P}{\partial y} = \frac{\partial^2 \phi}{\partial y \partial x}, \quad \frac{\partial Q}{\partial x} = \frac{\partial^2 \phi}{\partial x \partial y}$$

又 $\dfrac{\partial P}{\partial y}$ 與 $\dfrac{\partial Q}{\partial x}$ 皆為連續，可得 $\dfrac{\partial^2 \phi}{\partial y \partial x} = \dfrac{\partial^2 \phi}{\partial x \partial y}$，

所以，$\dfrac{\partial P}{\partial y} = \dfrac{\partial Q}{\partial x}$。

定理 9-2 的逆敘述未必成立；若欲成立，則必須有夠強的條件。若區域 R 中每一條封閉曲線可始終不離開 R，而連續地縮至 R 中之任一點，則區域 R 稱為**單連通** (simply connected)；否則，稱為**多連通** (multiply connected)。直觀上，單連通區域沒有任何「洞」，而多連通區域有「洞」。

例如，在平面上，圓、矩形等的內部均為單連通區域，而圓環則為多連通區域。在三維空間中，球或立方體的內部，兩同心球間的部分等皆為單連通；但一環面的內部及移去一直徑的球內部等則為多連通。

定理 9-3

令 $\mathbf{F}(x, y) = P(x, y)\mathbf{i} + Q(x, y)\mathbf{j}$，其中 P 與 Q 在某單連通開區域皆有連續的一階偏導函數。若對該區域中每一點，

$$\frac{\partial P}{\partial y} = \frac{\partial Q}{\partial x}$$

則存在一函數 $\phi(x, y)$ 使得 $\mathbf{F}(x, y) = \nabla\phi(x, y)$。

例題 3

某質點在力 $\mathbf{F}(x, y) = e^y\mathbf{i} + xe^y\mathbf{j}$ 的作用下，沿著半圓 $C：\mathbf{R}(t) = \cos t\mathbf{i} + \sin t\mathbf{j}$ ($0 \le t \le \pi$) 移動，求所作的功。

解 因 $P(x, y) = e^y$ 且 $Q(x, y) = xe^y$，可得

$$\frac{\partial P}{\partial y} = e^y = \frac{\partial Q}{\partial x}$$

故 $\mathbf{F}(x, y) = \nabla \phi(x, y)$。

由 $\dfrac{\partial \phi}{\partial x} = e^y$ 可得

$$\phi(x, y) = xe^y + h(y)$$

於是，$\dfrac{\partial \phi}{\partial y} = xe^y + h'(y)$

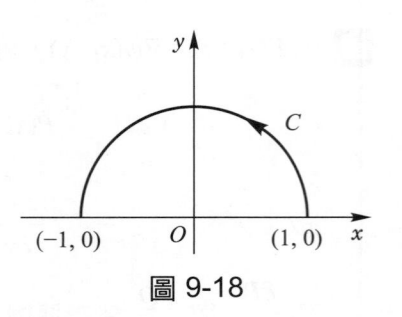

由 $xe^y + h'(y) = xe^y$ 可得 $h'(y) = 0$，故 $h(y) = k$。

因此， $\phi(x, y) = xe^y + k$

依定理 9-1 可得所作的功為

$$W = \int_C \mathbf{F} \cdot d\mathbf{R} = \phi(-1, 0) - \phi(1, 0)$$
$$= -1 - 1 = -2。$$

圖 9-18

若曲線 C 是由始點 (x_0, y_0) 前進到終點 (x_1, y_1)，而線積分 $\int_C \mathbf{F} \cdot d\mathbf{R}$ 與連接這兩點的路徑無關，則寫成

$$\int_C \mathbf{F} \cdot d\mathbf{R} = \int_{(x_0, y_0)}^{(x_1, y_1)} \mathbf{F} \cdot d\mathbf{R}$$

或 $\int_C P(x, y)\,dx + Q(x, y)\,dy = \int_{(x_0, y_0)}^{(x_1, y_1)} P(x, y)\,dx + Q(x, y)\,dy$。

定理 9-4

設 $\mathbf{F}$ 在區域 R 為連續，則線積分 $\int_C \mathbf{F} \cdot d\mathbf{R}$ 與 R 中路徑無關的充要條件為：當 C 為 R 中的任一封閉曲線時，$\oint_C \mathbf{F} \cdot d\mathbf{R} = 0$。

證 沿著封閉曲線 C 的線積分常寫成 $\oint_C$，稱為**環積分**，其中的小圓圈表示 C 為封閉曲線。

(1) 設 $\int_C \mathbf{F} \cdot d\mathbf{R}$ 與 R 中路徑無關，又設 C 為 R 中的任一封閉曲線，而在 C 上取兩個不同的點，如圖 9-19 中的 P 與 Q，將 C 分為兩弧段 C_1 及 C_2，則

$$\int_{C_1} \mathbf{F} \cdot d\mathbf{R} = \int_{C_2^*} \mathbf{F} \cdot d\mathbf{R} = -\int_{C_2} \mathbf{F} \cdot d\mathbf{R} \qquad ①$$

其中 C_2^* 表示沿著 C_2 的逆向路徑。

因此，① 式變成

$$\int_{C_1} \mathbf{F} \cdot d\mathbf{R} + \int_{C_2} \mathbf{F} \cdot d\mathbf{R} = \oint_C \mathbf{F} \cdot d\mathbf{R} = 0 \qquad ②$$

(2) 設 $\oint_C \mathbf{F} \cdot d\mathbf{R} = 0$，則有 ② 式，其次有 ① 式，故線積分與路徑無關。

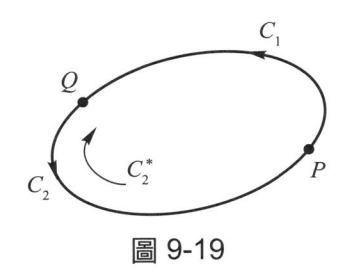

圖 9-19

定理 9-5

令 $\mathbf{F} = f_1 \mathbf{i} + f_2 \mathbf{j} + f_3 \mathbf{k}$，且 f_1、f_2、f_3 與其一階偏導函數在包含曲線 C 的區域 R 皆為連續。若線積分 $\int_C \mathbf{F} \cdot d\mathbf{R}$ 與 R 中路徑無關，則 curl $\mathbf{F} = 0$ [此時 $\mathbf{F}$ 稱為**無旋度** (irrotational)]。反之，若 curl $\mathbf{F} = 0$，且 R 為單連通，則 $\int_C \mathbf{F} \cdot d\mathbf{R}$ 與 R 中路徑無關。

例題 4

(1) 已知力 $\mathbf{F} = (2xy + z^3)\mathbf{i} + x^2\mathbf{j} + 3xz^2\mathbf{k}$，試證 $\mathbf{F}$ 為一保守力場。
(2) 求一純量函數 ϕ 使得 $\mathbf{F} = \nabla\phi$。

(3) 移動一物體自點 $(1, -2, 1)$ 至點 $(3, 1, 4)$ 所作的功。

解 (1)

$$\nabla \times \mathbf{F} = \begin{vmatrix} \mathbf{i} & \mathbf{j} & \mathbf{k} \\ \dfrac{\partial}{\partial x} & \dfrac{\partial}{\partial y} & \dfrac{\partial}{\partial z} \\ 2xy+z^3 & x^2 & 3xz^2 \end{vmatrix} = \mathbf{0}$$

可知 $\mathbf{F}$ 的線積分與路徑無關，故 $\mathbf{F}$ 為一保守力場。

(2) **方法 1**：

由 $\dfrac{\partial \phi}{\partial x}\mathbf{i} + \dfrac{\partial \phi}{\partial y}\mathbf{j} + \dfrac{\partial \phi}{\partial z}\mathbf{k} = (2xy+z^3)\mathbf{i} + x^2\mathbf{j} + 3xz^2\mathbf{k}$，可得

$$\dfrac{\partial \phi}{\partial x} = 2xy + z^3 \quad ①$$

$$\dfrac{\partial \phi}{\partial y} = x^2 \quad ②$$

$$\dfrac{\partial \phi}{\partial z} = 3xz^2 \quad ③$$

將 ① 式對 x 積分，視 y、z 為常數，可得

$$\phi(x, y, z) = x^2 y + xz^3 + g(y, z) \quad ④$$

上式對 y 偏微分，因而

$$\dfrac{\partial \phi}{\partial y} = x^2 + \dfrac{\partial g}{\partial y} \quad ⑤$$

比較 ② 及 ⑤ 式，可知

$$\dfrac{\partial g}{\partial y} = 0$$

上式對 y 積分，視 z 為常數，可得

$$g(x, y) = h(z)$$

代入 ④ 式可得

$$\phi(x, y, z) = x^2 y + xz^3 + h(z) \quad ⑥$$

上式對 z 偏微分，因而

$$\frac{\partial \phi}{\partial z} = 3xz^2 + h'(z) \qquad ⑦$$

比較 ③ 及 ⑦ 式，可知

$$h'(z) = 0，即，h(z) = c \quad (c \text{ 為常數})$$

代入 ⑥ 式，故

$$\phi(x, y, z) = x^2 y + xz^3 + c。$$

方法 2：

因
$$\mathbf{F} \cdot d\mathbf{R} = \nabla \phi \cdot d\mathbf{R} = \frac{\partial \phi}{\partial x} dx + \frac{\partial \phi}{\partial y} dy + \frac{\partial \phi}{\partial z} dz = d\phi$$

可知
$$d\phi = (2xy + z^3) dx + x^2 dy + 3xz^2 dz$$
$$= (2xy \, dx + x^2 \, dy) + (z^3 \, dx + 3xz^2 \, dz)$$
$$= d(x^2 y) + d(xz^3) = d(x^2 y + xz^3)$$

故 $\phi(x, y, z) = x^2 y + xz^3 + c$（$c$ 為常數）。

(3) **方法 1：**

$$功 = \int_C \mathbf{F} \cdot d\mathbf{R} = \int_{(1, -2, 1)}^{(3, 1, 4)} (2xy + z^3) dx + x^2 dy + 3xz^2 dz$$

$$= \int_{(1, -2, 1)}^{(3, 1, 4)} d(x^2 y + xz^3) = \left[x^2 y + xz^3 \right]_{(1, -2, 1)}^{(3, 1, 4)} = 202。$$

方法 2：

由 (2)，$\phi(x, y, z) = x^2 y + xz^3 + c$。因此，可得

$$功 = \phi(3, 1, 4) - \phi(1, -2, 1) = 202。$$

例題 5

已知 $\mathbf{F} = \dfrac{-y}{x^2 + y^2} \mathbf{i} + \dfrac{x}{x^2 + y^2} \mathbf{j}$，(1) 計算 $\nabla \times \mathbf{F}$，(2) 求 $\oint_C \mathbf{F} \cdot d\mathbf{R}$，其中 C 為任一封閉曲線。

解 (1)

$$\nabla \times \mathbf{F} = \begin{vmatrix} \mathbf{i} & \mathbf{j} & \mathbf{k} \\ \dfrac{\partial}{\partial x} & \dfrac{\partial}{\partial y} & \dfrac{\partial}{\partial z} \\ \dfrac{-y}{x^2+y^2} & \dfrac{x}{x^2+y^2} & 0 \end{vmatrix} = \mathbf{0}$$

[在原點 (0，0) 除外的任何區域中。]

(2) $\oint_C \mathbf{F} \cdot d\mathbf{R} = \oint_C \dfrac{-y\,dx + x\,dy}{x^2+y^2}$

令 $x = r\cos\theta,\ y = r\sin\theta$，則

$$dx = -r\sin\theta\,d\theta + \cos\theta\,dr,$$
$$dy = r\cos\theta\,d\theta + \sin\theta\,dr$$

且 $\dfrac{-y\,dx + x\,dy}{x^2+y^2} = d\theta = d\left(\tan^{-1}\dfrac{y}{x}\right)$

在圖 9-20(a) 中，封閉曲線 C 圍繞原點，在 P 點時，$\theta = 0$；當由 P 點繞一圈又回到 P 點時，$\theta = 2\pi$。因此，

$$\oint_C \mathbf{F} \cdot d\mathbf{R} = \int_0^{2\pi} d\theta = 2\pi$$

在圖 9-20(b) 中，封閉曲線 C 不圍繞原點，在 P 點時，$\theta = \theta_0$；當由 P 點繞一圈又回到 P 點時，$\theta = \theta_0$。因此，

$$\oint_C \mathbf{F} \cdot d\mathbf{R} = \int_{\theta_0}^{\theta_0} d\theta = 0 \text{。}$$

(a)　　　　　　(b)

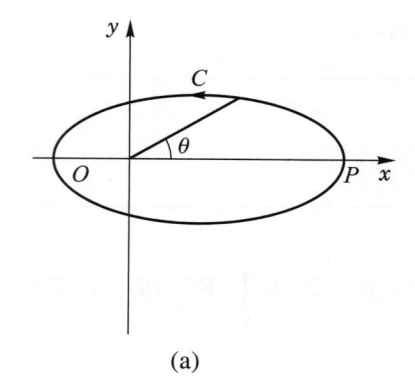

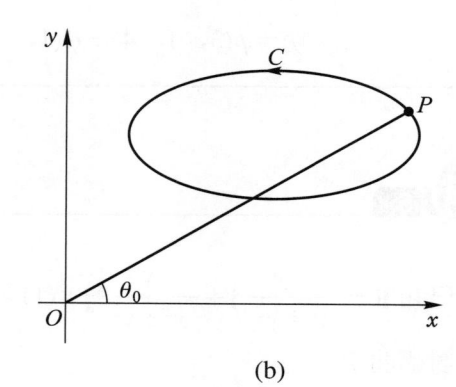

圖 9-20

在任何不包含原點的單連通區域中，$\mathbf{F}$ 的線積分與路徑無關。若區域包含原點，則無法滿足定理 9-4 的條件 (因 f_1 與 f_2 在原點皆不連續)，因此，不能保證線積分與路徑無關。

習題 9-6

在 1～5 題中，證明線積分與路徑無關。

1. $\int_{(-1,\,2)}^{(2,\,3)} y^2\,dx + 2xy\,dy$

2. $\int_{(1,\,4)}^{(3,\,1)} 2xy^3\,dx + (2+3x^2y^2)\,dy$

3. $\int_{(0,\,0)}^{(3,\,2)} 2xe^y\,dx + x^2e^y\,dy$

4. $\int_{(1,\,2)}^{(4,\,0)} 3y\,dx + (3x+y)\,dy$

5. $\int_{(-1,\,2)}^{(0,\,1)} (3x-y+2)\,dx - (x+4y+3)\,dy$

6. 已知 $\mathbf{F}(x,\,y)=(e^y+ye^x)\mathbf{i}+(xe^y+e^x)\mathbf{j}$。若質點

    (1) 由 $(2,\,0)$ 沿著 x-軸移到 $(-2,\,0)$。

    (2) 由 $(2,\,0)$ 沿著圓 $x^2+y^2=4$ 的上半部移到 $(-2,\,0)$。

    (3) 由 $(a,\,0)$ 沿著橢圓 $\dfrac{x^2}{4}+\dfrac{y^2}{9}=1$ 的上半部移到 $(-a,\,0)$。

    (4) 繞圓 $x^2+y^2=4$ 一圈。

    求力 $\mathbf{F}$ 作用於質點所作的功。

7. 求力 $\mathbf{F}(x,\,y)=ye^{xy}\mathbf{i}+xe^{xy}\mathbf{j}$ 作用於由 $P(-1,\,1)$ 移到 $Q(2,\,0)$ 的質點所作的功。

8. (1) 已知力 $\mathbf{F}=(y^2\cos x+z^3)\mathbf{i}+(2y\sin x-4)\mathbf{j}+(3xz^2+2)\mathbf{k}$，試證 $\mathbf{F}$ 為一保守力場。

    (2) 求一純量函數 ϕ 使 $\mathbf{F}=\nabla\phi$。

    (3) 此力移動一物體自點 $(0,\,1,\,-1)$ 至點 $(\pi/2,\,-1,\,2)$ 所作的功多少？

9. 已知 $\mathbf{F}=f_1\mathbf{i}+f_2\mathbf{j}+f_3\mathbf{k}$ 定義在單連通區域，試證存在一純量函數 $\phi=\phi(x,\,y,\,z)$，使得 $d\phi=f_1\,dx+f_2\,dy+f_3\,dz$ 的充要條件為 $\nabla\times\mathbf{F}=\mathbf{0}$。

9-7 格林定理

在本節中，我們討論一個引人注目且重要的定理，它是用沿著某平面區域邊界的線積分表出在該區域的二重積分。

定理 9-6 │ 格林定理

令 R 為單連通平面區域，其邊界為依逆時鐘方向通過的簡單封閉分段平滑曲線 C [所謂**簡單封閉曲線** (simple closed curve) 即本身不打結的封閉曲線]。若 $P(x, y)$ 與 $Q(x, y)$ 在包含 R 的某開區域皆有連續的一階偏導函數，則

$$\int_C P(x, y)\,dx + Q(x, y)\,dy = \iint_R \left(\frac{\partial Q}{\partial x} - \frac{\partial P}{\partial y}\right) dA \text{。}$$

證 為了簡單起見，我們僅對第 I 型區域證明定理。證明的重點在於證明

$$\int_C P(x, y)\,dx = -\iint_R \frac{\partial P}{\partial y}\,dA \qquad ①$$

與

$$\int_C Q(x, y)\,dy = \iint_R \frac{\partial Q}{\partial x}\,dA \qquad ②$$

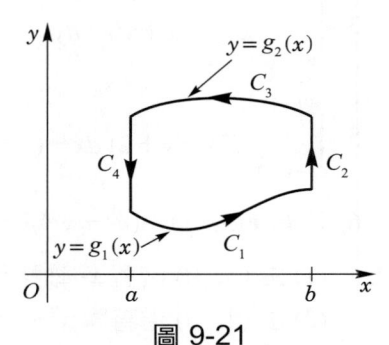

圖 9-21

欲證 ① 式，視 R 為第 I 型區域，如圖 9-21 所示，則

$$R = \{(x, y) \mid a \le x \le b,\ g_1(x) \le y \le g_2(x)\}$$

此處 g_1 與 g_2 皆為連續函數。

在 C_1 上，取 x 為參數，則 C_1 的參數方程式為：$x = x,\ y = g_1(x),\ a \le x \le b$，於是，

$$\int_{C_1} P(x, y)\,dx = \int_a^b P(x, g_1(x))\,dx$$

C_3 為由右到左，但 $-C_3$ 為由左到右，因而在 $-C_3$ 上，取 x 為參數，$-C_3$ 的參數方程式為：$x = x,\ y = g_2(x),\ a \le x \le b$。所以，

$$\int_{C_3} P(x, y)\,dx = -\int_{-C_3} P(x, y)\,dx = -\int_a^b P(x, g_2(x))\,dx$$

在 C_2 或 C_4 上 (任一曲線可能縮為一點)，x 為常數，故 $dx = 0$，而

$$\int_{C_2} P(x, y)\,dx = 0 = \int_{C_4} P(x, y)\,dx$$

因此，

$$\int_C P(x, y)\, dx$$
$$= \int_{C_1} P(x, y)\, dx + \int_{C_2} P(x, y)\, dx + \int_{C_3} P(x, y)\, dx + \int_{C_4} P(x, y)\, dx$$
$$= \int_a^b P(x, g_1(x))\, dx - \int_a^b P(x, g_2(x))\, dx = -\iint_R \frac{\partial P}{\partial y}\, dA$$

同理，視 R 為第 II 型區域，可得 ② 式的證明。

例題 1

計算 $\int_C x^2 y\, dx + x\, dy$，其中 C 為由原點到點 $(1, 0)$，再到點 $(1, 2)$，然後回到原點等三線段所組成。

解 因 $P(x, y) = x^2 y$ 且 $Q(x, y) = x$，故可得

$$\int_C x^2 y\, dx + x\, dy = \iint_R \left[\frac{\partial}{\partial x}(x) - \frac{\partial}{\partial y}(x^2 y) \right] dA$$
$$= \int_0^1 \int_0^{2x} (1 - x^2)\, dy\, dx$$
$$= \int_0^1 (2x - 2x^3)\, dx$$
$$= \left[x^2 - \frac{1}{2} x^4 \right]_0^1 = \frac{1}{2} \, 。$$

圖 9-22

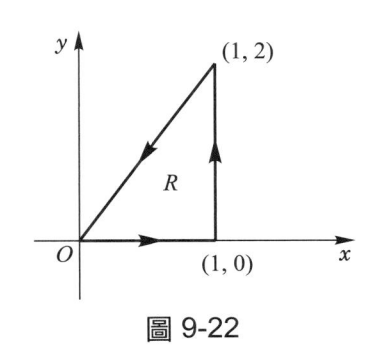

例題 2

設某質點在力 $\mathbf{F}(x, y) = (e^x - y^3)\mathbf{i} + (\sin y + x^3)\mathbf{j}$ 的作用下，依逆時鐘方向繞著單位圓一圈，求該力所作的功。

解 所作的功為

$$W = \int_C \mathbf{F} \cdot d\mathbf{R} = \int_C (e^x - y^3)\, dx + (\sin y + x^3)\, dy$$

$$= \iint_R \left[\frac{\partial}{\partial x}(\sin y + x^3) - \frac{\partial}{\partial y}(e^x - y^3) \right] dA$$

$$= \iint_R (3x^2 + 3y^2)\, dA = 3 \iint_R (x^2 + y^2)\, dA$$

$$= 3 \int_0^{2\pi} \int_0^1 r^3\, dr\, d\theta = \frac{3}{4} \int_0^{2\pi} d\theta = \frac{3\pi}{2} \text{。}$$

利用格林定理可產生新的面積公式。在定理 9-6 中，令 $P(x, y) = 0$，$Q(x, y) = x$，可得

$$\int_C x\, dy = \iint_R dA = R \text{ 的面積} \tag{9-27}$$

在定理 9-6 中，令 $P(x, y) = -y$，$Q(x, y) = 0$，可得

$$-\int_C y\, dx = \iint_R dA = R \text{ 的面積} \tag{9-28}$$

將 (9-27) 式與 (9-28) 式相加後除以 2，可得

$$R \text{ 的面積} = \frac{1}{2} \int_C x\, dy - y\, dx \text{。} \tag{9-29}$$

例題 3

求橢圓 $\dfrac{x^2}{a^2} + \dfrac{y^2}{b^2} = 1$ $(a > 0, b > 0)$ 所圍成區域的面積。

解 依逆時鐘方向的橢圓可用參數方程式表成

$$\begin{aligned} x &= a \cos t \\ y &= b \sin t \end{aligned}, \quad 0 \leq t \leq 2\pi$$

若將此曲線表成 C，則橢圓所圍成區域的面積為

$$A = \frac{1}{2}\int_C x\,dy - y\,dx$$
$$= \frac{1}{2}\int_0^{2\pi} (a\cos t)(b\cos t)\,dt - (b\sin t)(-a\sin t)\,dt$$
$$= \frac{ab}{2}\int_0^{2\pi} dt = \pi ab$$

此結果也可以由公式 (9-27) 或 (9-28) 獲得。

雖然我們僅對 R 同時為第 I 型與第 II 型區域的情形證明，但是可將證明推廣到 R 是有限個同時為第 I 型與第 II 型區域的聯集。例如，若 R 為圖 9-23 所示的區域，則 $R = R_1 \cup R_2$，其中 R_1 與 R_2 皆為同時是第 I 型與第 II 型區域。R_1 的邊界為 $C_1 \cup C_3$，而 R_2 的邊界為 $C_2 \cup (-C_3)$，分別對 R_1 與 R_2 利用格林定理，可得

$$\int_{C_1 \cup C_3} P\,dx + Q\,dy = \iint_{R_1} \left(\frac{\partial Q}{\partial x} - \frac{\partial P}{\partial y}\right) dA$$

$$\int_{C_2 \cup (-C_3)} P\,dx + Q\,dy = \iint_{R_2} \left(\frac{\partial Q}{\partial x} - \frac{\partial P}{\partial y}\right) dA$$

將這兩個式子相加可得

$$\int_{C_1 \cup C_2} P\,dx + Q\,dy = \iint_R \left(\frac{\partial Q}{\partial x} - \frac{\partial P}{\partial y}\right) dA$$

此處 $R = R_1 \cup R_2$，其邊界為 $C = C_1 \cup C_2$。

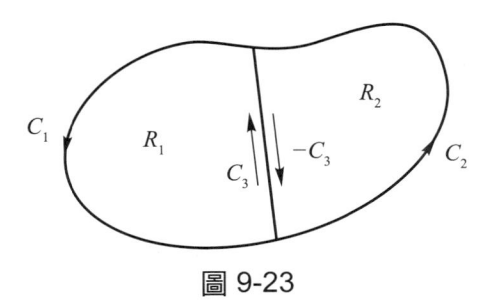

圖 9-23

習題 9-7

在 1～8 題中，利用格林定理計算線積分，其中假設曲線 C 是依逆時鐘方向。

1. $\int_C 3xy\,dx + 2xy\,dy$；C 為由 $x=-2$、$x=4$、$y=1$ 與 $y=2$ 所圍成的長方形。

2. $\int_C y^2\,dx + (x^2+y)\,dy$；C 為具有頂點 $(0, 0)$、$(1, 0)$、$(1, 1)$ 與 $(0, 1)$ 的正方形。

3. $\int_C x\cos y\,dx - y\sin x\,dy$；C 為具有頂點 $(0, 0)$、$\left(0, \dfrac{\pi}{2}\right)$、$\left(\dfrac{\pi}{2}, \dfrac{\pi}{2}\right)$ 與 $\left(\dfrac{\pi}{2}, 0\right)$ 的正方形。

4. $\int_C (x^2-y^2)\,dx + (x+y)\,dy$；C 為圓 $x^2+y^2=9$。

5. $\int_C (e^x+y^2)\,dx + (2e^y+x^2)\,dy$；C 為在 $y=x$ 與 $y=x^2$ 之間所圍成區域的邊界。

6. $\int_C y\tan^2 x\,dx + \tan x\,dy$；C 為圓 $(x-1)^2+(y+1)^2=1$。

7. $\int_C y\,dx - x\,dy$；C 為心臟線 $r=2(1+\cos\theta)$，$0\le\theta\le 2\pi$。

8. $\int_C \cos x\sin y\,dx + \sin x\cos y\,dy$；C 為具有頂點 $(0, 0)$、$(3, 3)$ 與 $(0, 3)$ 的三角形。

9. 利用：(1) 公式 (9-27)　　(2) 公式 (9-28)
　　求例題 3 中的橢圓區域面積。

9-8　面積分

在本節中，我們將討論面積分，它們是在三維空間中曲面的積分，這類積分出現在流體、熱流、電學、磁學、質量與重心等問題。

令 Ω 為具有有限曲面面積的曲面，定義為 $z=g(x, y)$，它在 xy- 平面上的投影是區域 R，且函數 $f(x, y, z)$ 為定義在 Ω 的連續函數。我們假設 g_x 與 g_y 在 R 皆為連續，此假設保證在 Ω 上的每一點皆有切平面。首先，將 Ω 分割成具有曲

面面積 ΔS_1, ΔS_2, $\cdots$, ΔS_n 的 n 個小曲面，然後作成和

$$\sum_{i=1}^{n} f(x_i^*, y_i^*, z_i^*) \Delta S_i$$

此處 (x_i^*, y_i^*, z_i^*) 為第 i 個小曲面上的任一點。函數 $f(x, y, z)$ 在 Ω 的面積分定義為

$$\iint_{\Omega} f(x, y, z) \, dS = \lim_{\max \Delta S_i \to 0} \sum_{i=1}^{n} f(x_i^*, y_i^*, z_i^*) \Delta S_i$$

而 $$S = 曲面 \ \Omega \ 的面積 = \iint_{\Omega} dS \text{。}$$

定理 9-7

(1) 令曲面 Ω 為 $z = g(x, y)$，它在 xy- 平面上的投影為 R。若 g_x 與 g_y 在 R 皆為連續，函數 $f(x, y, z)$ 在 Ω 為連續，則

$$\iint_{\Omega} f(x, y, z) \, dS$$
$$= \iint_{R} f(x, y, g(x, y)) \sqrt{1 + [g_x(x, y)]^2 + [g_y(x, y)]^2} \, dA \text{。} \quad (9\text{-}30)$$

(2) 令曲面 Ω 為 $y = g(x, z)$，它在 xz- 平面上的投影為 R。若 g_x 與 g_z 在 R 皆為連續，函數 $f(x, y, z)$ 在 Ω 為連續，則

$$\iint_{\Omega} f(x, y, z) \, dS$$
$$= \iint_{R} f(x, g(x, z), z) \sqrt{1 + [g_x(x, z)]^2 + [g_z(x, z)]^2} \, dA \text{。} \quad (9\text{-}31)$$

(3) 令曲面 Ω 為 $x = g(y, z)$，它在 yz- 平面上的投影為 R。若 g_y 與 g_z 在 R 皆為連續，函數 $f(x, y, z)$ 在 Ω 為連續，則

$$\iint_{\Omega} f(x, y, z) \, dS$$
$$= \iint_{R} f(g(y, z), y, z) \sqrt{1 + [g_y(y, z)]^2 + [g_z(y, z)]^2} \, dA \text{。} \quad (9\text{-}32)$$

例題 1

若 Ω 為平面 $x+y+z=2$ 位於第一卦限中的部分，求面積分 $\iint\limits_{\Omega} xz\, dS$。

解 因平面方程式可以寫成 $z=g(x, y)=2-x-y$，故 $g_x(x, y)=-1$，$g_y(x, y)=-1$。區域 R 為 xy-平面上的三角形區域，如圖 9-24(a) 所示。於是，

$$\iint\limits_{\Omega} xz\, dS = \iint\limits_{R} x(2-x-y)\sqrt{1+(-1)^2+(-1)^2}\, dA$$

$$= \sqrt{3}\int_0^2 \int_0^{2-x} (2x-x^2-xy)\, dy\, dx$$

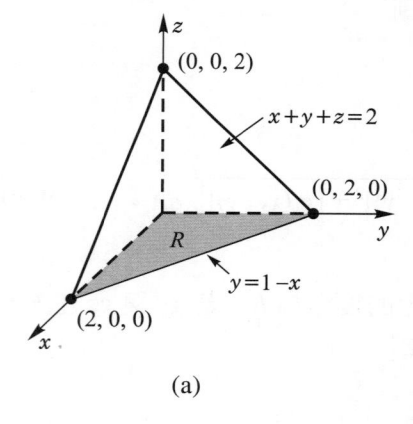

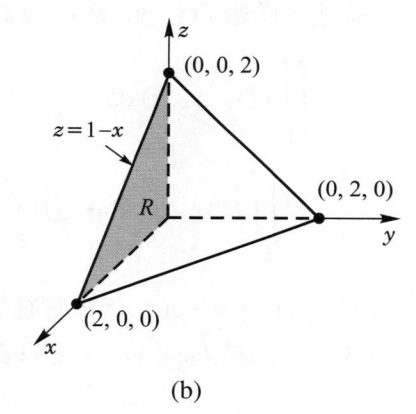

$$= \frac{2\sqrt{3}}{3}。$$

圖 9-24

另解：因平面方程式可以寫成 $y=g(x, z)=2-x-z$，故 $g_x(x, z)=-1$，$g_z(x, z)=-1$。區域 R 為 xz-平面上的三角形區域，如圖 9-24(b) 所示。於是，利用公式 (9-31)，可得

$$\iint\limits_{\Omega} xz\, dS = \iint\limits_{R} xz\sqrt{1+(-1)^2+(-1)^2}\, dA$$

$$= \sqrt{3}\int_0^2 \int_0^{2-x} xz\, dz\, dx$$

$$= \frac{2\sqrt{3}}{3}。$$

例題 2

若 Ω 為圓錐面 $z=\sqrt{x^2+y^2}$ 在兩平面 $z=1$ 與 $z=2$ 之間的部分，求面積分 $\iint_\Omega y^2z^2\,dS$。

解 令 $z=g(x,y)=\sqrt{x^2+y^2}$，則

$$g_x(x,y)=\frac{x}{\sqrt{x^2+y^2}},\quad g_y(x,y)=\frac{y}{\sqrt{x^2+y^2}},$$

故

$$\sqrt{1+[g_x(x,y)]^2+[g_y(x,y)]^2}=\sqrt{1+1}=\sqrt{2}$$

$$\iint_\Omega y^2z^2\,dS=\sqrt{2}\iint_R y^2(x^2+y^2)\,dA$$

此處 $R=\{(x,y)\mid 1\leq x^2+y^2\leq 4\}$。利用極坐標計算上式右邊的二重積分，可得

$$\begin{aligned}\iint_\Omega y^2z^2\,dS &=\sqrt{2}\int_0^{2\pi}\int_1^2 (r\sin\theta)^2(r^2)\,r\,dr\,d\theta\\ &=\sqrt{2}\int_0^{2\pi}\int_1^2 r^5\sin^2\theta\,dr\,d\theta\\ &=\frac{21\sqrt{2}\,\pi}{2}。\end{aligned}$$

面積分具有下列的性質：

1. $\iint_\Omega kf\,dS=k\iint_\Omega f\,dS$ (k 為常數)

2. $\iint_\Omega (f+g)\,dS=\iint_\Omega f\,dS+\iint_\Omega g\,dS$

3. $\iint_\Omega (f-g)\,dS=\iint_\Omega f\,dS-\iint_\Omega g\,dS$

最後，若曲面 Ω 分割成有限多個部分，則分別計算在每一部分的面積分再將所得相加，可得在 Ω 上的面積分。因此，若 Ω 分割成兩部分 Ω_1 與 Ω_2，則

$$\iint_\Omega f\,dS = \iint_{\Omega_1} f\,dS + \iint_{\Omega_2} f\,dS$$

若在曲面上每一點 (邊界點除外) 皆有切平面，則稱該平面為**平滑曲面** (smooth surface)。如果有一曲面本身不是平滑，而是由有限個平滑部分連接所組成者，則稱該曲面為**分段平滑曲面** (piecewise smooth surface)。例如，球面是平滑曲面，而正方體表面是分段平滑曲面 (由六個平滑平面所組成)。

在平滑曲面上每一點有兩個方向相反的單位法向量 (見圖 9-25)。這些向量是用不同的名稱來描述，與它們的分量的正負號有關。例如，若單位法向量有正的 z- 分量，則它指向朝上方向而稱為向上單位法向量，若有負的 z- 分量，則指向朝下方向而稱為向下單位法向量。

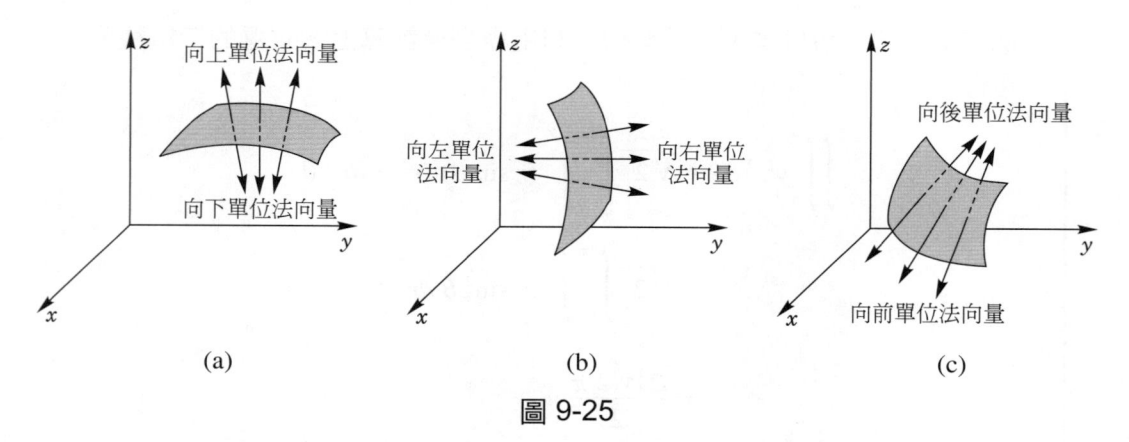

圖 9-25

表 9-1 說明用來描述單位法向量 $\mathbf{N} = n_1\mathbf{i} + n_2\mathbf{j} + n_3\mathbf{k}$ 的術語。

表 9-1

分　量	術　語
$n_3 > 0$	向上單位法向量
$n_3 < 0$	向下單位法向量
$n_2 > 0$	向右單位法向量
$n_2 < 0$	向左單位法向量
$n_1 > 0$	向前單位法向量
$n_1 < 0$	向後單位法向量

例如，若 $\mathbf{N} = \frac{\sqrt{3}}{3}\mathbf{i} - \frac{\sqrt{3}}{3}\mathbf{j} + \frac{\sqrt{3}}{3}\mathbf{k}$ 垂直於某曲面，則 $\mathbf{N}$ 為向上單位法向量 (正的 z- 分量)，也是向左單位法向量 (負的 y- 分量)，也是向前單位法向量 (正的 x- 分量)。

欲計算方程式為 $z = z(x, y)$ 的曲面的單位法向量，我們先改寫此方程式為 $z - z(x, y) = 0$。令 $F(x, y, z) = z - z(x, y)$，則

$$\nabla F = -\frac{\partial z}{\partial x}\mathbf{i} - \frac{\partial z}{\partial y}\mathbf{j} + \mathbf{k}$$

垂直於此曲面。因 $\|\nabla F\| = \sqrt{\left(\frac{\partial z}{\partial x}\right)^2 + \left(\frac{\partial z}{\partial y}\right)^2 + 1}$ 故

$$\frac{\nabla F}{\|\nabla F\|} = \frac{-\frac{\partial z}{\partial x}\mathbf{i} - \frac{\partial z}{\partial y}\mathbf{j} + \mathbf{k}}{\sqrt{\left(\frac{\partial z}{\partial x}\right)^2 + \left(\frac{\partial z}{\partial y}\right)^2 + 1}}。$$

為在曲面上點 (x, y, z) 的單位法向量，此為向上單位法向量。向下單位法向量為

$$-\frac{\nabla F}{\|\nabla F\|} = \frac{\frac{\partial z}{\partial x}\mathbf{i} + \frac{\partial z}{\partial y}\mathbf{j} - \mathbf{k}}{\sqrt{\left(\frac{\partial z}{\partial x}\right)^2 + \left(\frac{\partial z}{\partial y}\right)^2 + 1}}。$$

對於表示為形如 $y = y(x, z)$ 或 $x = x(y, z)$ 的曲面而言，可用類似的方法計算出單位法向量。今列出所得公式於表 9-2 中。

當我們沿著平滑曲面 Ω 上任一曲線移動時，若在此曲線上所有點作出的單位法向量連續地改變 (方向沒有突然改變)，則稱 Ω 為**可定向** (orientable)，那些單位法向量構成 Ω 的**定向** (orientation)，而單位法向量一旦被選定，則稱 Ω 為**定向** (或**雙面**) **曲面** (oriented surface)。可定向曲面僅有兩種可能的定向。例如，在圖 9-26(a) 中的曲面可由向上單位法向量來定向，圖 9-26(b) 中的曲面可由向下單位法向量來定向，但這兩種向量的混合並非定向，如圖 9-26(c) 的曲面並不是可定向曲面。球面或平滑閉曲面為可定向，一般，閉曲面是雙面曲面，有所謂的「外面」與「內面」；依照慣例，我們利用從它所包圍空間區域的內部往外射出的單位法向量方向取為**正定向** (positive orientation)，而向內的方向取為**負定向** (negative orientation)。

一個著名的非可定向曲面稱為 **Möbius 帶**，它是單面曲面。我們將一長條形的長方形紙帶扭轉一次，然後再將兩端黏在一起即可得到這樣的曲面 [見圖 9-27(a)]。假設有一單位向量 **N** 垂直此曲面於 P，而 **N** 繞著曲面前進時隨時隨地保持著垂直曲面，當 **N** 繞完一圈遇到 P 時，它的方向與出發時的方向相反 [見圖 9-27(b)]；因此，這不符合可定向曲面的條件。為了使您確信這曲面是單面曲面，您可用一支彩色筆從某處開始著色，繼續著色，在整個著色過程當中，筆不曾離開紙面，直到開始著色之處為止，您會發現整個紙面皆塗了顏色。

表 9-2

曲面的方程式	曲面的單位法向量	
$z = z(x, y)$	向上單位法向量為 $$\frac{-\dfrac{\partial z}{\partial x}\mathbf{i} - \dfrac{\partial z}{\partial y}\mathbf{j} + \mathbf{k}}{\sqrt{\left(\dfrac{\partial z}{\partial x}\right)^2 + \left(\dfrac{\partial z}{\partial y}\right)^2 + 1}}$$	向下單位法向量為 $$\frac{\dfrac{\partial z}{\partial x}\mathbf{i} + \dfrac{\partial z}{\partial y}\mathbf{j} - \mathbf{k}}{\sqrt{\left(\dfrac{\partial z}{\partial x}\right)^2 + \left(\dfrac{\partial z}{\partial y}\right)^2 + 1}}$$
$y = y(x, z)$	向右單位法向量為 $$\frac{-\dfrac{\partial y}{\partial x}\mathbf{i} + \mathbf{j} - \dfrac{\partial y}{\partial z}\mathbf{k}}{\sqrt{\left(\dfrac{\partial y}{\partial x}\right)^2 + \left(\dfrac{\partial y}{\partial z}\right)^2 + 1}}$$	向左單位法向量為 $$\frac{\dfrac{\partial y}{\partial x}\mathbf{i} - \mathbf{j} + \dfrac{\partial y}{\partial z}\mathbf{k}}{\sqrt{\left(\dfrac{\partial y}{\partial x}\right)^2 + \left(\dfrac{\partial y}{\partial z}\right)^2 + 1}}$$
$x = x(y, z)$	向前單位法向量為 $$\frac{\mathbf{i} - \dfrac{\partial x}{\partial y}\mathbf{j} - \dfrac{\partial x}{\partial z}\mathbf{k}}{\sqrt{\left(\dfrac{\partial x}{\partial y}\right)^2 + \left(\dfrac{\partial x}{\partial z}\right)^2 + 1}}$$	向後單位法向量為 $$\frac{-\mathbf{i} + \dfrac{\partial x}{\partial y}\mathbf{j} + \dfrac{\partial x}{\partial z}\mathbf{k}}{\sqrt{\left(\dfrac{\partial x}{\partial y}\right)^2 + \left(\dfrac{\partial x}{\partial z}\right)^2 + 1}}$$

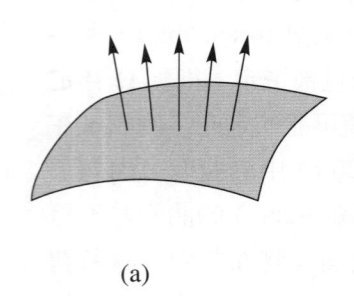

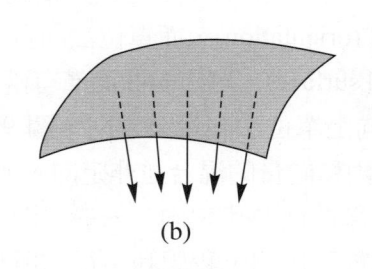

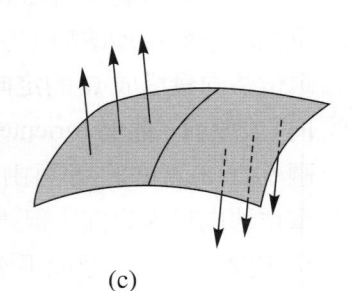

(a)　　　　　　　　(b)　　　　　　　　(c)

圖 9-26

(a) (b)

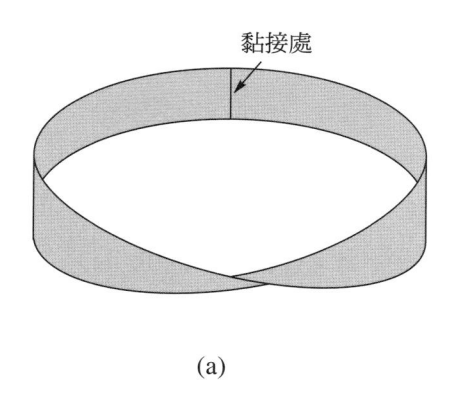

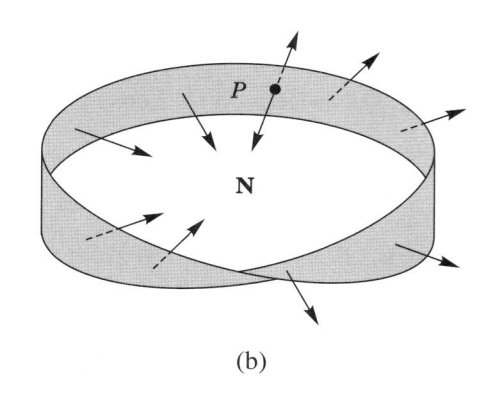

圖 9-27

我們在前面已談過用單一參數 t 的向量函數 $\mathbf{R}(t)$ 描述三維空間中的曲線。現在，我們以同樣的方式，用兩參數 u 與 v 的向量函數 $\mathbf{R}(u, v)$ 來描述三維空間中的曲面。

假設向量函數

$$\mathbf{R}(u, v) = x(u, v)\mathbf{i} + y(u, v)\mathbf{j} + z(u, v)\mathbf{k} \tag{9-33}$$

在 uv- 平面上的某區域 D 為連續，且在 D 的內部為一對一，其中兩變數 u 與 v 皆為參數。當 (u, v) 在 D 中改變時，在 $I\!R^3$ 中使

$$x = x(u, v), \quad y = y(u, v), \quad z = z(u, v) \tag{9-34}$$

的所有點的集合稱為**參數曲面** (parametric surface)，記為 Ω，(9-34) 式稱為 Ω 的**參數方程式**，而 D 稱為**參數定義域** (parameter domain)。曲面 Ω 上的點是藉由 u 與 v 的選取而獲得，即，當 (u, v) 在整個區域 D 中移動時，$\mathbf{R}(u, v)$ 的尖端所掃過的軌跡即為 Ω，因而 $\mathbf{R}(u, v)$ 是 Ω 的位置向量，如圖 9-28 所示。$\mathbf{R}(u, v)$ 在 D 的內部為一對一，保證 Ω 本身不會自交。

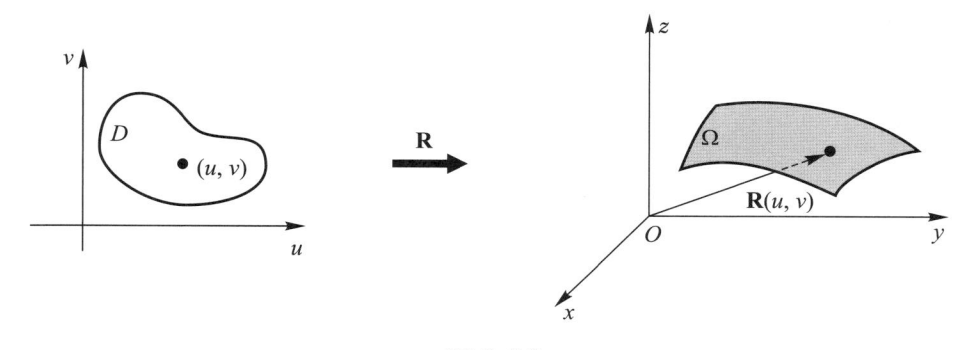

圖 9-28

今列出一些曲面如下：

$x^2+y^2=4 \Leftrightarrow \mathbf{R}(u, v) = 2\cos u\mathbf{i} + 2\sin u\mathbf{j} + v\mathbf{k}$

$x^2 + y^2 + z^2 = a^2 \ (a > 0) \Leftrightarrow \mathbf{R}(\phi, \theta) = a\sin\phi\cos\theta\mathbf{i} + a\sin\phi\sin\theta\mathbf{j} + a\cos\phi\mathbf{k}$ $(a > 0)$, $0 \le \phi \le \pi$, $0 \le \theta \le 2\pi$ $x^2+y^2=4$, $0 \le z \le 1 \Leftrightarrow \mathbf{R}(\theta, z) = 2\cos\theta\mathbf{i} + 2\sin\theta\mathbf{j} + z\mathbf{k}$, $0 \le \theta \le 2\pi$, $0 \le z \le 1$ $z=x^2+2y^2 \Leftrightarrow \mathbf{R}(x, y) = x\mathbf{i} + y\mathbf{j} + (x^2+2y^2)\mathbf{k}$

若 $\mathbf{R}(u, v)$ 為參數曲面 Ω 的位置向量，則在 Ω 上有兩種有用的曲線族，一種是 v- 曲線 (其中 u 為常數)，另一種是 u- 曲線 (其中 v 為常數)，這兩種曲線族分別相對應於 uv- 平面上的垂直線與水平線。若 u 保持常數，即，$u = u_0$，則 $\mathbf{R}(u_0, v)$ 變成單一參數 v 的向量函數，其圖形為 Ω 上的一條曲線 C_1；同理，若 v 保持常數，即，$v = v_0$，則 $\mathbf{R}(u, v_0)$ 的圖形為 Ω 上的一條曲線 C_2，如圖 9-29 所示。我們稱這些曲線為**格子曲線** (grid curve)。

為了簡單起見，設參數定義域 D 為 uv- 平面上的一個矩形區域，即，$D = \{(u, v) \mid a \le u \le b, c \le v \le d\}$，並將 D 分割成許多小矩形區域。今考慮 D 中的一個小矩形區域 D_i，其四個邊在直線 $u = u_0$、$u = u_0 + \Delta u$、$v = v_0$ 與 $v = v_0 + \Delta v$ 上 [見圖 9-30(a)]。小矩形區域 D_i 的每一個邊映到 Ω 上的一條曲線段，其中邊 $v = v_0$ 映

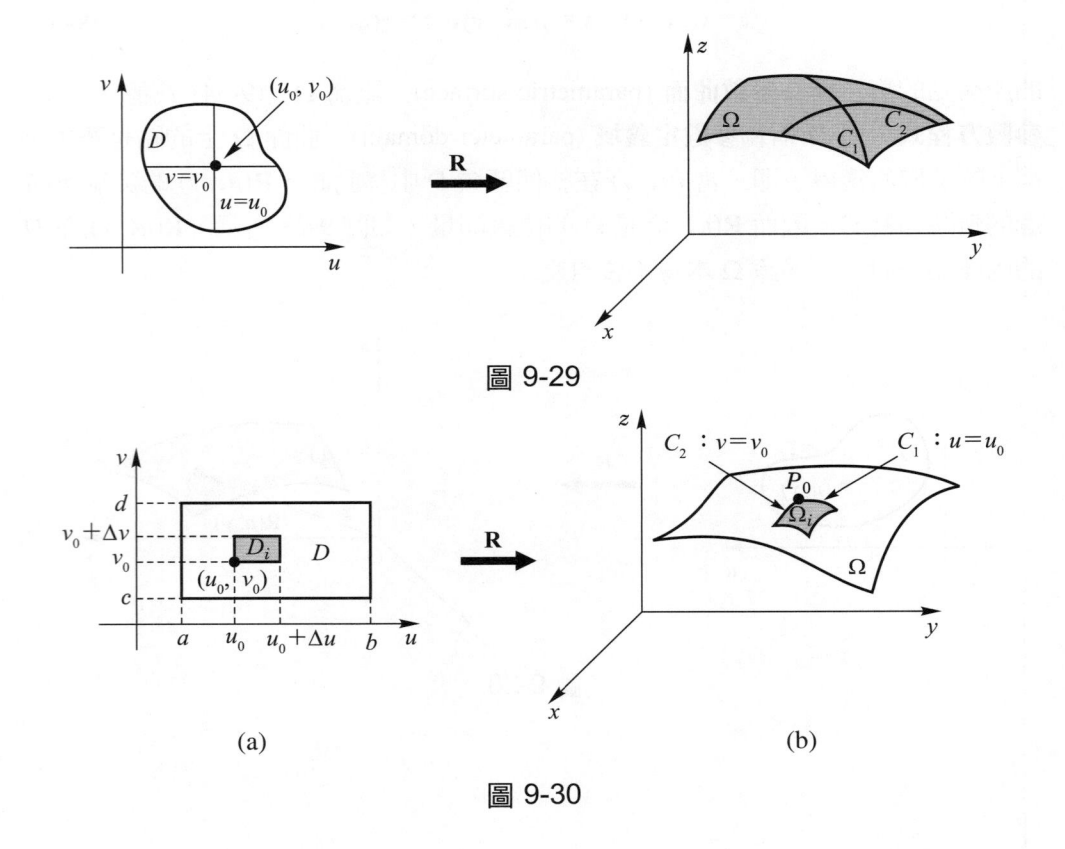

圖 9-29

(a)   (b)

圖 9-30

到 C_1，邊 $u = u_0$ 映到 C_2，因而 D_i 映到 Ω 上的一個小曲面 Ω_i，點 (u_0, v_0) 映到 P_0 [見圖 9-30(b)]。

利用
$$\mathbf{R}_u = \frac{\partial \mathbf{R}}{\partial u} = \frac{\partial x}{\partial u}\mathbf{i} + \frac{\partial y}{\partial u}\mathbf{j} + \frac{\partial z}{\partial u}\mathbf{k}$$

與
$$\mathbf{R}_v = \frac{\partial \mathbf{R}}{\partial v} = \frac{\partial x}{\partial v}\mathbf{i} + \frac{\partial y}{\partial v}\mathbf{j} + \frac{\partial z}{\partial v}\mathbf{k}$$

可知 $\mathbf{R}_u(u_0, v_0)$ 切 C_1 於 P_0，$\mathbf{R}_v(u_0, v_0)$ 切 C_2 於 P_0，因此，$\mathbf{R}_u(u_0, v_0) \times \mathbf{R}_v(u_0, v_0)$ 垂直 Ω 於 P_0。我們利用在 Ω 上 P_0 處的切平面上兩鄰邊是 $\Delta u \mathbf{R}_u(u_0, v_0)$ 與 $\Delta v \mathbf{R}_v(u_0, v_0)$ 的平行四邊形的面積去近似小曲面 Ω_i 的面積 ΔS_i (見圖 9-31)，而此四邊形的面積為

$$\|\Delta u \mathbf{R}_u(u_0, v_0) \times \Delta v \mathbf{R}_v(u_0, v_0)\| = \|\mathbf{R}_u(u_0, v_0) \times \mathbf{R}_v(u_0, v_0)\| \Delta u \Delta v$$

可得
$$\Delta S_i \approx \|\mathbf{R}_u(u_0, v_0) \times \mathbf{R}_v(u_0, v_0)\| \Delta u \Delta v$$

故 Ω 的面積為
$$S = \int_c^d \int_a^b \|\mathbf{R}_u \times \mathbf{R}_v\| \, du \, dv \, 。$$

一般，若平滑曲面 Ω 的位置向量為 $\mathbf{R}(u, v) = x(u, v)\mathbf{i} + y(u, v)\mathbf{j} + z(u, v)\mathbf{k}$，$D$ 為參數定義域，則 Ω 的面積為

$$S = \iint_D \left\| \frac{\partial \mathbf{R}}{\partial u} \times \frac{\partial \mathbf{R}}{\partial v} \right\| du \, dv \tag{9-35}$$

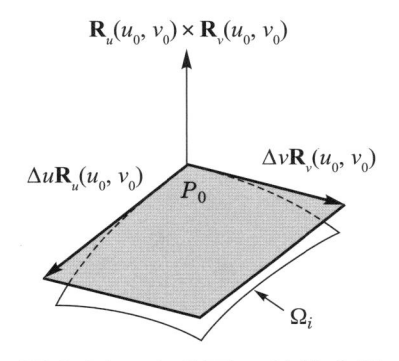

圖 9-31 小曲面 S_i 的放大圖

若我們引進符號

$$dS = \frac{\partial \mathbf{R}}{\partial u} du \times \frac{\partial \mathbf{R}}{\partial v} dv$$

則 $d\mathbf{S}$ 垂直於 Ω，其大小為 $dS = \|d\mathbf{S}\|$。於是，(9-35) 式可改寫成

$$S = \iint_D \|d\mathbf{S}\| = \iint_D dS = \iint_D \mathbf{N} \cdot d\mathbf{S} \tag{9-36}$$

此處 $\mathbf{N}$ 為單位法向量，它與 $d\mathbf{S}$ 同方向。

例題 3

已知曲面的位置向量為 $\mathbf{R}(u, v) = u^2 \mathbf{i} + uv\mathbf{j} + v\mathbf{k}$，求在此曲面上對應於 $u = 1$，$v = 2$ 之點處的切平面方程式。

解 對應於 $u = 1$，$v = 2$ 之點的坐標是 $(1, 2, 2)$，其位置向量為 $\mathbf{R}_0 = \mathbf{i} + 2\mathbf{j} + 2\mathbf{k}$。

$$\frac{\partial \mathbf{R}}{\partial u}\bigg|_{u=1,\,v=2} = 2\mathbf{i} + 2\mathbf{j}, \quad \frac{\partial \mathbf{R}}{\partial v}\bigg|_{u=1,\,v=2} = \mathbf{j} + \mathbf{k}$$

通過點 $(1, 2, 2)$ 的法向量為

$$\mathbf{n} = (2\mathbf{i} + 2\mathbf{j}) \times (\mathbf{j} + \mathbf{k}) = 2\mathbf{i} - 2\mathbf{j} + 2\mathbf{k}$$

所以，通過點 $(1, 2, 2)$ 的切平面方程式為

$$(\mathbf{R} - \mathbf{R}_0) \cdot \mathbf{n} = 2(x - 1) - 2(y - 2) + 2(z - 2) = 0$$

即， $x - y + z = 1$。

例題 4

已知曲面的位置向量為 $\mathbf{R}(u, v) = \cos u\mathbf{i} + \sin u\mathbf{j} + v\mathbf{k}$，$0 \leq u \leq 2\pi$，$0 \leq v \leq 1$，求此曲面的面積。

解
$$\frac{\partial \mathbf{R}}{\partial u} = -\sin u\mathbf{i} + \cos u\mathbf{j}, \quad \frac{\partial \mathbf{R}}{\partial v} = \mathbf{k},$$

$$d\mathbf{S} = \left(\frac{\partial \mathbf{R}}{\partial u} \times \frac{\partial \mathbf{R}}{\partial v}\right) du\, dv$$

$$= \begin{vmatrix} \mathbf{i} & \mathbf{j} & \mathbf{k} \\ -\sin u & \cos u & 0 \\ 0 & 0 & 1 \end{vmatrix} du\, dv$$

$$= (\cos u\mathbf{i} + \sin u\mathbf{j}) du\, dv$$

所以，面積為

$$S = \iint_D \|d\mathbf{S}\| = \int_0^1 \int_0^{2\pi} \sqrt{\cos^2 u + \sin^2 u}\, du\, dv = \int_0^1 \int_0^{2\pi} du\, dv = 2\pi 。$$

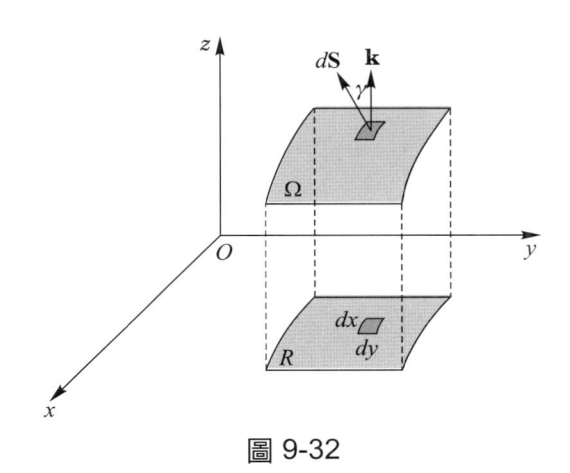

圖 9-32

我們現在考慮 (9-35) 式的特例。假設曲面為 $z = f(x, y)$，且它在 xy-平面上的投影區域是 R，如圖 9-32 所示。視 x、y 為參數，則

$$\mathbf{R}(x, y) = x\mathbf{i} + y\mathbf{j} + z\mathbf{k} = x\mathbf{i} + y\mathbf{j} + f(x, y)\mathbf{k}$$

可得

$$\frac{\partial \mathbf{R}}{\partial x} = \mathbf{i} + \frac{\partial f}{\partial x}\mathbf{k}, \qquad \frac{\partial \mathbf{R}}{\partial y} = \mathbf{j} + \frac{\partial f}{\partial y}\mathbf{k}$$

所以，

$$\frac{\partial \mathbf{R}}{\partial x} \times \frac{\partial \mathbf{R}}{\partial y} = \begin{vmatrix} \mathbf{i} & \mathbf{j} & \mathbf{k} \\ 1 & 0 & \frac{\partial f}{\partial x} \\ 0 & 1 & \frac{\partial f}{\partial y} \end{vmatrix} = -\frac{\partial f}{\partial x}\mathbf{i} - \frac{\partial f}{\partial y}\mathbf{j} + \mathbf{k}$$

因此，

$$S = \iint_R \left\| \frac{\partial \mathbf{R}}{\partial x} \times \frac{\partial \mathbf{R}}{\partial y} \right\| dx\, dy = \iint_R \sqrt{1 + \left(\frac{\partial f}{\partial x}\right)^2 + \left(\frac{\partial f}{\partial y}\right)^2}\, dx\, dy$$

利用純量積可得

$$|\cos \gamma| = \frac{|d\mathbf{S} \cdot \mathbf{k}|}{\|d\mathbf{S}\|} = \left[1 + \left(\frac{\partial f}{\partial x}\right)^2 + \left(\frac{\partial f}{\partial y}\right)^2\right]^{-1/2}$$

所以，
$$S = \iint_R \frac{dx\, dy}{|\cos \gamma|} \text{。} \tag{9-37}$$

例題 5

求球面 $x^2+y^2+z^2=1$ 在 $x \geq 0$ 之部分的面積。

解 此半球面在 yz- 平面上的投影區域為單位圓區域 R。向前法向量為

$$\nabla(x^2+y^2+z^2) = 2x\mathbf{i}+2y\mathbf{j}+2z\mathbf{k}$$

若 γ 為向前法向量與 $\mathbf{i}$ 的夾角，則

$$\cos \gamma = \frac{(2x\mathbf{i}+2y\mathbf{j}+2z\mathbf{k}) \cdot \mathbf{i}}{\sqrt{4x^2+4y^2+4z^2}} = \frac{2x}{2} = x$$

故面積為

$$S = \iint_R \frac{dy\, dz}{|\cos \gamma|} = \int_{-1}^{1} \int_{-\sqrt{1-z^2}}^{\sqrt{1-z^2}} \frac{dy\, dz}{x} = \int_{-1}^{1} \int_{-\sqrt{1-z^2}}^{\sqrt{1-z^2}} \frac{dy\, dz}{\sqrt{1-y^2-z^2}}$$
$$= \int_0^{2\pi} \int_0^1 \frac{r}{\sqrt{1-r^2}}\, dr\, d\theta = 2\pi \text{。}$$

定義 9-10

設位置向量為 $\mathbf{R}(u, v) = x(u, v)\mathbf{i} + y(u, v)\mathbf{j} + z(u, v)\mathbf{k}$ 的定向曲面 Ω 是以其單位法向量 $\mathbf{N}$ 為定向，D 為參數定義域，若連續向量函數 $\mathbf{F} = \mathbf{F}(x, y, z) = f_1(x, y, z)\mathbf{i} + f_2(x, y, z)\mathbf{j} + f_3(x, y, z)\mathbf{k}$ 定義在 Ω 上，$(u, v) \in D$，則 $\mathbf{F}$ 在 Ω 的**面積分** (surface integral) 為

$$\iint_\Omega \mathbf{F} \cdot d\mathbf{S} = \iint_\Omega \mathbf{F} \cdot \mathbf{N}\, dS = \iint_D \mathbf{F} \cdot \left(\frac{\partial \mathbf{R}}{\partial u} \times \frac{\partial \mathbf{R}}{\partial v}\right) du\, dv$$

其中
$$\mathbf{N} = \frac{\dfrac{\partial \mathbf{R}}{\partial u} \times \dfrac{\partial \mathbf{R}}{\partial v}}{\left\| \dfrac{\partial \mathbf{R}}{\partial u} \times \dfrac{\partial \mathbf{R}}{\partial v} \right\|}$$

此積分也稱為 **F** 通過 Ω 的**通量** (flux)。

若曲面 Ω 在 xy- 平面上的投影區域為 R，則

$$\iint_\Omega \mathbf{F} \cdot \mathbf{N}\, dS = \iint_R \mathbf{F} \cdot \mathbf{N}\, \frac{dx\, dy}{|\mathbf{N} \cdot \mathbf{K}|} \tag{9-38}$$

若曲面為分段平滑，則在各平滑部分的積分，然後將所得結果相加。

例題 6

已知 $\mathbf{F} = \mathbf{i} + xy\mathbf{j}$ 且以向下單位法向量定向的曲面 Ω 的位置向量為

$$\mathbf{R}(u, v) = (u+v)\mathbf{i} + (u-v)\mathbf{j} + u^2\mathbf{k},\ 0 \le u \le 1,\ 0 \le v \le 1,\ 求 \iint_\Omega \mathbf{F} \cdot d\mathbf{S}。$$

解
$$\frac{\partial \mathbf{R}}{\partial u} \times \frac{\partial \mathbf{R}}{\partial v} = \begin{vmatrix} \mathbf{i} & \mathbf{j} & \mathbf{k} \\ 1 & 1 & 2u \\ 1 & -1 & 0 \end{vmatrix} = 2u\mathbf{i} + 2u\mathbf{j} - 2\mathbf{k} \quad (此為向下法向量)$$

$$\mathbf{F} \cdot \left(\frac{\partial \mathbf{R}}{\partial u} \times \frac{\partial \mathbf{R}}{\partial v} \right) = [\mathbf{i} + (u^2 - v^2)\mathbf{j}] \cdot (2u\mathbf{i} + 2u\mathbf{j} - 2\mathbf{k})$$

$$= 2u + 2u(u^2 - v^2) = 2u^3 - 2uv^2 + 2u$$

所以，
$$\iint_\Omega \mathbf{F} \cdot d\mathbf{S} = \int_0^1 \int_0^1 (2u^3 - 2uv^2 + 2u)\, du\, dv$$

$$= \int_0^1 \left(\frac{3}{2} - v^2 \right) dv = \frac{7}{6}。$$

例題 7

已知 $\mathbf{F} = x\mathbf{i} + y\mathbf{j} + z\mathbf{k}$ 而 Ω 為以向外單位法向量定向的球面 $x^2 + y^2 + z^2 = 4$，求 $\iint_\Omega \mathbf{F} \cdot d\mathbf{S}$。

解 單位法向量 $\mathbf{N} = \dfrac{\nabla(x^2+y^2+z^2)}{\|\nabla(x^2+y^2+z^2)\|} = \dfrac{2x\mathbf{i}+2y\mathbf{j}+2z\mathbf{k}}{\sqrt{4x^2+4y^2+4z^2}} = \dfrac{1}{2}(x\mathbf{i}+y\mathbf{j}+z\mathbf{k})$

$$\mathbf{F} \cdot \mathbf{N} = \frac{1}{2}(x^2+y^2+z^2) = 2$$

所以，$\iint_\Omega \mathbf{F} \cdot d\mathbf{S} = \iint_\Omega \mathbf{F} \cdot \mathbf{N}\, dS = \iint_\Omega 2\, dS = 2(16\pi) = 32\pi$。

若定向曲面 Ω 定義為 $z = g(x, y)$，即，$z - g(x, y) = 0$，則令 $f(x, y, z) = z - g(x, y)$，可得

$$\mathbf{N} = \frac{\nabla f(x, y, z)}{\|\nabla f(x, y, z)\|} = \frac{-g_x(x, y)\mathbf{i} - g_y(x, y)\mathbf{j} + \mathbf{k}}{\sqrt{[g_x(x, y)]^2 + [g_y(x, y)]^2 + 1}}$$

此為向上單位法向量。

若 Ω 是以 $\mathbf{N}$ 為定向，則

$$\iint_\Omega \mathbf{F} \cdot d\mathbf{S} = \iint_\Omega \mathbf{F} \cdot \mathbf{N}\, dS$$

$$= \iint_R (f_1\mathbf{i} + f_2\mathbf{j} + f_3\mathbf{k}) \cdot \frac{-\dfrac{\partial g}{\partial x}\mathbf{i} - \dfrac{\partial g}{\partial y}\mathbf{j} + \mathbf{k}}{\sqrt{\left(\dfrac{\partial g}{\partial x}\right)^2 + \left(\dfrac{\partial g}{\partial y}\right)^2 + 1}} \sqrt{\left(\dfrac{\partial g}{\partial x}\right)^2 + \left(\dfrac{\partial g}{\partial y}\right)^2 + 1}\, dA$$

即，

$$\iint_\Omega \mathbf{F} \cdot d\mathbf{S} = \iint_R \left(-f_1\frac{\partial g}{\partial x} - f_2\frac{\partial g}{\partial y} + f_3\right) dA \tag{9-39}$$

此處 R 為 Ω 在 xy- 平面上的投影。

若定向曲面定義為 $y = g(x, z)$ 或 $x = g(y, z)$，則可得出類似的公式。

例題 8

令曲面 $z=1-x^2-y^2$ 在 xy- 平面上方由向上單位法向量定向的部分為 Ω。已知 $\mathbf{F}(x, y, z)=x\mathbf{i}+y\mathbf{j}+z\mathbf{k}$，求 $\iint_\Omega \mathbf{F} \cdot d\mathbf{S}$。

解 令 $g(x, y)=1-x^2-y^2$，則 $\dfrac{\partial g}{\partial x}=-2x$，$\dfrac{\partial g}{\partial y}=-2y$。

又 $f_1(x, y, z)=x$，$f_2(x, y, z)=y$，$f_3(x, y, z)=z$，
可得

$$\iint_\Omega \mathbf{F} \cdot d\mathbf{S} = \iint_R (2x^2+2y^2+1-x^2-y^2)\, dA = \iint_R (x^2+y^2+1)\, dA$$

$$= \int_0^{2\pi}\int_0^1 (r^2+1)\, r\, dr\, d\theta = \int_0^{2\pi} \frac{3}{4}\, d\theta = \frac{3\pi}{2}。$$

例題 9

已知 $\mathbf{F}=x\mathbf{i}+y\mathbf{j}+z\mathbf{k}$，以向外單位法向量定向的曲面 Ω 是由六個面 $\Omega_1: x=0$，$\Omega_2: x=1$，$\Omega_3: y=0$，$\Omega_4: y=1$，$\Omega_5: z=0$ 及 $\Omega_6: z=1$ 所圍成正方體的表面，求 $\iint_\Omega \mathbf{F} \cdot d\mathbf{S}$。

解 在 Ω_1 面上，$\mathbf{N}=-\mathbf{i}$，$dS=dy\, dz$，

$$\iint_{\Omega_1} \mathbf{F} \cdot \mathbf{N}\, dS = \int_0^1\int_0^1 0\, dy\, dz = 0$$

在 Ω_2 面上，$\mathbf{N}=\mathbf{i}$，$dS=dy\, dz$，

$$\iint_{\Omega_2} \mathbf{F} \cdot \mathbf{N}\, dS = \int_0^1\int_0^1 dy\, dz = 1$$

在 Ω_3 面上，$\mathbf{N}=-\mathbf{j}$，$dS=dx\, dz$，

$$\iint_{\Omega_3} \mathbf{F} \cdot \mathbf{N}\, dS = \int_0^1 \int_0^1 0\, dx\, dz = 0$$

在 Ω_4 面上，$\mathbf{N}=\mathbf{j}$，$dS=dx\, dz$，

$$\iint_{\Omega_4} \mathbf{F} \cdot \mathbf{N}\, dS = \int_0^1 \int_0^1 dx\, dz = 1$$

在 Ω_5 面上，$\mathbf{N}=-\mathbf{k}$，$dS=dx\, dy$，

$$\iint_{\Omega_5} \mathbf{F} \cdot \mathbf{N}\, dS = \int_0^1 \int_0^1 0\, dx\, dy = 0$$

在 Ω_6 面上，$\mathbf{N}=\mathbf{k}$，$dS=dx\, dy$，

$$\iint_{\Omega_6} \mathbf{F} \cdot \mathbf{N}\, dS = \int_0^1 \int_0^1 dx\, dy = 1$$

所以，$\iint_{\Omega} \mathbf{F} \cdot d\mathbf{S} = \iint_{\Omega} \mathbf{F} \cdot \mathbf{N}\, dS = 0+1+0+1+0+1=3$。

習題 9-8

1. 已知 $\mathbf{F}=z\mathbf{i}+x\mathbf{j}-3y^2z\mathbf{k}$，$\Omega$ 為圓柱面 $x^2+y^2=16$ 在第一卦限介於平面 $z=0$ 及 $z=5$ 之間以向外單位法向量定向的部分，求 $\iint_{\Omega} \mathbf{F} \cdot d\mathbf{S}$。

2. 已知曲面的位置向量為 $\mathbf{R}(u, v)=u^2\mathbf{i}+uv\mathbf{j}+\dfrac{1}{2}v^2\mathbf{k}$，$0 \leq u \leq 1$，$0 \leq v \leq 3$，求此曲面的面積。

3. 已知 $\mathbf{F}=x\mathbf{i}+y\mathbf{j}+z\mathbf{k}$，以向上單位法向量定向的半球面 Ω 為
   $\mathbf{R}(u, v)=r\sin u \cos v\mathbf{i}+r\sin u \sin v\mathbf{j}+r\cos u\mathbf{k}$ $(0 \leq u \leq \pi,\ 0 \leq v \leq \pi)$
   求 $\iint_{\Omega} \mathbf{F} \cdot d\mathbf{S}$。

4. 已知 $\mathbf{F}=18z\mathbf{i}-12\mathbf{j}+3y\mathbf{k}$，$\Omega$ 為平面 $2x+3y+6z=12$ 在第一卦限以向上單位法向量定向的部分，求 $\iint_\Omega \mathbf{F}\cdot d\mathbf{S}$。

5. 已知 $\mathbf{F}=4xz\mathbf{i}-y^2\mathbf{j}+yz\mathbf{k}$，以向外單位法向量定向的曲面 Ω 是由六個面 $x=0$、$x=1$、$y=0$、$y=1$、$z=0$ 及 $z=1$ 所圍成正方體的表面，求 $\iint_\Omega \mathbf{F}\cdot d\mathbf{S}$。

6. 已知 $\mathbf{F}=x^2\mathbf{i}+xy\mathbf{j}+xz\mathbf{k}$，$\Omega$ 為具有頂點 $(0,0,0)$、$(1,0,0)$、$(0,2,0)$ 及 $(0,0,3)$ 之四面體的表面，求 $\iint_\Omega \mathbf{F}\cdot d\mathbf{S}$。

9-9 散度定理與史托克定理

在本節裡，我們列出以向量形式表出的主要定理：**散度定理**（或稱**高斯定理**）與**史托克定理**，並以例子來說明其應用。最後，我們舉出史托克定理在平面上的一個特例——**格林平面定理**。

定理 9-8 散度定理

設 G 為以向外單位法向量 $\mathbf{N}$ 定向的封閉曲面 Ω 所圍成立體區域，向量 $\mathbf{F}(x, y, z)$ 及其各分量的一階偏導函數在 G 及 Ω 皆為連續，$dV = dx\, dy\, dz$，則

$$\iiint_G \nabla\cdot\mathbf{F}\, dV = \iint_\Omega \mathbf{F}\cdot d\mathbf{S} = \iint_\Omega \mathbf{F}\cdot\mathbf{N}\, dS\text{。}$$

例題 1

已知 $\mathbf{F}=x\mathbf{i}+y\mathbf{j}+z\mathbf{k}$，以向外單位法向量定向的曲面 Ω 是由六個面 $x=0$, $x=1$, $y=0$, $y=1$, $z=0$, $z=1$ 所圍成正方體的表面，求 $\iint_\Omega \mathbf{F}\cdot d\mathbf{S}$。

解 令 Ω 所圍成立體區域為 Ω，則

$$\iint_\Omega \mathbf{F}\cdot d\mathbf{S} = \iiint_G \nabla\cdot\mathbf{F}\, dV = \int_0^1\int_0^1\int_0^1 3\, dz\, dy\, dx = 3\text{。}$$

例題 2

若一封閉曲面 Ω 所圍成立體區域為 G，f 與 g 皆為純量函數，試證下列**格林公式**：

(1) $\iiint_G (f\nabla^2 g + \nabla f \cdot \nabla g)\, dV = \iint_\Omega (f\nabla g) \cdot d\mathbf{S}$

(2) $\iiint_G (f\nabla^2 g - g\nabla^2 f)\, dV = \iint_\Omega (f\nabla g - g\nabla f) \cdot d\mathbf{S}$

解 (1) 以 $\mathbf{F} = f\nabla g$ 代入可得

$$\iiint_G \nabla \cdot (f\nabla g)\, dV = \iint_\Omega (f\nabla g) \cdot d\mathbf{S}$$

但 $\nabla \cdot (f\nabla g) = f\nabla^2 g + \nabla f \cdot \nabla g$，故等式成立。

(2) 將 (1) 式中的 f、g 互換，然後兩式相減，即可得到等式。

例題 3

說明散度定理的物理意義。

解 設流體的速度為 $\mathbf{v} = \mathbf{v}(x, y, z)$，則由圖 9-33(a) 可知流體在 Δt 時間內通過面積 dS 的體積為

$$(\mathbf{v}\Delta t) \cdot \mathbf{N}\, dS = (\mathbf{v}\Delta t) \cdot d\mathbf{S}$$

所以，流體在單位時間內通過 dS 的體積為 $\mathbf{v} \cdot d\mathbf{S}$。

由圖 9-33(b)，流體在單位時間內自封閉曲面 Ω 流出的總體積為 $\iint_\Omega \mathbf{v} \cdot d\mathbf{S}$。

利用 9-4 節例題 2，我們求得 $\nabla \cdot \mathbf{v}\, dV$ 為流體在單位時間內自體積 dV 流出的體積，故流出的總體積為 $\iiint_\Omega \nabla \cdot \mathbf{v}\, dV$。因此，

$$\iint_\Omega \mathbf{v} \cdot d\mathbf{S} = \iiint_\Omega \nabla \cdot \mathbf{v}\, dV\,。$$

(a)　　　　　　　　　　(b)

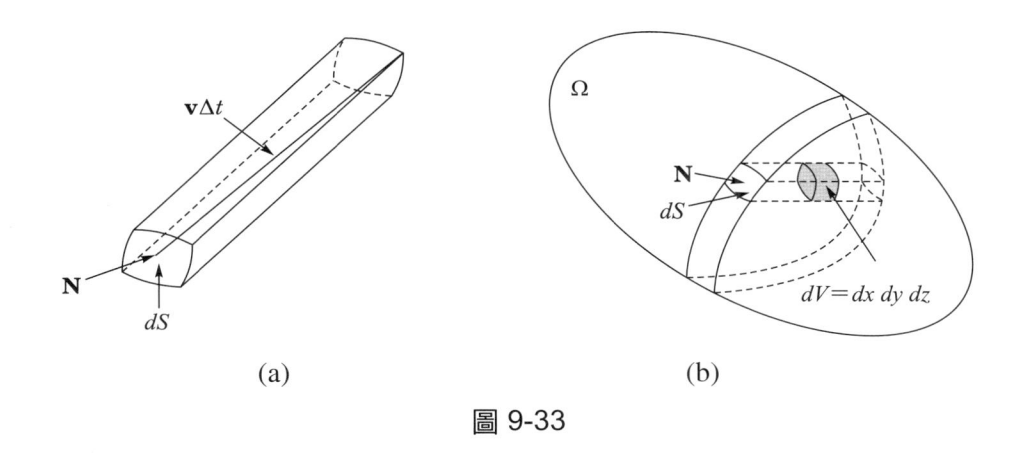

圖 9-33

　　往後，我們所提到的定向曲面(以單位法向量 **N** 定向)上簡單封閉曲線 C 的方向是採**正方向** (positive direction) (或逆時鐘方向)，即，當我們頭部朝著 **N** 的方向，沿著路徑 C 前進時，C 所圍成區域始終位於左側。

定理 9-9 史托克定理

設在以單位法向量 **N** 定向的曲面上由簡單封閉曲線 C 所圍成區域為 Ω，向量 $\mathbf{F}(x, y, z)$ 及其各分量的一階偏導函數在 Ω 與 C 皆為連續，則

$$\oint_C \mathbf{F} \cdot d\mathbf{R} = \iint_\Omega (\nabla \times \mathbf{F}) \cdot d\mathbf{S} = \iint_\Omega (\nabla \times \mathbf{F}) \cdot \mathbf{N}\, dS \text{。}$$

例題 4

試證：$\oint_C (f\nabla g) \cdot d\mathbf{R} = -\oint_C (g\nabla f) \cdot d\mathbf{R} = \iint_\Omega (\nabla f \times \nabla g) \cdot d\mathbf{S}$。

解

$$\oint_C \nabla(fg) \cdot d\mathbf{R} = \iint_\Omega [\nabla \times \nabla(fg)] \cdot d\mathbf{S}$$

但 $\nabla \times \nabla(fg) = \mathbf{0}$，故 $\oint_C \nabla(fg) \cdot d\mathbf{R} = 0$。

又 $\nabla(fg) = f\nabla g + g\nabla f$，知 $\oint_C (f\nabla g + g\nabla f) \cdot d\mathbf{R} = 0$，

即，
$$\oint_C (f\nabla g) \cdot d\mathbf{R} = -\oint_C (g\nabla f) \cdot d\mathbf{R}$$

因 $\nabla \times (f\nabla g) = f(\nabla \times \nabla g) + (\nabla f \times \nabla g) = \nabla f \times \nabla g$，故再由史托克定理可得

$$\iint_\Omega (\nabla f \times \nabla g) \cdot d\mathbf{S} = \iint_\Omega \nabla \times (f\nabla g) \cdot d\mathbf{S} = \oint_C (f\nabla g) \cdot d\mathbf{R} \text{。}$$

例題 5

格林平面定理：若 R 為 xy- 平面上由簡單封閉曲線 C 所圍成區域，函數 P 與 Q 與其偏導函數在 R 皆為連續，則

$$\oint_C P\,dx + Q\,dy = \iint_R \left(\frac{\partial Q}{\partial x} - \frac{\partial P}{\partial y}\right) dS \text{。}$$

解 若曲面為平面，令此平面為 xy- 平面，則 $\mathbf{N} = \mathbf{k}$，法線恆在 z- 軸方向，而

$$(\nabla \times \mathbf{F}) \cdot \mathbf{N} = \begin{vmatrix} \mathbf{i} & \mathbf{j} & \mathbf{k} \\ \frac{\partial}{\partial x} & \frac{\partial}{\partial y} & \frac{\partial}{\partial z} \\ f_1 & f_2 & f_3 \end{vmatrix} \cdot \mathbf{k} = \frac{\partial f_2}{\partial x} - \frac{\partial f_1}{\partial y}$$

在平面上，$\oint_C \mathbf{F} \cdot d\mathbf{R} = \oint_C f_1\,dx + f_2\,dy$，故

$$\oint_C f_1\,dx + f_2\,dy = \iint_R \left(\frac{\partial f_2}{\partial x} - \frac{\partial f_1}{\partial y}\right) dS \text{。}$$

式中 R 為平面上由 C 所圍成區域。今設 $\mathbf{F}(x, y) = P(x, y)\mathbf{i} + Q(x, y)\mathbf{j}$，則得格林平面定理公式

$$\oint_C P\,dx + Q\,dy = \iint_R \left(\frac{\partial Q}{\partial x} - \frac{\partial P}{\partial y}\right) dS \text{。}$$

習題 9-9

1. 若 Ω 為以向外單位法向量定向的封閉曲面，$\mathbf{R} = x\mathbf{i} + y\mathbf{j} + z\mathbf{k}$，求 $\iint_\Omega \mathbf{R} \cdot d\mathbf{S}$。

2. 已知 $\mathbf{F} = 4x\mathbf{i} - 2y^2\mathbf{j} + z^2\mathbf{k}$，$\Omega$ 為曲面 $x^2 + y^2 = 4$ 及平面 $z = 0$、$z = 3$ 所圍成區域的表面且以向外單位法向量定向，求 $\iint_\Omega \mathbf{F} \cdot d\mathbf{S}$。

3. 已知 $\mathbf{F} = (2x - y)\mathbf{i} - yz^2\mathbf{j} - y^2z\mathbf{k}$，$\Omega$ 為球面 $x^2 + y^2 + z^2 = 1$ 的上半部且以向上單位法向量定向，C 為 Ω 的邊界，驗證史托克定理。

4. 利用史托克定理，證明：$\oint_C \mathbf{R} \cdot d\mathbf{R} = 0$。

5. 設 C 為任一簡單封閉曲線，試證：$\oint_C \mathbf{F} \cdot d\mathbf{R} = 0$ 的充要條件為 $\nabla \times \mathbf{F} = \mathbf{0}$。

CHAPTER 10 傅立葉級數

工程問題中經常出現各式各樣的函數,而如何利用簡單的週期函數表出該函數,是工程數學的重要課題。本節在介紹一種以正弦及餘弦函數組合而成的無窮級數,稱為**傅立葉級數** (Fourier series),其在求解常微分方程式或偏微分方程式時非常有用,尤其在電路或機械的應用上被廣泛地使用。

10-1 傅立葉級數

假設 f 為週期 p 的函數,而 f 在某一長度為 p 的區間為可積分,則 f 在其餘長度為 p 的區間亦為可積分,而且此定積分值應相等,即,對任一 a 及 b,

$$\int_a^{a+p} f(x)\,dx = \int_b^{b+p} f(x)\,dx$$

利用公式

$$2\sin\alpha\cos\beta = \sin(\alpha+\beta) + \sin(\alpha-\beta)$$
$$2\sin\alpha\sin\beta = \cos(\alpha-\beta) - \cos(\alpha+\beta)$$
$$2\cos\alpha\cos\beta = \cos(\alpha+\beta) + \cos(\alpha-\beta)$$

對於任一非負整數 m、n 及任一實數 c,我們可以得到

$$\int_c^{c+2\pi} \sin nx\,dx = 0 \tag{10-1}$$

$$\int_c^{c+2\pi} \cos nx\,dx = \begin{cases} 0, & \text{當 } n \neq 0 \\ 2\pi, & \text{當 } n = 0 \end{cases} \tag{10-2}$$

$$\int_c^{c+2\pi} \sin mx \cos nx\,dx = 0 \tag{10-3}$$

$$\int_c^{c+2\pi} \sin mx \sin nx\, dx = \begin{cases} 0, & \text{當 } m \neq n \\ \pi, & \text{當 } m = n \geq 1 \end{cases} \tag{10-4}$$

$$\int_c^{c+2\pi} \cos mx \cos nx\, dx = \begin{cases} 0, & \text{當 } m \neq n \\ \pi, & \text{當 } m = n \geq 1 \\ 2\pi, & \text{當 } m = n = 0 \end{cases} \tag{10-5}$$

我們稱函數項級數

$$\frac{1}{2} a_0 + \sum_{n=1}^{\infty} (a_n \cos nx + b_n \sin nx) \tag{10-6}$$

為**三角級數** (trigonometric series)。假設此級數對任一 x 皆收斂，並令其值為 $f(x)$，即，

$$f(x) = \frac{1}{2} a_0 + \sum_{n=1}^{\infty} (a_n \cos nx + b_n \sin nx) \tag{10-7}$$

則 f 為週期函數，而 $f(x+2\pi) = f(x)$。若 (10-6) 式在區間 $[c, c+2\pi]$ 可逐項積分，則由 (10-1) 及 (10-2) 式，可得

$$\int_c^{c+2\pi} f(x)\, dx = \frac{a_0}{2} \int_c^{c+2\pi} dx + \sum_{n=1}^{\infty} a_n \int_c^{c+2\pi} \cos nx\, dx + \sum_{n=1}^{\infty} b_n \int_c^{c+2\pi} \sin nx\, dx = a_0 \pi$$

即，
$$a_0 = \frac{1}{\pi} \int_c^{c+2\pi} f(x)\, dx$$

將 (10-7) 式乘以 $\cos mx$ 後再逐項積分，由 (10-3) 及 (10-5) 式，可得

$$\int_c^{c+2\pi} f(x) \cos mx\, dx = \frac{a_0}{2} \int_c^{c+2\pi} \cos mx\, dx + \sum_{n=1}^{\infty} a_n \int_c^{c+2\pi} \cos nx \cos mx\, dx$$
$$+ \sum_{n=1}^{\infty} b_n \int_c^{c+2\pi} \sin nx \cos mx\, dx = a_n \pi$$

當 $m = n \neq 0$。於是，

$$a_n = \frac{1}{\pi} \int_c^{c+2\pi} f(x) \cos nx\, dx, \quad n = 1, 2, 3, \cdots$$

將 (10-7) 式乘以 $\sin mx$ 後再逐項積分，同理可得

$$b_n = \frac{1}{\pi} \int_c^{c+2\pi} f(x) \sin nx\, dx, \quad n = 1, 2, 3, \cdots \text{。}$$

定義 10-1

若函數 f 在區間 $[-\pi, \pi]$ 為可積分，則我們稱

$$a_n = \frac{1}{\pi}\int_{-\pi}^{\pi} f(x)\cos nx\, dx, \quad n=0,\ 1,\ 2,\ \cdots$$

$$b_n = \frac{1}{\pi}\int_{-\pi}^{\pi} f(x)\sin nx\, dx, \quad n=1,\ 2,\ 3,\ \cdots$$

為 $f(x)$ 在 $[\pi, -\pi]$ 的**傅立葉係數** (Fourier coefficient)，而稱 (10-6) 式為 $f(x)$ 在 $[-\pi, \pi]$ 的**傅立葉級數** (Fourier series)，以

$$f(x) \sim \frac{a_0}{2} + \sum_{n=1}^{\infty}(a_n\cos nx + b_n\sin nx)$$

表之，此處"～"表示對應 $f(x)$ 的傅立葉級數。

對任一 x，上面定義中的傅立葉級數可能收斂也可能發散。

若週期 2π 的函數 f 在 $[-\pi, \pi]$ 為可積分，則對任一實數 c 而言，

$$a_n = \frac{1}{\pi}\int_{-\pi}^{\pi} f(x)\cos nx\, dx = \frac{1}{\pi}\int_{c}^{c+2\pi} f(x)\cos nx\, dx$$

$$n=0,\ 1,\ 2,\ 3,\ \cdots$$

$$b_n = \frac{1}{\pi}\int_{-\pi}^{\pi} f(x)\sin nx\, dx = \frac{1}{\pi}\int_{c}^{c+2\pi} f(x)\sin nx\, dx$$

$$n=0,\ 1,\ 2,\ 3,\ \cdots$$

如果週期 2π 的函數 f 在 $[-\pi, \pi]$ 為可積分，$f(x)$ 能展開成三角級數，而此三角級數的逐項積分是合法的，則此三角級數與 $f(x)$ 的傅立葉級數是相符合的。

若函數 f 在 x_0 不連續，則 f 在 x_0 的右極限記為 $f(x_0^+)$，即，

$$f(x_0^+) = \lim_{x \to x_0^+} f(x)$$

而左極限記為 $f(x_0^-)$，即，

$$f(x_0^-) = \lim_{x_0 \to x_0} f(x)$$

若函數 f 在 $[a, b]$ 僅出現有限個不連續點，而其在這些不連續點（未必有定義）的左、右極限皆存在，則稱 f 在 $[a, b]$ 為**分段連續** (piecewise continuous)，如果函數 f 與其導函數 f' 在 $[a, b]$ 皆為分段連續，則稱 f 在 $[a, b]$ 為**分段平滑** (piecewise smooth)。

對於一個可積分函數，我們可以求出它的傅立葉級數；然而，該級數若收斂，是否收斂到原函數？這可依**狄利克雷 (Dirichlet) 定理**而獲得解決。

定理 10-1 | 狄利克雷定理

若週期為 2π 的函數 f 在 $[-\pi, \pi]$ 為分段平滑，則
(1) 在函數 f 的連續點 x，$f(x)$ 的傅立葉級數收斂到 $f(x)$，即，

$$f(x) = \frac{a_0}{2} + \sum_{n=1}^{\infty} (a_n \cos nx + b_n \sin nx)$$

(2) 在函數 f 的不連續點 x_0，$f(x)$ 的傅立葉級數收斂到 $f(x_0^+)$ 與 $f(x_0^-)$ 的平均值，即，

$$\frac{f(x_0^+) + f(x_0^-)}{2} = \frac{a_0}{2} + \sum_{n=1}^{\infty} (a_n \cos nx_0 + b_n \sin nx_0)$$

其中 a_n ($n=0, 1, 2, 3, \cdots$), b_n ($n=1, 2, 3, \cdots$) 為 $f(x)$ 的傅立葉係數。

例題 1

求函數
$$f(x) = \begin{cases} -1, & -\pi < x < 0 \\ 1, & 0 < x < \pi \end{cases}$$
的傅立葉級數，並利用此結果證明等式

$$\frac{\pi}{4} = \left(1 - \frac{1}{3} + \frac{1}{5} - \frac{1}{7} + \frac{1}{9} - \cdots \right)。$$

解
$a_0 = \frac{1}{\pi} \int_{-\pi}^{\pi} f(x) \, dx = \frac{1}{\pi} \left[\int_{-\pi}^{0} (-1) \, dx + \int_{0}^{\pi} 1 \, dx \right] = 0$

$a_n = \frac{1}{\pi} \int_{-\pi}^{\pi} f(x) \cos nx \, dx = \frac{1}{\pi} \left[\int_{-\pi}^{0} (-1) \cos nx \, dx + \int_{0}^{\pi} \cos nx \, dx \right]$

$$= \frac{1}{\pi} \left\{ \left[-\frac{\sin nx}{n} \right]_{-\pi}^{0} + \left[\frac{\sin nx}{n} \right]_{0}^{\pi} \right\}$$

$$= 0, \quad n = 1, 2, 3, \cdots$$

$$b_n = \frac{1}{\pi} \int_{-\pi}^{\pi} f(x) \sin nx \, dx = \frac{1}{\pi} \left[\int_{-\pi}^{0} (-1) \sin nx \, dx + \int_{0}^{\pi} \sin nx \, dx \right]$$

$$= \frac{1}{\pi} \left\{ \left[\frac{\cos nx}{n} \right]_{-\pi}^{0} - \left[\frac{\cos nx}{n} \right]_{0}^{\pi} \right\} = \frac{2}{n\pi} (1 - \cos nx)$$

$$= \begin{cases} \dfrac{4}{n\pi}, & n \text{ 為正奇數} \\ 0, & n \text{ 為正偶數} \end{cases}$$

傅立葉係數為

$$b_1 = \frac{4}{\pi}, \quad b_2 = 0, \quad b_3 = \frac{4}{3\pi}, \quad b_4 = 0, \quad b_5 = \frac{4}{5\pi}, \cdots$$

$$a_n = 0, \quad n = 1, 2, 3, \cdots$$

傅立葉級數為

$$\frac{4}{\pi} \left(\sin x + \frac{1}{3} \sin 3x + \frac{1}{5} \sin 5x + \cdots \right)$$

因為所予函數 f 為分段平滑，而 $\dfrac{\pi}{2}$ 為 f 的連續點，故依定理 10-1，

$$1 = f\left(\frac{\pi}{2}\right) = \frac{4}{\pi} \left(1 - \frac{1}{3} + \frac{1}{5} - \frac{1}{7} + \frac{1}{9} - \cdots \right)$$

即，

$$1 - \frac{1}{3} + \frac{1}{5} - \frac{1}{7} + \frac{1}{9} - \cdots = \frac{\pi}{4}$$

此外，在 $x = \pi$ 時，$f(x)$ 的傅立葉級數的值為 0，而 $f(x)$ 在 $x = \pi$ 時，左右兩極限的平均值恰為 0 [因為 $f(\pi^+) + f(\pi^-) = 0$]，此恰好與定理 10-1 相符。

我們從圖 10-1 可以看出函數 f 的圖形可以由 $f(x)$ 的**傅立葉級數**前 n 項的部分和 S_n 的圖形逐漸逼近。

(a) f 的圖形

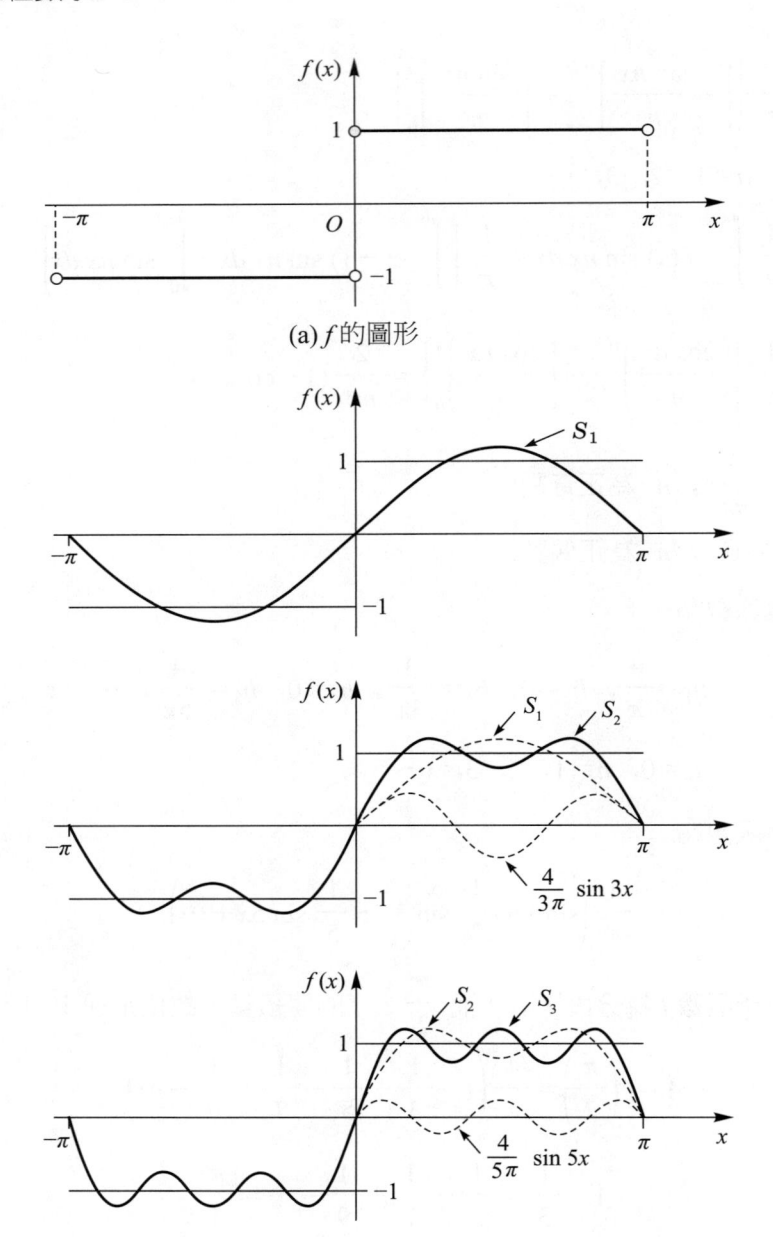

(b) $f(x)$ 的傅立葉級數前幾項之和的圖形，其中

$$S_n = \frac{4}{\pi}\left(\sin x + \frac{1}{3}\sin 3x + \cdots + \frac{1}{2n+1}\sin(2n+1)x\right)$$

圖 10-1

例題 2

求函數 $f(x) = x$ 在 $(-\pi, \pi)$ 的傅立葉級數。

解 $f(x)$ 的傅立葉係數為

$$a_n = \frac{1}{\pi} \int_{-\pi}^{\pi} x \cos nx \, dx = 0, \quad n = 1, 2, 3, \cdots$$

$$b_n = \frac{1}{\pi} \int_{-\pi}^{\pi} x \sin nx \, dx = \frac{2}{\pi} \int_{0}^{\pi} x \sin nx \, dx$$

$$= -\frac{2}{n\pi} \Big[x \cos nx \Big]_0^\pi + \frac{2}{n\pi} \int_0^\pi \cos nx \, dx = -\frac{2}{n} \cos n\pi$$

$$= \frac{2}{n} (-1)^{n+1}, \quad n = 1, 2, 3, \cdots$$

因此，$f(x)$ 的傅立葉級數為

$$2\left(\sin x - \frac{\sin 2x}{2} + \frac{\sin 3x}{3} - \cdots \right)$$

此外，$x = \pi$ 時，$f(x)$ 的傅立葉級數值恰為 0，而 $f(\pi^-) = -\pi$, $f(\pi^+) = \pi$，因此 $\dfrac{f(\pi^+) + f(\pi^-)}{2} = 0$，這與定理 10-1(2) 相符，而在 $-\pi < x < \pi$ 上，依定理 10-1(1) 可知，

$$x = 2\left(\sin x - \frac{\sin 2x}{2} + \frac{\sin 3x}{3} - \cdots \right)。$$

例題 3

求函數 $f(x) = x^2$ 在 $[-\pi, \pi]$ 的傅立葉級數，並證明

$$\frac{\pi^2}{6} = 1 + \frac{1}{2^2} + \frac{1}{3^2} + \frac{1}{4^2} + \cdots 。$$

解 傅立葉係數為

$$a_0 = \frac{1}{\pi}\int_{-\pi}^{\pi} x^2\,dx = \frac{2}{\pi}\int_{0}^{\pi} x^2\,dx = \frac{2\pi^2}{3}$$

$$a_n = \frac{1}{\pi}\int_{-\pi}^{\pi} x^2 \cos nx\,dx = \frac{2}{\pi}\int_{0}^{\pi} x^2 \cos nx\,dx$$

$$= \frac{2}{\pi}\left\{\left[\frac{x^2}{n}\sin nx\right]_0^{\pi} - \int_0^{\pi}\frac{2}{n}x\sin nx\,dx\right\}$$

$$= -\frac{4}{n\pi}\int_0^{\pi} x\sin nx\,dx$$

$$= -\frac{4}{n\pi}\left\{\left[-\frac{x}{n}\cos nx\right]_0^{\pi} + \frac{1}{n}\int_0^{\pi}\cos nx\,dx\right\}$$

$$= -\frac{4}{n\pi}\left\{-\frac{\pi}{n}\cos n\pi + \left[\frac{1}{n^2}\sin nx\right]_0^{\pi}\right\}$$

$$= \frac{4}{n^2}\cos n\pi$$

$$= (-1)^n\frac{4}{n^2},\ n=1,\ 2,\ 3,\ \cdots$$

$$b_n = \frac{1}{\pi}\int_{-\pi}^{\pi} x^2 \sin nx\,dx = 0,\ n=1,\ 2,\ 3,\ \cdots$$

(因為 $x^2 \sin nx$ 為奇函數)

因此，在 $-\pi \leq x \leq \pi$，依定理 10-1，

$$x^2 = f(x) = \frac{\pi^2}{3} - 4\left(\cos x - \frac{\cos 2x}{2^2} + \frac{\cos 3x}{3^2} - \cdots\right)$$

若在上式取 $x = \pi$，則

$$x^2 = \frac{\pi^2}{3} - 4\left(-1 - \frac{1}{2^2} - \frac{1}{3^2} - \frac{1}{4^2} - \cdots\right)$$

所以，$$\frac{\pi^2}{6} = 1 + \frac{1}{2^2} + \frac{1}{3^2} + \frac{1}{4^2} + \cdots 。$$

對於定義在 $[-L, L]$ 的可積分函數 $f(x)$，可以令 $x = \dfrac{Lt}{\pi}$，則函數 $\phi(t) = f\left(\dfrac{Lt}{\pi}\right)$ 為定義在 $[-\pi, \pi]$ 的可積分函數，故

$$\phi(t) \sim \dfrac{a_0}{2} + \sum_{n=1}^{\infty} (a_n \cos nt + b_n \sin nt) \tag{10-8}$$

其中，
$$a_n = \dfrac{1}{\pi} \int_{-\pi}^{\pi} \phi(t) \cos nt\, dt$$
$$= \dfrac{1}{\pi} \int_{-\pi}^{\pi} f\left(\dfrac{Lt}{\pi}\right) \cos nt\, dt, \quad n = 0, 1, 2, 3, \cdots \tag{10-9}$$

$$b_n = \dfrac{1}{\pi} \int_{-\pi}^{\pi} \phi(t) \sin nt\, dt$$
$$= \dfrac{1}{\pi} \int_{-\pi}^{\pi} f\left(\dfrac{Lt}{\pi}\right) \sin nt\, dt, \quad n = 1, 2, 3, \cdots \tag{10-10}$$

因此，以 $t = \dfrac{\pi x}{L}$ 代入 (10-9) 及 (10-10) 式，則得 $f(x)$ 的傅立葉級數，

$$f(x) \sim \dfrac{a_0}{2} + \sum_{n=1}^{\infty} \left[a_n \cos\left(\dfrac{n\pi x}{L}\right) + b_n \sin\left(\dfrac{n\pi x}{L}\right) \right] \tag{10-11}$$

其中 f 的傅立葉係數為

$$a_n = \dfrac{1}{L} \int_{-L}^{L} f(x) \cos\left(\dfrac{n\pi x}{L}\right) dx, \quad n = 0, 1, 2, 3, \cdots$$
$$b_n = \dfrac{1}{L} \int_{-L}^{L} f(x) \sin\left(\dfrac{n\pi x}{L}\right) dx, \quad n = 1, 2, 3, \cdots \tag{10-12}$$

定理 10-2

若週期 $2L$ 的函數 f 在 $[-L, L]$ 為分段平滑，則

(1) 在函數 f 的連續點 x，

$$f(x) = \dfrac{a_0}{2} + \sum_{n=1}^{\infty} \left[a_n \cos\left(\dfrac{n\pi x}{L}\right) + b_n \sin\left(\dfrac{n\pi x}{L}\right) \right]$$

(2) 在函數 f 的不連續點 x_0，

$$\frac{f(x_0^+)+f(x_0^-)}{2}=\frac{a_0}{2}+\sum_{n=1}^{\infty}\left[a_n \cos\left(\frac{n\pi x_0}{L}\right)+b_n \sin\left(\frac{n\pi x_0}{L}\right)\right]$$

其中 a_n、b_n 為如 (10-12) 式所示的傅立葉係數。

例題 4

將函數
$$f(x)=\begin{cases} 0, & -\frac{\pi}{\omega}<x<0 \\ \sin(\omega x), & 0\leq x<\frac{\pi}{\omega} \end{cases}$$

展開成傅立葉級數。

解

$$a_0=\frac{\omega}{\pi}\int_{-\pi/\omega}^{\pi/\omega}f(x)\,dx=\frac{\omega}{\pi}\int_0^{\pi/\omega}\sin(\omega x)\,dx$$

$$=\frac{\omega}{\pi}\left[-\frac{1}{\omega}\cos(\omega x)\right]_0^{\pi/\omega}=-\frac{1}{\pi}(-1-1)=\frac{2}{\pi}$$

$$a_n=\frac{\omega}{\pi}\int_{-\pi/\omega}^{\pi/\omega}f(x)\cos(n\omega x)\,dx=\frac{\omega}{\pi}\int_0^{\pi/\omega}\sin(\omega x)\cos(n\omega x)\,dx$$

$$=\frac{\omega}{2\pi}\int_0^{\pi/\omega}[\sin((1+n)\omega x)+\sin((1-n)\omega x)]\,dx$$

$$=\begin{cases} 0, & n=1 \\ \dfrac{\omega}{2\pi}\left[-\dfrac{\cos((1+n)\omega x)}{(1+n)\omega}-\dfrac{\cos((1-n)\omega x)}{(1-n)\omega}\right]_0^{\pi/\omega}, & n\neq 1 \end{cases}$$

$$=\begin{cases} -\dfrac{2}{(n-1)(n+1)}, & n\text{ 為正偶數} \\ 0, & n\text{ 為正奇數} \end{cases}$$

$$b_n = \frac{\omega}{\pi} \int_0^{\pi/\omega} \sin(\omega x) \sin(n\omega x)\, dx$$

$$= \frac{\omega}{2\pi} \int_0^{\pi/\omega} [\cos((1-n)\omega x) - \cos((1+n)\omega x)]\, dx$$

$$= \begin{cases} \dfrac{1}{2}, & n=1 \\ 0, & n=2,\ 3,\ \cdots \end{cases}$$

因此，$f(x)$ 的傅立葉級數為

$$f(x) = \frac{1}{\pi} + \frac{1}{2}\sin(\omega x) - \frac{2}{\pi}\left[\frac{1}{1\cdot 3}\cos(2\omega x) + \frac{1}{3\cdot 5}\cos(4\omega x) + \cdots\right]\text{。}$$

定理 10-3

設週期 $2L$ 的函數 f 在 $[0,\ 2L]$ 為分段平滑，

(1) 若 x 為 f 的連續點，則

$$f(x) = \frac{a_0}{2} + \sum_{n=1}^{\infty}\left[a_n\cos\left(\frac{n\pi x}{L}\right) + b_n\sin\left(\frac{n\pi x}{L}\right)\right]$$

(2) 若 x_0 為 f 的不連續點，則

$$\frac{f(x_0^+) + f(x_0^-)}{2} = \frac{a_0}{2} + \sum_{n=1}^{\infty}\left[a_n\cos\left(\frac{n\pi x_0}{L}\right) + b_n\sin\left(\frac{n\pi x_0}{L}\right)\right]$$

其中　　$a_n = \dfrac{1}{L}\displaystyle\int_0^{2L} f(x)\cos\left(\dfrac{n\pi x}{L}\right) dx$,　$n = 0,\ 1,\ 2,\ 3,\ \cdots$

$b_n = \dfrac{1}{L}\displaystyle\int_0^{2L} f(x)\sin\left(\dfrac{n\pi x}{L}\right) dx$,　$n = 1,\ 2,\ 3,\ \cdots$ 。

例題 5

求函數 $f(x) = x$ 在 $(0, 2\pi)$ 的傅立葉級數。

解 $a_0 = \dfrac{1}{\pi} \displaystyle\int_0^{2\pi} x \, dx = 2\pi$

$a_n = \dfrac{1}{\pi} \displaystyle\int_0^{2\pi} x \cos nx \, dx = \dfrac{1}{n\pi} \left\{ \left[x \sin nx \right]_0^{2\pi} - \int_0^{2\pi} \sin nx \, dx \right\}$

$\quad = 0, \quad n = 1, 2, 3, \cdots$

$b_n = \dfrac{1}{\pi} \displaystyle\int_0^{2\pi} x \sin nx \, dx = -\dfrac{1}{n\pi} \left\{ \left[x \cos nx \right]_0^{2\pi} - \int_0^{2\pi} \cos nx \, dx \right\}$

$\quad = -\dfrac{2}{n}, \quad n = 1, 2, 3, \cdots$

因此，

$$x = \pi - 2 \left(\sin x + \dfrac{\sin 2x}{2} + \dfrac{\sin 3x}{3} + \cdots \right)。$$

例題 6

將函數 $f(x) = \begin{cases} x, & 0 \leq x < 1 \\ 0, & 1 < x \leq 2 \end{cases}$

展開成傅立葉級數。

解 $a_0 = \displaystyle\int_0^2 f(x) \, dx = \int_0^1 x \, dx = \dfrac{1}{2}$

$a_n = \displaystyle\int_0^2 f(x) \cos (n\pi x) \, dx = \int_0^1 x \cos (n\pi x) \, dx$

$\quad = \left[\dfrac{x}{n\pi} \sin (n\pi x) \right]_0^1 - \int_0^1 \dfrac{1}{n\pi} \sin (n\pi x) \, dx$

$$= -\frac{1}{n^2\pi^2} \int_0^1 \sin(n\pi x)\, d(n\pi x)$$

$$= \frac{1}{n^2\pi^2}\left[\cos(n\pi x)\right]_0^1 = \frac{\cos n\pi - 1}{n^2\pi^2}$$

$$= \begin{cases} 0, & n\text{ 為正偶數} \\ -\dfrac{2}{n^2\pi^2}, & n\text{ 為正奇數} \end{cases}$$

$$b_n = \int_0^2 f(x)\sin(n\pi x)\, dx = \int_0^1 x\sin(n\pi x)\, dx = -\frac{\cos n\pi}{n\pi}$$

$$= (-1)^{n+1}\frac{1}{n\pi},\ n=1,\ 2,\ 3,\ \cdots$$

故傅立葉級數為

$$\frac{1}{4} - \frac{2}{\pi^2}\left[\cos(\pi x) + \frac{\cos(3\pi x)}{3^2} + \frac{\cos(5\pi x)}{5^2} + \cdots\right]$$

$$+ \frac{1}{\pi}\left[\sin(\pi x) - \frac{\sin(2\pi x)}{2} + \frac{\sin(3\pi x)}{3} + \cdots\right]\,\text{。}$$

習題 10-1

求下列各函數在指定區間的傅立葉級數。

1. $f(x) = \cos\dfrac{x}{2},\ -\pi \leq x \leq \pi$

2. $f(x) = e^x,\ -\pi < x < \pi$

3. $f(x) = |x|,\ -\pi \leq x \leq \pi$

4. $f(x) = \begin{cases} 0, & -\pi < x < 0 \\ x^2, & 0 < x < \pi \end{cases}$

5. $f(x) = \begin{cases} 1, & 0 < x < \dfrac{\pi}{2} \\ 0, & \dfrac{\pi}{2} < x < 2\pi \end{cases}$

6. $f(x) = x - x^3,\ -1 < x < 1$

7. $f(x) = \begin{cases} \sin x, & -\pi < x < 0 \\ \cos x, & 0 < x < \pi \end{cases}$

8. 一方波如圖所示，在一週期內的函數為

$$f(x)=\begin{cases} -5, & -\pi<x<0 \\ 5, & 0<x<\pi \end{cases}$$

求其傅立葉級數。

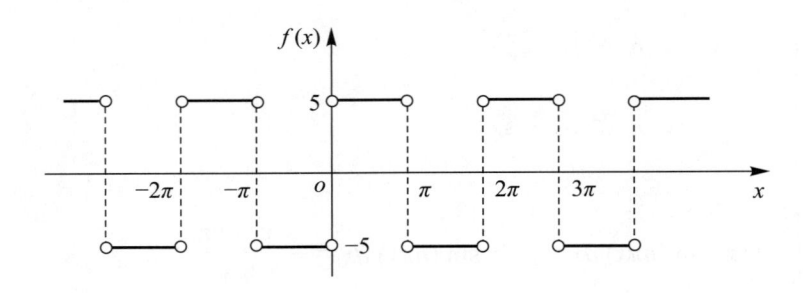

10-2 半幅展開式

首先，我們回憶一下偶函數與奇函數的定義，如下：
對於定義在 $-a \leq x \leq a$ 的函數 $f(x)$，如果對任一 x，恆有

$$f(-x)=f(x)$$

則稱 $f(x)$ 為**偶函數** (even function)；如果對任一 x，恆有

$$f(-x)=-f(x)$$

則稱 $f(x)$ 為**奇函數** (odd function)。

我們可知偶函數的圖形對稱於 y-軸，奇函數的圖形對稱於原點。

偶函數與奇函數有下列重要性質

1. 兩個偶函數或兩個奇函數的積為偶函數。
2. 偶函數與奇函數的積為奇函數。
3. 若 $f(x)$ 為偶函數，則 $\int_{-L}^{L} f(x)\,dx = 2\int_{0}^{L} f(x)\,dx$。
4. 若 $f(x)$ 為奇函數，則 $\int_{-L}^{L} f(x)\,dx = 0$。

由於 $\cos\left(\dfrac{n\pi x}{L}\right)$ $(n=0,\ 1,\ 2,\ 3,\ \cdots)$ 為偶函數，$\sin\left(\dfrac{n\pi x}{L}\right)$ $(n=1,\ 2,\ 3,\ \cdots)$ 為奇函數，因此，

1. 若 $f(x)$ 為奇函數，可知 $f(x)\cos\left(\dfrac{n\pi x}{L}\right)$ 為奇函數，而 $f(x)\sin\left(\dfrac{n\pi x}{L}\right)$ 為偶函數，所以，

$$\int_{-L}^{L} f(x)\cos\left(\dfrac{n\pi x}{L}\right)dx = 0,\ n=0,\ 1,\ 2,\ 3,\ \cdots$$

$$\int_{-L}^{L} f(x)\sin\left(\dfrac{n\pi x}{L}\right)dx = 2\int_{0}^{L} f(x)\sin\left(\dfrac{n\pi x}{L}\right)dx,\ n=1,\ 2,\ 3,\ \cdots$$

2. 若 $f(x)$ 為偶函數，可知 $f(x)\cos\left(\dfrac{n\pi x}{L}\right)$ 為偶函數，而 $f(x)\sin\left(\dfrac{n\pi x}{L}\right)$ 為奇函數，所以，

$$\int_{-L}^{L} f(x)\cos\left(\dfrac{n\pi x}{L}\right)dx = 2\int_{0}^{L} f(x)\cos\left(\dfrac{n\pi x}{L}\right)dx,\ n=0,\ 1,\ 2,\ 3,\ \cdots$$

$$\int_{-L}^{L} f(x)\sin\left(\dfrac{n\pi x}{L}\right)dx = 0,\ n=1,\ 2,\ 3,\ \cdots。$$

定義 10-2

設 f 在 $[0,\ L]$ 為可積分函數，則

(1) f 在 $[0,\ L]$ 的**傅立葉正弦級數** (Fourier sine series) 為

$$\sum_{n=1}^{\infty} b_n \sin\left(\dfrac{n\pi x}{L}\right)$$

即，

$$f(x) \sim \sum_{n=1}^{\infty} b_n \sin\left(\dfrac{n\pi x}{L}\right)$$

其中

$$b_n = \dfrac{2}{L}\int_{0}^{L} f(x)\sin\left(\dfrac{n\pi x}{L}\right)dx,\ n=1,\ 2,\ 3,\ \cdots。$$

(2) f 在 $[0,\ L]$ 的**傅立葉餘弦級數** (Fourier cosine series) 為

$$\dfrac{a_0}{2} + \sum_{n=1}^{\infty} a_n \cos\left(\dfrac{n\pi x}{L}\right)$$

即，$$f(x) \sim \frac{a_0}{2} + \sum_{n=1}^{\infty} a_n \cos\left(\frac{n\pi x}{L}\right)$$

其中 $$a_0 = \frac{2}{L} \int_0^L f(x)\,dx$$

$$a_n = \frac{2}{L} \int_0^L f(x) \cos\left(\frac{n\pi x}{L}\right) dx, \quad n=1,\ 2,\ 3,\ \cdots \circ$$

我們由 10-1 節的討論可推得下面的結果。

定理 10-4

設 f 在 $[-L,\ L]$ 為分段平滑的奇函數 (偶函數)，
(1) 若 x 為 f 的連續點，則 $f(x)$ 的傅立葉正弦 (餘弦) 級數收斂到 $f(x)$。
(2) 若 x_0 為 f 的不連續點，則 $f(x)$ 的傅立葉正弦 (餘弦) 級數收斂到

$$\frac{f(x_0^+) + f(x_0^-)}{2} \circ$$

例題 1

將函數

$$f(x) = \begin{cases} -3, & -5 < x < 0 \\ 3, & 0 < x < 5 \end{cases}$$

展開成傅立葉級數。

解 $f(x)$ 為奇函數，而傅立葉係數為

$$b_n = \frac{2}{5} \int_0^5 f(x) \sin\left(\frac{n\pi x}{5}\right) dx = \frac{2}{5} \int_0^5 3 \sin\left(\frac{n\pi x}{5}\right) dx$$

$$= \left[\frac{6}{5} \cdot \left(-\frac{5}{n\pi}\right) \cos\left(\frac{n\pi x}{5}\right)\right]_0^5 = -\frac{6}{n\pi}(\cos n\pi - 1)$$

$$= \begin{cases} \dfrac{12}{n\pi}, & n \text{ 為正奇數} \\ 0, & n \text{ 為正偶數} \end{cases}$$

因此，$f(x)$ 的傅立葉正弦級數為

$$\frac{12}{\pi}\left[\sin\left(\frac{\pi x}{5}\right)+\frac{1}{3}\sin\left(\frac{3\pi x}{5}\right)+\frac{1}{5}\sin\left(\frac{5\pi x}{5}\right)+\cdots\right]。$$

例題 2

求函數 $f(x)=|x|$ 在 $[-\pi, \pi]$ 的傅立葉級數。

解 此函數為偶函數，而傅立葉係數為

$$a_0=\frac{2}{\pi}\int_0^\pi f(x)\,dx=\frac{2}{\pi}\int_0^\pi x\,dx=\pi$$

$$a_n=\frac{2}{\pi}\int_0^\pi f(x)\cos nx\,dx=\frac{2}{\pi}\int_0^\pi x\cos nx\,dx$$

$$=-\frac{2}{n\pi}\int_0^\pi \sin nx\,dx=\frac{2}{n^2\pi}[(-1)^n-1]$$

$$=\begin{cases} 0, & n \text{ 為正偶數} \\ -\dfrac{4}{n^2\pi}, & n \text{ 為正奇數} \end{cases}$$

因此，$f(x)$ 的傅立葉餘弦級數為

$$|x|=\frac{\pi}{2}-\frac{4}{\pi}\left(\cos x+\frac{\cos 3x}{3^2}+\frac{\cos 5x}{5^2}+\cdots\right)。$$

例題 3

求函數 $f(x)=|\sin x|$ 在 $[-\pi, \pi]$ 的傅立葉級數。

解 $f(x)$ 為偶函數，而傅立葉係數為

$$a_0=\frac{2}{\pi}\int_0^\pi \sin x\,dx=\frac{4}{\pi}$$

$$a_n=\frac{2}{\pi}\int_0^\pi \sin x\cos nx\,dx$$

$$= \frac{1}{\pi} \int_0^\pi [\sin(n+1)x - \sin(n-1)x]\, dx$$

$$= -\frac{1}{\pi} \left[\frac{\cos(n+1)x}{n+1} - \frac{\cos(n-1)x}{n-1} \right]_0^\pi$$

$$= -2\frac{(-1)^n + 1}{\pi(n^2-1)}, \quad \text{當 } n \neq 1$$

$$a_1 = \frac{2}{\pi} \int_0^\pi \sin x \cos x\, dx = \frac{1}{\pi} \int_0^\pi \sin 2x\, dx = 0$$

因此，$|\sin x| = \dfrac{2}{\pi} - \dfrac{4}{\pi}\left(\dfrac{\cos 2x}{3} + \dfrac{\cos 4x}{15} + \dfrac{\cos 6x}{35} + \cdots\right)$。

定義 10-3

設函數 f 在 $[0, L]$ 為分段連續，則其**奇延伸** (odd extension) **函數** $f_o(x)$ 定義如下：

$$f_o(x) = \begin{cases} f(x), & 0 < x < L \\ -f(-x), & -L < x < 0 \\ 0, & x = 0 \text{、} \pm L \end{cases}$$

偶延伸 (even extension) **函數** $f_e(x)$ 定義如下：

$$f_e(x) = \begin{cases} f(x), & 0 \leq x \leq L \\ f(-x), & -L \leq x \leq 0 \end{cases}$$

我們由定義 10-3 很容易得到下列的性質：

1. 奇延伸函數為奇函數。
2. 偶延伸函數為偶函數。
3. 分段平滑函數的奇延伸函數與偶延伸函數均為分段平滑函數。

依定理 10-4，我們可有下面的結果：設函數 $f(x)$ 在 $[0, L]$ 為分段平滑，則

1. 當 x 為 f 的連續點時，$f_o(x)$、$(f_e(x))$ 的傅立葉正弦 (餘弦) 級數收斂到 $f(x)$。
2. 當 x_0 為 f 的不連續點時，$f_o(x)$、$(f_e(x))$ 的傅立葉正弦 (餘弦) 級數收斂到 $\dfrac{f(x_0^+) + f(x_0^-)}{2}$。

以上稱為 $f(x)$ 的 **半幅** (half-range) **正弦 (餘弦) 級數**。

例題 4

求函數 $f(x) = x$ 在 $(0, 2)$ 的半幅正弦級數。

解 $L = 2$, $a_n = 0$,

$$b_n = \frac{2}{L} \int_0^L f(x) \sin\left(\frac{n\pi x}{L}\right) dx = \int_0^2 x \sin\left(\frac{n\pi x}{2}\right) dx$$

$$= \left[-\frac{2x}{n\pi} \cos \frac{n\pi x}{2} + \frac{4}{n^2\pi^2} \sin \frac{n\pi x}{2} \right]_0^2$$

$$= -\frac{4}{n\pi} \cos n\pi$$

因此,$x = \frac{4}{\pi} \left[\sin\left(\frac{\pi x}{2}\right) - \frac{1}{2} \sin\left(\frac{2\pi x}{2}\right) + \frac{1}{3} \sin\left(\frac{3\pi x}{2}\right) - \cdots \right]$。

例題 5

求函數 $f(x) = x$ 在 $(0, 2)$ 的半幅餘弦級數。

解 $L = 2$, $b_n = 0$,

$$a_n = \frac{2}{L} \int_0^L f(x) \cos\left(\frac{n\pi x}{L}\right) dx = \int_0^2 x \cos\left(\frac{n\pi x}{2}\right) dx$$

$$= \left[\frac{2x}{n\pi} \sin\left(\frac{n\pi x}{2}\right) + \frac{4}{n^2\pi^2} \cos\left(\frac{n\pi x}{2}\right) \right]_0^2$$

$$= \frac{4}{n^2\pi^2} (\cos n\pi - 1), \; n \neq 0$$

$$a_0 = \int_0^2 x \, dx = 2$$

因此,$x = 1 - \frac{8}{\pi^2} \left[\cos\left(\frac{\pi x}{2}\right) + \frac{1}{3^2} \cos\left(\frac{3\pi x}{2}\right) + \frac{1}{5^2} \cos\left(\frac{5\pi x}{2}\right) + \cdots \right]$。

例題 6

試將函數

$$f(x)=\begin{cases} \dfrac{2}{L}x \, , & 0 \leq x \leq \dfrac{L}{2} \\ \dfrac{2}{L}(L-x), & \dfrac{L}{2} < x \leq L \end{cases}$$

展開成半幅正弦級數。

解 傅立葉正弦級數的係數為

$$b_n = \frac{2}{L}\int_0^L f(x)\sin\left(\frac{n\pi x}{L}\right)dx$$

$$= \frac{2}{L}\left[\int_0^{L/2} \frac{2x}{L}\sin\left(\frac{n\pi x}{L}\right)dx + \int_{L/2}^L \frac{2(L-x)}{L}\sin\left(\frac{n\pi x}{L}\right)dx\right]$$

$$= \frac{4}{L^2}\left[\int_0^{L/2} x\sin\left(\frac{n\pi x}{L}\right)dx + \int_{L/2}^L (L-x)\sin\left(\frac{n\pi x}{L}\right)dx\right]$$

令 $\dfrac{\pi x}{L}=t$，則上式變成

$$b_n = \frac{4}{\pi^2}\left[\int_0^{\pi/2} t\sin nt\, dt + \int_{\pi/2}^\pi (\pi-t)\sin nt\, dt\right]$$

$$= \frac{4}{\pi^2}\left\{\left[-\frac{t\cos nt}{n}\right]_0^{\pi/2} + \frac{1}{n}\int_0^{\pi/2}\cos nt\, dt + \left[-\frac{(\pi-t)\cos nt}{n}\right]_{\pi/2}^\pi\right.$$

$$\left. -\frac{1}{n}\int_{\pi/2}^\pi \cos nt\, dt\right\}$$

$$= \frac{8}{\pi^2 n^2}\sin\frac{n\pi}{2}, \quad n=1,\ 2,\ 3,\ \cdots$$

因此，$f(x)$ 的半幅正弦級數為

$$\sum_{n=1}^\infty \frac{8}{\pi^2 n^2}\sin\left(\frac{n\pi}{2}\right)\sin\left(\frac{n\pi x}{L}\right)$$

$$= \frac{8}{\pi^2}\left[\sin\left(\frac{nx}{L}\right) - \frac{1}{3^2}\sin\left(\frac{3\pi x}{L}\right) + \frac{1}{5^2}\sin\left(\frac{5\pi x}{L}\right) - \cdots\right]$$

$$= \begin{cases} \dfrac{2}{L}x, & 0 \leq x \leq \dfrac{L}{2} \\ \dfrac{2}{L}(L-x), & \dfrac{L}{2} < x \leq L \end{cases}。$$

習題 10-2

1. 下列各函數是奇函數或偶函數，或兩者皆非？
   (1) $\dfrac{2x}{1+x^2}$　　　　　　　　　(2) $x^4 + x^2 - 2$
   (3) $\tan 3x$　　　　　　　　　　(4) $e^{|x|}$
   (5) $\sin x + \cos x$　　　　　　　(6) $e^x + e^{-x}$
   (7) $\ln(e^{|x|} + 2) + \sec x$

求 2～4 題各函數在指定區間的半幅正弦級數。

2. $f(x) = \begin{cases} 1, & 0 < x < \dfrac{1}{2} \\ 0, & \dfrac{1}{2} < x < 1 \end{cases}$　　　　3. $f(x) = e^x$, $0 < x < 1$

4. $f(x) = \sin\dfrac{\pi x}{2}$, $0 < x < 1$

求 5～7 題各函數在指定區間的半幅餘弦級數。

5. $f(x) = \begin{cases} 1, & 0 < x < \dfrac{1}{2} \\ 0, & \dfrac{1}{2} < x < 1 \end{cases}$　　　　6. $f(x) = x^2$, $0 < x < 2$

7. $f(x) = \cos x$, $0 < x < 2$

10-3 應用

級數在求解微分方程式 (常微或偏微) 時具有其重要地位，本節將討論幾個非齊次線性常微分方程式的解。

我們知道質量為 m 且懸掛在彈簧下端的物體 (見圖 10-2) 的**強迫振動** (forced oscillation) 由方程式

$$m \frac{d^2y}{dt^2} + c \frac{dy}{dt} + ky = F(t) \tag{10-13}$$

決定，其中 $F(t)$ 為系統所受的**外力** (external force) 且 $F(t) \neq 0$，k 為彈簧的**彈簧係數** (spring constant)，c 為**阻尼係數** (damping constant)。如果外力 $F(t)$ 為正弦或餘弦函數且 $c \neq 0$，則 (10-13) 式在**穩態** (steady-state) 下的解代表一有外力之頻率的**諧振** (harmonic oscillation)。如果外力 $F(t)$ 為週期 $2L$ 的週期函數，則可將 $F(t)$ 展開成傅立葉級數而求出 (10-13) 式的穩態解。

例題 1

設一彈簧的彈簧係數為 $k = 10$ 磅／呎，其阻尼係數為 $c = 2$ 磅-秒/呎而重 16 磅的物體吊於此彈簧的下端，如圖 10-2 所示。若週期為 1 的外力函數 $F(t)$ (單位為磅) 為

$$F(t) = \begin{cases} 1, & 0 < t < \dfrac{1}{2} \\ -1, & \dfrac{1}{2} < t < 1 \end{cases}$$

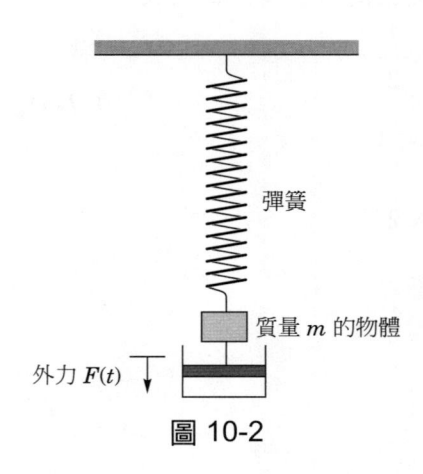

圖 10-2

求 (10-13) 式在穩態下的解。

解 將

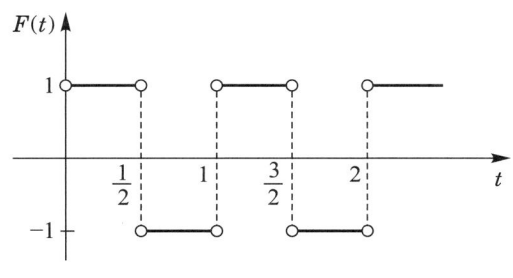

圖 10-3

物體質量為 $m = \dfrac{W}{g} = \dfrac{16}{32} = \dfrac{1}{2}$，而 $c = 2$，$k = 10$，因此，為了求

$$\frac{1}{2}\frac{d^2y}{dt^2} + 2\frac{dy}{dt} + 10y = F(t) \qquad ①$$

的穩態解，先將週期為 1 的外力函數 $F(t)$ 展開成傅立葉級數，

$$F(t) = \frac{4}{\pi}\left[\sin(2\pi t) + \frac{\sin(6\pi t)}{3} + \frac{\sin(10\pi t)}{5} + \frac{\sin(14\pi t)}{7} + \cdots\right]$$

考慮微分方程式

$$\frac{d^2y}{dt^2} + 4\frac{dy}{dt} + 20y = \frac{8}{n\pi}\sin(2n\pi t) \quad (n = 1,\ 3,\ 5,\ \cdots) \qquad ②$$

可得 ② 式在穩態下的特解為

$$y_n(t) = \frac{8}{n\pi\sqrt{D_n}}\sin(2n\pi t - \theta_n) \quad (n = 1,\ 3,\ 5,\ \cdots) \qquad ③$$

其中 $\theta_n = \tan^{-1}\dfrac{8n\pi}{20 - 4n^2\pi^2}$ 為相角，$D_n = (20 - 4n^2\pi^2)^2 + 64n^2\pi^2$，而 $c_n = \dfrac{8}{n\pi\sqrt{D_n}}$ 為 ③ 式的振幅。

因此，② 式在穩態下的解為

$$y_p(t) = y_1(t) + y_3(t) + y_5(t) + \cdots$$

$$= \frac{8}{\pi}\sum_{n=1,\ 3,\ 5,\ \cdots}^{\infty}\frac{1}{n\sqrt{D_n}}\sin(2n\pi t - \theta_n)$$

其中
$$\theta_n = \tan^{-1} \frac{8n\pi}{20-4n^2\pi^2}$$

$$D_n = (20-4n^2\pi^2)^2 + 64n^2\pi^2, \quad n=1,\ 3,\ 5,\ \cdots。$$

由克希荷夫定律可知，圖 10-4 所示的電路滿足方程式

$$L\frac{dI}{dt} + RI + \frac{1}{C}Q = E \tag{10-14}$$

上式對 t 作微分可得

$$L\frac{d^2I}{dt^2} + R\frac{dI}{dt} + \frac{1}{C}I = \frac{dE}{dt} \tag{10-15}$$

若 E 為週期 $2L$ 的函數，則可以將 E 或 $\dfrac{dE}{dt}$ 展開成傅立葉級數，以求 (10-15) 式在穩態下的解。

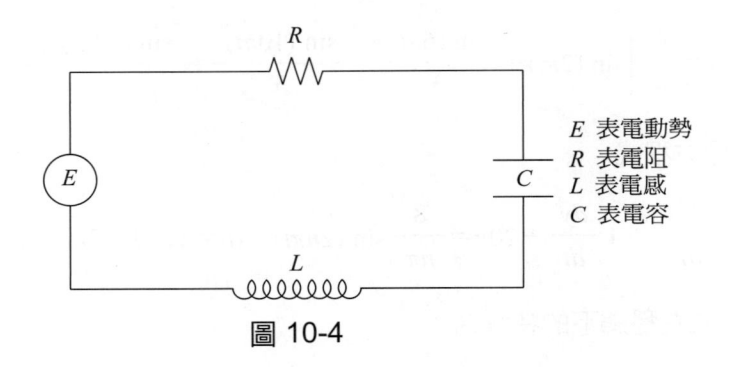

圖 10-4

E 表電動勢
R 表電阻
L 表電感
C 表電容

例題 2

如圖 10-5 所示的電路，其電動勢（以伏特計）為

$$E(t) = \begin{cases} 1, & 0 < t < \pi \\ -1, & \pi < t < 2\pi \end{cases}, \text{週期為 } 2\pi$$

若此電路的電阻為 2 歐姆，電感為 0.1 亨利，電容為 $\dfrac{1}{200}$ 法拉，求此電路的穩態電流。

圖 10-5

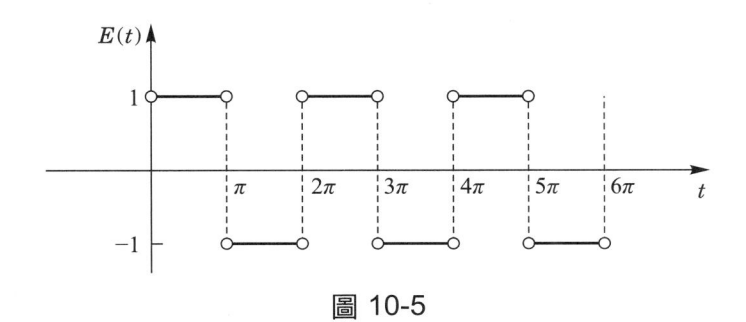

解 將 $E(t)$ 展開成傅立葉級數，可得

$$E(t) = \frac{4}{\pi} \left(\sin t + \frac{\sin 3t}{3} + \frac{\sin 5t}{5} + \cdots \right)$$

考慮微分方程式

$$0.1 \frac{d^2 I}{dt^2} + 20 \frac{dI}{dt} + 260 I = \frac{4}{\pi} \sin nt \quad (n = 1, 3, 5, \cdots)$$

即，

$$\frac{d^2 I}{dt^2} + 20 \frac{dI}{dt} + 2600 I = \frac{40}{\pi} \sin nt \quad (n = 1, 3, 5, \cdots) \quad \text{①}$$

① 式於穩態下的解為

$$I_n(t) = \frac{\frac{40}{n\pi}}{\sqrt{(2600 - n^2)^2 + 400 n^2}} \sin(nt - \theta_n)$$

$$= \frac{40}{n\pi \sqrt{D_n}} \sin(nt - \theta_n) \quad \text{②}$$

其中 $\theta_n = \tan^{-1} \dfrac{20n}{2600 - n^2}$，$D_n = (2600 - n^2)^2 + 400 n^2$，$\theta_n$ 為 ② 式的相角，$c_n = \dfrac{40}{n\pi \sqrt{D_n}}$ 為 ② 式的振幅。由於 ① 式為線性微分方程式，因此，所予電路的穩態電流為

$$I(t) = I_1(t) + I_3(t) + I_5(t) + \cdots = \sum_{n=1, 3, 5, \cdots}^{\infty} \frac{40}{n\pi \sqrt{D_n}} \sin(nt - \theta_n)$$

$$D_n = (2600 - n^2)^2 + 400 n^2, \quad \theta_n = \tan^{-1} \frac{20n}{2600 - n^2} \text{。}$$

習題 10-3

討論 1.～2. 題各系統的穩態運動(見圖 10-2)。

1. $F(t) = \begin{cases} F_0, & 0 < t < 1 \\ 0, & 1 < t < 3 \end{cases}$, $F(t+3) = F(t)$

   $k = 3$ 克／秒^2，$m = 8$ 克，$c = 0.1$。

2. $F(t) = t$, $-\dfrac{1}{2} < t < \dfrac{1}{2}$, $F(t+1) = F(t)$

   $k = 40$ 克／秒^2，$m = 100$ 克，$c = 0.1$。

討論 3.～4. 題各電路的穩態電流。

3. $E(t) = t$, $0 \leq t \leq 0.01$

   $E(t + 0.01) = E(t)$

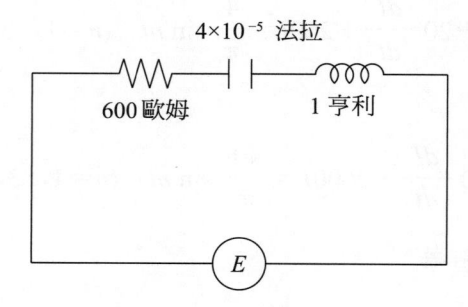

   600 歐姆，4×10^{-5} 法拉，1 亨利

4. $E(t) = 100 \sin 50\pi t$, $0 \leq t \leq 0.02$

   $E(t + 0.02) = E(t)$

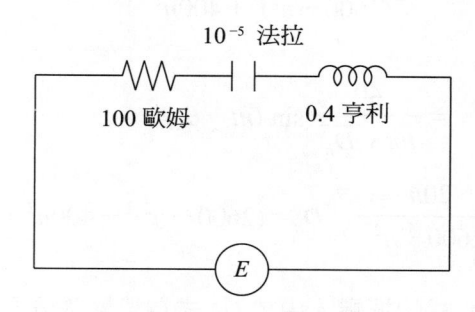

   100 歐姆，10^{-5} 法拉，0.4 亨利

CHAPTER 11 傅立葉轉換

傅立葉轉換是一種與拉普拉斯轉換有些相似的積分轉換,而被廣泛地用於解微分方程式與積分方程式,並應用於通信系統的信號分析方面。

11-1 傅立葉積分

　　第十章中所討論的問題皆將週期函數 $f(x)$ 化成傅立葉級數,但是當 $f(x)$ 不具有週期性或週期相當大時,就不能以傅立葉級數來處理,在這種情形中,仍然可以用正弦與餘弦表示函數,只是使用積分而非求和。今考慮定義於 x- 軸的函數 f 且 f 在每一有限區間 $[-L, L]$ 為分段平滑,則在每一這類的區間,f 的傅立葉級數可表成

$$\frac{1}{2L}\int_{-L}^{L} f(u)\,du + \frac{1}{L}\left[\sum_{n=1}^{\infty}\cos\left(\frac{n\pi x}{L}\right)\int_{-L}^{L} f(u)\cos\left(\frac{n\pi u}{L}\right)du\right.$$
$$\left.+\sum_{n=1}^{\infty}\sin\left(\frac{n\pi x}{L}\right)\int_{-L}^{L} f(u)\sin\left(\frac{n\pi u}{L}\right)du\right]\text{。} \tag{11-1}$$

在 (11-1) 式中,令 $\lambda_1 = \dfrac{\pi}{L},\ \lambda_2 = \dfrac{2\pi}{L},\ \lambda_3 = \dfrac{3\pi}{L},\ \cdots,\ \lambda_n = \dfrac{n\pi}{L},\ \cdots$,則

$$\Delta\lambda = \lambda_{n+1} - \lambda_n = \frac{\pi}{L}$$

所以,(11-1) 式變成

$$\frac{1}{2L}\int_{-L}^{L} f(u)\,du + \frac{1}{\pi}\left\{\sum_{n=1}^{\infty}\left[\cos(\lambda_n x)\int_{-L}^{L} f(u)\cos(\lambda_n u)\,du\right]\Delta\lambda\right.$$
$$\left.+\sum_{n=1}^{\infty}\left[\sin(\lambda_n x)\int_{-L}^{L} f(u)\sin(\lambda_n u)\,du\right]\Delta\lambda\right\} \tag{11-2}$$

假設瑕積分 $\int_{-\infty}^{\infty} |f(x)|\,dx$ 存在，則當 $L \to \infty$ 時，$\dfrac{1}{2L}\left(\int_{-L}^{L} f(u)\,du\right) \to 0$，(11-2) 式變成

$$\frac{1}{\pi}\int_0^{\infty}\left[\cos(\lambda x)\int_{-\infty}^{\infty} f(u)\cos(\lambda u)\,du + \sin(\lambda x)\int_{-\infty}^{\infty} f(u)\sin(\lambda u)\,du\right]d\lambda \quad (11\text{-}3)$$

(11-3) 式稱為 f 在 x- 軸的**傅立葉積分** (Fourier integral)，通常，它可表為

$$\int_0^{\infty}[A(\lambda)\cos(\lambda x)+B(\lambda)\sin(\lambda x)]\,d\lambda$$

其中
$$A(\lambda)=\frac{1}{\pi}\int_{-\infty}^{\infty} f(u)\cos(\lambda u)\,du \quad (11\text{-}4)$$

與
$$B(\lambda)=\frac{1}{\pi}\int_{-\infty}^{\infty} f(u)\sin(\lambda u)\,du$$

稱為 f 的**傅立葉積分係數**。

定理 11-1

若函數 f 在每一區間 $[-L, L]$ 皆為分段平滑且 $\int_{-\infty}^{\infty}|f(x)|\,dx$ 收斂，則在每一 x 處，f 的傅立葉積分收斂到

$$\frac{1}{2}[f(x^+)+f(x^-)]$$

尤其，若 f 在 x 處為連續，則在 x 處的傅立葉積分收斂到 $f(x)$。

例題 1

求 $f(x)=\begin{cases} 1, & |x|<1 \\ 0, & |x|>1 \end{cases}$ 的傅立葉積分。

解

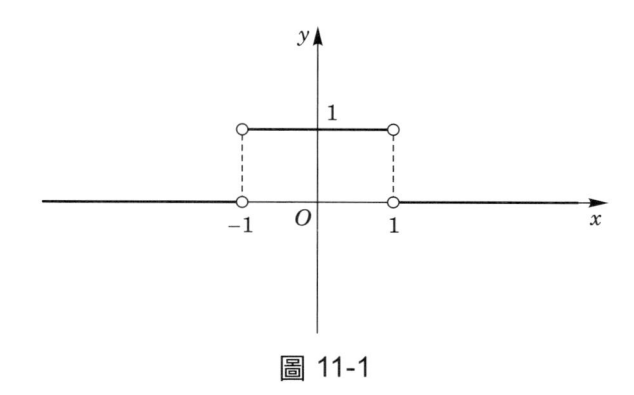

图 11-1

由 (11-4) 式可得

$$A(\lambda)=\int_{-\infty}^{\infty} f(u)\cos(\lambda u)\,du = \int_{-1}^{1}\cos(\lambda u)\,du = \frac{2\sin\lambda}{\lambda}$$

與

$$B(\lambda)=\int_{-\infty}^{\infty} f(u)\sin(\lambda u)\,du = 0\ (因\,f\,是偶函數)$$

故 f 的傅立葉積分為

$$\frac{1}{\pi}\int_{0}^{\infty}\frac{2\sin\lambda}{\lambda}\cos(\lambda x)\,d\lambda = \frac{2}{\pi}\int_{0}^{\infty}\frac{\cos(\lambda x)\sin\lambda}{\lambda}\,d\lambda \,\text{。}$$

讀者應注意，當 $x=0$ 時，$f(x)=1$，代入例題 1 的結果可得

$$1 = \frac{2}{\pi}\int_{0}^{\infty}\frac{\sin\lambda}{\lambda}\,d\lambda$$

即，

$$\int_{0}^{\infty}\frac{\sin\lambda}{\lambda}\,d\lambda = \frac{\pi}{2}\,\text{。}$$

由例題 1 所引申出來的問題是：當 $x=1$ 與 $x=-1$ 時，函數 $f(x)$ 為不連續，此時其積分式的值將收斂至哪一個值呢？這與傅立葉級數的理論相同 (即狄利克雷定理)，由於 $\dfrac{f(1^+)+f(1^-)}{2} = \dfrac{1+0}{2} = \dfrac{1}{2}$，因此，由前述討論可知

$$\int_{0}^{\infty}\frac{\cos(\lambda x)\sin\lambda}{\lambda}\,d\lambda = \begin{cases} \dfrac{\pi}{2}, & 0 \leq |x| < 1 \\[4pt] \dfrac{\pi}{4}, & |x| = 1 \\[4pt] 0, & |x| > 1 \end{cases}$$

若函數 f 在區間 $[0,\infty)$ 為分段平滑且 $\int_0^\infty |f(x)|\,dx$ 收斂，則可求得 f 的傅立葉正弦或餘弦積分，此與函數在區間 $[0, L]$ 的正弦或餘弦級數類似。

為了得到正弦積分，我們定義

$$f_0(x) = \begin{cases} f(x), & x \geq 0 \\ -f(-x), & x < 0 \end{cases}$$

將 f 在 $[0,\infty)$ 作奇延伸函數 f_0。因 f_0 為奇函數，可得它的傅立葉積分僅含正弦項，又 $f_0(x)=f(x)$ $(x \geq 0)$，故此積分可被定義為 f 在 $[0,\infty)$ 的**傅立葉正弦積分** (Fourier sine integral)。

在傅立葉積分中 f_0 的係數為

$$\int_{-\infty}^\infty f_0(u) \sin(\lambda u)\, du$$

也就是

$$2\int_0^\infty f(u) \sin(\lambda u)\, du \text{。}$$

定義 11-1

設函數 f 定義在區間 $[0,\infty)$ 且 $\int_0^\infty |f(x)|\,dx$ 收斂，則 f 在 $[0,\infty)$ 的**傅立葉正弦積分**為

$$\frac{1}{\pi}\int_0^\infty B(\lambda) \sin(\lambda x)\, d\lambda$$

其中
$$B(\lambda) = 2\int_0^\infty f(u) \sin(\lambda u)\, du \text{。}$$

若 f 在每一區間 $[0, L]$ 為分段平滑且 $\int_0^\infty |f(x)|\,dx$ 收斂，則它的傅立葉正弦積分在 $x > 0$ 處收斂到 $\frac{1}{2}[f(x^+)+f(x^-)]$，在 $x=0$ 處，積分則收斂到 0。

藉著將函數 f 在區間 $[0,\infty)$ 作偶延伸函數 f_e，可得 f_e 的傅立葉積分只含餘弦項，又 $f_e(x)=f(x)$ $(x \geq 0)$，故此積分為 f 在 $[0,\infty)$ 的**傅立葉餘弦積分** (Fourier cosine integral)。

定義 11-2

設函數 f 定義在區間 $[0, \infty)$ 且 $\int_0^\infty |f(x)|\,dx$ 收斂，則 f 在 $[0, \infty)$ 的**傅立葉餘弦積分**為

$$\frac{1}{\pi} \int_0^\infty A(\lambda) \cos(\lambda x)\,d\lambda$$

其中 $\quad A(\lambda) = 2\int_0^\infty f(u) \cos(\lambda u)\,du$。

若 f 在每一區間 $[0, L]$ 為分段平滑且 $\int_0^\infty |f(x)|\,dx$ 收斂，則它的傅立葉餘弦積分在 $x > 0$ 處收斂到 $\frac{1}{2}[f(x^+) + f(x^-)]$，在 $x = 0$ 處，積分則收斂到 $f(0)$。尤其，當 f 在任意 $x > 0$ 處為連續，則積分收斂到 $f(x)$。

例題 2

求 $f(x) = e^{-kx}$ ($x \geq 0$, $k > 0$) 的傅立葉餘弦積分，並證明

$$\int_0^\infty \frac{\cos(\lambda x)}{4 + \lambda^2}\,d\lambda = \frac{\pi}{4} e^{-2x},\ x \geq 0。$$

解 $f(x) = \dfrac{1}{\pi} \displaystyle\int_0^\infty A(\lambda) \cos(\lambda x)\,d\lambda$

$= \dfrac{1}{\pi} \displaystyle\int_0^\infty \left(2 \int_0^\infty f(u) \cos(\lambda u)\,du\right) \cos(\lambda x)\,d\lambda$

$= \dfrac{2}{\pi} \displaystyle\int_0^\infty \left(\int_0^\infty f(u) \cos(\lambda u)\,du\right) \cos(\lambda x)\,d\lambda$

現在，

$$\int_0^\infty f(u) \cos(\lambda u)\,du = \int_0^\infty e^{-ku} \cos(\lambda u)\,du = \lim_{t \to \infty} \int_0^t e^{-ku} \cos(\lambda u)\,du$$

$$= \lim_{t \to \infty} \left[\frac{e^{-ku}}{k^2 + \lambda^2}(-k \cos(\lambda u) + \lambda \sin(\lambda u))\right]_0^t$$

$$= \frac{k}{k^2+\lambda^2}$$

故
$$f(x) = e^{-kx} = \frac{2}{\pi} \int_0^\infty \frac{k}{k^2+\lambda^2} \cos(\lambda x)\, d\lambda$$

$$= \frac{2k}{\pi} \int_0^\infty \frac{\cos(\lambda x)}{k^2+\lambda^2}\, d\lambda, \quad x \geq 0, \quad k > 0$$

當 $k = 2$ 時，上式變成

$$e^{-2x} = \frac{4}{\pi} \int_0^\infty \frac{\cos(\lambda x)}{4+\lambda^2}\, d\lambda, \quad x \geq 0$$

因此，
$$\int_0^\infty \frac{\cos(\lambda x)}{4+\lambda^2}\, d\lambda = \frac{\pi}{4} e^{-2x}, \quad x \geq 0 \text{。}$$

習題 11-1

求下列各函數的傅立葉積分。

1. $f(t) = \begin{cases} 10, & -10 \leq t \leq 10 \\ 0, & |t| > 10 \end{cases}$

2. $f(t) = \begin{cases} 0, & |t| > \pi \\ t, & -\pi \leq t \leq \pi \end{cases}$

3. 設函數 $f(t) = \begin{cases} 1, & 0 < t < 1 \\ 0, & t > 1 \end{cases}$，求 (1) 傅立葉正弦積分，(2) 傅立葉餘弦積分。

4. 試以傅立葉積分表示函數

$$f(t) = \begin{cases} 0, & -\infty < t \leq -1 \\ 1+t, & -1 < t \leq 0 \\ 1-t, & 0 < t \leq 1 \\ 0, & 1 < t < \infty \end{cases}$$

並求 $\int_0^\infty \frac{1-\cos \lambda}{\lambda^2}\, d\lambda$。

5. 求函數

$$f(t) = \begin{cases} 2t, & 0 < t < 1 \\ 0, & t > 1 \end{cases}$$

的傅立葉餘弦積分。

6. 設函數 $f(x)=\begin{cases} x, & 0 \leq x \leq 1 \\ x+1, & 1 < x \leq 2 \\ 0, & x > 2 \end{cases}$，求 (1) 傅立葉正弦積分，(2) 傅立葉餘弦積分。

7. 利用傅立葉積分證明

$$\int_0^\infty \frac{\cos(\lambda t)}{9+\lambda^2} d\lambda = \frac{\pi}{6} e^{-3t}, \quad t > 0 \text{。}$$

11-2 複數傅立葉級數與積分

在力學的應用與發展上，我們有必要考慮複數形式的傅立葉級數與積分，由定理 10-2 的討論得知對一個週期為 $2L$ 的分段平滑函數 $f(x)$，可展開成傅立葉級數。

$$\frac{1}{2} a_0 + \sum_{n=1}^\infty \left[a_n \cos\left(\frac{n\pi x}{L}\right) + b_n \sin\left(\frac{n\pi x}{L}\right) \right]$$

其中

$$a_n = \frac{1}{L} \int_{-L}^{L} f(x) \cos\left(\frac{n\pi x}{L}\right) dx, \quad n=0, 1, 2, \cdots$$

$$b_n = \frac{1}{L} \int_{-L}^{L} f(x) \sin\left(\frac{n\pi x}{L}\right) dx, \quad n=1, 2, \cdots$$

茲依歐勒公式可得

$$\cos\left(\frac{n\pi x}{L}\right) = \frac{1}{2} \left[e^{i\left(\frac{n\pi x}{L}\right)} + e^{-i\left(\frac{n\pi x}{L}\right)} \right]$$

$$\sin\left(\frac{n\pi x}{L}\right) = \frac{1}{2i} \left[e^{i\left(\frac{n\pi x}{L}\right)} - e^{-i\left(\frac{n\pi x}{L}\right)} \right]$$

將 $\cos\left(\frac{n\pi x}{L}\right)$ 與 $\sin\left(\frac{n\pi x}{L}\right)$ 代入傅立葉級數中，整理後可得複數傅立葉級數

$$\frac{1}{2} a_0 + \sum_{n=1}^\infty \left[\left(\frac{a_n - ib_n}{2}\right) e^{i\left(\frac{n\pi x}{L}\right)} + \left(\frac{a_n + ib_n}{2}\right) e^{-i\left(\frac{n\pi x}{L}\right)} \right] \qquad (11\text{-}5)$$

令 $c_n = \dfrac{a_n - ib_n}{2}$，則

$$c_n = \dfrac{a_n - ib_n}{2} = \dfrac{1}{2L}\int_{-L}^{L} f(x)\left[\cos\left(\dfrac{n\pi x}{L}\right) - i\sin\left(\dfrac{n\pi x}{L}\right)\right]dx$$

$$= \dfrac{1}{2L}\int_{-L}^{L} f(x)\, e^{-i\left(\frac{n\pi x}{L}\right)}dx, \quad n = \cdots, -1, 0, 1, 2, \cdots$$

令 $c_{-n} = \dfrac{a_n + ib_n}{2}$，由於 c_n 與 c_{-n} 互為共軛複數，即，$c_{-n} = \overline{c_n}$，則

$$c_{-n} = \dfrac{1}{2L}\int_{-L}^{L} f(x)\, e^{i\left(\frac{n\pi x}{L}\right)}dx$$

而

$$\dfrac{a_0}{2} = \dfrac{1}{2L}\int_{-L}^{L} f(x)\, dx = c_0$$

代入 (11-5) 式，可得

$$c_0 + \sum_{n=1}^{\infty}\left[c_n\, e^{i\left(\frac{n\pi x}{L}\right)} + c_{-n}\, e^{-i\left(\frac{n\pi x}{L}\right)}\right] = \sum_{n=-\infty}^{\infty} c_n\, e^{i\left(\frac{n\pi x}{L}\right)}$$

其中係數

$$c_n = \dfrac{1}{2L}\int_{-L}^{L} f(x)\, e^{-i\left(\frac{n\pi x}{L}\right)}dx, \quad n = \cdots, -1, 0, 1, 2, \cdots,\ c_n \in \mathbb{C}\ (\text{複數})。$$

定義 11-3

若 f 為具有週期 $2L$ 的分段平滑函數，則 f 的**複數傅立葉級數** (complex Fourier series) 為

$$\sum_{n=-\infty}^{\infty} c_n\, e^{i\left(\frac{n\pi x}{L}\right)}$$

其中 $\quad c_n = \dfrac{1}{2L}\int_{-L}^{L} f(x)\, e^{-i\left(\frac{n\pi x}{L}\right)}dx,\ n = 0, \pm 1, \pm 2, \cdots。$

例題 1

將週期函數 $f(x)=\begin{cases} 1, & 0 \leq x \leq 1 \\ -1, & -1 \leq x \leq 0 \end{cases}$, $f(x)=f(x+2)$ 展開成複數傅立葉級數。

解 因 $L=1$，故

$$c_n = \frac{1}{2L}\int_{-L}^{L} f(x) e^{-i\left(\frac{n\pi x}{L}\right)} dx = \frac{1}{2}\int_{-1}^{1} f(x) e^{-in\pi x} dx$$

$$= \frac{1}{2}\left(\int_{-1}^{0} -e^{-in\pi x} dx + \int_{0}^{1} e^{-in\pi x} dx\right)$$

$$= \frac{1}{2}\left\{\left[\frac{1}{in\pi} e^{-in\pi x}\right]_{-1}^{0} - \left[\frac{1}{in\pi} e^{-in\pi x}\right]_{0}^{1}\right\}$$

$$= \frac{1}{2}\left[\frac{1}{in\pi}(1-e^{-in\pi}) - \frac{1}{in\pi}(e^{-in\pi}-1)\right]$$

$$= \frac{1}{2}\frac{2-(e^{in\pi}+e^{-in\pi})}{in\pi} = \frac{i[(-1)^n - 1]}{n\pi}, \ n \neq 0$$

又 $c_0 = \frac{1}{2L}\int_{-L}^{L} f(x) dx = \frac{1}{2}\left[\int_{-1}^{0}(-1) dx + \int_{0}^{1} 1 dx\right] = 0$

故 $f(x) = \sum_{\substack{n=-\infty \\ n \neq 0}}^{\infty} \frac{i[(-1)^n - 1]}{n\pi} e^{in\pi x}$。

定理 11-2 | 巴西瓦爾恆等式 (Parseval's identity)

設函數 f 在 $[-L, L]$ 為連續且 f' 在 $[-L, L]$ 為分段連續，又 $f(-L)=f(L)$，則 f 在 $[-L, L]$ 的複數傅立葉級數的係數 c_n 滿足等式

$$\sum_{n=-\infty}^{\infty} |c_n|^2 = \frac{1}{2L}\int_{-L}^{L} [f(x)]^2 dx。$$

證 f 的複數傅立葉級數為

$$f(x) = \sum_{n=-\infty}^{\infty} c_n e^{i\left(\frac{n\pi x}{L}\right)}$$

可得
$$\frac{1}{2L}\int_{-L}^{L}[f(x)]^2\,dx = \frac{1}{2L}\int_{-L}^{L}f(x)\left[\sum_{n=-\infty}^{\infty}c_n\,e^{i\left(\frac{n\pi x}{L}\right)}\right]dx$$
$$=\sum_{n=-\infty}^{\infty}c_n\left[\frac{1}{2L}\int_{-L}^{L}f(x)\,e^{i\left(\frac{n\pi x}{L}\right)}dx\right]$$
$$=\sum_{n=-\infty}^{\infty}c_n\left[\frac{1}{2L}\int_{-L}^{L}f(x)\,e^{-i\left[\frac{(-n)\pi x}{L}\right]}dx\right]$$
$$=\sum_{n=-\infty}^{\infty}c_n\cdot c_{-n}=\sum_{n=-\infty}^{\infty}|c_n|^2$$

(因 c_n 與 c_{-n} 互為共軛複數)。

例題 2

利用 $f(x)=x^2$ 在 $[-\pi,\pi]$ 的傅立葉級數與巴西瓦爾恆等式，求 $\sum_{n=1}^{\infty}\frac{1}{n^4}$ 的和。

解 因 $c_n=\frac{1}{2}(a_n-ib_n)$，$c_{-n}=\frac{1}{2}(a_n+ib_n)$，$n=0,\pm1,\pm2,\cdots$，故

$$\sum_{n=-\infty}^{\infty}|c_n|^2=\frac{a_0^2}{4}+\frac{1}{2}\sum_{n=1}^{\infty}(a_n^2+b_n^2)$$

依 10-1 節例題 3 可知 f 的傅立葉級數為

$$a_0=\frac{2\pi^2}{3}$$

$$a_n=(-1)^n\frac{4}{n^2},\ n=1,2,\cdots$$

$$b_n=0,\ n=1,2,\cdots$$

又
$$\frac{1}{2L}\int_{-L}^{L}[f(x)]^2\,dx=\frac{1}{2\pi}\int_{-\pi}^{\pi}x^4\,dx=\frac{\pi^4}{5}$$

可得
$$\frac{\pi^4}{9}+\sum_{n=1}^{\infty}\frac{8}{n^4}=\frac{\pi^4}{5}$$

故
$$\sum_{n=1}^{\infty}\frac{1}{n^4}=\frac{\pi^4}{90}\ \text{。}$$

假設函數 f 在每一區間 $[-L, L]$ 為分段平滑且 $\int_{-\infty}^{\infty} |f(x)| \, dx$ 收斂，則由 (11-3) 式可知，對任意 x，

$$\frac{1}{2}[f(x^+)+f(x^-)] = \frac{1}{\pi} \int_0^{\infty} \int_{-\infty}^{\infty} f(u) \cos \lambda(u-x) \, du \, d\lambda$$

$$= \frac{1}{2\pi} \int_0^{\infty} \int_{-\infty}^{\infty} f(u) [e^{i\lambda(u-x)} + e^{-i\lambda(u-x)}] \, du \, d\lambda$$

$$= \frac{1}{2\pi} \int_0^{\infty} \int_{-\infty}^{\infty} f(u) e^{i\lambda(u-x)} \, du \, d\lambda + \frac{1}{2\pi} \int_0^{\infty} \int_{-\infty}^{\infty} f(u) e^{-i\lambda(u-x)} \, du \, d\lambda$$

在上面最後一行的第一個積分中，令 $\lambda = -t$，則

$$\frac{1}{2\pi} \int_0^{\infty} \int_{-\infty}^{\infty} f(u) e^{i\lambda(u-x)} \, du \, d\lambda = \frac{1}{2\pi} \int_{-\infty}^0 \int_{-\infty}^{\infty} f(u) e^{-it(u-x)} \, du \, dt$$

$$= \frac{1}{2\pi} \int_{-\infty}^0 \int_{-\infty}^{\infty} f(u) e^{-i\lambda(u-x)} \, du \, d\lambda$$

可得 $\quad \dfrac{1}{2}[f(x^+)+f(x^-)] = \dfrac{1}{2\pi} \int_{-\infty}^{\infty} \int_{-\infty}^{\infty} f(u) e^{-i\lambda(u-x)} \, du \, dt$

$$= \frac{1}{2\pi} \int_{-\infty}^{\infty} \left(\int_{-\infty}^{\infty} f(u) e^{-i\lambda u} \, du \right) e^{i\lambda x} \, d\lambda \qquad (11\text{-}6)$$

(11-6) 式等號的右邊稱為 f 在 x- 軸的**複數傅立葉積分** (complex Fourier integral)。我們可將 (11-6) 式改寫成

$$\frac{1}{2}[f(x^+)+f(x^-)] = \frac{1}{2\pi} \int_{-\infty}^{\infty} C(\lambda) \, e^{i\lambda x} \, d\lambda$$

其中 $\quad\quad\quad\quad C(\lambda) = \displaystyle\int_{-\infty}^{\infty} f(u) \, e^{-i\lambda u} \, du \qquad (11\text{-}7)$

稱為 f 的**複數傅立葉積分係數**。

例題 3

求 $f(x) = e^{-2|x|}$ $(-\infty < x < \infty)$ 的複數傅立葉積分。

解 f 的複數傅立葉積分係數為

$$C(\lambda) = \int_{-\infty}^{\infty} f(u) e^{-i\lambda u} du$$

$$= \int_{-\infty}^{\infty} e^{-2|u|} e^{-i\lambda u} du$$

$$= \int_{-\infty}^{0} e^{2u} e^{-i\lambda u} du + \int_{0}^{\infty} e^{-2u} e^{-i\lambda u} du$$

$$= \int_{-\infty}^{0} e^{(2-i\lambda)u} du + \int_{0}^{\infty} e^{-(2+i\lambda)u} du$$

$$= \lim_{h \to -\infty} \int_{h}^{0} e^{(2-i\lambda)u} du + \lim_{h \to \infty} \int_{0}^{h} e^{-(2+i\lambda)u} du$$

$$= \frac{1}{2+i\lambda} + \frac{1}{2-i\lambda} = \frac{4}{\lambda^2+4}$$

所以，f 的複數傅立葉積分為

$$e^{-2|x|} = \frac{2}{\pi} \int_{-\infty}^{\infty} \frac{1}{\lambda^2+4} e^{i\lambda x} d\lambda \text{。}$$

習題 11-2

試寫出 f 的複數傅立葉級數，並確定此級數收斂到何值。

1. $f(x) = \begin{cases} \dfrac{3}{4}x, & 0 \leq x < 8 \\ f(x+8), & \text{所有 } x \end{cases}$

2. $f(x) = \begin{cases} 2x, & 0 \leq x < 3 \\ f(x+3), & \text{所有 } x \end{cases}$

3. $f(x) = \begin{cases} x^2, & 0 \leq x < 2 \\ f(x+2), & \text{所有 } x \end{cases}$

4. 將 $f(x) = \begin{cases} -1, & -2\pi < x < 0 \\ 1, & 0 < x < 2\pi \end{cases}$ 展開成複數傅立葉級數。

求下列各函數的複數傅立葉積分。

5. $f(x) = \begin{cases} \sin(\pi x), & -5 \leq x \leq 5 \\ 0, & |x| > 5 \end{cases}$

6. $f(x) = xe^{-|x|}$

7. (1) 求 $f(t) = \begin{cases} 2, & |t| < 1 \\ 0, & |t| > 1 \end{cases}$ 的傅立葉積分。

(2) 由 (1) 的結果求 $\int_0^\infty \dfrac{\cos t \sin t}{t} dt$。

11-3 傅立葉轉換

我們將 (11-6) 式中的 λ 換成 ω 可得

$$\frac{1}{2}[f(x^+) + f(x^-)] = \frac{1}{2\pi} \int_{-\infty}^{\infty} \left(\int_{-\infty}^{\infty} f(u) e^{-i\omega u} du \right) e^{i\omega x} d\omega$$

在上式等號右邊之括弧內的項是一種轉換，定義如下：

定義 11-4

若 f 在 $[-L, L]$ 為分段連續且 $\int_{-\infty}^{\infty} |f(t)| dt$ 收斂，則 f 的**傅立葉轉換** (Fourier transform) 定義為

$$\mathcal{F}\{f(t)\}(\omega) = \int_{-\infty}^{\infty} f(t) e^{-i\omega t} dt。$$

定義 11-4 指出，f 的傅立葉轉換就是 f 的複數傅立葉積分中的係數 $C(\omega)$。

因此，f 的傅立葉轉換為一種新變數 ω 的函數 $\mathcal{F}\{f(t)\}$，此函數在 ω 處的值為 $\mathcal{F}\{f(t)\}(\omega)$。習慣上，以英文小寫字母所表示的函數的傅立葉轉換，常用同一個字母的大寫表示。因此，$f(t)$ 的傅立葉轉換可以寫成 $F(\omega)$，即，

$$F(\omega) = \int_{-\infty}^{\infty} f(t) e^{-i\omega t} dt。$$

例題 1

求 $f(t)=3e^{-kt}$ $(t \geq 0,\ k>0)$ 的傅立葉轉換。

解 $F(\omega) = \displaystyle\int_{-\infty}^{\infty} f(t)\, e^{-i\omega t}\, dt = 3\int_{0}^{\infty} e^{-(k+i\omega)t}\, dt$

$= 3\displaystyle\lim_{h\to\infty} \int_{0}^{h} e^{-(k+i\omega)t}\, dt = \dfrac{3}{-(k+i\omega)} \lim_{h\to\infty} \left[e^{-(k+i\omega)t} \right]_{0}^{h}$

$= \dfrac{3}{k+i\omega}$。

定義 11-5　幅譜 (amplitude spectrum)

$f(t)$ 的**幅譜**為 $|F(\omega)|$ 的圖形，即函數的傅立葉轉換的大小。

例如，對例題 1 中的 $f(t)=3e^{-kt}$，

$$|F(\omega)| = \dfrac{3}{|k+i\omega|} = \dfrac{3}{\sqrt{k^2+\omega^2}}$$

其圖形如圖 11-2 所示。

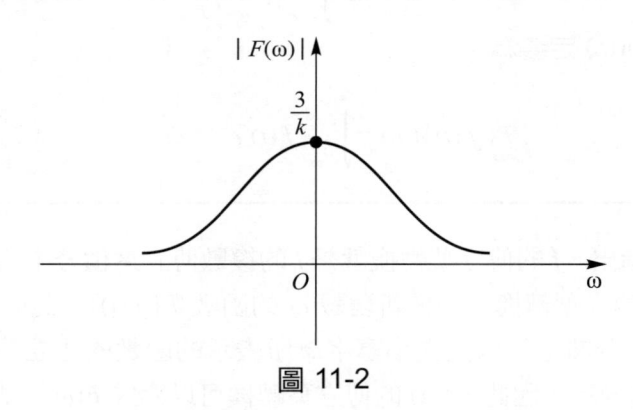

圖 11-2

若函數 f 在 $(-\infty,\ \infty)$ 為連續，f' 在每一區間 $[-L,\ L]$ 為分段連續，則 f 的複數傅立葉積分為

$$f(t) = \dfrac{1}{2\pi} \int_{-\infty}^{\infty} \left[\int_{-\infty}^{\infty} f(u)\, e^{-i\omega u}\, du \right] e^{i\omega t}\, d\omega$$

$$= \dfrac{1}{2\pi} \int_{-\infty}^{\infty} F(\omega)\, e^{i\omega t}\, d\omega$$

其中
$$F(\omega)=\int_{-\infty}^{\infty} f(u)\, e^{-i\omega u}\, du$$

令 $u = t$，則

$$F(\omega)=\int_{-\infty}^{\infty} f(t)\, e^{-i\omega t}\, dt = \mathcal{F}\{f(t)\}$$

故

$$f(t)=\frac{1}{2\pi}\int_{-\infty}^{\infty} F(\omega)\, e^{i\omega t}\, d\omega = \mathcal{F}^{-1}\{F(\omega)\} \tag{11-8}$$

(11-8) 式可看成是由 F 回到 f 的逆轉換式，而稱 $f(t)$ 為 $F(\omega)$ 的**反傅立葉轉換** (inverse Fourier transform)，以 $\mathcal{F}^{-1}\{F(\omega)\}$ 表示。

目前，積分定義了轉換，而 (11-8) 式的積分為其反轉換，因此，它們是傅立葉轉換所建立的**轉換對** (transform pair)。

定義 11-6

下列兩轉換稱為**傅立葉轉換對**：

$$\mathcal{F}\{f(t)\}=F(\omega)=\int_{-\infty}^{\infty} f(t)\, e^{-i\omega t}\, dt \quad (\text{傅立葉轉換})$$

$$\mathcal{F}^{-1}\{F(\omega)\}=f(t)=\frac{1}{2\pi}\int_{-\infty}^{\infty} F(\omega)\, e^{i\omega t}\, d\omega \quad (\text{反傅立葉轉換})。$$

例題 2

由例題 1 的 $f(t)=3e^{-kt},\ t \geq 0,\ k > 0$，可得

$$\mathcal{F}\{f(t)\}=\frac{3}{k+i\omega}$$

因此，$\mathcal{F}^{-1}\left\{\dfrac{3}{k+i\omega}\right\}=3e^{-kt}$

且 $\dfrac{3}{k+i\omega}$ 與 $3e^{-kt}$ 形成一傅立葉轉換對。

定理 11-3　傅立葉轉換的巴西瓦爾恆等式

若傅立葉轉換為

$$F(\omega)=\int_{-\infty}^{\infty} f(t)\, e^{-i\omega t}\, dt$$

則

$$\int_{-\infty}^{\infty} [f(t)]^2\, dt = \frac{1}{2\pi}\int_{-\infty}^{\infty} |F(\omega)|^2\, d\omega \text{。}$$

證

$$f(t)=\frac{1}{2\pi}\int_{-\infty}^{\infty}\left[\int_{-\infty}^{\infty} f(t)\, e^{-i\omega t}\, dt\right] e^{i\omega t}\, d\omega$$

將上式表成傅立葉轉換式

$$F(\omega)=\int_{-\infty}^{\infty} f(t)\, e^{-i\omega t}\, dt$$

而

$$\overline{F(\omega)}=\int_{-\infty}^{\infty} f(t)\, e^{i\omega t}\, dt$$

反傅立葉轉換為

$$\mathscr{F}^{-1}\{F(\omega)\}=f(t)=\frac{1}{2\pi}\int_{-\infty}^{\infty} F(\omega)\, e^{i\omega t}\, d\omega$$

將此式等號兩邊乘以 $f(t)$ 後，對 t 由 $-\infty$ 積分至 ∞，可得

$$\int_{-\infty}^{\infty} [f(t)]^2\, dt = \frac{1}{2\pi}\int_{-\infty}^{\infty} F(\omega)\left[\int_{-\infty}^{\infty} f(t)\, e^{i\omega t}\, dt\right] d\omega$$

所以，$\displaystyle\int_{-\infty}^{\infty} [f(t)]^2\, dt = \frac{1}{2\pi}\int_{-\infty}^{\infty} F(\omega)\,\overline{F(\omega)}\, d\omega = \frac{1}{2\pi}\int_{-\infty}^{\infty} |F(\omega)|^2\, d\omega$ 。

例題 3

試證
$$f(x)=\begin{cases} 0 & , x<0 \\ e^{-x} & , x>0 \end{cases}$$

滿足巴西瓦爾恆等式。

解

$$\int_{-\infty}^{\infty}[f(x)]^2\,dx=\int_{0}^{\infty}(e^{-x})^2\,dx=\lim_{t\to\infty}\int_{0}^{t}e^{-2x}\,dx=\frac{1}{2}$$

$$F(\omega)=\int_{-\infty}^{\infty}f(x)\,e^{-i\omega x}\,dx=\int_{0}^{\infty}e^{-(1+i\omega)x}\,dx=\frac{1}{1+i\omega}=\frac{1}{1+\omega^2}+i\,\frac{-\omega}{1+\omega^2}$$

可得
$$[F(\omega)]^2=\left(\frac{1}{1+\omega^2}\right)^2+\left(\frac{-\omega}{1+\omega^2}\right)^2=\frac{1}{1+\omega^2}$$

所以，
$$\frac{1}{2\pi}\int_{-\infty}^{\infty}|F(\omega)|^2\,d\omega=\frac{1}{2\pi}\int_{-\infty}^{\infty}\frac{d\omega}{1+\omega^2}=\frac{1}{\pi}\int_{0}^{\infty}\frac{d\omega}{1+\omega^2}$$

$$=\frac{1}{\pi}\lim_{t\to\infty}\int_{0}^{t}\frac{d\omega}{1+\omega^2}=\frac{1}{\pi}\lim_{t\to\infty}\tan^{-1}t$$

$$=\frac{1}{2}$$

故 $\int_{-\infty}^{\infty}[f(x)]^2\,dx=\frac{1}{2\pi}\int_{-\infty}^{\infty}|F(\omega)|^2\,d\omega$ 成立。

如同拉氏轉換一樣，傅立葉轉換也是由瑕積分所定義的，故與拉氏轉換的性質有些類似。

性質 1　傅立葉轉換的線性性質

設 $\mathcal{F}\{f(t)\}=F(\omega)$，$\mathcal{F}\{g(t)\}=G(\omega)$，$c_1$ 及 c_2 皆為任意常數，則

$$\mathcal{F}\{c_1 f(t)\pm c_2 g(t)\}=c_1 F(\omega)\pm c_2 G(\omega)$$

$$\mathcal{F}^{-1}\{c_1 F(\omega)\pm c_2 G(\omega)\}=c_1 \mathcal{F}^{-1}\{F(\omega)\}\pm c_2 \mathcal{F}^{-1}\{G(\omega)\}。$$

例題 4

求 $\mathscr{F}^{-1}\left\{\dfrac{1}{\omega^2+i\omega+2}\right\}$。

解 因 $\dfrac{1}{\omega^2+i\omega+2}=\dfrac{1}{-(i\omega)^2+i\omega+2}=-\dfrac{1}{(i\omega-2)(i\omega+1)}$

$$=\dfrac{1}{3}\left(\dfrac{1}{i\omega+1}\right)-\dfrac{1}{3}\left(\dfrac{1}{i\omega-2}\right)$$

故 $\mathscr{F}^{-1}\left\{\dfrac{1}{\omega^2+i\omega+2}\right\}=\dfrac{1}{3}\mathscr{F}^{-1}\left\{\dfrac{1}{i\omega+1}\right\}-\dfrac{1}{3}\mathscr{F}^{-1}\left\{\dfrac{1}{i\omega-2}\right\}$

$$=\dfrac{1}{3}\mathscr{F}^{-1}\left\{\dfrac{1}{i\omega+1}\right\}+\dfrac{1}{3}\mathscr{F}^{-1}\left\{\dfrac{-1}{i\omega+(-2)}\right\}$$

$$=\begin{cases}\dfrac{1}{3}e^{-t},&t>0\\[4pt]\dfrac{1}{3}e^{2t},&t<0\end{cases}。$$

性質 2　比例化 (scaling)

設 a 為非零實常數，令 $\mathscr{F}\{f(t)\}=F(\omega)$，則

$$\mathscr{F}\{f(at)\}=\dfrac{1}{|a|}F\left(\dfrac{\omega}{a}\right)。$$

證 (1) 當 $a>0$ 時，

$$\mathscr{F}\{f(at)\}=\int_{-\infty}^{\infty}f(at)\,e^{-i\omega t}\,dt$$

令 $y=at$，則 $t=\dfrac{y}{a}$，$dt=\dfrac{dy}{a}$，代入上式可得

$$\mathcal{F}\{f(at)\} = \int_{-\infty}^{\infty} f(y)\, e^{-i\omega \frac{y}{a}}\, \frac{dy}{a} = \frac{1}{a} \int_{-\infty}^{\infty} f(y)\, e^{-i\left(\frac{\omega}{a}\right)y}\, dy$$

$$= \frac{1}{|a|} F\left(\frac{\omega}{a}\right) \text{。}$$

(2) 設 $a < 0$ 時,

$$\mathcal{F}\{f(at)\} = \int_{-\infty}^{\infty} f(at)\, e^{-i\omega t}\, dt = \frac{1}{a} \int_{-\infty}^{\infty} f(y)\, e^{-i\left(\frac{\omega}{a}\right)y}\, dy \quad (\text{令 } y = at)$$

$$= -\frac{1}{a} \int_{-\infty}^{\infty} f(y)\, e^{-i\left(\frac{\omega}{a}\right)y}\, dy = \frac{1}{|a|} F\left(\frac{\omega}{a}\right)$$

此一性質的逆轉換式為 $\mathcal{F}^{-1}\left\{F\left(\frac{\omega}{a}\right)\right\} = |a|\, f(at)$。

性質 3　時間倒轉

若 $\mathcal{F}\{f(t)\} = F(\omega)$，則 $\mathcal{F}\{f(-t)\} = F(-\omega)$。

性質 4　對稱性

若 $\mathcal{F}\{f(t)\} = F(\omega)$，則 $\mathcal{F}\{F(t)\} = 2\pi f(-\omega)$。

證 利用反傅立葉轉換式

$$f(t) = \frac{1}{2\pi} \int_{-\infty}^{\infty} F(\omega)\, e^{i\omega t}\, d\omega$$

可得

$$2\pi f(t) = \int_{-\infty}^{\infty} F(\omega)\, e^{i\omega t}\, d\omega$$

令 $t = -u$，則

$$2\pi f(-u) = \int_{-\infty}^{\infty} F(\omega)\, e^{-i\omega u}\, d\omega$$

再將 u 與 ω 互換，可得 $2\pi f(-\omega) = \int_{-\infty}^{\infty} F(u)\, e^{-i\omega u}\, du$

即， $$2\pi f(-\omega)=\int_{-\infty}^{\infty} F(t)\, e^{-i\omega t}\, dt=\mathcal{F}\{F(t)\}$$

讀者應注意，若 $f(t)$ 為偶函數，即，$f(-t)=f(t)$，則化成
$$\mathcal{F}\{F(t)\}=2\pi f(\omega)。$$

例題 5

已知 $f(t)=\begin{cases} 0, & t<0 \\ e^{-4t}, & t\geq 0 \end{cases}$，單位階梯函數 $u(t)=\begin{cases} 0, & t<0 \\ 1, & t\geq 0 \end{cases}$，則 $f(t)=u(t)\,e^{-4t}$，求 $\mathcal{F}\{f(t)\}$。

解
$$\mathcal{F}\{f(t)\}=F(\omega)=\int_{-\infty}^{\infty} f(t)\,e^{-i\omega t}\,dt=\int_{0}^{\infty} e^{-4t}\,e^{-i\omega t}\,dt$$

$$=\lim_{h\to\infty}\int_{0}^{h} e^{-(4+i\omega)t}\,dt=\lim_{h\to\infty}\left[-\frac{1}{4+i\omega}\,e^{-(4+i\omega)t}\right]_{0}^{h}$$

$$=\lim_{h\to\infty}\frac{1}{4+i\omega}\left[1-e^{-(4+i\omega)h}\right]=\frac{1}{4+i\omega}。$$

例題 6

求 $\mathcal{F}\left\{\dfrac{9}{4+it}\right\}$。

解 若直接由傅立葉轉換的定義計算，則頗為困難。但由例題 5 可知，若 $g(t)=9u(t)\,e^{-4t}$，則

$$\mathcal{F}\{g(t)\}=\frac{9}{4+i\omega}=G(\omega)$$

由對稱性質，

$$\mathcal{F}\{G(t)\}=\mathcal{F}\left\{\frac{9}{4+it}\right\}=2\pi\,g(-\omega)=18\pi\,u(-\omega)\,e^{4\omega}$$

因此， $$F(\omega)=\begin{cases} 18\pi\,e^{4\omega}, & \omega\leq 0 \\ 0, & \omega>0 \end{cases}。$$

性質 5　時間平移

若 $\mathcal{F}\{f(t)\}=F(\omega)$，$a$ 為任意實數，則

$$\mathcal{F}\{f(t-a)\}=e^{-i\omega a}F(\omega)$$

即，$f(t-a)$ 的傅立葉轉換為 $f(t)$ 的傅立葉轉換乘以 $e^{-i\omega a}$。

證
$$\mathcal{F}\{f(t-a)\}=\int_{-\infty}^{\infty}f(t-a)\,e^{-i\omega t}\,dt$$

令 $x=t-a$，則 $t=x+a,\ dt=dx$，代入上式可得

$$\mathcal{F}\{f(t-a)\}=\int_{-\infty}^{\infty}f(x)\,e^{-i\omega(x+a)}\,dx=e^{-i\omega a}\int_{-\infty}^{\infty}f(x)\,e^{-i\omega x}\,dx$$

$$=e^{-i\omega a}F(\omega)$$

依性質 5 的結果可知，若 $\mathcal{F}\{f(t)\}=F(\omega)$，則

$$\mathcal{F}^{-1}\{e^{-i\omega a}F(\omega)\}=f(t-a)\text{。} \tag{11-9}$$

例題 7

求 $\mathcal{F}^{-1}\left\{\dfrac{e^{4i\omega}}{1+i\omega}\right\}$。

解 以 $a=-4$ 代入 (11-9) 式可得

$$\mathcal{F}^{-1}\left\{\frac{e^{-(-4i\omega)}}{1+i\omega}\right\}=f(t+4)$$

其中　　$f(t)=\mathcal{F}^{-1}\left\{\dfrac{1}{1+i\omega}\right\}=u(t)\,e^{-t}$（參考例題 5）

因此，　$\mathcal{F}^{-1}\left\{\dfrac{e^{4i\omega}}{1+i\omega}\right\}=f(t+4)=u(t+4)\,e^{-(t+4)}$

若 $t<-4$，則此式等於 0；若 $t\geq -4$，則為 $e^{-(t+4)}$。

性質 6　頻率平移－調變 (frequency shifting-modulation)

若 $\mathcal{F}\{f(t)\}=F(\omega)$，$a$ 為實數，則 $\mathcal{F}\{e^{iat}f(t)\}=F(\omega-a)$。

證 $\mathcal{F}\{e^{iat}f(t)\}=\int_{-\infty}^{\infty}e^{iat}f(t)e^{-i\omega t}dt=\int_{-\infty}^{\infty}f(t)e^{-i(\omega-a)t}dt=F(\omega-a)$

性質 6 的逆轉換式為

$$\mathcal{F}^{-1}\{F(\omega-a)\}=e^{iat}f(t) \qquad (11\text{-}10)$$

例題 8

求 $\mathcal{F}^{-1}\left\{\dfrac{2e^{(\omega-1)i}}{4-(1-\omega)i}\right\}$。

解 因
$$\dfrac{2e^{(\omega-1)i}}{4-(1-\omega)i}=\dfrac{2e^{i(\omega-1)}}{4+(\omega-1)i}$$

故可將 $\dfrac{2e^{i(\omega-1)}}{4+(\omega-1)i}$ 視為 $\dfrac{2e^{i\omega}}{4+\omega i}$ 中的 ω 以 $\omega-1$ 取代所得者，並利用 (11-10) 式求得

$$\mathcal{F}^{-1}\left\{\dfrac{2e^{(\omega-1)i}}{4-(1-\omega)i}\right\}=e^{it}f(t)$$

其中
$$f(t)=\mathcal{F}^{-1}\left\{\dfrac{2e^{i\omega}}{4+\omega i}\right\}$$

又利用 (11-9) 式可得

$$\mathcal{F}^{-1}\left\{\dfrac{2e^{i\omega}}{4+\omega i}\right\}=2u(t+1)e^{-4(t+1)}$$

故 $\mathcal{F}^{-1}\left\{\dfrac{2e^{(\omega-1)i}}{4-(1-\omega)i}\right\}=2e^{it}u(t+1)e^{-4(t+1)}=2u(t+1)e^{-4-(4-i)t}$

當 $t<-1$，此式等於 0；當 $t\geq-1$，則等於 $2e^{-4-(4-i)t}$。

性質 7　調變

若 $\mathcal{F}\{f(t)\} = F(\omega)$，$a$ 為實數，則

$$\mathcal{F}\{f(t)\cos(at)\} = \frac{1}{2}[F(\omega+a)+F(\omega-a)]$$

$$\mathcal{F}\{f(t)\sin(at)\} = \frac{i}{2}[F(\omega+a)-F(\omega-a)] \text{。}$$

證 利用歐勒公式

$$\cos(at) = \frac{1}{2}(e^{iat}+e^{-iat})$$

再利用性質 6 可得

$$\mathcal{F}\{f(t)\cos(at)\} = \frac{1}{2}\mathcal{F}\{f(t)(e^{iat}+e^{-iat})\}$$

$$= \frac{1}{2}\left[\mathcal{F}\{e^{iat}f(t)\}+\mathcal{F}\{e^{-iat}f(t)\}\right]$$

$$= \frac{1}{2}[F(\omega-a)+F(\omega+a)]$$

$$= \frac{1}{2}[F(\omega+a)+F(\omega-a)]$$

同理，利用 $\sin(at) = \dfrac{1}{2i}(e^{iat}-e^{-iat})$ 可得

$$\mathcal{F}\{f(t)\sin(at)\} = \frac{1}{2i}\mathcal{F}\{f(t)(e^{iat}-e^{-iat})\} = \frac{1}{2i}[\mathcal{F}\{e^{iat}f(t)\}-\mathcal{F}\{e^{-iat}f(t)\}]$$

$$= \frac{1}{2i}[F(\omega-a)-F(\omega+a)] = \frac{i}{2i^2}[F(\omega-a)-F(\omega+a)]$$

$$= \frac{i}{2}[F(\omega+a)-F(\omega-a)] \text{。}$$

例題 9

已知 $\mathcal{F}\left\{\dfrac{1}{a^2+t^2}\right\}=\dfrac{\pi}{a}e^{-a|\omega|}$，求 $\mathcal{F}\left\{\dfrac{\sin t}{9+t^2}\right\}$。

解 利用性質 7 可得

$$\mathcal{F}\left\{\dfrac{\sin t}{9+t^2}\right\}=\dfrac{i}{2}\left(\dfrac{\pi}{2}e^{-3|\omega+1|}-\dfrac{\pi}{2}e^{-3|\omega-1|}\right)$$

$$=\dfrac{i\pi}{4}(e^{-3|\omega+1|}-e^{-3|\omega-1|})。$$

傅立葉轉換解常微分方程式

傅立葉轉換解常微分方程式非常類似拉氏轉換解常微分方程式，需用到下列定理。

定理 11-4 時間微分

設函數 f 為處處連續，f' 在每一區間為分段連續，$\displaystyle\int_{-\infty}^{\infty}|f(t)|\,dt$ 收斂，若 $\displaystyle\lim_{t\to\infty}f(t)=\lim_{t\to-\infty}f(t)=0$，則 $\mathcal{F}\{f'(t)\}=i\omega\,\mathcal{F}\{f(t)\}$。

證 由於

$$\mathcal{F}\{f'(t)\}=\dfrac{1}{2\pi}\int_{-\infty}^{\infty}f'(t)e^{-i\omega t}\,dt$$

利用分部積分法可得

$$\mathcal{F}\{f'(t)\}=\dfrac{1}{2\pi}\left\{\lim_{h\to-\infty}\left[f(t)e^{-i\omega t}\right]_{h}^{0}+\lim_{h\to\infty}\left[f(t)e^{-i\omega t}\right]_{0}^{h}+i\omega\int_{-\infty}^{\infty}f(t)e^{-i\omega t}\,dt\right\}$$

由假設可知當 $t\to\infty$ 及 $t\to-\infty$ 時，$f(t)\to 0$，又 $|e^{-i\omega t}|=1$，故

$$\mathcal{F}\{f'(t)\}=i\omega\,\dfrac{1}{2\pi}\int_{-\infty}^{\infty}f(t)e^{-i\omega t}\,dt=i\omega\,\mathcal{F}\{f(t)\}。$$

推論：令 n 為正整數，$f^{(n-1)}$ 處處連續，$f^{(n)}(t)$ 在每一區間 $[-L, L]$ 皆為分段連續，$\int_{-\infty}^{\infty} |f^{(n-1)}(t)|\, dt$ 收斂，若

$$\lim_{t \to \pm\infty} f^{(k)}(t) = 0, \quad \text{其中 } k = 0, 1, 2, \cdots, n-1$$

則 $\quad\mathcal{F}\{f^{(n)}(t)\} = (i\omega)^n \mathcal{F}\{f(t)\} = (i\omega)^n F(\omega)$

尤其，$\quad$當 $n = 1$ 時，$\mathcal{F}\{f'(t)\} = i\omega\, F(\omega)$

$\qquad\qquad$當 $n = 2$ 時，$\mathcal{F}\{f''(t)\} = -\omega^2\, F(\omega)$

$\qquad\qquad$當 $n = 3$ 時，$\mathcal{F}\{f'''(t)\} = -i\omega^3\, F(\omega)$

$\qquad\qquad\qquad\vdots$

依此類推。

定理 11-5 | 頻率微分 (frequency differentiation)

$$\mathcal{F}\{t f(t)\} = i\, F'(\omega)\text{。}$$

證 因 $\quad F(\omega) = \int_{-\infty}^{\infty} f(t)\, e^{-i\omega t}\, dt$

可得 $\quad F'(\omega) = \dfrac{d}{d\omega} \int_{-\infty}^{\infty} f(t)\, e^{-i\omega t}\, dt = \int_{-\infty}^{\infty} \dfrac{\partial}{\partial \omega}[f(t)\, e^{-i\omega t}]\, dt$

$\qquad\qquad = \int_{-\infty}^{\infty} f(t)(-it e^{-i\omega t})\, dt = -i \int_{-\infty}^{\infty} t f(t)\, e^{-i\omega t}\, dt$

$\qquad\qquad = -i\, \mathcal{F}\{t f(t)\}$

故 $i\, F'(\omega) = -(i)^2\, \mathcal{F}\{t f(t)\}$，即，$\mathcal{F}\{t f(t)\} = i\, F'(\omega)$。

推論：若函數 f 在 $[-L, L]$ 皆為分段連續且 $\int_{-\infty}^{\infty} |t^n f(t)|\, dt$ 收斂 (n 為正整數)，

則 $\quad\mathcal{F}\{t^n f(t)\} = i^n\, F^{(n)}(\omega)$

尤其，$\quad$當 $n = 1$ 時，$\mathcal{F}\{t f(t)\} = i\, F'(\omega)$

$\qquad\qquad$當 $n = 2$ 時，$\mathcal{F}\{t^2 f(t)\} = i^2\, F''(\omega) = -F''(\omega)$

$\qquad\qquad$當 $n = 3$ 時，$\mathcal{F}\{t^3 f(t)\} = i^3\, F'''(\omega) = -i\, F'''(\omega)$

$\qquad\qquad\qquad\vdots$

依此類推。

例題 10

解微分方程式 $y' - 2y = u(t)\, e^{-2t}$ $(t \in \mathbb{R})$。

解 令 $\mathcal{F}\{y(t)\} = Y(\omega)$，則

$$\mathcal{F}\{y' - 2y\} = \mathcal{F}\{u(t)\, e^{-2t}\}$$

$$\mathcal{F}\{y'\} - 2\mathcal{F}\{y\} = \frac{1}{2 + i\omega}$$

$$i\omega\, Y(\omega) - 2Y(\omega) = \frac{1}{2 + i\omega}$$

可得

$$Y(\omega) = \frac{1}{(2 + i\omega)(i\omega - 2)} = -\frac{1}{4 + \omega^2}$$

故

$$y(t) = \mathcal{F}^{-1}\left\{-\frac{1}{4 + \omega^2}\right\} = -\frac{1}{4}\mathcal{F}^{-1}\left\{\frac{2 \cdot 2}{2^2 + \omega^2}\right\} = -\frac{1}{4}e^{-2|t|}$$

或

$$y(t) = \begin{cases} -\dfrac{1}{4}e^{2t}, & t < 0 \\[2mm] -\dfrac{1}{4}e^{-2t}, & t \geq 0 \end{cases}$$

定理 11-6 | 積分的轉換

若 f 在每一區間 $[-L, L]$ 皆為分段連續且 $\displaystyle\int_{-\infty}^{\infty} |f(t)|\, dt$ 收斂，又令 $F(0) = 0$，則

$$\mathcal{F}\left\{\int_{-\infty}^{t} f(\mu)\, d\mu\right\} = \frac{1}{i\omega}F(\omega)。$$

證 假設 $G(t) = \displaystyle\int_{-\infty}^{t} f(\mu)\, d\mu$，只要 f 為連續，則

$$G'(t) = \frac{d}{dt}\int_{-\infty}^{t} f(\mu)\, d\mu = f(t)。$$

當 $t \to -\infty$ 時，$G(t) \to 0$，故 $G(t)$ 有定義。另外，由 $G(t)$ 之傅立葉轉換的存在條件 (比絕對可積分更限制) 為 $\lim_{t \to \infty} G(t) = 0$，表示

$$\int_{-\infty}^{\infty} f(\mu) \, d\mu = 0$$

即，

$$F(\omega)\bigg|_{\omega=0} = \int_{-\infty}^{\infty} f(\mu) \, e^{-i\omega\mu} \, d\mu$$

此相當於 $F(0) = 0$。

現將定理 11-4 應用到 $G(t)$ 上可得

$$F(\omega) = \mathcal{F}\{f(t)\} = \mathcal{F}\{G'(t)\} = i\omega \, \mathcal{F}\{G(t)\} = i\omega \, \mathcal{F}\left\{\int_{-\infty}^{t} f(\mu) \, d\mu\right\}$$

故

$$\mathcal{F}\left\{\int_{-\infty}^{t} f(\mu) \, d\mu\right\} = \frac{1}{i\omega} F(\omega) \text{。}$$

傅立葉轉換解積分方程式

定義 11-7

若 f 與 g 皆具有傅立葉轉換，則 f 與 g 的**褶積** (convolution) $f * g$ 定義為

$$f(t) * g(t) = \int_{-\infty}^{\infty} f(\mu) \, g(t-\mu) \, d\mu \text{。}$$

定理 11-7 | 時間褶積 (time convolution)

若 $f(t)$ 與 $g(t)$ 在 $[-L, L]$ 為分段連續且為絕對可積分，令

$$\mathcal{F}\{f(t)\} = F(\omega), \qquad \mathcal{F}\{g(t)\} = G(\omega)$$

則

$$\mathcal{F}\{f(t) * g(t)\} = F(\omega) G(\omega) \text{。}$$

證 因

$$f(t) * g(t) = \int_{-\infty}^{\infty} f(\mu) \, g(t-\mu) \, d\mu$$

故　　$\mathcal{F}\{f(t) * g(t)\} = \int_{-\infty}^{\infty} \left[\int_{-\infty}^{\infty} f(\mu) g(t-\mu) d\mu \right] e^{-i\omega t} dt$

$= \int_{-\infty}^{\infty} \left[\int_{-\infty}^{\infty} f(\mu) g(t-\mu) e^{-i\omega t} dt \right] d\mu$

$= \int_{-\infty}^{\infty} \left[\int_{-\infty}^{\infty} f(\mu) g(t-\mu) e^{-i\omega(t-\mu)} dt \right] e^{-i\omega\mu} d\mu$

令 $x = t - \mu$，$dx = dt$，代入上式可得

$\mathcal{F}\{f(t) * g(t)\} = \int_{-\infty}^{\infty} \left[\int_{-\infty}^{\infty} f(\mu) g(x) e^{-i\omega x} dx \right] e^{-i\omega\mu} d\mu$

$= \left[\int_{-\infty}^{\infty} f(\mu) e^{-i\omega\mu} d\mu \right] \left[\int_{-\infty}^{\infty} g(x) e^{-i\omega x} dx \right]$

$= \mathcal{F}\{f(t)\} \mathcal{F}\{g(t)\}$

$= F(\omega) G(\omega)$

時間褶積的逆轉換式為

$$\mathcal{F}^{-1}\{F(\omega) G(\omega)\} = f(t) * g(t) \text{。} \tag{11-11}$$

定理 11-8 │ 頻率褶積 (frequency convolution)

$$\mathcal{F}\{f(t) g(t)\} = \frac{1}{2\pi} F(\omega) * G(\omega) \text{。}$$

證 由反傅立葉轉換可知

$\mathcal{F}^{-1}\{F(\omega) * G(\omega)\} = \frac{1}{2\pi} \int_{-\infty}^{\infty} \left[\int_{-\infty}^{\infty} F(\lambda) G(\omega - \lambda) d\lambda \right] e^{i\omega t} d\omega$

$= \frac{1}{2\pi} \int_{-\infty}^{\infty} F(\lambda) \left[\int_{-\infty}^{\infty} G(\omega - \lambda) e^{i\omega t} d\omega \right] d\lambda$

令 $\omega - \lambda = v$，則 $\omega = v + \lambda$，$d\omega = dv$，代入上式可得

$$\mathcal{F}^{-1}\{F(\omega) * G(\omega)\} = \frac{1}{2\pi} \int_{-\infty}^{\infty} F(\lambda) \left[\int_{-\infty}^{\infty} G(v)\, e^{i(v+\lambda)t}\, dv \right] d\lambda$$

$$= \frac{1}{2\pi} \left[\int_{-\infty}^{\infty} F(\lambda)\, e^{i\lambda t}\, d\lambda \right] \left[\int_{-\infty}^{\infty} G(v)\, e^{ivt}\, dv \right]$$

$$= 2\pi \left[\frac{1}{2\pi} \int_{-\infty}^{\infty} F(\lambda)\, e^{i\lambda t}\, d\lambda \right] \left[\frac{1}{2\pi} \int_{-\infty}^{\infty} G(v)\, e^{ivt}\, dv \right]$$

$$= 2\pi [\mathcal{F}^{-1}\{F(\lambda)\}\, \mathcal{F}^{-1}\{G(v)\}]$$

$$= 2\pi f(t)\, g(t)$$

故 $\qquad \dfrac{1}{2\pi} \mathcal{F}^{-1}\{F(\omega) * G(\omega)\} = f(t)\, g(t)$

即， $\qquad \mathcal{F}\{f(t)\, g(t)\} = \dfrac{1}{2\pi} [F(\omega) * G(\omega)]$

頻率褶積的逆轉換式為

$$\mathcal{F}^{-1}\{F(\omega) * G(\omega)\} = 2\pi f(t)\, g(t) \,。 \tag{11-12}$$

例題 11

求 $\mathcal{F}^{-1}\left\{ \dfrac{1}{(2+i\omega)(1+i\omega)} \right\}$。

解 因 $\qquad \mathcal{F}^{-1}\left\{ \dfrac{1}{(2+i\omega)(1+i\omega)} \right\} = u(t)\, e^{-2t} * u(t)\, e^{-t}$

故 $\qquad u(t)\, e^{-2t} * u(t)\, e^{-t} = \displaystyle\int_{-\infty}^{\infty} u(\mu)\, e^{-2\mu}\, u(t-\mu)\, e^{-(t-\mu)}\, d\mu$

$$= e^{-t} \int_{-\infty}^{\infty} u(\mu)\, u(t-\mu)\, e^{-\mu}\, d\mu$$

現在， $\qquad u(\mu)\, u(t-\mu) = \begin{cases} 0, & \begin{cases} \mu < 0 \\ \mu > t \end{cases} \\ 1, & 0 < \mu < t \end{cases}$

尤其，若 $t < 0$，則 $u(\mu)\, u(t-\mu) = 0$。所以，

$$e^{-t}\int_{-\infty}^{\infty} u(\mu)\,u(t-\mu)\,e^{-\mu}\,d\mu = \begin{cases} 0, & t<0 \\ e^{-t}\int_{0}^{t} e^{-\mu}\,d\mu, & t\geq 0 \end{cases}$$

由於 $\int_{0}^{t} e^{-\mu}\,d\mu = 1-e^{-t}$,故

$$\mathscr{F}^{-1}\left\{\frac{1}{(2+i\omega)(1+i\omega)}\right\} = \begin{cases} e^{-t}(1-e^{-t}), & t\geq 0 \\ 0, & t<0 \end{cases}$$

即, $\mathscr{F}^{-1}\left\{\dfrac{1}{(2+i\omega)(1+i\omega)}\right\} = u(t)\,e^{-t}(1-e^{-t})$。

例題 12

解積分方程式

$$\int_{-\infty}^{\infty} \frac{y(v)}{(t-v)^2+4}\,dv = \frac{1}{t^2+9}。$$

解 利用傅立葉轉換的褶積

$$\mathscr{F}\{y(t)*f(t)\} = \mathscr{F}\left\{\int_{-\infty}^{\infty} y(v)f(t-v)\,dv\right\} = Y(\omega)F(\omega)$$

將原積分方程式取傅立葉轉換可得

$$\mathscr{F}\left\{\int_{-\infty}^{\infty}\frac{y(v)}{(t-v)^2+4}\,dv\right\} = \mathscr{F}\left\{\int_{-\infty}^{\infty}\frac{y(v)}{(t-v)^2+2^2}\,dv\right\} = \mathscr{F}\left\{\frac{1}{t^2+9}\right\}$$

因 $\mathscr{F}\left\{\dfrac{1}{t^2+9}\right\} = \mathscr{F}\left\{\dfrac{1}{t^2+3^2}\right\} = \int_{-\infty}^{\infty}\dfrac{1}{t^2+3^2}\,e^{-i\omega t}\,dt = \dfrac{\pi}{3}e^{-3\omega}$

可得

$$Y(\omega)\cdot\frac{\pi}{2}e^{-2\omega} = \frac{\pi}{3}e^{-3\omega}$$

$$Y(\omega) = \frac{2}{3}e^{-\omega}$$

故

$$y(t) = \mathscr{F}^{-1}\{Y(\omega)\} = \frac{2}{3\pi(t^2+1)}。$$

假設函數 f 在 $[0, L]$ 為分段平滑且 $\int_0^\infty |f(t)| dt$ 收斂，則 f 在連續點 $t > 0$ 處的傅立葉餘弦積分為

$$f(t) = \frac{2}{\pi} \int_0^\infty \left[\int_0^\infty f(t) \cos(\omega t) dt \right] \cos(\omega t) d\omega \text{。}$$

定義 11-8

f 的**傅立葉餘弦轉換**係以 $\mathcal{F}_c\{f(t)\}$ 表示，定義為

$$\mathcal{F}_c\{f(t)\}(\omega) = \mathcal{F}_c(\omega) = \int_0^\infty f(t) \cos(\omega t) dt \text{。}$$

例題 13

求 $f(t) = \begin{cases} 2, & 0 \leq t \leq 2 \\ 0, & t > 2 \end{cases}$ 的傅立葉餘弦轉換。

解 $\mathcal{F}_c\{f(t)\} = \mathcal{F}_c(\omega) = \int_0^\infty f(t) \cos(\omega t) dt = \int_0^2 2 \cos(\omega t) dt$

$$= \frac{2 \sin(\omega t)}{\omega} \bigg|_0^2 = \frac{2 \sin(2\omega)}{\omega} \text{。}$$

定理 11-9 傅立葉餘弦轉換的巴西瓦爾恆等式

若傅立葉餘弦轉換式為

$$\mathcal{F}_c(\omega) = \int_0^\infty f(t) \cos(\omega t) dt$$

則

$$\int_0^\infty [f(t)]^2 dt = \frac{2}{\pi} \int_0^\infty [F_c(\omega)]^2 d\omega \text{。}$$

證 將傅立葉餘弦逆轉換式

$$f(t) = \frac{2}{\pi} \int_0^\infty F_c(\omega) \cos(\omega t)\, d\omega$$

的等號兩邊乘上 $f(t)$ 後，對 t 從 0 積分到 ∞，可得

$$\int_0^\infty [f(t)]^2\, dt = \frac{2}{\pi} \int_0^\infty F_c(\omega) \left(\int_0^\infty f(t) \cos(\omega t)\, dt \right) d\omega$$

再將傅立葉餘弦轉換式代入上式，故

$$\int_0^\infty [f(t)]^2\, dt = \frac{2}{\pi} \int_0^\infty [F_c(\omega)]^2\, d\omega \text{。}$$

例題 14

求 $f(x) = \begin{cases} 1, & |x| \le 1 \\ 0, & |x| > 1 \end{cases}$ 的傅立葉餘弦轉換，並求 $\int_0^\infty \frac{\sin^2 x}{x^2}\, dx$。

解

$$\mathscr{F}_c\{f(x)\} = F_c(\omega) = \int_0^\infty f(x) \cos(\omega x)\, dx = \int_0^1 \cos(\omega x)\, dx = \frac{\sin \omega}{\omega}$$

由定理 11-9 可知

$$\int_0^\infty [f(x)]^2\, dx = \frac{2}{\pi} \int_0^\infty \frac{\sin^2 \omega}{\omega^2}\, d\omega$$

可得

$$\int_0^1 dx = \frac{2}{\pi} \int_0^\infty \frac{\sin^2 \omega}{\omega^2}\, d\omega$$

即，

$$\int_0^\infty \frac{\sin^2 \omega}{\omega^2}\, d\omega = \frac{\pi}{2}$$

所以，

$$\int_0^\infty \frac{\sin^2 x}{x^2}\, dx = \frac{\pi}{2} \text{。}$$

假設函數 f 在 $[0, L]$ 為分段平滑且 $\int_0^\infty |f(t)|\, dt$ 收斂，則 f 在連續點 $t > 0$ 處的傅立葉正弦積分為

$$f(t) = \frac{2}{\pi} \int_0^\infty \left[\int_0^\infty f(t) \sin(\omega t)\, dt \right] \sin(\omega t)\, d\omega \text{。}$$

定義 11-9

f 的傅立葉正弦轉換係以 $\mathcal{F}_s\{f(t)\}$ 表示，定義為

$$\mathcal{F}_s\{f(t)\}(\omega) = F_s(\omega) = \int_0^\infty f(t) \sin(\omega t)\, dt \text{。}$$

例題 15

求 $f(t) = \begin{cases} 2, & 0 \leq t \leq 2 \\ 0, & t > 2 \end{cases}$ 的傅立葉正弦轉換。

解
$$\mathcal{F}_s\{f(t)\} = F_s(\omega) = \int_0^\infty f(t) \sin(\omega t)\, dt = \int_0^2 2 \sin(\omega t)\, dt$$
$$= \frac{2}{\omega} \left[-\cos(\omega t) \right]_0^2 = \frac{2}{\omega} [1 - \cos(2\omega)] \text{。}$$

定理 11-10 | 傅立葉正弦轉換的巴西瓦爾恆等式

若傅立葉正弦轉換為

$$F_s(\omega) = \int_0^\infty f(t) \sin(\omega t)\, dt$$

則

$$\int_0^\infty [f(t)]^2\, dt = \frac{2}{\pi} \int_0^\infty [F_s(\omega)]^2\, d\omega \text{。}$$

例題 16

試證 $\int_0^\infty \dfrac{\omega \sin(\omega x)}{4^2 + \omega^2} d\omega = \dfrac{\pi}{2} e^{-4x}$。

解 因積分式內含 $\sin \omega x$，故將 e^{-4x} 以傅立葉正弦積分展開可得

$$f(x) = e^{-4x} = \frac{2}{\pi} \int_0^\infty \left[\int_0^\infty f(x) \sin(\omega x) dx \right] \sin(\omega x) d\omega$$

其中 $\displaystyle\int_0^\infty f(x) \sin(\omega x) dx = \int_0^\infty e^{-4x} \sin(\omega x) dx = \lim_{t \to \infty} \int_0^t e^{-4x} \sin(\omega x) dx$

$$= \frac{\omega}{\omega^2 + 4^2}$$

故 $$e^{-4x} = \frac{2}{\pi} \int_0^\infty \frac{\omega \sin(\omega x)}{4^2 + \omega^2} d\omega$$

即， $$\int_0^\infty \frac{\omega \sin(\omega x)}{4^2 + \omega^2} d\omega = \frac{\pi}{2} e^{-4x}。$$

例題 17

若 $\displaystyle\int_0^\infty f(t) \sin(\omega t) dt = e^{-2\omega}$，求 $f(t)$。

解 因 $$F_s(\omega) = \int_0^\infty f(t) \sin(\omega t) dt = e^{-2\omega}$$

故 $$f(t) = \frac{2}{\pi} \int_0^\infty F_s(\omega) \sin(\omega t) d\omega = \frac{2}{\pi} \int_0^\infty e^{-2\omega} \sin(\omega t) d\omega$$

由拉氏轉換可得

$$f(t) = \frac{2}{\pi} \int_0^\infty e^{-2\omega} \sin(\omega t) d\omega = \frac{2t}{\pi(4 + t^2)}。$$

習題 11-3

求下列各函數的傅立葉轉換。

1. $f(t)=\begin{cases} \sin(t), & -2 \leq t \leq 2 \\ 0, & |t|>2 \end{cases}$

2. $f(t)=\begin{cases} 1, & 0 \leq t \leq 1 \\ -1, & -1 \leq t \leq 0 \\ 0, & |t|>1 \end{cases}$

3. $f(t)=3u(t-3)e^{-3t}$

4. $f(t)=u(t-2)e^{-t/4}$

5. $f(t)=\dfrac{\sin t}{9+t^2}$

6. $f(t)=3e^{-4|t|}\cos(2t)$

7. $f(t)=6e^{-3(t-6)^2}$

8. $f(t)=\dfrac{1}{(t+3)^2+4}$

9. $f(t)=\dfrac{t}{25+t^2}$

10. $f(t)=te^{-t^2}$

11. $f(t)=5u(t)te^{-4t}$

12. $f(t)=3te^{-9t^2}$

求下列各函數的傅立葉正弦及傅立葉餘弦轉換。

13. $f(t)=e^{-kt}$, $k>0$

14. $f(t)=e^{-t}$

15. $f(t)=te^{-t}$

16. $f(t)=\begin{cases} 1, & 0 \leq t < 1 \\ -1, & 1 \leq t < 2 \\ 0, & t \geq 2 \end{cases}$

求下列各函數的反傅立葉轉換。

17. $\dfrac{e^{(24-4\omega)i}}{4-(6-\omega)i}$

18. $\dfrac{1+\omega i}{6-\omega^2+5\omega i}$

19. $\dfrac{12\sin(5\omega)}{\omega+\pi}$

20. 利用褶積求 $\dfrac{\sin(5\omega)}{\omega(2+i\omega)}$ 的反傅立葉轉換。

21. 利用傅立葉轉換解微分方程式
$$y''(t)+6y'(t)+5y(t)=\delta(t-1)$$
[$\delta(t-1)$ 表脈衝函數 (impluse function)。]

22. 若 $\displaystyle\int_0^\infty f(t)\cos \alpha t\, dt=\begin{cases} 1-\alpha, & 0\leq \alpha \leq 1 \\ 0, & \alpha>1 \end{cases}$,求 $f(t)$。

23. 若積分方程式為 $\displaystyle\int_0^\infty f(t)\cos \omega t\, dt=e^{-\omega}$,求 $f(t)$。

11-4 傅立葉轉換表

表 11-1 傅立葉轉換

1. $f(t)=\begin{cases} 0, & t<0 \\ e^{-at}, & 0<t,\ a>0 \end{cases}$ $F(\omega)=\dfrac{1}{a+i\omega}$

2. $f(t)=e^{at},\ t>0,\ a<0$ $F(\omega)=\dfrac{1}{i\omega-a}$

3. $f(t)=\begin{cases} e^{at}, & t\leq 0 \\ e^{-at}, & t\geq 0 \end{cases},\ a>0$ $F(\omega)=\dfrac{2a}{a^2+\omega^2}$

4. $f(t)=e^{-at},\ t<0,\ a<0$ $F(\omega)=-\dfrac{1}{i\omega+a}$

5. $f(t)=e^{a|t|},\ a<0$ $F(\omega)=-\dfrac{2a}{\omega^2+a^2}$

6. $f(t)=\begin{cases} -e^{at}, & t<0 \\ e^{-at}, & t>0 \end{cases},\ a>0$ $F(\omega)=-\dfrac{2i\omega}{a^2+\omega^2}$

7. $f(t)=e^{-at},\ 0<t,\ a>0$ $F_c(\omega)=\sqrt{\dfrac{2}{\pi}}\,\dfrac{a}{a^2+\omega^2}$

8. $f(t)=e^{-at},\ 0<t,\ a>0$ $F_s(\omega)=\sqrt{\dfrac{2}{\pi}}\,\dfrac{\omega}{a^2+\omega^2}$

9. $f(t)=\begin{cases} 0, & -\infty<t<-k \\ a, & -k<t<0 \\ b, & 0<t<l \\ 0, & l<t<\infty \end{cases}$ $F(\omega)=\dfrac{1}{i\omega}[(b-a)+ae^{i\omega k}-be^{-i\omega l}]$

10. $f(t)=te^{-a|t|},\ a>0$ $F(\omega)=\dfrac{4ai}{(a^2+\omega^2)^2}$

11. $f(t)=|t|e^{-a|t|},\ a>0$ $F(\omega)=\dfrac{2(a^2-\omega^2)}{(a^2+\omega^2)^2}$

12. $f(t)=e^{-a^2t^2},\ a>0$ $F(\omega)=\dfrac{\sqrt{\pi}}{a}e^{-\omega^2/4a^2}$

表 11-1　傅立葉變換 (續)

13. $f(t) = \dfrac{1}{a^2+t^2}, \ a > 0$	$F(\omega) = \dfrac{\pi}{a} e^{-a|\omega|}$
14. $f(t) = \dfrac{t}{a^2+t^2}, \ a > 0$	$F(\omega) = -\dfrac{i\pi}{2a} \omega e^{-a|\omega|}$
15. $f(t) = u(t+a) - u(t-a)$	$F(\omega) = \dfrac{2 \sin(a\omega)}{\omega}$

表 11-2　傅立葉正弦轉換

$f(t)$	$\mathscr{F}_s\{f(t)\} = F_s(\omega)$
1. $\dfrac{1}{t}$	$\begin{cases} \dfrac{\pi}{2}, & \text{若 } \omega > 0 \\ -\dfrac{\pi}{2}, & \text{若 } \omega < 0 \end{cases}$
2. $t^{r-1}, \ 0 < r < 1$	$\Gamma(r) \sin\left(\dfrac{\pi r}{2}\right) \omega^{-r}$
3. $\dfrac{1}{\sqrt{t}}$	$\sqrt{\dfrac{\pi}{2}} \, \omega^{-1/2}$
4. $e^{-at}, \ a > 0$	$\dfrac{\omega}{a^2+\omega^2}$
5. $te^{-at}, \ a > 0$	$\dfrac{2a\omega}{(a^2+\omega^2)^2}$
6. $te^{-a^2 t^2}, \ a > 0$	$\dfrac{\sqrt{\pi}}{4} a^{-3} \omega e^{-\omega^2/4a^2}$
7. $t^{-1} e^{-at}, \ a > 0$	$\tan^{-1}\left(\dfrac{\omega}{a}\right)$
8. $\dfrac{t}{a^2+t^2}, \ a > 0$	$\dfrac{\pi}{2} e^{-a\omega}$
9. $\dfrac{t}{(a^2+t^2)^2}, \ a > 0$	$\dfrac{\sqrt{2}}{4a} \omega e^{-a\omega}$

表 11-2 傅立葉正弦轉換（續）

$f(t)$	$\mathcal{F}_s\{f(t)\}=F_s(\omega)$
10. $\dfrac{1}{t(a^2+t^2)},\ a>0$	$\dfrac{\pi}{2a^2}(1-e^{-a\omega})$
11. $e^{-t/\sqrt{2}}\sin\left(\dfrac{t}{\sqrt{2}}\right)$	$\dfrac{\omega}{1+\omega^4}$
12. $\dfrac{2t}{\pi(a^2+t^2)}$	$e^{-a\omega}$
13. $\dfrac{2}{\pi}\tan^{-1}\left(\dfrac{a}{t}\right)$	$\dfrac{1}{\omega}(1-e^{-a\omega}),\ a>0$
14. $\operatorname{erfc}\left(\dfrac{t}{2\sqrt{a}}\right)$	$\dfrac{1}{\omega}(1-e^{-a\omega^2})$
15. $\dfrac{4t}{\pi(4+t^4)}$	$e^{-\omega}\sin(\omega)$
16. $\sqrt{\dfrac{2}{\pi t}}$	$\dfrac{1}{\sqrt{\omega}}$

表 11-3 傅立葉餘弦轉換

$f(t)$	$\mathcal{F}_c\{f(t)\}=F_c(\omega)$
1. $t^{r-1},\ 0<r<1$	$\Gamma(r)\cos\left(\dfrac{\pi r}{2}\right)\omega^{-r}$
2. $e^{-at},\ a>0$	$\dfrac{a}{a^2+\omega^2}$
3. $te^{-at},\ a>0$	$\dfrac{a^2-\omega^2}{(a^2+\omega^2)^2}$
4. $e^{-a^2t^2},\ a>0$	$\dfrac{\sqrt{\pi}}{2a}\omega e^{-\omega^2/4a^2}$
5. $\dfrac{1}{a^2+t^2},\ a>0$	$\dfrac{\pi}{2a}e^{-a\omega}$

表 11-3　傅立葉餘弦轉換 (續)

$f(t)$	$\mathcal{F}_c\{f(t)\}=F_c(\omega)$
6. $\dfrac{1}{(a^2+t^2)^2},\ a>0$	$\dfrac{\pi}{4a^3}e^{-a\omega}(1+a\omega)$
7. $\cos\left(\dfrac{t^2}{2}\right)$	$\dfrac{\sqrt{\pi}}{2}\left[\cos\left(\dfrac{\omega^2}{2}\right)+\sin\left(\dfrac{\omega^2}{2}\right)\right]$
8. $\sin\left(\dfrac{t^2}{2}\right)$	$\dfrac{\sqrt{\pi}}{2}\left[\cos\left(\dfrac{\omega^2}{2}\right)-\sin\left(\dfrac{\omega^2}{2}\right)\right]$
9. $\dfrac{1}{2}(1+t)e^{-t}$	$\dfrac{1}{(1+\omega^2)^2}$
10. $\sqrt{\dfrac{2}{\pi t}}$	$\dfrac{1}{\sqrt{\omega}}$
11. $e^{-t/\sqrt{2}}\sin\left(\dfrac{\pi}{4}+\dfrac{t}{\sqrt{2}}\right)$	$\dfrac{1}{1+\omega^2}$
12. $e^{-t/\sqrt{2}}\cos\left(\dfrac{\pi}{4}+\dfrac{t}{\sqrt{2}}\right)$	$\dfrac{\omega^2}{1+\omega^4}$
13. $\dfrac{2}{t}e^{-t}\sin(t)$	$\tan^{-1}\left(\dfrac{2}{\omega^2}\right)$
14. $u(t)-u(t-a)$	$\dfrac{1}{\omega}\sin(a\omega)$

CHAPTER 12 複變函數

複變函數在電磁學、熱力學、流體力學等等的應用方面扮演著非常重要的角色。

12-1 複數

我們知道方程式 $x^2+1=0$ 沒有實數解，為了容許此方程式或類似方程式的解，就必須引進**複數系** (complex number system) $\mathbb{C}$。複數的形式為 $z=x+iy$，此處 x 與 y 皆為實數，i 稱為**虛單位** (imaginary unit)，滿足 $i^2=-1$。若 $z=x+iy$，則 x 稱為 z 的**實部** (real part)，記為 $\text{Re}(z)$；y 稱為 z 的**虛部** (imaginary part)，記為 $\text{Im}(z)$。於是，若 z 為複數，則 $z=\text{Re}(z)+i\text{Im}(z)$。

兩複數 $a+ib$ 與 $c+id$ 相等，若且唯若 $a=c$ 且 $b=d$。虛部為 0 的複數即為實數，於是，複數 $0+0i$ 與 $-3+0i$ 分別表示 0 與 -3。若 $a=0$，則複數 $0+bi$ 或 bi 稱為**純虛數** (pure imaginary)。

有關複數的四則運算如下：
1. **加法**：$(a+ib)+(c+id)=a+ib+c+id=(a+c)+i(b+d)$。
2. **減法**：$(a+ib)-(c+id)=a+ib-c-id=(a-c)+i(b-d)$。
3. **乘法**：$(a+ib)(c+id)=ac+iad+ibc+i^2bd=(ac-bd)+i(ad+bc)$。
4. **除法**：$\dfrac{a+ib}{c+id}=\dfrac{(a+ib)(c-id)}{(c+id)(c-id)}=\dfrac{ac-iad+ibc-i^2bd}{c^2-i^2d^2}$
$=\dfrac{ac+bd+i(bc-ad)}{c^2+d^2}=\dfrac{ac+bd}{c^2+d^2}+i\dfrac{bc-ad}{c^2+d^2}$。

複數 $z=x+iy$ 的**共軛複數** (complex conjugate) 為 $\bar{z}=x-iy$。由此定義，我們可得
1. $\overline{z_1 \pm z_2}=\overline{z_1} \pm \overline{z_2}$
2. $\overline{z_1 z_2}=\overline{z_1}\,\overline{z_2}$

3. $\overline{\left(\dfrac{z_1}{z_2}\right)} = \dfrac{\overline{z_1}}{\overline{z_2}}$, $\overline{z_2} \neq 0$

4. $\overline{z} = z$，若且唯若 z 為實數

5. $\text{Re}(z) = \dfrac{1}{2}(z + \overline{z})$, $\text{Im}(z) = \dfrac{1}{2i}(z - \overline{z})$

定義 12-1

> 複數 $z = x + iy$ 的**絕對值**或**模數** (modulus) 定義為 $|z| = \sqrt{x^2 + y^2}$。

由上述定義可得

1. $|z| = |\overline{z}|$
2. $|z|^2 = z\overline{z}$
3. $|\text{Re}(z)| \leq |z|$, $|\text{Im}(z)| \leq |z|$

若 z_1, z_2, z_3, $\cdots$, z_n 皆為複數，則下列性質成立。

1. $|z_1 z_2| = |z_1||z_2|$, $|z_1 z_2 \cdots z_n| = |z_1||z_2|\cdots|z_n|$
2. $\left|\dfrac{z_1}{z_2}\right| = \dfrac{|z_1|}{|z_2|}$, $z_2 \neq 0$
3. $|z_1 + z_2| \leq |z_1| + |z_2|$, $|z_1 + z_2 + \cdots + z_n| \leq |z_1| + |z_2| + \cdots + |z_n|$
4. $||z_1| - |z_2|| \leq |z_1 - z_2|$, $||z_1| - |z_2|| \leq |z_1 + z_2|$

例題 1

利用 z 及 $\overline{z}$ 表出下列各方程式。

(1) $2x + y = 3$　　　　　　　　　　(2) $x^2 + y^2 = 16$

解 (1) 因 $z = x + iy$, $\overline{z} = x - iy$，故 $x = \dfrac{1}{2}(z + \overline{z})$, $y = \dfrac{1}{2i}(z - \overline{z})$。

所以，$2x + y = 3$ 變成 $z + \overline{z} + \dfrac{1}{2i}(z - \overline{z}) = 3$，即，$(2i + 1)z + (2i - 1)\overline{z} = 6i$。

(2) 方程式為 $(x + iy)(x - iy) = 16$，即，$z\overline{z} = 16$。

因複數 $x + iy$ 可視為實數序對 (x, y)，故我們可用 xy-平面 [(稱為**複平面** (complex plane)] 上的點代表這樣的數。對每一複數，在平面上恰有一點與它對應；反之，對平面上每一點，恰有一複數與它對應。基於此理由，我們視複數 z 為點 z。另外，我們視 x-軸及 y-軸分別為**實軸** (real axis) 及**虛軸** (imaginary axis)，稱複平面為 z-平面 (z-plane)。

複平面上的每一點決定了自原點至該點的向量(有向線段)，若該點為原點，則結果是零向量。於是，複數也可用向量表示。因兩複數相加是藉由各自的 x- 分量相加及各自的 y- 分量相加來完成，故複數的相加對應於複平面上的向量相加(依平行四邊形定律)，如圖 12-1 所示。

若 $z = x + iy$，則 $|z| = \sqrt{x^2 + y^2}$。在幾何上，z 的絕對值是向量 z 的長度，此為自原點至點 z 的距離。兩點 $z_1 = x_1 + iy_1$ 與 $z_2 = x_2 + iy_2$ 之間的距離為

$$|z_1 - z_2| = \sqrt{(x_1 - x_2)^2 + (y_1 - y_2)^2}。$$

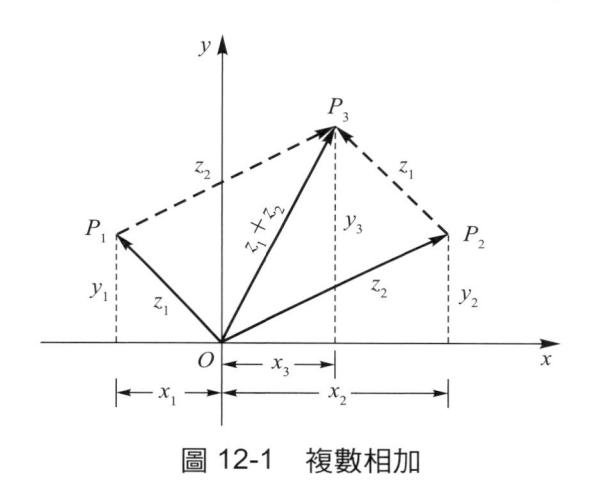

圖 12-1　複數相加

例題 2

求：(1) 中心在 $(-2, 1)$ 且半徑為 4 的圓。

(2) 長軸為 10 且焦點在 $(-3, 0)$ 及 $(3, 0)$ 的橢圓的方程式。

解 (1) 圓心為複數 $-2 + i$。若 z 為圓上的任意點，則自 z 至 $-2 + i$ 的距離為 $|z - (-2 + i)| = 4$，即，$|z + 2 - i| = 4$。

利用直角坐標系可得

$$|(x + 2) + i(y - 1)| = 4，即，(x + 2)^2 + (y - 1)^2 = 16。$$

(2) 自橢圓上任意點 z 至兩焦點的距離和為 10，因此，方程式為 $|z + 3| + |z - 3| = 10$。利用直角坐標系可得

$$\frac{x^2}{25} + \frac{y^2}{16} = 1。$$

若在複平面上一點 P 所對應的複數為 $z = x + iy$，則由圖 12-2 可知

$$x = r\cos\theta, \quad y = r\sin\theta$$

此處 $r = \sqrt{x^2 + y^2} = |z|$，$\tan\theta = \dfrac{y}{x}$，$\theta$ 稱為 z 的**幅角** (argument)，它是由正 x- 軸到 $\overrightarrow{OP}$ 的夾角，而記為 $\theta = \arg z$。利用這些關係式，將 z 寫成**極式** (polar form)

$$z = x + iy = r(\cos\theta + i\sin\theta) \tag{12-1}$$

此處 r 與 θ 為極坐標。

對任意複數 $z \neq 0$，2π 的整數倍加到 θ，並不會改變 z 的值。$\arg z$ 的**主值** (principal value)，記為 $\text{Arg } z$，其滿足不等式 $-\pi < \arg z \leq \pi$。

若 $z = x + iy$，則 $\bar{z} = x - iy$，可得 $|\bar{z}| = |z| = r$，$\arg \bar{z} = -\arg z = -\theta$。於是，

$$\bar{z} = r(\cos\theta - i\sin\theta)$$

複數 z 減 z_0 的極式為

$$z - z_0 = \rho(\cos\phi + i\sin\phi)$$

此處 ϕ 為向量 $z - z_0$ 與正 x- 軸方向的夾角，ρ 為 z 與 z_0 之間的距離。

若 $z_1 = x_1 + iy_1 = r_1(\cos\theta_1 + i\sin\theta_1)$，$z_2 = x_2 + iy_2 = r_2(\cos\theta_2 + i\sin\theta_2)$，則可證得

$$z_1 z_2 = r_1 r_2 [\cos(\theta_1 + \theta_2) + i\sin(\theta_1 + \theta_2)]$$

$$\frac{z_1}{z_2} = \frac{r_1}{r_2}[\cos(\theta_1 - \theta_2) + i\sin(\theta_1 - \theta_2)]$$

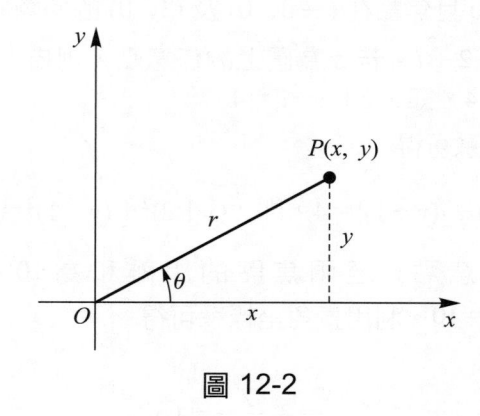

$$z_1 z_2 \cdots z_n = r_1 r_2 \cdots r_n [\cos(\theta_1 + \theta_2 + \cdots + \theta_n) + i\sin(\theta_1 + \theta_2 + \cdots + \theta_n)]$$

圖 12-2

若 $z_1=z_2=\cdots=z_n=z$，則
$$z^n=[r(\cos\theta+i\sin\theta)]^n=r^n(\cos n\theta+i\sin n\theta) \tag{12-2}$$

此為**棣莫弗定理** (De Moivre's theorem)。

例題 3

計算 (1) $[3(\cos 40°+i\sin 40°)][4(\cos 80°+i\sin 80°)]$

(2) $\left(\dfrac{1+\sqrt{3}\,i}{1-\sqrt{3}\,i}\right)^{10}$

解 (1) $[3(\cos 40°+i\sin 40°)][4(\cos 80°+i\sin 80°)]$

$$=12(\cos 120°+i\sin 120°)=12\left(-\dfrac{1}{2}+\dfrac{\sqrt{3}}{2}i\right)=-6+6\sqrt{3}\,i。$$

(2) $\left(\dfrac{1+\sqrt{3}\,i}{1-\sqrt{3}\,i}\right)^{10}=\dfrac{2(\cos 60°+i\sin 60°)}{2[\cos(-60°)+i\sin(-60°)]}=\cos 120°+i\sin 120°$

$$=-\dfrac{1}{2}+\dfrac{\sqrt{3}}{2}i。$$

依歐勒公式，$\quad e^{i\theta}=\cos\theta+i\sin\theta,\quad \theta\in\mathbb{R}$

一般，我們定義 $\quad e^z=e^{x+iy}=e^x\,e^{iy}=e^x(\cos y+i\sin y)$

由棣莫弗定理，$\quad (e^{i\theta})^n=e^{in\theta}$。

對任意複數 $z\neq 0$，可將 (12-1) 式寫成

$$z=re^{i\theta}$$

此處 $\theta\in\mathbb{R}$，$r>0$。顯然，$r=|z|$（因 $|e^{i\theta}|=1$）。

茲留給讀者去驗證下列的性質：

1. $e^{i\theta_1}\,e^{i\theta_2}=e^{i(\theta_1+\theta_2)}$
2. $(e^{i\theta})^{-1}=e^{-i\theta}$
3. $\dfrac{e^{i\theta_1}}{e^{i\theta_2}}=e^{i(\theta_1-\theta_2)}$
4. $e^{i(\theta+2k\pi)}=e^{i\theta},\ k=0,\ \pm 1,\ \pm 2,\ \cdots$

5. $\cos\theta = \dfrac{1}{2}(e^{i\theta}+e^{-i\theta})$, $\sin\theta = \dfrac{1}{2i}(e^{i\theta}-e^{-i\theta})$

若 $w^n = z$，則 w 稱為複數 z 的 **n 次方根**，寫成 $w = z^{1/n}$。由棣莫弗定理，我們可證得，若 n 為正整數，則

$$z^{1/n} = [r(\cos\theta + i\sin\theta)]^{1/n} = r^{1/n}\left(\cos\dfrac{\theta+2k\pi}{n} + i\sin\dfrac{\theta+2k\pi}{n}\right)$$

$k = 0, 1, 2, \cdots, n-1$。

若 $a_0 \neq 0, a_1, a_2, \cdots, a_n$ 皆為已知複數，n 為正整數，則

$$a_0 z^n + a_1 z^{n-1} + a_2 z^{n-2} + \cdots + a_{n-1} z + a_n = 0 \tag{12-3}$$

稱為 **n 次複係數方程式**，而滿足 (12-3) 式的解稱為方程式 (12-3) 的根。若 $z_1, z_2, \cdots, z_n$ 為 n 個根，則 (12-3) 式可寫成

$$a_0(z-z_1)(z-z_2)\cdots(z-z_n) = 0 \text{。}$$

若 n 為正整數，則方程式 $z^n = 1$ 的根稱為 1 的 n 次方根，其為

$$z = \cos\dfrac{2k\pi}{n} + i\sin\dfrac{2k\pi}{n} = e^{2k\pi i/n}, \quad k = 0, 1, 2, \cdots, n-1 \text{。}$$

若令 $\omega = \cos\dfrac{2\pi}{n} + i\sin\dfrac{2\pi}{n} = e^{2\pi i/n}$，則 n 個根為 $1, \omega, \omega^2, \cdots, \omega^{n-1}$。在幾何上，它們代表單位圓（$|z|=1$）之內接正 n 邊形的頂點，其中有一頂點在 $z = 1$。因 $\omega^n = 1$，故

$$(\omega-1)(\omega^{n-1} + \omega^{n-2} + \cdots + \omega^2 + \omega + 1) = 0$$

但 $\omega \neq 1$，所以，

$$1 + \omega + \omega^2 + \cdots + \omega^{n-1} = 0 \text{。}$$

註：若 z_0 為 z 的任意 n 次方根，則

$$z_0, z_0\omega, z_0\omega^2, \cdots, z_0\omega^{n-1}$$

為 z 的 n 次方根。

例題 4

求所有的 z 滿足 $z^5 = -32$,並在 z-平面上描出這些點。

解 $-32 = 32[\cos(\pi + 2k\pi) + i \sin(\pi + 2k\pi)]$, $k = 0, \pm 1, \pm 2, \cdots$

令 $z = r(\cos\theta + i\sin\theta)$,則由棣莫弗定理,

$$z^5 = r^5(\cos 5\theta + i\sin 5\theta) = 32[\cos(\pi + 2k\pi) + i\sin(\pi + 2k\pi)]$$

可得 $r^5 = 32$, $5\theta = \pi + 2k\pi$,故 $r = 2$, $\theta = \dfrac{\pi + 2k\pi}{5}$。

因此, $$z = 2\left(\cos\dfrac{\pi + 2k\pi}{5} + i\sin\dfrac{\pi + 2k\pi}{5}\right)$$

若 $k = 0$,則 $z = z_1 = 2\left(\cos\dfrac{\pi}{5} + i\sin\dfrac{\pi}{5}\right)$

若 $k = 1$,則 $z = z_2 = 2\left(\cos\dfrac{3\pi}{5} + i\sin\dfrac{3\pi}{5}\right)$

若 $k = 2$,則 $z = z_3 = 2(\cos\pi + i\sin\pi) = -2$

若 $k = 3$,則 $z = z_4 = 2\left(\cos\dfrac{7\pi}{5} + i\sin\dfrac{7\pi}{5}\right)$

若 $k = 4$,則 $z = z_5 = 2\left(\cos\dfrac{9\pi}{5} + i\sin\dfrac{9\pi}{5}\right)$

若 $k = 5, 6, \cdots, -1, -2, \cdots$,則得到上面五個重複的值,因此,上面五個值為所予方程式的解或根。z_1、z_2、z_3、z_4 及 z_5 位於半徑 2 且圓心在原點之圓的內接正五邊形的頂點,如圖 12-3 所示。

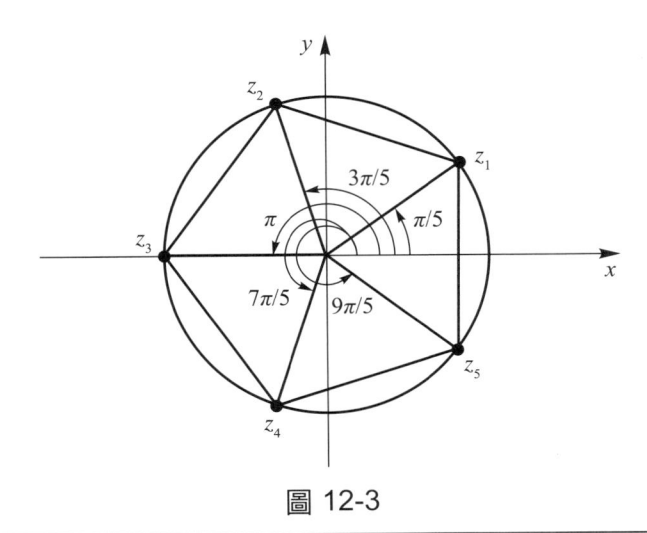

圖 12-3

例題 5

解二次方程式 $az^2+bz+c=0$, $a \neq 0$

解 以 $a \neq 0$ 除原方程式再移項可得

$$z^2+\frac{b}{a}z=-\frac{c}{a}$$

配方，

$$z^2+\frac{b}{a}z+\left(\frac{b}{2a}\right)^2=-\frac{c}{a}+\left(\frac{b}{2a}\right)^2$$

$$\left(z+\frac{b}{2a}\right)^2=\frac{b^2-4ac}{4a^2}$$

可得

$$z+\frac{b}{2a}=\frac{\pm\sqrt{b^2-4ac}}{2a}$$

故

$$z=\frac{-b\pm\sqrt{b^2-4ac}}{2a}。$$

習題 12-1

1. 試證：在 z- 平面上之圓的方程式為

$$az\bar{z}+b\bar{z}+\bar{b}z+c=0$$

其中 $a \neq 0$ 與 c 皆為實常數，b 為複常數。

2. 試證：若 $|\alpha|=1$, $\alpha \neq \beta$，則 $\left|\dfrac{\alpha-\beta}{1-\bar{\beta}\alpha}\right|=1$。

3. 描述下列各方程式的軌跡。
   (1) $|z+2i|+|z-2i|=6$
   (2) $|z-i|=2$
   (3) $|z-3|-|z+3|=4$
   (4) $\text{Im}(z^2)=4$
   (5) $z(\bar{z}+2)=3$

4. 求：(1) 半徑為 2 且中心在 $(-3, 4)$ 之圓的方程式。
   (2) 焦點在 $(0, 2)$ 及 $(0, -2)$ 且長軸為 10 之橢圓的方程式。

5. 作 (1) $\left|\dfrac{z-3}{z+3}\right|<2$, (2) $\left|\dfrac{z-3}{z+3}\right|=2$ 的圖形。

6. 計算下列各式。
   (1) $\dfrac{[8(\cos 40°+i\sin 40°)]^3}{[2(\cos 60°+i\sin 60°)]^4}$
   (2) $\left(\dfrac{\sqrt{3}-i}{\sqrt{3}+i}\right)^4\left(\dfrac{1+i}{1-i}\right)^5$

7. 試證：若 z 為 n 次方程式 $a_0 z^n + a_1 z^{n-1} + \cdots + a_n = 0$ 的根，其中 $a_1, a_2, \cdots, a_n$ 皆為實係數，則 $\bar{z}$ 也為此方程式的根。

8. 試證：若 z_1、z_2 及 z_3 為等邊三角形的三頂點，則
$$z_1^2 + z_2^2 + z_3^2 = z_1 z_2 + z_2 z_3 + z_3 z_1。$$

9. 試證：(1) $\sin 3\theta = 3 \sin \theta - 4 \sin^3 \theta$
   (2) $\cos 3\theta = 4 \cos^3 \theta - 3 \cos \theta$

10. 若 $n = 2, 3, \cdots$，試證：
    (1) $\cos \dfrac{2\pi}{n} + \cos \dfrac{4\pi}{n} + \cos \dfrac{6\pi}{n} + \cdots + \cos \dfrac{2(n-1)\pi}{n} = -1$
    (2) $\sin \dfrac{2\pi}{n} + \sin \dfrac{4\pi}{n} + \sin \dfrac{6\pi}{n} + \cdots + \sin \dfrac{2(n-1)\pi}{n} = 0$

11. 求下列的所有根。
    (1) $z^3 = -1 + i$
    (2) $z^4 + 2(\sqrt{3} + i) = 0$

12. 解方程式 $z^2(1 - z^2) = 16$。

13. 解方程式 $z^2 + (2i - 3)z + 5 - i = 0$。

12-2 複變函數

代表複數集合中任一數的符號，像 z、w 等等，稱為**複變數** (complex variable)。若對複變數 z 的每一個值，存在一個或更多的複數值 w 與其對應，則稱 w 為 z 的**複值函數** (complex-valued function) 或**複變函數**，寫成 $w = f(z)$ 或 $w = g(z)$ 等等，此處 z 稱為**自變數**，w 稱為**因變數**。若對 z 的每一個值，恰有 w 的一個值與其對應，則稱 w 為 z 的**單值函數** (single-valued function) 或 $f(z)$ 為單值函數。若對 z 的每一個值，有多於 w 的一個值與其對應，則稱 w 為 z 的**多值函數** (multiple-valued function) 或 $f(z)$ 為多值函數。

註：往後所涉及到的複值函數皆假定為單值函數，除非另有說明。

若 $w = u + iv$（u 與 v 皆為實數）為 $z = x + iy$（x 及 y 皆為實數）的函數，則可寫成 $u + iv = f(x + iy)$，其中 u 與 v 取決於 x 與 y，因此，也可寫成

$$w = u(x, y) + iv(x, y)$$

此處 $u(x, y)$ 與 $v(x, y)$ 皆為實變數 x 及 y 的實值函數。

例題 1

若 $f(z)=z^2+3z+1$，確定 $u(x, y)$ 與 $v(x, y)$。

解 $u(x, y)+iv(x, y)=f(z)=(x+iy)^2+3(x+iy)+1$
$= (x^2-y^2+3x+1)+i(2xy+3y)$

因此，$u(x, y)=x^2-y^2+3x+1$, $v(x, y)=2xy+3y$。

定義 12-2

設 f 為定義在包含 z_0 的某平面區域 (可能在 z_0 除外)，w_0 為一複數。當 z 趨近 z_0 時，$f(z)$ 的**極限**為 w_0，記為

$$\lim_{z \to z_0} f(z)=w_0$$

其意義為：對每一 $\varepsilon > 0$，存在一 $\delta > 0$ 使得若 $0 < |z-z_0| < \delta$，則 $|f(z)-w_0| < \varepsilon$。若不存在這樣的 w_0，則稱 $\lim_{z \to z_0} f(z)$ 不存在。

註：若 $\lim_{z \to z_0} f(z)=w_1$, $\lim_{z \to z_0} f(z)=w_2$，則 $w_1=w_2$。

定理 12-1

令 $f(z)=u(z)+iv(z)$, $\lim_{z \to z_0} f(z)=u_0+iv_0$，若且唯若 $\lim_{z \to z_0} u(z)=u_0$, $\lim_{z \to z_0} v(z)=v_0$。

定理 12-2

$\lim_{z \to z_0}(az+b)=az_0+b$, a、b 皆為常數。

定理 12-3

若 $\lim_{z \to z_0} f(z)=A$, $\lim_{z \to z_0} g(z)=B$，則

(1) $\lim_{z \to z_0}[cf(z)]=c \lim_{z \to z_0} f(z)=cA$，$c$ 為常數

(2) $\lim_{z \to z_0}[f(z) \pm g(z)]=\lim_{z \to z_0} f(z) \pm \lim_{z \to z_0} g(z)=A \pm B$

(3) $\lim_{z \to z_0}[f(z)g(z)]=[\lim_{z \to z_0} f(z)][\lim_{z \to z_0} g(z)]=AB$

(4) $\lim_{z \to z_0} \dfrac{f(z)}{g(z)}=\dfrac{\lim_{z \to z_0} f(z)}{\lim_{z \to z_0} g(z)}=\dfrac{A}{B}$, $B \neq 0$

註：令 $P(z)=a_0+a_1z+a_2z^2+\cdots+a_nz^n$，則 $\lim_{z \to z_0} P(z)=P(z_0)$。

例題 2

計算下列各題

(1) $\lim\limits_{z\to 1+i} (z^2-5z+2)$ (2) $\lim\limits_{z\to -2i} \dfrac{(2z+3)(z-2)}{z^2-2z+4}$ (3) $\lim\limits_{z\to 2e^{\pi i/3}} \dfrac{z^3+8}{z^4+4z^2+16}$

解 (1) $\lim\limits_{z\to 1+i} (z^2-5z+2) = \lim\limits_{z\to 1+i} z^2 + \lim\limits_{z\to 1+i} (-5z) + \lim\limits_{z\to 1+i} 2$

$$= (\lim\limits_{z\to 1+i} z)^2 - 5\lim\limits_{z\to 1+i} z + \lim\limits_{z\to 1+i} 2$$

$$= (1+i)^2 - 5(1+i) + 2 = -3-3i \text{。}$$

(2) $\lim\limits_{z\to -2i} \dfrac{(2z+3)(z-2)}{z^2-2z+4} = \dfrac{[\lim\limits_{z\to -2i}(2z+3)][\lim\limits_{z\to -2i}(z-2)]}{\lim\limits_{z\to -2i}(z^2-2z+4)}$

$$= \dfrac{(-4i+3)(-2i-2)}{4i} = \dfrac{i-7}{2i} = \dfrac{1}{2} + \dfrac{7}{2}i \text{。}$$

(3) $\lim\limits_{z\to 2e^{\pi i/3}} \dfrac{z^3+8}{z^4+4z^2+16} = \lim\limits_{z\to 2e^{\pi i/3}} \dfrac{(z^2-4)(z^3+8)}{(z^2-4)(z^4+4z^2+16)}$

$$= \lim\limits_{z\to 2e^{\pi i/3}} \dfrac{(z^2-4)(z^3+8)}{z^6-64} = \lim\limits_{z\to 2e^{\pi i/3}} \dfrac{z^2-4}{z^3-8}$$

$$= \lim\limits_{z\to 2e^{\pi i/3}} \dfrac{4e^{2\pi i/3}-4}{8e^{\pi i}-8} = \dfrac{3}{8} - \dfrac{\sqrt{3}}{8}i \text{。}$$

例題 3

試證：$\lim\limits_{z\to 0} \dfrac{\bar{z}}{z}$ 不存在。

解 (i) 當 z 沿著 x-軸趨近 0 時，$y=0$，可知 $z=x+iy=x$，$\bar{z}=x-iy=x$，故 $\lim\limits_{z\to 0} \dfrac{\bar{z}}{z} = \lim\limits_{x\to 0} \dfrac{x}{x} = 1$。

(ii) 當 z 沿著 y-軸趨近 0 時，$x=0$，可知 $z=x+iy=iy$，$\bar{z}=x-iy=-iy$，故 $\lim\limits_{z\to 0} \dfrac{\bar{z}}{z} = \lim\limits_{y\to 0} \dfrac{-iy}{iy} = -1$。

由 (i) 與 (ii) 可知 $\lim\limits_{z\to 0} \dfrac{\bar{z}}{z}$ 不存在。

定義 12-3

若 $\lim_{z \to z_0} f(z) = f(z_0)$，則稱函數 f 在點 z_0 為**連續**。

此定義說明為了使 f 在 z_0 為連續，必須同時滿足下列三條件：

1. $f(z_0)$ 有定義
2. $\lim_{z \to z_0} f(z)$ 存在
3. $\lim_{z \to z_0} f(z) = f(z_0)$

f 在 z_0 為連續的意思也就是 $\lim_{z \to z_0} f(z) = f(\lim_{z \to z_0} z)$。若上面三條件中有任一者不成立，則稱 f 在 z_0 為不連續。若函數 f 在某區域所有點皆為連續，則稱它在該區域為連續。

定理 12-4

若 f 與 g 在 z_0 皆為連續，則 $f+g$、$f-g$、cf（c 為常數）與 $\dfrac{f}{g}$（$g(z_0) \neq 0$）在 z_0 也為連續。

註：(1) 多項式函數 $P(z) = a_0 + a_1 z + a_2 z^2 + \cdots + a_n z^n$ 在任意點 z_0 為連續。

(2) 有理函數 $R(z) = \dfrac{P(z)}{Q(z)}$（$P(z)$ 與 $Q(z)$ 皆為多項式）在使 $Q(z_0) \neq 0$ 的任意點 z_0 為連續。

定理 12-5

若 f 在 z_0 為連續且 g 在 $f(z_0)$ 為連續，則合成函數 $g \circ f$ 在 z_0 為連續。

定理 12-6

函數 $f(z) = u(x, y) + iv(x, y)$ 在點 $z_0 = x_0 + iy_0$ 為連續，若且唯若 $u(x, y)$ 與 $v(x, y)$ 在點 (x_0, y_0) 皆為連續。

定義 12-4

設 f 定義在 z-平面上某區域 R 且 z_0 為 R 內一點,則 f 在點 z_0 的**導數**定義如下:

$$f'(z_0) = \lim_{z \to z_0} \frac{f(z) - f(z_0)}{z - z_0} = \lim_{\Delta z \to 0} \frac{f(z_0 + \Delta z) - f(z_0)}{\Delta z}$$

倘若極限存在與 $\Delta z \to 0$ 的方式無關。在此情形,我們稱 f 在 z_0 為**可微分**。若 f 在 z_0 某鄰域 $N(z_0, \rho) = \{z | |z - z_0| < \rho, \rho > 0\}$ 中每一點皆有導數,則稱 f 在 z_0 為**可解析** (analytic)。若 f 在 R 中每一點皆為可解析,則稱 f 在 R 為可解析,而 f 為**可解析函數** (analytic function)。

若 $w = f(z)$ 為可解析函數,則 $f'(z)$ 也可記為 $\dfrac{df(z)}{dz}$,即,$f'(z) = \dfrac{df(z)}{dz}$。$f'$ 稱為 f 的**導函數**。

定理 12-7

若 f 在點 z_0 有導數,則 f 在 z_0 為連續。

註:定理 12-7 的逆敘述不一定成立。

例題 4

試證:$f(z) = \bar{z}$ 的導數處處不存在,即,$f(z) = \bar{z}$ 為處處不可解析,但為處處連續。

解 對任意點 z,$\dfrac{d}{dz} f(z) = f'(z) = \lim\limits_{\Delta z \to 0} \dfrac{f(z + \Delta z) - f(z)}{\Delta z}$。

令 $z = x + iy$,$\Delta z = \Delta x + i \Delta y$

則 $\dfrac{d}{dz} \bar{z} = \lim\limits_{\Delta z \to 0} \dfrac{\overline{z + \Delta z} - \bar{z}}{\Delta z} = \lim\limits_{\Delta z \to 0} \dfrac{\overline{\Delta z}}{\Delta z} = \lim\limits_{\substack{\Delta x \to 0 \\ \Delta y \to 0}} \dfrac{\Delta x - i \Delta y}{\Delta x + i \Delta y}$

(i) 若 $\Delta y = 0$,則 $\lim\limits_{\substack{\Delta x \to 0 \\ \Delta y \to 0}} \dfrac{\Delta x - i \Delta y}{\Delta x + i \Delta y} = \lim\limits_{\Delta x \to 0} \dfrac{\Delta x}{\Delta x} = 1$

(ii) 若 $\Delta x = 0$,則 $\lim\limits_{\substack{\Delta x \to 0 \\ \Delta y \to 0}} \dfrac{\Delta x - i \Delta y}{\Delta x + i \Delta y} = \lim\limits_{\Delta y \to 0} \dfrac{-i \Delta y}{i \Delta y} = -1$

由 (i) 與 (ii) 可知，極限與 $\Delta z \to 0$ 的方式有關，所以導數不存在，即，$f(z)=\bar{z}$ 為處處不可解析。

另外，$\lim\limits_{z \to z_0} f(z) = \lim\limits_{z \to z_0} \bar{z} = \bar{z}_0 = f(z_0)$，故處處連續。

定理 12-8

若 f 與 g 皆為可解析函數，則

(1) $\dfrac{d}{dz} c = 0$，c 為常數

(2) $\dfrac{d}{dz}[f(z)+g(z)] = \dfrac{d}{dz} f(z) + \dfrac{d}{dz} g(z)$

(3) $\dfrac{d}{dz}[f(z)-g(z)] = \dfrac{d}{dz} f(z) - \dfrac{d}{dz} g(z)$

(4) $\dfrac{d}{dz}[cf(z)] = c\dfrac{d}{dz} f(z)$，$c$ 為常數

(5) $\dfrac{d}{dz}[f(z)g(z)] = f(z)\dfrac{d}{dz} g(z) + g(z)\dfrac{d}{dz} f(z)$

(6) $\dfrac{d}{dz}\left[\dfrac{f(z)}{g(z)}\right] = \dfrac{g(z)\dfrac{d}{dz} f(z) - f(z)\dfrac{d}{dz} g(z)}{[g(z)]^2}$，$g(z) \neq 0$

(7) $\dfrac{d}{dz} z^n = n z^{n-1}$，$n$ 為正整數

註：複係數多項式函數 $P(z) = c_0 + c_1 z + c_2 z^2 + \cdots + c_n z^n$ 在 z-平面上為處處可解析；複係數有理函數在除了使分母為零的點以外皆為可解析。

定理 12-9　連鎖法則

若 $\zeta = g(z)$ 為 z 的可解析函數，$w = f(\zeta)$ 為 ζ 的可解析函數，則 $w = f(g(z))$ 為 z 的可解析函數，而

$$\dfrac{dw}{dz} = \dfrac{dw}{d\zeta} \dfrac{d\zeta}{dz} \text{。}$$

一般，若 w 為 ζ 的可解析函數，ζ 為 η 的可解析函數，η 為 z 的可解析函數，則 w 為 z 的可解析函數，而

$$\frac{dw}{dz} = \frac{dw}{d\zeta} \frac{d\zeta}{d\eta} \frac{d\eta}{dz} \text{。}$$

定理 12-10

函數 $f(z) = u(x, y) + iv(x, y)$ 在區域 R 為可解析的必要條件是四個偏導函數 $\dfrac{\partial u}{\partial x}$、$\dfrac{\partial v}{\partial x}$、$\dfrac{\partial u}{\partial y}$ 及 $\dfrac{\partial v}{\partial y}$ 在 R 同時滿足**柯西－黎曼方程式**

$$\frac{\partial u}{\partial x} = \frac{\partial v}{\partial y}, \quad \frac{\partial u}{\partial y} = -\frac{\partial v}{\partial x} \text{。}$$

證 令 z 為 R 中任一點。因 $f'(z)$ 存在，故

$$f'(z) = \lim_{\Delta z \to 0} \frac{f(z+\Delta z)-f(z)}{\Delta z}$$

$$= \lim_{\substack{\Delta x \to 0 \\ \Delta y \to 0}} \frac{[u(x+\Delta x, y+\Delta y)+iv(x+\Delta x, y+\Delta y)]-[u(x, y)+iv(x, y)]}{\Delta x + i\Delta y} \quad (*)$$

其中 Δz 可自任何路徑趨近零。我們考慮兩種路徑：

(i) $\Delta y = 0$，$\Delta x \to 0$。在此情形，(*) 式變成

$$f'(z) = \lim_{\Delta x \to 0} \left\{ \frac{u(x+\Delta x, y)-u(x, y)}{\Delta x} + i\left[\frac{v(x+\Delta x, y)-v(x, y)}{\Delta x}\right] \right\}$$

$$= \lim_{\Delta x \to 0} \frac{u(x+\Delta x, y)-u(x, y)}{\Delta x} + i \lim_{\Delta x \to 0} \frac{v(x+\Delta x, y)-v(x, y)}{\Delta x}$$

$$= \frac{\partial u}{\partial x} + i \frac{\partial v}{\partial x} \tag{12-4}$$

(ii) $\Delta x = 0$，$\Delta y \to 0$。在此情形，(*) 式變成

$$f'(z) = \lim_{\Delta y \to 0} \left[\frac{u(x, y+\Delta y)-u(x, y)}{i\Delta y} + \frac{v(x, y+\Delta y)-v(x, y)}{\Delta y} \right]$$

$$= \lim_{\Delta y \to 0} \frac{u(x, y+\Delta y)-u(x, y)}{i\Delta y} + \lim_{\Delta y \to 0} \frac{v(x, y+\Delta y)-v(x, y)}{\Delta y}$$

$$= \frac{1}{i} \frac{\partial u}{\partial y} + \frac{\partial v}{\partial y} = -i \frac{\partial u}{\partial y} + \frac{\partial v}{\partial y}$$

所以，
$$\frac{\partial u}{\partial x}+i\frac{\partial v}{\partial x}=-i\frac{\partial u}{\partial y}+\frac{\partial v}{\partial y}$$

可得
$$\frac{\partial u}{\partial x}=\frac{\partial v}{\partial y}, \quad \frac{\partial u}{\partial y}=-\frac{\partial v}{\partial x}$$

為了說明定理 12-10 的條件 (12-4) 式並非充分條件，我們舉出下面例子。

例題 5

考慮函數
$$f(z)=\begin{cases} u(x, y)+iv(x, y), & z\neq 0 \\ 0, & z=0 \end{cases}$$

其中 $u(x, y)=\dfrac{x^3-y^3}{x^2+y^2}$, $v(x, y)=\dfrac{x^3+y^3}{x^2+y^2}$。

我們將說明柯西－黎曼方程式在原點滿足，但 $f'(0)$ 不存在。依實值函數的偏導數定義，

$$u_x(0, 0)=\lim_{x\to 0}\frac{u(x, 0)-u(0, 0)}{x}=\lim_{x\to 0}\frac{x^3/x^2}{x}=1$$

$$u_y(0, 0)=\lim_{y\to 0}\frac{u(0, y)-u(0, 0)}{y}=\lim_{y\to 0}\frac{-y^3/y^2}{y}=-1$$

同理，$v_x(0, 0)=1$, $v_y(0, 0)=1$。

於是，柯西－黎曼方程式在原點滿足，即，

$$u_x(0, 0)=1=v_y(0, 0), \qquad u_y(0, 0)=-1=-v_x(0, 0)$$

現在，我們將說明 $f'(0)$ 不存在。令 z 在直線 $y=x$ 上變動，則 $f(z)=u+iv=ix$。於是，沿著直線 $y=x$，

$$f'(0)=\lim_{z\to 0}\frac{f(z)-f(0)}{z-0}=\lim_{x\to 0}\frac{ix}{x+ix}=\frac{i}{1+i}=\frac{1}{2}+\frac{1}{2}i$$

然而，當點 (x, y) 沿著 x- 軸趨近原點時，利用 (12-4) 式及 $u_x(0, 0)=1$，$v_x(0, 0)=1$，可得

$$f'(0)=u_x(0, 0)+iv_x(0, 0)=1+i$$

所以，$f'(0)$ 不存在。

下面定理給出使 f 為可解析函數的充分條件。

定理 12-11

若偏導函數 $\dfrac{\partial u}{\partial x}$、$\dfrac{\partial v}{\partial x}$、$\dfrac{\partial u}{\partial y}$ 及 $\dfrac{\partial v}{\partial y}$ 在區域 R 皆為連續且滿足**柯西－黎曼方程式**，則 $f(z)=u(x,\ y)+iv(x,\ y)$ 在 R 為可解析函數。

證 因 $\dfrac{\partial u}{\partial x}$ 及 $\dfrac{\partial u}{\partial y}$ 皆為連續，故

$$\Delta u = u(x+\Delta x,\ y+\Delta y) - u(x,\ y)$$
$$= [u(x+\Delta x,\ y+\Delta y) - u(x,\ y+\Delta y)] + [u(x,\ y+\Delta y) - u(x,\ y)]$$
$$= \left(\dfrac{\partial u}{\partial x} + \varepsilon_1\right)\Delta x + \left(\dfrac{\partial u}{\partial y} + \eta_1\right)\Delta y$$
$$= \dfrac{\partial u}{\partial x}\Delta x + \dfrac{\partial u}{\partial y}\Delta y + \varepsilon_1 \Delta x + \eta_1 \Delta y$$

其中當 $\Delta x \to 0$ 且 $\Delta y \to 0$ 時，$\varepsilon_1 \to 0$ 且 $\eta_1 \to 0$。

同理，因 $\dfrac{\partial v}{\partial x}$ 及 $\dfrac{\partial v}{\partial y}$ 皆為連續，故

$$\Delta v = \left(\dfrac{\partial v}{\partial x} + \varepsilon_2\right)\Delta x + \left(\dfrac{\partial v}{\partial y} + \eta_2\right)\Delta y = \dfrac{\partial v}{\partial x}\Delta x + \dfrac{\partial v}{\partial y}\Delta y + \varepsilon_2 \Delta x + \eta_2 \Delta y$$

其中當 $\Delta x \to 0$ 且 $\Delta y \to 0$ 時，$\varepsilon_2 \to 0$ 且 $\eta_2 \to 0$。令 $w=f(z)$，則

$$\Delta w = \Delta u + i\,\Delta v$$
$$= \left(\dfrac{\partial u}{\partial x} + i\,\dfrac{\partial v}{\partial x}\right)\Delta x + \left(\dfrac{\partial u}{\partial y} + i\,\dfrac{\partial v}{\partial y}\right)\Delta y + \varepsilon\,\Delta x + \eta\,\Delta y \qquad (*)$$

其中當 $\Delta x \to 0$ 且 $\Delta y \to 0$ 時，$\varepsilon = \varepsilon_1 + i\,\varepsilon_2 \to 0$ 且 $\eta = \eta_1 + i\,\eta_2 \to 0$。
依柯西－黎曼方程式，$(*)$ 式可以寫成

$$\Delta w = \left(\dfrac{\partial u}{\partial x} + i\,\dfrac{\partial v}{\partial x}\right)\Delta x + \left(-\dfrac{\partial v}{\partial x} + i\,\dfrac{\partial u}{\partial x}\right)\Delta y + \varepsilon\,\Delta x + \eta\,\Delta y$$
$$= \left(\dfrac{\partial u}{\partial x} + i\,\dfrac{\partial v}{\partial x}\right)(\Delta x + i\,\Delta y) + \varepsilon\,\Delta x + \eta\,\Delta y$$

以 $\Delta z = \Delta x + i\Delta y$ 除上式，並取當 $\Delta z \to 0$ 時的極限，可知

$$\frac{dw}{dz}=f'(z)=\lim_{\Delta z\to 0}\frac{\Delta w}{\Delta z}=\frac{\partial u}{\partial x}+i\frac{\partial v}{\partial x}$$

故導函數存在且唯一，換句話說，f 在 R 為可解析。

註：若 $f(z)$ 為可解析，則 $f'(z)=\dfrac{\partial u}{\partial x}+i\dfrac{\partial v}{\partial x}=\dfrac{\partial v}{\partial y}-i\dfrac{\partial u}{\partial y}$。

例題 6

利用柯西－黎曼方程式，證明 $f(z)=z^3$ 在複平面上為可解析，$g(z)=|z|^2$ 在任何區域不可解析。

解 $u+iv=f(z)=(x+iy)^3=x^3-3xy^2+i(3x^2y-y^3)$，因此，$u=x^3-3xy^2$，$v=3x^2y-y^3$，可得

$$\frac{\partial u}{\partial x}=3x^2-3y^2=\frac{\partial v}{\partial y}，\qquad \frac{\partial u}{\partial y}=-6xy=-\frac{\partial v}{\partial x}$$

故 $f(z)=z^3$ 為處處可解析。

$$u+iv=g(z)=|x+iy|^2=x^2+y^2$$

因此， $\qquad\qquad u=x^2+y^2,\ v=0$

可得 $\qquad \dfrac{\partial u}{\partial x}=2x,\ \dfrac{\partial v}{\partial y}=0,\ \dfrac{\partial u}{\partial y}=2y,\ \dfrac{\partial v}{\partial x}=0$

於是，柯西－黎曼方程式對 $z\neq 0$ 不成立，因而 $g(z)=|z|^2$ 在任何區域不可解析。

若 f 在區域 R 為可解析，則對 R 中所有點 (x, y)，u 及 v 的所有階的偏導數皆存在，u 及 v 的所有階的偏導函數在 R 為連續。

現在，假設 f 在區域 R 為可解析。將柯西－黎曼方程式偏微分可得

$$\frac{\partial^2 u}{\partial x^2}=\frac{\partial^2 v}{\partial x\,\partial y},\qquad \frac{\partial^2 u}{\partial y^2}=-\frac{\partial^2 v}{\partial y\,\partial x}$$

因 $\qquad\qquad \dfrac{\partial^2 v}{\partial y\,\partial x}=\dfrac{\partial^2 v}{\partial x\,\partial y}$

故 $\qquad\qquad \dfrac{\partial^2 u}{\partial x^2}+\dfrac{\partial^2 u}{\partial y^2}=0$

此式稱為**拉普拉斯方程式**，也可寫成

$$\nabla^2 u = 0$$

其中 $\nabla^2 = \dfrac{\partial^2}{\partial x^2} + \dfrac{\partial^2}{\partial y^2}$ 稱為**拉氏算子**。

定義 12-5

若實值函數 $u(x, y)$ 在區域 R 中滿足 $\dfrac{\partial^2 u}{\partial x^2} + \dfrac{\partial^2 u}{\partial y^2} = 0$，則稱 $u(x, y)$ 在 R 為**調和函數** (harmonic function)。

定理 12-12

若 $f(z) = u(x, y) + iv(x, y)$ 在區域 R 為可解析，則 $u(x, y)$ 與 $v(x, y)$ 在 R 為調和函數。

定義 12-6

若 $u(x, y)$ 與 $v(x, y)$ 在區域 R 皆為調和函數使得 $f(z) = u(x, y) + iv(x, y)$ 在 R 為可解析，則稱 $u(x, y)$ 為 $v(x, y)$ 的**共軛**。

註：上面定義中的共軛有別於複數 z 的共軛複數 $\bar{z}$。若 $v(x, y)$ 為 $u(x, y)$ 的共軛，則 $-u(x, y)$ 為 $v(x, y)$ 的共軛，因 $v(x, y)$ 與 $-u(x, y)$ 分別為可解析函數 $-if(z)$ 的實部與虛部。

調和函數的共軛函數可自柯西－黎曼方程式獲得，今以下例說明之。

例題 7

試證：$u(x, y) = x^2 - y^2$ 為調和函數，並確定其共軛調和函數 $v(x, y)$ 使 $f(z) = u + iv$ 為可解析函數。

解 $\dfrac{\partial u}{\partial x} = 2x$, $\dfrac{\partial^2 u}{\partial x^2} = 2$, $\dfrac{\partial u}{\partial y} = -2y$, $\dfrac{\partial^2 u}{\partial y^2} = -2$，可得

$$\dfrac{\partial^2 u}{\partial x^2} + \dfrac{\partial^2 u}{\partial y^2} = 0$$

故 $u(x, y)$ 為調和函數。

欲確定其共軛調和函數 v，可利用柯西－黎曼方程式得知

$$\frac{\partial v}{\partial y} = 2x$$

此方程式對 y 偏積分可得

$$v(x, y) = 2xy + h(x)$$

此處 $h(x)$ 為 x 的任意函數。因 $\frac{\partial u}{\partial y} = -\frac{\partial v}{\partial x}$，故 $-2y = -2y + h'(x)$，可得 $h'(x) = 0$，所以，$h(x) = c$，c 為實常數。於是，$v(x, y) = 2xy + c$ 為 $u(x, y) = x^2 - y^2$ 的共軛調和函數，因而

$$f(z) = x^2 - y^2 + i(2xy + c) = z^2 + ic。$$

習題 12-2

1. 計算下列各極限。

   (1) $\lim\limits_{z \to e^{\pi i/4}} \dfrac{z^2}{z^4 + z + 1}$

   (2) $\lim\limits_{z \to 2i} (iz^4 + 3z^2 - 10i)$

   (3) $\lim\limits_{z \to i} \dfrac{z^2 + 1}{z^6 + 1}$

   (4) $\lim\limits_{z \to \frac{i}{2}} \dfrac{(2z - 3)(4z + i)}{(iz - 1)^2}$

   (5) $\lim\limits_{z \to e^{\pi i/3}} (z - e^{\pi i/3}) \left(\dfrac{z}{z^3 + 1} \right)$

   (6) $\lim\limits_{z \to 1+i} \left(\dfrac{z - 1 - i}{z^2 - 2z + 2} \right)^2$

2. 求下列各函數的 $f'(z)$。

   (1) $f(z) = z(z^2 + 1)^2$

   (2) $f(z) = 5z^4 - \dfrac{2}{3} z^3 - 8z + \dfrac{1}{5}$

   (3) $f(z) = \left(z + \dfrac{1}{z} \right)^2$

   (4) $f(z) = \dfrac{z^2 + 4}{z^3 + 2z - 5}$

3. 試證：以極坐標形式表示可解析函數的實部與虛部滿足**拉普拉斯極坐標方程式**：

$$\frac{\partial^2 \phi}{\partial r^2} + \frac{1}{r} \frac{\partial \phi}{\partial r} + \frac{1}{r^2} \frac{\partial^2 \phi}{\partial \theta^2} = 0$$

此處 ϕ 僅表示該實部或虛部的符號。

4. 利用極坐標形式 $z = r(\cos\theta + i\sin\theta)$，若 $f(z) = u(r, \theta) + iv(r, \theta)$ 在不含 $z = 0$ 的區域為可解析，試證：柯西－黎曼方程式可寫成

$$\frac{\partial u}{\partial r} = \frac{1}{r}\frac{\partial v}{\partial \theta}, \qquad \frac{\partial v}{\partial r} = -\frac{1}{r}\frac{\partial u}{\partial \theta}。$$

5. 令 f 與 g 在包含點 z_0 的區域為可解析函數，假設 $f(z_0) = g(z_0) = 0$，$g'(z_0) \neq 0$，試證：

$$\lim_{z \to z_0} \frac{f(z)}{g(z)} = \frac{f'(z_0)}{g'(z_0)}$$

此結果為**羅必達法則** (l'Hôpital's rule)。

6. 利用第 5 題求

(1) $\displaystyle\lim_{z \to i} \frac{z^{10} + 1}{z^6 + 1}$ 　　(2) $\displaystyle\lim_{z \to i} \frac{z^2 - 2iz - 1}{z^4 + 2z^2 + 1}$ 　　(3) $\displaystyle\lim_{z \to 2i} \frac{z^2 + 4}{2z^2 + (3 - 4i)z - 6i}$

7. 設 $f(z) = u + iv$ 在區域 R 為可解析函數，試證：若 $u^2 + v^2$ 在 R 中為常數，則 f 在 R 中為常數函數。

8. (1) 試證 $u = e^{-x}(x\sin y - y\cos y)$ 為調和函數。

   (2) 求 u 的共軛調和函數 v，使得 $f(z) = u + iv$ 為可解析函數。

12-3 初等函數

前面曾提過，若 $z = x + iy$，則定義 $e^z = e^{x+iy}$ 為複數

$$e^z = e^x(\cos y + i\sin y)$$

依此，當 z 為實數 (即，$y = 0$) 時，e^z 等於 e^x；當 $z = 0$ 時，$e^z = 1$。另外，$\arg e^z = y$。

我們現在證明指數律成立。

定理 12-13

若 $z_1 = x_1 + iy_1$，$z_2 = x_2 + iy_2$ 為兩複數，則

$$e^{z_1}e^{z_2} = e^{z_1 + z_2}。$$

證 $e^{z_1}e^{z_2} = e^{x_1}(\cos y_1 + i\sin y_1)\,e^{x_2}(\cos y_2 + i\sin y_2)$

$= e^{x_1 + x_2}[\cos y_1 \cos y_2 - \sin y_1 \sin y_2 + i(\sin y_1 \cos y_2 + \sin y_2 \cos y_1)]$

$$= e^{x_1+x_2}[\cos(y_1+y_2) + i\sin(y_1+y_2)]$$
$$= e^{z_1+z_2}$$

在式中令 $z_1 = z$, $z_2 = -z$，可得

$$e^{-z} = \frac{1}{e^z} \circ$$

定理 12-14

(1) 對所有 z，$e^z \neq 0$。
(2) $|e^{iy}| = 1$，$|e^z| = e^x$，$z = x + iy$。
(3) $e^z = 1 \Leftrightarrow z = 2k\pi i$，$k$ 為整數。
(4) $e^{z_1} = e^{z_2} \Leftrightarrow z_1 - z_2 = 2k\pi i$，$k$ 為整數。

例題 1

計算 e^{1-i}。

解 $e^{1-i} = e[\cos(-1) + i\sin(-1)] = e(\cos 1 - i\sin 1)$。

定理 12-15

指數函數 e^z 為可解析，且

$$\frac{d}{dz} e^z = e^z \circ$$

證 令 $u + iv = f(z) = e^z$。因 $e^z = e^x \cos y + i e^x \sin y$，故

$$u = e^x \cos y, \quad v = e^x \sin y$$

可得 $\quad \dfrac{\partial u}{\partial x} = e^x \cos y = \dfrac{\partial v}{\partial y}, \quad \dfrac{\partial u}{\partial y} = -e^x \sin y = -\dfrac{\partial v}{\partial x}$

依定理 12-11，可知 e^z 為可解析。另外，

$$\frac{d}{dz} e^z = f'(z) = \frac{\partial u}{\partial x} + i\frac{\partial v}{\partial x} = e^x \cos y + i e^x \sin y = e^z \circ$$

定理 12-16

若 w 為 z 的可解析函數，則 e^w 為 z 的可解析函數，且

$$\frac{d}{dz} e^w = e^w \frac{dw}{dz}。$$

例題 2

試證 $e^{\bar{z}} = \overline{e^z}$，並說明 $e^{\bar{z}}$ 不為 z 的可解析函數。

解 $e^{\bar{z}} = e^x e^{-iy} = e^x(\cos y - i \sin y)$

$$\overline{e^z} = \overline{e^x(\cos y + i \sin y)} = e^x(\cos y - i \sin y)$$

因此，$\qquad\qquad\qquad e^{\bar{z}} = \overline{e^z}$

令 $u + iv = e^{\bar{z}}$，則 $u = e^x \cos y$，$v = -e^x \sin y$。

又 $\dfrac{\partial u}{\partial x} = e^x \cos y$，$\dfrac{\partial v}{\partial y} = -e^x \cos y$，可知 $\dfrac{\partial u}{\partial x} \neq \dfrac{\partial v}{\partial y}$。因不滿足柯西－黎曼方程式，故 $e^{\bar{z}}$ 不為 z 的可解析函數。

利用歐勒公式可知

$$e^{iy} = \cos y + i \sin y \qquad\qquad ①$$

$$e^{-iy} = \cos y - i \sin y \qquad\qquad ②$$

① 式減 ② 式可得 $\qquad \sin y = \dfrac{e^{iy} - e^{-iy}}{2i}$

① 式加 ② 式可得 $\qquad \cos y = \dfrac{e^{iy} + e^{-iy}}{2}$

這些實數三角函數將推廣到複變函數，如下：

定義 12-7

對任意複數 z，定義

$$\sin z = \frac{e^{iz} - e^{-iz}}{2i}, \qquad \cos z = \frac{e^{iz} + e^{-iz}}{2}。$$

我們可知 sin z 與 cos z 皆為週期 2π 的週期函數。

若 $f(-z)=f(z)$ 對 f 的定義域中所有 z 恆成立，則稱 $f(z)$ 為**偶函數**；若 $f(-z)=-f(z)$ 對 f 的定義域中所有 z 恆成立，則稱 $f(z)$ 為**奇函數**。我們可證得 sin z 為奇函數，cos z 為偶函數，即，

$$\sin(-z)=-\sin z, \qquad \cos(-z)=\cos z$$

使 $f(z_0)=0$ 的點 z_0 稱為函數 $f(z)$ 的**零位** (zero)。函數 sin z 的零位為 $z=k\pi$, $k=0, \pm 1, \pm 2, \cdots$，函數 cos z 的零位為 $z=\dfrac{\pi}{2}+k\pi$, $k=0, \pm 1, \pm 2, \cdots$。

對任意複數 z，定義

$$\tan z = \frac{\sin z}{\cos z}, \quad z \neq \frac{\pi}{2}+k\pi$$

$$\cot z = \frac{\cos z}{\sin z}, \quad z \neq k\pi$$

$$\sec z = \frac{1}{\cos z}, \quad z \neq \frac{\pi}{2}+k\pi$$

$$\csc z = \frac{1}{\sin z}, \quad z \neq k\pi$$

其中 $k=0, \pm 1, \pm 2, \cdots$。

實變數的一些三角函數恆等式可推廣到複變數的情形，如下：

$$\sin^2 z + \cos^2 z = 1$$

$$1 + \tan^2 z = \sec^2 z$$

$$1 + \cot^2 z = \csc^2 z$$

$$\sin(z_1 \pm z_2) = \sin z_1 \cos z_2 \pm \cos z_1 \sin z_2$$

$$\cos(z_1 \pm z_2) = \cos z_1 \cos z_2 \mp \sin z_1 \sin z_2$$

$$\sin\left(\frac{\pi}{2}-z\right) = \cos z$$

$$\sin 2z = 2 \sin z \cos z$$

$$\cos 2z = \cos^2 z - \sin^2 z$$

$$\tan(z_1 \pm z_2) = \frac{\tan z_1 \pm \tan z_2}{1 \mp \tan z_1 \tan z_2}$$

$$\sin z_1 - \sin z_2 = 2 \cos \frac{z_1 + z_2}{2} \sin \frac{z_1 - z_2}{2}$$

$$\cos z_1 - \cos z_2 = -2 \sin \frac{z_1 + z_2}{2} \sin \frac{z_1 - z_2}{2} \text{。}$$

例題 3

計算 $\sin(1-i)$。

解 因 $\sin z = \dfrac{1}{2i}(e^{iz} - e^{-iz})$，而 $z = 1 - i$，故

$$\sin(1-i) = \frac{1}{2i}(e^{i+1} - e^{-i-1})$$

$$= \frac{1}{2i}\{e[\cos 1 + i \sin 1] - e^{-1}[\cos(-1) + i \sin(-1)]\}$$

$$= \frac{e - e^{-1}}{2i} \cos 1 + \frac{e + e^{-1}}{2} \sin 1$$

$$= \sin 1 \cos i - \cos 1 \sin i \text{。}$$

另解：$\sin(1-i) = \sin 1 \cos(-i) + \cos 1 \sin(-i)$

$$= \sin 1 \cos i - \cos 1 \sin i \text{。}$$

實數三角函數的導函數公式可推廣到複數三角函數的導函數公式如下：

$$\frac{d}{dz} \sin z = \cos z$$

$$\frac{d}{dz} \cos z = -\sin z$$

$$\frac{d}{dz} \tan z = \sec^2 z, \quad z \neq \frac{\pi}{2} + k\pi$$

$$\frac{d}{dz} \cot z = -\csc^2 z, \quad z \neq k\pi$$

$$\frac{d}{dz} \sec z = \sec z \tan z, \quad z \neq \frac{\pi}{2} + k\pi$$

$$\frac{d}{dz}\csc z = -\csc z \cot z, \quad z \neq k\pi$$

其中 $k=0, \pm1, \pm2, \cdots$。

定理 12-17

若 $z = x + iy$，則

$$\sin z = \sin x \cosh y + i \cos x \sinh y$$
$$\cos z = \cos x \cosh y - i \sin x \sinh y$$
$$\sin iy = i \sinh y, \quad \cos iy = \cosh y$$
$$\sin \bar{z} = \overline{\sin z}, \quad \cos \bar{z} = \overline{\cos z}$$
$$|\sin z|^2 = \sin^2 x + \sinh^2 y,$$
$$|\cos z|^2 = \cos^2 x + \sinh^2 y。$$

定義 12-8

對任意複數 z，定義

$$\sinh z = \frac{e^z - e^{-z}}{2}$$

$$\cosh z = \frac{e^z + e^{-z}}{2}$$

$$\tanh z = \frac{\sinh z}{\cosh z}, \quad z \neq \left(k + \frac{1}{2}\right)\pi i$$

$$\coth z = \frac{\cosh z}{\sinh z}, \quad z \neq k\pi i$$

$$\operatorname{sech} z = \frac{1}{\cosh z}, \quad z \neq \left(k + \frac{1}{2}\right)\pi i$$

$$\operatorname{csch} z = \frac{1}{\sinh z}, \quad z \neq k\pi i$$

其中 $k=0, \pm1, \pm2, \cdots$。

定義 12-9

令 $z \neq 0$ 為任意複數,若 w 為一複數使得 $e^w = z$,則稱 w 為 z 的**對數**,記為

$$w = \ln z \text{。}$$

以 $z = r(\cos\theta + i\sin\theta)$ 及 $w = u + iv$ 代入方程式 $e^w = z$ 中,可得

$$e^u(\cos v + i\sin v) = r(\cos\theta + i\sin\theta)$$

故

$$e^u = r, \quad v = \theta + 2k\pi, \quad k = 0, \pm 1, \pm 2, \cdots$$

又 $u = \ln r$,因而

$$w = u + iv = \ln z = \ln r + (\theta + 2k\pi)i \tag{12-5}$$

依此,對應於 z 的不同幅角 θ 的選取,$\ln z$ 有無窮多的值。在 (12-5) 式中,令 $k = 0$,且假設 $-\pi < \theta \leq \pi$,則可得一個單值函數

$$\operatorname{Ln} z = \ln r + i\theta, \quad -\pi < \theta \leq \pi \tag{12-6}$$

此稱為 $\ln z$ 的**主值** (principal value)。顯然,$\ln z$ 之其他值的形式為

$$\ln z = \operatorname{Ln} z + 2k\pi i, \quad k = 0, \pm 1, \pm 2, \cdots$$

其實部皆相同,僅虛部相差 2π 的整數倍。

若 z 為正實數,則主值 $\operatorname{Ln} z$ 與實數的自然對數相同。若 z 為負實數,則 $\operatorname{Ln} z = \ln|z| + \pi i$。

例題 4

(1) $\ln(-1) = \pm \pi i, \pm 3\pi i, \pm 5\pi i, \cdots, \operatorname{Ln}(-1) = \pi i$

(2) $\ln i = \dfrac{\pi i}{2}, -\dfrac{3\pi i}{2}, \dfrac{5\pi i}{2}, -\dfrac{7\pi i}{2}, \dfrac{9\pi i}{2}, \cdots, \operatorname{Ln} i = \dfrac{\pi i}{2}$

(3) $\operatorname{Ln}(-1+i) = \ln\sqrt{2} + \dfrac{3\pi i}{4} = \dfrac{1}{2}\ln 2 + \dfrac{3\pi i}{4}$

(4) $\operatorname{Ln}(-1-i) = \ln\sqrt{2} - \dfrac{3\pi i}{4} = \dfrac{1}{2}\ln 2 - \dfrac{3\pi i}{4}$

在複數情況下，下列等式仍然成立。

1. $\ln(z_1 z_2) = \ln z_1 + \ln z_2$
2. $\ln \dfrac{z_2}{z_1} = \ln z_1 - \ln z_2$

但必須瞭解等式一邊所得每一值，必包含於另一邊所得諸值之中 (即兩端皆為多值函數)。

一般，$\mathrm{Ln}\,(z_1 z_2) = \mathrm{Ln}\,z_1 + \mathrm{Ln}\,z_2$ 不一定成立。由例題 3，$-1-i = i(-1+i)$，但 $\mathrm{Ln}\,(-1-i) \neq \mathrm{Ln}\,i + \mathrm{Ln}\,(-1+i)$。

利用 $f'(z) = \dfrac{\partial u}{\partial x} + i\,\dfrac{\partial v}{\partial x}$，可知

$$\frac{d}{dz}\ln z = \frac{\partial}{\partial x}\ln\sqrt{x^2+y^2} + i\,\frac{\partial}{\partial x}\tan^{-1}\left(\frac{y}{x}\right)$$

$$= \frac{x}{x^2+y^2} + i\,\frac{1}{1+(y/x)^2}\left(-\frac{y}{x^2}\right)$$

$$= \frac{x-iy}{x^2+y^2} = \frac{1}{z},\ z \neq 0 \tag{12-7}$$

另外，
$$\frac{d}{dz}\mathrm{Ln}\,z = \frac{1}{z},\ z \neq 0 \tag{12-8}$$

定義 12-10

若 $z \neq 0$，且 α 為任何複數，則定義
$$z^\alpha = e^{\alpha \ln z}。$$

我們看出，若 α 不是有理數，則

$$e^{\alpha \ln z} = e^{\alpha(\mathrm{Ln}|z| + i(\theta + 2k\pi))},\ k = 0,\ \pm 1,\ \pm 2,\ \cdots$$

有無窮多的值。z^α 的主值定義為 $e^{\alpha \mathrm{Ln}\,z}$，因而，$z^\alpha$ 變成單值函數。

例題 5

計算 (1) 2^i 及 (2) i^i。

解 (1) $2^i = e^{i \ln 2} = e^{i(\ln 2 + 2k\pi i)} = e^{i\ln 2 - 2k\pi},\ k = 0,\ \pm 1,\ \pm 2,\ \cdots$

(2) $i^i = e^{i \ln i} = e^{i[\ln 1 + i(\pi/2 + 2k\pi)]} = e^{-(\pi/2 + 2k\pi)},\ k = 0,\ \pm 1,\ \pm 2,\ \cdots$

例題 6

求下列各主值。

(1) $(-i)^i$ (2) $(-i)^{2i}$

解 (1) $(-i)^i = e^{i\,\text{Ln}(-i)} = e^{i(-i\pi/2)} = e^{\pi/2}$

(2) $(-i)^{2i} = e^{2i\,\text{Ln}(-1)} = e^{2i(i\pi)} = e^{-2\pi}$

若 $z \neq 0$，且 α 與 β 皆為任意複數，則

$$e^\alpha e^\beta = e^{\alpha+\beta}$$

一般情況下，$(z^\alpha)^\beta \neq z^{\alpha\beta}$。

設 $z_1 \neq 0$, $z_2 \neq 0$，且 α 為任意複數，則在一般情況下，

$$(z_1 z_2)^\alpha \neq z_1^\alpha z_2^\alpha, \quad \left(\frac{z_1}{z_2}\right)^\alpha \neq \frac{z_1^\alpha}{z_2^\alpha}$$

若 m 與 n 皆為正整數，則 $z^{m/n} = (z^{1/n})^m$ 恆成立，但 $z^{m/n} = (z^m)^{1/n}$ 不一定成立，故在一般情況下，$(z^m)^{1/n} \neq (z^{1/n})^m$。例如，令 $z = i$，則可知 $(z^2)^{1/2} \neq (z^{1/2})^2$。

若 $z \neq 0$，且 α 為任何複數，則

$$\frac{d}{dz}z^\alpha = \frac{d}{dz}e^{\alpha \ln z} = \alpha e^{\alpha \ln z} \cdot \frac{1}{z}$$

$$= \alpha z^\alpha \cdot \frac{1}{z} = \alpha z^{\alpha-1} \qquad (12\text{-}9)$$

由定義 12-10 可知，對任何實數 $\alpha \neq 0$，

$$\alpha^z = e^{z \ln \alpha}$$

於是，
$$\frac{d}{dz}\alpha^z = \alpha^z \ln \alpha \text{。} \qquad (12\text{-}10)$$

習題 12-3

1. 計算下列各極限。

(1) $\lim\limits_{z \to 0} \dfrac{1-\cos z}{\sin z^2}$ (2) $\lim\limits_{z \to 0} \dfrac{1-\cos z}{z^2}$

(3) $\lim\limits_{z \to e^{\pi i/3}} (z - e^{\pi i/3})\left(\dfrac{z}{z^3+1}\right)$ (4) $\lim\limits_{z \to 0} \dfrac{z - \sin z}{z^3}$

2. 求 (1) Ln $(1-i)$ 及 (2) Ln $[(1+i)1^{-i}]$。

3. 求下列各主值。

   (1) $(-1+i)^i$ (2) $(1+i)^i$ (3) $\left(\dfrac{1+i}{2}\right)^{-i}$

4. 求下列方程式的所有解。

   (1) $\cos z - 2 = 0$ (2) $e^{4z} = i$

12-4 複變函數的積分

令 f 在曲線 C (見圖 12-4) 上所有點皆為連續，假設 C 的長度為有限，即，C 是可求長曲線。今在 C 上任取 $n-1$ 個點 z_1, z_2, $\cdots$, z_{n-1}，將 C 分割成 n 個弧段 (令 $a = z_0$, $b = z_n$)，在連接 z_{k-1} 到 z_k 的弧段上選取一點 ζ_k ($k = 1$, 2, $\cdots, n$) 作出和

$$S_n = f(\zeta_1)(z_1 - z_0) + f(\zeta_2)(z_2 - z_1) + \cdots + f(\zeta_n)(z_n - z_{n-1})$$
$$= \sum_{k=1}^{n} f(\zeta_k)\,\Delta z_k, \quad 此處\ \Delta z_k = z_k - z_{k-1}$$

當 n 無限地增加而使 $\max |\Delta z_k| \to 0$ 時，若 S_n 趨近一極限 (與分割的取法無關)，則此極限記為 $\displaystyle\int_a^b f(z)\,dz$ 或 $\displaystyle\int_C f(z)\,dz$，即，

$$\int_C f(z)\,dz = \lim_{\substack{n \to \infty \\ \max|\Delta z_k| \to 0}} \sum_{k=1}^{n} f(\zeta_k)\,\Delta z_k \tag{12-11}$$

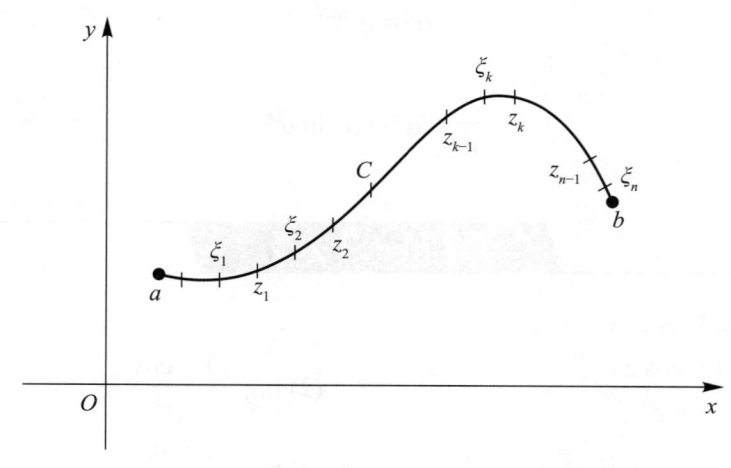

圖 12-4

我們稱 $\int_C f(z)\,dz$ 為 $f(z)$ 沿著 C 的**線積分**，C 稱為**積分路徑**，在這種情形，f 稱為**可積分**。若 f 在區域 R 中所有點皆為可解析，C 為 R 中的曲線，則 f 為可積分。

若 $f(z)=u(x,\ y)+iv(x,\ y)=u+iv$，則 $f(z)$ 沿著 C 的線積分定義如下：

$$\int_C f(z)\,dz=\int_C (u+iv)(dx+i\,dy)=\int_C (u\,dx-v\,dy)+i\int_C v\,dx+u\,dy \text{。} \quad (12\text{-}12)$$

例題 1

計算 $\int_C \bar{z}^2\,dz$，此處 C 為自點 $z=0$ 至 $z=1+2i$ 的直線段路徑。

解 $\bar{z}^2=(x-iy)^2=x^2-y^2-2xyi$，$u=x^2-y^2$，$v=-2xy$，代入 (12-12) 式，

$$\int_C \bar{z}^2\,dz=\int_C [(x^2-y^2)\,dx+2xy\,dy]+i\int_C [-2xy\,dx+(x^2-y^2)\,dy]$$

C 的直角坐標方程式為 $y=2x,\ 0\leq x\leq 1$。所以，

$$\int_C \bar{z}^2\,dz=\int_0^1 5x^2\,dx+i\int_0^1 (-10x^2)\,dx=\frac{5}{3}(1-2i) \text{。}$$

定理 12-18 │ 柯西－古薩特定理 (Cauchy-Goursat theorem)

設 f 在區域 R 及其邊界 C 為可解析，則 $\int_C f(z)\,dz=0$

若 f 與 F 在 R 皆為可解析使得 $F'(z)=f(z)$，則 $F(z)$ 稱為 $f(z)$ 的一**反導函數**或**不定積分**，記為

$$F(z)=\int f(z)\,dz \text{。}$$

今列出一些積分的公式如下：（積分常數省略）

1. $\int z^r\,dz=\dfrac{z^{r+1}}{r+1},\ r\neq -1$
2. $\int \dfrac{d}{dz}=\ln z$

3. $\int e^z \, dz = e^z$

4. $\int a^z \, dz = \dfrac{a^z}{\ln a}$

5. $\int \sin z \, dz = -\cos z$

6. $\int \cos z \, dz = \sin z$

7. $\int \tan z \, dz = -\ln \cos z = \ln \sec z$

8. $\int \cot z \, dz = \ln \sin z = -\ln \csc z$

9. $\int \sec z \, dz = \ln(\sec z + \tan z)$

10. $\int \csc z \, dz = \ln(\csc z - \cot z)$

11. $\int \sec^2 z \, dz = \tan z$

12. $\int \csc^2 z \, dz = -\cot z$

13. $\int \sec z \tan z \, dz = \sec z$

14. $\int \csc z \cot z \, dz = -\csc z$

15. $\int \dfrac{dz}{z^2 - a^2} = \dfrac{1}{2a} \ln\left(\dfrac{z-a}{z+a}\right)$

16. $\int e^{az} \sin bz \, dz = \dfrac{e^{az}(a \sin bz - b \cos bz)}{a^2 + b^2}$

17. $\int e^{az} \cos bz \, dz = \dfrac{e^{az}(a \cos bz + b \sin bz)}{a^2 + b^2}$

例題 2

$$\int \cot(2z+5) \, dz = \dfrac{1}{2} \int \cot(2z+5) \, d(2z+5)$$

$$= \dfrac{1}{2} \ln \sin(2z+5) + c \text{。}$$

例題 3

(1) 試證：$\int f(z) g'(z) \, dz = f(z) g(z) - \int f'(z) g(z) \, dz$。

(2) 求 $\int ze^{2z}\,dz$ 及 $\int z^2 \sin 4z\,dz$。

解 (1) $d[f(z)\,g(z)] = f(z)\,g'(z)\,dz + f'(z)\,g(z)\,dz$

$$\int d[f(z)\,g(z)] = f(z)\,g(z) = \int f(z)\,g'(z)\,dz + \int f'(z)\,g(z)\,dz$$

故 $$\int f(z)\,g'(z)\,dz = f(z)\,g(z) - \int f'(z)\,g(z)\,dz$$

此為**分部積分法公式**。

(2) 令 $f(z) = z$，$g'(z) = e^{2z}$，則 $f'(z) = 1$，$g(z) = \dfrac{1}{2}e^{2z}$ (省略積分常數)。

所以，$\int ze^{2z}\,dz = \dfrac{1}{2}ze^{2z} - \int \dfrac{1}{2}e^{2z}\,dz = \dfrac{1}{2}ze^{2z} - \dfrac{1}{4}e^{2z} + c$

令 $f(z) = z^2$，$g'(z) = \sin 4z$，則

$$\int z^2 \sin 4z\,dz = -\dfrac{1}{4}z^2 \cos 4z - \int (2z)\left(-\dfrac{1}{4}\cos 4z\right)dz$$

$$= -\dfrac{1}{4}z^2 \cos 4z + \dfrac{1}{2}\int z \cos 4z\,dz$$

再令 $f(z) = z$，$g'(z) = \cos 4z$，可得

$$\int z \cos 4z\,dz = \dfrac{1}{4}z \sin 4z - \int \dfrac{1}{4}\sin 4z\,dz$$

$$= \dfrac{1}{4}z \sin 4z + \dfrac{1}{16}\cos 4z$$

所以，$\int z^2 \sin 4z\,dz = -\dfrac{1}{4}z^2 \cos 4z + \dfrac{1}{8}z \sin 4z + \dfrac{1}{32}\cos 4z + c$。

定理 12-19

若 f 在單連通區域 R 為可解析，則 $\int_a^b f(z)\,dz$ 與在 R 中連接任意兩點 a 及 b 的路徑無關。

此定理的證明留給讀者。

定理 12-20

設 f 在單連通區域 R 為可解析且 a 及 z 在 R 中,則

(1) $F(z)=\int_a^z f(u)\,du$ 在 R 為可解析。

(2) $F'(z)=f(z)$。

證
$$\frac{F(z+\Delta z)-F(z)}{\Delta z}-f(z)=\frac{1}{\Delta z}\left(\int_z^{z+\Delta z} f(u)\,du-\int_a^z f(u)\,du\right)-f(z)$$

$$=\frac{1}{\Delta z}\int_z^{z+\Delta z}[f(u)-f(z)]\,du。$$

依定理 12-19,上式右邊的積分與連接 z 及 $z+\Delta z$ 的路徑無關,只要該路徑在 R 中。特別是,我們取連接 z 及 $z+\Delta z$ 的直線段作為路徑(見圖 12-5),其中 $|\Delta z|$ 取得夠小使得此路徑位於 R 內。

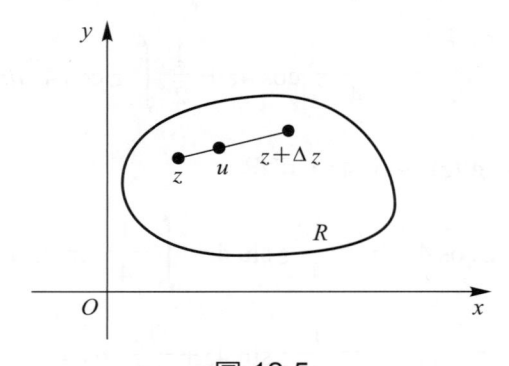

圖 12-5

依 f 的連續性,當 $|u-z|<\delta$ 時,$|f(u)-f(z)|<\varepsilon$。因此,當 $|\Delta z|<\delta$ 時

$$\left|\frac{F(z+\Delta z)-F(z)}{\Delta z}-f(z)\right|=\left|\frac{1}{\Delta z}\int_z^{z+\Delta z}[f(u)-f(z)]\,du\right|$$

$$=\frac{1}{|\Delta z|}\left|\int_a^{z+\Delta z}[f(u)-f(z)]\,du\right|$$

$$\leq\frac{1}{|\Delta z|}\int_a^{z+\Delta z}|f(u)-f(z)|\,|du|<\frac{\varepsilon|\Delta z|}{|\Delta z|}=\varepsilon$$

即， $$\lim_{\Delta z \to 0} \frac{F(z+\Delta z)-F(z)}{\Delta z}=f(z)$$

故 F 為可解析，而 $F'(z)=f(z)$。

若 a 及 b 為 R 中任意兩點且 $F'(z)=f(z)$，則

$$\int_a^b f(z)\,dz = F(b)-F(a)$$

上式也可寫成 $$\int_a^b F'(z)\,dz = \Big[F(z)\Big]_a^b = F(b)-F(a)。$$

例題 4

$$\int_{3i}^{1-i} 4z\,dz = \Big[2z^2\Big]_{3i}^{1-i} = 2[(1-i)^2-(3i)^2] = 2(9-2i)。$$

定理 12-21

設 $f(z)$ 在由兩簡單封閉曲線 C_1 及 C_2 所圍成區域 R 與 C_1 及 C_2 皆為可解析，則 $\int_{C_1} f(z)\,dz = \int_{C_2} f(z)\,dz$，其中 C_1 及 C_2 相對於它們的內部為正方向。

註：令 $f(z)$ 在由互不相交的簡單封閉曲線 C，C_1，C_2，C_3，…，C_n（其中 C_1，C_2，…，C_n 皆在 C 的內部）所圍成區域及這些曲線皆為可解析，則

$$\int_C f(z)\,dz = \int_{C_1} f(z)\,dz + \int_{C_2} f(z)\,dz + \cdots + \int_{C_n} f(z)\,dz。$$

例題 5

對 $z=a$ 在任意簡單封閉曲線 C 的 (1) 外部，(2) 內部，計算 $\int_C \dfrac{dz}{z-a}$。

解 (1) 若 a 在 C 的外部，則 $f(z)=\dfrac{1}{z-a}$ 在 C 的內部及 C 為可解析。依柯西–

古薩特定理可知 $\int_C \frac{dz}{z-a}=0$。

(2) 令 a 在 C 的內部，Γ 為半徑 ε 且圓心在 $z=a$ 的圓，而 Γ 在 C 的內部。依定理 12-21，

$$\int_C \frac{dz}{z-a}=\int_\Gamma \frac{dz}{z-a}$$

在 Γ 上，$|z-a|=\varepsilon$ 或 $z-a=\varepsilon e^{i\theta}$，即，$z=a+\varepsilon e^{i\theta}$，$0 \leq \theta \leq 2\pi$。又 $dz=i\varepsilon e^{i\theta}\,d\theta$，故

$$\int_\Gamma \frac{dz}{z-a}=\int_0^{2\pi}\frac{i\varepsilon e^{i\theta}}{\varepsilon e^{i\theta}}\,d\theta=i\int_0^{2\pi}d\theta=2\pi i。$$

定理 12-22 ｜ 柯西積分公式

若 f 在簡單封閉曲線 C 的內部及 C 皆為可解析，z_0 為 C 的內部任一點，則

$$f(z_0)=\frac{1}{2\pi i}\int_C \frac{f(z)}{z-z_0}\,dz。$$

證 函數 $\frac{f(z)}{z-a}$ 在 C 的內部及 C 皆為可解析（除了 $z=z_0$ 之外）（見圖 12-6）。

依定理 12-21，可知

$$\int_C \frac{f(z)}{z-z_0}\,dz=\int_\Gamma \frac{f(z)}{z-z_0}\,dz$$

此處 Γ 為半徑 ε 且圓心在 z_0 的圓。Γ 的方程式為 $|z-z_0|=\varepsilon$ 或 $z-z_0=\varepsilon e^{i\theta}$，$0 \leq \theta < 2\pi$。代換 $z=z_0+\varepsilon e^{i\theta}$，$dz=i\varepsilon e^{i\theta}$，可得

$$\int_\Gamma \frac{f(z)}{z-z_0}\,dz=\int_0^{2\pi}\frac{f(z_0+\varepsilon e^{i\theta})i\varepsilon e^{i\theta}}{\varepsilon e^{i\theta}}\,d\theta=i\int_0^{2\pi}f(z_0+\varepsilon e^{i\theta})\,d\theta$$

於是，

$$\int_C \frac{f(z)}{z-z_0}\,dz=i\int_0^{2\pi}f(z_0+\varepsilon e^{i\theta})\,d\theta$$

上式等號兩邊取極限，並利用 f 的連續性，

$$\int_C \frac{f(z)}{z-z_0}\,dz = \lim_{\varepsilon\to 0} i\int_0^{2\pi} f(z_0+\varepsilon e^{i\theta})\,d\theta = i\int_0^{2\pi}\lim_{\varepsilon\to 0} f(z_0+\varepsilon e^{i\theta})\,d\theta$$

$$= i\int_0^{2\pi} f(z_0)\,d\theta = 2\pi i\, f(z_0)$$

故 $$f(z_0) = \frac{1}{2\pi i}\int_C \frac{f(z)}{z-z_0}\,dz\,。$$

定理 12-22 的一個結果是,可解析函數的導函數也是可解析函數。假設 z_0+h 為 C 之內部的一點,利用定理 12-22 可得

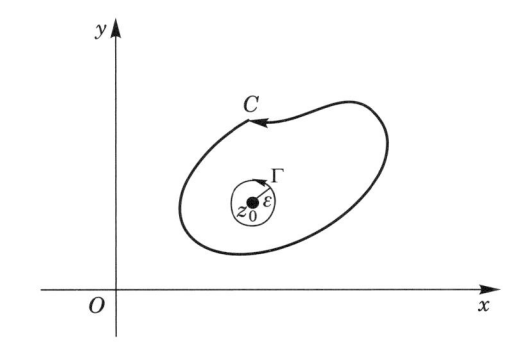

圖 12-6

$$\frac{f(z_0+h)-f(z_0)}{h} = \frac{1}{2\pi i}\int_C \frac{1}{h}\left(\frac{1}{z-z_0-h}-\frac{1}{z-z_0}\right)f(z)\,dz$$

$$= \frac{1}{2\pi i}\int_C \frac{f(z)}{(z-z_0-h)(z-z_0)}\,dz$$

因 $$\frac{1}{(z-z_0-h)(z-z_0)} = \frac{1}{(z-z_0)^2} + \frac{h}{(z-z_0)^2(z-z_0-h)}$$

故 $$\frac{f(z_0+h)-f(z_0)}{h} = \frac{1}{2\pi i}\int_C \frac{f(z)}{(z-z_0)^2}\,dz + \frac{h}{2\pi i}\int_C \frac{f(z)}{(z-z_0)^2(z-z_0-h)}\,dz\,。$$

因 f 在 C 為連續,故 f 在 C 為有界,即,$|f(z)|\leq M$($M>0$)。令 L 表 C 的長度,r 為自 z_0 至 C 的最短距離。假設取 h 使 $|h|\leq \frac{1}{2}r$,則對 C 上的點,$|z-z_0|\geq r$, $|z-z_0-h|\geq |z-z_0|-|h|\geq r-\frac{r}{2}=\frac{r}{2}$。於是,

$$\left|\frac{h}{2\pi i}\int_C \frac{f(z)}{(z-z_0)^2(z-z_0-h)}dz\right| \leq \left(\frac{ML}{\pi r^3}\right)|h|$$

當 $h \to 0$ 時，$\dfrac{h}{2\pi i}\displaystyle\int_C \dfrac{f(z)}{(z-z_0)^2(z-z_0-h)}dz \to 0$

故
$$f'(z_0) = \lim_{h \to 0}\frac{f(z_0+h)-f(z_0)}{h} = \frac{1}{2\pi i}\int_C \frac{f(z)}{(z-z_0)^2}dz \qquad (12\text{-}13)$$

同理，由 (12-13) 式可得

$$f''(z_0) = \frac{2!}{2\pi i}\int_C \frac{f(z)}{(z-z_0)^3}dz$$

依數學歸納法，我們可證得

$$f^{(n)}(z_0) = \frac{n!}{2\pi i}\int_C \frac{f(z)}{(z-z_0)^{n+1}}dz \quad (n=0,\ 1,\ 2,\ 3,\ \cdots) \qquad (12\text{-}14)$$

註：若 f 在區域 R 為可解析，則 f'、f''、f'''、$\cdots$ 在 R 皆為可解析。

例題 6

計算 $\displaystyle\int_C \frac{\sin z}{z}dz$，此處 C 為橢圓 $x^2+4y^2=1$。

解 因 $f(z)=\sin z$ 在 C 所圍成區域為可解析，故由公式可得

$$\int_C \frac{\sin z}{z}dz = 2\pi i(\sin 0) = 0 \text{。}$$

例題 7

計算 $\displaystyle\int_C \frac{e^{-z}}{z+1}dz$，此處 C 為圓 $|z|=2$。

解 $\displaystyle\int_C \frac{e^{-z}}{z+1}dz = 2\pi i e^{-z}\Big|_{z=-1} = 2\pi ei$。

例題 8

計算 $\int_C \dfrac{\tan z}{\left(z-\dfrac{\pi}{4}\right)^2}\, dz$，此處 C 為圓 $|z|=1$。

解 依 (12-13) 式，

$$\int_C \dfrac{\tan z}{\left(z-\dfrac{\pi}{4}\right)^2}\, dz = 2\pi i \left(\dfrac{d}{dz}\tan z \bigg|_{z=\frac{\pi}{4}}\right)$$

$$= 2\pi i \sec^2 \dfrac{\pi}{4} = 4\pi i \, \text{。}$$

定理 12-23　莫雷拉定理 (Morera's theorem)

若 f 在區域 R 為連續，而對 R 中每一簡單封閉曲線 C 恆有 $\int_C f(z)\, dz = 0$，則 f 在 R 為可解析。

定理 12-24　柯西不等式

若 f 在半徑 r 且圓心是 z_0 的圓 C 內部及 C 皆為可解析，則

$$|f^{(n)}(z_0)| \leq \dfrac{Mn!}{r^n} \quad (n = 0,\ 1,\ 2,\ \cdots)$$

此處 M 為 $|f(z)|$ 在 C 的最大值。

定理 12-25　利歐維里定理 (Liouville's theorem)

若 f 對複平面上所有 z 皆為可解析且有界，則 f 必定為常數函數。

證 在定理 12-24 中令 $n = 1$，以 z 代 z_0，可得 $|f'(z)| \leq \dfrac{M}{r}$。令 $r \to \infty$，則 $|f'(z)| = 0$，故 $f'(z) = 0$，因而 f 為常數函數。

習題 12-4

1. 計算 $\int_C (z-z_0)^n \, dz$ (n 是任意整數)，此處 C 為圓心在 z_0 而半徑為 r 且依逆時鐘方向的圓。

2. 計算 $\int_C \bar{z} \, dz$，此處 C 為自 $z=0$ 至 $z=2i$，然後自 $z=2i$ 至 $z=4+2i$ 的折線。

3. 計算 $\int_C |z-1| \, |dz|$，此處 C 為依逆時鐘方向的圓 $|z|=1$。

4. 計算 $\int_C e^z \, dz$，此處 C 為圖中所示的路徑。

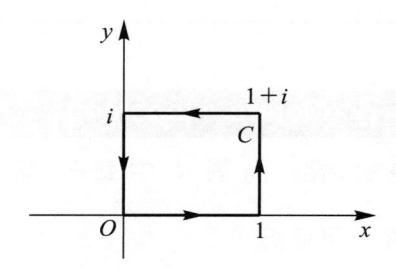

5. 求下列各積分。

    (1) $\int \dfrac{z^2+1}{z^3+3z+2} \, dz$ 　　(2) $\int z \sin z^2 \, dz$

    (3) $\int z \cos 2z \, dz$ 　　(4) $\int \sin^4 2z \cos 2z \, dz$

    (5) $\int z \ln z \, dz$ 　　(6) $\int z^2 e^{-z} \, dz$

6. (1) 自點 $z=-i$ 沿著直線段至點 $z=i$。

    (2) 自點 $z=-i$ 依逆時鐘方向沿著單位圓 $|z|=1$ 的右半部，計算 $\int_{-i}^{i} |z| \, dz$。

7. 若 C 為 (1) 圓 $|z-1|=4$，(2) 橢圓 $|z-2|+|z+2|=6$，計算 $\int_C \dfrac{e^{3z}}{z-\pi i} \, dz$。

8. 計算 $\int_C \dfrac{dz}{(z-a)^n}$，$n=2, 3, 4, \cdots$，此處 $z=a$ 在簡單封閉曲線 C 的內部。

9. 計算 $\int_C \dfrac{e^{iz}}{z^3} \, dz$，此處 C 為圓 $|z|=2$。

10. 若 C 為 (1) 具頂點 $2+i$, $2-i$, $-2+i$, $-2-i$ 的長方形，(2) 具頂點 $-i$, i, $2+i$, $2-i$ 的正方形，計算 $\dfrac{1}{2\pi i}\displaystyle\int_C \dfrac{\cos \pi z}{z^2-1}\,dz$。

11. **代數基本定理**：每一個複係數的 n ($n \geq 1$) 次方程式至少有一個根。試證之。

12. 若 C 為圓 $|z|=3$，計算

    (1) $\displaystyle\int_C \dfrac{\sin \pi z^2 + \cos \pi z^2}{(z-1)(z-2)}\,dz$

    (2) $\displaystyle\int_C \dfrac{e^{2z}}{(z+1)^4}\,dz$

13. 試證：每一個複係數的 n ($n \geq 1$) 次方程式恰有 n 個根。

14. **高斯均值定理**：若 f 在圓心是 z_0 且半徑是 r 的圓及其內部皆為可解析，則

$$f(z_0)=\dfrac{1}{2\pi}\int_0^{2\pi} f(z_0+re^{i\theta})\,d\theta$$

試證之。

15. 計算 $\dfrac{1}{2\pi}\displaystyle\int_0^{2\pi} \sin^2\left(\dfrac{\pi}{6}+2e^{i\theta}\right)d\theta$。

12-5 泰勒級數與勞倫級數

定義 12-11

若 z_0, c_0, c_1, c_2, $\cdots$ 皆為複常數，z 為複變數，則形如

$$\sum_{n=0}^{\infty} c_n(z-z_0)^n = c_0+c_1(z-z_0)+c_2(z-z_0)^2+\cdots+c_n(z-z_0)^n+\cdots$$

的級數稱為**冪級數**。

定理 12-26

每一個冪級數 $\displaystyle\sum_{n=0}^{\infty} c_n(z-z_0)^n$ 有一個「收斂半徑」$r > 0$，使得此級數在 $|z-z_0| < r$ 時絕對收斂，在 $|z-z_0| > r$ 時發散。當 $r=0$ 時，此級數僅對 $z=z_0$ 收斂；當 $r=\infty$ 時，此級數對所有 z 收斂。

當 $0 < r < \infty$ 時，圓 $|z-z_0|=r$ 稱為**收斂圓** (circle of convergence)。上面定理指出每一個冪級數 $\displaystyle\sum_{n=0}^{\infty} c_n(z-z_0)^n$ 在其收斂圓內部各點絕對收斂，而在其收斂

圓外部各點發散。然而，在收斂圓上，可能在某些點收斂，也可能在某些點發散。

註：收斂半徑 $r = \lim_{n \to \infty} \left| \dfrac{c_n}{c_{n+1}} \right|$。

定理 12-27 泰勒定理

若 f 在圓 $|z - z_0| < r$ 的內部為可解析，則對此圓內部所有點 z，
$$f(z) = \sum_{n=0}^{\infty} \frac{f^{(n)}(z_0)}{n!} (z - z_0)^n \text{。}$$
上式中的冪級數稱為泰勒級數。當 $z_0 = 0$ 時，
$$f(z) = \sum_{n=0}^{\infty} \frac{f^{(n)}(0)}{n!} z^n \text{。}$$
上式中的冪級數稱為**麥克勞林級數**。

下面列出幾個常見的麥克勞林級數：

$$e^z = 1 + z + \frac{z^2}{2!} + \frac{z^3}{3!} + \cdots + \frac{z^n}{n!} + \cdots, \quad |z| < \infty$$

$$\sin z = z - \frac{z^3}{3!} + \frac{z^5}{5!} - \frac{z^7}{7!} + \cdots, \quad |z| < \infty$$

$$\cos z = 1 - \frac{z^2}{2!} + \frac{z^4}{4!} - \frac{z^6}{6!} + \cdots, \quad |z| < \infty$$

例題 1

試證：
$$\frac{1}{z^2} = \frac{1}{4} \sum_{n=0}^{\infty} (-1)^n (n+1) \left(\frac{z-2}{2} \right)^n, \quad |z-2| < 2$$

解 令 $f(z) = \dfrac{1}{z^2}$，則 $f^{(n)}(z) = \dfrac{(-1)^n (n+1)!}{z^{n+2}}$，$n = 0, 1, 2, \cdots$

於是，$f^{(n)}(z) = \dfrac{(-1)^n (n+1)!}{2^{n+2}}$，$n = 0, 1, 2, \cdots$

因 f 在 $|z-2| < 2$ 中所有 z 皆為可解析，故

$$\frac{1}{z^2} = \sum_{n=0}^{\infty} \frac{(-1)^n (n+1)!}{2^{n+2} n!} (z-2)^n$$

$$= \frac{1}{4} \sum_{n=0}^{\infty} (-1)^n (n+1) \left(\frac{z-2}{2}\right)^n, \quad |z-2| < 2 \text{。}$$

定理 12-28

一個冪級數可以表示在其收斂圓內部各點皆為可解析的函數。

定理 12-29

一個冪級數在其收斂圓的內部可以逐項微分，即，若

$$f(z) = \sum_{n=0}^{\infty} c_n (z-z_0)^n, \quad |z-z_0| < r$$

則

$$f'(z) = \sum_{n=1}^{\infty} n c_n (z-z_0)^{n-1}, \quad |z-z_0| < r \text{。}$$

註：若冪級數 $\sum_{n=0}^{\infty} c_n (z-z_0)^n$ 在收斂圓 $|z-z_0|=r$ 內部所有點皆收斂到 $f(z)$，則此級數為 $f(z)$ 的泰勒級數，即，

$$f(z) = \sum_{n=0}^{\infty} c_n (z-z_0)^n = \sum_{n=0}^{\infty} \frac{f^{(n)}(z_0)}{n!} (z-z_0)^n, \quad |z-z_0| < r$$

我們現在討論泰勒級數的推廣。

定理 12-30 | 勞倫定理

令圓心在 z_0 且半徑分別是 r_1 及 r_2 ($r_1 > r_2$) 的兩個同心圓 C_1 及 C_2 所圍成區域為 R。若 f 在 R 的內部與 C_1 及 C_2 皆為可解析，則在 R 的內部每一點，$f(z)$ 可表成一個收斂的級數，即，

$$f(z) = \sum_{n=0}^{\infty} a_n (z-z_0)^n + \sum_{n=1}^{\infty} a_{-n} (z-z_0)^{-n} \tag{12-15}$$

其中

$$a_n = \frac{1}{2\pi i} \int_{C_1} \frac{f(z)}{(z-z_0)^{n+1}} dz, \quad n=0, 1, 2, 3, \cdots \tag{12-16}$$

$$a_{-n} = \frac{1}{2\pi i} \int_{C_2} \frac{f(z)}{(z-z_0)^{-n+1}} dz, \quad n=1, 2, 3, \cdots \tag{12-17}$$

C_1 及 C_2 相對於它們的內部採用正方向。

在 (12-15) 式中的級數稱為 $f(z)$ 在環帶 R 內的**勞倫級數** (Laurent series)。我們可在 (12-16) 及 (12-17) 式中以介於 C_1 及 C_2 之間的任意同心圓 C 代換 C_1 及 C_2，因此，(12-16) 及 (12-17) 式合併寫成

$$c_n = \frac{1}{2\pi i} \int_C \frac{f(z)}{(z-z_0)^{n+1}} dz, \quad n=0, \pm 1, \pm 2, \cdots \quad (12\text{-}18)$$

C 相對於它的內部為正方向，而 $f(z)$ 的勞倫級數也可寫成

$$f(z) = \sum_{n=-\infty}^{\infty} c_n (z-z_0)^n, \quad r_1 < |z-z_0| < r_2 \quad (12\text{-}19)$$

其中 c_n 如 (12-18) 式所予。在 (12-19) 式中，$c_0 + c_1(z-z_0) + c_2(z-z_0)^2 + \cdots$ 稱為勞倫級數的**解析部分** (analytic part)，而其餘部分稱為**主要部分** (principal part)。

例題 2

求函數 $f(z) = \dfrac{1}{(z-1)(z-3)}$ 在 $1 < |z| < 3$ 內的勞倫級數。

解
$$\frac{1}{(z-1)(z-3)} = -\frac{1}{2(z-1)} + \frac{1}{2(z-3)} = -\frac{1}{2z(1-1/z)} - \frac{1}{6(1-z/3)}$$

我們知道幾何級數

$$\frac{1}{1-\alpha} = 1 + \alpha + \alpha^2 + \cdots = \sum_{n=0}^{\infty} \alpha^n$$

對 $|\alpha| < 1$ 收斂。因當 $|z| > 1$ 時，$\left|\dfrac{1}{z}\right| < 1$；當 $|z| < 3$ 時，$\left|\dfrac{z}{3}\right| < 1$，故級數

$$\frac{1}{1-1/z} = \sum_{n=0}^{\infty} \frac{1}{z^n}$$

對 $|z| > 1$ 收斂，而級數

$$\frac{1}{1-z/3} = \sum_{n=0}^{\infty} \frac{z^n}{3^n}$$

對 $|z| < 3$ 收斂。所以，

$$\frac{1}{(z-1)(z-3)} = -\frac{1}{2}\sum_{n=1}^{\infty} \frac{1}{z^n} - \frac{1}{2}\sum_{n=0}^{\infty} \frac{z^n}{3^{n+1}}$$

對 $1 < |z| < 3$ 收斂。

例題 3

試證：函數 $f(z) = \dfrac{z^2+1}{z(z^2-3z+2)}$ 在 $|z+1| > 3$ 內的勞倫級數為

$$\dfrac{1}{2} \sum_{n=0}^{\infty} (1 - 2^{n+2} + 5 \cdot 3^n)(z+1)^{-n-1}。$$

解 令 $u = z+1$，則

$$f(z) = f(u-1) = \dfrac{u^2 - 2u + 2}{(u-1)(u-2)(u-3)} = \dfrac{1}{2(u-1)} - \dfrac{2}{u-2} + \dfrac{5}{2(u-3)}$$

對 $|u| = |z+1| > 3$，

$$\dfrac{u^2-2u+2}{(u-1)(u-2)(u-3)} = \dfrac{1}{2u(1-1/u)} - \dfrac{1}{u(1-2/u)} + \dfrac{5}{2u(1-3/u)}$$

$$= \dfrac{1}{2u} \sum_{n=0}^{\infty} \dfrac{1}{u^n} - \dfrac{2}{u} \sum_{n=0}^{\infty} \dfrac{2^n}{u^n} + \dfrac{5}{2u} \sum_{n=0}^{\infty} \dfrac{3^n}{u^n}$$

因此，$f(z) = \dfrac{1}{2} \sum_{n=0}^{\infty} (1 - 2^{n+2} + 5 \cdot 3^n)(z+1)^{-n-1}$，$|z+1| > 3$。

習題 12-5

1. 就下列的區域，將 $f(z) = \dfrac{1}{(z+1)(z+3)}$ 展開成勞倫級數。
   (1) $|z| > 3$ (2) $1 < |z| < 3$
   (3) $|z| < 1$ (4) $0 < |z+1| < 2$

2. 就下列的區域，將 $f(z) = \dfrac{z}{(z-1)(2-z)}$ 展開成勞倫級數。
   (1) $1 < |z| < 2$ (2) $|z| < 1$
   (3) $|z-1| > 1$ (4) $|z| > 2$
   (5) $0 < |z-2| < 1$

3. 求 $f(z) = \dfrac{1}{z^2(z-1)(z+2)}$ 在所指定區域的泰勒級數或勞倫級數。
   (1) $1 < |z| < 2$ (2) $0 < |z| < 1$ (3) $|z| > 2$

4. 求 $f(z)=\dfrac{1}{(z^2+1)(z+2)}$ 在所指定區域的泰勒級數或勞倫級數。

   (1) $|z|<1$ (2) $|z|>2$ (3) $1<|z|<2$

5. 求 $f(z)=\dfrac{z^2-1}{(z+2)(z+3)}$ 在所指定區域的泰勒級數或勞倫級數。

   (1) $|z|<2$ (2) $|z|>3$ (3) $2<|z|<3$

12-6 餘值定理

若函數 f 在點 z_0 不可解析，則稱 z_0 為 f 的**奇異點** (singular point 或 singularity)。若函數 f 在點 z_0 不可解析，但在 z_0 的**去心鄰域** (deleted neighborhood) $N'(z_0,\rho)=\{z\mid 0<|z-z_0|<\rho\}$ 為可解析，則稱 z_0 為 f 的**孤立奇異點** (isolated singular point)。

例題 1

(1) 函數 $f(z)=\dfrac{1}{z-2}$ 在點 $z=2$ 外為可解析，故 $z=1$ 為 $f(z)$ 的孤立奇異點。

(2) 函數 $f(z)=\dfrac{1}{\sin(1/z)}$ 有無限多的孤立奇異點，即，$z=\dfrac{1}{k\pi}$，$k=\pm 1$，± 2，± 3，…。點 $z=0$ 是 $f(z)$ 的奇異點，但非孤立奇異點，因點 $z=0$ 的每一個去心鄰域包含無限多的其他奇異點。

今將孤立奇異點分成三種類型，如下：

一、極點 (pole)

在 (12-15) 式中，對 $n>m$，若 $b_n=0$，可得

$$f(z)=\frac{a_{-m}}{(z-z_0)^m}+\frac{a_{-m+1}}{(z-z_0)^{m-1}}+\cdots+\frac{a_{-1}}{z-z_0}+\sum_{n=0}^{\infty}a_n(z-z_0)^n$$

則 z_0 稱為 f 的 **m 階極點** (pole of order m)。若 $m=1$，則 z_0 稱為 f 的**單極點** (simple pole)。

例題 2

函數 $f(z) = \dfrac{2z-3}{(z-1)^2(z+1)}$ 在 $z=1$ 有一個二階極點，在 $z=-1$ 有一個單極點。

二、可移去奇異點 (removable singularity)

若函數 f 在 $z=z_0$ 不可解析，但可賦予其在 $z=z_0$ 處的值為 $\lim\limits_{z \to z_0} f(z)$（若存在）使其在該處為可解析，則 z_0 稱為 f 的**可移去奇異點**。

例題 3

點 $z=0$ 為 $f(z) = \dfrac{\sin z}{z}$ 的可移去奇異點，因我們可定義 $f(0) = \lim\limits_{z \to 0} \dfrac{\sin z}{z} = 1$，使 f 在 $z=0$ 為可解析。

三、本性奇異點 (essential singularity)

若單值可解析函數 f 含有極點以外的奇異點，則此種奇異點稱為 f 的**本性奇異點**。換句話說，若不存在任何正數 n 使得 $\lim\limits_{z \to z_0}(z-z_0)^n f(z) = A \neq 0$，則 z_0 稱為 f 的本性奇異點。

例題 4

函數 $f(z) = e^{1/z}$ 與函數 $f(z) = \sin \dfrac{1}{z}$ 在 $z=0$ 皆有一孤立本性奇異點，函數 $f(z) = \tan \dfrac{1}{z}$ 在 $z=0$ 有一非孤立本性奇異點。

若 f 在圓 C 及其內部除了圓心 $z=z_0$ 外皆為可解析，則依 12-5 節，$f(z)$ 在 $z=z_0$ 的勞倫級數為

$$\begin{aligned} f(z) &= \sum_{n=-\infty}^{\infty} c_n (z-z_0)^n \\ &= c_0 + c_1(z-z_0) + c_2(z-z_0)^2 + \cdots + \dfrac{c_{-1}}{z-z_0} + \dfrac{c_{-2}}{(z-z_0)^2} + \cdots \end{aligned} \quad (12\text{-}20)$$

其中
$$c_n = \frac{1}{2\pi i} \int_C \frac{f(z)}{(z-z_0)^{n+1}} \, dz, \quad n=0, \pm 1, \pm 2, \cdots \tag{12-21}$$

而 C 採用正方向。

當 $n=-1$ 時，由 (12-21) 式可得

$$\int_C f(z) \, dz = 2\pi i c_{-1} \tag{12-22}$$

我們從 (12-20) 式利用逐項積分及下面的結果

$$\int_C \frac{dz}{(z-z_0)^n} = \begin{cases} 2\pi i, & n=1 \\ 0, & \text{整數 } n \neq 1 \end{cases}$$

可得 (12-22) 式。基於 (12-22) 式僅涉及 (12-20) 式中的係數 c_{-1} 之故，我們稱 c_{-1} 為 $f(z)$ 在 $z=z_0$ 的**餘值** (residue)，記為 $c_{-1} = \underset{z=z_0}{\mathrm{Res}}\, f(z)$。

設 f 在簡單封閉曲線 C 及其內部除了 $z=z_0$ 外皆為可解析，z_0 為 m 階極點，則 $f(z)$ 的勞倫級數為

$$f(z) = \frac{c_{-m}}{(z-z_0)^m} + \frac{c_{-m+1}}{(z-z_0)^{m-1}} + \cdots + \frac{c_{-1}}{z-z_0} + c_0 \\ + c_1(z-z_0) + c_2(z-z_0)^2 + \cdots \tag{12-23}$$

以 $(z-z_0)^m$ 乘 (12-23) 式等號兩邊可得

$$(z-z_0)^m f(z) = c_{-m} + c_{-m+1}(z-z_0) + \cdots + c_{-1}(z-z_0)^{m-1} \\ + c_0(z-z_0)^m + c_1(z-z_0)^{m+1} + \cdots \tag{12-24}$$

(12-24) 式等號右邊為可解析函數 $(z-z_0)^m f(z)$ 在 $z=z_0$ 的泰勒級數。將 (12-24) 式等號兩邊對 z 微分 $m-1$ 次，

$$\frac{d^{m-1}}{dz^{m-1}}[(z-z_0)^m f(z)] = (m-1)!\, c_{-1} + m(m-1)\cdots + 2c_0(z-z_0) + \cdots$$

令 $z \to z_0$，則

$$\lim_{z \to z_0} \frac{d^{m-1}}{dz^{m-1}}[(z-z_0)^m f(z)] = (m-1)!\, c_{-1}$$

即，
$$c_{-1} = \lim_{z \to z_0} \frac{1}{(m-1)!} \frac{d^{m-1}}{dz^{m-1}}[(z-z_0)^m f(z)]。 \tag{12-25}$$

例題 5

若 $f(z) = \dfrac{z}{(z-1)(z+1)^2}$，則 $z=1$ 為單極點，$z=-1$ 為二階極點。

$$\operatorname*{Res}_{z=1} f(z) = \lim_{z\to 1}\left[(z-1)\dfrac{z}{(z-1)(z+1)^2}\right] = \lim_{z\to 1}\dfrac{z}{(z+1)^2} = \dfrac{1}{4}$$

$$\operatorname*{Res}_{z=-1} f(z) = \lim_{z\to -1}\dfrac{1}{1!}\dfrac{d}{dz}\left[(z+1)^2\dfrac{z}{(z-1)(z+1)^2}\right] = \lim_{z\to -1}\dfrac{d}{dz}\left(\dfrac{z}{z-1}\right)$$

$$= \lim_{z\to -1}\left[-\dfrac{1}{(z-1)^2}\right] = -\dfrac{1}{4}$$

若 $z=z_0$ 為本性奇異點，則有時可利用級數展開式求得餘值。

例題 6

若 $f(z) = e^{-1/z}$，則 $z=0$ 為本性奇異點。因

$$e^{-1/z} = 1 - \dfrac{1}{z} + \dfrac{1}{2!\,z^2} - \dfrac{1}{3!\,z^3} + \cdots$$

故可知 $\operatorname*{Res}_{z=0} f(z)$ 為 $\dfrac{1}{z}$ 的係數，即，-1。

定理 12-31 | 餘值定理

令 f 在簡單封閉曲線 C 及其內部除了有限個奇異點 z_1, z_2, $\cdots$, z_n 外皆可解析，則

$$\int_C f(z)\,dz = 2\pi i \sum_{k=1}^{n} \operatorname*{Res}_{z=z_k} f(z)$$

其中 C 採用正方向。

證 令 C_1, C_2, $\cdots$, C_n 為圓心分別在 z_1, z_2, $\cdots$, z_n 的 n 個圓，這些圓皆位於 C 的內部且互不相交也不包含，如圖 12-7 所示。依定理 12-21 下面的註，可得

$$\int_C f(z)\,dz = \int_{C_1} f(z)\,dz + \int_{C_2} f(z)\,dz + \cdots + \int_{C_n} f(z)\,dz$$

但

$$\int_{C_1} f(z)\,dz = 2\pi i \operatorname*{Res}_{z=z_1} f(z),\quad \int_{C_2} f(z)\,dz = 2\pi i \operatorname*{Res}_{z=z_2} f(z),\quad \cdots,\quad \int_{C_n} f(z)\,dz = 2\pi i \operatorname*{Res}_{z=z_n} f(z)$$

所以，
$$\int_C f(z)\,dz = \sum_{k=1}^{\infty} \int_{C_k} f(z)\,dz = 2\pi i \sum_{k=1}^{n} \operatorname*{Res}_{z=z_k} f(z) \text{。}$$

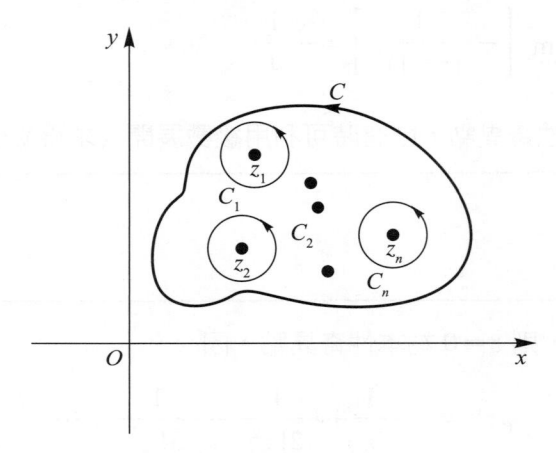

圖 12-7

例題 7

計算 $\displaystyle\int_C \frac{z^2 - z + 1}{(z-1)(z-4)(z+3)}\,dz$，其中 C 為依逆時鐘方向的圓 $|z| = 5$。

解 函數 $f(z) = \dfrac{z^2 - z + 1}{(z-1)(z-4)(z+3)}$ 在 C 的內部有三個單極點 $z = 1$、$z = 4$ 及 $z = -3$。

$$\operatorname*{Res}_{z=1} f(z) = \lim_{z \to 1}[(z-1)f(z)] = \lim_{z \to 1} \frac{z^2 - z + 1}{(z-4)(z+3)} = -\frac{1}{12}$$

$$\operatorname*{Res}_{z=4} f(z) = \lim_{z \to 4}[(z-4)f(z)] = \lim_{z \to 4} \frac{z^2 - z + 1}{(z-1)(z+3)} = \frac{13}{21}$$

$$\operatorname*{Res}_{z=-3} f(z) = \lim_{z \to -3}[(z+3)f(z)] = \lim_{z \to -3} \frac{z^2 - z + 1}{(z-1)(z-4)} = \frac{13}{28}$$

因此，$\int_C \dfrac{z^2-z+1}{(z-1)(z-4)(z+3)} dz = 2\pi i\left(-\dfrac{1}{12}+\dfrac{13}{21}+\dfrac{13}{28}\right)=2\pi i$。

例題 8

計算 $\int_C \cos\left(\dfrac{1}{z-1}\right) dz$，其中 C 為 $|z-1|=\dfrac{1}{2}$。

解 函數 $f(z)=\cos\left(\dfrac{1}{z-1}\right)$ 在 $z=1$ 有一個孤立奇異點，然而，此點不為極點，由

$$\cos t = 1 - \dfrac{t^2}{2!}+\dfrac{t^4}{4!}-\dfrac{t^6}{6!}+\cdots$$

中代換 $t=\dfrac{1}{z-1}$，可得

$$\cos\left(\dfrac{1}{z-1}\right)=1-\dfrac{1}{2!(z-1)^2}+\dfrac{1}{4!(z-1)^4}-\dfrac{1}{6!(z-1)^6}+\cdots,\ |z-1|>0$$

因 $\dfrac{1}{z-1}$ 的係數為 0，可知 $\operatorname*{Res}_{z=1} f(z)=0$，故

$$\int_C \cos\left(\dfrac{1}{z-1}\right)dz = 2\pi i\,(0) = 0。$$

習題 12-6

1. 計算 $\int_C \dfrac{e^{zt}}{z^2(z^2+2z+2)} dz$，其中 C 為依逆時鐘方向的圓 $|z|=3$。

2. 計算 $\int_C \dfrac{(1-z^4)e^{2z}}{z^5} dz$，其中 C 為依逆時鐘方向的圓 $|z|=1$。

3. 試沿著下列各路徑依逆時鐘方向，計算 $\int_C \dfrac{z}{(z^2+1)(z^2+2z+2)} dz$。

   (1) $|z+i|=\dfrac{3}{2}$ (2) $|z|=\dfrac{3}{2}$ (3) $|z-i|=\dfrac{3}{2}$

   (4) $|z-1|=1.9$ (5) $|z+1|=1.1$

4. 試沿著下列各路徑依逆時鐘方向，計算 $\int_C \cot z \, dz$。

   (1) $|z-1|=2$ (2) $|z|=4$

5. 試沿著圓 $C:|z|=1$ 依逆時鐘方向，計算 $\int_C \dfrac{dz}{z^2 \sin z}$。

12-7 實變積分的計算

某些實變積分可藉著餘值定理去求積分值，下面類型的積分實際上是很普通的。

1. $\int_0^{2\pi} R(\sin\theta, \cos\theta) \, d\theta$，$R$ 為 $\sin\theta$ 及 $\cos\theta$ 的有理函數。

令 $z=e^{i\theta}$，則 $\sin\theta = \dfrac{1}{2i}(e^{i\theta}-e^{-i\theta}) = \dfrac{1}{2i}(z-z^{-1})$，$\cos\theta = \dfrac{1}{2}(e^{i\theta}+e^{-i\theta}) = \dfrac{1}{2}(z+z^{-1})$，$dz = ie^{i\theta}d\theta = iz\,d\theta$，即，$d\theta = \dfrac{dz}{iz}$。所以，

$$\int_0^{2\pi} R(\sin\theta, \cos\theta)\,d\theta = \int_C f(z)\,dz$$

其中 C 為依逆時鐘方向的單位圓。

例題 1

計算 $\int_0^{2\pi} \dfrac{d\theta}{5+3\sin\theta}$。

解 令 $z=e^{i\theta}$，則 $\sin\theta = \dfrac{1}{2i}(e^{i\theta}-e^{-i\theta}) = \dfrac{1}{2i}(z-z^{-1})$，$dz=ie^{i\theta}d\theta=iz\,d\theta$，$d\theta=\dfrac{dz}{iz}$。因而，

$$\int_0^{2\pi} \frac{d\theta}{5+3\sin\theta} = \int_C \frac{dz/iz}{5+3(z-z^{-1})/2i} = \int_C \frac{2}{3z^2+10iz-3}\,dz$$

其中 C 為單位圓，如圖 12-8 所示。

圖 12-8

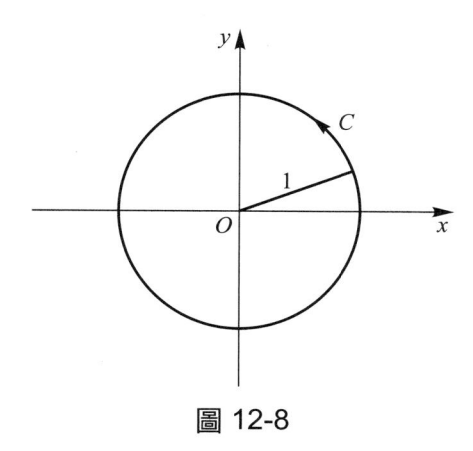

$f(z) = \dfrac{2}{3z^2 + 10iz - 3}$ 的極點為

$$z = \frac{-10i \pm \sqrt{-100 + 36}}{6} = \frac{-10i \pm 8i}{6} = -3i \cdot -\frac{i}{3}$$

但僅 $-\dfrac{i}{3}$ 位於 C 內部。

$$\operatorname*{Res}_{z=-i/3} f(z) = \lim_{z \to -i/3} \left(z + \frac{i}{3}\right)\left(\frac{2}{3z^2 + 10iz - 3}\right)$$

$$= \lim_{z \to -i/3} \frac{2}{6z + 10i} = \frac{1}{4i}$$

可得 $$\int_C \frac{2}{3z^2 + 10iz - 3}\, dz = 2\pi i \left(\frac{1}{4i}\right) = \frac{\pi}{2}$$

所以， $$\int_0^{2\pi} \frac{d\theta}{5 + 3\sin\theta} = \frac{\pi}{2} \text{。}$$

---

2. $\displaystyle\int_{-\infty}^{\infty} f(x)\, dx$，$f(x)$ 為有理函數。

考慮 $\displaystyle\int_C f(z)\, dz$，其中路徑 C 是由沿著 x- 軸自 $-R$ 至 R 的線段與以此線段為直徑的上半圓弧 Γ 所組成 (圖 12-9)。然後，令 $R \to \infty$，若 $f(x)$ 為偶函數，則此方法可用來計算 $\displaystyle\int_0^{\infty} f(x)\, dx$。

圖 12-9

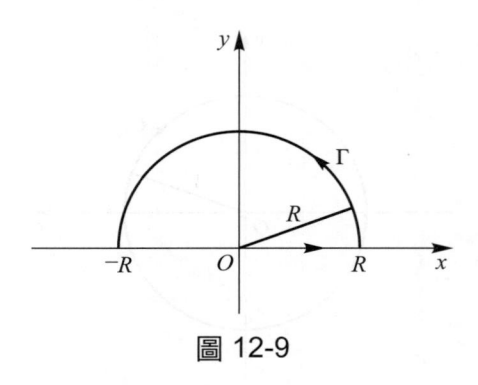

定理 12-32

設函數 f 在 z- 平面的上半平面內有 n 個極點 z_1, z_2, $\cdots$, z_n 且在實軸上為可解析。若對夠大的 $|z|$ 而言，$|f(z)| \leq \dfrac{M}{|z|^p}$，此處 $p > 1$, $M > 0$，則

$$\int_{-\infty}^{\infty} f(x)\, dx = 2\pi i \sum_{k=1}^{n} \operatorname*{Res}_{z=z_k} f(z)。$$

證 令 Γ 表圓 $|z| = R$ 的上半圓弧，並取夠大的 R 使得 $f(z)$ 的所有極點位於上半圓內，如圖 12-9 所示。利用餘值定理可知

$$\int_{-R}^{R} f(x)\, dx + \int_{\Gamma} f(z)\, dz = 2\pi i \sum_{k=1}^{n} \operatorname*{Res}_{z=z_k} f(z)。$$

當 z 在 Γ 上時，$|z| = R$，於是，對夠大的 R，可得 $|f(z)| \leq \dfrac{M}{R^p}$。又

$$\left| \int_{\Gamma} f(z)\, dz \right| \leq \int_{\Gamma} |f(z)|\, |dz| \leq \dfrac{M}{R^p}(\pi R) = \dfrac{\pi M}{R^{p-1}}。$$

於是，當 $p > 1$ 時，$\displaystyle\lim_{R \to \infty} \left| \int_{\Gamma} f(z)\, dz \right| = 0$，可得 $\displaystyle\lim_{R \to \infty} \int_{\Gamma} f(z)\, dz = 0$。

所以，

$$\lim_{R \to \infty} \int_{-R}^{R} f(x)\, dx = 2\pi i \sum_{k=1}^{n} \operatorname*{Res}_{z=z_k} f(z)$$

即，

$$\int_{-\infty}^{\infty} f(x)\, dx = 2\pi i \sum_{k=1}^{n} \operatorname*{Res}_{z=z_k} f(z)。$$

定理 12-33

令 $f(z) = \dfrac{P(z)}{Q(z)}$，其中 $P(z)$ 與 $Q(z)$ 為互質多項式，$Q(z)$ 沒有實零位。若 $Q(z)$ 的次數較 $P(z)$ 的次數至少多二次，則

$$\int_{-\infty}^{\infty} f(x)\, dx = 2\pi i \sum_{k=1}^{n} \operatorname*{Res}_{z=z_k} f(z)$$

此處 z_k 為 $f(z)$ 在 z-平面的上半平面內的極點。

證 令 $P(z) = \sum\limits_{i=0}^{m} a_i z^i$，$Q(z) = \sum\limits_{j=0}^{n} b_j z^j$，$a_m \neq 0$，$b_n \neq 0$，則 $f(z) = \dfrac{P(z)}{Q(z)}$ 可以寫成

$$f(z) = \frac{1}{z^{n-m}} R(z)$$

其中

$$R(z) = \frac{a_0/z^m + \cdots + a_{m-1}/z + a_m}{b_0/z^n + \cdots + b_{n-1}/z + b_n}$$

現在，對夠大的 $|z|$，

$$|R(z)| \leq \frac{|a_m| + |a_m|}{|b_n| - |b_n|/2} = M$$

因此，對夠大的 $|z|$，可得

$$|f(z)| = \frac{|R(z)|}{|z|^{n-m}} \leq \frac{M}{|z|^r}$$

其中 $r = n - m \geq 2$。所以，我們得知 $f(z)$ 滿足定理 12-32 的假設，因而

$$\int_{-\infty}^{\infty} f(x)\, dx = \int_{-\infty}^{\infty} \frac{P(z)}{Q(z)}\, dx = 2\pi i \sum_{k=1}^{n} \operatorname*{Res}_{z=z_k} f(z) \text{。}$$

例題 2

計算 $\displaystyle\int_{0}^{\infty} \frac{dx}{x^4 + 1}$。

解 考慮 $\displaystyle\int_{0}^{\infty} \frac{dx}{x^4 + 1}$，其中路徑 C 如圖 12-9 所示。$f(z) = \dfrac{1}{z^4 + 1}$ 的極點為 $z^{\pi i/4}$、$e^{3\pi i/4}$、$e^{5\pi i/4}$、$e^{7\pi i/4}$，但僅 $e^{\pi i/4}$ 及 $e^{3\pi i/4}$ 在 C 的內部。

$$\operatorname*{Res}_{z=e^{\pi i/4}} f(z) = \lim_{z \to e^{\pi i/4}} \left[(z - e^{\pi i/4}) \frac{1}{z^4+1} \right] = \lim_{z \to e^{\pi i/4}} \frac{1}{4z^3} = \frac{1}{4} e^{-3\pi i/4}$$

$$\operatorname*{Res}_{z=e^{3\pi i/4}} f(z) = \lim_{z \to e^{3\pi i/4}} \left[(z - e^{3\pi i/4}) \frac{1}{z^4+1} \right] = \lim_{z \to e^{3\pi i/4}} \frac{1}{4z^3} = \frac{1}{4} e^{-9\pi i/4}$$

於是，
$$\int_C \frac{dz}{z^4+1} = 2\pi i \left(\frac{1}{4} e^{-3\pi i/4} + \frac{1}{4} e^{-9\pi i/4} \right) = \frac{\sqrt{2}\,\pi}{2}$$

即，
$$\int_{-R}^{R} \frac{dx}{x^4+1} + \int_\Gamma \frac{dz}{z^4+1} = \frac{\sqrt{2}\,\pi}{2}$$

可得
$$\lim_{R \to \infty} \int_{-R}^{R} \frac{dx}{x^4+1} + \lim_{R \to \infty} \int_\Gamma \frac{dz}{z^4+1} = \frac{\sqrt{2}\,\pi}{2}$$

或
$$\int_{-\infty}^{\infty} \frac{dx}{x^4+1} = \frac{\sqrt{2}\,\pi}{2}$$

因
$$\int_{-\infty}^{\infty} \frac{dx}{x^4+1} = 2 \int_{0}^{\infty} \frac{dx}{x^4+1}$$

故
$$\int_{0}^{\infty} \frac{dx}{x^4+1} = \frac{\sqrt{2}\,\pi}{4} \text{。}$$

為了證明下面的定理，我們需要兩個簡單的結果：

1. 對 $0 \leq \theta \leq \dfrac{\pi}{2}$，$\sin \theta \geq \dfrac{2\theta}{\pi}$。

2. $\int_0^\pi e^{m \sin \theta}\, d\theta = 2\int_0^{\pi/2} e^{m \sin \theta}\, d\theta$，$m$ 為常數。

請讀者自證之。

定理 12-34

設函數 f 在 z-平面的上半平面內有有限個極點，又存在 $p > 0$、$M > 0$ 及 $R > 0$ 使得對 $|z| \geq R$，$|f(z)| \leq \dfrac{M}{|z|^p}$，則對每一 $m > 0$，

$$\lim_{R \to \infty} \int_\Gamma e^{imz} f(z)\, dz = 0$$

其中 Γ 為圓 $|z| = R$ 的上半圓弧，如圖 12-9 所示。

證 令 z 在 Γ 上，則 $z = Re^{i\theta} = R(\cos\theta + i\sin\theta)$，可得

$$|e^{imz}| = |e^{imR(\cos\theta + i\sin\theta)}| = |e^{-mR\sin\theta}||e^{imR\cos\theta}| = e^{-mR\sin\theta}$$

利用前面兩個結果可得

$$\left|\int_\Gamma e^{imz} f(z)\, dz\right| = \left|\int_0^\pi e^{imz} f(z) \frac{dz}{d\theta}\, d\theta\right| = \left|\int_0^\pi e^{imz} f(z)\, Rie^{i\theta}\, d\theta\right|$$

$$\leq \int_0^\pi |e^{imz}|\,|f(z)|\, R\, d\theta \leq \frac{M}{R^p} \int_0^\pi e^{-mR\sin\theta} R\, d\theta$$

$$\leq \frac{2M}{R^{p-1}} \int_0^{\pi/2} e^{-(2mR/\pi)\theta}\, d\theta = \frac{\pi M}{mR^p}(1 - e^{-mR})$$

因 $m > 0$ 且 $p > 0$，可知 $\displaystyle\lim_{R\to\infty}\left|\int_\Gamma e^{imz} f(z)\, dz\right| = 0$

故 $\displaystyle\lim_{R\to\infty} \int_\Gamma e^{imz} f(z)\, dz = 0$。

定理 12-35

令 $f(z) = \dfrac{P(z)}{Q(z)}$，其中 $P(z)$ 與 $Q(z)$ 為互質多項式，$Q(z)$ 沒有實零位，且 $f(z)e^{imz}$ 在 z- 平面的上半平面內有 n 個極點 $z_1, z_2, \cdots, z_n$。若 $Q(z)$ 的次數超過 $P(z)$ 的次數且 $m > 0$，則

$$\int_{-\infty}^{\infty} f(x)\, e^{imx}\, dx = 2\pi i \sum_{k=1}^{n} \operatorname*{Res}_{z=z_k}\, [f(z)\, e^{imx}]。$$

證 令 Γ 為圓 $|z| = R$ 的上半圓弧使得 $f(z)e^{imz}$ 的所有極點 z_k 在上半圓區域內，如圖 12-10 所示。利用餘值定理，

$$\int_{-R}^{R} f(x)\, e^{imx}\, dx + \int_\Gamma f(z)\, e^{imz}\, dz = 2\pi i \sum_{k=1}^{n} \operatorname*{Res}_{z=z_k}\, (f(z)\, e^{imx})$$

在上式中令 $R \to \infty$ 並利用定理 12-34，可得

$$\int_{-R}^{R} f(x)\, e^{imx}\, dx = 2\pi i \sum_{k=1}^{n} \operatorname*{Res}_{z=z_k}\, (f(z)\, e^{imx})$$

我們看出 $f(z)e^{imz}$ 在 z- 平面的上半平面內的極點恰是方程式 $Q(z)=0$ 在上半平面內的根。

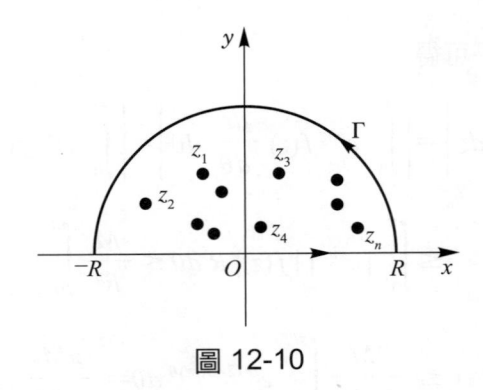

圖 12-10

因 $e^{imx} = \cos mx + i \sin mx$，故可計算積分型：

$$\int_{-\infty}^{\infty} f(x) \cos mx \, dx, \qquad \int_{-\infty}^{\infty} f(x) \sin mx \, dx \text{。}$$

例題 3

計算 $\displaystyle\int_0^\infty \frac{\cos mx}{x^2+1} dx$，$m > 0$。

解 考慮 $\displaystyle\int_C \frac{e^{imz}}{z^2+1} dz$，其中路徑 C 如圖 12-10 所示。被積分函數在 $z = \pm i$ 有單極點，但僅 $z = i$ 在 C 的內部。

$$\operatorname*{Res}_{z=i}(e^{imz}/z^2+1) = \lim_{z \to i}\left[(z-i)\frac{e^{imz}}{(z-i)(z+i)}\right] = \frac{e^{-m}}{2i}$$

可得

$$\int_C \frac{e^{imz}}{z^2+1} dz = 2\pi i \left(\frac{e^{-m}}{2i}\right) = \pi e^{-m}$$

或

$$\int_{-R}^{R} \frac{e^{imx}}{x^2+1} dx + \int_\Gamma \frac{e^{imz}}{z^2+1} dz = \pi e^{-m}$$

即，

$$\int_{-R}^{R} \frac{\cos mx}{x^2+1} dx + i \int_{-R}^{R} \frac{\sin mx}{x^2+1} dx + \int_\Gamma \frac{e^{imz}}{z^2+1} dz = \pi e^{-m}$$

故
$$2\int_0^R \frac{\cos mx}{x^2+1}dx+\int_\Gamma \frac{e^{imz}}{z^2+1}dz=\pi e^{-m}$$

令 $R\to\infty$ 並利用定理 12-34，可得

$$\int_0^\infty \frac{\cos mx}{x^2+1}dx=\frac{\pi e^{-m}}{2}。$$

例題 4

計算 $\int_0^\infty \frac{\sin x}{x}dx$。

解 考慮 $\int_C \frac{e^{iz}}{z}dz$，其中路徑 C 如圖 12-10 所示。然而，因 $z=0$ 在積分路徑上，我們無法通過奇異點求積分，故在 $z=0$ 使路徑內彎以便修正路徑，如圖 12-11 所示，其為 ABDEFGA。

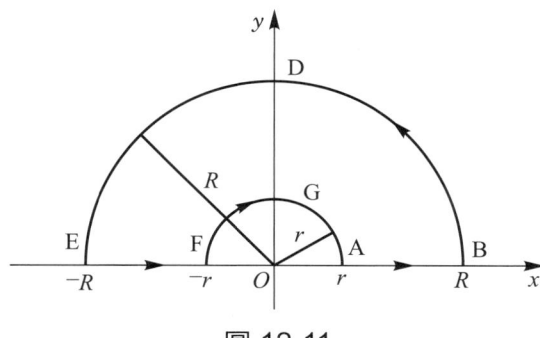

圖 12-11

因 $z=0$ 在路徑 ABDEFGA 的外部，故

$$\int_{\text{ABDEFGA}} \frac{e^{iz}}{z}dz=0$$

或 $$\int_{-R}^{-r} \frac{e^{ix}}{x}dx+\int_{\text{FGA}} \frac{e^{iz}}{z}dz+\int_r^R \frac{e^{ix}}{x}dx+\int_{\text{BDE}} \frac{e^{iz}}{z}dz=0$$

在第一個積分中以 $-x$ 代 x，並合併第三個積分，可得

$$\int_r^R \frac{e^{ix}-e^{-ix}}{x}dx+\int_{\text{FGA}} \frac{e^{iz}}{z}dz+\int_{\text{BDE}} \frac{e^{iz}}{z}dz=0$$

或 $$2i\int_r^R \frac{\sin x}{x}dx = -\int_{FGA}\frac{e^{iz}}{z}dz - \int_{BDE}\frac{e^{iz}}{z}dz$$

設 $z = re^{i\theta}$，令 $r \to 0$，$R \to \infty$，則

$$\lim_{\substack{r\to 0 \\ R\to\infty}} 2i\int_r^R \frac{\sin x}{x}dx = -\lim_{r\to 0}\int_\pi^0 \frac{e^{ire^{i\theta}}}{re^{i\theta}}ire^{i\theta}d\theta - \lim_{R\to\infty}\int_{BDE}\frac{e^{iz}}{z}dz$$

$$= -\lim_{r\to 0}\int_\pi^0 ie^{ire^{i\theta}}d\theta = i\int_0^\pi \lim_{r\to 0}e^{ire^{i\theta}}d\theta = \pi i$$

故 $$\int_0^\infty \frac{\sin x}{x}dx = \frac{\pi}{2}$$

習題 12-7

1. 計算 $\displaystyle\int_0^{2\pi}\frac{d\theta}{(5-3\sin\theta)^2}$。

2. 計算 $\displaystyle\int_0^{2\pi}\frac{\cos 3\theta}{5-4\cos\theta}d\theta$。

3. 計算 $\displaystyle\int_0^{2\pi}\frac{d\theta}{a+b\sin\theta}$，$a > |b|$。

4. 計算 $\displaystyle\int_0^{2\pi}\frac{d\theta}{1+a\cos\theta}$，$a^2 < 1$。

5. 計算 $\displaystyle\int_0^\infty \frac{dx}{x^6+1}$。

6. 計算 $\displaystyle\int_0^{2\pi}\frac{d\theta}{3-2\cos\theta+\sin\theta}$。

7. 計算 $\displaystyle\int_{-\infty}^\infty \frac{x^2}{(x^2+1)^2(x^2+2x+2)}dx$。

8. 計算 $\displaystyle\int_{-\infty}^\infty \frac{x^2}{(x^2+1)(x^2+4)}dx$。

9. 計算 $\displaystyle\int_{-\infty}^\infty \frac{x\sin\pi x}{x^2+2x+5}dx$。

10. 計算 $\displaystyle\int_0^\infty \frac{x\sin x}{(x^2+1)(x^2+4)}dx$。

11. 試證**弗涅爾積分** (Fresnel integral)：

$$\int_0^\infty \sin x^2\, dx = \int_0^\infty \cos x^2\, dx = \frac{1}{2}\sqrt{\frac{\pi}{2}}$$

12. 試證：若 $0 < a < 1$，則 $\displaystyle\int_0^\infty \frac{x^{a-1}}{1+x}dx = \frac{\pi}{\sin a\pi}$。

12-8 保角映像

保角映像 (conformal mapping) 在工程數學上極為重要，因其係在位勢理論中藉著變換一複雜區域為較簡單型態，以求解邊界值問題的標準方法。

對實變數 x 的實值函數 $y = f(x)$，可在 xy-平面上繪出其曲線，此曲線稱為該函數的圖形。然而，對複變函數

$$w = f(z) = u(x, y) + iv(x, y) \quad (z = x + iy)$$

而言，則情形比較複雜。因從幾何觀點言之，每一複變數 w 及 z 皆由其複平面上的點所表示，故可利用兩個複平面，一為 z-平面，用以表出 $z = x + iy$ 的點；另一為 w-平面，用以表出 $w = u + iv$ 的點。如此，對 z-平面上某區域內的每一 z，函數 f 指定 w-平面上的點 $w = f(z)$，此關係稱為由 z-平面上某區域到 w-平面上某區域的映像或變換 (transformation)。

例題 1

令 R 為 z-平面上由 $x = 0$、$y = 0$、$x = 2$ 及 $y = 1$ 所圍成區域，試於 w-平面上確定 R 在下列各變換下的區域 R'。

(1) $w = z + (1 - 2i)$ (2) $w = \sqrt{2}\, e^{\pi i/4} z$

解 (1) 若 $w = z + (1 - 2i)$，則 $u + iv = x + iy + (1 - 2i) = (x + 1) + i(y - 2)$，因而 $u = x + 1$，$v = y - 2$。

直線 $x = 0$ 映至 $u = 1$；$y = 0$ 映至 $v = -2$；$x = 2$ 映至 $u = 3$；$y = 1$ 映至 $v = -1$。同理，我們可證得 R 中的每一點映至 R' 中的一點，反之，也成立。如圖 12-12 所示。

(a)

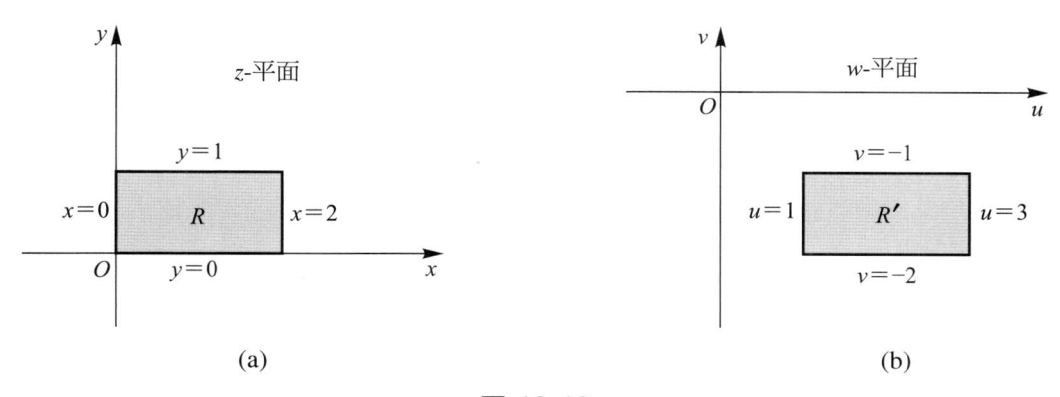

(b)

圖 12-12

(2) 若 $w=\sqrt{2}\,e^{\pi i/4}z$，則 $u+iv=(1+i)(x+iy)=(x-y)+i(x+y)$，而 $u=x-y$，$v=x+y$。

直線 $x=0$ 映至 $u=-v$；$y=0$ 映至 $u=v$；$x=2$ 映至 $u+v=4$；$y=1$ 映至 $v-u=2$。如圖 12-13 所示。

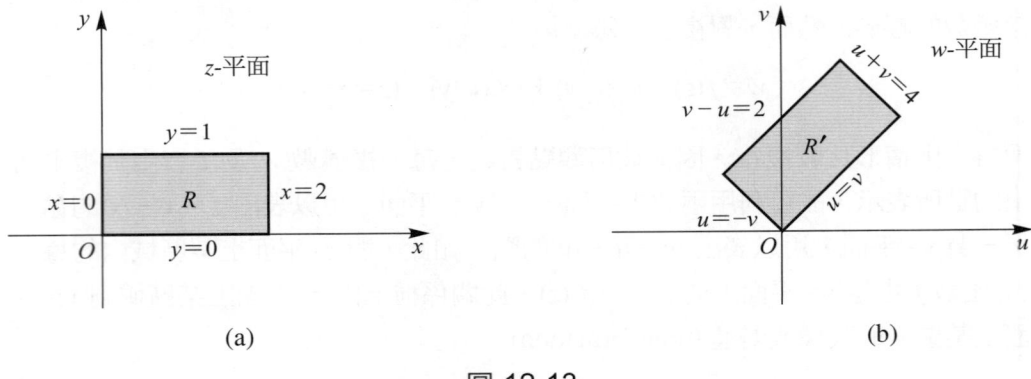

圖 12-13

假設在 $u=u(x,y)$，$v=v(x,y)$ 的變換下，xy- 平面上的點 (x_0,y_0) 映至 uv- 平面上的點 (u_0,v_0)，而兩曲線 C_1 及 C_2 交於點 (x_0,y_0) 分別映至兩曲線 C_1' 及 C_2' 交於點 (u_0,v_0)（圖 12-14）。若該變換使得在點 (x_0,y_0) 介於 C_1 及 C_2 之間的角與在點 (u_0,v_0) 介於 C_1' 及 C_2' 之間的角的大小及方位皆相同，則稱該變換在點 (x_0,y_0) 為**保角**。

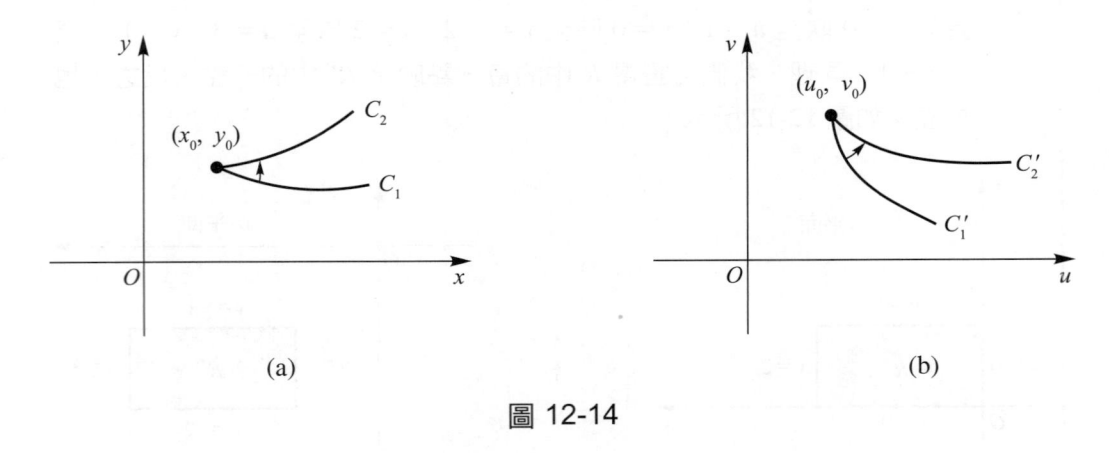

圖 12-14

定理 12-36

若 f 在區域 R 為可解析，且 $f'(z)\neq 0$，則變換 $w=f(z)$ 在 R 中所有點為保角。

證 令 z_0 為 R 中任意點。我們首先證明在此變換下，在 z-平面上通過 z_0 的任何曲線 C 上點 z_0 處的切線旋轉一個角 $\arg f'(z_0)$。

如圖 12-15 所示。當一個點自 z_0 沿著 C 至 $z_0 + \Delta z$ 時，其像點在 w-平面上自 w_0 沿著 C' 至 $w_0 + \Delta w$。若 t 是用來描述曲線的參數，則對應於 z-平面上路徑 $z = z(t)$（或 $x = x(t)$，$y = y(t)$），可有 w-平面上的路徑 $w = w(t)$ [或 $u = u(t)$，$v = v(t)$]。

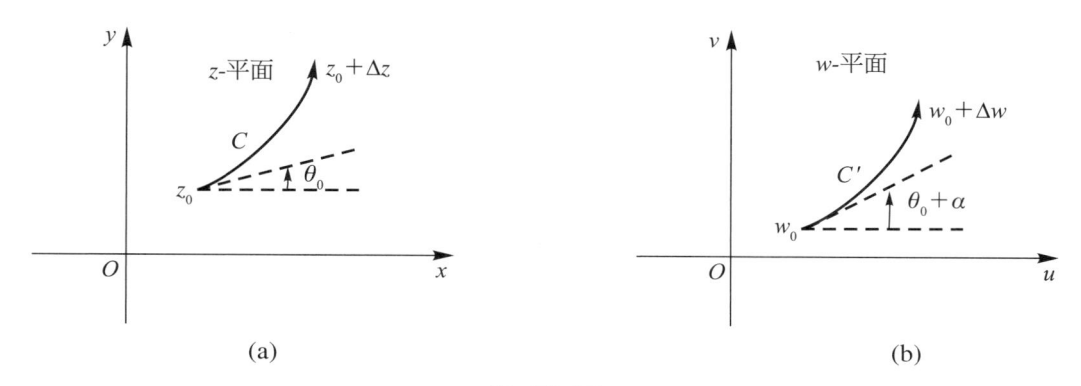

圖 12-15

因 $w = f(z(t))$，可得
$$\frac{dw}{dt} = f'(z)\frac{dz}{dt}$$

故
$$\left.\frac{dw}{dt}\right|_{w=w_0} = f'(z_0)\left.\frac{dz}{dt}\right|_{z=z_0}$$

今寫成 $\left.\dfrac{dw}{dt}\right|_{w=w_0} = \rho_0 e^{i\phi_0}$, $\quad f'(z) = re^{i\alpha}$, $\quad \left.\dfrac{dz}{dt}\right|_{z=z_0} = r_0 e^{i\theta_0}$

則
$$\rho_0 e^{i\phi_0} = rr_0 e^{i(\theta_0 + \alpha)}$$

可得 $\phi_0 = \theta_0 + \alpha = \theta_0 + \arg f'(z_0)$（注意：若 $f'(z_0) = 0$，則 α 為不定）。

其次，我們從上面的討論可知，若 $f(z)$ 在 z_0 為可解析，且 $f'(z_0) \neq 0$，則在 z-平面上通過點 z_0 的兩曲線之間的角在變換 $w = f(z)$ 之下保持大小及方位，即，此變換為保角。因 z_0 為 R 中任意點，故定理得證。

我們現在列出一些最簡單的變換：

1. **平移** (translation)：$w = z + b$，b 為複常數。
2. **旋轉** (rotation)：$w = e^{i\theta_0} z$，θ_0 為實常數。

   若 $\theta_0 > 0$，則旋轉為逆時鐘方向；若 $\theta_0 < 0$，則旋轉為順時鐘方向。

3. **伸長** (stretching)：$w = az$，a 為實常數。

若 $a>1$，則為伸長；若 $0<a<1$，則為縮短。我們視縮短為伸長的特例。

4. **逆變換** (inversion)：$w=\dfrac{1}{z}$。

我們稱 $w=\dfrac{az+b}{cz+d}$ ($ad-bc\neq 0$ 且 a、b、c 及 d 皆為複常數) 稱為**線性分式變換** (linear fractional transformation) 或**墨比烏變換** (Möbius transformation)。此變換有一個逆變換，它也是線性分式變換。

註：線性分式變換可視為平移、旋轉、伸長及逆變換等變換的組合。

若 $w=\dfrac{az+b}{cz+d}$ 為線性分式變換，則

$$\frac{dw}{dz}=\frac{a(cz+d)-c(az+b)}{(cz+d)^2}=\frac{ad-bc}{(cz+d)^2}\neq 0 \text{ (因 } ad-bc\neq 0\text{)}$$

故線性分式變換具保角性。

例題 2

求出一線性分式變換使其將 z- 平面上的點 z_1、z_2 及 z_3 分別映至 w- 平面上的點 w_1、w_2 及 w_3。

解 若 w_k 對應於 z_k，$k=1$、2、3，則

$$w-w_k=\frac{az+b}{cz+d}-\frac{az_k+b}{cz_k+d}=\frac{(ad-bc)(z-z_k)}{(cz+d)(cz_k+d)}$$

因而，$w-w_1=\dfrac{(ad-bc)(z-z_1)}{(cz+d)(cz_1+d)}$，$w-w_3=\dfrac{(ad-bc)(z-z_3)}{(cz+d)(cz_3+d)}$ ①

以 w_2 代 w，z_2 代 z，

$$w_2-w_1=\frac{(ad-bc)(z_2-z_1)}{(cz_2+d)(cz_1+d)},\quad w_2-w_3=\frac{(ad-bc)(z_2-z_3)}{(cz_2+d)(cz_3+d)} \quad ②$$

由 ① 式及 ② 式，並利用 $ad-bc\neq 0$ 的假設，可得

$$\frac{(w-w_1)(w_2-w_3)}{(w-w_3)(w_2-w_1)}=\frac{(z-z_1)(z_2-z_3)}{(z-z_3)(z_2-z_1)}$$

對上式解 w 而用 z 表示，即可得到所要的變換。上式等號右邊稱為 z_1、z_2、z_3 及 z 的**交比** (cross ratio)。

習題 12-8

1. 試證：變換 $w = \dfrac{1}{z}$ 將圓或直線映至圓或直線。

2. 於 w- 平面上確定下列各區域在變換 $w = z^2$ 下的區域。
   (1) 由直線 $x = 1$、$y = 1$ 及 $x + y = 1$ 所圍成區域。
   (2) z- 平面的第一象限。

3. 求一線性分式變換使其將三點 $z = -1$、0、1 分別映至三點 $w = -i$、1、i。

4. 求一線性分式變換使其將三點 $z = 0$、$-i$、-1 分別映至三點 $w = i$、1、0。

5. 若 z_0 位於 z- 平面的上半平面內，試證：線性分式變換 $w = e^{i\theta_0}\left(\dfrac{z - z_0}{z - \bar{z}_0}\right)$ 將 z- 平面的上半平面映至 w- 平面的單位圓內部。